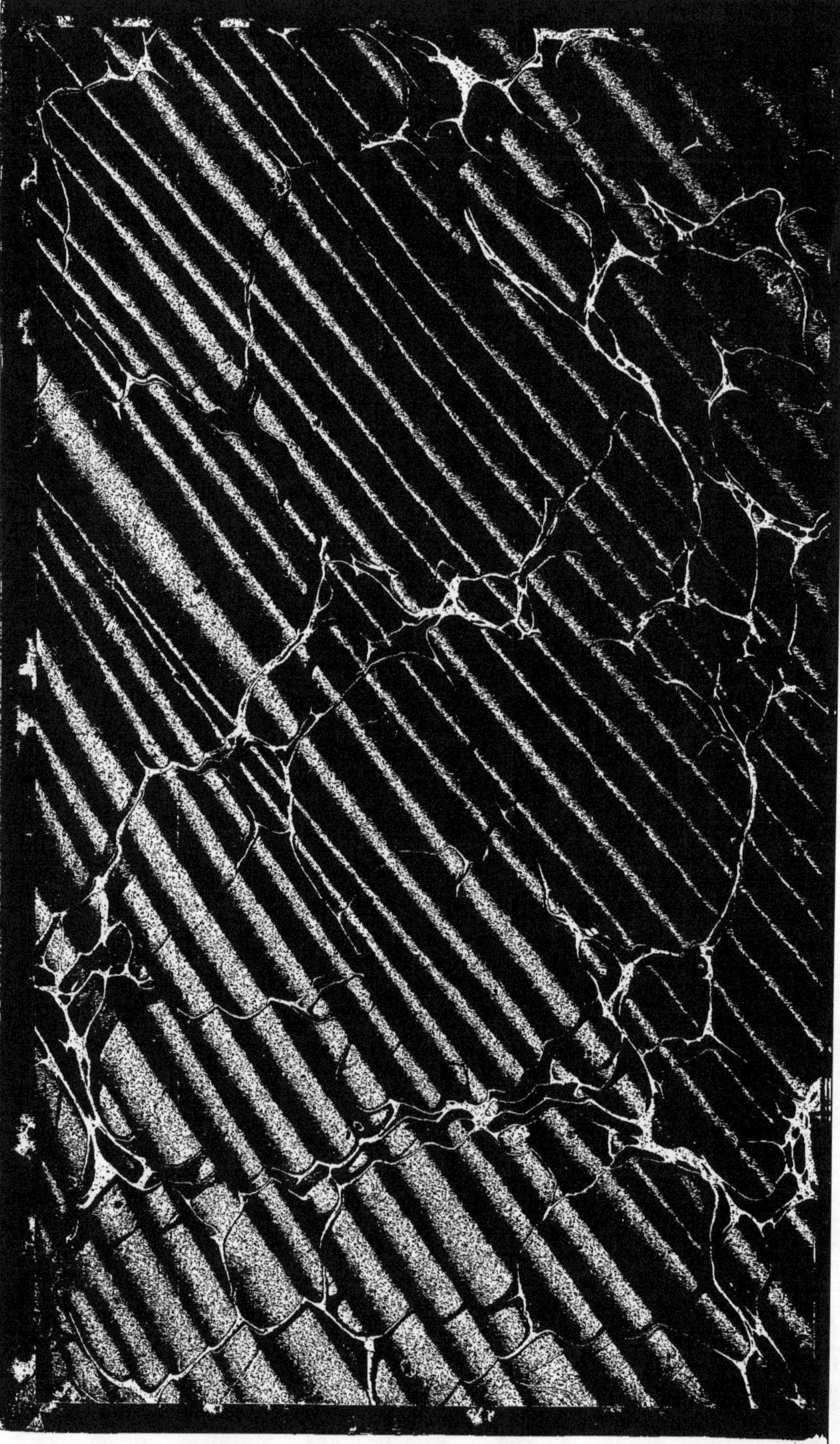

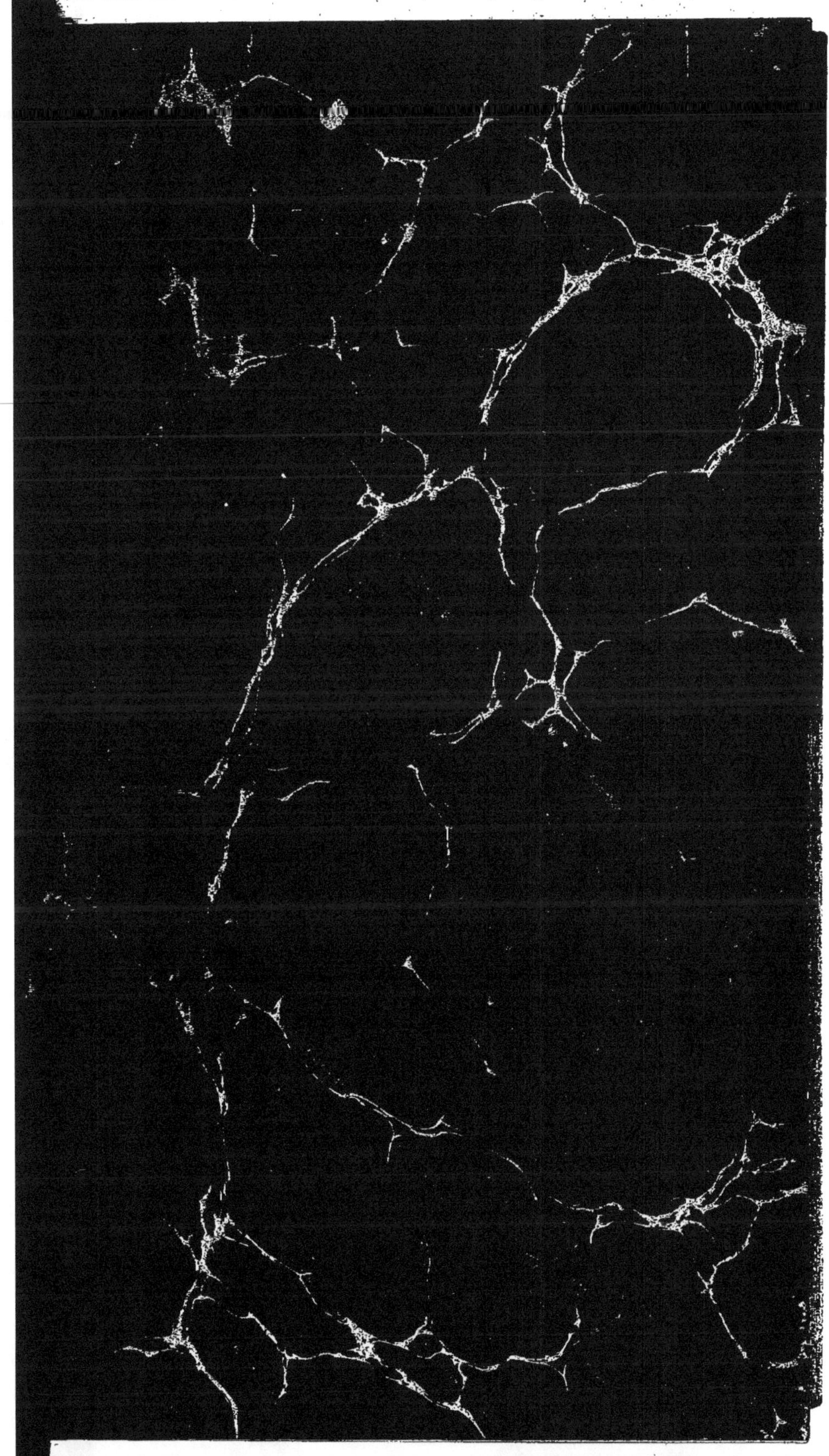

COURS

DE

MÉCANIQUE APPLIQUÉE.

PARIS. — IMPRIMERIE DE GAUTHIER-VILLARS,
Rue de Seine-Saint-Germain, 10, près l'Institut.

COURS

DE

MÉCANIQUE APPLIQUÉE,

PROFESSÉ

À L'ÉCOLE IMPÉRIALE DES PONTS ET CHAUSSÉES,

PAR M. BRESSE,

Ingénieur des Ponts et Chaussées, Professeur de Mécanique à l'École des Ponts et Chaussées,
Examinateur des Élèves de l'École impériale Polytechnique,
Membre de la Société Philomathique de Paris.

DEUXIÈME ÉDITION.

PREMIÈRE PARTIE.

RÉSISTANCE DES MATÉRIAUX ET STABILITÉ DES CONSTRUCTIONS.

PARIS,
GAUTHIER-VILLARS, IMPRIMEUR-LIBRAIRE
DU BUREAU DES LONGITUDES, DE L'ÉCOLE IMPÉRIALE POLYTECHNIQUE,
SUCCESSEUR DE MALLET-BACHELIER,
Quai des Augustins, 55.

1866

AVANT-PROPOS

DE LA PREMIÈRE ÉDITION.

Il est assez difficile de définir la Mécanique appliquée et d'indiquer d'une manière précise où l'on sort de la théorie pure pour entrer dans les questions pratiques ; cependant on peut dire que, sauf un petit nombre d'exceptions, les problèmes de Mécanique dont la solution intéresse les ingénieurs se rangent dans les trois catégories suivantes :

Étude des machines au point de vue du mouvement à produire, des résistances secondaires développées, enfin de la puissance employée pour obtenir un certain effet ;

Résistance des matériaux, c'est-à-dire recherche des dimensions minimum que doivent présenter les corps mis en œuvre, soit dans les machines, soit dans les constructions en charpente, maçonnerie ou métal, pour qu'ils se conservent indéfiniment et ne se désagrégent pas, malgré les tensions intérieures qui naissent en eux, par suite des forces appliquées à leurs différents points ;

Hydraulique, ou étude théorique et expérimentale des lois qui régissent l'équilibre et le mouvement des fluides, en y comprenant accessoirement les machines hydrauliques, qui pourraient aussi se classer dans la première catégorie.

Toutes ces applications figurent à un degré plus ou moins marqué dans le Cours de Mécanique et Machines de l'École Polytechnique; il a même été jugé que les indications données aux élèves sur le premier ordre de questions sont suffisantes pour les Ingénieurs des Ponts et Chaussées, qui ont en général assez peu à s'occuper de l'établissement ou de la direction de machines (*). Il restait donc à développer les notions relatives à la Résistance des Matériaux et à l'Hydraulique : c'est l'objet d'un Cours en deux Parties, ou, si l'on veut, de deux Cours, que nous professons à l'École des Ponts et Chaussées, en consacrant alternativement à chacun d'eux la durée d'une session scolaire, c'est-à-dire trente-six ou quarante Leçons.

Disons maintenant en peu de mots quels sont les principes généraux sur lesquels nous nous appuyons dans la première Partie (la Résistance des Matériaux), et les questions principales qui s'y trouvent traitées.

Toutes les formules pratiques de la Résistance des Matériaux, depuis longtemps reconnues et sanctionnées par l'usage, ont été déduites de données expérimentales sur les relations qui lient, dans quelques cas particuliers, une force avec les déformations correspondantes, et d'un principe hypothétique susceptible de s'énoncer comme il suit : si un corps prismatique ou composé de portions assimilables à des prismes éprouve, sous l'action de forces quelconques, une déformation en même temps qu'un changement de son état d'équilibre intérieur, les sections primitivement planes et normales à l'axe

(*) Une exception a toutefois été faite pour les machines à vapeur : l'Ecole des Ponts et Chaussées leur a consacré un Cours spécial, dont l'étendue est en rapport avec l'importance du sujet. En outre, chaque Professeur de construction décrit les machines ou engins qui se rapportent plus spécialement au Cours dont il est chargé.

du corps restent encore planes et normales dans l'état définitif. Cette hypothèse présente un accord suffisant avec les faits, sauf dans des cas extrêmes et pour ainsi dire exceptionnels, qui ont en définitive peu d'importance pour les constructeurs; elle a été admise par Navier, par MM. Belanger, Poncelet, Morin et beaucoup d'autres savants ou ingénieurs; Poisson lui-même s'en est servi dans sa *Mécanique rationnelle*. Après toutes ces autorités, nous avons cru pouvoir l'adopter à notre tour. Sans doute la théorie mathématique de l'élasticité des corps solides se présente comme une science dont les principes ont une vérité plus générale et plus certaine; à ce point de vue, on peut regretter qu'elle ne forme point la base de notre enseignement. Mais nous avons dû nous arrêter devant ce que nous considérions comme une impossibilité absolue. Malgré les travaux des illustres géomètres et notabilités scientifiques qui se sont donné pour tâche de la perfectionner, la théorie dont nous parlons doit rester pour quelque temps encore dans le domaine spéculatif : telle qu'elle existe actuellement, elle ne saurait conduire à la solution d'une foule de problèmes qu'il est permis à la science pure de négliger quand ils dépassent les ressources de l'analyse mathématique, mais qui sont indispensables ou tout au moins extrêmement utiles à la pratique des ingénieurs.

Cependant, quoique dans tous les calculs d'application nous nous soyons strictement conformé au principe ci-dessus posé et aux conséquences qui en découlent, nous avons pensé qu'il était convenable de l'élargir un peu, en exposant dans les deux premiers Chapitres la partie théorique de la Résistance des Matériaux. Nous admettons bien toujours que les déformations des corps prismatiques sont dues exclusivement à des mouvements relatifs des sections planes primitivement normales à l'axe de la pièce, mais sans imposer cette condition restrictive que les mêmes sections seront encore normales à l'axe déformé. Le mouvement relatif infiniment petit de deux sections infiniment voisines peut être alors absolument quelconque; pour en étudier les effets, nous distinguons d'abord quatre cas simples désignés par les noms d'*extension* (ou *compression*), *glissement transversal*, *flexion*, *torsion :* puis, dans chacun d'eux nous établissons, en nous fondant sur des faits empruntés à la Physique expérimentale, ou sur des analogies, les rapports qui existent entre la grandeur du déplacement, la force ou le couple dont il est l'effet, et les actions moléculaires correspondantes. Cela posé, quelles que soient les forces extérieures exercées sur un prisme, à partir d'une section donnée, on reconnaît sans peine qu'il est possible de les équilibrer en faisant prendre à cette section, relativement à une autre qu'on imaginerait très-près de la première, quatre mouvements simples convenablement choisis, dont on saurait déterminer l'étendue. Et si l'on admet, comme nous l'avons dit, que les sections normales ne doivent pas se déformer, le mouvement relatif existant réellement entre les deux sections considérées se composera en effet des quatre mouvements qu'on vient de trouver, de sorte qu'on sera déjà en mesure de calculer l'intensité des forces moléculaires mises en jeu. En outre, connaissant ainsi le mouvement relatif de deux sections consécutives en fonction des forces extérieures, si l'on donnait de plus le déplacement absolu d'une section quelconque, on pourrait en conclure celui de toute autre section : par conséquent on pourrait déterminer la situation nouvelle de la pièce, au moyen d'une composition de mouvements, comme nous le montrons dans le Chapitre IIe. On a donc résolu deux des grands problèmes qui font l'objet de la Résistance des Matériaux, puisque, les forces extérieures étant données, on sait calculer les tensions moléculaires et les déformations qu'elles produisent : la solution ne semble d'abord directement applicable qu'à des prismes, mais nous faisons voir qu'elle s'étend à une classe de corps dans laquelle rentrent à peu près toutes les pièces droites ou courbes employées par les constructeurs.

Il existe encore un troisième problème général, qui consiste à déterminer partiellement les forces extérieures appliquées à un corps, quand celles-ci ne sont point toutes des données immédiates de la question. Nous en avons traité un certain nombre d'exemples particuliers qui font suffisamment connaître les méthodes à employer en pareil cas.

De même que l'extension simple conduit à considérer un coefficient d'élasticité ordinairement désigné par E, de même le glissement simple qui consiste en une translation relative de deux sections voisines, parallèlement à leur plan, fait introduire dans les calculs un second coefficient G qui joue un rôle analogue. Nous distinguons les genres d'élasticité qu'ils définissent par les épithètes de *longitudinale* ou *transversale*. L'élasticité longitudinale, ayant pour coefficient E, fonctionne non-seulement quand il y a extension ou compression simples, mais encore quand il y a flexion simple, c'est-à-dire changement d'inclinaison relative de deux sections voisines, sans variation de longueur dans l'élément intermédiaire de l'axe du corps. Pareillement l'élasticité transversale, caractérisée par le nombre G, est mise en évidence dans les phénomènes de torsion, plus faciles à observer directement que ceux de glissement simple. Supposer que les sections primitivement normales restent encore normales après la déformation, cela équivaut à négliger le glissement transversal, et par conséquent à laisser de côté (au moins en partie) les effets de la seconde élasticité. Une longue pratique a sanctionné cette manière d'opérer, et nous avons profité, dans la résolution des problèmes particuliers, de la simplification qui en résulte; mais pour établir la théorie générale, nous avons cru qu'il était préférable de ne rien négliger, et de tenir compte, par conséquent, de l'élasticité transversale. Les formules ainsi obtenues deviendront peut-être susceptibles, dans quelques occasions, de mieux s'accorder avec certains faits qui s'expliqueraient mal avec les anciennes hypothèses.

Ordinairement on suppose homogène la matière des corps que l'on considère, et en conséquence on leur attribue des coefficients d'élasticité invariables d'un point à un autre. Cela est sans doute très-plausible dans beaucoup de cas, et nous devons même convenir que dans les applications usuelles on sera toujours forcé de procéder ainsi, faute de données numériques suffisantes. Cependant il y a des matières pour lesquelles le défaut d'homogénéité ne saurait être nié : par exemple, quand on coule une pièce de fonte, les molécules extérieures qui sont en contact avec le moule se refroidissent plus vite que celles du centre, et prennent ainsi des qualités physiques toutes différentes. C'est pourquoi nous avons cru devoir introduire une autre généralisation dans les formules théoriques, en admettant que l'élasticité n'est pas la même en tous les points d'une pièce donnée. Il ne résulte de là, pour ainsi dire, aucune complication; seulement le centre de gravité et le moment d'inertie d'une section transversale doivent recevoir une définition un peu différente de celle qu'on donne en général.

Quant aux applications que nous avons faites de la théorie, nous nous bornerons à mentionner ici les problèmes sur les poutres droites à deux ou plusieurs appuis; les recherches sur la poussée, la déformation et la résistance des arcs circulaires à section constante, reposant sur deux appuis; les problèmes sur les vibrations des poutres; enfin les théories des systèmes articulés et de la poussée des terres. La Table des matières suppléera suffisamment à ce que cet énoncé a d'incomplet. Dans tous les cas, nous nous sommes toujours attaché à simplifier autant que possible les formules principales, et, pour en faciliter les applications, nous avons construit diverses tables numériques données à la fin de ce volume.

Un Chapitre spécial a été consacré à l'exposé des résultats d'expériences sur l'élasticité et sur la résistance des principaux corps employés dans les constructions. On sait que beaucoup de personnes trouvent dans ces expériences une série de démentis formels donnés à la théorie; d'où il résulterait naturellement que celle-ci ne devrait plus inspirer aucune espèce de confiance. A notre avis, c'est aller beaucoup trop loin. Les formules de la Résistance des Matériaux supposent essentiellement, entre autres choses, qu'il y a proportionnalité entre les forces et leurs effets : par exemple, on admet que si un certain poids suspendu à l'extrémité inférieure d'un prisme élastique vertical produit un allongement l, un poids double produirait dans les mêmes circonstances l'allongement double $2l$. Or cela est à très-peu près exact quand les tensions sont suffisamment faibles et ne dépassent pas les limites compatibles avec la stabilité. Mais quand la charge se rapproche de celle qui entraînerait la rupture, il n'en est plus de même : la proportionnalité dont nous parlons cesse complétement, et, par conséquent, il faut s'attendre à ce que les formules donnent des résultats contraires à ceux de l'expérience. Or ce sont précisément des faits de cet ordre que citent les détracteurs de la théorie. La seule conclusion qu'on en puisse tirer, suivant nous, c'est qu'il faut se méfier des formules théoriques dans le cas où les corps supportent des charges trop considérables, et en particulier lorsqu'ils sont sur le point de se rompre. Mais lorsqu'au contraire les tensions ne dépassent point les limites ordinairement admises dans les constructions, les formules s'accordent assez bien avec les faits réels, comme le montrent diverses applications numériques citées dans notre Cours et les observations faites par plusieurs expérimentateurs habiles. Sous cette réserve, les ingénieurs peuvent donc continuer à s'en servir.

En terminant, qu'il nous soit permis d'adresser nos remercîments à notre savant prédécesseur M. Belanger, qui a bien voulu nous fournir sur la poussée des terres un travail tout fait, résumant les parties principales d'un Mémoire plus étendu de M. le général Poncelet. Nous avons d'ailleurs un autre motif pour être reconnaissant envers lui : son cours de l'École des Ponts et Chaussées, que nous avons suivi comme élève, a été le point de départ de nos recherches personnelles, et si nous avons réussi parfois à étendre le domaine de la théorie, nous le devons sans doute en grande partie à la lucidité de son enseignement, qui nous a épargné au début toute hésitation et toute incertitude.

OBSERVATIONS SOMMAIRES

SUR CETTE DEUXIÈME ÉDITION.

La nouvelle édition, que nous publions aujourd'hui, de la première Partie de notre *Cours de Mécanique appliquée*, ne se distingue de la précédente par aucune innovation considérable. Les principes fondamentaux de la théorie n'ont pas été modifiés; le choix des questions usuelles présentées comme exemples, l'ordre adopté dans leur exposition, la manière dont elles sont résolues, y sont restés à peu près les mêmes. Il y a cependant deux changements assez importants que nous croyons devoir mentionner.

Dans le Chapitre troisième, consacré aux problèmes sur les poutres droites, il n'était pas possible de conserver le § II, le sujet qui s'y trouvait traité ayant fourni la matière d'un volume spécial, publié séparément, comme une troisième Partie de notre Cours. En conséquence, autant pour éviter un double emploi que pour ne pas donner au § II une étendue inusitée, nous avons passé sous silence la recherche des moments de flexion et efforts tranchants dans les poutres à plusieurs travées solidaires, et nous l'avons remplacée par celle des réactions qu'exercent les appuis, ainsi que par le calcul des flèches. Ces éléments, omis dans la première édition, présentent cependant un intérêt pratique bien réel : le premier est nécessaire pour vérifier la stabilité des piles, le second fournit le moyen le plus commode pour soumettre les déductions théoriques au contrôle de l'expérience.

Les poutres en treillis et les poutres articulées connues sous les noms de *système de How, bow-strings, système Pauli,* sont fort usitées dans divers pays étrangers : depuis quelques années elles se sont répandues en France, et les treillis tendent chaque jour à se substituer aux parois pleines, en raison de leur supériorité bien marquée au point de vue de l'élégance architecturale. Le calcul des pressions et tensions supportées par les diverses pièces qui composent un système de cette espèce était à peine indiqué d'une manière sommaire dans notre première édition, et il y avait là une lacune regrettable. Nous avons essayé de la faire disparaître, en traitant la question avec beaucoup plus de développements. Mais nous ne prétendons point en avoir donné une solution entièrement satisfaisante : les bases de cette théorie, telles qu'on les admet généralement, et telles que nous les avons admises après d'autres Auteurs, ne sont pas exemptes d'incertitude; sans doute le dernier mot n'est pas dit à leur égard.

Le lecteur pourra, en outre, remarquer beaucoup de changements de détail, ayant pour but de corriger, compléter et améliorer notre œuvre. Puisse-t-elle être de quelque utilité! C'est la récompense que nous ambitionnons le plus.

TABLE DES MATIÈRES

DU TOME PREMIER.

PREMIÈRE PARTIE.

RÉSISTANCE DES MATÉRIAUX ET STABILITÉ DES CONSTRUCTIONS.

INTRODUCTION.

CHAPITRE PREMIER.

GÉNÉRALITÉS ; PRINCIPES FONDAMENTAUX. — RECHERCHE DES TENSIONS DANS LES DIVERSES PARTIES D'UN CORPS PRISMATIQUE.

CHAPITRE DEUXIÈME.

FORMULES GÉNÉRALES POUR DÉTERMINER LA DÉFORMATION D'UNE PIÈCE DROITE OU COURBE SOUS L'ACTION DE FORCES DONNÉES. — RECHERCHE DES FORCES INCONNUES. — THÉORÈMES SUR LA COMPOSITION DES EFFETS DUS A DIVERSES CAUSES. — MOUVEMENTS VIBRATOIRES DES PIÈCES ÉLASTIQUES.

CHAPITRE TROISIÈME.

PROBLÈMES DIVERS CONCERNANT LES POUTRES DROITES.

CHAPITRE QUATRIÈME.

CALCUL DE LA POUSSÉE EXERCÉE PAR UN ARC REPOSANT SUR DEUX APPUIS FIXES, LORSQUE LA SECTION EST CONSTANTE ET QUE LA FIBRE MOYENNE, PRIMITIVEMENT CIRCULAIRE, SE DÉFORME EN RESTANT DANS UN MÊME PLAN VERTICAL.

CHAPITRE CINQUIÈME.

SOLUTION DE DIVERSES QUESTIONS CONCERNANT LES PIÈCES A FIBRE MOYENNE CIRCULAIRE ET A SECTION CONSTANTE.

CHAPITRE SIXIÈME.

PROBLÈMES PARTICULIERS SUR LES POUTRES VIBRANTES.

CHAPITRE SEPTIÈME.

RÉSULTATS D'EXPÉRIENCES SUR L'ÉLASTICITÉ DES MATÉRIAUX.

CHAPITRE HUITIÈME.

ÉQUILIBRE DES SYSTÈMES ARTICULÉS SANS FROTTEMENT.

CHAPITRE NEUVIÈME.

DE LA POUSSÉE DES TERRES ET DE LA STABILITÉ DES MAÇONNERIES.

FIN DE LA TABLE DES MATIÈRES DU TOME PREMIER.

ERRATA.

Page 90, ligne 7 en remontant, *au lieu de* forme, *lisez* ferme.

Page 130, ligne 4 en remontant, *au lieu de* au point O, *lisez* au point G.

Page 195, ligne 15 en remontant, *au lieu de* maximum, *lisez* minimum.

Page 227, ligne 7, *au lieu de* n° 54, *lisez* n° 53.

Page 272, ligne 6 en remontant, *au lieu de* $=$, *lisez* $Q =$.

Page 280, ligne 4 en remontant, *au lieu de* $\frac{15r^2}{f^2}$, *lisez* $\frac{15r^2}{8f^2}$.

Page 284, ligne 4 en remontant, *au lieu de* $\sin\varphi\,(\varphi + \sin\varphi\cos\varphi)$, *lisez* $\sin^2\varphi\,(\varphi + \sin\varphi\cos\varphi)$.

Page 305, ligne 5 en remontant, *au lieu de* formules (7) et (8), *lisez* formules (5) et (8).

Page 313, ligne 16, *au lieu de* natablement, *lisez* notablement.

Page 326, ligne 10 en remontant, *au lieu de* égale, *lisez* inégale.

Page 426, ligne 3, *au lieu de* mouvent, *lisez* mouvement.

Page 437, ligne 18, *au lieu de* $R = \Pi y$, *lisez* $P = \Pi y$.

Page 447, ligne 12 en remontant, *au lieu de* $Q\cos\alpha$, *lisez* $Q\sin\alpha$.

Page 465, dernière ligne, *au lieu de* $\frac{2p}{\cos\alpha}$, *lisez* $\frac{2p}{k^2\cos\alpha}$.

COURS

DE

MÉCANIQUE APPLIQUÉE,

PROFESSÉ

A L'ÉCOLE IMPÉRIALE DES PONTS ET CHAUSSÉES.

PREMIÈRE PARTIE.

RÉSISTANCE DES MATÉRIAUX ET STABILITÉ DES CONSTRUCTIONS.

INTRODUCTION.

Objet de la Résistance des Matériaux; problèmes généraux qu'elle doit résoudre. — Dans la Mécanique rationnelle, quand on étudie les conditions d'équilibre des corps solides, on a coutume de considérer ceux-ci comme absolument invariables, et les molécules dont ils se composent sont censées ne pouvoir s'écarter ni se rapprocher les unes des autres, quelles que soient la situation et l'intensité des forces mises en jeu. De même, on suppose à certains points une complète fixité, on considère les cordes ou courroies comme tout à fait inextensibles, et généralement on attribue aux liaisons entre les divers corps d'un système ou entre les molécules d'un même corps une puissance illimitée que rien ne saurait ébranler et, à plus forte raison, détruire. Aussi, l'on s'occupe généralement assez peu des efforts supportés par ces liaisons; souvent même on établit les conditions d'équilibre de manière à ne pas les introduire dans le calcul : c'est ce qui arrive, par exemple, quand on applique le théorème du travail virtuel en ne donnant au système que les déplacements compatibles avec ses liaisons.

Cependant, les hypothèses que nous venons de rappeler brièvement ne sont, comme on le sait bien, qu'une pure abstraction, et les choses ne se passent point ainsi dans le monde réel. A défaut de la Physique, l'expérience de chaque jour suffit pour nous montrer que les corps de la nature, même ceux dont la ténacité paraît le plus considérable, sont susceptibles d'être brisés ou divisés en plusieurs fragments, sous l'action de forces suffisamment grandes : ainsi, une pièce de bois ou de métal, un massif de maçonnerie, peuvent se rompre par extension ou par écrasement, ou de toute autre manière, lorsqu'ils ont à supporter des charges dépassant une certaine limite. Les liaisons ne fonctionnent que si on ne les soumet pas à une trop forte épreuve, sans quoi elles sont supprimées; nous savons aussi que, même avant d'en arriver là, elles permettent de petites variations dans la distance mutuelle des molécules, variations qui tiennent à une propriété générale des corps, l'élasticité.

L'ingénieur qui projette une machine, un édifice ou une construction quelconque et qui veut d'avance être certain de leur stabilité, c'est-à-dire de leur durée indéfinie, ne saurait donc s'en tenir aux conditions d'équilibre fournies par la Mécanique rationnelle : conditions nécessaires sans doute, mais qui ne sont suffisantes que pour des corps abstraits. Dans cette circonstance, il pourra d'abord et devra même s'inspirer soit du sens pratique puisé dans l'exercice de son art, soit des modèles que lui auront fournis ses devanciers pour des cas analogues; mais les données obtenues de cette manière doivent, autant que possible, être soumises au contrôle d'une science spéciale qui saura faire connaître les actions mutuelles des diverses portions d'un système de corps et les tensions moléculaires produites par telles ou telles forces extérieures, et aussi (ce qui est le plus important) saura en conclure si la stabilité existe ou n'existe pas. Cette science, assez bien définie par son nom même, est la Résistance des Matériaux. Elle touche en même temps à la Physique et à la Mécanique, prenant dans la première diverses notions sur la constitution intime des corps naturels, dans la seconde les lois et propriétés de l'équilibre ou du mouvement.

Le but final de la Résistance des Matériaux, c'est d'indiquer si les corps employés dans les machines ou constructions de toute nature seront capables de *résister* aux forces qui les sollicitent, c'est-à-dire s'ils ne se rompront pas, soit immédiatement, soit après un temps plus ou moins limité. Mais ce but entraîne l'étude de plusieurs problèmes. Supposons d'abord qu'on y soit parvenu dans le cas où l'on connaît toutes les forces extérieures appliquées à l'un des corps dont on veut vérifier la résistance. Il y aura des cas où cela ne suffira point. Pour en donner un exemple très-simple, considérons une pièce de bois horizontale qui repose sur deux appuis fixes et qui est chargée de poids dans l'intervalle. Cet exemple ne rentrera pas immédiatement dans le cas général qu'on vient de définir, car toutes les forces extérieures ne sont pas données, les réactions des appuis fixes devant être déterminées par le calcul. A la vérité le calcul est ici extrêmement facile, et les notions élémentaires de la Statique suffisent pour l'effectuer; mais il n'en est pas toujours de même : c'est ce qui arrive, par exemple, quand au lieu de deux appuis il en existe trois en ligne droite. La Statique des corps solides ne peut alors fournir que deux équations entre les trois réactions inconnues, et le problème envisagé de cette manière est indéterminé.

On conçoit bien à priori qu'il doit y avoir une infinité de systèmes de trois réactions exercées par les appuis qui peuvent faire équilibre aux charges données. En effet, imaginons d'abord qu'on supprime l'appui intermédiaire : alors les réactions des deux autres sont connues par la Statique élémentaire, et celle du milieu est nulle. Les mêmes valeurs se conserveront si l'on met l'appui supprimé en contact avec la pièce, mais sans les presser l'un contre l'autre. Cela fait, on pourra augmenter progressivement le serrage de cet appui contre la pièce, et par suite sa réaction, sans que l'équilibre soit troublé : c'est là une proposition dont la vérité résulte clairement pour nous de l'expérience acquise. Or, cette pression exercée au milieu de la pièce est arbitraire dans certaines limites, et d'un autre côté elle ne peut varier sans entraîner une variation correspondante dans les réactions des appuis extrêmes : on aura donc tant de systèmes de valeurs qu'on voudra pour les réactions inconnues, en satisfaisant toujours aux conditions générales de l'équilibre, de sorte qu'on ne peut savoir ainsi quel est celui qui existe réellement.

Cependant ces systèmes peuvent se distinguer les uns des autres par une circonstance particulière, celle de la flèche plus ou moins grande qui se produit dans la pièce vers l'appui du milieu, laquelle flèche diminue à mesure que la réaction augmente. Si l'on indique parmi les données du problème que les trois appuis sont au même niveau, la valeur de la réaction intermédiaire sera celle d'une force qui, appliquée au même point, annulerait la flèche produite par la suppression de l'appui correspondant. Il est donc possible de faire cesser l'indétermination reconnue tout à l'heure : mais pour cela il faut tenir compte des déformations que les charges produisent dans la pièce. D'ailleurs le calcul de ces déformations peut avoir souvent de l'intérêt par lui-même, indépendamment de l'application qui vient d'être signalée.

Les explications précédentes suffisent pour faire comprendre qu'il se présente généralement dans la Résistance des Matériaux trois problèmes principaux, intimement liés les uns aux autres et qu'on peut énoncer ainsi :

Problème I. — *Connaissant toutes les forces extérieures qui sollicitent un corps, trouver l'intensité des forces moléculaires qui se développent en chaque point, et desquelles dépend soit la conservation, soit la rupture de ce corps.*

Problème II. — *Les forces extérieures étant encore données, calculer le changement qu'elles apportent dans la forme et les dimensions du corps qu'elles sollicitent.*

Problème III. — *Parmi les forces extérieures, déterminer celles qui ne sont point données à priori et qui proviennent des liaisons du corps considéré avec d'autres corps.*

Avant d'aborder l'étude de ces trois problèmes généraux dans les limites que nous impose l'état actuel de la science, nous commencerons par exposer, à titre de digression, une série de notions purement géométriques qui seront utiles par la suite et qui se rapportent aux centres de gravité, moments d'inertie et centres de percussion des surfaces planes.

CHAPITRE PREMIER.

GÉNÉRALITÉS; PRINCIPES FONDAMENTAUX. — RECHERCHE DES TENSIONS DANS LES DIVERSES PARTIES D'UN CORPS PRISMATIQUE.

---

§ Ier. — Digression sur la théorie des centres de gravité, moments d'inertie et centres de percussion des surfaces planes.

1. *Définition du centre de gravité d'une surface plane, de son moment d'inertie et de son rayon de gyration relativement à un axe.* — Supposons une surface plane ABCD (*fig.* 1), et imaginons qu'elle soit décomposée en éléments superficiels ω. Appelons :

Fig. 1.

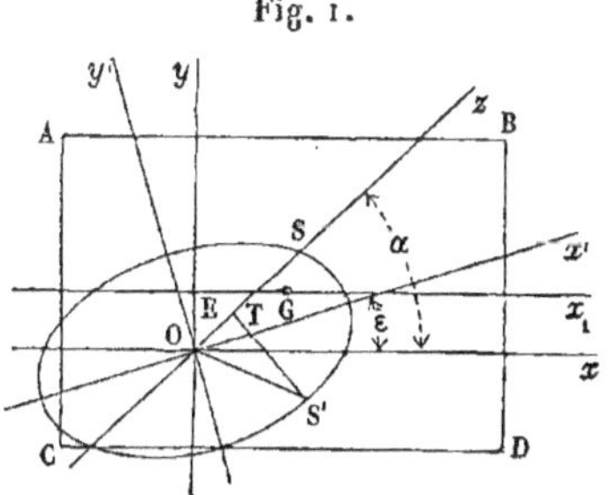

x, y les coordonnées d'un point renfermé dans l'aire infiniment petite ω, par rapport à deux axes rectangulaires Ox, Oy;

u la distance de ce même point à une ligne quelconque, Oz par exemple;

E un nombre déterminé en fonction de x et de y, lequel peut être constant ou variable.

Conformément aux définitions données dans la Mécanique rationnelle, nous appellerons centre de gravité de la surface le point G dont les coordonnées x_1, y_1 satisferaient aux relations

$$x_1 \Sigma E\omega = \Sigma E x \omega,$$
$$y_1 \Sigma E\omega = \Sigma E y \omega,$$

le signe Σ étant l'indice d'une sommation étendue à tous les éléments ω.

Le point G est indépendant du choix des axes. Pour justifier le nom qu'on lui a donné, il faut concevoir que la surface soit matérialisée, qu'elle ait pris une épaisseur extrêmement petite, et que le nombre E soit en quelque sorte la masse de l'élément ω rapportée à l'unité superficielle, ou plus simplement, si l'on veut, sa densité. Le centre de gravité de la surface ne sera donc autre chose que celui d'un corps dont la masse totale aurait pour valeur $\Sigma E \omega$.

Une extension analogue a lieu pour les moments d'inertie. Le moment d'inertie de la surface ABCD relativement à l'axe Oz sera, par définition, celui du corps matériel que nous substituons à la surface : il aura pour expression analytique

$$\Sigma E u^2 \omega.$$

Enfin, le rayon de gyration r relatif au même axe devra satisfaire à l'équation

$$r^2 \Sigma E \omega = \Sigma E u^2 \omega.$$

Les définitions que nous venons de donner, d'après les traités de Mécanique rationnelle, diffèrent un peu de celles qu'on admet ordinairement dans les traités de Résistance des Matériaux. Pour les rendre identiques, il suffirait de supposer E constant et égal à 1. La généralisation que l'on fait ici est nécessaire pour mettre les formules d'accord avec certains faits observés dont il sera question plus loin; elle est d'ailleurs tellement simple, qu'il n'y aurait pas d'utilité à adopter des dénominations nouvelles.

Les propriétés des moments d'inertie qui vont être rappelées sont une conséquence immédiate, ou, si l'on veut, un cas particulier de celles qui appartiennent en général aux moments d'inertie des corps matériels; c'est pourquoi elles seront énoncées sans démonstration.

2. *Loi de la variation des moments d'inertie d'une surface plane, relativement à des axes parallèles ou concourants situés dans son plan.* — Le moment d'inertie d'une surface plane, relativement à un axe quelconque, est égal au moment d'inertie de la même surface relativement à l'axe parallèle passant au centre de gravité, augmenté du produit de la masse totale de la surface par le carré de la distance des deux axes.

Soient, par exemple, la surface ABCD (*fig.* 1);

G le centre de gravité;

Ox et Gx_1 deux lignes parallèles dont l'une contient le point G et qui sont séparées par la distance k;

y, y_1 les distances respectives d'un élément superficiel à ces deux axes;

r, r_1 les rayons de gyration de ABCD relativement à Ox et Gx_1.

En conservant les autres notations du n° 1, on aura

$$\Sigma \mathrm{E} y^2 \omega = \Sigma \mathrm{E} y_1^2 \omega + k^2 \Sigma \mathrm{E} \omega,$$

ou bien, par suite de la définition du rayon de gyration,

$$r^2 \Sigma \mathrm{E} \omega = r_1^2 \Sigma \mathrm{E} \omega + k^2 \Sigma \mathrm{E} \omega,$$

c'est-à-dire

$$r^2 = r_1^2 + k^2,$$

équation dont l'énoncé en langage ordinaire remplace quelquefois celui que nous avons donné ci-dessus.

Supposons maintenant qu'on cherche les moments d'inertie de la même surface ABCD relativement à divers axes situés dans son plan et passant par un même point O, tels que Oz; puis que sur chacun d'eux on porte une longueur $\overline{OS}$ qui soit en raison inverse du rayon de gyration correspondant; le lieu des points S ainsi obtenus sera une ellipse ayant le point O pour centre : propriété remarquable qui donne une idée de la manière dont varient les moments d'inertie de la surface autour des axes qui concourent en O. Nous allons donner quelques développements sur cette loi de variation, pour la faire connaître plus complétement.

3. *Ellipse d'inertie; ellipse centrale d'inertie; axes principaux.* — L'ellipse dont nous venons de parler est ce que nous appellerons l'*ellipse d'inertie* de la surface pour le point O; si le point O se confond avec le centre de gravité G de la surface, nous emploierons la désignation d'*ellipse centrale d'inertie*. Les axes principaux de l'ellipse correspondante à un point sont dits *axes principaux d'inertie* de la surface en ce point.

La détermination des axes principaux pour le point O peut être effectuée ainsi qu'il suit. Ayant tracé par ce point et dans le plan ABCD (*fig.* 1) trois axes Ox, Oy, Oz, dont les deux premiers se coupent à angle droit, tandis que le troisième fait l'angle α avec Ox, nous appellerons :

ω l'un quelconque des éléments superficiels, répondant aux coordonnées x et y, et ayant une densité E ;

$A = \Sigma E y^2 \omega$, $B = \Sigma E x^2 \omega$, $C = \Sigma E xy \omega$, trois sommes dont les deux premières sont les moments d'inertie de la surface relativement aux axes des x et des y ;

μ le moment d'inertie de cette même surface par rapport à Oz.

Nous aurons alors

$$\mu = A \cos^2 \alpha + B \sin^2 \alpha - 2C \sin \alpha \cos \alpha ;$$

et si nous prenons $\overline{OS} = \frac{D}{\sqrt{\mu}}$, D étant une constante dont nous fixerons la valeur ultérieurement, le lieu des points S, c'est-à-dire l'ellipse d'inertie, aura pour équation

$$A x^2 + B y^2 - 2C xy = D^2.$$

Pour en avoir les axes principaux, il suffira, conformément à ce que l'on enseigne dans la Géométrie analytique, de prendre des axes Ox', Oy' obtenus en faisant tourner le système yOx, dans le sens de x vers y, d'un angle ε déterminé par la condition

$$\operatorname{tang} 2\varepsilon = \frac{2C}{B - A}.$$

Si l'on rapporte l'équation de l'ellipse aux axes des coordonnées Ox' et Oy', le double rectangle disparaît et l'équation se réduit à

$$A' x'^2 + B' y'^2 = D^2, \tag{1}$$

A' et B' étant déterminés par les relations

$$A' + B' = A + B, \quad B' - A' = \frac{B - A}{\cos 2\varepsilon}.$$

Dans certains cas, les axes principaux en un point sont connus à priori et sans aucun calcul. Ainsi l'on démontre que toute ligne de symétrie est un axe principal en tout point de son cours, si l'on admet, bien entendu, que la symétrie existe non-seulement quant à la figure, mais aussi dans la distribution des masses; toute perpendiculaire à une ligne de symétrie est axe principal en son point de rencontre avec cette ligne; enfin, toute ligne qui est axe principal et qui passe par le centre de gravité est axe principal dans tous les points de son cours.

Lorsque les axes principaux coïncident avec les axes coordonnés, le double rectangle $2Cxy$ disparaît de l'équation de l'ellipse d'inertie, comme nous l'avons déjà remarqué. On doit donc avoir

$$\Sigma E xy\omega = 0,$$

relation qui peut servir à caractériser les axes principaux; car, si elle est satisfaite, on voit que, réciproquement, le terme en xy manquera dans l'équation de l'ellipse, ce qui ne peut avoir lieu, les axes coordonnés étant rectangulaires, que lorsqu'ils sont en même temps diamètres principaux.

4. *Équation de l'ellipse d'inertie ramenée à sa forme la plus simple; propriétés des diamètres conjugués.* — Les lettres A′ et B′, définies au n° 3, ont pour les nouveaux axes Ox', Oy' (*fig.* 1) le même sens que A et B pour Ox, Oy; elles représentent donc respectivement les moments d'inertie de la surface par rapport aux axes des x' et des y', soit $\Sigma E y'^2 \omega$ et $\Sigma E x'^2 \omega$. Appelons a et b les rayons de gyration correspondants, lesquels sont déterminés par les relations

$$a^2 \Sigma E\omega = \Sigma E y'^2 \omega = A',$$
$$b^2 \Sigma E\omega = \Sigma E x'^2 \omega = B',$$

et posons en outre, pour fixer la valeur de la constante D,

$$D^2 = a^2 b^2 \Sigma E\omega;$$

alors l'équation (1) du n° 3 se réduit à

$$\frac{x'^2}{b^2} + \frac{y'^2}{a^2} = 1.$$

Le moment d'inertie μ, par rapport à Oz, est exprimé par $\frac{D^2}{\overline{OS}^2}$, puisque $\overline{OS} = \frac{D}{\sqrt{\mu}}$ (n° 3); on aura donc aussi $\mu = \frac{a^2b^2}{\overline{OS}^2}\Sigma E\omega$, c'est-à-dire que le rayon de gyration correspondant sera $\frac{ab}{\overline{OS}}$.

Ou bien encore, en désignant par p le demi-diamètre $\overline{OS}$, p' le demi-diamètre conjugué $\overline{OS'}$, δ l'angle SOS′, on aura, en vertu de la relation connue $ab = pp' \sin\delta$,

$$r = \sqrt{\frac{\mu}{\Sigma E\omega}} = \frac{ab}{p} = p' \sin\delta;$$

r ne sera donc autre chose que la perpendiculaire $\overline{S'T}$ abaissée du point S′ sur OS; ou bien, en d'autres termes, la surface pourrait être condensée, sans altérer son moment d'inertie relativement à un axe OS ou Oz, sur l'extrémité S′ du diamètre conjugué de Oz dans l'ellipse d'inertie. Cette ellipse peut d'ailleurs être prise pour un point O quelconque de l'axe Oz, et comme le rayon de gyration $\overline{S'T}$ ne peut pas changer, il en résulte immédiatement que le lieu des points S′ correspondants sera une ligne droite parallèle à Oz et située à la distance r, conséquence assez curieuse que nous mentionnons en passant, bien qu'elle ne doive pas nous être utile.

Prenons maintenant pour axes coordonnés les deux directions conjuguées OS, OS′, et nommons s et s' les coordonnées qui leur sont respectivement parallèles. Les autres notations conservant le même sens que précédemment, nous allons montrer qu'on a les deux relations

$$\Sigma E s'^2\omega = p'^2 \Sigma E\omega,$$
$$\Sigma E ss'\omega = 0.$$

Pour établir la première il suffit de remarquer que u et s' désignant deux distances d'un même élément ω à l'axe Oz, l'une mesurée normalement et l'autre obliquement, sous l'angle δ, on a

$$u = s' \sin\delta :$$

par suite,

$$\Sigma E u^2\omega = r^2 \Sigma E\omega = \sin^2\delta \Sigma E s'^2\omega,$$

et comme on vient de voir que r est égal à $p'\sin\delta$, il en résulte immédiatement

$$p'^2\sin^2\delta\Sigma E\omega = \sin^2\delta\Sigma E s'^2\omega,$$

ce qui, par la suppression du facteur commun $\sin^2\delta$, donne notre première relation.

Quant à la seconde, on y arrive en se servant des formules de transformation qui permettent de passer des coordonnées obliques s, s' aux coordonnées rectangulaires x', y'. En appelant θ et θ' les angles $x'OS$, $x'OS'$, ces formules sont (comme on le retrouve facilement par le moyen ordinaire des projections) :

$$s\sin\delta = x'\sin\theta' + y'\cos\theta',$$
$$s'\sin\delta = x'\sin\theta - y'\cos\theta.$$

Il en résulte

$$ss'\sin^2\delta = x'^2\sin\theta\sin\theta' - y'^2\cos\theta\cos\theta' + x'y'\sin(\theta-\theta');$$

or, en vertu de ce que Ox' et Oy' sont axes principaux pour le point O, on a (n° 3) $\Sigma E x'y'\omega = 0$; donc

$$\begin{aligned}\sin^2\delta\Sigma E ss'\omega &= \sin\theta\sin\theta'\Sigma E x'^2\omega - \cos\theta\cos\theta'\Sigma E y'^2\omega\\ &= \sin\theta\sin\theta'.b^2\Sigma E\omega - \cos\theta\cos\theta'.a^2\Sigma E\omega\\ &= b^2\cos\theta\cos\theta'\Sigma E\omega\left(\text{tang}\,\theta\,\text{tang}\,\theta' - \frac{a^2}{b^2}\right).\end{aligned}$$

On sait, par la Géométrie analytique, que les angles θ et θ' sont liés par la relation $\text{tang}\,\theta\,\text{tang}\,\theta' = \frac{a^2}{b^2}$: donc enfin la somme $\Sigma E ss'\omega$ est bien égale à zéro.

5. *Recherches des moments d'inertie par le calcul intégral; moment d'inertie d'une surface plane relativement à un axe perpendiculaire à son plan.* — Un axe quelconque étant tracé dans une surface plane, prenons-le pour axe des x et traçons une perpendiculaire qui sera l'axe des y. Si l'on décompose la surface en portions infiniment petites par des parallèles aux deux axes, et qu'on appelle, comme ci-dessus, E la masse rapportée à l'unité de surface en un point quelconque, le moment d'inertie de la surface relativement à l'axe

des x sera exprimé analytiquement par $\int\int Ey^2\,dx\,dy$, l'intégrale devant être étendue à tous les points de la surface. Le rayon de gyration r correspondant devra satisfaire à la relation

$$r^2\int\int E\,dx\,dy = \int\int Ey^2\,dx\,dy.$$

Pour que le problème soit défini, E doit être connu en fonction de x et de y, et il faut connaître aussi la forme du périmètre ; dès lors la recherche dont il s'agit se réduit à une difficulté d'analyse, qu'on peut toujours surmonter, au besoin, par les procédés d'approximation connus.

Quand il s'agit d'un axe perpendiculaire au plan de la surface, en le prenant pour axe de z et laissant les x et les y comme ci-dessus, le moment d'inertie s'exprimera par l'intégrale double

$$\int\int E(x^2+y^2)\,dx\,dy$$

ou par

$$\int\int Ey^2\,dx\,dy + \int\int Ex^2\,dx\,dy,$$

ce qui ramène très-simplement ce cas au précédent. On voit en effet qu'il suffit de faire la somme des deux moments d'inertie de la surface relativement à deux axes rectangulaires quelconques situés dans son plan et se coupant au point où elle est rencontrée par l'axe donné. Si ces deux axes rectangulaires sont axes principaux d'inertie pour leur point de concours, on aura, suivant les notations du n° 4,

$$\int\int Ey^2\,dx\,dy = a^2\Sigma E\omega, \qquad \int\int Ex^2\,dx\,dy = b^2\Sigma E\omega,$$

et, par l'addition membre à membre de ces égalités,

$$\int\int E(x^2+y^2)\,dx\,dy = (a^2+b^2)\Sigma E\omega :$$

on conclut facilement de là que le carré du rayon de gyration répondant à l'axe perpendiculaire au plan de la surface est égal à la somme des carrés des deux demi-diamètres principaux de l'ellipse d'inertie ayant son centre au pied dudit axe dans le plan.

Quand l'intégration rigoureuse des expressions ci-dessus données sera impossible ou trop difficile, on fera usage des méthodes d'approximation. Par exemple, on pourra partager la surface en éléments finis, mais assez petits, que l'on considérera comme autant de points matériels; puis on calculera le moment d'inertie de chacune de ces masses, et on en fera la somme. Si la surface est homogène, et que l'axe donné soit dans son plan, on la divisera en tranches parallèles à cet axe, et l'intégrale double sera alors remplacée par l'intégrale simple des moments d'inertie de ces tranches; la méthode de Simpson deviendra donc applicable.

Il serait aisé de poser d'autres formules symboliques en employant les coordonnées obliques ou les coordonnées polaires; on ne s'y arrêtera pas ici.

6. *Expressions toutes calculées de moments d'inertie de surfaces homogènes.* — Nous allons maintenant donner les valeurs toutes calculées des moments d'inertie et des rayons de gyration de quelques surfaces planes par rapport à des axes déterminés. Nous supposerons la densité constante et égale à l'unité, valeur particulière qui, une fois l'homogénéité admise, n'altère pas la position du centre de gravité, ni les rayons de gyration, ni l'ellipse d'inertie relative à un point.

1° *Rectangle plein et homogène.* — Soient l la largeur $\overline{AB}$ (*fig.* 2), h la hauteur $\overline{BD}$, O le centre du rectangle, Ox, Oy deux parallèles aux côtés. Le moment d'inertie relativement à Ox, ou $\Sigma y^2\omega$, est égal à $\frac{1}{12}lh^3$, et le rayon de gyration correspondant a pour carré $\frac{\frac{1}{12}lh^3}{lh}$, soit $\frac{1}{12}h^2$.

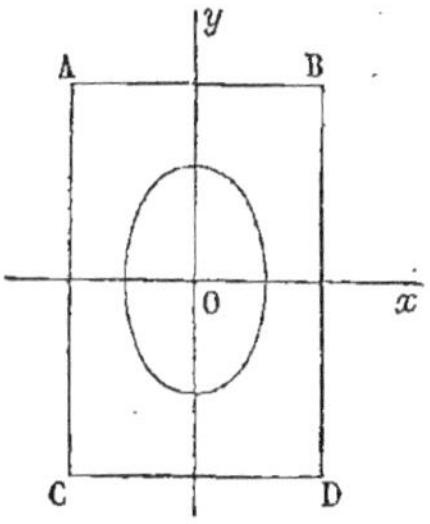

Fig. 2.

Le moment d'inertie, par rapport à Oy, s'exprime de même par $\frac{1}{12}hl^3$, et le carré du rayon de gyration par $\frac{1}{12}l^2$.

D'après une remarque du n° 3, Ox et Oy sont les axes principaux pour le centre de gravité. En conséquence, l'ellipse centrale d'inertie sera représentée par l'équation (n° 4)

$$\frac{12x^2}{l^2} + \frac{12y^2}{h^2} = 1;$$

elle sera semblable à l'ellipse inscrite dans le rectangle, et aura pour demi-axes les longueurs $\frac{1}{2}l\sqrt{\frac{1}{3}}$, $\frac{1}{2}h\sqrt{\frac{1}{3}}$, soit $0,577\frac{l}{2}$ et $0,577\frac{h}{2}$.

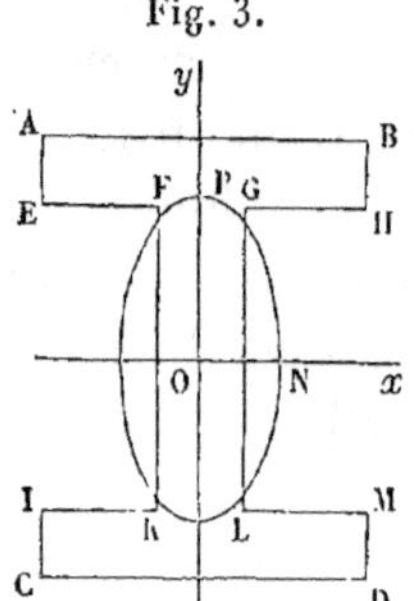

Fig. 3.

2° *Rectangle évidé homogène.* — Nous supposerons d'abord que la surface soit symétrique par rapport à deux axes rectangulaires Ox, Oy (*fig.* 3), dont le point de rencontre sera le centre de gravité. Soient $\overline{AB} = l$, $\overline{BD} = h$, $\overline{EF} + \overline{GH} = l'$, $\overline{HM} = h'$. On aura :

Pour le moment d'inertie relativement à Ox,

$$\Sigma y^2 \omega = \frac{1}{12}(lh^3 - l'h'^3);$$

Pour le moment d'inertie relativement à Oy,

$$\Sigma x^2 \omega = \frac{1}{12}[(h - h')l^3 + h'(l - l')^3];$$

Pour l'aire de la surface,

$$\Sigma \omega = lh - l'h'.$$

On en déduira aisément les rayons de gyration autour de Ox et Oy, et l'on pourra construire l'ellipse centrale représentée sur la figure.

Dans le cas où la symétrie n'existerait pas, la recherche de l'ellipse centrale d'inertie serait un peu plus complexe, parce que le centre de gravité ne serait pas connu d'avance. Néanmoins les calculs, quoique plus longs, ne présenteront aucune difficulté, et nous ne croyons pas utile d'en donner un exemple. Le problème se résoudra toujours au moyen des indications générales précédemment données.

3° *Cercle plein ou couronne circulaire homogène.* — Le moment d'inertie d'un cercle de rayon R par rapport à un axe quelconque Ox (*fig.* 4), passant par son centre, a pour valeur $\frac{1}{4}\pi R^4$. Le rayon de gyration s'exprime par $\sqrt{\frac{\frac{1}{4}\pi R^4}{\pi R^2}}$ ou par $\frac{1}{2}R$. L'ellipse centrale d'inertie sera donc un cercle OA ayant un rayon moitié de celui du cercle proposé OB.

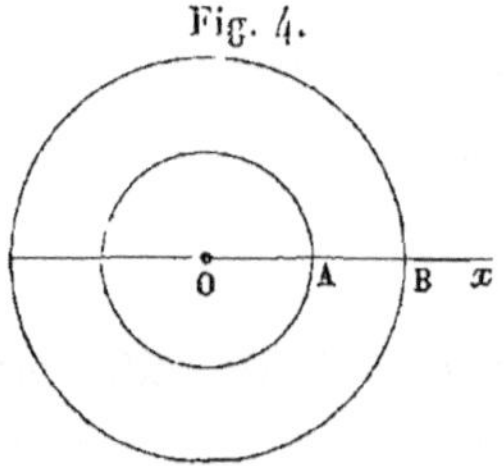

Fig. 4.

S'il s'agit d'une couronne circulaire, en appelant R le rayon $\overline{OA}$ du cercle extérieur (*fig.* 5), r le rayon $\overline{OB}$ du cercle intérieur, le moment d'inertie relativement à un diamètre Ox s'exprimera par $\frac{1}{4}\pi(R^4 - r^4)$, le rayon de gyration correspondant par

Fig. 5.

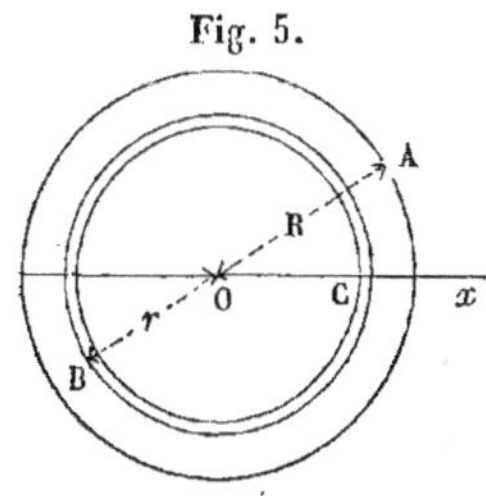

$$\sqrt{\frac{\frac{1}{4}\pi(R^4 - r^4)}{\pi(R^2 - r^2)}} = \frac{1}{2}\sqrt{R^2 + r^2}.$$

C'est le rayon du cercle OC qui remplace l'ellipse centrale d'inertie.

4° *Ellipse pleine ou couronne elliptique homogène.* — Soit l'ellipse ACBD (*fig.* 6), dont nous désignerons le grand axe $\overline{AB}$ par l, et le petit axe $\overline{CD}$ par h. Les moments d'inertie de la surface, relativement aux lignes AB et CD, ont respectivement pour valeur $\frac{1}{64}\pi lh^3$ et $\frac{1}{64}\pi hl^3$. L'aire de l'ellipse étant d'ailleurs égale à $\frac{1}{4}\pi lh$, les deux rayons de gyration correspondants seront $\sqrt{\frac{1}{16}h^2}$ et $\sqrt{\frac{1}{16}l^2}$, c'est-à-dire $\frac{1}{4}h$ et $\frac{1}{4}l$; d'où il suit que l'ellipse centrale d'inertie (dont les axes principaux, d'après une remarque du n° 3, sont dirigés suivant AB et CD) sera l'ellipse donnée dont les dimensions auraient été réduites de moitié.

Fig. 6.

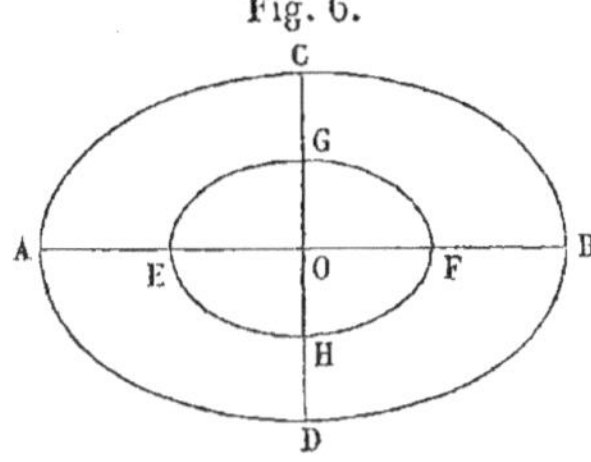

Lorsque l'ellipse présentera un vide intérieur de forme elliptique, il y aura toujours possibilité de trouver sa surface et son moment d'inertie par rapport à un axe quelconque, en calculant la différence des surfaces et des moments d'inertie de deux ellipses pleines. Dans le cas particulier où le contour du vide serait concentrique et semblable au contour extérieur, et semblablement placé, on reconnaît aisément, au moyen de cette méthode, qu'en appelant m le rapport des dimensions de l'ellipse intérieure avec celles de la grande ellipse, l'ellipse centrale d'inertie est encore semblable aux deux premières, qu'elle est semblablement placée, et qu'elle a pour axes

$$\frac{1}{2}l\sqrt{1+m^2} \quad \text{et} \quad \frac{1}{2}h\sqrt{1+m^2}.$$

Nous nous bornerons à ces exemples. Le lecteur pourra trouver d'autres expressions toutes calculées de moments d'inertie des surfaces homogènes, dans les ouvrages sur la Résistance des Matériaux et les Aide-Mémoire de

Mécanique pratique. Quant aux moments d'inertie de surfaces non homogènes, il sera bien rare qu'on puisse en faire usage dans les applications, car les données numériques manqueraient pour cela. Si toutefois le cas se présentait, on se reporterait aux considérations générales que nous avons placées au commencement du n° 5.

7. *Centre de percussion d'une surface plane.* — Après avoir matérialisé une surface plane, comme nous l'avons fait au n° 1, en attribuant à l'un quelconque de ses éléments ω une densité constante ou variable E, on peut assujettir ce corps, en forme de disque extrêmement mince, à tourner autour d'un axe contenu dans son plan. Il y aura alors à considérer un centre de percussion, c'est-à-dire un point tel, qu'en y appliquant une impulsion perpendiculaire à la surface, l'axe n'éprouverait aucune pression. Telle est la définition mécanique : nous allons voir qu'on peut lui en substituer une qui soit purement géométrique.

Soient, en effet, A la surface donnée (*fig.* 7), Ox, Oy deux axes des coordonnées, rectangulaires entre eux, dont l'un, Ox, est celui autour duquel la surface est assujettie à tourner. Appelons x_1 et y_1 les coordonnées du centre de percussion. On sait d'abord que la distance de ce point à l'axe Ox est égale à la longueur du pendule simple équivalent au disque matériel représenté par A, ce qui conduit à la relation

Fig. 7.

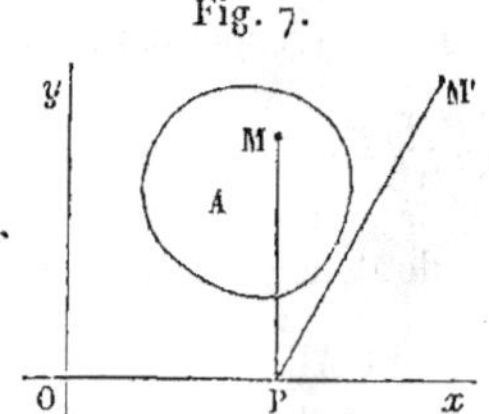

$$y_1 = \frac{\Sigma E y^2 \omega}{\Sigma E y \omega}.$$

En second lieu, Ox doit être axe principal d'inertie au point où il est coupé par un plan qui lui serait perpendiculaire, et qui contiendrait le centre de percussion. Donc, si l'on transportait l'axe des y parallèlement à lui-même en ce point, on aurait $\Sigma E x' y' \omega = 0$ (n° 3), x' et y' étant les coordonnées nouvelles ; ou bien, comme on a $y' = y$, $x' = x - x_1$, on posera

$$\Sigma E y (x - x_1) \omega = 0,$$

relation qui donne la valeur de x_1 :

$$x_1 = \frac{\Sigma E x y \omega}{\Sigma E y \omega}.$$

On voit, en conséquence, que, d'après la définition ci-dessus donnée, nous avons trouvé les coordonnées x_1, y_1 du centre de percussion. Réciproquement, on pourrait se servir des valeurs x_1 et y_1 pour définir le centre de percussion, et alors la propriété mécanique dont jouit ce point ne serait plus en évidence : on aurait une définition purement géométrique.

8. *Propriétés diverses du centre de percussion d'une surface plane.* — Le centre de percussion de la surface plane A (*fig.* 7) peut encore être considéré à un autre point de vue qui sera souvent utile. Supposons un prisme droit qui aurait A pour base, et attribuons à chaque élément de volume de ce prisme la même densité qu'à l'élément superficiel ω sur lequel il se projette dans le plan de la base; admettons enfin que ce prisme soit terminé à un second plan passant par Ox : le centre de gravité du volume hétérogène ainsi formé se projettera sur le plan de A, en un point qui sera précisément le centre de percussion de cette surface. En effet, soit z la hauteur de l'élément prismatique qui a ω pour base; soient x_2, y_2 les coordonnées du centre de gravité en projection; le théorème des moments donne

$$y_2 \Sigma E z \omega = \Sigma E y z \omega,$$
$$x_2 \Sigma E z \omega = \Sigma E x z \omega.$$

Or, $\frac{z}{y}$ est égal à une constante; donc

$$y_2 = \frac{\Sigma E y^2 \omega}{\Sigma E y \omega} = y_1, \quad x_2 = \frac{\Sigma E x y \omega}{\Sigma E y \omega} = x_1;$$

ce qu'il fallait démontrer.

Cette nouvelle manière d'envisager le centre de percussion d'une surface plane conduit à des conséquences qu'il suffit d'énoncer pour en apercevoir la démonstration, et qui bien souvent donneront une détermination immédiate de ce point. Voici ces conséquences :

1° S'il existe dans la surface plane A un diamètre dont les cordes conjuguées soient parallèles à l'axe de rotation; si, en outre, sur chacune de ces cordes les masses sont symétriquement distribuées de part et d'autre du point de rencontre avec le diamètre, le centre de percussion de A sera sur le diamètre dont il s'agit.

2° Quand on voudra trouver le centre de percussion de l'ensemble de deux surfaces dans un même plan, on pourra chercher celui de chacune des deux surfaces isolées, par rapport à l'axe de rotation donné; joindre ces deux points, puis prendre sur la ligne de jonction un point qui la divise en deux segments inversement proportionnels aux moments des deux surfaces ($\Sigma E y \omega$) relativement à l'axe de rotation. Il est clair que cette propriété peut facilement s'étendre à la différence de deux surfaces, ou à la somme d'un nombre quelconque de surfaces, toujours dans un même plan.

3° Le centre de percussion d'une surface plane est identique avec le centre de forces parallèles appliquées sur ses divers éléments, et proportionnelles, pour chacun d'eux, d'une part à sa masse $E\omega$, d'autre part à la distance qui le sépare de l'axe.

4° Voici encore une propriété bonne à connaître. Si l'on transforme la surface plane A, en menant par un point quelconque M une ligne MP de direction constante, et par le point P où elle coupe l'axe de rotation une autre ligne PM', de direction également déterminée, dont la longueur serait celle de MP amplifiée ou diminuée dans un rapport constant, le centre de percussion de la surface transformée s'obtiendra en exécutant sur le centre de percussion de A l'opération géométrique qui vient d'être définie.

Désignons, en effet, par des lettres avec un accent tout ce qui se rapporte à la surface transformée : on aura, pour les coordonnées de son centre de percussion,

$$y'_1 = \frac{\Sigma E y'^2 \omega'}{\Sigma E y' \omega'}, \quad x'_1 = \frac{\Sigma E x' y' \omega'}{\Sigma E y' \omega'}.$$

Or il y a d'abord un rapport invariable entre l'aire ω et sa transformée ω', car la transformation n'altère pas les dimensions parallèles aux x et multiplie par un nombre déterminé celles qui sont parallèles aux y; de plus, on voit immédiatement que

$$y' = my \quad \text{et} \quad x' = x + ny,$$

m et n étant des constantes. Par suite, on peut écrire

$$y'_1 = m\frac{\Sigma E y^2 \omega}{\Sigma E y \omega} = m y_1, \quad x'_1 = \frac{\Sigma E x y \omega}{\Sigma E y \omega} + n\frac{\Sigma E y^2 \omega}{\Sigma E y \omega} = x_1 + n y_1 :$$

donc enfin le point (x'_1, y'_1) est bien identique avec le point déduit du centre de percussion de A, par la transformation géométrique.

9. *Exemples de la recherche des centres de percussion.* — Nous allons indiquer ici les centres de percussion de quelques surfaces homogènes tournant autour d'axes déterminés.

1° *Rectangle ou parallélogramme homogène tournant autour d'un de ses côtés.* — Les considérations présentées au n° 8 prouvent immédiatement que le centre de percussion se trouve sur la médiane qui rencontre l'axe de rotation, et aux deux tiers de la hauteur, à partir dudit axe. On arrive à la même conséquence par l'emploi des valeurs de x_1 et y_1 données au n° 7. En appelant l la longueur du côté autour duquel tourne la surface, h l'autre dimension, puisque E ne varie pas d'un point à un autre, on aura

$$y_1 = \frac{\int_0^h l y^2 dy}{\int_0^h l y\, dy} = \frac{\frac{1}{3} h^3}{\frac{1}{2} h^2} = \frac{2}{3} h.$$

Il est visible d'ailleurs, dans le cas du rectangle, que le centre de percussion doit se trouver sur la ligne perpendiculaire au milieu de la longueur l; car, si l'on prend cette ligne pour axe des y, il y a, pour un élément quelconque ω, un autre élément symétrique ayant même ordonnée y, et une abscisse égale et de signe contraire : donc $\Sigma E x y \omega = 0$, et, par suite, $x_1 = 0$. Pour le parallélogramme, la vérification de la valeur de x_1 exigerait un petit calcul, bien facile à trouver et auquel il nous semble inutile de nous arrêter.

2° *Triangle homogène tournant autour d'un de ses côtés.* — Soit le triangle ABC tournant autour de AC (*fig.* 8) : pour avoir le centre de percussion, il faut avoir, en projection sur le plan ABC, le centre de gravité d'un tétraèdre dont A, B, C seraient trois sommets, et dont le quatrième, que nous appellerons B', se projetterait en B. Or, rien n'est plus facile. On sait que le centre de gravité d'un tétraèdre se trouve au point de rencontre des lignes qui joignent les milieux des côtés opposés. Prenons donc le milieu D de AC et joignons-le au milieu de BB'; nous aurons, en projection, la ligne BD. D'un autre côté, les milieux de AB' et CB' se projetant respectivement sur les milieux de AB et CB, en E et H, la ligne EH passera aussi par la projection du centre de gravité. Donc ce point ne sera autre que G, milieu de BD.

Fig. 8.

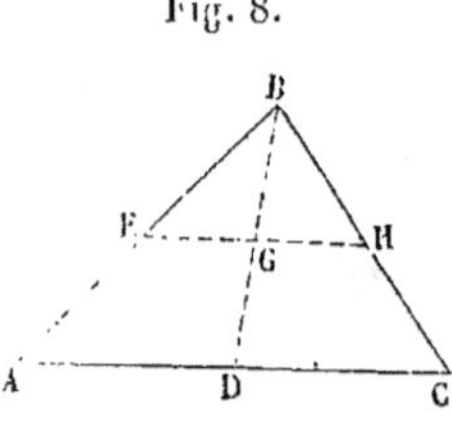

Ainsi, pour obtenir le centre de percussion du triangle homogène ABC, tournant autour de AC, on joindra le milieu de AC au sommet opposé, et l'on prendra le milieu G de la ligne de jonction : G sera le centre de percussion cherché.

3° *Trapèze homogène tournant autour d'un des deux côtés non parallèles.* — Soit ABDC le trapèze donné (*fig.* 9), AC l'axe de rotation qui rencontre en S le côté opposé BD. Posons $\overline{BD} = h$, $\overline{BS} = mh$. Imaginons un plan quelconque passant par la droite SCA, et désignons par B', D' les points de ce plan qui se projettent respectivement sur B et D. Le centre de percussion du trapèze ABDC sera la projection du centre de gravité de la pyramide tronquée ABDCD'B', différence des deux tétraèdres semblables SABB', SCDD', ayant S pour sommet commun. Ces deux tétraèdres ont leur centre de gravité sur une droite partant de S et aboutissant au centre de gravité de la base ABB', et comme le centre de gravité de ABB' se projette au point F, tel que $\overline{BF} = \frac{1}{3}\overline{AB}$, nous connaissons ainsi une ligne SF qui contient le centre de percussion du trapèze. Pour achever de le déterminer, on cherchera la distance x, comptée parallèlement à BD, qui le sépare de la ligne AB. A cet effet on remarquera que les tétraèdres SABB', SCDD' sont respectivement proportionnels à $\overline{SB}^3$, $\overline{SD}^3$, soit à m^3, $(m-1)^3$, et que les distances de leurs centres de gravité au plan ABB', comptées (comme la distance x) parallèlement à BD, sont $\frac{1}{4}\overline{SB}$, $\frac{1}{4}\overline{SD} + BD$, ou encore $\frac{1}{4}mh$, $\frac{1}{4}(m+3)h$. Le théorème des moments donne donc

Fig. 9.

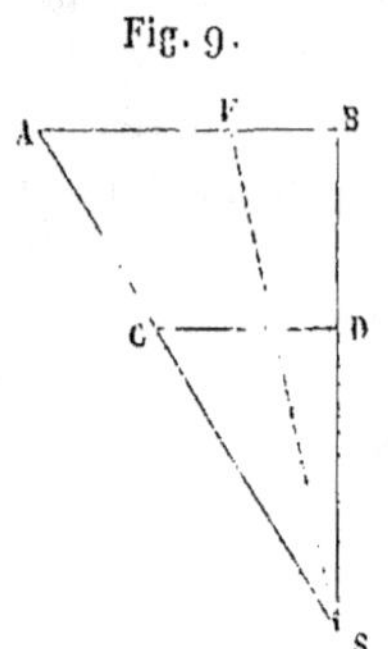

$$x = \frac{1}{4}\cdot\frac{m^4h - (m-1)^3(m+3)h}{m^3 - (m-1)^3} = \frac{1}{4}h\frac{6m^2 - 8m + 3}{3m^2 - 3m + 1}.$$

Pour $m = 1$, cas auquel le trapèze dégénèrerait en triangle, on a

$x = \frac{1}{4} h$; si m varie en croissant depuis 1 jusqu'à ∞, x croît aussi et tend vers la limite $\frac{1}{2} h$. Dans ce cas limite le trapèze devient un parallélogramme. Les deux résultats qu'on vient de trouver concordent avec ceux qu'on a donnés ci-dessus (1° et 2°).

4° *Segment de cercle homogène tournant autour de sa corde.* — Considérons le segment MLP (*fig.* 10), pris dans un cercle homogène de rayon R, et devant tourner autour de sa corde MP. Le centre de percussion se trouvera en H, sur la ligne diamétrale OQ, perpendiculaire au milieu de MP (n° 8) : il sera complétement déterminé, si l'on peut trouver sa distance au centre du cercle O, ou simplement le rapport $\frac{\overline{OH}}{R} = n$. C'est à quoi nous parviendrons en nous servant de la formule du n° 7, qui nous donne la valeur de y_1 ou de $\overline{QH}$. Pour l'appliquer, partageons la surface en éléments $dxdy$ par des parallèles aux lignes QP et QL, prises pour axes des x et des y; nous aurons, en appelant φ l'angle POL,

Fig. 10.

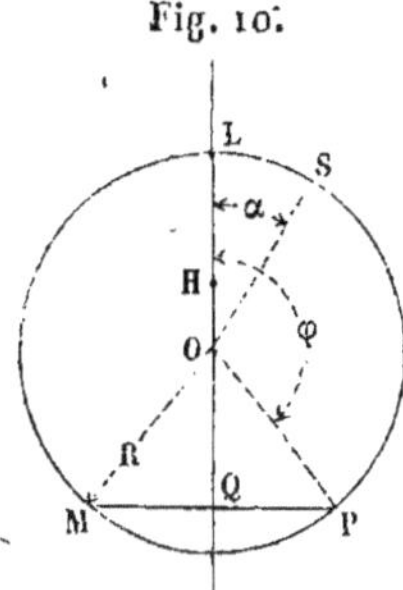

$$\overline{QH} = R(n - \cos\varphi) = \frac{\int\int y^2 dxdy}{\int\int y dxdy};$$

E disparaît encore, comme facteur constant commun aux deux termes de la fraction. Une première intégration, faite pour l'une des rangées d'éléments disposés suivant une parallèle aux x, donnera l'équation

$$(n - \cos\varphi) R \int_0^{R(1-\cos\varphi)} xy\,dy = \int_0^{R(1-\cos\varphi)} y^2 x\,dy,$$

dans laquelle x et y ne désignent plus que les coordonnées d'un point S quelconque de l'arc LP. Or, si l'on désigne par α l'angle LOS que fait avec OL le rayon passant par ce point, on a

$$\begin{aligned} x &= R \sin\alpha, \\ y &= R(\cos\alpha - \cos\varphi), \\ dy &= -R \sin\alpha\, d\alpha, \end{aligned}$$

valeurs qui, substituées dans la dernière équation, donnent

$$(n - \cos\varphi) \int_0^{\varphi} \sin^2\alpha (\cos\alpha - \cos\varphi) d\alpha = \int_0^{\varphi} \sin^2\alpha (\cos\alpha - \cos\varphi)^2 d\alpha.$$

Pour effectuer les intégrations, on se rappellera que

$$\int \sin^2\alpha \cos\alpha\, d\alpha = \frac{1}{3}\sin^3\alpha,$$

$$\int \sin^2\alpha\, d\alpha = \frac{1}{2}\alpha - \frac{1}{2}\sin\alpha\cos\alpha,$$

$$\int \sin^2\alpha \cos^2\alpha\, d\alpha = \frac{1}{4}\sin^3\alpha\cos\alpha + \frac{1}{8}\alpha - \frac{1}{8}\sin\alpha\cos\alpha.$$

On obtiendra donc sans difficulté la valeur de n,

$$n = \frac{\frac{1}{4}\varphi - \frac{1}{6}\sin^3\varphi\cos\varphi - \frac{1}{4}\sin\varphi\cos\varphi}{\frac{2}{3}\sin^3\varphi - \varphi\cos\varphi + \sin\varphi\cos^2\varphi},$$

ce qu'on peut encore écrire de la manière suivante :

$$n = \frac{1}{4}\cdot\frac{\varphi - \sin\varphi\cos\varphi - \frac{2}{3}\sin^3\varphi\cos\varphi}{\sin\varphi - \varphi\cos\varphi - \frac{1}{3}\sin^3\varphi}.$$

Voici les résultats de quelques substitutions :

Pour $\varphi = \pi$	on trouve	$n = 0,250,$
$\frac{5\pi}{6}$		$0,295,$
$\frac{3\pi}{4}$		$0,335,$
$\frac{2\pi}{3}$		$0,410,$
$\frac{\pi}{2}$		$0,589,$
$\frac{\pi}{3}$		$0,790,$
$\frac{\pi}{4}$		$0,876,$
$\frac{\pi}{6}$		$0,943,$
0		$1,000.$

Une interpolation facile à concevoir donnerait approximativement les valeurs de n correspondant à des valeurs φ non comprises dans le tableau précédent : par exemple, quand φ sera égal à $\frac{3\pi}{5}$, on posera la proportion

$$0,589 - n : 0,589 - 0,410 :: \frac{3}{5} - \frac{1}{2} : \frac{2}{3} - \frac{1}{2},$$

d'où

$$n = 0,482.$$

Le calcul direct donne pour résultat

$$n = 0,476.$$

Si le segment circulaire, au lieu d'être plein, se réduisait à la circonférence, ou, si l'on veut, à une couronne très-mince, en conservant les notations précédentes, on aurait

$$n - \cos\varphi = \frac{\int_0^\varphi (\cos\alpha - \cos\varphi)^2 d\alpha}{\int_0^\varphi (\cos\alpha - \cos\varphi)\, d\alpha},$$

d'où l'on tire

$$n = \frac{1}{2} \cdot \frac{\varphi - \sin\varphi\cos\varphi}{\sin\varphi - \varphi\cos\varphi}.$$

Voici encore les valeurs numériques de n correspondantes à quelques valeurs de φ :

Pour $\varphi = \pi$ on trouve	$n = 0,500$,
$\frac{5\pi}{6}$	$0,551$,
$\frac{3\pi}{4}$	$0,602$,
$\frac{2\pi}{3}$	$0,661$,
$\frac{\pi}{2}$	$0,785$,
$\frac{\pi}{3}$	$0,897$,
$\frac{\pi}{4}$	$0,940$,
$\frac{\pi}{6}$	$0,973$,
0	$1,000$.

5° *Segment elliptique homogène tournant autour de sa corde.* — Ce problème se ramène au précédent. Soit, en effet, MLP (*fig.* 11) le segment elliptique donné, ayant son centre en O; soient LI et OK deux diamètres conjugués, dont l'un OK est parallèle à MP. Par un point quelconque G, pris sur l'ellipse, menons GF parallèle à LI; puis par le point F et perpendiculairement à MP, la ligne FG', que nous terminerons à son point de rencontre avec la ligne GG', de direction indéterminée, mais constante pour tous les points. On aura

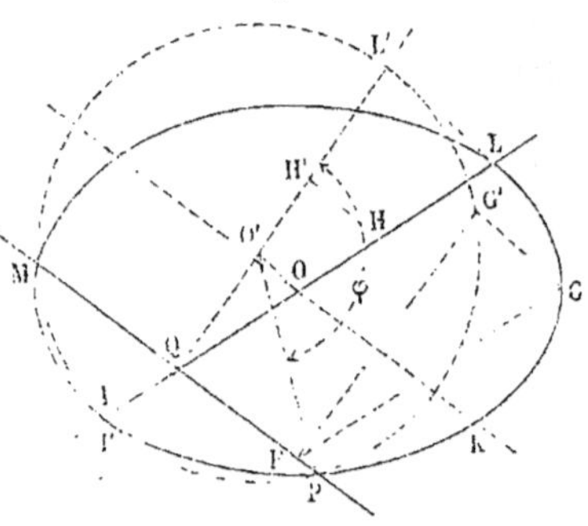

Fig. 11.

$$\text{angle } GFG' = \text{const} = \theta,$$

$$\frac{\overline{FG}}{\overline{FG'}} = \text{const} = m.$$

On démontre sans difficulté que le lieu des points G' est une ellipse ayant pour axes, d'une part, la projection oblique de $\overline{LI}$ sur la perpendiculaire L'I' élevée au milieu de MP, la projection étant faite par des parallèles à GG'; d'autre part, le double de $\overline{OK}$. La courbe transformée, lieu des points G', sera un cercle, en choisissant convenablement la direction indéterminée GG'; il suffira de faire en sorte que la projection oblique de $\overline{OL}$, c'est-à-dire $\overline{O'L'}$, soit égale à $\overline{OK}$: ce qui est un problème très-simple de Géométrie élémentaire. Le centre de ce cercle sera O', projection oblique du centre O de l'ellipse.

Ayant construit le segment circulaire ML'P, on déterminera son centre de percussion H', relatif à l'axe MP, comme nous l'avons fait plus haut. On obtiendra le rapport $\frac{\overline{O'H'}}{\overline{O'L'}} = n$, en substituant dans son expression l'angle φ dont le cosinus est $-\frac{\overline{O'Q}}{\overline{O'L'}}$ ou $-\frac{\overline{OQ}}{\overline{OL}}$. Connaissant H', on mènera H'H parallèle à G'G, et son intersection H avec LI sera précisément le centre de percussion du segment elliptique. En effet, nous avons appliqué ici purement et simplement la dernière propriété démontrée au n° 8.

Pratiquement il ne serait pas nécessaire de passer par la détermination du point auxiliaire H'. En effet $\frac{\overline{O'H'}}{\overline{O'L'}} = \frac{\overline{OH}}{\overline{OL}} = n$; donc, après avoir cherché le rapport n qui répond à l'angle φ dont le cosinus est $-\frac{\overline{OQ}}{\overline{OL}}$, il suffira de porter sur OL la distance $\overline{OH}$ égale à $n.\overline{OL}$: le point H sera le centre cherché.

10. *Recherche générale des centres de percussion par le Calcul intégral ou par la Géométrie.* — Les valeurs des coordonnées x_1, y_1 du centre de percussion d'une surface plane

tournant autour d'un axe situé dans son plan sont exprimées au moyen de trois sommes étendues à tous les éléments superficiels. Il est clair que chacune de ces sommes peut être calculée au moyen d'une intégrale double, comme on l'a vu à propos des moments d'inertie (n° 5). Ces sommes peuvent également se trouver à l'aide des procédés approximatifs connus, tels que la méthode de Simpson.

On peut aussi employer dans cette recherche un procédé géométrique. Nous le croyons d'autant plus intéressant à connaître qu'il conduit à des résultats simples et élégants, et que (comme nous le montrerons tout à l'heure) il est directement applicable à la détermination du centre de pression d'une aire plane plongée dans un liquide pesant et homogène.

Soit donc CD (*fig.* 12) la surface plane, de forme quelcon-

Fig. 12.

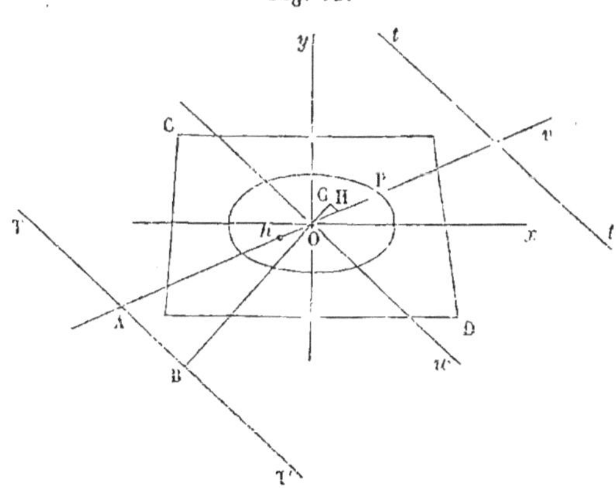

que, dont on veut avoir le centre de percussion relativement à l'axe TT' contenu dans son plan. Soit O son centre de gravité, autour duquel on suppose tracée l'ellipse centrale d'inertie. Menons par le point O les axes principaux d'inertie Ox, Oy, et en outre deux droites Ou, Ov, l'une parallèle et l'autre conjuguée à la direction TT'; nommons

- x, y les coordonnées d'un point quelconque par rapport aux axes Ox, Oy;
- v, u les coordonnées obliques de ce même point relativement à Ov, Ou;

x_1, y_1, v_1, w_1 les coordonnées rectangulaires ou obliques du centre de percussion demandé;

v_2 la valeur particulière de v pour un point quelconque de TT', c'est-à-dire la distance $\overline{OA}$ prise avec le signe — ;

p la longueur du demi-diamètre OP;

δ l'angle POw qu'il fait avec son conjugué;

u la quantité $v \sin \delta$ pour un point quelconque, c'est-à-dire la distance normale de ce point à Ow, prise avec le signe + ou avec le signe —, suivant que l'ordonnée v est positive ou négative;

u_1, u_2 les valeurs particulières de u pour le centre de percussion et l'axe TT';

r le rayon de gyration de la surface CD relativement à Ow.

Le centre de percussion est, comme on l'a vu (n° 8), le centre de forces parallèles appliquées aux divers éléments ω de la surface, et proportionnelles, pour chacun d'eux, au produit de sa masse Eω par sa distance à l'axe de rotation; d'ailleurs cette distance s'exprime ici par $u - u_2$ ou par $(v - v_2)\sin \delta$. Appliquant en conséquence le théorème des moments par rapport aux lignes Ow, Ov, on trouvera

$$v_1 \Sigma \mathrm{E}(v - v_2)\omega = \Sigma \mathrm{E} v (v - v_2)\omega,$$
$$w_1 \Sigma \mathrm{E}(v - v_2)\omega = \Sigma \mathrm{E} w (v - v_2)\omega;$$

ou bien en tenant compte de ce que le centre de gravité est à l'origine, ce qui entraîne la nullité des sommes $\Sigma \mathrm{E} v\omega$, $\Sigma \mathrm{E} w\omega$, il vient

$$-v_1 v_2 \Sigma \mathrm{E}\omega = \Sigma \mathrm{E} v^2 \omega,$$
$$-w_1 v_2 \Sigma \mathrm{E}\omega = \Sigma \mathrm{E} v w \omega.$$

Or on a démontré au n° 4 les égalités

$$\Sigma \mathrm{E} v^2 \omega = p^2 \Sigma \mathrm{E}\omega,$$
$$\Sigma \mathrm{E} v w \omega = 0:$$

les deux précédentes donneront donc enfin

$$v_1 v_2 + p^2 = 0, \tag{1}$$
$$w_1 = 0. \tag{2}$$

On pourra poser aussi, en vertu de (1),

$$v_1 v_2 \sin^2\delta + p^2 \sin^2\delta = 0\,;$$

or, par définition, $v_1 \sin\delta$ et $v_2 \sin\delta$ ne sont autre chose que u_1 et u_2, et, d'un autre côté, $p \sin\delta$ est égal à r (nº 4); donc

$$(3)\qquad u_1 u_2 + r^2 = 0.$$

Les équations (1), (2) et (3) font connaître le centre de percussion par ses coordonnées v_1, w_1, u_1, qui se trouvent exprimées en fonction des données u_2, v_2, r, p. Interprétons maintenant ces équations en langage ordinaire.

L'équation (2) nous apprend que w_1 est nul, et que par conséquent le centre de percussion se trouve quelque part sur la ligne Ov, en H par exemple. L'équation (1) montre que v_1 et v_2 sont de signes contraires; que, par suite, le centre de gravité O est compris entre le centre de percussion H et le point A où l'axe de rotation est coupé par Ov; enfin que $\overline{OP}$ est moyen proportionnel entre $\overline{OA}$ et $\overline{OH}$. Quant à l'équation (3), elle définit la distance normale du point H à Ow; on aurait pu la trouver en exprimant, suivant les théories connues, que le centre de percussion demandé se trouve sur l'axe d'oscillation de la surface CD considérée comme un pendule tournant autour de l'axe de suspension TT'.

En résumé, nous pouvons énoncer la règle suivante :

Pour déterminer le centre de percussion d'une surface plane CD, *relativement à un axe* TT', *on mènera par le centre de gravité* O *de cette surface le diamètre* AOv *conjugué de* TT' *dans l'ellipse centrale d'inertie; puis, dans le prolongement de* AO, *l'on portera la longueur* $\overline{OH}$ *égale à* $\dfrac{\overline{OP}^2}{\overline{AO}}$, OP *étant le rayon de l'ellipse dans la direction* AO. *Ou bien encore, après avoir tracé* AOv, *on prendra la rencontre* H *de cette ligne avec une parallèle à* TT' *menée au delà du centre de gravité, à la distance* $\overline{OG} = \dfrac{r^2}{\overline{OB}}$, r *étant le rayon de gyration relativement à* Ow.

Nous avons dit que les résultats trouvés pour les centres de percussion étaient directement applicables à la recherche des centres de pression, problème qu'on traite dans l'Hydrostatique. Supposons, en effet, que CD soit une aire plane plongée dans un liquide pesant et homogène en équilibre, la pression étant en outre censée nulle au niveau supérieur du liquide (si elle ne l'était pas, on relèverait ce niveau d'une quantité égale à la hauteur représentative de la pression qui s'y trouve exercée). Soit TT′ l'intersection du plan CD, prolongé au besoin, avec le plan horizontal du niveau supérieur. Les pressions exercées par le liquide sur les divers éléments superficiels ω de l'aire CD seront, pour chacun d'eux, proportionnelles au produit de ω par sa profondeur au-dessous du niveau, et par conséquent aussi au produit de ω par sa distance à TT′. Or, dans l'hypothèse où le nombre E serait constant, c'est précisément la loi que suivent les forces parallèles dont H est le centre ; et comme ce centre ne change pas quand toutes les forces varient dans un même rapport, il en résulte que le point H déterminé par la règle ci-dessus n'est autre chose que le centre de pression de l'aire CD. Dans la règle en question il faut comprendre seulement que TT′ désigne l'intersection du plan de l'aire donnée avec le plan du niveau supérieur ; de plus, l'ellipse d'inertie doit être calculée en admettant l'homogénéité de la surface ; enfin, si cette surface était partiellement hors du liquide, il est bien entendu que la portion extérieure serait considérée comme n'existant pas, et qu'on devrait appliquer la règle à la partie plongée, prise toute seule.

11. *Problème inverse : trouver l'axe de rotation quand le centre de percussion est donné. Lieu géométrique des centres de percussion d'une surface quand l'axe de rotation varie dans son plan suivant une certaine loi.* — Quand le centre de percussion H est donné, il est bien facile de revenir à l'axe TT′ (*fig.* 12) : il suffit, en effet, d'après ce qu'on a vu ci-dessus (n° 10), de joindre le point H au centre de gravité O de la surface, de prolonger HO d'une quantité $\overline{OA} = \frac{\overline{OP}^2}{\overline{OH}}$, enfin, de mener par le point A ainsi obtenu une parallèle au diamètre $O\omega'$, conjugué de OH. Ou bien encore, ayant mené en H la ligne HG parallèle à $O\omega'$ et abaissé de O la perpendiculaire OG, on prolongerait GO de la quantité $\overline{OB} = \frac{r^2}{\overline{OG}}$, ce qui déterminerait B et partant TT'.

Cherchons encore l'équation de TT' par rapport aux axes rectangulaires Ox, Oy. Conservons les notations du n° 10 et soit

$$y = mx + n$$

cette équation, m et n étant deux quantités à trouver. La distance d'un point quelconque du plan à cette droite sera proportionnelle à $y - mx - n$, et les forces parallèles dont H est le centre le sont au produit $E(y - mx - n)\omega$; donc en écrivant le théorème des moments pour les axes coordonnés, on aura

$$x_1 \Sigma E(y - mx - n)\omega = \Sigma E(y - mx - n)x\omega,$$
$$y_1 \Sigma E(y - mx - n)\omega = \Sigma E(y - mx - n)y\omega.$$

Or, les axes Ox et Oy étant les axes principaux d'inertie au centre de gravité, on a aussi

$$\Sigma Ex\omega = 0, \quad \Sigma Ey\omega = 0, \quad \Sigma Exy\omega = 0;$$

si nous nommons, en outre, a et b les deux rayons principaux de l'ellipse et que nous posions, comme au n° 4,

$$\Sigma Ey^2\omega = a^2 \Sigma E\omega, \quad \Sigma Ex^2\omega = b^2 \Sigma E\omega,$$

les deux équations ci-dessus se réduiront, par la suppression du facteur $\Sigma E\omega$, à

$$-nx_1 = -mb^2,$$
$$-ny_1 = a^2,$$

d'où l'on tire

$$n = -\frac{a^2}{y_1}, \quad m = \frac{nx_1}{b^2} = -\frac{a^2 x_1}{b^2 y_1}.$$

L'équation de la droite TT' sera donc

$$y = -\frac{a^2 x_1 x}{b^2 y_1} - \frac{a^2}{y_1},$$

ou bien encore

$$(4) \qquad \frac{yy_1}{a^2} + \frac{xx_1}{b^2} + 1 = 0.$$

On reconnaît dans l'équation (4) celle de la *polaire* du point H, sauf le changement de signe du terme indépendant de x et de y, lequel changement a pour effet de faire passer la droite dans la position symétrique par rapport au centre O. Ainsi TT' n'est pas précisément la polaire du point H, mais c'est une droite parallèle à la vraie polaire tt', placée symétriquement de l'autre côté du centre, et que pour cette raison nous nommerions volontiers l'*antipolaire* de H. Réciproquement H serait l'*antipôle* de TT', c'est-à-dire un point pris sur le prolongement de la droite qui joint le pôle h au centre, à la distance $\overline{OH} = \overline{Oh}$. Cette observation, qu'on aurait pu déduire de la règle établie au n° 10, aussi bien que de l'équation (4), permet d'étendre immédiatement toutes les propriétés des pôles et polaires aux centres de percussion et axes de rotation correspondants. De ce que le centre de percussion a l'axe correspondant pour son antipolaire, résultent les propositions ci-après :

1° Quand le centre de percussion varie sur une même droite, les axes de rotation correspondants passent par un même point; ce point est le centre de percussion relatif à la droite.

2° Dans le cas particulier où la droite passe par le centre O, les axes sont tous parallèles à la direction conjuguée dans l'ellipse, et réciproquement.

3° Si l'axe de rotation se meut en restant toujours tangent à une certaine courbe (K) dans le plan, le centre de percussion décrit une autre courbe (K') : ces deux courbes sont réciproques, c'est-à-dire que si l'axe enveloppe (K') le centre de percussion se meut sur (K). Ces courbes sont les antipolaires réciproques; le degré de l'une étant connu, le degré de l'autre le sera pareillement; on démontre, par exemple, que si l'une est du second degré, il en est de même pour l'autre.

La seconde proposition peut être donnée comme un corollaire de la construction géométrique par laquelle on trouve le centre de percussion pour un axe de rotation donné. La première se démontre bien facilement, sans avoir recours à la théorie des polaires. Supposons en effet que l'axe de rotation varie, mais qu'il doive passer toujours par un certain point fixe dont nous appellerons les coordonnées ξ, η : pour chaque axe particulier il y aura un centre ayant x_1, y_1 pour coordonnées, et puisque l'axe passe au point (ξ, η), il faudra que ces quantités vérifient l'équation (4). Donc

$$\frac{\xi x_1}{b^2} + \frac{\eta y_1}{a^2} + 1 = 0;$$

donc les coordonnées x_1, y_1 sont liées par une équation du premier degré, et le point qu'elles représentent se meut par conséquent en ligne droite. D'ailleurs la forme de cette équation, où x_1, y_1 désignent les coordonnées courantes, comparée à celle de l'équation (4), montre clairement que la ligne dont il s'agit est l'axe de rotation répondant au centre de percussion (ξ, η).

Quant aux propriétés énoncées dans le troisième alinéa (3°), nous nous contenterons de les avoir rattachées à la théorie des polaires. Leur démonstration exigerait de trop longs développements et nous écarterait trop de notre but. Nous avons hâte d'aborder la Résistance des Matériaux proprement dite, dont nous n'avons encore exposé que des prolégomènes.

§ II. — Des forces capables de produire sur un prisme une déformation donnée; tensions correspondantes dans les divers points.

12. *Définitions.* — Si l'on prend une portion de prisme comprise entre deux sections normales à la longueur, très-voisines l'une de l'autre; que l'on décompose ce volume en éléments prismatiques très-petits en tous sens, ayant leurs arêtes parallèles à celles du prisme donné, l'un quelconque de ces éléments recevra le nom de *fibre élémentaire* ou quelquefois d'*élément de fibre*. Une file d'éléments disposée parallèlement aux arêtes est ce que nous nommerons une *fibre du prisme*.

Un prisme est susceptible de se déformer d'une infinité de manières; mais nous n'étudierons qu'une classe restreinte de déformations. Nous exclurons toutes celles qui comporteraient un changement quelconque dans la figure des sections transversales, de sorte que le prisme se déformera uniquement par les changements de position des sections relativement les unes aux autres. Maintenant, on peut supposer à deux sections voisines quatre mouvements relatifs simples dont nous allons successivement analyser les effets.

13. *Extension ou compression simples d'un prisme homogène.* — Quand un prisme élastique homogène, de faibles dimensions transversales, est tiré par une force appliquée suivant son axe, on sait qu'il s'allonge proportionnellement à sa longueur primitive, à l'inverse de sa section droite et à cette force. Si l'effort exercé devient assez grand, il est vrai que la proportionnalité cesse ou du moins que le rapport entre l'allongement et la force ne conserve pas sa valeur primitive. Toutefois, comme la valeur limite de la force, qui donne lieu à ce changement, est encore inférieure à celle qui serait fixée par les constructeurs pour avoir des garanties suffisantes de stabilité, nous admettrons toujours la proportionnalité dont il s'agit, c'est-à-dire que nous supposerons toujours la force au-dessous de la limite nécessaire à la conservation du prisme.

Si la force change de sens et produit une compression (toute courbure dans l'axe étant d'ailleurs empêchée par des moyens quelconques), on pourra répéter identiquement la même chose, à part que le prisme sera raccourci au lieu d'être allongé. Ainsi donc, en appelant :

L la longueur primitive;
l l'allongement regardé comme positif dans le cas de l'extension, et négatif dans le cas de la compression;
Ω la section transversale;
E un nombre constant pour une même matière;
T la tension longitudinale, positive ou négative en même temps que l;

on aura la relation fournie par l'expérience

$$l = \frac{\text{TL}}{\text{E}\Omega},$$

d'où l'on tire la valeur de la tension correspondante à un allongement donné,

$$T = \frac{E\Omega l}{L}.$$

Le nombre E est ce que nous appellerons *coefficient d'élasticité longitudinale* pour la matière qui compose le prisme; c'est, comme on le voit, le rapport entre la tension par unité de surface $\frac{T}{\Omega}$ et l'allongement proportionnel correspondant $\frac{l}{L}$ (*).

14. *Généralisation des notions précédentes pour un prisme hétérogène.* — Lorsqu'un prisme n'est pas homogène, mais que ses qualités physiques varient seulement d'un point à l'autre d'une section transversale, toutes les sections étant d'ailleurs identiques entre elles, on peut imaginer qu'il est formé d'une infinité de prismes homogènes juxtaposés. Alors si l'on appelle ω la section de l'un des éléments, t sa tension pour une augmentation l de sa longueur primitive L, E son coefficient d'élasticité, on pourra toujours poser

$$t = \frac{E\omega l}{L}. \tag{1}$$

On peut admettre avec assez de vraisemblance que E reste constant pour un même élément ou fibre quand t varie; ce qui revient à supposer qu'une fibre se comporte comme une tige isolée et qu'elle n'est pas influencée par les fibres voisines. Le nombre E, variable seulement d'une fibre à une autre, sera ce que nous appellerons *coefficient d'élasticité longitudinale* du prisme donné, dans les points qui se trouvent sur la fibre considérée.

La même notion s'étend immédiatement à un prisme de nature quelconque, pourvu qu'on y suppose L infiniment petit, car il est clair qu'on rentrerait ainsi dans le cas que nous

(*) Quelques expérimentateurs ont attribué au coefficient d'élasticité de la fonte ou à celui du fer des valeurs différentes suivant qu'il s'agit de l'extension ou de la compression. Mais, outre que la différence n'est pas bien positivement établie, elle est assez faible pour pouvoir être négligée en vue de simplifier la théorie.

venons d'examiner. Ainsi nous appelons *coefficient d'élasticité longitudinale* en un point quelconque d'un prisme, le rapport supposé constant entre la tension longitudinale de l'élément de fibre qui contient ce point, par unité de surface, et l'allongement proportionnel qui répond à cette tension.

Cela posé, il est facile d'avoir la résultante des tensions dans une section transversale quelconque, pour une extension ou compression uniforme de toutes les fibres, c'est-à-dire quand une section n'éprouve relativement à celle qui la précède ou la suit immédiatement qu'une translation perpendiculaire à leur plan. Il suffira de faire pour toute la section la somme ou intégrale des valeurs de $\frac{E\omega l}{L}$, ce qui donne pour l'intensité de la résultante

$$T = \frac{l}{L} \Sigma E\omega, \tag{2}$$

équation qui peut aussi faire connaître l'allongement l quand les autres quantités sont données. La quantité $\Sigma E\omega$ qui, multipliée par l'allongement proportionnel, donne la tension totale, est ce que nous nommerons *ressort longitudinal du prisme;* plus elle est grande, moins le prisme s'allonge pour une tension totale déterminée; ce qui justifie le nom que nous lui donnons. Quant au point d'application de la force résultante T, il est clair que puisque ses diverses composantes sont en chaque point proportionnelles au produit $E\omega$, il coïncidera avec le centre de gravité de la section, déterminé en attribuant à chaque élément superficiel une densité égale à son coefficient d'élasticité longitudinale.

15. *Cas du glissement simple par translation de deux sections voisines.* — Au lieu de supposer, comme tout à l'heure, qu'une section se déplace relativement à celle qui est infiniment voisine, par une translation suivant une perpendiculaire à son plan, prenons le cas où cette translation s'effectuerait parallèlement audit plan. Il est alors bien difficile de constater directement par l'expérience la relation entre cet effet et la force qui serait capable de le produire, parce que le phénomène est toujours compliqué par des circonstances

étrangères à celles que l'on veut étudier; pour l'établir, nous nous fonderons sur une analogie avec le cas traité ci-dessus. Soient AB, A_1B_1 (*fig.* 13) deux sections transversales infiniment voisines, dont la distance primitive $\overline{AA_1}$ sera désignée par L. Admettons que A_1B_1 glisse dans son plan, par rapport à AB supposé fixe, d'une quantité représentée par $\overline{A_1A'} = \gamma$, qui est la même pour tous les points. L'élément superficiel ω, venu en ω', tendra en vertu de l'élasticité à reprendre sa position primitive; la force exercée sur lui dans ce but sera, d'une part, proportionnelle à ω, et d'autre part fonction du glissement relatif $\frac{\gamma}{L}$. Il est assez naturel d'admettre qu'elle lui sera proportionnelle dans une certaine limite et de poser, en appelant θ cette force,

Fig. 13.

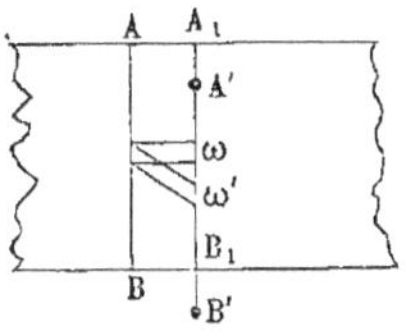

$$\theta = G\frac{\gamma\omega}{L}, \tag{3}$$

relation dans laquelle G est un coefficient constant pour une même fibre élémentaire, mais variable de l'une à l'autre; il représente d'ailleurs [comme E dans l'équation (1)] le rapport constant entre la force $\frac{\theta}{\omega}$ par unité de surface et le glissement relatif $\frac{\gamma}{L}$; nous l'appellerons *coefficient d'élasticité transversale.*

La force θ est opposée au glissement; la résultante Θ de toutes les forces parallèles appliquées aux divers éléments superficiels ω sera

$$\Theta = \frac{\gamma}{L}\Sigma G\omega. \tag{4}$$

Cette équation, tout à fait pareille à l'équation (2) du n° **14**, donne le rapport entre une force Θ et le glissement γ qu'elle produit. La quantité $\Sigma G\omega$ pourra donc par analogie être appelée *ressort transversal du prisme.* On remarquera en outre que la force Θ est située dans le plan de la section et qu'elle passe par son centre de gravité, déterminé comme si chaque élément avait une densité égale au nombre G correspondant.

16. *Centre d'élasticité d'une section transversale.* — Pour un même élément ω pris dans une section, il existe deux coefficients d'élasticité E et G, dont la définition vient d'être donnée. Ces nombres dépendant de la constitution de la matière peuvent être variables d'un élément à l'autre; mais ordinairement, dans les applications numériques de la Résistance des Matériaux, faute de données suffisantes à ce sujet, on est obligé de les supposer l'un et l'autre constants pour un même corps. Nous ferons donc une hypothèse encore plus générale en admettant que les corps dont nous nous occupons sont tels, qu'il y a un rapport constant entre les coefficients E et G aux différents points. C'est au reste ce qui paraît approximativement résulter des expériences qui ont fixé les valeurs E et G pour les corps le plus souvent employés dans les constructions; car le rapport $\frac{E}{G}$ s'écarte ordinairement assez peu de 3.

Une conséquence immédiate de l'hypothèse que nous venons de faire, c'est que les deux résultantes T et Θ des actions moléculaires produites dans une section, soit par une extension ou compression simples, soit par un glissement simple, passent en un même point. Elles se rencontrent en effet au centre de gravité de la section déterminé en considérant chaque portion de la surface comme ayant une densité égale à E ou à G. A cause du rôle que joue l'élasticité dans la détermination de ce point, il paraît convenable de l'appeler *centre d'élasticité*. La fibre qui contient les centres d'élasticité de toutes les sections se nommera *fibre moyenne*.

Nous avertissons en outre ici que quand nous parlerons soit de l'ellipse d'inertie d'une surface, soit de son rayon de gyration, ces quantités devront être déterminées en adoptant pour densité en chaque point la valeur E ou G.

17. *Cas de la flexion simple.* — Nous disons qu'un prisme éprouve une flexion simple quand une section quelconque n'a, relativement à celle qui est infiniment voisine, qu'un mouve-

ment de rotation autour d'un axe contenu dans son plan et passant par le centre d'élasticité.

Fig. 14.

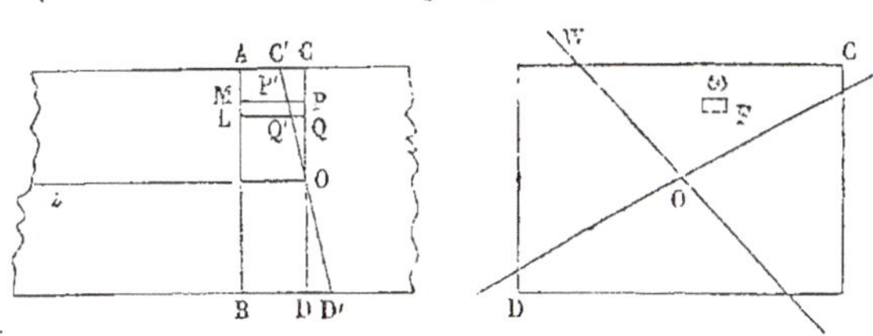

Soient :

AB et CD (*fig.* 14) les sections considérées;

C'D' la position occupée par cette dernière après la déformation, relativement à AB supposé fixe;

O le centre d'élasticité de CD;

OW l'axe de flexion; OV son diamètre conjugué dans l'ellipse centrale d'inertie;

δ l'angle aigu de ces deux lignes;

ψ l'angle infiniment petit des plans CD, C'D';

L la longueur $\overline{AC}$;

v, w les coordonnées d'un point quelconque F relativement aux axes obliques OV, OW;

u, u' les distances de ce même point à OW et à OV;

E le coefficient d'élasticité longitudinale en F;

ω un élément superficiel contenant ce point.

La fibre élémentaire ayant ω pour base éprouvera un allongement simple, toujours exprimé algébriquement par ψu, pourvu que u soit pris négatif du côté de OW où il y a raccourcissement; la tension correspondante, positive ou négative, sera $E\omega\frac{\psi u}{L}$ (nº 14); la tension par unité de surface variera donc d'un point à l'autre proportionnellement au produit Eu.

Cherchons maintenant à composer entre elles toutes les tensions telles que $E\omega\frac{\psi u}{L}$, pour les réduire à une force ou à un couple unique. On remarquera d'abord que leur somme algébrique est $\frac{\psi}{L}\Sigma Eu\omega$, quantité nulle puisque OW passe au centre d'élasticité de CD; comme d'ailleurs toutes ces forces sont parallèles à l'axe du prisme, il est clair qu'elles se réduisent à un couple situé dans un plan également parallèle à cet axe, couple qui sera complétement déterminé si l'on parvient à trouver une parallèle à la trace de son plan sur celui de la section CD et la grandeur de son moment.

A cet effet rappelons-nous que, les diamètres OV, OW étant conjugués dans l'ellipse centrale d'inertie, on a (n° 4)

$$\Sigma E v w \omega = 0;$$

or v et w sont dans un rapport constant avec u et u' : donc aussi

$$\Sigma E u u' \omega = 0,$$

pourvu qu'on ait soin de changer u de signe en même temps que v, et u' en même temps que w, c'est-à-dire de donner à ces distances le signe + ou le signe — suivant qu'elles sont comptées d'un côté ou de l'autre de leurs axes respectifs. Moyennant cette précaution, nous pouvons dire également que la somme algébrique des moments des forces moléculaires relativement à OV s'exprime par $\frac{\psi}{L}\Sigma E u u' \omega$. Donc cette somme est nulle en vertu de la dernière équation; donc le couple résultant coupe le plan de la section suivant une parallèle à OV, ou encore sa trace est conjuguée de l'axe de flexion dans l'ellipse centrale d'inertie de la section CD.

Quant à l'intensité X de ce couple, voici comment on l'obtiendra. D'après la direction que nous avons trouvée pour son plan, on voit que son axe représentatif est contenu dans le plan CD et qu'il a la direction perpendiculaire à OV; cet axe fait donc avec OW un angle complémentaire de δ. Par suite, le moment du couple résultant relativement à OW sera $X\cos\left(\frac{\pi}{2}-\delta\right)$ ou $X\sin\delta$, comme on le sait par la théorie des moments et des couples. On en a une autre expression en prenant la somme des moments des tensions élémentaires par rapport au même axe OW; l'une de ces tensions ayant pour intensité $\frac{\psi}{L}Eu\omega$ agit sur le bras de levier u et donne lieu au moment $\frac{\psi}{L}Eu^2\omega$: le moment total est donc $\frac{\psi}{L}\Sigma Eu^2\omega$. Égalant ces deux valeurs de la même quantité, on posera

$$X \sin\delta = \frac{\psi}{L}\Sigma E u^2 \omega,$$

ou bien, si l'on nomme r le rayon de gyration de CD par rapport à OW,

$$X = \frac{\psi}{L \sin\delta} r^2 \Sigma E \omega. \tag{5}$$

Telle est la relation entre la rotation ou flexion simple ψ et le moment résultant des tensions moléculaires qu'elle produit.

Les explications précédentes laissent un peu dans le vague le sens du couple X corrélatif à un sens donné de ψ. Cette lacune est aisée à combler, si l'on observe que, par la nature même des forces élastiques, leur effet doit être ici de ramener la section de la position finale C'D' à la position initiale CD. Il faut par conséquent que le moment $X\sin\delta$ soit opposé à la rotation ψ; et, comme $\sin\delta$ est positif, cela revient à dire que *l'axe représentatif du couple fait un angle obtus avec l'axe représentatif de la rotation correspondante*. Si, au lieu de prendre le couple résultant des actions moléculaires, on eût pris le couple égal et de sens contraire, qui serait capable de les équilibrer et par suite de maintenir le prisme en état de flexion, alors *les deux axes feraient entre eux un angle aigu*. La valeur de l'angle est d'ailleurs $\frac{\pi}{2}+\delta$ dans le premier cas, et $\frac{\pi}{2}-\delta$ dans le second.

En résumé, on voit qu'une flexion simple donne lieu à des forces moléculaires se réduisant à un couple; que la trace de ce couple sur le plan de la section fléchie est parallèle au diamètre de l'ellipse centrale d'inertie de la section, conjugué avec l'axe autour duquel la flexion s'opère; enfin que le moment du même couple est proportionnel à l'angle de flexion rapporté à l'unité de longueur $\left(\frac{\psi}{L}\right)$, à l'inverse du sinus de l'angle δ, et à la quantité $r^2\Sigma E\omega$ qui est le moment d'inertie de la section fléchie pris relativement à l'axe de flexion. Cette dernière quantité, indépendante de la flexion, mais dépendante seulement de la surface CD et de ses qualités physiques, peut être considérée comme donnant la mesure de l'effort à employer pour produire une flexion donnée, autour d'un axe déterminé, entre les sections très-voisines CD, AB; par cette raison, nous pensons qu'on pourrait la nommer *moment d'inflexibilité de la section* CD, *relativement à l'axe* OW, afin de rappeler le rôle qu'elle joue dans la théorie qu'on vient d'exposer (*).

18. *Cas de la torsion simple.* — Un prisme éprouve une torsion simple, quand une section tourne, relativement à une section infiniment voisine, autour d'un axe perpendiculaire à leurs plans et passant par leurs centres d'élasticité. Reportons-nous à la *fig.* 14, conservons les notations du n° 17 et appelons en outre

G le coefficient d'élasticité transversale pour l'élément ω;
ρ sa distance à l'axe de torsion Oz;
χ l'angle dont a tourné la section CD relativement à AB supposé fixe.

L'élément ω supporte, dans son plan et perpendiculairement à ρ, une tension $\frac{G\omega\chi\rho}{L}$ (n° 15); la tension par unité de surface varie donc comme le produit $G\rho$.

Pour composer entre elles toutes ces tensions, on les projettera d'abord sur trois axes rectangulaires Ox, Oy, Oz, dont les deux premiers soient dans le plan CD. La somme des projections sur Oz sera nulle d'elle-même; quant à la projection totale sur Ox, elle est $\frac{\chi}{L}\Sigma G\omega y$, c'est-à-dire nulle, puisque O est le centre d'élasticité; et il en est de même des projections

(*) Dans la première édition de cet ouvrage, nous disions : *moment de flexibilité*. Mais notre dénomination actuelle paraîtra peut-être plus juste, puisque la difficulté de fléchir le prisme croît comme la quantité dont il s'agit.

sur Oy. Donc les tensions se composent en un couple contenu dans le plan CD, couple dont l'axe est évidemment dirigé en sens contraire de celui qui représente la rotation χ. Le moment V de ce couple ne sera autre que la somme des moments des tensions relativement à un point quelconque du plan, O par exemple : donc on aura

$$V = \frac{\chi}{L} \Sigma G \rho^2 \omega. \tag{6}$$

Le moment d'inertie $\Sigma G \rho^2 \omega$ peut s'exprimer autrement. On a vu en effet (n° 5) que le carré du rayon de gyration correspondant, ou $\frac{\Sigma G \rho^2 \omega}{\Sigma G \omega}$, est égal à la somme des carrés des deux demi-diamètres principaux a et b de l'ellipse d'inertie, construite pour le point O de la surface : donc

$$\Sigma G \rho^2 \omega = (a^2 + b^2) \Sigma G \omega.$$

A la vérité a et b devraient être déterminés en attribuant à chaque élément une densité G; mais si l'on admet l'hypothèse d'un rapport invariable entre les deux coefficients d'élasticité, le résultat serait le même en attribuant la densité E, et les lettres a et b auraient la même signification dans les deux cas.

Comme on le voit aisément, le moment d'inertie $\Sigma G \rho^2 \omega$ ou $(a^2 + b^2) \Sigma G \omega$ joue ici un rôle tout à fait analogue à celui du moment $\Sigma E u^2 \omega$ ou $r^2 \Sigma E \omega$ dans la flexion simple : il serait donc naturel de l'appeler *moment d'intorsibilité* (*) de la section CD, si ce dernier mot existait en français, comme on pourrait le désirer, pour exprimer la difficulté d'être tordu, de même qu'*inflexibilité* exprime la difficulté d'être fléchi.

19. *Observation sur la composition de deux ou plusieurs mouvements simples de même nature.* — Supposons d'abord, pour fixer les idées, le cas de la flexion. La rotation ψ, étudiée au n° 17 et constituant une flexion, peut être regardée comme

(*) Il y aurait à répéter ici une observation analogue à celle qui est renfermée dans la note de la page précédente.

produite par plusieurs rotations ou flexions ψ', ψ'',..., autour d'axes différents, tous passant par le centre d'élasticité de la section et contenus dans son plan. La flexion ψ donne lieu à des actions moléculaires qui équivalent en somme au couple X; de même à ψ', ψ'',... répondront d'autres couples X', X'',... ayant chacun leur orientation déterminée par l'axe de flexion correspondant. Nous voulons établir que X est le couple résultant de X', X'',....

En effet, puisque ψ est la résultante de ψ', ψ'',..., l'allongement, positif ou négatif, produit par ψ dans une fibre élémentaire quelconque, sera la résultante (on pourrait même dire ici la somme algébrique) de ceux que produiraient isolément ψ', ψ'',.... On est en droit d'en dire autant pour les tensions moléculaires, car elles sont proportionnelles, dans chaque élément de fibre, à l'allongement éprouvé par celui-ci. Ainsi donc les tensions produites par la flexion résultante d'une part, et d'autre part toutes les tensions qui seraient dues aux flexions composantes, forment deux systèmes équivalents. Or quand deux systèmes de forces sont équivalents, on ne trouble pas l'équivalence en opérant sur chacun d'eux telle composition ou décomposition partielle que l'on veut; nous aurons donc encore deux systèmes équivalents quand nous aurons remplacé le premier par le couple X, et le second par les couples X', X'',..., dont chacun s'obtient en prenant à part une portion des forces à composer. C'est justement en cela que consiste notre théorème.

La même démonstration s'appliquerait, presque mot pour mot, si au lieu d'une flexion nous avions considéré l'un des trois autres mouvements simples, savoir, une extension, un glissement transversal, une torsion. Elle s'appliquerait encore, évidemment, si les mouvements composants n'étaient pas de même nature, pourvu que tous produisissent sur chaque fibre élémentaire une extension simple (positive ou négative, indifféremment), ou qu'ils produisissent tous un glissement transversal. On pourrait joindre, par exemple, les extensions simples avec les flexions; les glissements transversaux simples pourraient aussi se mêler avec les torsions. On arriverait toujours à cette même conclusion : l'ensemble des forces moléculaires dues au mouvement résultant équivaut au système des résultantes partielles obtenues en considérant à part chaque mouvement composant.

§ III. — Problème inverse : Étant données les forces qui doivent être équilibrées par les actions moléculaires dans une section d'un prisme, trouver la tension par unité de surface en chaque point.

20. *Solution générale.* — Quand on connaît toutes les forces extérieures sous l'action desquelles un prisme se maintient en équilibre, il est clair qu'on connaît par cela même la résultante ou plus généralement les deux résultantes des actions moléculaires dans une section quelconque : car ces actions doivent faire équilibre à toutes les forces extérieures qui agissent entre la section considérée et l'une des extrémités du prisme. Le problème posé dans ce paragraphe est donc l'un des trois problèmes généraux énoncés dans l'introduction du Cours. Sa solution se déduit immédiatement d'une double hypothèse qu'on peut énoncer ainsi : 1° les seules déformations qui se produisent sous l'action des forces données sont les déformations simples mentionnées ci-dessus, au § II, ou bien elles résultent de la composition des mouvements relatifs de sections auxquels sont dues lesdites déformations simples; 2° les tensions produites par un mouvement relatif de deux sections voisines, composé de deux ou plusieurs mouvements simples, sont les résultantes des tensions qui se produiraient si les mouvements composants existaient chacun à l'exclusion des autres [cette deuxième proposition a été partiellement reconnue vraie ci-dessus (n° 19); mais le raisonnement, fondé sur la proportionnalité entre les forces et les dérangements qu'elles produisent, n'est pas applicable au cas où il y a simultanément extension et glissement transversal pour une fibre élémentaire donnée].

Soient en effet CD (*fig.* 15) la section transversale dans laquelle on veut déterminer les tensions, O son centre d'élasticité. Toutes les forces qui agissent depuis CD jusqu'à l'extrémité de la pièce pourront toujours être ramenées par la composition à une résultante de translation R appliquée en O, et à un couple dont l'axe représentatif sera OS par exemple. Puis la force R sera décomposée en une force N, dirigée normalement à CD, et en une force P située dans le plan CD; de même le couple représenté par OS sera décomposé en deux autres représentés par les axes OX et OV, le premier couple composant ayant son plan normal à la section, l'autre étant contenu dans cette section. Cela posé, pour produire des actions moléculaires susceptibles d'équilibrer le système N, P, X, V, il suffira d'imaginer que CD a pris relativement à la section infiniment voisine AB les quatre mouvements simples suivants :

Fig. 15.

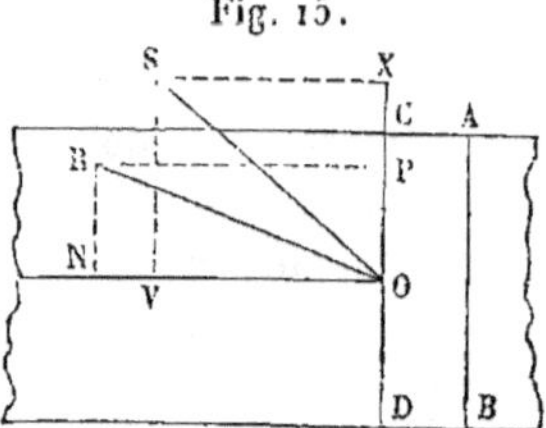

1° Une translation parallèle à ON, exprimée par $\frac{NL}{\Sigma E\omega}$, laquelle donnera lieu à la tension résultante N (n° 14);

2° Un glissement dans son plan, dirigé suivant OP, exprimé par $\frac{PL}{\Sigma G\omega}$, lequel produira une force égale et contraire à P (n° 15);

3° Une flexion simple ou rotation autour d'un axe conjugué, dans l'ellipse centrale d'inertie, avec la perpendiculaire à OX (n° 17) : en appelant δ l'angle de la perpendiculaire à OX avec son diamètre conjugué, r le rayon de gyration de CD autour de ce diamètre, et adoptant pour grandeur de cette rotation $\frac{XL\sin\delta}{r^2\Sigma E\omega}$, on produira des actions moléculaires dont l'ensemble sera équivalent et contraire au couple X;

4° Enfin une torsion simple ou rotation autour de l'axe normal à CD et passant au point O, dont la grandeur serait $\frac{VL}{(a^2+b^2)\Sigma G\omega}$, a et b étant les rayons de gyration principaux de la surface CD en O. Les actions moléculaires produites par ce dernier mouvement feront équilibre au couple V (n° 18).

Ainsi donc on pourra, moyennant les hypothèses fondamentales sur lesquelles nous nous appuyons, trouver dans le cas le plus général, quant à la distribution des forces et à la nature du prisme, les quatre mouvements relatifs simples de deux sections infiniment voisines, dont l'ensemble produirait des tensions capables de faire équilibre aux forces données. Connaissant ces mouvements, on en déduira la tension due isolément à chacun d'eux dans les divers éléments de fibre qui traversent la section considérée; puis composant pour chaque élément de fibre, d'une part les actions dues à l'extension simple et à la flexion, d'autre part celles qui produisent le glissement transversal simple et la torsion, on aurait pour ce même élément de fibre les deux forces résultantes qui le sollicitent longitudinalement et transversalement.

Sur les quatre quantités N, P, V, X qui dépendent des forces extérieures appliquées à la pièce, il y en a une P que l'on désigne souvent sous le nom d'*effort tranchant*. En raison du rôle que joue V dans la déformation, nous l'appellerons *couple* ou *moment de torsion*; par un motif analogue, X sera le *couple* ou *moment de flexion*, ou encore le *moment fléchissant*. Quant à la force N, il ne semble pas très-utile de lui donner un nom spécial : celui de *tension totale* se comprend de lui-même.

21. *Cas particulier des pièces droites chargées transversalement.* — Soit, par exemple, un prisme soumis uniquement à des forces perpendiculaires à sa longueur et situées dans un même plan, qui sera supposé contenir aussi la fibre moyenne. Il s'agit d'étudier la distribution des forces moléculaires dans une section donnée quelconque CD (*fig.* 16). Soient P la résultante des forces extérieures pour la portion de prisme comprise entre la section CD et l'extrémité F; H le point d'application de P. Ce point H et l'intensité P varieront généralement avec la position de CD; ils ne resteraient constants que s'il y avait une force unique appliquée au prisme.

Fig. 16.

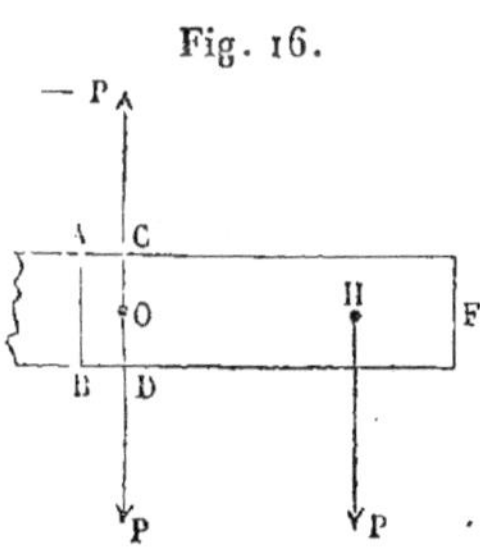

Dans tous les cas, la résultante P pourra être remplacée par une force égale, parallèle et de même sens, passant au centre d'élasticité O de CD, et par le couple (P, — P), dont nous désignerons le moment par Ph. On voit alors qu'il n'y aura dans CD qu'un glissement transversal et une flexion simples, relativement à la section très-voisine AB. Le premier de ces mouvements, ayant pour étendue $\frac{PL}{\Sigma G\omega}$, donnera lieu sur chaque élément à la tension transversale par unité de surface $P\frac{G}{\Sigma G\omega}$ (n° 15). Le second s'effectuera autour d'un axe conjugué, dans l'ellipse centrale d'inertie, avec l'intersection mutuelle des plans (P, — P) et CD; sa grandeur sera, en conservant les notations du n° 17, exprimée par $\frac{PhL\sin\delta}{r^2\Sigma E\omega}$; enfin la tension longitudinale qu'elle produit dans chaque fibre, par unité de surface, sera $Eu\frac{Ph\sin\delta}{r^2\Sigma E\omega}$. Elle changerait de signe avec u, c'est-à-dire (n° 17) qu'il y aurait extension d'un côté de l'axe de flexion et compression de l'autre; le sens du couple (P, — P) indique d'ailleurs facilement le sens de la rotation prise par CD, et par suite celle des fibres qui sont allongées, ainsi que celles qui sont raccourcies.

Ordinairement on néglige l'action de glissement $P\frac{G}{\Sigma G\omega}$. Il est rare que cela ait de graves inconvénients en pratique; cependant il ne faut pas perdre de vue l'existence de cette action; parfois elle subsiste seule, et alors c'est à elle qu'il faut songer quand on fixe les dimensions de la section CD. Par exemple, si P est une force unique appliquée au prisme, il est clair que, pour une section faite en H, Ph serait nul, et l'effort de glissement subsisterait seul.

On admet aussi le plus souvent l'hypothèse restreinte d'une pièce homogène, symétrique par rapport au plan qui passe par la fibre moyenne et contient les forces extérieures. Le plan (P, — P) coupe alors celui de la section suivant un axe principal de l'ellipse centrale d'inertie, et le diamètre conjugué de cet axe n'est autre que la ligne menée en O perpendiculairement au plan de symétrie OPH. En continuant donc à négliger le glissement transversal et appelant I le moment d'inertie de la section CD, calculé avec la valeur constante $E = 1$, relativement à la ligne qu'on vient de définir, la tension positive ou négative par unité de surface produite par la flexion serait, pour un point quelconque, $\frac{Phu}{I}$.

Nous aurons occasion plus tard, dans un chapitre spécial, de revenir sur ces considérations, que nous nous bornons ici à indiquer sommairement, et d'y ajouter alors des détails qui en feront mieux saisir la portée.

22. *Solides d'égale résistance.* — Supposons encore qu'au lieu d'une pièce rectiligne à section constante, nous ayons une pièce dont l'axe pourrait être soit droit, soit légèrement courbe, et dont la section pourrait varier progressivement et d'une manière lente. Alors on pourra considérer à part chaque portion comprise entre deux sections très-voisines, comme un prisme, et en déterminant ses tensions sous l'action de charges transversales, on arriverait aux formules du n° 21, dans lesquelles Ph désignerait toujours la somme des moments des forces comprises entre la section considérée et l'extrémité de la pièce. Ainsi, dans le cas d'une pièce homogène et symétrique par rapport au plan des forces, la tension longitudinale serait exprimée généralement par $\frac{Phu}{I}$. D'un point à l'autre d'une même section, cette quantité varie et devient maximum en même temps que u; d'une section à l'autre ce maximum peut en général varier avec Ph, I et le maximum de u. Quand il est constant dans toutes les sections, on dit que la pièce ou le solide est d'égale résistance.

Montrons par quelques exemples comment cette condition concourt à déterminer la forme de la pièce. Soit une pièce à section rectangulaire de dimensions b et c, encastrée à une extrémité et supportant à l'autre un poids unique P, dont x désignera la distance à une section quelconque. I sera ici égal à $\frac{1}{12}bc^3$ (n° 6), la valeur maximum de u sera $\frac{1}{2}c$, et l'expression $\frac{Phu}{I}$ aura pour maximum dans chaque section $\frac{6Px}{bc^2}$. Ainsi l'on devra satisfaire à la condition

$$\frac{6Px}{bc^2} = \text{constante}.$$

Cette équation entre trois variables x, b, c ne suffit pas pour fixer tout à fait la forme de la pièce, car on pourrait se donner b ou c en fonction de x et en conclure l'autre également en fonction de x. Si, par exemple, le solide a toujours la même épaisseur mesurée perpendiculairement au plan passant par P et la fibre moyenne, b étant constant, $\frac{x}{c^2}$ le sera aussi, et par conséquent dans ce plan le profil de la pièce serait une parabole, c'est-à-dire que les hauteurs c des sections successives croîtraient comme les ordonnées d'une parabole du second degré, dont le sommet serait sur la force P. Ce résultat est d'ailleurs subordonné à ce que l'on néglige les actions dues au glissement, ce qui permet de réduire à zéro la valeur de c près du point d'application de la force P : en pratique cette réduction ne pourrait pas avoir lieu, et il faudrait renforcer le solide aux environs du point dont il s'agit.

Si la charge, au lieu d'être unique, était uniformément répartie suivant la longueur, p étant sa valeur par mètre courant, le moment Ph serait $\frac{1}{2}px^2$. Il faudrait donc poser

$$\frac{3px^2}{bc^2} = \text{constante},$$

et dans le cas de b constant, $\frac{x}{c}$ serait une constante, c'est-à-dire que la parabole serait remplacée par une ligne droite.

En revenant au cas de la charge unique, si, au lieu de supposer b constant, on prenait $\frac{c}{b}$ constant et égal à un nombre donné K, on aurait

$$\frac{6KPx}{c^3} = \text{constante};$$

on voit que la parabole du second degré serait remplacée par une parabole du troisième degré.

Les exemples pourraient être multipliés à l'infini : nous nous en tiendrons à ceux qui précèdent.

Nous allons maintenant traiter avec quelques détails un cas particulier du problème de la résistance des prismes, qui nous fournira des résultats intéressants.

§ IV. — Développement de la solution générale du problème posé au § III, pour le cas où les actions moléculaires font équilibre à une force unique normale au plan de la section.

23. *Expressions analytiques de la tension en chaque point.*— Prenons un prisme dont AB et CD (*fig.* 17) sont deux sections consécutives infiniment voisines, et supposons que toutes les forces extérieures agissant au delà de CD, jusqu'à l'extrémité du prisme, se réduisent à une résultante N parallèle aux fibres et coupant en H le plan CD, auquel elle est perpendiculaire. Cette force pouvant se transposer parallèlement à elle-même

Fig. 17.

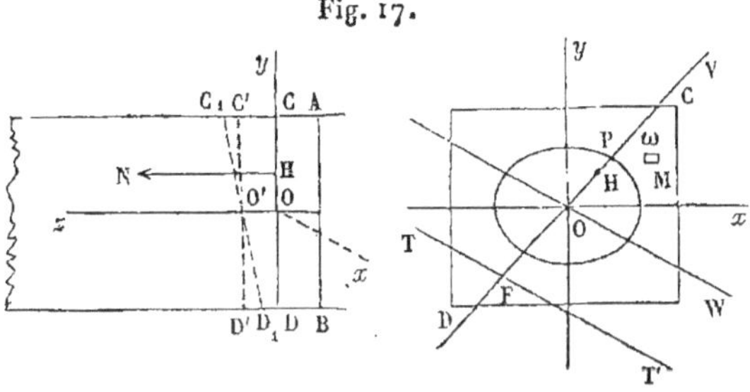

au point O, centre d'élasticité de CD, à la condition d'y joindre un couple (N, — N) formé de la force primitive et d'une force égale et directement opposée à la force transportée, on voit que dans la théorie générale du n° 20 il faut faire $P = 0$, $V = 0$; alors les quatre mouvements relatifs de CD par rapport à AB se réduisent à deux, savoir : 1° une translation $\overline{OO'} = \dfrac{NL}{\Sigma E\omega}$ parallèle à N, par laquelle CD arrive en C′D′; 2° une rotation autour d'un axe contenu dans le plan C′D′, par laquelle il prendra la position finale C_1D_1. En continuant à suivre la voie tracée au n° 20, on arriverait à la détermination des tensions sur les divers éléments superficiels de la section CD, et on en trouverait toutes les lois. Mais la marche suivante nous a paru conduire plus simplement et plus directement au but.

Les plans C_1D_1, CD se coupent suivant une certaine ligne TT′ s'éloignant parfois à l'infini, mais ne pouvant devenir imaginaire. Tous les points du plan CD se mouvant dans la direction normale à ce plan pour arriver dans C_1D_1, il en résulte que les points de TT′ ont dû rester immobiles, et, par suite, que le mouvement total de CD relativement à AB se ramène à une rotation autour de TT′. Sur cette ligne il n'y a pas d'allongement et conséquemment pas de tension (en supposant, bien entendu, que la loi des allongements ou tensions s'étende, s'il le faut, même au delà des limites de l'aire CD); pour cette raison nous nommerons TT′ l'*axe neutre*.

Le point H, par où passe la résultante des tensions moléculaires, puisque celles-ci doivent équilibrer la force N, sera pour nous le *centre des tensions*.

Or la corrélation entre le point donné H et la ligne inconnue TT′ est bien facile à découvrir. L'allongement d'une fibre élémentaire quelconque, ayant une section ω, est proportionnel à la distance d qui la sépare de l'axe, et si nous appelons E son coefficient d'élasticité longitudinale, sa tension sera (sauf un facteur constant) $E\omega d$. Toutes les tensions sur l'ensemble des éléments ω varient donc comme le produit de $E\omega$ par la distance d : donc, en convenant d'attribuer partout à la surface une densité E, nous pourrons dire (n° 8) que le centre H de ces forces parallèles est le centre de percussion de la surface CD relatif à TT′ prise pour axe de rotation. Cela permet (n° 11) de construire TT′, puisque nous connaissons H; cette ligne a une direction conjuguée du rayon OHP dans l'ellipse centrale d'inertie de CD, et coupe le prolongement de ce rayon en un point F qu'on sait trouver.

Pour conclure de là l'expression analytique de la tension, concevons tracée autour du point O l'ellipse centrale d'inertie, dont Ox et Oy seront les axes principaux, et nommons :

a, b les rayons de gyration de l'aire CD relativement à ces axes;

x, y les coordonnées, relativement aux mêmes axes, d'un point quelconque M appartenant à l'élément ω;

v son ordonnée parallèle à OV, dans le système d'axes obliques OV, OW, cette dernière ligne étant le diamètre conjugué de OHV;

u la distance normale de M à OW, prise avec le signe de l'ordonnée v;

x_1, y_1, u_1, v_1, les valeurs particulières des variables x, y, u, v pour le centre des tensions H;

u_2, v_2 les valeurs de u et de v pour tout point de TT′, pour F par exemple;

p la longueur $\overline{\mathrm{OP}}$ du rayon de l'ellipse dans la direction OH;

r le rayon de gyration de l'aire CD autour de l'axe OW;

t la tension par unité de surface sur l'élément ω.

On a démontré au n° **11** les relations

$$u_1 u_2 + r^2 = 0, \qquad v_1 v_2 + p^2 = 0,$$

dont l'une ou l'autre suffit pour définir le point F; on a vu aussi que TT′ est représentée par l'équation

$$1 + \frac{xx_1}{b^2} + \frac{yy_1}{a^2} = 0.$$

Cela posé, la distance d s'exprime par $u - u_2$, ou bien (sauf des facteurs constants) par $v - v_2$ et par $1 + \frac{xx_1}{b^2} + \frac{yy_1}{a^2}$; donc on peut écrire, en désignant par K, K′, K″ trois constantes,

$$t = \mathrm{KE}(u - u_2),$$
$$t = \mathrm{K'E}(v - v_2),$$
$$t = \mathrm{K''E}\left(1 + \frac{xx_1}{b^2} + \frac{yy_1}{a^2}\right);$$

ou bien, si l'on remplace u_2 et v_2 par leurs valeurs $-\frac{r^2}{u_1}$, $-\frac{p^2}{v_1}$, et qu'on pose

$$\mathrm{C} = \frac{\mathrm{K}r^2}{u_1}, \quad \mathrm{C'} = \frac{\mathrm{K'}p^2}{v_1},$$

il viendra

$$t = \mathrm{CE}\left(1 + \frac{uu_1}{r^2}\right),$$
$$t = \mathrm{C'E}\left(1 + \frac{vv_1}{p^2}\right),$$
$$t = \mathrm{K''E}\left(1 + \frac{xx_1}{b^2} + \frac{yy_1}{a^2}\right).$$

Les trois constantes se déterminent en remarquant qu'au point O l'allongement $\overline{OO'}$ est, comme on l'a vu plus haut, $\frac{NL}{\Sigma E\omega}$, en sorte que si E' désigne la valeur de E pour ce point, la tension t' par unité de surface doit y être $\frac{NE'}{\Sigma E\omega}$. Égalant cette valeur à celle que donnent les trois dernières équations lorsqu'on y fait $u=0$, $v=0$, $x=0$, $y=0$, $E=E'$, on trouve

$$C=C'=K''=\frac{N}{\Sigma E\omega},$$

ce qui permet d'écrire finalement :

$$t=\frac{NE}{\Sigma E\omega}\left(1+\frac{uu_1}{r^2}\right), \tag{7}$$

$$t=\frac{NE}{\Sigma E\omega}\left(1+\frac{vv_1}{p^2}\right), \tag{8}$$

$$t=\frac{NE}{\Sigma E\omega}\left(1+\frac{xx_1}{b^2}+\frac{yy_1}{a^2}\right). \tag{9}$$

En résumé, la discussion à laquelle nous venons de nous livrer conduit aux énoncés suivants :

1° Le centre des tensions est identique avec le centre de percussion de la section transversale, considérée comme assujettie à tourner autour de l'axe neutre; ou bien l'axe neutre est l'antipolaire du centre des tensions dans l'ellipse centrale d'inertie.

2° La tension par unité de surface au centre d'élasticité prend la même valeur que si la force y était transportée parallèlement, auquel cas il ne se produirait qu'un mouvement d'extension simple.

3° La tension par unité de surface en un point quelconque varie proportionnellement au produit du coefficient E d'élasticité longitudinale en ce point, par sa distance à l'axe neutre; ce qui permet, l'axe neutre étant trouvé, de déduire toutes les tensions de celle qui a lieu au centre de gravité. La tension change de signe d'un côté à l'autre de l'axe neutre.

4° Toutes ces tensions s'expriment analytiquement par les formules (7), (8), (9).

24. *Remarques sur les signes à donner aux quantités algébriques entrant dans les formules précédentes.* — Dans les trois formules (7), (8) et (9) la tension de la fibre moyenne est toujours exprimée par $\frac{NE'}{\Sigma E\omega}$, en nommant E′ la valeur particulière de E pour le point O (*fig.* 17); comme E′ et ΣEω sont des quantités essentiellement positives, pour que la formule puisse donner un résultat négatif quand il s'agit d'une pression, on voit que N devra recevoir le signe + ou le signe — suivant que cette force, transportée parallèlement à elle-même au point O, tendrait à écarter ou à rapprocher les deux sections infiniment voisines CD, AB. Les lignes u et v doivent être positives d'un côté de OW et négatives de l'autre; peu importe d'ailleurs le sens adopté comme positif, car si on le changeait, u et u_1, ou bien v et v_1, changeraient à la fois de signe, et les produits uu_1 et vv_1 conserveraient le leur. Quant aux quantités x_1, y_1, x, y, elles suivent les conventions admises dans la Géométrie analytique. Moyennant ces précautions, les calculs d'où nous avons déduit les formules en question auront toute la généralité désirable.

25. *Positions diverses de l'axe neutre quand le centre des tensions varie; noyau central d'une section.* — Lorsque le centre des tensions H d'une section CD (*fig.* 18) varie de position en partant du centre d'élasticité O et s'éloignant indéfiniment sur le rayon vecteur OV, la direction de l'axe neutre Tt ne change pas, puisque c'est toujours celle de la tangente à l'ellipse centrale d'inertie, au point P où elle est coupée par OH.

Fig. 18.

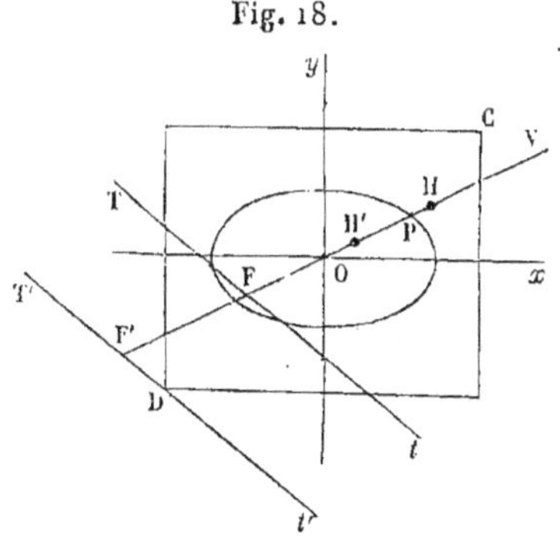

Mais la position de cet axe change; sa distance au point O, exprimée en valeur absolue par $\frac{r^2}{u_1}$ (n° 23), varie depuis l'infini jusqu'à zéro.

Ainsi, lorsque H sera très-près de O, l'axe neutre rencontrera le prolongement de VO à une très-grande distance, qui diminuera progressivement et deviendra nulle à la limite, lorsque H sera infiniment éloigné. Il y aura donc une position particulière H' de ce point, telle, que l'axe neutre correspondant $T't'$ n'ait qu'un point D commun avec la section CD, qu'il laissera tout entière d'un même côté. Pour obtenir ce point H', il suffira de mener au périmètre de la section la tangente $T't'$ parallèle à Tt, laquelle coupera en F' la ligne OH prolongée; on aura, comme on le sait (n° 11),

$$\overline{OH'}.\overline{OF'} = \overline{OP}^2,$$

ce qui détermine $\overline{OH'}$.

Sur chaque rayon vecteur partant du centre de gravité, il y aura un point analogue; et le lieu de ces points constituera une courbe ou un contour polygonal fermé. L'axe neutre coupera ou ne coupera pas la surface CD, suivant que le centre des tensions sera à l'extérieur ou à l'intérieur de ce contour; dans le second cas, tous les éléments superficiels seront pressés ou tendus, suivant la direction de la résultante N qui agit sur le prisme dont CD est une section; la nature de l'effort sera partout la même qu'au centre d'élasticité. Nous appellerons *noyau central de la section* la portion d'aire située à l'intérieur de la courbe ou du contour dont nous venons de parler.

D'après la manière même dont il est obtenu, on voit que le noyau central est le lieu des positions prises par le centre de percussion de la surface, quand l'axe de rotation correspondant se meut en restant continuellement en contact avec le périmètre extérieur de celle-ci; ou, si l'on veut, c'est (n° 11) l'antipolaire réciproque de ce périmètre extérieur par rapport à l'ellipse centrale d'inertie.

Les propriétés générales des polaires ou antipolaires réciproques trouvent donc encore ici leur application. Ainsi, quand le périmètre extérieur aura une partie limitée par une courbe du second degré, le noyau central présentera une courbe correspondante du même degré. Quand le périmètre extérieur présente un angle, alors il y a par ce point une infinité de tangentes qui viennent y passer, d'où il résulte que le noyau central présente une partie rectiligne, lieu des antipôles de ces tangentes (nº 11). Le sommet de l'angle serait lui-même l'antipôle de la partie rectiligne dont il s'agit. Par suite, si le périmètre extérieur est un polygone à n sommets, le noyau central sera un autre polygone ayant un pareil nombre de côtés; de plus, il est aisé de reconnaître, en raison de la réciprocité des deux polygones, que les sommets du noyau central sont les antipôles (ou centres de percussion) répondant aux côtés du périmètre extérieur. Ces théorèmes sont remarquables en ce qu'ils ne seraient pas infirmés par l'existence, dans la section, d'un vide intérieur de forme quelconque; seulement, comme l'ellipse d'inertie changerait, le noyau central éprouverait des modifications correspondantes.

Voici maintenant divers exemples de la détermination du noyau central de quelques surfaces homogènes.

1° *Rectangle homogène.* — Soit donné le rectangle ABCD (*fig.* 19); menons les médianes LN, PM et divisons chacune d'elles en trois parties égales, par les points E, F, G, K, tellement pris qu'on ait

Fig. 19.

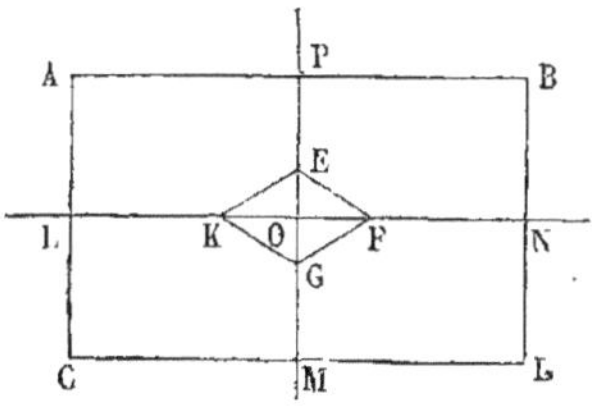

$$\overline{PE} = \overline{EG} = \overline{GM} = \frac{1}{3}\overline{AC},$$

$$\overline{LK} = \overline{KF} = \overline{FN} = \frac{1}{3}\overline{CD}.$$

Le centre de percussion répondant à l'axe CD serait le point E (nº 9); ce serait F pour l'axe AC. D'après ce qu'on vient de voir, il parcourra la droite EF pendant que divers axes neutres ayant le seul point C commun avec le périmètre passeraient de la direction CD à la direction CA. En poursuivant le même raisonnement on verrait que le noyau central se continue par les droites FG, GK, KE. C'est donc un losange concentrique au rectangle donné, et dont les diagonales sont les tiers intermédiaires des deux médianes.

2° *Couronne circulaire ou cercle plein homogène.* — Soient R le rayon extérieur, r le rayon intérieur. On sait (nº 6) que l'ellipse centrale est un cercle de rayon $\frac{1}{2}\sqrt{R^2+r^2}$; par conséquent tous les demi-diamètres de cette ellipse ont pour carré $\frac{1}{4}(R^2+r^2)$. D'ailleurs la quantité désignée par $\overline{OF'}$ au commencement du nº 25 est ici le rayon R du cercle extérieur; donc $\frac{R^2+r^2}{4R}$ représente la distance constante du centre d'élasticité au périmètre du noyau central. Ce périmètre est donc un cercle concentrique à ceux qui limitent la section donnée; son rayon est sensiblement $\frac{1}{2}R$ si la couronne est mince; il est $\frac{1}{4}R$ si le cercle est plein. C'est ce qu'on trouve en faisant successivement $r = R$, $r = 0$.

3° *Couronne elliptique comprise entre deux ellipses semblables ou ellipse pleine homogène.* — Appelons, comme au n° 6, l le grand axe et h le petit axe de l'ellipse extérieure, ml et mh les dimensions homologues de l'ellipse intérieure : les axes de l'ellipse centrale d'inertie seront (n° 6)

$$\frac{1}{2}l\sqrt{1+m^2} \quad \text{et} \quad \frac{1}{2}h\sqrt{1+m^2}.$$

Ainsi donc, si l'on désigne par p un demi-diamètre quelconque de la première ellipse, $\frac{1}{2}p\sqrt{1+m^2}$ sera le demi-diamètre homologue dans l'ellipse centrale d'inertie, lequel est désigné par OP au commencement du n° 25. Ce diamètre coupera le contour du noyau central à une distance du centre d'élasticité égale à $\frac{\left(\frac{1}{2}p\sqrt{1+m^2}\right)^2}{p}$, c'est-à-dire à $\frac{1}{4}p\,(1+m^2)$. Donc enfin le noyau central aura pour périmètre une ellipse semblable à celles qui terminent la section; le rapport de similitude avec la plus grande sera $\frac{1}{4}(1+m^2)$, soit environ $\frac{1}{2}$ ou bien $\frac{1}{4}$, suivant qu'il s'agira d'une couronne très-mince ou d'une section pleine.

§ V. — Répartition d'une charge totale sur la base d'un prisme n'ayant pas d'adhérence avec son appui.

26. *Généralités. Deux cas à distinguer. Solution du premier cas.* — Lorsqu'un corps reposant sur un plan est soumis à une ou plusieurs forces dont la résultante est normale au plan, et qu'il n'y a pas d'adhérence entre ce corps et son appui, pour que l'équilibre existe, on sait qu'il y a deux conditions nécessaires : 1° la résultante doit passer à l'intérieur du polygone convexe formé par les points d'appui; 2° elle doit tendre à serrer le corps contre sa base. Ces conditions devront être remplies par le prisme dont nous nous proposons d'étudier l'équilibre intérieur.

Supposons donc un corps P sensiblement prismatique aux environs de la section normale AB (*fig.* 20), à laquelle il se termine et sur laquelle il est porté. Les forces exercées sur ce corps donnent une résultante N satisfaisant aux conditions ci-dessus énoncées. On demande la pression en un point quelconque de la surface AB.

Fig. 20.

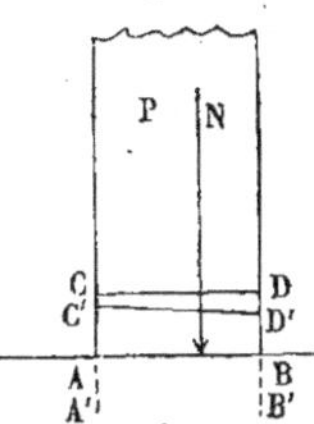

Il y a dans ce problème deux cas à distinguer. Le prisme étant fictivement prolongé en A′B′ dans l'intérieur de son support, de manière que AB devienne ainsi une section normale intermédiaire, il peut arriver, premièrement, que la théorie exposée au § IV conduise à reconnaître l'existence de pressions dans toutes les fibres élémentaires qui traversent AB; c'est ce qui aura lieu si la force N agit à l'intérieur du noyau central (n° 25), car, d'une part, toutes les fibres supporteront des actions de même nature, et, d'autre part, ces actions seront bien des pressions, puisque, d'après le sens admis pour N, la fibre moyenne doit être comprimée. Or, il est naturel de supposer que les choses se passeront encore de même, si la prolongation fictive du prisme est remplacée par un appui ne faisant pas corps avec lui, car ce défaut d'adhérence n'empêche pas les actions répulsives nécessaires à l'équilibre de s'exercer tout aussi bien que s'il s'agissait d'un corps continu. Ainsi donc, le cas où la force agirait à l'intérieur du noyau central de la base n'a pas besoin d'une étude particulière; il se trouve compris dans la théorie du § IV, qui permettra d'en calculer toutes les circonstances.

Mais il en sera différemment quand la force N, tout en satisfaisant aux conditions générales de l'équilibre, rencontrera la base en dehors du noyau central. Si l'on voulait procéder encore comme nous venons de le faire et appliquer la même théorie, on trouverait dans la base un axe neutre qui la couperait; pour les points situés du même côté que la force et le centre d'élasticité, par rapport à cet axe neutre, on trouverait une pression, comme pour la fibre moyenne (n° 23), et, de l'autre côté de cet axe, on serait conduit à reconnaître une tension. Or cela ne peut pas être admis, car l'appui qui supporte le prisme est bien capable d'exercer sur lui des actions répulsives, mais il ne saurait, par hypothèse, donner lieu à des forces attractives, puisque l'adhérence est nulle. Les points qui ne sont pas pressés n'ont pas de tension à supporter. La base AB doit donc alors se diviser en deux parties, l'une résistant à des pressions, l'autre ne résistant à aucun effort.

27. *Solution générale du deuxième cas.* — On voit, par les considérations précédentes, qu'une nouvelle théorie est nécessaire pour résoudre le problème posé au n° 26, dans le second cas, celui où la résultante des charges agit en dehors du noyau central. Nous aurons recours à une hypothèse assez naturelle, consistant à admettre que la partie pressée se comporte comme un prisme isolé, et que le surplus est juxtaposé sans exercer aucune influence. Il en résulte immédiatement que, dans la partie pressée, la pression par unité de surface suivra les mêmes lois que celles auxquelles est soumise la pression ou la tension en un point quelconque de la section transversale d'un prisme droit. La seule difficulté consiste à trouver la ligne de séparation des deux parties ; une fois cette ligne connue, on peut faire abstraction de la partie non pressée et déterminer, dans l'autre, la pression en chaque point, comme nous l'avons fait au n° 26, pour le premier cas.

Nous voyons d'abord que la ligne de séparation dont il s'agit est une ligne droite. En effet, c'est le lieu des points pris dans la partie résistante de la base pour lesquels il n'y a ni pression ni tension ; or dans cette partie la théorie du § IV est applicable, ainsi que nous venons de le voir. La ligne des points où la pression s'annule est donc une ligne droite (n° 23), et cette ligne n'est autre chose que l'axe neutre de la partie résistante. Nous savons, de plus, que le centre des tensions, c'est-à-dire le point d'application de la force N, doit être le centre de percussion de la partie résistante de la base.

En conséquence, le problème de la détermination de la ligne séparative des deux parties, lorsque le point d'application de N est donné, peut être posé en ces termes :

Étant donnés une surface plane (la base du prisme) et un point de cette surface (celui où agit N*), tracer une ligne droite* *qui coupe cette surface en deux portions telles, que celle des deux qui contient le point donné ait ce point pour centre de percussion relatif à la ligne demandée.*

La solution générale de ce problème sera obtenue par des tâtonnements. Voici l'idée de la manière dont on pourrait les diriger : soient ATBT′ (*fig.* 21) la surface donnée, H le point d'application de la force N, TT′ la ligne inconnue. Prenant une direction arbitraire SS′, on tracera une série de lignes parallèles entre les positions extrêmes SS′, S″S‴ tangentes au périmètre de l'aire donnée, ou n'ayant qu'un point commun avec lui, s'il est polygonal. On cherchera, pour chacune de ces lignes, PQ par exemple, le centre de percussion de la surface PBQ située au-dessus, en ayant égard à sa densité variable qui sera supposée, en chaque point, égale au coefficient d'élasticité E. Le lieu des centres ainsi obtenus formera une courbe BC partant du noyau central pour aller au périmètre extérieur; le point C répondrait à l'axe SS′ et le point B à l'axe S″S‴. En faisant varier la direction des lignes SS′, on aura d'autres courbes analogues qui rayonneront dans toutes les directions autour du noyau central; on arrivera donc, par tâtonnement, à faire passer l'une de ces courbes par le point donné H, et alors il est visible que le problème sera résolu.

Fig. 21.

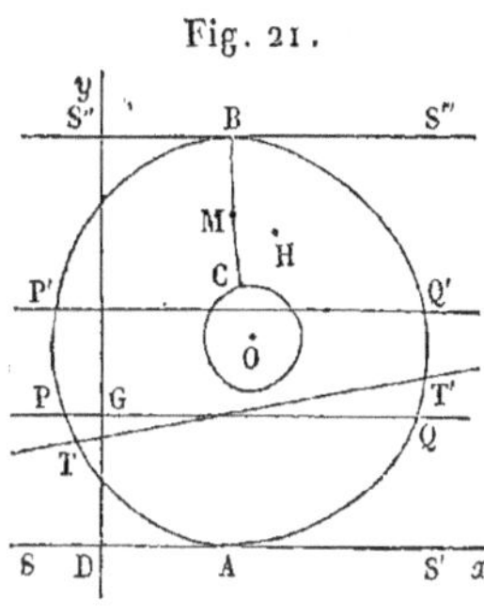

28. *Tracé de la tangente à la courbe des centres de percussion relatifs à une série d'axes parallèles.* — Proposons-nous de mener une tangente à la courbe BC, dont nous venons de parler, courbe formant le lieu des centres de percussion d'une série de segments interceptés dans la surface APBQ par des lignes parallèles, ces centres étant relatifs à une rotation autour de la ligne droite qui est pour ainsi dire la corde du segment. Nous pouvons résoudre cette question fort simplement dans l'hypothèse d'une surface homogène, c'est-à-dire d'une surface dans laquelle le coefficient E ne varierait pas d'un point à l'autre.

Soient :

PQ l'un de ces axes parallèles;

M le point correspondant de la courbe BC, c'est-à-dire le centre de percussion du segment PBQ relativement à l'axe PQ;

Dx et Dy les axes coordonnés, dont l'un, Dx, est une des positions limites de PQ;

η la distance $\overline{DG}$ de PQ à l'axe des x;

h la distance des deux positions limites de PQ, ou la longueur $\overline{DS''}$;

x', x'' les abscisses des deux points où une ligne P'Q' parallèle aux x, menée entre PQ et S″S‴, coupe le périmètre de la surface;

x_1, y_1, les coordonnées du centre de percussion du segment;

x_2, y_2, les coordonnées de son centre de gravité;

ω l'un des éléments superficiels déterminés dans la surface de ce segment par des parallèles aux axes coordonnés infiniment voisines les unes des autres;

Σ le signe d'une sommation étendue à tous les éléments ω.

Les formules du n° 7 permettent d'avoir les coordonnées du centre de percussion en prenant pour axes les lignes GQ et Gy; pour les avoir relativement aux axes coordonnés que nous avons choisis, il suffira de changer y en $y - \eta$, et l'on aura

$$(y_1 - \eta)\Sigma E(y - \eta)\omega = \Sigma E(y - \eta)^2\omega,$$
$$x_1 \Sigma E(y - \eta)\omega = \Sigma E(y - \eta)x\omega.$$

E disparaît, puisque nous supposons une surface homogène; ω peut être remplacé par $dxdy$, et l'on trouve

$$(y_1 - \eta)\iint (y - \eta)\,dx\,dy = \iint (y - \eta)^2\,dx\,dy,$$
$$x_1 \iint (y - \eta)\,dx\,dy = \iint x(y - \eta)\,dx\,dy.$$

Si l'on effectue une première intégration pour les éléments qui constituent une tranche parallèle à l'axe des x, ces deux équations deviendront

$$(y_1 - \eta)\int_\eta^h (x' - x'')(y - \eta)\,dy = \int_\eta^h (y - \eta)^2(x' - x'')\,dy,$$
$$x_1 \int_\eta^h (x' - x'')(y - \eta)\,dy = \frac{1}{2}\int_\eta^h (y - \eta)(x'^2 - x''^2)\,dy.$$

Sous le signe $\int$ nous n'avons que des fonctions de y, et, après l'intégration effectuée, nous n'aurons plus, dans ces deux équations, que des fonctions de η : nous pouvons donc différentier, par rapport à cette variable, suivant les règles connues, ce qui donne

$$\left(\frac{dy_1}{d\eta}-1\right)\int_\eta^h (x'-x'')(y-\eta)\,dy-(y_1-\eta)\int_\eta^h (x'-x'')\,dy$$
$$=-2\int_\eta^h (y-\eta)(x'-x'')\,dy,$$
$$\frac{dx_1}{d\eta}\int_\eta^h (x'-x'')(y-\eta)\,dy-x_1\int_\eta^h (x'-x'')\,dy$$
$$=-\frac{1}{2}\int_\eta^h (x'^2-x''^2)\,dy.$$

Pour simplifier ces équations, nous remarquerons, en premier lieu, que $\int_\eta^h (x'-x'')(y-\eta)\,dy$ représente le moment total de la surface PBQ rapport à la ligne PQ; secondement, que $\int_\eta^h (x'-x'')\,dy$ est cette surface elle-même; enfin que $\frac{1}{2}\int_\eta^h (x'^2-x''^2)\,dy$ est l'expression de son moment par rapport à l'axe des y. Donc on a

$$\int_\eta^h (x'-x'')\,dy=\Sigma\omega,$$
$$\int_\eta^h (x'-x'')(y-\eta)\,dy=(y_2-\eta)\Sigma\omega,$$
$$\frac{1}{2}\int_\eta^h (x'^2-x''^2)\,dy=x_2\Sigma\omega;$$

et la substitution de ces valeurs dans les deux dernières équations donne

$$\frac{dy_1}{d\eta}(y_2-\eta)=y_1-\eta-(y_2-\eta)=y_1-y_2,$$
$$\frac{dx_1}{d\eta}(y_2-\eta)=x_1-x_2.$$

Par suite,

$$\frac{dy_1}{dx_1}=\frac{y_1-y_2}{x_1-x_2};$$

d'où résulte cette conséquence intéressante que la tangente cherchée est la ligne qui joint le centre de percussion du segment PBQ à son centre de gravité.

Au point B, la valeur $\frac{dy_1}{dx_1}$ se présente sous la forme $\frac{0}{0}$; mais, en prenant le rapport des différentielles de $y_1 - y_2$ et de $x_1 - x_2$, on trouve pour ce point

$$\frac{dy_1}{dx_1} = \frac{dy_1 - dy_2}{dx_1 - dx_2} = \frac{dy_2}{dx_2},$$

ce qui montre que le lieu des centres de percussion se raccorde tangentiellement avec le lieu des centres de gravité.

29. *Exemples simples de l'application de la théorie précédente.* — Nous allons appliquer la théorie du § V (nos 26 et 27) à quelques exemples simples, dans lesquels nous supposerons que la matière est homogène, ou du moins que le coefficient d'élasticité ne varie pas d'une fibre élémentaire à l'autre, dans toute l'étendue de la surface d'appui.

1° *Rectangle homogène pressé par une force qui agit sur l'un des deux axes de symétrie.* — Distinguons deux cas, comme dans la théorie générale. Si le centre de pression H est à l'intérieur du noyau central EFGK (*fig.* 22), c'est-à-dire si l'on a $\overline{OH} < \frac{1}{3}\overline{OP}$ (n° 25), on rentre dans l'application des formules du § IV, ainsi que nous l'avons vu au n° 26. L'axe neutre est en TT' et sa distance au centre de gravité O est la troisième proportionnelle au rayon de gyration b de la surface autour de LN et à $\overline{OH}$, cette distance devant être portée en sens contraire de $\overline{OH}$, à partir de O; ou bien, comme b^2 a pour valeur $\frac{1}{12}\overline{PM}^2$ (n° 6), si l'on pose $\overline{OH} = n.\overline{OM}$, on aura

Fig. 22.

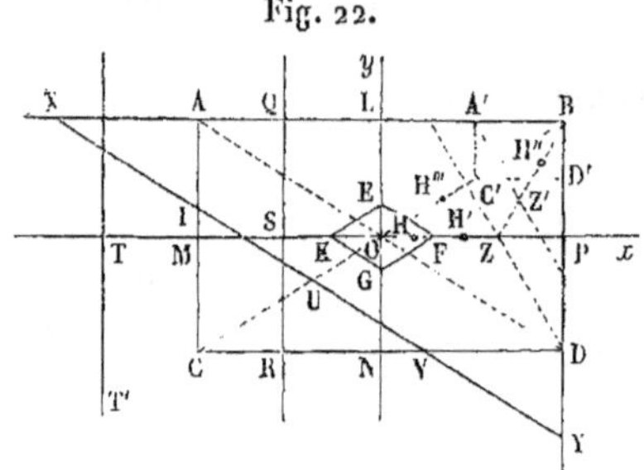

$$\overline{OT} = \frac{\overline{PM}^2}{12n.\overline{OM}} = \frac{\overline{OM}}{3n}.$$

La pression maximum se produira au point le plus éloigné de l'axe neutre, parce que le coefficient d'élasticité ne varie pas (n° 23) ; elle aura donc lieu en P, et l'on obtiendra sa valeur en faisant dans la formule (7) (n° 23)

$$u = \overline{OP} = \overline{OM}, \quad \frac{u_1}{r^2} = \frac{1}{\overline{OT}} = \frac{3n}{\overline{OM}}.$$

Appelant, en outre, Ω l'aire totale de la surface, nous trouvons pour la pression maximum p due à la charge N, dans le premier cas,

$$p = \frac{N}{\Omega}(1 + 3n)\,(*),$$

formule applicable quand n est au-dessous de $\frac{1}{3}$.

Supposons maintenant le point H′ d'application de la force N toujours sur PM, mais en dehors du noyau central. Si QR est alors la ligne séparative de la portion résistante du rectangle et de la portion non pressée, H′ sera le centre de percussion de la surface BDQR tournant autour de QR (n° 27); donc on aura

$$\overline{SH'} = \frac{2}{3}\overline{PS} \text{ (n° 9)}, \qquad \text{ou bien} \qquad \overline{PS} = 3\overline{PH'},$$

ce qui détermine QR. Cela posé, on observera que la pression maximum se produit sur l'arête BD par la même raison que ci-dessus, et que cette pression est double de celle qui a lieu au centre d'élasticité ou de gravité de BDQR, puisque ce point est deux fois moins loin de l'axe neutre que le côté BD. Donc la pression maximum a pour valeur $\frac{2N}{BD.\overline{PS}}$, car $\frac{N}{BD.\overline{PS}}$ est (n° 23) la pression au centre d'élasticité. En appelant encore n le rapport $\frac{\overline{OH'}}{\overline{OM}}$, on aura

$$\overline{PS} = 3\overline{PH'} = 3\overline{OM}(1 - n);$$

(*) Ici, et dans tous les exemples qui terminent le § V, nous faisons abstraction du signe de N, parce que la nature de l'effort est connue d'avance.

par suite, la pression maximum

$$p = \frac{4}{3} \cdot \frac{N}{\overline{BD}.2\overline{OM}} \cdot \frac{1}{1-n}, \quad \text{ou} \quad p = \frac{N}{\Omega} \cdot \frac{4}{3(1-n)}.$$

Cette formule convient aux cas où la précédente cesse de s'appliquer, c'est-à-dire à ceux où l'on a $n > \frac{1}{3}$.

2° *Cercle homogène.* — Soit donné le cercle de rayon $\overline{OL}$ (*fig.* 10), H le centre des tensions, auquel est appliquée une force N parallèle aux arêtes du prisme dont le cercle donné est la base. Le coefficient d'élasticité est invariable dans l'étendue de cette base. On demande comment variera la pression maximum par unité de surface quand H changera de distance au centre O du cercle.

Soient Ω la surface du cercle et R son rayon; soit de plus n le rapport $\frac{\overline{OH}}{\overline{OL}}$. Lorsque l'on aura $n < \frac{1}{4}$, la force agira dans le noyau central (n° 25), et toute la surface Ω sera utilisée pour supporter la pression (n° 26). Nous en conclurons immédiatement que la pression par unité de surface au point O sera $\frac{N}{\Omega}$ (n° 23). D'un autre côté, l'ellipse centrale d'inertie étant un cercle de rayon $\frac{1}{2}R$ (n° 6), les fibres également pressées sont sur des perpendiculaires à OH (n° 23) et l'axe neutre est distant du point O d'une quantité égale à $\frac{(\frac{1}{2}R)^2}{\overline{OH}} = \frac{R}{4n}$. La fibre la plus pressée étant celle du point L, le plus éloigné de l'axe neutre, on aura la pression maximum p par unité de surface, en augmentant celle qui a lieu en O dans le rapport de $\frac{R}{4n}$ à $\frac{R}{4n} + R$, car c'est bien là le rapport des distances des deux points à l'axe neutre. On trouve ainsi

$$p = \frac{N}{\Omega}(1 + 4n).$$

La question devient plus complexe quand H n'est plus dans le noyau central du cercle, ce qui arrive lorsque n dépasse la valeur 0,25. Soit alors MP la ligne séparative des deux parties du cercle, l'une le segment MLP résistant à la force N, l'autre ne supportant ni pression ni tension. Le point H devant être (n° 27) le centre de percussion du segment MLP tournant autour de MP, si l'on appelle φ l'angle POL, on aura (n° 9)

$$n = \frac{1}{4} \cdot \frac{\varphi - \sin\varphi\cos\varphi - \frac{2}{3}\sin^3\varphi\cos\varphi}{\sin\varphi - \varphi\cos\varphi - \frac{1}{3}\sin^3\varphi},$$

relation dans laquelle on connaît n, et d'où l'on pourra déduire φ par tâtonnement. Après avoir obtenu cet angle, il est clair que MP sera déterminée, et la question reviendra à trouver la pression maximum produite dans le prisme ayant pour base le segment MLP, par une force appliquée au point H, tellement placé, que l'axe neutre correspondant est MP.

Pour arriver à la solution, nous avons encore besoin de connaître la surface Ω' du segment MLP et la distance de son centre de gravité au centre du cercle. Appelant m le rapport de cette distance au rayon, on trouve aisément

$$m = \frac{2}{3} \cdot \frac{\sin^3\varphi}{\varphi - \sin\varphi\cos\varphi},$$

$$\Omega' = R^2(\varphi - \sin\varphi\cos\varphi).$$

Donc la pression moyenne sur la surface Ω', ou bien $\frac{N}{\Omega'}$, s'exerce sur un élément dont la distance à l'axe neutre MP a pour valeur $-R\cos\varphi + mR$; la pression maximum p, s'exerçant en L à la distance maximum de MP, aura pour valeur

$$\frac{N}{\Omega'} \cdot \frac{\overline{QL}}{R(m - \cos\varphi)},$$

ou bien

$$\frac{N}{\Omega} \cdot \frac{\Omega}{\Omega'} \cdot \frac{1 - \cos\varphi}{m - \cos\varphi};$$

ou enfin

$$p = \frac{N}{\Omega} \cdot \frac{\pi(1 - \cos\varphi)}{\sin\varphi - \varphi\cos\varphi - \frac{1}{3}\sin^3\varphi}.$$

Comparaison des résultats obtenus pour le rectangle et pour le cercle. — Supposons deux surfaces homogènes, l'une circulaire, l'autre en forme de rectangle. Le quotient de la charge totale divisée par l'aire de la surface est le même de part et d'autre; la charge agit sur le rectangle en un point de l'un des axes de symétrie; enfin le rapport désigné par n dans les deux exemples traités ci-dessus a la même valeur pour le cercle et pour le rectangle. Il s'agit de voir celle des deux surfaces où la pression maximum sera la plus forte.

Pour faire cette comparaison, on se rappellera les résultats numériques donnés au n° 9, concernant quelques valeurs correspondantes de n et de φ

pour le cercle. On a trouvé notamment que pour φ égal à

$$\pi,\quad \frac{3\pi}{4},\quad \frac{\pi}{2},\quad \frac{\pi}{4},\quad 0,$$

on avait respectivement pour n les valeurs

$$0{,}25,\quad 0{,}335,\quad 0{,}589,\quad 0{,}876,\quad 1{,}000.$$

Ces valeurs, introduites dans les formules données ci-dessus, conduiront aux résultats suivants :

VALEURS DE n.	PRESSIONS MAXIMA	
	Dans le cercle.	Dans le rectangle.
0,000	$1{,}000 \cdot \frac{N}{\Omega}$	$1{,}000 \cdot \frac{N}{\Omega}$
0,250	$2{,}000 \cdot \frac{N}{\Omega}$	$1{,}750 \cdot \frac{N}{\Omega}$
0,335	$2{,}378 \cdot \frac{N}{\Omega}$	$2{,}005 \cdot \frac{N}{\Omega}$
0,589	$4{,}712 \cdot \frac{N}{\Omega}$	$3{,}244 \cdot \frac{N}{\Omega}$
0,876	$27{,}139 \cdot \frac{N}{\Omega}$	$10{,}753 \cdot \frac{N}{\Omega}$
1,000	∞	∞

On voit que si n s'écarte de 0, c'est-à-dire que si la force n'est pas appliquée très-près du centre de gravité des sections transversales, le cercle est de plus en plus désavantageux relativement au rectangle; mais cette conclusion est naturellement subordonnée aux conditions admises dans l'énoncé du problème, savoir l'homogénéité des surfaces et la situation du centre des tensions sur l'une des lignes médianes du rectangle.

3° *Ellipse pleine homogène.* — Considérons l'ellipse pleine et homogène MLGPI (*fig.* 11) soumise à une force appliquée en H. Nous n'avons rien de particulier à dire sur le cas où ce point serait à l'intérieur du noyau central, et nous renverrons aux considérations générales du n° 26. Supposons donc cette condition non remplie : alors l'axe neutre MP divisera la surface en deux segments, dont un seul, celui où se trouve le centre des tensions, subira l'action de la force. Pour rentrer dans les cas d'application des formules données au § IV, il suffit de trouver la ligne MP; et, cela fait, les pressions se détermineront comme si le segment MIP n'existait pas (n° 27). On a vu au n° 27 que H devait être le centre de percussion du segment MLP, relatif à l'axe MP; d'un autre côté, on sait (n° 9) que le centre de percussion d'un segment d'ellipse, relativement à sa corde, se trouve sur le diamètre conjugué à cette corde : donc, en menant une corde conjuguée du diamètre OH, on aura la direction de la ligne inconnue MP. On pourra donc achever de déterminer cette ligne par un tâtonnement simple, car on sait trouver le centre de percussion d'un segment d'ellipse relativement à sa corde; il n'y aura qu'à faire varier cette corde, dont la direction est connue, jusqu'à ce que le centre de percussion du segment MLP soit précisément le point donné H; on sera dispensé de faire varier sa direction.

Voici encore, pour trouver la position de MP, l'indication d'un procédé qui, au fond, n'est autre chose que l'application des tâtonnements dont nous venons de parler. Imaginons que, après avoir trouvé MP, on transforme l'ellipse en cercle, comme nous l'avons fait au n° 9, pour trouver le centre de percussion du segment MLP. H', O' et L' étant les points transformés qui répondent à H, O et L, n le rapport $\frac{\overline{O'H'}}{\overline{O'L'}}$ et φ l'angle PO'L', on aura n en fonction de φ (n° 9). Or n est aussi égal au rapport connu $\frac{\overline{OH}}{\overline{OL}}$; donc on pourra, par tâtonnement, calculer φ. Alors on connaîtra $\frac{\overline{O'Q}}{\overline{O'L'}}$, c'est-à-dire $\frac{\overline{OQ}}{\overline{OL}}$, et, par suite, Q sera connu.

4° *Rectangle homogène pressé par une force agissant en dehors des axes de symétrie.* — Le cas où la force agit à l'intérieur du noyau central ne présentant rien de particulier, nous admettrons tout de suite que le centre des tensions est en dehors de cette partie du rectangle ou tout au moins sur son contour. La détermination de l'axe neutre peut alors devenir très-complexe, car elle exigerait, en général, la solution d'équations de degré supérieur; mais elle est encore très-simple dans divers cas particuliers que nous allons examiner.

D'abord, si le centre des tensions se trouve sur le contour même du noyau central, l'axe neutre passant alors par un sommet du rectangle (n° 25), il est clair que le sommet opposé sera le point le plus éloigné de cet axe, et qu'il en sera à une distance double de celle du centre de la surface. Donc la pression maximum est, dans ce cas, double de la pression moyenne (n° 23) (*).

Supposons encore que le point H'', où est appliquée la résultante des pressions (*fig.* 22), se trouve dans un rectangle A'BC'D', dont les côtés $\overline{BA'}$, $\overline{BD'}$ seraient respectivement le quart de $\overline{BA}$ et de $\overline{BD}$. Pour

(*) Cette propriété s'étend facilement à toutes les surfaces homogènes douées d'un centre géométrique (point qui divise en deux parties égales toutes les cordes que l'on y fait passer).

avoir la ligne tellement placée, que le segment qu'elle intercepte dans le rectangle ait H″ pour centre de percussion relativement à cette ligne, on prolongera BH″ jusqu'à la rencontre de la médiane MP en Z; on joindra DZ; puis ayant pris $\overline{BZ'} = 2\overline{BH''}$, on mènera par le point Z′ une parallèle à DZ. Cette parallèle sera la ligne cherchée, et l'on n'aura plus qu'à déterminer la répartition de la force sur la surface complétement pressée du triangle homogène qu'elle forme avec BA et BD (n° 27). En effet, nous avons montré au n° 9 que le centre de percussion d'un triangle homogène, relativement à sa base, est au milieu de la ligne joignant le milieu de cette base avec le sommet opposé; or, d'après la construction précédente, H″ satisfait évidemment à la condition dont il s'agit.

Il est un cas où la solution du problème dépend d'une équation du second degré : c'est celui dans lequel la portion pressée de la base ABCD (*fig.* 23) est un trapèze QRDB, ce qui arrivera quand le centre des tensions H satisfera à une condition que nous allons fixer tout à l'heure. On a vu, en effet (n° 9), que le trapèze QRDB aurait pour centre de percussion relatif à l'axe de rotation QR le point H déterminé de la manière suivante. Il faudrait joindre le point de rencontre S des lignes QR, BD,

Fig. 23.

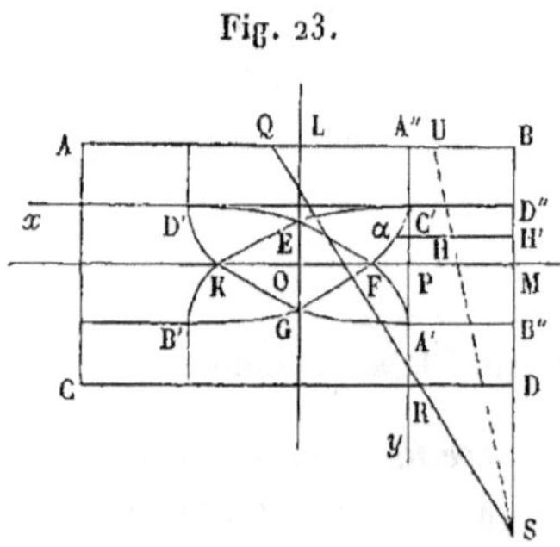

avec le point U pris sur BQ de sorte que $\overline{BU} = \frac{1}{3}\overline{BQ}$; puis, posant $\overline{BD} = h$ et $\overline{BS} = mh$, on aurait, pour la distance z de H à BQ,

$$z = \frac{h}{4} \cdot \frac{6m^2 - 8m + 3}{3m^2 - 3m + 1},$$

quantité variable entre $\frac{h}{4}$ et $\frac{h}{2}$. Or, dans le problème actuel, H est un point donné, car c'est celui où l'on suppose que passe la pression résultante supportée par ABCD; par suite on connaît z, et l'équation précédente, du second degré en m, permet de trouver cette quantité et de connaître ainsi le point S. S étant connu, on joint SH et l'on prolonge cette ligne jusqu'en U; on prend $\overline{QB} = 3\overline{BU}$, on joint SQ et l'on a ainsi l'axe neutre cherché.

Maintenant, il s'agit d'établir à quelle condition la surface réellement pressée sera un trapèze. Pour cela remarquons d'abord que le rapport $\frac{z}{h}$ ne dépend que de m, de sorte que si l'on imagine diverses lignes analogues à SQ partant du point S, les points H correspondants seront sur une parallèle HH′ à AB. Lorsque SQ atteindra la position SA, H viendra en une position α, et il est clair que le centre de pression pourra se trouver en tel point qu'on voudra sur αH′, entre α et H′, sans que la portion de ABCD réellement pressée cesse d'être un trapèze. En faisant descendre le point S depuis la position D, sur le prolongement de BD, on obtiendra pareillement une série d'horizontales telles que αH′, toutes situées entre C′D″ et FM. De même, lorsque S montera sur DB prolongé à partir de B, on obtiendra les horizontales symétriques, entre A′B″ et FM. Ainsi la figure mixtiligne C′FA′B″D″ forme une aire dans laquelle peut être situé le point H pour donner lieu à une surface d'appui trapèze. En faisant varier S sur l'un des trois autres côtés du rectangle, on trouverait une autre figure mixtiligne adjacente à ce côté.

On peut aisément, d'après les explications qui viennent d'être données, trouver l'équation de l'une quelconque des huit branches de courbe, telle que C′F ou FA′ : cherchons, par exemple, celle de C′F, en choisissant pour axes des coordonnées les lignes C′x, C′y, menées par le point C′ parallèlement aux côtés du rectangle. Si nous posons $\overline{AB} = l$, le point α doit d'abord être sur une ligne droite joignant le point S et un point pris sur AB, à la distance $\frac{l}{3}$ du sommet B; cette droite a pour équation

$$y + \frac{h}{4} = -\frac{3mh}{l}\left(x - \frac{1}{12}l\right).$$

Ensuite, la distance $y + \frac{h}{4}$ de α à la base AB a une valeur connue

$$y + \frac{h}{4} = \frac{h}{4} \cdot \frac{6m^2 - 8m + 3}{3m^2 - 3m + 1}.$$

Éliminant m entre ces deux relations, nous avons l'équation de la courbe C′F :

$$\frac{y^3}{h^3} + \frac{3xy^2}{lh^2} + \frac{3x^2y}{l^2h} - \frac{xy}{lh} - \frac{3x^2}{2l^2} - \frac{x}{16l} = 0.$$

Cette équation montre : 1° que le point F et les trois analogues E, G, K sont les quatre sommets du noyau central de ABCD, car pour $y = \frac{1}{4}h$, on a $x = \frac{1}{12}l$; 2° que C′F se raccorde tangentiellement en C′ et F avec les lignes droites C′y et FG, car pour $x = 0$ et $x = \frac{1}{12}l$ on trouve respectivement

$$\frac{dy}{dx} = \infty \quad \text{et} \quad \frac{dy}{dx} = \frac{h}{l};$$

3° que C′ est un point d'inflexion, car il est aisé de vérifier que la dérivée $\frac{d^2x}{dy'^2}$ est nulle pour $x=0$. Des raccordements et inflexions analogues ont lieu pour les sept autres branches de courbe.

En résumé, si le centre de pression se trouve placé dans l'un des quatre petits rectangles tels que A″BC′D″, la surface d'appui sera un triangle; s'il se trouve dans un des quatre pentagones mixtilignes tels que C′FA′B″D″, la surface d'appui sera un trapèze; enfin, cette surface sera le rectangle tout entier quand le centre de pression tombera dans le noyau central, et un pentagone, s'il tombe dans un des triangles mixtilignes tels que C′FE. Ce dernier cas est le seul qui exigerait la solution d'équations d'un degré supérieur pour trouver la position de l'axe neutre.

Il est encore intéressant de savoir quelle fraction de l'aire totale du rectangle occupent les quatre triangles mixtilignes tels que C′FE : nous y arriverons en cherchant d'abord l'aire C′FP. On a

$$\text{aire C'FP} = \int_0^{\frac{1}{4}h} x\,dy,$$

ou bien, en posant $x' = \frac{x}{l}$; $y' = \frac{4y}{h}$,

$$\text{aire C'FP} = \text{A} = \frac{1}{4}lh\int_0^1 x'dy'.$$

Or, l'équation de la courbe, transformée en x' et y', devient

$$y'^2 + 12x'y'^2 + 48x'^2y' - 16x'y' - 96x'^2 - 4x' = 0,$$

d'où l'on tire

$$x' = \frac{3y'^2 - 4y' - 1 + \sqrt{-3y'^4 + 10y'^2 + 8y' + 1}}{24(2-y')};$$

il s'agit donc de calculer

$$\begin{aligned}\text{A} &= \frac{1}{4}lh\int_0^1 x'dy' \\ &= \frac{1}{96}lh\int_0^1 \frac{3y'^2 - 4y' - 1 + \sqrt{-3y'^4 + 10y'^2 + 8y' + 1}}{2-y'}dy'.\end{aligned}$$

En premier lieu on aura

$$\begin{aligned}\int \frac{3y'^2 - 4y' - 1}{2-y'}dy' &= \int\left(-3y' - 2 + \frac{3}{2-y'}\right)dy' \\ &= -\frac{3}{2}y'^2 - 2y' - 3\log\text{hyp}(2-y');\end{aligned}$$

donc

$$\int_0^1 \frac{3y'^2 - 4y' - 1}{2 - y'}\, dy' = -\frac{7}{2} + 3 \log \operatorname{hyp} 2.$$

Maintenant on remarquera que

$$-3y'^4 + 10y'^2 + 8y' + 1 = (y'+1)^2(-3y'^2 + 6y' + 1);$$

on doit donc déterminer l'intégrale

$$\int_0^1 \frac{(y'+1)\sqrt{-3y'^2 + 6y' + 1}}{2 - y'}\, dy' = \mathrm{B}.$$

A cet effet nous prendrons une variable auxiliaire α liée à y' par l'équation

$$3(1 - y')^2 = 4 \sin^2\alpha;$$

l'élimination de y' donne alors

$$\mathrm{B} = \frac{8}{\sqrt{3}} \int_0^{\frac{\pi}{3}} \frac{\sqrt{3} - \sin\alpha}{\sqrt{3} + 2\sin\alpha} \cos^2\alpha\, d\alpha = \frac{8}{\sqrt{3}} \int_0^{\frac{\pi}{3}} \frac{\sqrt{3} - \sin\alpha}{\sqrt{3} + 2\sin\alpha} (1 - \sin^2\alpha)\, d\alpha$$

$$= \frac{8}{\sqrt{3}} \int_0^{\frac{\pi}{3}} \frac{\sin^3\alpha - \sqrt{3}\sin^2\alpha - \sin\alpha + \sqrt{3}}{2\sin\alpha + \sqrt{3}}\, d\alpha$$

$$= \frac{8}{\sqrt{3}} \int_0^{\frac{\pi}{3}} \left(\frac{1}{2}\sin^2\alpha - \frac{3}{4}\sqrt{3}\sin\alpha + \frac{5}{8} + \frac{3}{8}\sqrt{3}\, \frac{1}{2\sin\alpha + \sqrt{3}} \right) d\alpha.$$

On écrirait immédiatement la valeur de B, si l'on connaissait l'intégrale $\int \frac{d\alpha}{2\sin\alpha + \sqrt{3}}$. Or on la ramène aux fractions rationnelles en posant $\operatorname{tang} \frac{1}{2}\alpha = u$, ce qui donne

$$\int \frac{d\alpha}{2\sin\alpha + \sqrt{3}} = \int \frac{2\,du}{4u + \sqrt{3}(1 + u^2)} = \int \frac{2\sqrt{3}\,du}{3u^2 + 4u\sqrt{3} + 3}$$

$$= \int \frac{2\,d(u\sqrt{3} + 2)}{(u\sqrt{3} + 2)^2 - 1}$$

$$= \log \operatorname{hyp} \frac{u\sqrt{3} + 1}{u\sqrt{3} + 3} + \text{const.}$$

$$= \log \operatorname{hyp} \frac{u\sqrt{3} + 1}{u + \sqrt{3}} + \text{const.}$$

Enfin, si l'on rétablit $\tang\frac{1}{2}\alpha$ à la place de u, qu'on remplace $\sqrt{3}$ par $\tang\frac{\pi}{3}$, et qu'on multiplie par $\cos\frac{\pi}{3}\cos\frac{1}{2}\alpha$ les deux termes de la fraction $\frac{u\sqrt{3}+1}{u+\sqrt{3}}$: on trouve

$$\int\frac{d\alpha}{2\sin\alpha+\sqrt{3}}=\log\text{hyp}\frac{\cos\left(\frac{\pi}{3}-\frac{1}{2}\alpha\right)}{\sin\left(\frac{\pi}{3}+\frac{1}{2}\alpha\right)}+\text{const}.$$

Donc

$$\frac{8}{3}\sqrt{3}\int\frac{\sqrt{3}-\sin\alpha}{\sqrt{3}+2\sin\alpha}\cos^2\alpha\,d\alpha=\frac{2}{\sqrt{3}}(\alpha-\sin\alpha\cos\alpha)+6\cos\alpha+\frac{5}{\sqrt{3}}\alpha$$
$$+3\log\text{hyp}\frac{\cos\left(\frac{\pi}{3}-\frac{1}{2}\alpha\right)}{\sin\left(\frac{\pi}{3}+\frac{1}{2}\alpha\right)}+\text{const.};$$

et par suite l'intégrale définie B a pour valeur

$$B=\frac{7\pi}{3\sqrt{3}}-\frac{7}{2}+3\log\text{hyp}\frac{3}{2}.$$

Donc l'intégrale définie qui entre comme facteur dans A est égale à

$$B-\frac{7}{2}+3\log\text{hyp}\,2=\frac{7\pi}{3\sqrt{3}}-7+3\log\text{hyp}\,3=0{,}5280,$$

d'où résulte

$$A=\frac{1}{96}\cdot 0{,}5280\,.\,lh=0{,}005500\,lh.$$

L'aire C'FP étant connue, on en conclut l'aire totale des huit triangles mixtilignes analogues, laquelle est $0{,}0440\,lh$; puis, comme le noyau central occupe une aire égale à $4\cdot\frac{l}{6}\cdot\frac{h}{12}$ ou à $0{,}0556\,lh$, on en déduit, pour la surface totale des quatre triangles tels que C'FE, l'expression

$$0{,}25\,lh-0{,}044\,lh-0{,}0556\,lh=0{,}1504\,lh.$$

Ainsi donc la portion du rectangle où doit se trouver le centre des tensions pour que la surface d'appui devienne pentagonale n'occupe guère que la septième partie de la surface lh de ce rectangle.

Enfin nous indiquerons une solution approximative pour le cas où le centre de pression serait sur l'une des diagonales du rectangle, en H''' par exemple (*fig.* 22), dans la partie à laquelle répond une surface d'appui pentagonale. Soit VI l'axe neutre cherché; il faut que H‴ soit le centre de percussion du rectangle tronqué VIABD tournant autour de VI. Or si l'on attribuait à cette ligne une position quelconque parallèle à AD, entre AD et la parallèle passant par le sommet C, le centre de percussion correspondant serait nécessairement sur la ligne BC, qui forme avec AD un système de diamètres conjugués de la surface rectangulaire (n° 8); pour l'axe neutre AD, on aurait la surface d'appui triangulaire ADB et le centre de percussion C′ (n° 9); pour l'axe parallèle passant en C, la surface d'appui deviendrait le rectangle entier et le centre de percussion passerait au point où BO coupe la ligne EF du noyau central. Donc VI, auquel répond le centre de pression intermédiaire H‴, est une parallèle à AD, passant entre O et C. Pour achever de déterminer sa position, nommons :

m le rapport $\frac{\overline{BU}}{\overline{BO}}$, rapport dont la connaissance suffirait pour définir le point U, et, par conséquent, la ligne cherchée VI;

k le rapport $\frac{\overline{UH'''}}{\overline{BO}}$;

r le rapport donné $\frac{\overline{BH'''}}{\overline{BO}}$.

On sait (n° 8) que H‴ est, en projection sur le plan de la figure, le centre de gravité d'un solide projeté sur VIABD et terminé à un plan passant par VI; or ce solide peut être considéré comme la différence entre le tétraèdre projeté sur XBY et deux tétraèdres semblables, égaux entre eux, qui se projettent sur les triangles XAI, VDY. Ces tétraèdres sont dans le rapport des cubes des dimensions homologues; le premier étant représenté par $\overline{BU}^3$, chacun des deux autres le serait par $\overline{OU}^3$; ou bien encore, le premier étant m^3, les autres auraient pour valeur commune $(m-1)^3$. Le centre de gravité du premier se projette au milieu de BU (n° 9); sa distance à XY, comptée parallèlement à la diagonale BC, serait donc $\frac{1}{2}m.\overline{BO}$. De même les centres de gravité des deux autres seraient à la distance $\frac{1}{2}(m-1).\overline{BO}$, comptée suivant la même direction. Donc, si l'on applique le théorème des moments relativement à VI, on aura

$$k[m^3 - 2(m-1)^3] = m^3 \cdot \frac{1}{2}m - 2(m-1)^3 \cdot \frac{1}{2}(m-1),$$

ou bien

$$k[m^3 - 2(m-1)^3] = \frac{1}{2}[m^4 - 2(m-1)^4];$$

d'ailleurs $k = m - r$; par conséquent, r étant connu, m devrait se déduire de l'équation

$$(m - r)[m^3 - 2(m-1)^3] = \frac{1}{2}[m^4 - 2(m-1)^4].$$

Cette équation complète du quatrième degré se résout par approximation, en remarquant qu'on a, sans erreur sensible,

$$\frac{m^4 - 2(m-1)^4}{m^3 - 2(m-1)^3} = \frac{1}{3}(1 + m + m^2),$$

tant que m est compris entre 1 et 2. C'est ce que montre le tableau suivant, où A désigne le premier membre de l'égalité précédente et B le second :

Valeurs de m.	Valeurs de A.	Valeurs de B.	Différence.	Erreur relative.
1,0	1,0000	1,0000	0,0000	0,0000
1,1	1,1015	1,1033	0,0018	0,0016
1,2	1,2093	1,2133	0,0040	0,0033
1,3	1,3252	1,3300	0,0048	0,0036
1,4	1,4489	1,4533	0,0044	0,0030
1,5	1,5800	1,5833	0,0033	0,0021
1,6	1,7179	1,7200	0,0021	0,0012
1,7	1,8623	1,8633	0,0010	0,0005
1,8	2,0130	2,0133	0,0003	0,0001
1,9	2,1700	2,1700	0,0000	0,0000
2,0	2,3333	2,3333	0,0000	0,0000

Pour mieux établir encore le fait en question, nous prendrons l'expression algébrique de l'erreur relative ε ou $1 - \frac{B}{A}$; ce sera

$$\begin{aligned}\varepsilon &= 1 - \frac{1}{3}\cdot\frac{(1+m+m^2)[m^3 - 2(m-1)^3]}{m^4 - 2(m-1)^4} \\ &= \frac{m^5 - 8m^4 + 25m^3 - 38m^2 + 28m - 8}{3(-m^4 + 8m^3 - 12m^2 + 8m - 2)} \\ &= \frac{1}{3}\cdot\frac{(m-1)^2(m-2)^3}{m^4 - 2(m-1)^4}.\end{aligned}$$

Cette quantité, nulle aux deux limites $m = 1$, $m = 2$, passe par un maximum dans leur intervalle; on l'obtient en posant l'équation $\frac{d\varepsilon}{dm} = 0$, soit, après suppression du facteur $(m-1)(m-2)^2$,

$$m^5 - 11m^4 + 12m^3 + 4m^2 - 6m + 2 = 0,$$

d'où l'on tire par tâtonnement

$$m = 1,277.$$

Par suite, le maximum de ε, peu différent de l'erreur qu'on trouve dans le tableau, en regard de $m = 1,3$, est $\varepsilon = 0,00365$.

Comme le point U se trouve nécessairement entre O et C et que m ne varie que de 1 à 2, nous pouvons en conséquence écrire l'équation approximative

$$m - r = \frac{1}{6}(1 + m + m^2),$$

qui donne

$$m = \frac{1}{2}\left[5 - \sqrt{3(7-8r)}\right].$$

Pour le point C', on a $r = \frac{1}{2}$, et, par suite, $m = 1$; pour le point commun de OB et EF, on a $r = \frac{5}{6}$ et $m = 2$; ces deux valeurs de m répondant aux deux limites de r sont rigoureusement exactes. Dans l'intervalle, il y aura une erreur, toujours très-petite, comme on peut en juger par le tableau précédent. Cette erreur, insignifiante au point de vue pratique, aurait pu encore être réduite en posant

$$\frac{m^4 - 2(m-1)^4}{m^3 - 2(m-1)^3} = \alpha + \beta m + \gamma m^2,$$

et choisissant les constantes α, β, γ de la manière la plus convenable; mais on serait ainsi tombé dans l'inconvénient d'introduire des coefficients plus compliqués dans les formules.

Il reste encore à exprimer la pression maximum p, en fonction du nombre m, maintenant connu. A cet effet, nommons Ω la surface du rectangle, Ω' celle du pentagone VIABD, N la pression totale, x la distance oblique, mesurée suivant BU, entre le centre de gravité de VIABD et l'axe neutre VI. La pression moyenne sur le pentagone d'appui a lieu en son centre de gravité, et la pression maximum en B, point le plus éloigné de l'axe neutre. Les pressions variant comme les distances à cet axe, on pourra écrire

$$p = \frac{N}{\Omega'} \cdot \frac{\overline{BU}}{x} = \frac{mN}{\Omega' x} \cdot \overline{BO}.$$

$\Omega' x$, moment de VIABD par rapport à VI, est égal au moment de BXY, moins deux fois celui de XAI; d'autre part, ces deux triangles sont semblables au triangle BAD $= \frac{1}{2}\Omega$, et ont pour surfaces $\frac{1}{2}\Omega m^2$, $\frac{1}{2}\Omega(m-1)^2$: on a donc

$$\Omega' x = \frac{1}{2}\Omega m^2 \cdot \frac{1}{3} m \overline{BO} - 2 \cdot \frac{1}{2}\Omega(m-1)^2 \cdot \frac{1}{3}(m-1)\overline{BO}$$

$$= \frac{1}{6}\Omega . \overline{BO}\left[m^3 - 2(m-1)^3\right].$$

Par suite,

$$p = \frac{6N}{\Omega} \cdot \frac{m}{m^3 - 2(m-1)^3},$$

quantité qui varie de $\frac{2N}{\Omega}$ à $\frac{6N}{\Omega}$ quand m passe de 2 à 1.

§ VI. — Extensions des théories précédentes à des corps non rigoureusement prismatiques.

30. *Forme d'une pièce droite ou courbe dans son état primitif. Fibre moyenne. Fibre élémentaire.* — Il faut d'abord définir d'une manière précise la forme des corps dont nous avons à nous occuper, alors qu'ils sont dans leur *état primitif*, c'est-à-dire dans un état idéal et purement abstrait où aucune force, pas même la pesanteur, n'agirait sur eux, en sorte que la tension des fibres serait nulle dans toutes les parties. Pour cela, prenons une ligne AB quelconque (*fig.* 24) supposée sans jarrets ni points multiples, et n'ayant dans son étendue qu'une faible torsion qui ne la fait pas beaucoup différer d'une courbe plane; imaginons la série de ses plans normaux et traçons dans chacun d'eux une aire assujettie aux conditions suivantes : 1° d'avoir son centre d'élasticité sur la courbe AB; 2° d'avoir, parallèlement au plan osculateur de AB, des dimensions petites en comparaison du rayon de courbure de cette courbe; 3° de varier dans sa forme d'une manière continue et

Fig. 24.

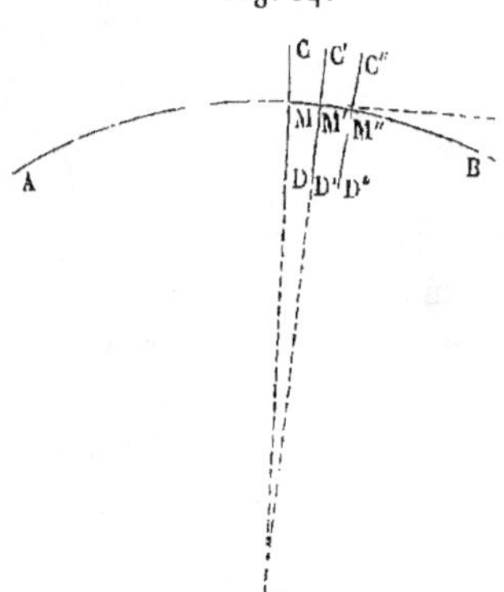

lente, en sorte que si l'on passe du plan normal CD à un plan normal C″D″ assez distant du premier pour que $\overline{MM''}$ soit une fraction notable de la longueur $\overline{AB}$, les aires tracées dans ces deux plans soient assez peu différentes et se trouvent placées à peu près de la même manière relativement aux plans osculateurs en M et M″. Le solide ainsi engendré, s'il est matérialisé et soustrait à toute force, constituera une pièce droite ou courbe dans son état primitif.

La courbe AB recevra le nom de *fibre moyenne* de la pièce, par analogie avec la définition, donnée au nº 16, de la fibre moyenne d'un prisme. De même nous appellerons *fibre élémentaire* le volume engendré par un élément superficiel de l'aire mobile, pendant une fraction infiniment petite de son parcours.

31. *Conséquence de la définition d'une pièce.* — Ainsi qu'on vient de le voir, dans la définition que nous avons donnée d'une pièce, nous n'avons pas exclu le cas d'une fibre moyenne à double courbure, ni celui des changements d'étendue et de figure de la section transversale, ni enfin le cas d'un arc engendré par une aire qui pendant son mouvement le long de la ligne directrice ne tournerait pas simplement autour d'axes perpendiculaires aux plans osculateurs successifs, mais encore autour des tangentes à la courbe AB, de manière à constituer une espèce de solide tordu. Toutefois ces divers écarts devront être renfermés dans de justes limites et ne pas s'opérer avec rapidité. Lorsque cette condition sera remplie, la partie de la pièce comprise entre deux sections infiniment voisines, normales à la fibre moyenne, pourra évidemment être considérée comme très-peu différente d'un prisme droit. De plus, toutes les arêtes de ce prisme auront sensiblement même longueur, car la plus grande dimension de sa base, mesurée parallèlement au plan osculateur de la fibre moyenne, est petite par rapport au rayon de courbure (nº 30) : hypothèse d'où il résulte que la différence entre la plus longue et la plus courte arête du prisme dont il s'agit est elle-même une petite fraction de l'élément de fibre moyenne compris entre les deux sections normales qui le terminent.

32. *Détermination de la tension en un point quelconque de la pièce, quand toutes les forces extérieures sont connues.* — Comme on peut le pressentir d'après les considérations présentées au n° 31, ce problème se ramène sans difficulté à celui qui a été résolu dans les §§ III, IV et V. Considérons en effet la portion de la pièce comprise entre deux plans normaux CD, C'D' (*fig.* 24) très-voisins l'un de l'autre, mais d'ailleurs quelconques ; elle peut être assimilée à un prisme droit dont toutes les fibres élémentaires auraient la longueur $\overline{MM'}$ (n° 31). Ce prisme reste en équilibre sous l'action des forces extérieures qui lui sont directement appliquées, et des réactions qu'il reçoit dans les plans CD, C'D', de la part des molécules voisines de ces plans ; or les réactions qui s'exercent en C'D' constituent nécessairement un système de forces équivalent aux forces extérieures appliquées entre C'D' et l'extrémité B, puisque la partie M'B reste aussi en équilibre ; il en résulte que le prisme CDC'D' éprouve, dans sa base CD, des actions moléculaires capables de faire équilibre à toutes les forces extérieures qui sollicitent la pièce entre le point M et l'extrémité B. On pourra donc appliquer, pour trouver l'intensité et la nature de ces actions, la méthode développée aux §§ III, IV et V, pourvu que la nature particulière de la question ne rende pas inadmissibles les hypothèses sur lesquelles elle est fondée.

33. *Observation sur l'étendue de la déformation.* — A la vérité, pour appliquer cette méthode, il faut avoir à sa disposition les quantités que nous avons désignées d'une manière générale par N, P, V, X, au § III ; il semble donc que l'on devrait connaître la figure d'équilibre affectée par la pièce dans son état définitif, après la déformation, tandis qu'on ne connaît ordinairement que la figure dans l'état primitif. Mais, dans toutes les constructions jouissant d'une certaine stabilité, ces deux figures sont généralement très-peu différentes l'une de l'autre. En effet, des forces suffisantes pour altérer, par leur action permanente, l'élasticité de la matière, ne produisent encore que des allongements ou raccourcissements très-faibles ; et il en est de même des variations de la température atmosphérique. Par exemple, s'il s'agit du fer, on sait que,

sous une traction de 20 kilogrammes par millimètre carré, un prisme de fer ne s'allonge que de 0,001 de sa longueur primitive, et il est bien rare que dans les constructions on atteigne cette limite. De même, une variation de température de 30 degrés, relativement à la température initiale, ne produirait qu'une dilatation ou contraction de $0^{m},000366$ par mètre de longueur. Pour d'autres matières que le fer, les chiffres changeraient, mais les conclusions resteraient les mêmes. Par conséquent, chaque fibre élémentaire variant très-peu en longueur, il est assez naturel d'admettre que la pièce elle-même ne se déformera pas beaucoup.

Toutefois, nous ne chercherons pas à dissimuler que ce raisonnement n'est pas entièrement rigoureux. Si l'on considère une pièce très-grande, de petits changements de longueur de toutes les fibres élémentaires peuvent, en s'accumulant, produire des effets sensibles sur la forme générale du corps. Mais alors, pour ne pas nous engager dans des calculs que personne n'a tentés jusqu'à présent, nous serons forcé de comprendre le fait dont il s'agit parmi les données et hypothèses de la question ; le raisonnement que nous avons fait aura du moins pour résultat de montrer que cette hypothèse est plausible et qu'elle doit en effet se vérifier dans la plupart des cas. En conséquence, nous admettons que la pièce déformée diffère infiniment peu, quant aux dimensions et à la position, de ce qu'elle était dans son état primitif. Dès lors, il n'y aura aucune difficulté pour calculer ou construire géométriquement les données à introduire dans la théorie des §§ III, IV et V, au moyen de laquelle on déterminera les tensions dans la section CD ; c'est ce que nous allons montrer pour un cas particulier.

34. *Usage de la courbe des pressions pour avoir la tension d'un élément quelconque de fibre.* — On suppose que la fibre moyenne, indépendamment des conditions énoncées au n° 30, satisfasse encore à celle d'être dans un même plan, et, en second lieu, que les forces extérieures appliquées à une portion quelconque de la pièce, entre deux sections normales arbitraires, puissent être réduites à une force unique agissant

dans ce plan. Si l'on considère dans une telle pièce une section normale quelconque C_3D_3 (*fig.* 25), on a vu tout à l'heure

Fig. 25.

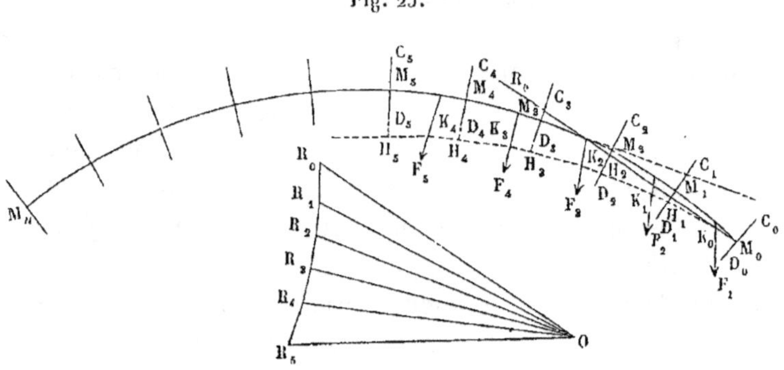

que les actions moléculaires développées dans cette section doivent faire équilibre aux forces extérieures qui agissent entre le point M_3 et l'extrémité M_0, c'est-à-dire à la résultante de ces forces. Pour appliquer immédiatement la théorie des §§ III, IV et V, tout se réduit à trouver cette résultante : c'est à quoi l'on parviendra facilement en procédant comme il suit.

Après avoir partagé la fibre moyenne M_0M_n (*fig.* 25) en intervalles égaux ou inégaux M_0M_1, M_1M_2, M_2M_3, etc., auxquels correspondent les sections normales C_0D_0, C_1D_1, C_2D_2, C_3D_3, etc., supposons qu'on ait pu facilement réduire à une seule force toutes celles qui agissent entre deux sections consécutives, et qu'on ait obtenu de cette manière les forces F_1, F_2, F_3, F_4, etc.; supposons de plus que dans la section extrême C_0D_0 (mais non pas nécessairement au centre d'élasticité M_0) agisse la force R_0. On mènera par un point O arbitraire la ligne OR_0 parallèle et proportionnelle à la force R_0, et dans le même sens ; par le point R_0 on mènera R_0R_1 parallèle à la force F_1, et l'on prendra la longueur $\overline{R_0R_1}$ proportionnelle à cette force et de même sens. On continuera de la même manière à construire le polygone $R_0R_1R_2R_3\ldots$, dont les côtés successifs représentent en intensité, en direction, en sens et aussi dans leur ordre, les forces F_1, F_2, F_3, etc. Les propriétés bien connues du polygone des forces montrent immédiatement que les lignes $\overline{OR_0}$, $\overline{OR_1}$, $\overline{OR_2}$, etc., représentent à la même échelle, en intensité, direction et sens, les forces totales qui agissent respectivement sur les sections C_0D_0, C_1D_1, C_2D_2, etc.

Il est nécessaire d'avoir non-seulement chaque résultante en grandeur, direction et sens, mais d'avoir aussi sa position réelle dans le plan. Or rien n'est plus facile, quand la construction précédente est effectuée. Par le point K_0, où la première résultante R_0 coupe la première force F_1, on mènera K_0K_1 parallèlement à OR_1; cette ligne K_0K_1 coïncidera avec la position véritable de la seconde résultante OR_1, car cette résultante doit passer par le point de rencontre de R_0 et de F_1. De même, par le point K_1, où la résultante dirigée suivant K_0K_1 coupe la seconde force F_2, on mènera K_1K_2 parallèle à OR_2, jusqu'à la rencontre de F_3; puis par K_2, la parallèle K_2K_3 à OR_3, et ainsi de suite. Les différents côtés du polygone ainsi formé ne seront autre chose que les résultantes successives, rétablies dans leur position véritable; et puisque l'on en connaît la grandeur et le sens, elles seront entièrement connues.

On déduira donc aisément de là le centre des tensions dans une section quelconque. En effet, ce point est l'intersection de la résultante qui correspond à la section dont il s'agit, avec le plan de cette section; ainsi, pour la section C_4D_4 on aura le centre H_4 déterminé par la rencontre de la résultante R_4, dirigée suivant K_3K_4 avec la trace C_4D_4 du plan de la section sur le plan de la fibre moyenne, qui est en même temps celui de la figure. On aurait d'une manière semblable les autres centres de tensions M_0, H_1, H_2, H_3, etc., dont le lieu géométrique constitue ce qu'on appelle communément la *courbe des pressions*. Il n'est peut-être pas sans utilité de faire remarquer que si les forces F_1, F_2, F_3, etc., ne provenaient pas d'une charge répartie d'une manière continue sur la longueur de la pièce, et si dans une section, telle que C_2D_2 par exemple, agissait une force finie qui ne se subdivisât pas en une infinité de forces élémentaires distribuées sur une certaine étendue à droite et à gauche de C_2D_2, alors la courbe des pressions présenterait une discontinuité. On aurait d'abord une première branche, telle que $M_0H_1H_2$; puis la dernière résultante se combinant avec la force isolée qui agit en un point de C_2D_2, le centre des tensions passerait brusquement de H_2 en un autre point H'_2, d'où partirait une seconde branche de courbe continue, allant jusqu'à une autre section dans laquelle une nouvelle force finie produirait une nouvelle discontinuité.

Il est clair qu'on pourrait remplacer les constructions géométriques par un calcul algébrique. Pour avoir la résultante R_3, par exemple, il suffirait de projeter sur deux axes rectangulaires, pris dans le plan de la figure, toutes les forces agissant entre M_3 et M_0, et de faire la somme algébrique des projections sur chaque axe. Cela ferait connaître l'intensité, la direction et le sens de la force R_3. Pour avoir sa position, il suffirait de calculer en outre la somme algébrique des moments des mêmes forces par rapport au point M_3.

Quand on aura, par l'une ou l'autre méthode, trouvé ces diverses résultantes, pour faire le calcul des tensions dans une section quelconque, telle que C_3D_3, par exemple, on projettera R_3 sur la tangente en M_3, et sur la normale au même point. Cela donnerait, pour la section dont il s'agit, les quantités désignées par N et P au § III; V serait nul, et X égal au moment de R_3 relativement à M_3. On verra plus loin des exemples de ces calculs.

35. *Restrictions que doit éprouver la théorie générale dans certains cas exceptionnels.* — Il y a des cas dans lesquels les hypothèses énoncées au n° 20, sur lesquelles repose toute la théorie des §§ III, IV et V, sont *à priori* entièrement dénuées de vraisemblance. Par exemple, si une colonne mince en métal, supportant un poids à sa partie supérieure, s'appuie sur un large socle en pierre, on pourrait, par les formules que nous avons données, déterminer la pression en chaque point d'une section quelconque de la colonne; mais il ne conviendrait pas de les appliquer à la recherche des pressions sur la surface supérieure du socle. On comprend, en effet, que, par l'effet de la déformation, cette surface ne doit pas rester plane, comme nous l'avons supposé, mais qu'il doit se produire une certaine dépression aux environs des points qui reçoivent directement l'action de la colonne. Mais on conçoit aussi que

cet effet doit être local, et qu'il doit tendre à s'effacer de plus en plus à mesure qu'on s'éloigne du point où il se produit. Ainsi, on ne devrait faire usage des formules que pour étudier la manière dont se répartit la pression dans une section du socle, prise à une distance suffisamment grande de la surface supérieure.

En général, une exception analogue aura lieu pour tous les points des pièces prismatiques où seraient directement appliquées des forces considérables; mais, en même temps, on sait que ces points sont ordinairement renforcés par un excédant de matière, dont les constructeurs comprennent parfaitement la nécessité. Par conséquent, il n'y a pas trop à se préoccuper de ce qui se passe dans ces circonstances exceptionnelles, car elles ont peu d'influence sur la résistance générale de la pièce. Nous avons voulu seulement, par les observations qui précèdent, mettre le lecteur en garde contre une extension trop grande qu'il serait peut-être tenté de donner aux formules : il convient toujours de se rappeler les hypothèses fondamentales, et d'examiner, dans chaque application, jusqu'à quel point elles sont susceptibles d'être vérifiées, sans quoi l'on s'exposerait à des mécomptes fâcheux, dont la théorie ne devrait pas, équitablement, être rendue responsable.

36. *Exemple numérique de la détermination des tensions.* — Nous allons montrer par un exemple l'application de la marche indiquée à la fin du n° 34. Cet exemple se rapporte à un projet de pont qui avait été fait pour la ville de Brest, par M. Tritschler, architecte. Le pont devait être soutenu par deux arcs en tôle à fibre moyenne circulaire, placés en amont et en aval. L'ensemble de ces deux arcs présentait une section rectangulaire de 3 mètres de hauteur sur une largeur réduite de $0^m,048$ (*); ce nombre, plus petit que la largeur réelle, tient compte, par aperçu, des évidements qui étaient pratiqués dans la tôle. Les arcs présentaient donc une section de 144000 millimètres carrés, que nous regarderons comme homogène, et qui, en conséquence, devait avoir par rapport à l'horizontale du centre de gravité un rayon de gyration égal à $\sqrt{\frac{1}{12}\cdot 3^2}$ (n° 6),

(*) Nous n'entendons pas donner très-rigoureusement ici les nombres du projet; il s'agit simplement d'un exemple d'application de la théorie.

soit à $\frac{1}{2}\sqrt{3}$. La fibre moyenne était un arc de cercle de 55 mètres de rayon et 40 mètres de flèche : d'où l'on conclut aisément que la ligne des naissances, ou la corde, avait pour longueur $105^{m},83$.

La charge n'était pas répartie d'une manière tout à fait uniforme. En prenant de part et d'autre de la verticale BG du centre (*fig.* 26) une longueur horizontale de 20 mètres, la partie AC, ayant ainsi 40 mètres de longueur en projection sur la corde, était chargée à raison de 3100 kilogrammes par mètre courant projeté, soit en tout de 124 000 kilogrammes. Le surplus de la pièce supportait 11 150 kilogrammes par mètre courant de projection horizontale, en tout 734 000 kilogrammes environ. Ces poids sont censés comprendre le poids propre de l'arc, et on les regarde comme appliqués à la fibre moyenne elle-même. Enfin, des calculs que nous ne pouvons pas encore exposer maintenant ont fait connaître que la réaction de chacun des points d'appui D et E devait, sous les charges indiquées et avec une certaine variation de température, être équivalente aux forces suivantes :

Fig. 26.

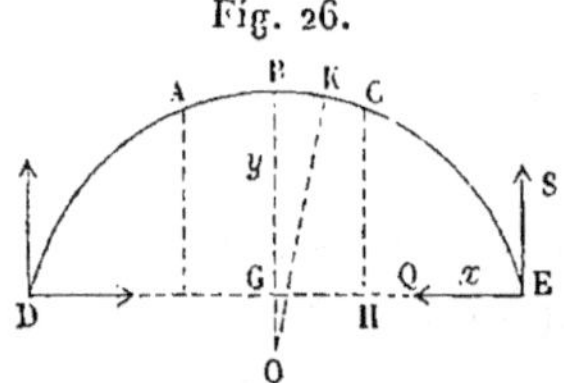

429 000 kilogrammes, suivant la verticale, de bas en haut;

214 400 kilogrammes, suivant l'horizontale, en allant de chaque naissance vers la verticale du milieu de l'arc.

Considérons une section normale passant au point K, choisi arbitrairement. Appelons :

ρ le rayon de l'arc;

p le poids par mètre courant projeté, appliqué sur BC;

p' la quantité analogue pour la partie CE;

α l'angle BOK;

φ le demi-angle au centre de l'arc, angle qui a pour sinus le rapport $\frac{\overline{GE}}{\overline{BO}}$;

y, x les coordonnées de K par rapport aux axes Gx, Gy;

S, Q les composantes verticale et horizontale de la réaction exercée en E par l'appui;

a, f, b les distances $\overline{GE}$, $\overline{GB}$, $\overline{GH}$;

N la somme des projections sur la tangente en K des forces qui agissent entre K et E, ces projections étant prises positivement ou négativement, suivant qu'elles vont dans le sens de K vers E ou en sens contraire;

P la somme des projections des forces sur le rayon OK, prises positivement dans le sens OK;

X la somme des moments des mêmes forces par rapport au point K, calculée en prenant pour sens positif des moments le sens de ceux qui tendent à faire tourner de Gx vers Gy.

Si le point K est d'abord pris entre B et C, on aura :

$$N = p(b-x)\sin\alpha + p'(a-b)\sin\alpha - Q\cos\alpha - S\sin\alpha,$$
$$P = -p(b-x)\cos\alpha - p'(a-b)\cos\alpha - Q\sin\alpha + S\cos\alpha,$$
$$X = -\frac{1}{2}p(b-x)^2 - p'(a-b)\left[\frac{1}{2}(a+b)-x\right] - Qy + S(a-x);$$

ou bien

$$N = (p-p')(b-x)\sin\alpha + p'(a-x)\sin\alpha - Q\cos\alpha - S\sin\alpha,$$
$$P = -(p-p')(b-x)\cos\alpha - p'(a-x)\cos\alpha - Q\sin\alpha + S\cos\alpha,$$
$$X = -\frac{1}{2}(p-p')(b-x)^2 - \frac{1}{2}p'(a-x)^2 - Qy + S(a-x).$$

Si la section était située entre C et E, ces expressions changeraient de forme, parce que toute la portion de l'arc entre la section dont il s'agit et l'extrémité E serait chargée du même poids p' par mètre courant. On voit alors que les valeurs de N, P, X deviennent

$$N = p'(a-x)\sin\alpha - Q\cos\alpha - S\sin\alpha,$$
$$P = -p'(a-x)\cos\alpha - Q\sin\alpha + S\cos\alpha,$$
$$X = -\frac{1}{2}p'(a-x)^2 - Qy + S(a-x).$$

Or on a

$$x = \rho\sin\alpha,\quad y = \rho(\cos\alpha - \cos\varphi),\quad S = pb + p'(a-b) = 429\,000^{k};$$

substituant ces valeurs, puis remplaçant les lettres par les valeurs numériques données, nous avons trouvé :

Entre B et C,

$$\frac{1}{1000}N = -214{,}4\cos\alpha - 170{,}5\sin^2\alpha,$$

$$\frac{1}{1000}P = -214{,}4\sin\alpha + 170{,}5\sin\alpha\cos\alpha,$$

$$\frac{1}{10^6}X = -11{,}79\cos\alpha - 4{,}689\sin^2\alpha + 11{,}92;$$

Entre C et E,

$$\frac{1}{1000}\mathrm{N} = -214,4\cos\alpha + 161,0\sin\alpha - 613,2\sin^2\alpha,$$

$$\frac{1}{1000}\mathrm{P} = -214,4\sin\alpha - 161,0\cos\alpha + 613,2\sin\alpha\cos\alpha,$$

$$\frac{1}{10^6}\mathrm{X} = -11,79\cos\alpha + 8,855\sin\alpha - 16,86\sin^2\alpha + 10,31.$$

On possède maintenant tous les éléments nécessaires pour calculer numériquement, au moyen des considérations générales du n° 20 et des formules du n° 23, les tensions en chaque point d'une section quelconque; car toutes les forces agissant depuis OK jusqu'à l'extrémité E de la pièce équivalent à la résultante de N et de P, appliquée en K et combinée avec le couple dont le moment est X. D'abord, le couple désigné par V étant ici constamment nul, il n'y a pas de torsion, et l'élasticité transversale n'est mise en jeu dans le plan OK que par la force P, qui donne lieu à un glissement simple. Au glissement répondent des tensions transversales dont la somme absolue égale P, et qui, pour les divers éléments de fibre partant du plan OK, sont simplement proportionnelles à la section ω de ces éléments (n° 15), attendu que la matière de l'arc est supposée homogène. La tension transversale par unité de surface de l'un quelconque des éléments en question égalera donc la force totale P, divisée par la section totale Ω. Ainsi on calculera le quotient $\frac{\mathrm{P}}{\Omega}$ pour diverses sections de la pièce, et l'on connaîtra de cette manière les grandeurs successives par lesquelles passent les tensions transversales correspondantes.

Restent les forces N et les couples X, qui produisent l'extension et la flexion simples, et par conséquent les tensions longitudinales. Dans la section OK, en particulier, N et X peuvent être composés et donneront une résultante égale et parallèle à N, contenue également dans le plan de la fibre moyenne, mais appliquée en un point K' de la ligne OK, différent, en général, du centre d'élasticité K. On se trouvera donc ici dans le cas étudié au n° 23, avec cette circonstance particulière que le point d'application de la force totale N est placé sur un axe de symétrie de la section. Cet axe OK étant axe principal d'inertie de la section pour le point K, la flexion, qui s'opère autour de son conjugué (n° 17), aura lieu autour de la perpendiculaire en K au plan de la figure. Si donc on applique la formule (7) du n° 23, u désignera la distance positive ou négative d'un élément ω de la section à cette perpendiculaire, et u_1 la valeur particulière de u pour le point K'. Il nous suffit, pour être en mesure de faire cette application, de connaître la distance $\overline{\mathrm{KK'}} = u_1$: or X n'est autre chose que le moment $N.\overline{KK'}$ de N relativement au point K, c'est-à-dire qu'on a

$$Nu_1 = X,$$

ou bien

$$u_1 = \frac{X}{N},$$

équation qui fait connaître u_1 en valeur absolue. On remarquera d'ailleurs que si X et N ont des valeurs numériques de même signe, le point K' se trouvera entre K et O, et inversement il serait sur le prolongement de OK si X et N avaient des signes contraires. Donc on sera en droit de remplacer u_1 par $\frac{X}{N}$, pourvu que les distances u soient comptées positivement dans le sens KO et négativement en sens contraire.

En définitive, la formule (7) du n° 23, qui exprime la tension longitudinale t d'un élément quelconque de fibre dans la section OK, deviendra

$$t = \frac{N}{\Omega}\left(1 + \frac{uu_1}{r^2}\right) = \frac{N}{\Omega}\left(1 + \frac{Xu}{Nr^2}\right);$$

le facteur E disparaît comme constant dans l'arc entier. Dans une même section, t varie avec u d'une fibre à l'autre; ses valeurs extrêmes répondront aux valeurs extrêmes de u, qui sont $+1,50$ pour l'intrados et $-1,50$ pour l'extrados. D'ailleurs, on a, comme on l'a vu,

$$r^2 = 0,75,$$
$$\Omega = 0,144;$$

nous pouvons donc écrire

pour l'extrados... $t = \frac{N}{0,144}\left(1 - \frac{2X}{N}\right) = \frac{1}{0,144}(N - 2X),$

pour l'intrados... $t = \frac{N}{0,144}\left(1 + \frac{2X}{N}\right) = \frac{1}{0,144}(N + 2X).$

L'unité de force étant le kilogramme et l'unité de surface le mètre carré, ces formules donneraient des tensions en kilogrammes par mètre carré; pour les avoir en kilogrammes par millimètre carré, il suffirait de diviser par 10^6 ou de remplacer 0,144 par 144000.

Voici le tableau des résultats numériques relatifs à 12 sections :

NUMÉROS des sections.	VALEURS de α.	$\frac{N}{144000}$.	$\frac{X}{72000}$.	TENSION LONGITUDINALE par millimètre carré — A l'extrados.	TENSION LONGITUDINALE par millimètre carré — A l'intrados.	TENSION TRANSVERSALE par millimètre carré. $\frac{P}{144000}$.	OBSERVATIONS.
	° ′	k	k	k	k	k	
1	0.00	— 1,49	1,76	— 3,25	0,27	— 0,00	Le point C correspond à $\alpha = 21°19',4$.
2	10.00	— 1,50	2,33	— 3,83	0,83	— 0,06	Le point E correspond à $\alpha = 74°10',4$.
3	20.00	— 1,54	4,01	— 5,55	2,47	— 0,13	Les tensions négatives sont des pressions.
4	30.00	— 1,80	4,16	— 5,96	2,36	0,13	La tension transversale est dirigée de l'intrados vers l'extrados, ou en sens inverse, suivant qu'elle est positive ou négative.
5	35.00	— 1,98	2,40	— 4,38	0,42	0,23	
6	40.00	— 2,18	— 0,08	— 2,10	— 2,26	0,28	
7	45.00	— 2,39	— 2,90	0,51	— 5,29	0,29	
8	50,00	— 2,60	— 5,42	2,82	— 8,02	0,23	
9	60.00	— 3,11	— 7,98	4,87	—11,09	0,00	
10	70.00	— 3,21	— 4,97	1,76	— 8,18	— 0,41	
11	72.00	— 3,25	— 2,44	— 0,81	— 5,69	— 0,51	
12	74 10,4	— 3,28	— 0,00	— 3,28	— 3,28	— 0,62	

Comme on le voit, les tensions qui sollicitent les fibres au glissement transversal sont assez faibles comparativement aux tensions longitudinales : la résistance du fer aux unes et aux autres étant à peu près la même, on voit qu'il n'y aurait pas eu dans cet exemple d'erreur bien notable à suivre l'usage assez généralement reçu de négliger les tensions transversales.

Les tensions longitudinales à l'extrados, à l'intrados et sur la fibre moyenne sont représentées graphiquement par la *fig.* 27; les abscisses

Fig. 27.

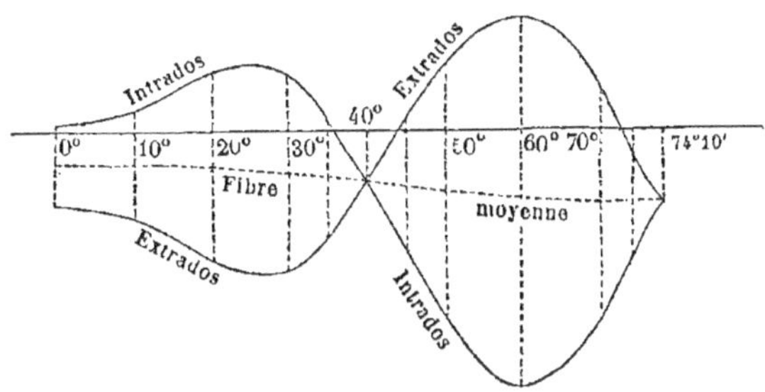

des courbes sont proportionnelles aux valeurs de α, et les ordonnées sont proportionnelles aux valeurs de ces tensions.

CHAPITRE DEUXIÈME.

FORMULES GÉNÉRALES POUR DÉTERMINER LA DÉFORMATION D'UNE PIÈCE DROITE OU COURBE SOUS L'ACTION DE FORCES DONNÉES. — RECHERCHE DES FORCES INCONNUES. — THÉORÈMES SUR LA COMPOSITION DES EFFETS DUS A DIVERSES CAUSES. — MOUVEMENTS VIBRATOIRES DES PIÈCES ÉLASTIQUES.

§ I. — Calcul de la déformation d'une pièce, sous l'action de forces connues.

37. *Lemme relatif aux déplacements des différents points d'un système invariable.* — On sait que le déplacement élémentaire d'un système invariable peut toujours être obtenu au moyen de trois translations parallèles à trois axes coordonnés et de trois rotations autour des mêmes axes.

Fig. 28.

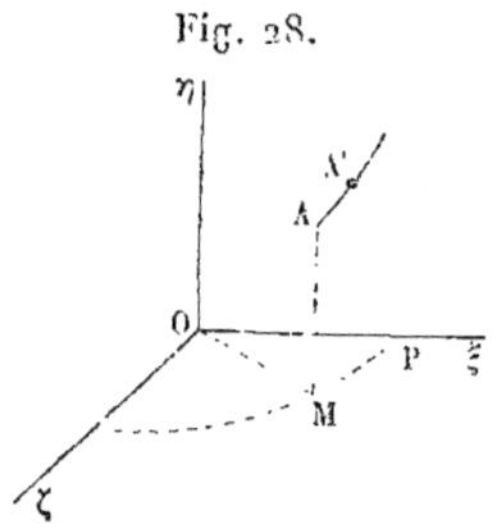

Soient a, b, c les trois translations respectivement parallèles aux axes rectangulaires $O\xi$, $O\eta$, $O\zeta$ (*fig.* 28); m, n, p les trois rotations autour des mêmes axes. Ces six mouvements étant tous infiniment petits, il s'agit d'avoir l'expression analytique du déplacement d'un point A quelconque du système, en fonction de ses coordonnées ξ, η, ζ.

A cet effet, on remarquera d'abord que le déplacement $\overline{AA'}$ du point A est la ligne qui forme le polygone obtenu en portant bout à bout les six déplacements composants, chacun avec sa direction propre. Donc la projection de $\overline{AA'}$ sur un axe quelconque est égale à la somme algébrique des projections des déplacements dus aux trois translations et aux trois rotations. Cherchons donc la projection du déplacement dû à une rotation, par exemple à n, qui se fait autour de $O\eta$. Soit

OM la projection de OA sur le plan des $\zeta\xi$; la rotation n toute seule, si elle avait lieu de $O\zeta$ vers $O\xi$, ferait décrire au point A un petit élément circulaire de rayon OM, perpendiculaire à cette ligne, ayant le sens de M à P, et contenu dans un plan parallèle au plan des $\zeta\xi$. Sa longueur serait $n.\overline{OM}$, et ses projections auraient pour valeurs, savoir :

sur l'axe des ξ .... $n.\overline{OM}.\cos MO\zeta$, ou bien $n\zeta$,
sur l'axe des η .... o,
sur l'axe des ζ ..... $-n.\overline{OM}.\cos MO\xi$, ou bien $-n\xi$.

De la même manière on trouverait les projections des déplacements dus à m et p, qui sont respectivement

pour m .... o, $-m\zeta$, $m\eta$,
pour p .... $-p\eta$, $p\xi$, o.

Réunissant maintenant toutes les projections sur un même axe et nommant $\Delta\xi$, $\Delta\eta$, $\Delta\zeta$ les variations des coordonnées du point A, on aura l'effet total des six mouvements composants, exprimé par les équations

$$\Delta\xi = a + n\zeta - p\eta,$$
$$\Delta\eta = b + p\xi - m\zeta,$$
$$\Delta\zeta = c + m\eta - n\xi.$$

Pour la généralité de ces formules, il ne faut pas oublier que les translations a, b, c, aussi bien que les rotations m, n, p, doivent prendre le signe + ou le signe —, suivant les cas. Les translations sont positives quand elles ont lieu dans le sens positif des axes coordonnés qui leur sont parallèles; une rotation autour de $O\zeta$ est positive quand elle amènerait la portion positive de l'axe $O\xi$ sur la portion positive de l'axe $O\eta$; de même le sens positif pour les rotations autour de $O\xi$ sera de $O\eta$ vers $O\zeta$, et pour les rotations autour de $O\eta$ celui de $O\zeta$ vers $O\xi$. Cette dernière convention peut encore, eu égard à la disposition de la figure, se remplacer par celle-ci : les composantes de la rotation seront positives ou négatives, suivant que leurs axes représentatifs auront la direction des coordonnées positives ou la direction inverse (*).

38. *Réduction du problème qui fait l'objet de ce paragraphe à une composition de mouvements.* — Soit une pièce dont la fibre moyenne est $G_0 G_n$ (*fig.* 29); C_0D_0, C_1D_1, C_2D_2,...,

Fig. 29.

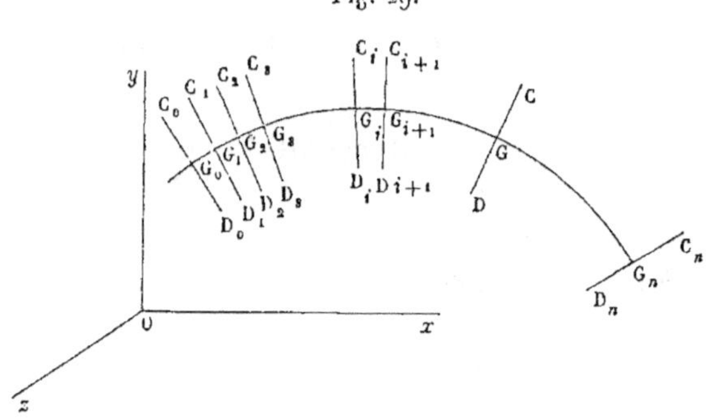

C_nD_n les sections transversales successives, déterminées par des plans normaux très-voisins les uns des autres. Le volume infiniment petit compris entre deux sections consécutives C_iD_i, $C_{i+1}D_{i+1}$ peut être considéré (n° **31**) comme un prisme, et l'on connaît le système de forces auxquelles doivent faire équilibre les tensions développées dans les éléments de fibre qui traversent C_iD_i; ces forces sont toutes celles qui agissent sur la pièce entre C_iD_i et l'extrémité C_nD_n. On pourra donc, en procédant comme au n° **20**, trouver les deux translations et les deux rotations que $C_{i+1}D_{i+1}$ prend relativement à C_iD_i.

Cela posé, imaginons que l'on connaisse le mouvement absolu pris par une section initiale C_0D_0. Le mouvement absolu de C_1D_1 se composera du mouvement de C_1D_1 relativement à C_0D_0 (qu'on sait calculer) et du mouvement absolu de C_0D_0; de même, connaissant le mouvement absolu de C_1D_1, on passerait à celui de C_2D_2, et ainsi de suite. On verrait ainsi que pour une section quelconque CD, le mouvement absolu résulte de la composition du mouvement absolu de C_0D_0 avec tous les

(*) Pour nous les axes représentatifs doivent être tracés dans un sens tel, que si l'on place l'œil à leur origine et qu'on regarde dans leur direction, on voie la rotation s'effectuer dans le sens des aiguilles d'une montre.

mouvements relatifs des groupes de deux sections infiniment voisines qu'on peut imaginer entre C_0D_0 et CD. Donc le déplacement du point G résultera de la composition des déplacements dus à tous ces mouvements, considérés chacun à part; en projection sur un axe, ce déplacement sera la somme algébrique des projections obtenues en prenant isolément chaque mouvement partiel.

Il est clair maintenant que la méthode du nº 37 sera applicable pour trouver les déplacements de G parallèlement à trois axes coordonnés, dus à chaque mouvement composant, pourvu que chacun de ces mouvements ait subi la décomposition que suppose ladite méthode. On conçoit donc sans peine la marche à suivre pour trouver les variations des trois coordonnées de G. Avant de rechercher les formules qui les représentent, nous allons encore exposer quelques observations générales.

39. *Construction géométrique approximative de la fibre moyenne déformée.* — Si l'on pouvait construire géométriquement les lignes représentatives du mouvement résultant d'une section normale quelconque CD (*fig.* 29), il serait aisé d'en déduire le déplacement du point G. Or, comme on vient de le voir, le mouvement de CD s'obtient par la composition du mouvement de la section initiale C_0D_0 avec tous les mouvements relatifs des groupes de deux sections infiniment voisines entre C_0D_0 et CD. Ces mouvements relatifs, en nombre infini, ne peuvent pas en général être composés rigoureusement par des constructions géométriques. Mais on éludera la difficulté en partageant l'intervalle G_0G par des plans normaux suffisamment rapprochés, en nombre fini, et traitant chaque portion de pièce comprise entre deux de ces plans consécutifs comme un élément de longueur infiniment petite. De cette manière, le mouvement de la section CD résulterait de la composition de mouvements en nombre fini, opération susceptible de s'effectuer géométriquement ou par le calcul.

40. *Remarque sur la position définitive des sections normales.* — On peut se demander si les sections primitivement normales à la fibre moyenne le sont encore après la déformation. Pour répondre à cette question, on remplacera d'abord

la fibre moyenne par un polygone infinitésimal $G_0G_1G_2G_3G_4\ldots$ (*fig.* 30). Tant que la section C_2D_2, par exemple, n'aura relativement à la section infiniment voisine C_1D_1 que les mouvements qui constituent l'allongement simple, la flexion et la torsion, il est clair que le point G_2 se déplacera par rapport à C_1D_1 en restant sur la direction de l'élément G_1G_2; donc le plan C_1D_1 restera normal à la courbe après la déformation. Mais s'il existe un effort tranchant P qui fasse glisser C_2D_2 dans son plan, le point G_2 décrira un élément de chemin perpendiculairement à G_1G_2, et cet élément aura avec $\overline{G_1G_2}$ un rapport fini : donc, après que les forces auront produit leur effet, le plan C_1D_1 ne sera plus normal à la fibre moyenne.

Fig. 30.

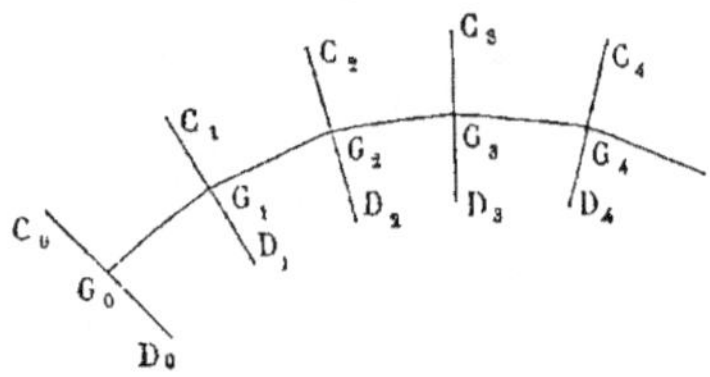

Nous concluons donc en disant que les sections normales primitives le sont encore dans l'état définitif quand l'effort tranchant est nul ou négligeable.

41. *Observation au sujet de l'effort tranchant dans une section quelconque.* — Dans deux occasions déjà (nos 21 et 36), quand il était question de déterminer les tensions en un point quelconque d'une pièce, nous avons dit qu'on négligeait habituellement l'effet de la force transversale ou effort tranchant, qui tend à produire un glissement relatif de deux sections voisines, parallèlement à leur plan. L'expérience a généralement consacré cette manière d'opérer, à laquelle nous nous conformerons presque toujours, dans le but de simplifier les applications que nous avons à faire de la théorie. Ainsi nous admettrons comme un fait que, sauf les cas exceptionnels que nous signalerons, les tensions transversales ont peu d'importance dans les pièces que les ingénieurs ont à établir, relativement aux tensions longitudinales; et qu'il en est de même des déformations correspondantes. L'effort tranchant étant désigné par P dans les formules de ce paragraphe, nous y ferons toujours $P = 0$, quand il s'agira d'une application quelconque : si nous n'avons pas tout d'abord supprimé constam-

ment les termes affectés du facteur P, notre seul motif a été de ne pas sacrifier, sans une utilité bien manifeste, l'exactitude théorique.

Nous allons maintenant aborder l'étude des formules propres à faire connaître la déformation des pièces droites ou courbes, en commençant par deux cas particuliers dont l'importance est très-grande, en raison de leurs nombreuses applications dans la suite de ce Cours.

42. *Déformation d'une pièce droite; équation différentielle de la fibre moyenne déformée.* — Plaçons-nous dans une hypothèse restreinte, en admettant : 1° que toutes les forces extérieures sont contenues dans un même plan (A) avec la fibre moyenne primitive; 2° que ce plan divise la pièce en deux parties symétriques, ou tout au moins qu'il coupe chaque section transversale suivant un axe principal d'inertie. Les forces comprises entre une section quelconque et un des bouts de la pièce ont alors un moment nécessairement nul par rapport à la fibre moyenne, et il n'y a pas de couple de torsion V; la tension totale N et l'effort tranchant P étant dans le plan (A) ne produisent que des déplacements parallèles à ce plan; enfin, il en est de même du couple ou moment de flexion X, car sa trace sur le plan de la section étant axe principal d'inertie, la rotation qu'il produit s'opère autour d'une ligne perpendiculaire à cette trace et conséquemment au plan (A). Donc le déplacement total d'un point quelconque de la fibre moyenne aura lieu dans ce plan, et par suite la fibre moyenne définitive y sera contenue.

Nous supposerons encore qu'on soit en droit de négliger les déformations dues à l'effort tranchant (n° 41); les sections primitivement normales seront donc encore normales à la fibre moyenne définitive (n° 40). Elles sont d'ailleurs toutes perpendiculaires au plan (A), et les angles qu'elles font entre elles sont mesurés par les angles des normales à la fibre moyenne.

Cela posé, au lieu d'effectuer la composition de mouvements dont il a été question plus haut, il vaut mieux employer la méthode suivante qui conduit plus simplement au but. Prenons pour axe des x la fibre moyenne primitive, et pour axe des y une perpendiculaire tracée dans le plan (A). La section répondant au point dont les coordonnées sont x et y fait un certain angle avec sa direction première; puisque la section est restée normale, cet angle sera le même que celui fait par la tangente à la fibre moyenne déformée avec l'axe des x, et aura pour tangente trigonométrique la dérivée $\frac{dy}{dx}$. Les déformations étant toujours censées très-faibles (n° 33), cet angle n'a qu'une petite valeur, et l'on peut, sans erreur sensible, le confondre avec sa tangente. Pour la section infiniment voisine, placée à la distance dx de la première, l'angle analogue aura pour valeur $\frac{dy}{dx} + \frac{d^2y}{dx^2}dx$; donc les deux sections, primitivement parallèles, font maintenant entre elles un angle $\frac{d^2y}{dx^2}dx$, qui représente leur rotation relative, c'est-à-dire la flexion. Il en résulte un couple de forces moléculaires qui a pour expression (n° 17) le produit du moment d'inflexibilité par l'angle de flexion rapporté à l'unité de longueur, car, dans le cas actuel, la flexion se fait autour d'un axe principal d'inertie, de sorte que l'angle désigné par δ au n° **17** est de 90 degrés. Si donc on nomme, dans une section quelconque :

e le ressort longitudinal;
r le rayon de gyration relativement à un axe perpendiculaire au plan des forces et passant au centre d'élasticité (axe autour duquel s'opère la flexion);
X le moment fléchissant (n° 20);

attendu que les forces élastiques développées dans une section font équilibre aux forces extérieures qui agissent depuis cette section jusqu'à une extrémité, on écrira l'équation

$$er^2\frac{d^2y}{dx^2} = X. \quad (1)$$

C'est là l'équation différentielle de la fibre moyenne déformée; elle suppose qu'on ait adopté dans le calcul de X un sens positif convenable, car il faut que X soit positif lorsque

$\frac{d^2y}{dx^2}$ l'est aussi et que, par suite, $\frac{dy}{dx}$ croît avec x. Or, dire que $\frac{dy}{dx}$ est croissant, c'est dire que les tangentes à la fibre moyenne s'inclinent de plus en plus sur l'axe des x ou que la section normale s'incline de plus en plus sur l'axe des y; donc alors la flexion, dont le sens est identique à celui de X, doit consister en une rotation allant de l'axe des x positifs à l'axe des y positifs; donc, finalement, *le moment* X *doit être pris positivement quand il tend à faire tourner dans le sens de x vers y.*

43. *Formules de la déformation plane, pour une pièce courbe dont la fibre moyenne primitive est dans un même plan avec les forces extérieures.* — Nous allons prendre maintenant le cas d'une pièce remplissant, quant aux forces extérieures et à la forme de la section, toutes les conditions imposées à la poutre droite qu'on vient d'étudier (n° 42), mais différant de celle-ci par la fibre moyenne primitive qui, au lieu d'une droite, sera une courbe quelconque située dans le plan (A). Les mêmes raisonnements montreront que la fibre moyenne définitive sera aussi contenue dans ce plan, et l'on connaîtra sa forme si, après avoir pris dans le plan (A) deux axes coordonnés rectangulaires Ox, Oy (*fig.* 31), on peut calculer les variations Δx_1, Δy_1 subies par les coordonnées x_1, y_1 d'un point quelconque G_1 appartenant à la fibre moyenne primitive. Cherchons donc à exprimer ces quantités en continuant à supposer, pour plus de simplicité, qu'on puisse négliger l'influence de l'effort tranchant.

Fig. 31.

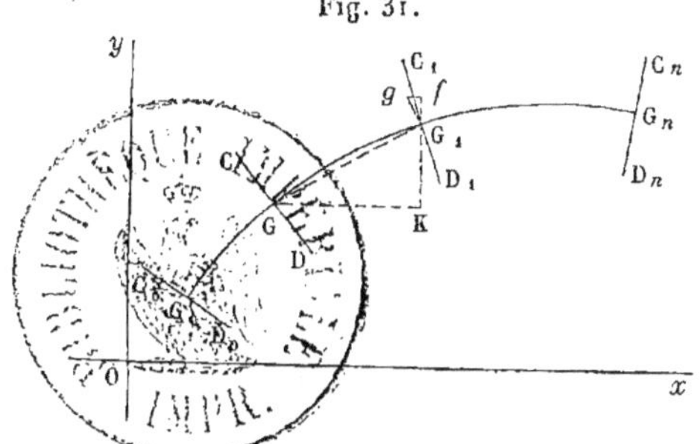

Soient $G_0GG_1G_n$ la fibre moyenne, C_1D_1 une section quelconque, CD une autre section quelconque entre l'origine C_0D_0 de la pièce et C_1D_1. Désignons par :

x_0, y_0, x, y, x_1, y_1 les coordonnées des points G_0, G, G_1;

s, s_1, les longueurs $\overline{G_0G}$ et $\overline{G_0G_1}$;
e le ressort longitudinal de la section CD (n° 14);
r son rayon de gyration relativement à un axe perpendiculaire au plan de la figure et projeté en G;
N la tension totale dans la section CD, c'est-à-dire la somme des forces extérieures appliquées à la portion GG_n de la pièce, ces forces étant prises en projection sur la tangente en G à la fibre moyenne, et le sens positif étant celui qui s'éloigne de l'origine G_0;
X le moment fléchissant pour la même section, ou la somme des moments relativement à G, des forces qui agissent sur la portion GG_n (le sens positif sera celui d'un moment qui tendrait à faire tourner dans le sens de Ox vers Oy).

Ainsi qu'on l'a reconnu au n° 42, et par la même raison, la flexion s'opère ici autour d'une série d'axes perpendiculaires au plan de la figure; la section CD, par exemple, va tourner d'un angle infiniment petit $\frac{X\,ds}{er^2}$ (n° 20) autour de l'axe G, par rapport à une section infiniment voisine qui la précède, à une distance ds mesurée sur la fibre moyenne. En outre, elle prendra une translation ou extension simple $\frac{N\,ds}{e}$, par l'effet de la force N (n° 20); et ce sera là tout le mouvement relatif de ces deux sections, puisque le couple de torsion est nul et qu'on néglige la déformation due à l'effort tranchant. Le déplacement total du point G_1 est produit par le mouvement de C_0D_0 combiné avec toutes ces translations $\frac{N\,ds}{e}$ et ces rotations $\frac{X\,ds}{er^2}$ en nombre infini (n° 38); il faut donc prendre les variations de x_1 et y_1 dues séparément à chacun des mouvements composants, et en faire la somme algébrique.

La translation $\frac{N\,ds}{e}$ dirigée suivant ds donne, en projection sur Ox et Oy, les déplacements $\frac{N\,dx}{e}$, $\frac{N\,dy}{e}$; la rotation $\frac{X\,ds}{er^2}$ fait décrire au point G_1 un arc infiniment petit $\overline{G_1g}$, normal à GG_1 et égal au produit $\overline{GG_1}\cdot\frac{X\,ds}{er^2}$, lequel aura pour projections $\overline{fg}$ et $\overline{G_1 f}$. Or, si l'on mène G_1K parallèle aux y et GK parallèle aux x, on formera ainsi un triangle GKG_1 semblable à G_1fg comme ayant les côtés respectivement perpendiculaires, ce qui donne les proportions

$$\overline{G_1 g} : \overline{GG_1} :: \overline{fg} : \overline{G_1 K} :: \overline{G_1 f} : \overline{GK};$$

de là nous tirons

$$\overline{fg} = \overline{G_1 g} \cdot \frac{\overline{G_1 K}}{\overline{GG_1}} = \frac{X(y_1 - y)ds}{er^2},$$

$$\overline{G_1 f} = \overline{G_1 g} \cdot \frac{\overline{GK}}{\overline{GG_1}} = \frac{X(x_1 - x)ds}{er^2};$$

mais comme la longueur $\overline{fg}$ est décrite dans le sens des x négatifs, il faut la changer de signe et prendre

$$-\frac{X(y_1 - y)ds}{er^2}, \quad \frac{X(x_1 - x)ds}{er^2}$$

pour projections respectives sur les axes Ox et Oy du déplacement produit sur le point G_1 par la flexion aux environs de CD. De la même manière on trouverait les projections du déplacement de G_1 par l'effet d'une rotation absolue p_0 dans le sens positif (de Ox vers Oy), attribuée à la section initiale C_0D_0; ce serait évidemment, sans recommencer le calcul,

$$-p_0(y_1 - y_0), \quad p_0(x_1 - x_0).$$

Nommant enfin Δx_0, Δy_0 les composantes du déplacement absolu de G_0, puis faisant la somme algébrique des déplacements de G_1 suivant les x et les y dans tous les mouvements à composer, on arrive aux formules

$$(2) \qquad \Delta x_1 = \Delta x_0 - p_0(y_1 - y_0) - \int_{s_0}^{s_1} \frac{X(y_1 - y)ds}{er^2},$$

$$(3) \qquad \Delta y_1 = \Delta y_0 + p_0(x_1 - x_0) + \int_{s_0}^{s_1} \frac{X(x_1 - x)ds}{er^2}.$$

On peut très-facilement avoir aussi la quantité p_1 dont a tourné une section quelconque C_1D_1; car toutes les rotations ayant lieu autour d'axes parallèles, il suffit d'en faire la somme algébrique. Donc

$$(4) \qquad p_1 = p_0 + \int_{s_0}^{s_1} \frac{X\,ds}{er^2}.$$

Les formules (2), (3) sont encore incomplètes en ce qu'elles ne tiennent pas compte des variations de longueur sous l'action d'influences étrangères aux forces extérieures qui sollicitent la pièce. Il convient de les rectifier comme on va le voir au n° 44 ci-après.

44. *Déplacements produits par les variations de température et par le calage.* — Les variations de température, suivant qu'il y a augmentation ou diminution, tendent à dilater ou à contracter toutes les parties du corps qui les éprouve, s'il n'y a aucun obstacle extérieur pour s'y opposer; mais cette altération de dimension n'entraîne pas d'altération de forme dans une matière homogène, ou du moins dans une matière dont le coefficient de dilatation linéaire ne varie pas d'un point à un autre, ce que nous supposerons. Il n'en est pas de même quand des obstacles extérieurs viennent contrarier l'effet de la dilatation, mais il est clair qu'en tenant compte à part des forces exercées par ces obstacles sur la pièce, on peut toujours considérer celle-ci comme entièrement libre. Par conséquent, τ étant le coefficient de dilatation linéaire correspondant au changement de température, on devrait simplement ajouter aux premiers membres des formules (2) et (3) ci-dessus le terme $\tau(x_1 - x_0)$ pour Δx_1, et $\tau(y_1 - y_0)$ pour Δy_1; mais en même temps il faudrait faire entrer dans les expressions de N, P, X, V les forces qui proviendraient d'obstacles extérieurs opposés aux effets de la dilatation.

Le calage des pièces courbes donne lieu à des considérations analogues. Dans la pratique, les grands arcs en métal ne sont pas formés d'un seul bloc. On les construit, en général, avec des voussoirs juxtaposés, entre lesquels on enfonce des cales en métal et que l'on boulonne ensuite fortement. Il résulte de cette disposition que l'arc exerce sur ses appuis des pressions indépendantes des forces qui le sollicitent lui-même, c'est-à-dire qu'il agirait encore sur ses appuis si l'on supprimait toutes les charges qui lui sont directement appliquées. Cela équivaut en quelque sorte à une dilatation artificielle, en vertu de laquelle la fibre moyenne prendrait une longueur supérieure à sa longueur primitive. Il semble qu'on tiendra compte de ce fait d'une manière rationnelle et satisfaisante, si l'on attribue à la constante τ, non pas la valeur du coefficient de la dilatation linéaire produite par le changement des circonstances atmosphériques, mais ce coefficient augmenté du rapport entre l'allongement produit par le calage et la longueur de l'arc. Ainsi, soient S la longueur totale de la fibre moyenne, d'après le projet; σ la somme des épaisseurs des cales introduites par force entre les segments de cette fibre; τ' la dilatation linéaire, positive ou négative, due au changement de température. On devra prendre

$$\tau = \tau' + \frac{\sigma}{S}.$$

Naturellement le rapport $\frac{\sigma}{S}$ est variable dans la pratique, mais il reste toujours très-petit; il est assez ordinairement inférieur au nombre 0,0001.

45. *Formules pour calculer les variations des coordonnées d'un point quelconque de la fibre moyenne, dans le cas le plus général.* — Il nous reste maintenant à déterminer les déformations de la fibre moyenne d'une pièce quelconque sous des forces connues, dans le cas le plus général, sans faire d'hypothèse ni sur les forces ni sur la forme des sections transversales ou de la fibre moyenne, à part celles qui constituent la définition d'une pièce, donnée au n° 30. C'est ce que nous allons faire, puis nous montrerons comment on revient des formules générales à celles des n°s 42 et 43.

Ramenons toutes les forces qui agissent depuis une section quelconque C_iD_i jusqu'à l'extrémité C_nD_n (*fig.* 29) à deux forces et à deux couples, comme il a été dit au n° 20. Nous aurons d'abord la force N normale à C_iD_i ou tangente en G_i à la fibre moyenne, force à laquelle nous donnerons le signe + ou le signe —, suivant qu'elle sera une tension ou une pression, c'est-à-dire suivant qu'elle agira en allant de G_i vers l'extrémité G_n, ou en sens inverse; secondement, une force P passant en G_i, située dans le plan C_iD_i, et dont la direction fait avec les parties positives des trois axes coordonnés rectangulaires Ox, Oy, Oz, trois angles que nous appellerons α, β, γ; troisièmement, un couple V dont l'axe représentatif aura même direction et même sens positif conventionnel que la force N; quatrièmement et enfin, un couple X dont l'axe est dans le plan C_iD_i, ce couple n'ayant pas de signe et ne devant se prendre qu'en valeur absolue. Soient d'ailleurs :

δ l'angle aigu que fait la trace du couple X sur le plan C_iD_i avec le diamètre conjugué de cette trace dans l'ellipse centrale d'inertie de la section;

λ, μ, ν les angles qui ont lieu entre les parties positives des trois axes coordonnés et l'axe représentatif de la flexion, c'est-à-dire (n° 17) le diamètre faisant l'angle aigu $\frac{\pi}{2} - \delta$ avec l'axe représentatif du couple X;

r, l les rayons de gyration de l'aire C_iD_i relativement aux axes de flexion et de torsion;

e le ressort longitudinal de cette section (n° 14);

ke son ressort transversal (n° 15), k étant le rapport supposé constant (n° 16) des deux coefficients d'élasticité G et E;

s la longueur mesurée suivant la fibre moyenne entre la section C_iD_i et celle qui est prise pour origine;

x, y, z les coordonnées rectangulaires du point G_i.

En ne nous occupant d'abord que du mouvement relatif de la section C_iD_i et de celle qui est infiniment voisine, nous trouverons que ce mouvement se compose (n° 20) :

D'une translation suivant la direction de la force N, dont la valeur est $\frac{N\,ds}{e}$, et les projections sur les trois axes coordonnés $\frac{N\,dx}{e}$, $\frac{N\,dy}{e}$, $\frac{N\,dz}{e}$;

D'une translation suivant la force P qui aura pour expression $\frac{P\,ds}{ke}$, et dont les projections sur les axes coordonnés seront pareillement $\frac{P\cos\alpha.ds}{ke}$, $\frac{P\cos\beta.ds}{ke}$, $\frac{P\cos\gamma.ds}{ke}$;

D'une rotation autour de l'élément G_iG_{i+1} prolongé, exprimée par $\frac{V\,ds}{kel^2}$, dont les composantes rectangulaires parallèles aux axes coordonnés sont $\frac{V\,dx}{kel^2}$, $\frac{V\,dy}{kel^2}$, $\frac{V\,dz}{kel^2}$;

D'une rotation autour du diamètre conjugué avec la trace du couple X, ayant pour valeur $\frac{X\sin\delta.ds}{er^2}$ et se décomposant de même en $\frac{X\sin\delta\cos\lambda.ds}{er^2}$, $\frac{X\sin\delta\cos\mu.ds}{er^2}$, $\frac{X\sin\delta\cos\nu.ds}{er^2}$.

On aura donc finalement pour le mouvement relatif dont il s'agit :

1° Trois translations parallèles aux axes coordonnés, savoir :

$$\text{suivant l'axe des } x\ldots \frac{N\,dx}{e}+\frac{P\cos\alpha.ds}{ke},$$
$$y\ldots \frac{N\,dy}{e}+\frac{P\cos\beta.ds}{ke},$$
$$z\ldots \frac{N\,dz}{e}+\frac{P\cos\gamma.ds}{ke};$$

2° Trois rotations autour des parallèles aux trois mêmes axes menées par le point G_i :

$$\text{autour de la parallèle à } Ox\ldots \frac{V\,dx}{kel^2}+\frac{X\sin\delta\cos\lambda.ds}{er^2},$$
$$Oy\ldots \frac{V\,dy}{kel^2}+\frac{X\sin\delta\cos\mu.ds}{er^2},$$
$$Oz\ldots \frac{V\,dz}{kel^2}+\frac{X\sin\delta\cos\nu.ds}{er^2}.$$

Dans les applications, chacun de ces mouvements composants doit recevoir le signe + ou le signe —, d'après les conventions exprimées à la fin du n° 37; or cette condition se trouvera remplie d'elle-même, par suite des précautions que nous avons prises en définissant le sens positif de la force N et du couple V, ainsi que les angles α, β, γ, λ, μ, ν. Du moins elle le sera quand les axes coordonnés présenteront la disposition des *fig.* 28 et 29, disposition telle, qu'une rotation de Ox vers Oy sera représentée par l'axe des z positifs, et ainsi de suite en faisant une permutation tournante.

Maintenant il est facile d'appliquer la méthode indiquée en abrégé au n° 38, pour avoir le déplacement d'un point quelconque G de la fibre moyenne. Appelons en effet Δx_0, Δy_0, Δz_0 les trois composantes de ce déplacement pour la section initiale C_0D_0; m_0, n_0, p_0 les trois composantes de la rotation de la section C_0D_0, qui produisent les variations très-petites des angles que la normale à cette section faisait primitivement avec les trois axes coordonnés; x_1, y_1, z_1 les coordonnées du point G; conservons les lettres sans indice pour les quantités qui se rapportent à toute section intermédiaire entre C_0D_0 et CD, C_iD_i par exemple. En vertu des trois translations et des trois rotations qui viennent d'être analysées, le point G prendra les déplacements ci-après :

Suivant l'axe des x,

$$\frac{\mathrm{N}\,dx}{e} + \frac{\mathrm{P}\cos\alpha . ds}{ke} + (z_1 - z)\left(\frac{\mathrm{V}\,dy}{ke\,l^2} + \frac{\mathrm{X}\sin\delta\cos\mu . ds}{er^2}\right)$$
$$- (y_1 - y)\left(\frac{\mathrm{V}\,dz}{ke\,l^2} + \frac{\mathrm{X}\sin\delta\cos\nu . ds}{er^2}\right);$$

Suivant l'axe des y,

$$\frac{\mathrm{N}\,dy}{e} + \frac{\mathrm{P}\cos\beta . ds}{ke} + (x_1 - x)\left(\frac{\mathrm{V}\,dz}{ke\,l^2} + \frac{\mathrm{X}\sin\delta\cos\nu . ds}{er^2}\right)$$
$$- (z_1 - z)\left(\frac{\mathrm{V}\,dx}{ke\,l^2} + \frac{\mathrm{X}\sin\delta\cos\lambda . ds}{er^2}\right);$$

Suivant l'axe des z,

$$\frac{\mathrm{N}\,dz}{e} + \frac{\mathrm{P}\cos\gamma . ds}{ke} + (y_1 - y)\left(\frac{\mathrm{V}\,dx}{ke\,l^2} + \frac{\mathrm{X}\sin\delta\cos\lambda . ds}{er^2}\right)$$
$$- (x_1 - x)\left(\frac{\mathrm{V}\,dy}{ke\,l^2} + \frac{\mathrm{X}\sin\delta\cos\mu . ds}{er^2}\right);$$

formules qui résultent immédiatement de celles qu'on a données au n° 37.

Ajoutant algébriquement tous les effets dus aux mouvements des sections intermédiaires entre C_0D_0 et CD, et tenant compte du mouvement de la première section C_0D_0, on trouvera donc pour les variations Δx_1, Δy_1, Δz_1 des coordonnées de G :

$$(5)\left\{\begin{aligned}
\Delta x_1 = \Delta x_0 &+ n_0(z_1 - z_0) - p_0(y_1 - y_0) \\
&+ \int_{x_0}^{x_1} \left(\frac{N}{e} + \frac{P\cos\alpha}{ke}\frac{ds}{dx}\right) dx \\
&+ \int_{s_0}^{s_1} \left[\begin{aligned} &(z_1 - z)\left(\frac{V}{kel^2}\frac{dy}{ds} + \frac{X\sin\delta\cos\mu}{er^2}\right) \\ -&(y_1 - y)\left(\frac{V}{kel^2}\frac{dz}{ds} + \frac{X\sin\delta\cos\nu}{er^2}\right)\end{aligned}\right] ds; \\
\Delta y_1 = \Delta y_0 &+ p_0(x_1 - x_0) - m_0(z_1 - z_0) \\
&+ \int_{y_0}^{y_1} \left(\frac{N}{e} + \frac{P\cos\beta}{ke}\frac{ds}{dy}\right) dy \\
&+ \int_{s_0}^{s_1} \left[\begin{aligned} &(x_1 - x)\left(\frac{V}{kel^2}\frac{dz}{ds} + \frac{X\sin\delta\cos\nu}{er^2}\right) \\ -&(z_1 - z)\left(\frac{V}{kel^2}\frac{dx}{ds} + \frac{X\sin\delta\cos\lambda}{er^2}\right)\end{aligned}\right] ds; \\
\Delta z_1 = \Delta z_0 &+ m_0(y_1 - y_0) - n_0(x_1 - x_0) \\
&+ \int_{z_0}^{z_1} \left(\frac{N}{e} + \frac{P\cos\gamma}{ke}\frac{ds}{dz}\right) dz \\
&+ \int_{s_0}^{s_1} \left[\begin{aligned} &(y_1 - y)\left(\frac{V}{kel^2}\frac{dx}{ds} + \frac{X\sin\delta\cos\lambda}{er^2}\right) \\ -&(x_1 - x)\left(\frac{V}{kel^2}\frac{dy}{ds} + \frac{X\sin\delta\cos\mu}{er^2}\right)\end{aligned}\right] ds.
\end{aligned}\right.$$

Ces formules devraient, en général, être corrigées pour tenir compte des effets produits par les variations de température et le calage. Suivant ce qu'on a dit au n° 44, on ajouterait les termes $\tau(x_1 - x_0)$, $\tau(y_1 - y_1)$, $\tau(z_1 - z_0)$ respectivement à Δx_1, Δy_1, Δz_1; en outre il faudrait, en calculant N, P, V, X, avoir égard aux forces exercées par les obstacles qui empêchent la pièce de se dilater librement.

46. *Déviation des sections normales de la pièce.* — La section normale CD éprouve une rotation totale qui s'obtient en composant celle de C_0D_0 avec toutes les rotations relatives de deux sections voisines entre G_0 et G. On aura donc, d'après les règles connues de la composition des rotations, pour les composantes rectangulaires m_1, n_1, p_1 de la rotation de CD suivant les trois axes coordonnés :

$$(6)\quad \left\{\begin{aligned} m_1 &= m_0 + \int_{x_0}^{x_1}\left(\frac{V}{kel^2} + \frac{X\sin\delta\cos\lambda}{er^2}\frac{ds}{dx}\right)dx,\\ n_1 &= n_0 + \int_{y_0}^{y_1}\left(\frac{V}{kel^2} + \frac{X\sin\delta\cos\mu}{er^2}\frac{ds}{dy}\right)dy,\\ p_1 &= p_0 + \int_{z_0}^{z_1}\left(\frac{V}{kel^2} + \frac{X\sin\delta\cos\nu}{er^2}\frac{ds}{dz}\right)dz. \end{aligned}\right.$$

Quand on connaît la rotation du plan CD, il est facile d'en déduire les variations des sinus des angles A_1, B_1, C_1, qu'il fait avec les axes des x, y, z. Il suffit d'imaginer par l'origine une perpendiculaire au plan, de longueur égale à 1 ; les coordonnées de l'extrémité de cette ligne seront $\sin A_1$, $\sin B_1$, $\sin C_1$, et si l'on en calcule les variations par les formules du n° 37, on trouvera

$$(7)\quad \left\{\begin{aligned} \Delta\sin A_1 &= n_1\sin C_1 - p_1\sin B_1,\\ \Delta\sin B_1 &= p_1\sin A_1 - m_1\sin C_1,\\ \Delta\sin C_1 &= m_1\sin B_1 - n_1\sin A_1. \end{aligned}\right.$$

47. *Formules spéciales pour le cas où la fibre moyenne est primitivement dans un plan contenant les forces extérieures.* — Quand la fibre moyenne est plane dans son état primitif, et que toutes les forces appliquées sur un élément quelconque de la pièce, entre deux sections normales consécutives, peuvent se réduire à une force située dans le plan de cette fibre, les formules (5) du n° 45 se simplifient notablement. En effet, toutes les forces qui agissent sur la portion G_iG_n (*fig.* 29) donneront nécessairement lieu à une résultante unique ou à un couple, situés dans le plan $G_0G_iG_n$. On pourra prendre les axes des x et des y dans ce plan, et alors on aura, pour tous les

points de la courbe $G_0 G_i G_n$,

$$V = 0, \quad \gamma = \frac{\pi}{2}, \quad \cos\alpha = \pm\frac{dy}{ds}, \quad \cos\beta = \mp\frac{dx}{ds}, \quad z = 0,$$

car d'abord le couple X subsiste seul, la force P est dirigée suivant la normale principale de la fibre moyenne, et enfin la fibre moyenne se trouve tout entière dans le plan des xy. Il est facile en outre de compter positivement la force P, dans chaque cas particulier, de manière qu'on doive prendre les signes inférieurs dans les expressions de $\cos\alpha$ et de $\cos\beta$: par exemple, avec la disposition de la *fig.* 29, il faudrait prendre P positivement dans le sens $G_i C_i$, ou, si l'on veut, dans le sens contraire à celui de la normale qui se dirige vers le centre de courbure. Substituant ces valeurs de V, γ, $\cos\alpha$, $\cos\beta$ dans les formules (5) ci-dessus, et rétablissant le terme par lequel on tient compte des dilatations produites par des causes étrangères aux charges (n° 44), on trouvera :

$$(8)\quad \left\{\begin{aligned}
\Delta x_1 &= \Delta x_0 - p_0(y_1 - y_0) + \tau(x_1 - x_0)\\
&\quad + \int_{x_0}^{x_1}\left(\frac{N}{e} - \frac{P}{ke}\frac{dy}{dx}\right)dx\\
&\quad - \int_{s_0}^{s_1}(y_1 - y)\frac{X\sin\delta\cos\nu}{er^2}\,ds;\\
\Delta y_1 &= \Delta y_0 + p_0(x_1 - x_0) + \tau(y_1 - y_0)\\
&\quad + \int_{y_0}^{y_1}\left(\frac{N}{e} + \frac{P}{ke}\frac{dx}{dy}\right)dy\\
&\quad + \int_{s_0}^{s_1}(x_1 - x)\frac{X\sin\delta\cos\nu}{er^2}\,ds;\\
\Delta z_1 &= \Delta z_0 + m_0(y_1 - y_0) - n_0(x_1 - x_0)\\
&\quad + \int_{s_0}^{s_1}\frac{X\sin\delta}{er^2}\left[(y_1 - y)\cos\lambda - (x_1 - x)\cos\mu\right]ds.
\end{aligned}\right.$$

Quant à la rotation des sections normales, on la calculerait par les formules (6) du n° 46, en y supprimant le terme qui contient V, puisque ce terme est nul de lui-même. Les formules (7) éprouveraient en outre un changement résultant de ce que les sections sont perpendiculaires au plan des xy, d'où résulte $C_1 = 0$. On aurait donc :

$$(9)\quad \begin{cases} m_1 = m_0 + \displaystyle\int_{s_0}^{s_1} \frac{X \sin\delta \cos\lambda}{er^2}\, ds, \\ n_1 = n_0 + \displaystyle\int_{s_0}^{s_1} \frac{X \sin\delta \cos\mu}{er^2}\, ds, \\ p_1 = p_0 + \displaystyle\int_{s_0}^{s_1} \frac{X \sin\delta \cos\nu}{er^2}\, ds; \end{cases}$$

$$(10)\quad \begin{cases} \Delta \sin A_1 = -p_1 \sin B_1, \\ \Delta \sin B_1 = p_1 \sin A_1, \\ \Delta \sin C_1 = m_1 \sin B_1 - n_1 \sin A_1. \end{cases}$$

48. *Conditions à remplir pour que la déformation d'une pièce à fibre moyenne plane s'opère dans le plan même de cette fibre.* — Nous ne traiterons cette question que dans l'hypothèse restreinte faite au n° 47 sur le mode de distribution des forces extérieures. La condition à remplir, c'est que Δz_1 soit nul pour tous les points de la fibre moyenne; il faut donc poser

$$\Delta z_0 + m_0(y_1 - y_0) - n_0(x_1 - x_0) + \int_{s_0}^{s_1} \frac{X \sin\delta}{er^2}[(y_1 - y)\cos\lambda - (x_1 - x)\cos\mu]\, ds = 0.$$

D'abord, Δz_0 doit être nul; car le point G_0 ne doit pas plus qu'aucun autre sortir du plan des xy. Après avoir supprimé ce terme, on peut remarquer qu'on a identiquement

$$m_0(y_1 - y_0) - n_0(x_1 - x_0) = \int_{s_0}^{s_1} \left(m_0 \frac{dy}{ds} - n_0 \frac{dx}{ds}\right) ds;$$

par suite, en réunissant tout le premier membre de l'équation précédente sous un seul signe $\int$, la condition $\Delta z_1 = 0$ devient

$$\int_{s_0}^{s_1} \left\{ m_0 \frac{dy}{ds} - n_0 \frac{dx}{ds} + \frac{X \sin\delta}{er^2}[(y_1 - y)\cos\lambda - (x_1 - x)\cos\mu] \right\} ds = 0.$$

Une intégrale définie dont les limites sont arbitraires ne restera constamment nulle que si son élément devient nul lui-même; donc

$$m_0 \frac{dy}{ds} - n_0 \frac{dx}{ds} + \frac{X \sin\delta}{er^2}[(y_1 - y)\cos\lambda - (x_1 - x)\cos\mu] = 0,$$

et cette condition doit se dédoubler en deux autres,

$$(a) \qquad m_0\, dy - n_0\, dx = 0,$$

$$(b) \qquad X[(y_1 - y)\cos\lambda - (x_1 - x)\cos\mu] = 0,$$

attendu que la seconde partie (b) dépend du point final (x_1, y_1) et varie avec lui, tandis que l'autre n'en dépend pas. Or il y a plusieurs manières de satisfaire aux conditions (a) et (b).

En ce qui concerne la première, on peut supposer $m_0 = 0$, $n_0 = 0$, hypothèses qui, jointes à $\Delta z_0 = 0$, exprimeraient que la section initiale se meut parallèlement au plan des xy, puisque son mouvement se composerait d'une translation parallèle à ce plan et d'une rotation autour d'un axe perpendiculaire. On peut aussi supposer que $\frac{dy}{dx}$ a une valeur constante égale à $\frac{n_0}{m_0}$, ce qui signifierait : 1° que la fibre moyenne est droite; 2° que la résultante des rotations m_0 et n_0, ou la projection sur le plan des xy de la rotation totale prise par la section C_0D_0, doit s'effectuer autour de cette droite : il est évident, en effet, que la fibre moyenne, supposée rectiligne, ne sortira pas d'un plan qui la contient, en tournant autour d'elle-même.

Pour satisfaire à la condition (b), il semble qu'on a trois hypothèses à faire, savoir :

$$X = 0;$$

$$\cos\lambda = 0, \quad \cos\mu = 0;$$

$$(c) \qquad \frac{y_1 - y}{x_1 - x} = \frac{\cos\mu}{\cos\lambda}:$$

mais l'équation (c) est impossible et doit être rejetée. En effet, si l'on y considère le point (x_1, y_1) comme se déplaçant sur la fibre moyenne tandis que le point (x, y) resterait constant, on en conclut que la fibre moyenne est droite; cette droite, normale à la section menée par le point (x, y), ferait par conséquent un angle de 90 degrés avec l'axe de flexion; ce qui exigerait qu'on eût

$$(x_1 - x)\cos\lambda + (y_1 - y)\cos\mu = 0,$$

relation incompatible avec (c), puisqu'il en résulterait, par l'élimination de $\frac{y_1 - y}{x_1 - x}$,

$$\frac{\cos\mu}{\cos\lambda} = -\frac{\cos\lambda}{\cos\mu} \quad \text{ou} \quad \cos^2\lambda + \cos^2\mu = 0.$$

Il ne reste donc qu'à supposer soit $X = 0$, c'est-à-dire un moment fléchissant nul dans toutes les sections, soit $\cos\lambda = 0$ et $\cos\mu = 0$, c'est-à-dire tous les axes de flexion perpendiculaires au plan des xy.

Si cette dernière combinaison est celle qui se réalise, comme le couple X agit dans le plan des xy, sa trace sur le plan de la section correspondante sera perpendiculaire à l'axe de flexion; de sorte que cet axe et la trace du couple (qui lui est conjuguée dans l'ellipse centrale d'inertie de la section) formeront les deux diamètres principaux de l'ellipse. Alors, en laissant provisoirement de côté la supposition d'une fibre moyenne rectiligne et celle d'un moment fléchissant nul, on énoncera la proposition suivante comme conclusion de la discussion à laquelle nous venons de nous livrer :

Quand une pièce courbe a sa fibre moyenne dans un plan contenant aussi les forces extérieures, pour que la déformation ne fasse pas sortir la fibre moyenne de son plan, il faut et il suffit : 1° que la section initiale ait un mouvement parallèle à ce plan; 2° que ce plan coupe toutes les sections suivant un de leurs axes principaux d'inertie.

Pour les pièces droites, on peut ajouter au mouvement de la section initiale une rotation autour de la fibre moyenne; dans le cas où $X = 0$, la fibre moyenne étant droite ou courbe, la condition relative à la direction des axes principaux d'une section quelconque devient indifférente.

49. *Conséquences des conditions trouvées au n° 48; vérification des formules de la déformation plane au moyen des formules générales.* — Maintenant qu'on connaît les conditions nécessaires et suffisantes pour que Δz_1 soit nul, il est rationnel et utile de se demander l'influence qu'auront ces conditions sur les deux premières formules (8), destinées à calculer Δx_1 et Δy_1. En premier lieu on voit que les conditions imposées au mouvement de la section initiale n'ont pas d'influence, puisque ce mouvement ne figure dans les expressions de Δx_1 et Δy_1 que par les trois quantités Δx_0, Δy_0, p_0, auxquelles nous n'avons imposé aucune condition. Secondement, si $\cos\lambda$ et $\cos\mu$ sont nuls, il en résulte $\sin\delta = 1$ et $\cos\nu = 1$; si ces valeurs ne sont pas vraies, cela importe peu, parce qu'alors X deviendrait constamment nul, et les termes qui contiennent δ et ν disparaîtraient. Donc, dans tous les cas où il y a déformation plane, on peut écrire

$$(11)\quad \left\{\begin{aligned} \Delta x_1 &= \Delta x_0 - p_0(y_1 - y_0) + \tau(x_1 - x_0) \\ &\quad + \int_{x_0}^{x_1}\left(\frac{N}{e} - \frac{P}{ke}\frac{dy}{dx}\right)dx - \int_{s_0}^{s_1}\frac{X(y_1 - y)}{er^2}\,ds, \\ \Delta y_1 &= \Delta y_0 + p_0(x_1 - x_0) + \tau(y_1 - y_0) \\ &\quad + \int_{y_0}^{y_1}\left(\frac{N}{e} + \frac{P}{ke}\frac{dx}{dy}\right)dy + \int_{s_0}^{s_1}\frac{X(x_1 - x)}{er^2}\,ds, \end{aligned}\right.$$

formules identiques aux formules (2) et (3) que nous avons démontrées directement au n° 43, sauf l'introduction des termes contenant les facteurs P ou τ, que nous avions provisoirement laissés de côté dans notre première analyse.

Les valeurs particulières $\cos\lambda = 0$, $\cos\mu = 0$, $\cos\nu = 1$, $\sin\delta = 1$, introduites dans les formules (9), donnent

$$(12)\qquad m_1 = m_0,\quad n_1 = n_0,\quad p_1 = p_0 + \int_{s_0}^{s_1}\frac{X\,ds}{er^2}.$$

Par les deux premières équations (12) on voit que m_1 et n_1 conservent, dans toutes les sections, les mêmes valeurs que dans la première : si la rotation résultante de m_0 et n_0 n'est pas nulle (ce qui peut avoir lieu pour une pièce droite), elle se retrouvera constamment la même dans toutes les sections, et l'on pourrait en faire abstraction, puisque ce serait un mouvement d'ensemble ne déformant pas la pièce et ne déplaçant pas la fibre moyenne. La troisième équation (12), déjà démontrée au n° 43, ferait alors connaître la rotation totale d'une section quelconque, ou, ce qui est la même chose, la variation de son angle avec un plan fixe.

50. *Formules de la déformation spéciales pour les pièces droites; vérification analogue à celle du n° 49.* — Supposons une pièce à fibre moyenne rectiligne, chargée suivant le mode défini au n° 47. En choisissant la fibre moyenne pour axe des x, on aura constamment $y = 0$, $z = 0$, $s = x$, et les formules (8) prendront la forme suivante :

$$(13)\quad \begin{cases} \Delta x_1 = \Delta x_0 + \tau(x_1 - x_0) + \displaystyle\int_{x_0}^{x_1} \frac{N}{e}\,dx, \\ \Delta y_1 = \Delta y_0 + p_0(x_1 - x_0) \\ \qquad + \displaystyle\int_{x_0}^{x_1} (x_1 - x)\frac{X \sin\delta \cos\nu}{er^2}\,dx + \int_{x_0}^{x_1} \frac{P}{ke}\,dx, \\ \Delta z_1 = \Delta z_0 - n_0(x_1 - x_0) - \displaystyle\int_{x_0}^{x_1} (x_1 - x)\frac{X \sin\delta \cos\mu}{er^2}\,dx. \end{cases}$$

Dans le cas plus particulier de la déformation plane (n°s 48 et 49), on trouve

$$(14)\quad \begin{cases} \Delta x_1 = \Delta x_0 + \tau(x_1 - x_0) + \displaystyle\int_{x_0}^{x_1} \frac{N}{e}\,dx, \\ \Delta y_1 = \Delta y_0 + p_0(x_1 - x_0) \\ \qquad + \displaystyle\int_{x_0}^{x_1} (x_1 - x)\frac{X}{er^2}\,dx + \int_{x_0}^{x_1} \frac{P}{ke}\,dx. \end{cases}$$

Quand on néglige les effets de l'effort tranchant P, comme cela se fait habituellement (n° 41), il faut faire $P = 0$ dans l'équation précédente. On peut remarquer en outre que l'ordonnée y étant nulle pour tout point de la fibre moyenne primitive, Δy_1 n'est autre chose que y_1 pour la fibre moyenne déformée; on écrirait en conséquence la seconde équation (14) de cette manière :

$$y_1 = y_0 + p_0(x_1 - x_0) + \int_{x_0}^{x_1} (x_1 - x) \frac{X}{er^2} dx.$$

Puis, en différentiant deux fois par rapport à la variable x_1, on aura successivement

$$\frac{dy_1}{dx_1} = p_0 + \int_{x_0}^{x_1} \frac{X}{er^2} dx,$$

$$\frac{d^2y_1}{dx_1^2} = \frac{X_1}{e_1 r_1^2}.$$

La dernière équation ne diffère pas, au fond, de l'équation (1), démontrée directement au n° 42, à cause de son importance et de sa simplicité. Quant à la formule qui exprime Δx_1, nous n'avons pas cru devoir nous en occuper spécialement, parce que ses applications sont à peu près nulles : il est suffisant de l'avoir établie comme cas particulier des formules générales.

51. *Détermination des constantes qui représentent le mouvement de la section prise pour point de départ.* — Les formules (5) du n° 45 font connaître les composantes Δx_1, Δy_1, Δz_1 du déplacement d'un point quelconque de la fibre moyenne, en fonction des forces extérieures et de six quantités Δx_0, Δy_0, Δz_0, m_0, n_0, p_0 qui définissent le mouvement absolu d'une section. Dans le cas particulier de la déformation plane (nos 48 et 49), trois de ces quantités disparaissent, et il n'en subsiste que trois dans les formules, savoir Δx_0, Δy_0, p_0.

Au premier abord, on trouvera peut-être singulier que, connaissant la pièce dans son état primitif et les forces en équilibre qui lui sont ensuite appliquées, la théorie ne donne pas la situation qu'elle prend définitivement. Cependant on voit aisément qu'il doit en être ainsi, quand on se pénètre bien des conditions du problème. La question qui consisterait à trouver le déplacement absolu serait une question de dynamique, dans laquelle on devrait tenir compte, non-seulement de la situation primitive du corps et des forces qui lui sont appliquées, mais encore des masses de ses différents points et de leurs vitesses initiales. Or ce sont là des données que nous n'avons pas introduites. Nous avons simplement supposé l'équilibre des forces extérieures avec les forces moléculaires, et la petitesse du déplacement total. Mais avec ces deux conditions on peut évidemment imaginer une infinité de déplacements, tous très-petits et d'ailleurs arbitraires. Si l'on en a trouvé un, et qu'on fasse mouvoir très-peu la pièce à partir de cette seconde position, sans altérer la forme nouvelle qu'elle a prise, les deux conditions dont il s'agit seront encore satisfaites. En effet, nous aurons bien un déplacement total très-petit ; les forces moléculaires auront les mêmes grandeurs ; et comme leur situation, aussi bien que celle des forces extérieures, n'aura pas sensiblement changé, l'équilibre subsistera encore. Il y a donc une indétermination réelle dans le problème, et l'on ne peut la faire cesser qu'en introduisant de nouvelles données, comme nous allons le faire tout à l'heure.

Cependant, quoique la position définitive de la pièce reste indéterminée tant que l'on ne connaît pas les quantités Δx_0, Δy_0, Δz_0, m_0, n_0, p_0, on voit, par la manière même dont les formules ont été obtenues, que le mouvement de chaque section CD (*fig.* 29) relativement à la section initiale C_0D_0 est parfaitement déterminé, en fonction des forces extérieures seulement : en sorte que si l'on ne connaissait le mouvement absolu d'aucune section, il serait possible néanmoins de calculer la forme finale de la pièce, tout en laissant dans l'indécision sa situation réelle.

Maintenant nous allons donner quelques exemples de la détermination des quantités dont il s'agit, en nous bornant à ceux dont on aurait le plus fréquemment besoin dans les applications. La déformation sera supposée plane, et par suite il suffira de trouver les valeurs de Δx_0, Δy_0, p_0.

Le cas le plus simple serait celui où la pièce aurait en C_0D_0 (*fig.* 29), non-seulement un appui fixe, mais encore un encastrement qui rendrait sa direction invariable. Alors on aurait :

$$\Delta x_0 = 0, \quad \Delta y_0 = 0, \quad p_0 = 0.$$

Si l'encastrement et l'appui fixe existaient en une autre section qu'on ne voudrait pas prendre pour point de départ, x' et y' étant les coordonnées de son centre d'élasticité, il faudrait exprimer que pour ce point $\Delta x'$ et $\Delta y'$ sont nuls et que la section conserve sa direction première, c'est-à-dire qu'elle n'a pas de rotation. Alors les formules (11) et la troisième formule (12) du n° 49 donnent les équations

$$\Delta x_0 - p_0(y' - y_0) + \tau(x' - x_0) + \int_{x_0}^{x'} \left(\frac{N}{e} - \frac{P}{ke}\frac{dy}{dx}\right) dx - \int_{s_0}^{s'} (y' - y) \frac{X\,ds}{er^2} = 0,$$

$$\Delta y_0 + p_0(x' - x_0) + \tau(y' - y_0) + \int_{y_0}^{y'} \left(\frac{N}{e} + \frac{P}{ke}\frac{dx}{dy}\right) dy + \int_{s_0}^{s'} (x' - x) \frac{X\,ds}{er^2} = 0,$$

$$p_0 + \int_{s_0}^{s'} \frac{X\,ds}{er^2} = 0.$$

La dernière équation fait connaître immédiatement p_0, et par une substitution dans les deux autres, on connaîtra Δx_0, Δy_0 :

$$\Delta x_0 = -\tau(x' - x_0) - \int_{x_0}^{x'} \left(\frac{N}{e} - \frac{P}{ke}\frac{dy}{dx}\right) dx + \int_{s_0}^{s'} (y_0 - y) \frac{X\,ds}{er^2},$$

$$\Delta y_0 = -\tau(y' - y_0) - \int_{y_0}^{y'} \left(\frac{N}{e} + \frac{P}{ke}\frac{dx}{dy}\right) dy - \int_{s_0}^{s'} (x_0 - x) \frac{X\,ds}{er^2}.$$

Supposons maintenant le cas très-ordinaire, presque le seul cas pratique, dans lequel les deux extrémités reposent simplement sur deux appuis fixes. Prenons l'un de ces appuis pour origine des coordonnées, la ligne qui les joint pour axe des x; soit en outre $2a$ leur distance. En appliquant au second appui la formule qui donne Δy_1 (n° 49), on aura

$$2ap_0 + \int_0^{2a} \left(\frac{N}{e}\frac{dy}{dx} + \frac{P}{ke}\right) dx + \int_0^{2a} (2a - x) \frac{X}{er^2}\frac{ds}{dx}\, dx = 0,$$

équation d'où l'on tire très-aisément la valeur de p_0. D'ailleurs Δx_0 et Δy_0 sont nuls.

Enfin nous considérerons le cas où la fibre moyenne aurait un point fixe, et un élément dont la position changerait par la déformation, mais dont la direction serait déterminée à priori. C'est ce qui arrive, par exemple, lorsqu'un arc symétrique par rapport à une ligne est symétriquement chargé de chaque côté de cette ligne. Il est clair que la symétrie doit subsister après la déformation, et par suite la direction de l'élément situé sur l'axe de symétrie ne doit pas changer. Dans cette circonstance, on pourrait procéder ainsi qu'il suit. On prendrait pour axe des x une ligne quelconque passant par le point fixe, et pour axe des y une perpendiculaire menée par le point où l'on connaît la direction de la fibre moyenne. Ce dernier point étant pris pour l'une des limites (x_0, y_0) des intégrales définies, on aura d'abord, par hypothèse, $p_0 = 0$. Ensuite, si l'on appelle a l'abscisse du point fixe, les formules (11) du n° 49 appliquées à ce point donneront

$$\Delta x_0 = -\tau a - \int_0^a \left(\frac{Xy}{er^2}\frac{ds}{dx} + \frac{N}{e}\right) dx + \int_0^a \frac{P}{ke}\frac{dy}{dx} dx,$$

$$\Delta y_0 = \tau y_0 - \int_0^a \left[\frac{X(a-x)}{er^2}\frac{ds}{dx} + \frac{N}{e}\frac{dy}{dx}\right] dx - \int_0^a \frac{P}{ke} dx.$$

Dans le cas plus particulier où l'on supposerait une symétrie complète, comme celle que nous donnions tout à l'heure pour exemple, on pourrait prendre l'axe des x de telle manière que l'axe des y fût la ligne de symétrie elle-même. Alors on aurait $p_0 = 0$, $\Delta x_0 = 0$, et l'équation qui donne Δy_0 ferait connaître la quantité dont varie la flèche de l'arc.

§ II. — Recherche des forces inconnues.

52. *Indications succinctes sur la nature des questions à résoudre.* — Ainsi que nous l'avons dit au commencement du Cours, il peut arriver, et il arrive le plus ordinairement dans les applications, que toutes les forces qui sollicitent une pièce ne sont pas des données immédiates de la question. Par exemple, lorsqu'un arc symétrique par rapport à une verticale, et chargé de poids disposés symétriquement par rapport à

cette ligne, repose à ses extrémités sur deux appuis placés au même niveau, il suffit pour l'équilibre que chaque appui fournisse une réaction verticale égale à la moitié de la somme des poids qui agissent sur la pièce entière. Mais s'il ne donnait pas lieu à une autre réaction, il arriverait que la corde de l'arc varierait en longueur ; c'est un fait que l'on pourrait reconnaître au moyen des formules du § I de ce chapitre, et qui est d'ailleurs évident quand on suppose un changement de température. Or, si les appuis sont disposés de manière à empêcher cette variation de la corde, il est clair que par cela même ils doivent exercer sur la pièce des forces horizontales, capables de produire une variation égale et de sens contraire à celle qui aurait eu lieu sans leur existence. Ces forces ne sont pas données immédiatement ; elles sont une conséquence de la forme de l'arc et des charges qui agissent sur lui. Leur détermination constitue un problème d'une nature particulière.

On serait conduit à une conclusion analogue si l'on supposait généralement un arc lié d'une manière quelconque à certains corps qui l'empêchent de se déformer librement sous l'action des forces qui lui sont appliquées, comme il le ferait sans l'existence de ces obstacles. Pour annuler ou tout au moins pour modifier les déplacements qui tendent à se produire, il faut que la présence des obstacles donne lieu à certaines réactions, qui ordinairement ne peuvent pas être déterminées indépendamment de l'étude des déformations produites. C'est ainsi que, dans l'exemple précédent, on se trouverait conduit à chercher l'expression de l'allongement de la corde.

Un autre exemple remarquable nous est fourni par les poutres droites reposant sur plus de deux appuis et soumises à des charges transversales. Les appuis exercent sur la pièce des réactions également perpendiculaires à son axe, entre lesquelles il y a seulement deux relations fournies par la Statique des systèmes invariables. Il y a donc là encore une série de forces inconnues à trouver, et l'on n'y parviendra qu'en tenant compte des déformations produites par les diverses forces extérieures.

Comme il peut y avoir un grand nombre de combinaisons diverses, soit dans la disposition des appuis et des obstacles de toute nature opposés au mouvement de la pièce, soit dans la nature de ces obstacles et leur mode d'action, le problème dont nous avons à nous occuper ici peut donner lieu à une grande variété de problèmes particuliers, et il serait presque impossible de donner une théorie en termes tout à fait généraux. Nous croyons même qu'il serait inutile d'essayer une classification. Mais nous traiterons avec détail un certain nombre de questions qui montreront bien la marche que l'on devrait suivre dans d'autres cas, auxquels ne s'appliqueraient pas directement les calculs que nous allons développer. Nous nous bornerons d'ailleurs au cas de la déformation plane, et nous négligerons les effets de l'élasticité transversale (n° 41).

53. Premier cas. *Pièce non symétrique reposant sur deux appuis fixes.* — Un cas qui se présente souvent dans la pratique est celui d'un arc soutenu à ses deux extrémités par deux appuis inébranlables, qui empêchent tout mouvement des points extrêmes de la fibre moyenne. En général, ces appuis consistent en forts massifs de maçonnerie sur lesquels on dispose un siége en fonte, ou embase, suivant l'expression technique. L'arc doit reposer sur l'embase par l'intermédiaire d'une lame de plomb ou de cales en fer destinées à produire une répartition sensiblement uniforme de la pression; en sorte qu'on peut admettre, sans s'écarter vraisemblablement beaucoup des faits réels, que dans les sections extrêmes le centre des tensions se trouve sur la fibre moyenne. Les supports jouent ici le même rôle que des articulations fixes placées aux extrémités de la fibre moyenne. Entre ces deux points et dans son plan, l'arc reçoit l'action des charges qu'il doit supporter, y compris celle de son propre poids, mais il n'est d'ailleurs contrarié dans ses mouvements par aucun obstacle, à l'exception de ceux qui l'empêchent de sortir de son plan par l'effet de causes accidentelles.

Soient AB (*fig.* 32) la fibre moyenne, F l'une des forces qui na sollicitent, R, R′ les réactions des supports placés en A et le B. Il s'agit de déterminer ces réactions. D'abord on observera qu'elles doivent être dans le plan de la figure; car, puisque toutes les autres forces extérieures sont dans ce plan, l'équilibre n'existerait pas sans cela : donc on pourra remplacer R par deux forces T, Q, l'une perpendiculaire à AB, l'autre dirigée suivant AB; de même R' sera remplacé par le système T', Q'. Cela posé, en appelant ζ et θ les angles faits par la force F

Fig. 32.

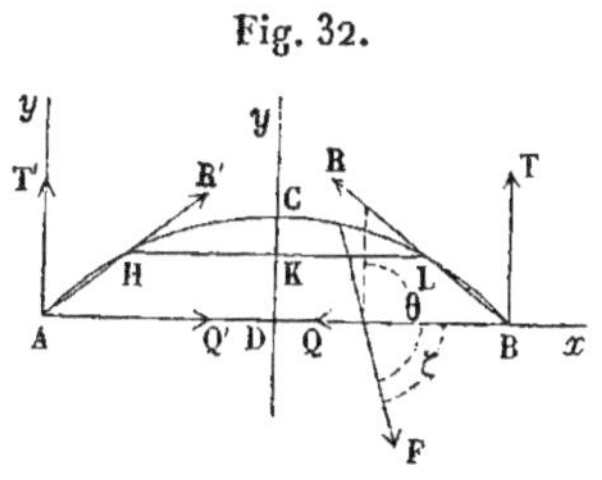

avec les axes coordonnés Ax, Ay, $2a$ la distance $\overline{AB}$, d le bras de levier de F relativement au point A, les conditions générales d'équilibre entre les forces extérieures d'un système donneront

$$Q' + \Sigma F \cos\zeta - Q = 0,$$
$$T' + T + \Sigma F \cos\theta = 0,$$
$$2aT - \Sigma F d = 0;$$

équations dont les deux premières expriment l'équilibre de translation, et la troisième l'équilibre des moments autour du point A. Cela ne fait encore que trois équations entre quatre inconnues. La quatrième nous sera fournie en exprimant que, malgré l'action de toutes les forces, la distance des deux extrémités A et B de la fibre moyenne reste invariable. Si nous prenons pour axe des coordonnées la ligne AB et la perpendiculaire Ay, nous devrons avoir pour le point B, $\Delta x_1 = 0$. Appliquons donc à ce point les formules du n° 49, en prenant le point A pour origine des intégrations. Il faudra faire à la fois, dans l'expression de Δx_1,

$$\Delta x_1 = 0, \quad \Delta x_0 = 0, \quad y_1 = 0, \quad y_0 = 0,$$
$$x_1 = 2a, \quad x_0 = 0,$$

ce qui donnera, en supprimant d'ailleurs le terme $\frac{P}{ke}\frac{dy}{dx}$ (n° 41),

$$2\tau a + \int_0^{2a} \left(\frac{Xy}{er^2}\frac{ds}{dx} + \frac{N}{e} \right) dx = 0,$$

équation dans laquelle il n'entre en réalité d'autre inconnue que la force Q. Pour la mettre en évidence, nous poserons, en ayant égard aux conventions sur les signes algébriques de N et de X (nos 43 et 45),

$$X = X' - Qy, \quad N = N' - Q\frac{dx}{ds}.$$

Alors X′ sera la somme des moments, par rapport à un point quelconque de la fibre moyenne, de toutes les forces qui agissent depuis ce point jusqu'au point B, moins la force Q ; de même N′ sera la somme des projections de ces forces sur la tangente au point considéré, la force Q étant encore laissée de côté. X′ et N′ seront donc des fonctions de x immédiatement calculables ; car X et N ne contiennent que les inconnues T et Q, dont la première est déterminée par la troisième des équations données ci-dessus. Substituant ces valeurs de X et de N, on aura

$$2\tau a + \int_0^{2a} \frac{X'y}{er^2}\frac{ds}{dx}\,dx - Q\int_0^{2a}\frac{y^2}{er^2}\frac{ds}{dx}\,dx + \int_0^{2a}\frac{N'}{e}\,dx - Q\int_0^{2a}\frac{1}{e}\frac{dx}{ds}\,dx = 0;$$

d'où l'on tire

$$(15) \qquad Q = \frac{\displaystyle\int_0^{2a}\frac{X'y}{er^2}\frac{ds}{dx}\,dx + \int_0^{2a}\frac{N'}{e}\,dx + 2\tau a}{\displaystyle\int_0^{2a}\frac{y^2}{er^2}\frac{ds}{dx}\,dx + \int_0^{2a}\frac{1}{e}\frac{dx}{ds}\,dx}.$$

Après avoir ainsi déterminé T et Q, on en conclura sans peine T′ et Q′ au moyen des deux équations qui expriment l'équilibre de translation de la pièce.

Dans le cas où l'on trouverait pour l'une des inconnues une valeur négative, cela indiquerait simplement que la force qu'elle représente est de sens contraire à celui qu'on lui a supposé sur la figure.

Les forces Q et Q′ considérées en sens contraire, ou, autrement, les actions horizontales exercées par l'arc sur ses appuis, sont ce qu'on appelle les *poussées* de cet arc, lorsqu'elles tendent à renverser les appuis en dehors. Généralement elles peuvent être inégales; mais elles prennent la même valeur quand $\Sigma F \cos\theta$ est nul, ce qui arrive notamment quand l'arc n'est chargé que de poids et que sa corde est horizontale.

54. DEUXIÈME CAS. *Pièce symétrique et symétriquement chargée.* — Supposons que l'arc représenté (*fig.* 32) soit placé dans les conditions qui ont été définies au n° 53, à part cette différence que la fibre moyenne sera symétrique relativement à la perpendiculaire Dy, menée au milieu de AB, et qu'il en sera de même des forces qui agissent à droite et à gauche de cette ligne. En vertu de cette symétrie, il est clair que le point C devra, par l'effet de la déformation, se déplacer suivant l'axe Dy, et que les réactions R, R', nécessairement contenues dans le plan de la fibre moyenne, seront de plus égales. Appelons encore T et Q les composantes de l'une d'elles, F une des forces qui agissent entre C et B (nous laisserons de côté la force symétrique), ζ et θ les mêmes angles que tout à l'heure; on aura

$$T + \Sigma F \cos\theta = 0,$$

ce qui détermine l'inconnue T.

Afin d'avoir Q, prenons Dy et Dx pour axes des coordonnées, et exprimons que Δx_1 est nul au point B. Nous appliquerons la formule qui donne Δx_1 (n° 49) en prenant le point C pour origine des intégrations, et faisant en conséquence,

$$\Delta x_1 = 0, \qquad \Delta x_0 = 0, \quad p_0 = 0,$$
$$x_1 = \overline{BD} = a, \quad x_0 = 0, \quad y_1 = 0,$$

valeurs qui, jointes à la condition $P = 0$ (n° 41), fournissent l'équation

$$\tau a + \int_0^a \left(\frac{Xy}{er^2}\frac{ds}{dx} + \frac{N}{e}\right) dx = 0.$$

Si nous remplaçons, comme dans le premier cas, X par $X' - Qy$, N par $N' - Q\dfrac{dx}{ds}$, nous aurons

$$\tau a + \int_0^a \frac{X'y}{er^2}\frac{ds}{dx}\,dx - Q\int_0^a \frac{y^2}{er^2}\frac{ds}{dx}\,dx$$
$$+ \int_0^a \frac{N'}{e}\,dx - Q\int_0^a \frac{1}{e}\frac{dx}{ds}\,dx = 0,$$

et, par suite,

$$(16) \qquad Q = \frac{\displaystyle\int_0^a \frac{X' y}{er^2}\frac{ds}{dx}\,dx + \int_0^a \frac{N'}{e}\,dx + \tau a}{\displaystyle\int_0^a \frac{y^2}{er^2}\frac{ds}{dx}\,dx + \int_0^a \frac{1}{e}\frac{dx}{ds}\,dx},$$

ce qui résout le problème.

55. Troisième cas. *Pièce soutenue par un plan sans obstacle direct à l'allongement de la corde.* — Supposons que la pièce définie au n° 53 soit soutenue à ses extrémités par un plan sans frottement, qui empêche les points A et B de pénétrer à son intérieur, mais qui n'oppose aucun obstacle à leur écartement. Alors il est visible que les composantes des deux réactions en A et B, suivant la ligne AB, sont nulles ; il ne reste donc que les composantes normales T et T′, que l'on calculera comme au n° 53.

Si le frottement du plan n'était pas nul, et avait un coefficient égal à f, on calculerait les poussées Q et Q′ suivant la marche du n° 53, dans l'hypothèse de la fixité complète des extrémités de l'arc. En supposant que ce calcul donnât $Q < fT$ et $Q' < fT'$ en valeur absolue, il est clair qu'aucun glissement n'aurait lieu, et que les choses se passeraient comme si la fixité supposée existait réellement. Mais si ces deux inégalités n'étaient pas satisfaites, la corde $\overline{AB}$ varierait jusqu'à ce que Q et Q′ fussent réduites respectivement à fT et fT'. Les réactions totales seraient donc $T\sqrt{1+f^2}$, $T'\sqrt{1+f^2}$; elles feraient avec la normale un angle égal à l'angle du frottement.

Cet exemple, comparé à celui du n° 53, montre bien clairement que la poussée d'un arc ne peut être obtenue qu'en exprimant l'invariabilité de la corde. Toute méthode qui serait fondée sur un autre principe pècherait par la base ; les résultats qu'on en déduirait pourraient être approximatifs avec certaines données particulières, mais ils seraient souvent très-loin de l'exactitude.

56. Quatrième cas. *Pièce encastrée à ses deux extrémités.* — Ce cas ayant peu d'importance pratique, nous restreindrons la question, en supposant qu'il s'agisse d'un arc symétrique et symétriquement chargé,

comme celui dont nous venons de nous occuper au n° 54. Nous ajouterons simplement cette condition, que, au lieu de simples appuis en A et B (*fig.* 32), il y a des encastrements : c'est-à-dire que la direction de la tangente est maintenue invariable en ces points. Alors les réactions dans les sections extrêmes devront bien toujours être contenues dans le plan de la fibre moyenne; mais, comme nous allons le voir, elles ne passeront plus nécessairement par les points A et B. Si donc nous les transportons en ces points, il faudra en même temps introduire un couple inconnu, dont nous représenterons le moment par μ, et l'on aura ainsi, au lieu de T et de Q, trois inconnues, T, Q et μ, à déterminer.

La première sera donnée, comme au deuxième cas, par l'équation

$$T + \Sigma F \cos\theta = 0,$$

qui n'a aucune modification à subir. Les deux autres s'obtiendront en exprimant que p_1 et Δx_1 sont nuls pour le point B. A cet effet, on se servira des équations (11) et (12) du n° 49. Prenant le point C pour origine des intégrations, appelant toujours a la distance $\overline{BD}$, et faisant $P = 0$ (n° 41), on trouvera

$$\int_0^a \frac{X}{er^2}\frac{ds}{dx}dx = 0,$$

$$\tau a + \int_0^a \left(\frac{Xy}{er^2}\frac{ds}{dx} + \frac{N}{e}\right)dx = 0.$$

Or X' et N' conservant la même signification que précédemment (sauf que μ ne sera pas compris dans le moment X'), on pourra poser

$$X = X' - Qy + \mu,$$
$$N = N' - Q\frac{dx}{ds},$$

valeurs qui, substituées dans les deux dernières équations, donneront pour résultats :

$$\mu\int_0^a \frac{1}{er^2}\frac{ds}{dx}dx - Q\int_0^a \frac{y}{er^2}\frac{ds}{dx}dx + \int_0^a \frac{X'}{er^2}\frac{ds}{dx}dx = 0,$$

$$\tau a + \mu\int_0^a \frac{y}{er^2}\frac{ds}{dx}dx - Q\int_0^a \frac{y^2}{er^2}\frac{ds}{dx}dx + \int_0^a \frac{X'y}{er^2}\frac{ds}{dx}dx$$
$$+ \int_0^a \frac{N'}{e}dx - Q\int_0^a \frac{1}{e}\frac{dx}{ds}dx = 0,$$

ou bien

$$\mu \int_0^a \frac{1}{cr^2}\frac{ds}{dx}dx - Q\int_0^a \frac{y}{cr^2}\frac{ds}{dx}dx = -\int_0^a \frac{X'}{cr^2}\frac{ds}{dx}dx,$$

$$-\mu\int_0^a \frac{y}{cr^2}\frac{ds}{dx}dx + Q\left(\int_0^a \frac{y^2}{cr^2}\frac{ds}{dx}dx + \int_0^a \frac{1}{e}\frac{dx}{ds}dx\right)$$

$$= \tau a + \int_0^a \frac{X'y}{cr^2}\frac{ds}{dx}dx + \int_0^a \frac{N'}{e}dx.$$

Les deux inconnues μ et Q sont en évidence dans ces deux équations du premier degré. Il sera donc facile de les obtenir lorsque préalablement on aura calculé les diverses intégrales définies, ce qu'on pourra toujours faire, au moins par approximation. On connaît déjà T : le problème est donc résolu, car les réactions sont symétriques en A et B.

Si la symétrie n'existait pas comme nous l'avons supposé, il y aurait six inconnues, T, Q, μ, et les quantités analogues, T', Q', μ', se rapportant au point A. On écrirait d'abord les trois équations d'équilibre des forces extérieures; puis, prenant le point A pour origine des intégrations, et les lignes Ax, Ay pour axe des coordonnées, on appliquerait au point B les équations (11) et (12) du n° 49, au moyen desquelles on exprimerait que Δx_1, Δy_1 et p_1 s'annulent en ce point. On ferait dans ces équations Δx_0, Δy_0, p_0, y_1, y_0, x_0 tous nuls, $x_1 = 2a$, $P = 0$ (n° 41); on aurait alors les trois équations nécessaires pour achever de déterminer les inconnues.

57. Cinquième cas. *Pièce munie d'un tirant parallèle à la corde et reposant simplement sur deux appuis.* — Reprenons la pièce considérée au n° 54, et supposons qu'elle soit munie d'un tirant parallèle à la corde. Ce tirant sera une pièce droite articulée à ses deux extrémités; il devra joindre deux points qui, sans son action, tendraient à s'écarter l'un de l'autre. Cette condition est de rigueur si l'on ne veut employer comme tirant qu'une simple tige, en fer par exemple, qui puisse très-bien résister à une tension, mais fléchissant avec facilité sous une compression. Il est clair que si les points d'articulation tendaient à se rapprocher, le tirant serait à peu près inutile, à moins que ce ne fût une pièce rigide et de forte section. Au reste, les calculs que nous allons faire seraient encore applicables à ce cas. Nous supposerons en outre qu'aucune charge ne porte directement sur le tirant et qu'on puisse faire abstraction de son poids comme relativement petit. Il s'agit de déterminer sa tension et la réaction exercée par l'un des appuis sur l'arc.

Soient HL (*fig.* 32) la fibre moyenne du tirant, $2l$ sa longueur, S sa tension, n son ressort longitudinal (n° 14), b la distance $\overline{DK}$ entre la fibre moyenne HL et la corde AB de l'arc. Conservons les autres notations du n° 54, et prenons pour axes coordonnés les lignes Dx, Dy. A cause de la symétrie complète par rapport à la ligne Dy, il est évident que le point C ne peut se déplacer que suivant cette ligne même, et que l'élément supérieur de l'arc n'est pas dévié par l'effet de la déformation; d'un autre côté, l'allongement de la pièce KL, soumise à la tension S, a pour expression $\frac{Sl}{\eta}$ (n°s 13 et 14); enfin, B étant un appui fixe, les coordonnées de l'extrémité de l'arc sont invariables. Il résulte de là, d'une part, que p_1 s'annule pour le point C; d'autre part, que Δx_1 est nul en C et B et égal à $\frac{Sl}{\eta}$ au point de jonction L du tirant avec la pièce principale. Donc, si l'on applique la première des équations (11) du n° 49 aux points L et B, et si l'on place au point C l'origine des intégrales définies, on aura, en continuant toujours à supposer $P = 0$ (n° 41),

$$\tau a + \int_0^a \frac{Xy}{er^2}\frac{ds}{dx}dx + \int_0^a \frac{N}{e}dx = 0,$$

$$\tau l + \int_0^l \frac{X(y-b)}{er^2}\frac{ds}{dx}dx + \int_0^l \frac{N}{e}dx = \frac{Sl}{\eta}.$$

Or on peut poser

$$\text{entre } x = 0 \text{ et } x = l \ldots\ldots \left\{\begin{array}{l} X = X' - Qy - S(y-b), \\ N = N' - (Q+S)\dfrac{dx}{ds}; \end{array}\right.$$

$$\text{entre } x = l \text{ et } x = a \ldots\ldots \left\{\begin{array}{l} X = X' - Qy, \\ N = N' - Q\dfrac{dx}{ds}. \end{array}\right.$$

La valeur de la réaction T parallèle aux y étant la même qu'au n° 54, X' et N' sont immédiatement calculables pour chaque point en fonction de x, y et des forces connues. Substituant ces valeurs de X et de N dans les deux équations précédentes, on trouve

$$\begin{aligned} &Q\left(\int_0^a \frac{y^2}{er^2}\frac{ds}{dx}dx + \int_0^a \frac{1}{e}\frac{dx}{ds}dx\right) \\ &\quad + S\left(\int_0^l \frac{y(y-b)}{er^2}\frac{ds}{dx}dx + \int_0^l \frac{1}{e}\frac{dx}{ds}dx\right) \\ &= \tau a + \int_0^a \frac{X'y}{er^2}\frac{ds}{dx}dx + \int_0^a \frac{N'}{e}dx, \end{aligned}$$

$$\begin{aligned} &Q\left(\int_0^l \frac{(y-b)y}{er^2}\frac{ds}{dx}dx + \int_0^l \frac{1}{e}\frac{dx}{ds}dx\right) \\ &\quad + S\left(\int_0^l \frac{(y-b)^2}{er^2}\frac{ds}{dx}dx + \int_0^l \frac{1}{e}\frac{dx}{ds}dx + \frac{l}{\eta}\right) \\ &= \tau l + \int_0^l \frac{X'(y-b)}{er^2}\frac{ds}{dx}dx + \int_0^l \frac{N'}{e}dx. \end{aligned}$$

Ces deux équations du premier degré ne contiennent plus que les inconnues Q et S, qui sont par conséquent déterminées.

Si pour plus de rigueur on voulait tenir compte du poids du tirant, cela ne compliquerait pas notablement la question. Les mêmes équations symboliques subsisteraient. Seulement, Π étant la moitié du poids en question, on devrait, dans le calcul de T, X′, N′, comprendre les termes qui seraient produits par le poids Π appliqué au point L.

Il arrive quelquefois que les tirants sont formés de deux tiges en prolongement l'une de l'autre, réunies dans un même écrou à une de leurs extrémités. Ces deux extrémités, qui sont réunies dans l'écrou, portent des vis filetées en sens contraire, de telle sorte qu'en faisant tourner l'écrou on produit un serrage, c'est-à-dire une diminution de la longueur totale du tirant. Si ce cas se présentait, au lieu d'égaler à $\frac{Sl}{\eta}$ le Δx_1 du point L, on devrait l'égaler à la même quantité diminuée du raccourcissement dû au serrage. Souvent aussi le serrage est réglé pendant la construction même, de manière à rendre Q sensiblement nul; la première des deux équations précédentes suffirait alors pour calculer S, après y avoir fait $Q = 0$; la seconde, modifiée en supprimant de même le terme qui contient Q et introduisant le serrage, pourrait servir à déterminer théoriquement cette quantité.

58. Sixième cas. *Pièce droite reposant sur plus de deux appuis et chargée transversalement.* — Nous supposerons, pour fixer les idées, une poutre reposant sur quatre appuis; mais la méthode que nous allons indiquer serait la même s'il y avait un nombre d'appuis plus grand. Soient donc A, B, C, D (*fig.* 33) les quatre appuis, que nous considérons comme établissant simplement la fixité des points qui leur correspondent sur la fibre moyenne AD; nommons T, T′, T″, T‴ les réactions inconnues de ces appuis, l, l', l'' les longueurs $\overline{AB}$, $\overline{BC}$, $\overline{CD}$; prenons enfin pour axe des x la ligne AD, et pour axe des y la direction même de la force T. Toutes les forces extérieures sont censées agir dans le plan de la figure et parallèlement à l'axe des y; en outre, on admet que la déformation ne fait pas sortir la fibre moyenne de ce plan.

Fig. 33.

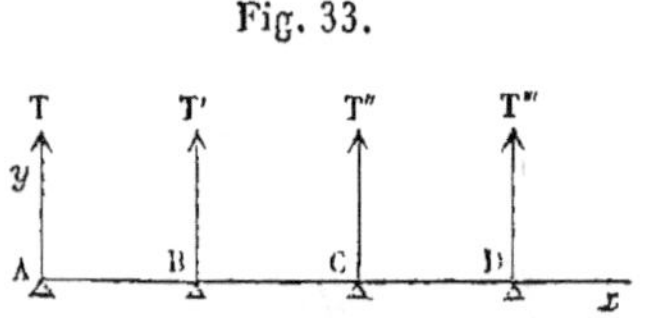

Ceci posé, appliquons aux trois points B, C, D la seconde équation (14) du n° 50, en y faisant

$$\Delta y_1 = \Delta y_0 = 0, \quad x_0 = 0, \quad P = 0 \text{ (n° 41)},$$

et successivement $x_1 = l$, $x_1 = l + l'$, $x_1 = l + l' + l''$. Si nous conservons d'ailleurs leur signification habituelle aux notations X, e, r, il viendra

$$p_0 l + \int_0^l (l - x)\frac{X}{er^2}dx = 0,$$

$$p_0(l + l') + \int_0^{l+l'} (l + l' - x)\frac{X}{er^2}dx = 0,$$

$$p_0(l + l' + l'') + \int_0^{l+l'+l''} (l + l' + l'' - x)\frac{X}{er^2}dx = 0.$$

Le moment fléchissant X s'exprime linéairement, pour chaque section, en fonction des inconnues T, T′, T″, T‴ et des forces connues : sa substitution dans les relations ci-dessus (comme dans les exemples précédents) fournirait trois équations entre T, T′, T″, T‴ et l'inconnue auxiliaire p_0 qui représente le déplacement angulaire de la section initiale. On aura encore deux équations en égalant à zéro la somme algébrique des forces extérieures et celle de leurs moments relativement au point A. Cela fait ainsi cinq équations entre cinq inconnues; on pourrait aisément mettre celles-ci en évidence dans les trois premières, où elles ne figurent qu'implicitement.

Mais cette méthode conduirait, dans la pratique, à des opérations longues et pénibles, surtout si le nombre des appuis était un peu grand et si l'on traitait le moment d'inflexibilité er^2 comme une fonction variable de x. Habituellement, il serait préférable d'employer un autre procédé, que nous indiquerons plus loin dans un chapitre spécial consacré aux poutres droites.

59. *Analyse sommaire d'un cas plus général.* — Supposons un réseau de pièces dont les fibres moyennes sont dans un même plan contenant aussi les forces extérieures, et dont les sections ont une forme telle, que la déformation se produit aussi dans ce plan (n° 48). Ce réseau est formé par une pièce principale sur laquelle viennent s'embrancher, par articulation ou encastrement, des pièces secondaires indépendantes les unes des autres. On suppose que la pièce principale ait i points assujettis à glisser sur des courbes fixes sans frottement ; j points fixes, parmi lesquels j' sont des appuis simples et j'' des encastrements ; $2k$ points reliés deux à deux par des tirants articulés à leurs extrémités ; l points reliés à des points fixes par autant de pièces ; parmi ces l pièces, il y en a l' articulées à leurs deux extrémités, l'' encastrées à leur extrémité fixe et articulées à leur point de croisement avec l'arc principal, l''' encastrées au contraire à ce dernier point et articulées à l'autre, l^{IV} encastrées à leurs deux extrémités. Étant données la définition géométrique du système et les forces

qui le sollicitent, on demande les réactions des points fixes et les actions mutuelles des diverses pièces les unes sur les autres.

A chaque point assujetti à demeurer sur une courbe sans frottement répondra une réaction dont il n'y aura que l'intensité à rechercher, car sa direction sera celle de la normale à la courbe ; à chaque articulation correspondront des forces inconnues qui sont les composantes de la réaction totale suivant deux axes coordonnés ; pour chaque encastrement il y aura, outre ces deux forces, une inconnue de plus, qui sera le moment du couple engendré par le transport en un point déterminé de la réaction totale dont on ne connaît plus d'avance le point d'application. On sait, en effet, que dans un assemblage articulé la réaction totale exercée sur une pièce par l'articulation passe au centre autour duquel la rotation peut s'effectuer ; mais il n'en est plus de même, évidemment, dans le cas d'un assemblage rigide, qui est capable d'empêcher une rotation autour de son centre. Ainsi donc il y aura un nombre total d'inconnues égal à

$$i + 2(j' + 2k + 2l' + l'' + l''') + 3(j'' + l'' + l''' + 2l^{\text{iv}}).$$

Faisons maintenant le dénombrement des équations que nous pouvons écrire pour les déterminer.

En premier lieu, la Statique des systèmes invariables nous donnera trois équations d'équilibre pour chaque pièce, soit en tout.............................. $3(k+l+1)$.

Les variations Δx, Δy des deux coordonnées de tout point glissant sur une courbe fixe ont entre elles une relation obligée. Soit, en effet, $y = f(x)$ l'équation de la courbe ; à cause de la petitesse de Δx et Δy, on aura

$$\Delta y = f'(x)\,\Delta x.$$

En mettant pour x la valeur qui résulte de la figure donnée du système, pour Δy et Δx leurs expressions en fonction des forces, cela fera donc une équation pour chaque point se trouvant dans la condition dont il s'agit, soit en tout.................................... i.

Les coordonnées de chaque point appartenant à deux pièces différentes doivent varier de la même quantité, quelle que soit celle des deux à laquelle on l'attribue : comme il y a $2k + l$ points dans ce cas, en exprimant ce fait on posera $2(2k+l)$ équations, ci............ $2(2k+l)$.

La variation angulaire p doit être la même pour deux sections faites au point où deux pièces viennent s'encastrer l'une dans l'autre. On aura, pour exprimer cette condition, un nombre d'équations qui sera.............. $l''' + l^{\text{iv}}$.

Les variations des coordonnées sont nulles pour chaque point fixe : si donc on égale ces variations à zéro, on trouvera de cette manière des équations dont le nombre sera $2(j+l)$.

Enfin les variations d'inclinaison des sections normales faites aux points fixes d'encastrement sont nulles, ce qui donne encore lieu à $j''+l''+l^{\text{IV}}$ équations, ci........ $j''+l''+l^{\text{IV}}$.

En récapitulant, on voit qu'il y a en tout

$$i+2j+j''+7k+7l+l''+l'''+2l^{\text{IV}}+3 \text{ équations.}$$

Nous avons vu que le nombre des inconnues est de

$$i+2j'+3j''+4k+4l'+5l''+5l'''+6l^{\text{IV}};$$

or on a, d'après la définition même des lettres,

$$j=j'+j'',\qquad l=l'+l''+l'''+l^{\text{IV}};$$

par suite, le nombre des inconnues est encore exprimé par

$$i+2j+j''+4k+4l+l''+l'''+2l^{\text{IV}}.$$

Donc le nombre des équations posées ci-dessus dépasse de $3k+3l+3$ celui des inconnues. Mais il est à remarquer que dans ces équations entreront nécessairement, comme on l'a vu au n° 51, des constantes représentant pour chaque pièce le mouvement de la section initiale. Ces constantes seront au nombre de trois pour chaque pièce, et puisqu'il y a $k+l+1$ pièces, en comptant la pièce principale, les tirants et les pièces secondaires, on aura donc en définitive $3(k+l+1)$ inconnues auxiliaires, et par conséquent il y aura juste autant d'équations que d'inconnues.

Cet exemple pourrait, sans beaucoup de difficulté, recevoir une généralité plus grande, en écartant les hypothèses de la déformation plane de l'indépendance des pièces secondaires, etc. Mais quand on essaye d'exécuter des calculs de cette espèce, même pour des systèmes composés d'un petit nombre de pièces, on est frappé de leur immense complication (*). La généralisation dont il s'agit aurait donc peu d'intérêt pratique.

(*) *Voir* dans nos *Recherches analytiques sur la flexion et la résistance des pièces courbes*, chap. III, § VI, le calcul des actions mutuelles et des réactions des appuis, pour un pont du système Vergniais.

§ III. — Remarques et théorèmes concernant la manière dont les forces extérieures entrent dans les formules qui font connaître la déformation d'une pièce. Conséquences.

60. *Expression en fonction des forces extérieures, des facteurs contenant ces forces et entrant dans les formules générales de la déformation.* — Quand on examine les formules démontrées aux n°s 45 et 46, pour calculer la déformation d'une pièce dans le cas le plus général (qui comprend par suite tous les autres), on y voit figurer d'abord un certain nombre de quantités dépendant de la forme et des dimensions de la pièce, puis d'autres quantités qui, directement ou indirectement, dépendent des forces extérieures : ces dernières quantités sont désignées par

$$N,\ P,\ V,\ X,\ \alpha,\ \beta,\ \gamma,\ \lambda,\ \mu,\ \nu,\ \delta.$$

Plus exactement on trouve les huit fonctions des forces extérieures

$$N,\ V,\ P\cos\alpha,\ P\cos\beta,\ P\cos\gamma,$$
$$X\sin\delta\cos\lambda,\ X\sin\delta\cos\mu,\ X\sin\delta\cos\nu;$$

or ces huit fonctions jouissent d'une propriété, sinon remarquable, du moins très-utile, que nous allons démontrer : ce sont des fonctions linéaires des forces extérieures, sans terme indépendant.

Afin de faciliter le langage, nommons :

Ω une section transversale quelconque;
G son centre d'élasticité;
F, F', F'',... les forces extérieures qui agissent sur la pièce entre la section Ω et la section finale;
R la résultante de translation de ces forces;
M l'axe représentatif de leur moment résultant par rapport au point O.

Les deux premières fonctions N et V sont la somme des projections des forces F, F', F'',... sur la normale en G au plan Ω, et la somme des moments des mêmes forces relativement à la même droite : il est visible qu'elles satisfont à l'énoncé de notre proposition.

La fonction $P\cos\alpha$, projection de l'effort tranchant sur l'axe des x, s'obtient en projetant la résultante R sur le plan Ω, et projetant ensuite cette projection sur l'axe des x; or la force R ferme le contour polygonal construit sur F, F', F'',..., et par suite la même circonstance se maintient après la double projection dont on vient de parler : donc la projection finale $P\cos\alpha$ sera la somme des projections finales des différentes forces F, F', F'',..., chacune d'elles devant d'abord être projetée sur le plan Ω et de là sur l'axe des x. Chaque force est ainsi multipliée par deux cosinus, et il est clair que la somme des produits renferme F, F', F'',... au premier degré, sans avoir d'ailleurs de terme indépendant. Donc la proposition est encore vraie pour $P\cos\alpha$; la même démonstration prouve qu'elle l'est aussi pour $P\cos\beta$ et $P\cos\gamma$.

Il reste encore à montrer qu'elle s'applique également aux trois dernières fonctions, qui dépendent du moment fléchissant X. Ce moment a pour axe représentatif la projection orthogonale de M sur le plan Ω, et cette projection, d'après la théorie des moments donnée en Mécanique rationnelle, serait elle-même la résultante des projections analogues obtenues en prenant isolément chaque force F, F', F'',.... De là il suit que la flexion produite par X est (n° 19) la résultante de celles que produiraient les couples fléchissants dus à chacune des forces F, F', F'',...; ou, ce qui revient au même, que la projection de la flexion résultante sur un axe est la somme algébrique des flexions partielles projetées. Cette projection satisferait donc à l'énoncé du théorème, parce que les formules du n° 19 prouvent que la flexion est proportionnelle au couple fléchissant et conséquemment à la force qui l'engendre. Donc il en est de même pour les quantités

$$X\sin\delta\cos\lambda,\quad X\sin\delta\cos\mu,\quad X\sin\delta\cos\nu$$

qui représentent, sauf le diviseur εr^2 uniquement déterminé par la section Ω, les projections de la flexion résultante sur les trois axes coordonnés.

Les huit fonctions dont il s'agit jouissent donc bien de la

propriété d'être linéaires et sans terme indépendant, par rapport aux lettres qui expriment l'intensité des forces extérieures : elles contiennent en outre comme facteurs les cosinus des angles que chaque force fait avec les axes coordonnés, et aussi les coordonnées des points d'application, sans parler de ce qui est nécessaire pour définir la section à laquelle se rapportent N, P, V, X. Au reste il est facile de s'arranger pour que tout ce qui concerne les forces ne figure plus qu'au premier degré dans les huit expressions. Prenant une force F, par exemple, on la transportera parallèlement à elle-même au centre d'élasticité de la section transversale qui contient son point d'application (il ne s'agit pas ici de la section Ω), en lui adjoignant simultanément un couple convenablement choisi; puis on décomposera la force dans sa position nouvelle, en trois forces parallèles aux axes coordonnés, et le couple en trois couples perpendiculaires à ces axes. Il est clair qu'on n'aura ainsi rien changé à N, P, V, X pour une section quelconque, et que par conséquent la déformation et les tensions moléculaires seront restées les mêmes, puisque la force F est remplacée par un système équivalent et appliqué à la même section. Or, après cette transformation, il reste seulement des forces de directions constantes, appliquées sur la fibre moyenne, et des couples dont les plans ont toujours les mêmes orientations. La somme des projections sur un axe et la somme des moments relativement à un axe ne contiendront donc plus, comme éléments destinés à définir les forces, que les intensités des forces et couples qu'on leur a substitués : le surplus proviendra de l'axe ou des dimensions de la pièce. Enfin ces forces et couples substitués n'entreront qu'au premier degré, en vertu même de la proposition démontrée plus haut : on aura donc bien atteint le but qu'on s'était proposé.

61. *Expression, en fonction des forces et du coefficient* τ, *des six constantes* Δx_0, Δy_0, Δz_0, m_0, n_0, p_0, *qui déterminent le mouvement de la section initiale.* — Les six constantes qui déterminent le mouvement de la section initiale pourraient être données d'une manière absolument indépendante des forces; mais dans les applications pratiques il n'en sera

presque jamais ainsi. Les conditions qui ont servi précédemment à en trouver la valeur (nº 51) reviennent toutes à égaler à zéro les variations de coordonnées d'un point, ou la rotation d'une section : nous admettrons, comme un fait, qu'il en est toujours de même; toutefois, comme le contraire peut avoir lieu, ce sera une restriction apportée à l'entière généralité de nos déductions, et il conviendra de ne pas l'oublier. On conclut facilement de notre hypothèse que les six constantes sont des fonctions linéaires, sans terme indépendant, des forces extérieures et du coefficient de dilatation τ, c'est-à-dire qu'en appelant K, K_1, $K_2, \ldots$, K_i des coefficients qui dépendent seulement des dimensions de la pièce et de la situation des forces extérieures, on aura, pour exprimer une quelconque de ces constantes, des valeurs de la forme

$$KF + K_1F_1 + K_2F_2 + \ldots K_i\tau. \qquad (1)$$

En effet, après qu'on aura remplacé dans Δx_1, Δy_1, Δz_1, m_1, n_1, p_1 (nºs 45 et 46) les huit quantités ci-dessus considérées (nº 60) par leurs valeurs en fonction des forces, on aura des fonctions linéaires, sans terme indépendant, des quantités Δx_0, Δy_0, Δz_0, m_0, n_0, p_0, τ, F, F_1, $F_2, \ldots$. Donc les six équations d'où l'on devra tirer les inconnues Δx_0, Δy_0, Δz_0, m_0, n_0, p_0 seront du premier degré, et les termes indépendants des inconnues (qui sont les seuls dans lesquels entrent τ, F, F_1, $F_2, \ldots$) auront la forme (1) : donc enfin ces inconnues auront aussi des valeurs de la forme (1), car pour calculer chacune d'elles il faudrait multiplier les termes indépendants par divers coefficients des inconnues, et faire des sommes de produits pareils.

62. *Expression en fonction des forces et du coefficient* τ *des six quantités* Δx_1, Δy_1, Δz_1, m_1, n_1, p_1, *qui déterminent le mouvement d'une section quelconque.* — En reprenant les formules des nºs 45 et 46, et remplaçant N, P, V, X, ainsi que Δx_0, Δy_0, Δz_0, m_0, n_0, p_0, par leurs valeurs qui sont de la forme (1) avec ou sans le dernier terme, on trouve encore des valeurs qui ont la forme (1). Donc on peut énoncer ce théorème, dont la vérité subit toujours la restriction du nº 61 :

Les six quantités Δx_1, Δy_1, Δz_1, m_1, n_1, p_1, *qui caractérisent la déformation en un point quelconque de la fibre moyenne, sont des fonctions linéaires, sans terme indépendant, des forces extérieures et du coefficient de dilatation* τ *provenant de causes étrangères à ces forces.*

Ou bien encore, on peut remarquer que si, dans une fonction de la forme (1), on suppose successivement que chacune des quantités F, F_1, F_2,..., τ subsiste seule, les autres s'annulant toutes, on reproduira, l'un après l'autre, tous les termes de la fonction. Donc le théorème précédent peut encore s'énoncer en disant :

Les six éléments de la déformation en un point quelconque de la fibre moyenne s'obtiennent en faisant, pour chacun d'eux, la somme des valeurs qu'il prendrait, si l'on faisait agir successivement, d'abord les diverses forces extérieures, puis la dilatation provenant de causes étrangères à ces forces.

Ainsi l'effet spécial dû à chaque force n'est pas altéré par la présence des autres : les déformations se superposent pour donner l'effet total. Cette conséquence n'aurait pas pu être établie, si les déformations n'avaient pas été supposées très-petites, et si l'on avait eu pour déterminer les six constantes des conditions d'une autre espèce que celle admise plus haut ; elle serait également infirmée, si le coefficient de dilatation τ n'était pas indépendant des charges ; par exemple, si la chaleur ne dilatait pas également une barre tendue et une barre comprimée, ce que, à notre connaissance, les physiciens n'ont pas vérifié.

63. *Expression des forces inconnues en fonction des forces données. Conséquence relative aux éléments de la déformation.* — Distinguons les forces extérieures qui agissent sur chacune des pièces composant le système considéré, en deux groupes : le premier comprendra celles qui sont des données immédiates ; le second, celles qui sont inconnues à priori et que l'on doit déterminer d'après les conditions du problème, suivant les procédés qui ont été indiqués dans le § II. Comme on l'a vu, les équations que l'on doit poser à cet effet sont de deux espèces différentes. La première espèce d'équations est

fournie par la Statique des systèmes invariables : on égale à zéro soit la somme des moments des forces par rapport à un axe, soit la somme de leurs projections sur une droite déterminée. Il est clair que par ce moyen on obtient toujours des équations dans lesquelles toutes les forces, données ou non, entrent au premier degré, sans terme indépendant. Les équations de la seconde espèce sont celles que l'on trouve en exprimant que tout point qui glisse sur une courbe fixe se meut suivant la tangente à cette courbe, en égalant à zéro les déplacements absolus de certains points immobiles, ou les variations angulaires des encastrements fixes, ou les différences de ces quantités pour certains points, avec les quantités analogues évaluées pour les mêmes points, considérés comme appartenant à une autre pièce (n° 59). De toute manière, si l'on a pris pour inconnues les composantes des forces cherchées suivant trois directions rectangulaires et leurs moments par rapport à trois axes déterminés (n° 60), on pose toujours (n° 62) une série d'équations dans lesquelles toutes les forces et le coefficient τ entrent au premier degré, et où il n'y a pas de terme indépendant de ces quantités.

Toutes les équations qui serviront à déterminer les forces inconnues seront donc des équations du premier degré, dans lesquelles le terme indépendant des inconnues sera une fonction linéaire, sans terme constant, des forces données et du coefficient de dilatation. Donc, d'après ce que nous avons déjà dit (n° 61) sur les valeurs des inconnues dans un système d'équations du premier degré, on arrive à cette conclusion :

1° *Les composantes des forces inconnues suivant trois directions rectangulaires et leurs moments par rapport à trois axes déterminés sont des fonctions linéaires des forces données et du coefficient de dilatation τ, sans terme constant.*

2° *Les mêmes composantes et moments peuvent se déterminer en faisant la somme des valeurs qu'on obtiendrait, si l'on conservait une seule des causes qui les produisent, toutes les autres étant supprimées.*

Les causes sont ici les forces données et le coefficient de dilatation.

Nous avons vu au n° 62 que les éléments de la déformation en un point quelconque de la fibre moyenne, c'est-à-dire les six quantités Δx_1, Δy_1, Δz_1, m_1, n_1, p_1, sont des fonctions linéaires des forces extérieures et du coefficient de dilatation τ, sans terme constant. Si l'on imagine que dans leurs expressions on remplace les forces extérieures inconnues par leurs valeurs en fonction des forces données, d'après le théorème précédent il est clair que l'on aura toujours une somme de termes consistant dans le produit d'un coefficient par l'une des forces données ou par τ. Donc le théorème du n° 62 et la conséquence que nous en avons tirée peuvent être modifiés en ce sens qu'au lieu de toutes les forces extérieures, on est en droit d'y faire entrer seulement les forces extérieures données : seulement, quand on fera le calcul pour l'une des forces séparées ou pour la dilatation, on devra tenir compte des forces extérieures qui s'exerceraient dans les liaisons de chaque pièce, sous la seule action de cette force ou dilatation.

Il est bien nécessaire de remarquer ici, pour ne pas faire d'application inexacte des théorèmes précédents, qu'ils sont sujets à une restriction tout à fait analogue à celle qu'on a exprimée (n° 61) lorsqu'il s'agissait des six constantes. On a vu qu'il y a deux espèces d'équations servant à déterminer les réactions inconnues, et nous avons admis, comme fait ordinairement réalisé, que celles de la seconde espèce s'obtiennent en égalant à zéro les déplacements de certains points ou certaines rotations, etc. Or, le contraire peut encore arriver ici, de même qu'au n° 61, et en voici un exemple bien simple. Supposons une poutre droite horizontale, chargée de poids et supportée par trois appuis inférieurs tels, que celui du milieu ne touche pas la pièce dans son état naturel ou primitif, mais qu'il en soit séparé par une petite distance f. Tant que les charges produiront, au point correspondant de la fibre moyenne, un abaissement Δy_1 moindre que f, l'appui central n'interviendra pas et la réaction sera nulle ; quand Δy_1 tendrait à dépasser f, l'appui fournira la réaction nécessaire pour le ramener à cette limite. L'équation à poser dans ce cas ne serait donc pas $\Delta y_1 = 0$, mais $\Delta y_1 = f$; par conséquent, notre point de départ étant inexact, les conséquences le seraient aussi.

La réaction de l'appui, sous l'action d'un système de charges capables d'abaisser la pièce jusqu'à son niveau, se composerait d'une constante, plus d'une suite de termes contenant chaque force au premier degré. On ne pourrait plus dire que sa valeur est la somme de celles qui se produiraient sous chaque charge prise isolément ; car d'abord ces charges isolées donneraient peut-être chacune une réaction nulle, parce que Δy_1 resterait au-dessous de f, et quand le contraire aurait lieu, la constante serait comptée autant de fois qu'il y a de charges, tandis qu'elle devrait l'être une seule fois.

En résumé, les théorèmes des n°s 62 et 63 ne devront être appliqués que dans les cas où la nature des conditions propres à déterminer les six constantes et les forces inconnues serait bien celle que nous avons admise, sans quoi l'on pourrait se tromper gravement.

64. *Autre énoncé des propriétés établies au n°* 63. — Les théorèmes que nous venons d'établir s'énoncent encore d'une autre manière. Puisque la variation de l'abscisse Δx_1 est la somme des variations que x_1 éprouverait si chaque force connue et la dilatation τ agissaient successivement à l'exclusion de toutes les autres causes, et puisque l'axe des x est arbitraire, on peut immédiatement conclure l'énoncé suivant :

Quand les théorèmes du n° 63 *sont applicables, le déplacement de l'un des points, par suite de la déformation, est la résultante (c'est-à-dire la ligne qui ferme le contour polygonal) des déplacements qui se produiraient, si l'on faisait agir isolément, et l'une après l'autre, toutes les forces extérieures connues et la cause des dilatations linéaires indépendantes des charges.*

Le même théorème est vrai pour la rotation d'une section normale ; il se démontrerait d'une manière toute semblable. Il s'applique encore et se démontre de même quand il s'agit de trouver l'une ou l'autre des six quantités (trois sommes de projections et trois sommes de moments) nécessaires pour définir un système de réactions inconnues qui s'exercent dans une section donnée. Dans ce dernier cas, il n'est pas nécessaire qu'on cherche isolément chacune des six quantités en question : on peut dire que le système des réactions à trouver est équivalent à l'ensemble des systèmes dont chacun comprendrait les réactions partielles dues à l'une des forces connues prise toute seule.

65. *Forces équivalentes.* — Dans la Statique, on appelle *système de forces équivalentes* ceux qui ont une même résultante de translation et un même moment résultant pour un point quelconque : l'un des deux systèmes appliqué à un corps invariable en équilibre peut être remplacé par l'autre, sans que l'équilibre soit troublé. Mais ce qui peut changer beaucoup en pareil cas, ce sont les pressions et tensions des diverses parties du corps, et ses déformations, s'il n'est pas rigoureusement invariable. Par exemple, un système de deux forces égales et contraires appliquées aux deux extrémités d'une droite ne troublera pas l'équilibre, mais il est visible qu'il modifiera les actions intérieures et produira une variation de longueur.

On devra donc procéder avec circonspection, dans tous les problèmes relatifs à la déformation et à la résistance des matériaux, toutes les fois qu'il s'agira de remplacer une résultante par ses composantes, ou inversement, ou plus généralement toutes les fois qu'on voudra substituer un groupe de forces à un autre groupe équivalent. La condition pour que deux groupes de forces soient réellement équivalents, au point de vue qui nous occupe, c'est que les valeurs fournies par les deux groupes pour les quatre quantités N, P, V, X soient constamment les mêmes dans toutes les sections; car on a vu par toutes les formules établies jusqu'à présent, que les deux groupes entraîneraient alors les mêmes déformations et les mêmes tensions intérieures. Ainsi l'on pourra, par exemple, remplacer une résultante par ses composantes; mais il faudra que les points d'application des unes et des autres restent dans la même section : c'est là une condition indispensable. En effet, supposons une force R appliquée au point H de la section normale CD (*fig.* 34); nous pouvons parfaitement, sans changer N, P, V et X en aucun point de la pièce, remplacer R par deux composantes S, Q concourantes en H. Mais nous n'avons pas la liberté de transporter R, S ou Q en une autre section que CD. En effet, si l'on doit considérer les forces qui agissent depuis une certaine section jusqu'à l'extrémité B, il faut cesser de compter R ou ses deux composantes dès l'instant qu'on a dépassé la section CD. Or c'est ce qui n'aurait pas lieu si l'on appliquait R en K ou bien S en I, par exemple. Il est clair que de cette manière on introduirait dans les expressions de N, P, V, X, entre L et K ou entre L et I, une force qui ne devrait pas y figurer.

Fig. 34.

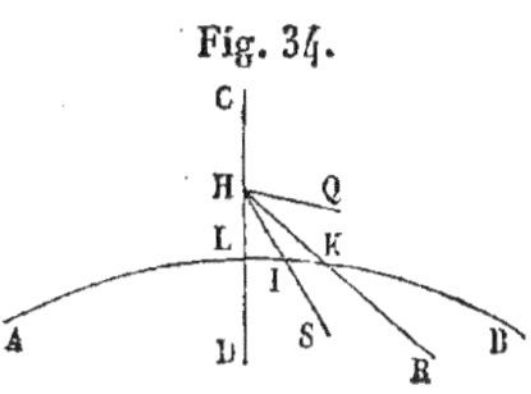

66. *Propriété des arcs symétriques, mais non symétriquement chargés.* — Lorsqu'un système de pièces est symétrique par rapport à un plan, sans que les forces extérieures soient distribuées symétriquement, et qu'on suppose applicables les théorèmes des n°s 62 et 63, il existe entre les circonstances de la déformation pour les points symétriques une relation dont on pourra quelquefois tirer parti.

Prenons pour axe des x une perpendiculaire au plan de symétrie, et supposons les axes des y et des z situés dans ce plan; soient x, y, z, x', y', z' les coordonnées de deux points symétriques; $\Delta x, \Delta y, \Delta z, m, n, p, \Delta x', \Delta y', \Delta z', m', n', p'$ les six quantités qui caractérisent la déformation en chacun de ces points. Imaginons qu'on rende symétrique le système des forces données (F) en doublant par des forces symétriques celles qui en seraient dépourvues; alors on aura pour le point (x, y, z) les six éléments de la déformation $\Delta x_1, \Delta y_1, \Delta z_1, m_1, n_1, p_1$, et pour le point symétrique on aura $-\Delta x_1, \Delta y_1, \Delta z_1, m_1, -n_1, -p_1$. De même si, au lieu de doubler toute force non symétrique, on la supprime complétement, on aura pour le point (x, y, z) les éléments de la déformation $\Delta x_2, \Delta y_2, \Delta z_2, m_2, n_2, p_2$. En désignant par (F_1) et (F_2) les systèmes de forces symétriques auxquels répondent Δx_1 et Δx_2, on voit qu'en passant de (F_2) à (F), il y a, dans les éléments de la déformation pour le point (x, y, z), des variations représentées par

$$(2)\quad \Delta x - \Delta x_2,\ \ \Delta y - \Delta y_2,\ \ \Delta z - \Delta z_2,\ \ m - m_2,\ \ n - n_2,\ \ p - p_2,$$

et ces variations seraient les éléments de déformation qui se produiraient au point dont il s'agit par la seule action des forces du système (F) dépourvues de symétriques (nos 62 et 63), car ce sont ces forces qu'il a fallu ajouter pour passer de (F_2) à (F).

De même on reconnaît que, dans le passage de (F) à (F_1), il y a dans les éléments de la déformation pour le point (x', y', z') des changements représentés par

$$(3)\qquad \begin{cases} -\Delta x_1 - \Delta x', & \Delta y_1 - \Delta y', \quad \Delta z_1 - \Delta z', \\ m_1 - m', & -n_1 - n', \quad -p_1 - p'; \end{cases}$$

et ces quantités seraient les éléments de déformation dus à la seule action des forces par lesquelles diffèrent les systèmes (F) et (F_1), lesquelles sont symétriques de celles qui constituent la différence de (F) et (F_2).

Cette dernière remarque montre que les quantités (2) doivent être symétriques des quantités (3), et, par suite, on aura

$$\begin{aligned} \Delta x - \Delta x_2 &= \Delta x_1 + \Delta x', \\ \Delta y - \Delta y_2 &= \Delta y_1 - \Delta y', \\ \Delta z - \Delta z_2 &= \Delta z_1 - \Delta z', \\ m - m_2 &= m_1 - m', \\ n - n_2 &= n_1 + n', \\ p - p_2 &= p_1 + p'; \end{aligned}$$

relations très-simples dont on pourra souvent tirer parti, car la condition de symétrie dans les forces est de nature à faciliter les calculs, en sorte qu'on aurait plus commodément Δx_1 et Δx_2, par exemple, que Δx et $\Delta x'$.

Nous aurons encore la même chose à dire au sujet des forces inconnues, et la démonstration serait absolument identique. Les axes des coordonnées (x, y, z) étant toujours définis comme nous venons de le faire, appelons **R**, **S**, **T** les trois composantes parallèlement à ces axes, du système de forces inconnues qui provient d'une des liaisons; soient aussi **K**, **L**, **M** la somme des moments de ce système par rapport aux mêmes axes; R', S', T', K', L', M' les quantités analogues pour le point symétrique; $R_1, S_1, T_1, K_1, L_1, M_1, R_2, S_2, T_2, K_2, L_2, M_2$ ce que deviennent R, S, T, K, L, M quand on remplace le système des forces données (F) successivement par (F_1) et par (F_2). On aura

$$R - R_2 = R_1 + R',$$
$$S - S_2 = S_1 - S',$$
$$T - T_2 = T_1 - T',$$
$$K - K_2 = K_1 - K',$$
$$L - L_2 = L_1 + L',$$
$$M - M_2 = M_1 + M'.$$

En résumé, lorsqu'un système de pièces est symétrique par rapport à un plan, mais non symétriquement chargé, si on le ramène à la symétrie de deux manières : 1° en ajoutant pour chaque force extérieure privée de sa symétrique une force égale en intensité et située symétriquement; 2° en supprimant les forces dont les symétriques manqueraient; que dans ces deux hypothèses on détermine l'un des six éléments de la déformation en un point de la fibre moyenne, la somme des deux quantités ainsi déterminées sera égale à la somme ou à la différence des quantités analogues, calculées pour le point considéré et pour son symétrique, avec le système primitif de forces. La même propriété est vraie pour les composantes d'une réaction inconnue, parallèlement aux trois axes coordonnés, et pour ses moments par rapport aux mêmes axes. On doit, dans l'application de ce théorème, prendre deux des axes coordonnés dans le plan de symétrie et le troisième perpendiculaire à ce plan. On doit de plus prendre la différence des quantités analogues pour deux points symétriques, lorsque la symétrie leur donne des directions opposées. C'est ce qui arrive, par exemple, pour les déplacements ou forces en projection sur la perpendiculaire au plan de symétrie; c'est ce qui arrive aussi pour les rotations et moments autour de lignes contenues dans ce plan.

67. *Application du théorème général démontré au n° 66.* — Nous allons montrer, par un exemple très-simple, l'usage qu'on peut faire du théorème qui vient d'être démontré. Sup-

posons une pièce symétrique par rapport à une verticale et reposant sur deux appuis de niveau : cette pièce étant chargée de forces d'une manière quelconque, on demande de déterminer les poussées horizontales qu'elle exerce contre ses deux appuis. Soient F l'une des forces données qui agissent sur la pièce, et ζ son angle avec une horizontale prise pour axe des x; Q, Q' les poussées demandées estimées suivant les x positifs avec un signe convenable; Q_1 et $-Q_1$ ce que deviendraient ces forces, en complétant la symétrie du système proposé par l'addition de nouvelles forces comme il est dit au n° 66; Q_2, $-Q_2$ les valeurs qu'elles prendraient en supprimant les forces ajoutées et leurs symétriques en même temps. On aura (n° 66)

$$Q_1 + Q_2 = Q - Q'.$$

De plus, en vertu de l'équilibre des forces extérieures, il faut que l'on ait

$$Q + Q' + \Sigma F \cos\zeta = 0.$$

Si l'on savait calculer la poussée dans le cas de forces symétriques, on pourrait avoir celle qui correspond au cas où la symétrie n'existe plus, au moyen de deux équations du premier degré extrêmement simples.

Lorsque $\Sigma F \cos\zeta$ est égal à zéro, comme par exemple lorsque l'arc ne supporte que des poids, ou des forces symétriques en intensité et en direction, sans l'être nécessairement en position, on a

$$Q + Q' = 0;$$

les deux poussées sont égales et de sens contraire, et la première relation devient

$$2Q = Q_1 + Q_2,$$

c'est-à-dire que la poussée est la moyenne arithmétique entre les poussées Q_1 et Q_2.

§ IV. — Des mouvements vibratoires dans les pièces élastiques.

68. *Principes généraux servant à la mise en équation des mouvements vibratoires.* — Les formules données au § I de ce chapitre, qui font connaître les diverses circonstances de la déformation d'une pièce élastique, ont été établies en exprimant qu'il se produisait, entre deux sections consécutives de la pièce, un déplacement relatif développant des actions moléculaires capables de faire équilibre à un certain système de forces extérieures. Lorsque la pièce vibre, naturellement cet équilibre n'existe plus; mais, en vertu du principe de d'Alembert, on sait que les équations qui sont la conséquence de l'équilibre d'un système matériel doivent être encore satisfaites dans l'état de mouvement, pourvu qu'aux forces réelles on joigne les forces d'inertie des diverses molécules. Pour avoir les équations du mouvement vibratoire, tout se réduirait donc à introduire dans les formules du § I lesdites forces d'inertie, qu'on devrait y faire figurer en évaluant les quatre fonctions des forces désignées par N, P, V, X. Ces forces d'inertie seraient d'ailleurs exprimées au moyen des déplacements des divers points, considérés comme fonctions du temps.

Un autre procédé, qu'il sera ordinairement plus commode d'employer, consisterait à faire l'application du principe de d'Alembert, non plus à la portion de pièce comprise entre une section normale et l'extrémité, mais à l'élément prismatique infiniment petit compris entre deux sections normales infiniment voisines. Nous allons faire usage de cette méthode pour mettre en équation le mouvement vibratoire d'une pièce homogène, à fibre moyenne plane, à section constante et symétrique par rapport au plan de la fibre moyenne. Les forces extérieures agissant sur la pièce entre deux sections normales quelconques sont réductibles à des forces contenues dans ce plan, parallèlement auquel sont dirigées les vitesses des mouvements que les sections possèdent à l'instant pris pour origine du temps. D'après ces conditions, il est clair qu'on se trouvera dans le cas de la déformation plane, c'est-à-dire qu'à une époque quelconque du mouvement tous les points auront des vitesses parellèles au plan de la fibre moyenne.

Cela posé, soit AB la pièce donnée (*fig* 35); CD, C′D′, deux sections normales infiniment voisines, dont G et G′ sont les centres d'élasticité et de gravité. Appelons :

Fig. 35.

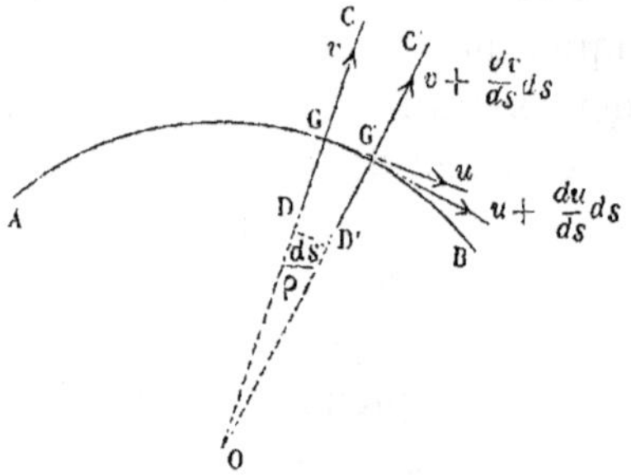

Ω l'aire constante de la section transversale;

r le rayon de gyration de cette surface relativement à l'axe autour duquel s'opère la flexion;

s la longueur, comptée dans l'état primitif de la pièce, entre le point G et un autre point A de la fibre moyenne, pris pour origine;

ρ le rayon de courbure primitif de la fibre moyenne en G;

u, v, les déplacements du point G à un instant quelconque, parallèlement à la direction Gu de la tangente et à la direction GC de la normale;

θ la variation de l'angle que fait GC avec une ligne fixe, cette rotation θ étant comptée positivement dans le sens des aiguilles d'une montre, pour fixer les idées.

R, T, les sommes algébriques des projections des forces directement appliquées à l'élément CD C′D′, les projections étant respectivement faites sur les lignes Gu et GC, et les forces étant divisées par la masse de l'élément en question;

M la somme des moments desdites forces rapportées à l'unité de masse, relativement au centre de gravité de CD C′D′, le sens positif étant le même que pour θ;

g l'accélération des corps pesants dans le vide;

Π le poids par mètre cube de la matière qui constitue la pièce;

E son coefficient d'élasticité longitudinale;

kE son coefficient d'élasticité transversale.

La forme de la fibre moyenne dans son état primitif étant donnée, la position primitive d'une section sera suffisamment définie par la valeur de s qui lui correspond. A l'instant pris pour origine du temps, cette section ayant reçu des déplacements et des vitesses connues, et les choses étant de même pour les autres sections, il s'agit de déterminer le mouvement de la pièce. Il est clair qu'on y parviendra si l'on peut exprimer en fonction de s et du temps t les trois quantités u, v, θ. C'est ce que nous ferons à l'aide du principe de d'Alembert; mais auparavant, il faut chercher comment on exprime les forces d'inertie de la masse comprise dans l'élément CDC'D', ainsi que les actions moléculaires exercées sur cette masse par la matière voisine, au moyen des déplacements u, v, θ ou de leurs dérivées en s et t.

La masse totale du prisme CDC'D' est $\frac{\Pi}{g}\Omega ds$; l'accélération de son centre de gravité a pour composantes $\frac{d^2u}{dt^2}$ et $\frac{d^2v}{dt^2}$; la résultante de translation des forces d'inertie de cette masse aura donc pour composantes, parallèlement à u et à v, les forces $-\frac{\Pi}{g}\Omega\, ds\frac{d^2u}{dt^2}$, $-\frac{\Pi}{g}\Omega\, ds\frac{d^2v}{dt^2}$. D'un autre côté, CDC'D' tourne autour de son centre de gravité avec une vitesse angulaire $\frac{d\theta}{dt}$ et une accélération angulaire $\frac{d^2\theta}{dt^2}$, d'où résulte un couple d'inertie ayant pour intensité le produit du moment d'inertie par $-\frac{d^2\theta}{dt^2}$, c'est-à-dire $-\frac{\Pi}{g}\Omega\, ds.r^2\frac{d^2\theta}{dt^2}$.

Quant aux actions moléculaires exercées dans CD, par exemple, on observera en premier lieu qu'elles dépendent uniquement du mouvement relatif des deux sections CD, C'D'. Le mouvement absolu de CD consiste en une translation (u, v), et une rotation θ autour de G qu'on peut remplacer par une rotation égale autour de G', jointe à une translation $-\theta.\overline{GG'}$ ou $-\theta ds$, parallèle et de sens contraire avec Gv; pour avoir le mouvement relatif, on prendra ces mouvements u, v, $-\theta ds$ et θ en sens contraire, et on les composera avec le mouvement de C'D', lequel consiste en une translation

$$\left(u+\frac{du}{ds}ds,\ v+\frac{dv}{ds}ds\right)$$

et une rotation $\theta + \frac{d\theta}{ds} ds$. Il est clair d'abord que la rotation relative ou flexion sera exprimée par $\frac{d\theta}{ds} ds$; reste à exprimer la translation relative, ou plutôt ses composantes parallèlement à u et v, qui constituent respectivement l'extension et le glissement simples, entre les sections dont il s'agit. En projetant d'abord sur Gu, la translation $-u$ se projette en vraie grandeur, et il en est de même de $u + \frac{du}{ds} ds$, aux infiniment petits du second ordre près; $v + \frac{dv}{ds} ds$ faisant avec Gu un angle complémentaire de l'angle GOG′ des deux sections ou de $\frac{ds}{\rho}$ donne $\frac{v ds}{\rho}$ en projection, sauf une erreur infiniment petite du second ordre; enfin v et θds sont perpendiculaires à l'axe de projection. Donc enfin la composante parallèle à Gu de la translation cherchée est

$$\frac{du}{ds} ds + \frac{v ds}{\rho}.$$

On reconnaît de même que la composante suivant Gv a pour expression

$$\frac{dv}{ds} ds + \theta ds - \frac{u ds}{\rho}.$$

Dans le calcul de la translation relative, nous avons négligé les variations de l'angle GOG′ pendant le mouvement; eu égard à la petitesse des déformations, cela ne peut entraîner qu'une petite erreur. Il y a encore une erreur du même ordre quand on considère $\left(\frac{du}{ds} + \frac{v}{\rho}\right) ds$ et $\left(\frac{dv}{ds} + \theta - \frac{u}{\rho}\right) ds$ comme les valeurs de l'extension et du glissement simple; on devrait en effet projeter le mouvement, non sur la position primitive de la tangente ou de la normale, mais sur ces lignes prises dans la position qu'elles occupent à l'instant considéré.

A l'extension simple $ds\left(\frac{du}{ds} + \frac{v}{\rho}\right)$ répond dans la section CD de l'élément CDC'D', suivant le sens opposé à Gu, la force $E\Omega\left(\frac{du}{ds}+\frac{v}{\rho}\right)$; de même, au glissement répondra la force $kE\Omega\left(\frac{dv}{ds}+\theta-\frac{u}{\rho}\right)$, dans le sens opposé à Gv; enfin la flexion $\frac{d\theta}{ds}ds$ donnera lieu au couple $E\Omega r^2\frac{d\theta}{ds}$, estimé en sens contraire des rotations θ. Dans la section C'D' il y aura des actions moléculaires analogues, qui seront égales aux précédentes augmentées de leurs différentielles par rapport à s, et agiront dans le sens des déplacements. On composera entre elles toutes ces forces moléculaires exercées dans CD et C'D', comme nous avons composé tout à l'heure les mouvements de ces deux sections, et l'on trouvera l'action résultante supportée par la matière de CDC'D', savoir :

Force parallèle à Gu :

$$E\Omega\,ds\left[\frac{d}{ds}\left(\frac{du}{ds}+\frac{v}{\rho}\right)+\frac{k}{\rho}\left(\frac{dv}{ds}+\theta-\frac{u}{\rho}\right)\right];$$

Force parallèle à Gv :

$$E\Omega\,ds\left[k\frac{d}{ds}\left(\frac{dv}{ds}+\theta-\frac{u}{\rho}\right)-\frac{1}{\rho}\left(\frac{du}{ds}+\frac{v}{\rho}\right)\right];$$

Moment total par rapport au centre de gravité de l'élément, évalué dans le sens de la rotation θ :

$$E\Omega\,ds\left[r^2\frac{d^2\theta}{ds^2}-k\left(\frac{dv}{ds}+\theta-\frac{u}{\rho}\right)\right].$$

Par suite, on trouvera pour les équations du mouvement de l'élément prismatique considéré :

$$(1)\quad\left\{\begin{aligned}
\frac{d^2u}{dt^2}&=R+\frac{Eg}{\Pi}\left[\frac{d}{ds}\left(\frac{du}{ds}+\frac{v}{\rho}\right)+\frac{k}{\rho}\left(\frac{dv}{ds}+\theta-\frac{u}{\rho}\right)\right],\\
\frac{d^2v}{dt^2}&=T+\frac{Eg}{\Pi}\left[k\frac{d}{ds}\left(\frac{dv}{ds}+\theta-\frac{u}{\rho}\right)-\frac{1}{\rho}\left(\frac{du}{ds}+\frac{v}{\rho}\right)\right],\\
r^2\frac{d^2\theta}{dt^2}&=M+\frac{Eg}{\Pi}\left[r^2\frac{d^2\theta}{ds^2}-k\left(\frac{dv}{ds}+\theta-\frac{u}{\rho}\right)\right].
\end{aligned}\right.$$

Quand on néglige le glissement transversal, il faut, dans les équations ci-dessus, considérer la quantité $k\text{E}\Omega\left(\frac{dv}{ds}+\theta-\frac{u}{\rho}\right)$ comme l'expression de la force totale de glissement P dans la section CD, force qui peut ne pas être nulle, bien qu'on néglige ses effets. Les équations du mouvement deviennent alors

$$(2)\quad \left\{\begin{aligned} \frac{d^2u}{dt^2} &= \text{R} + \frac{\text{P}g}{\Pi\Omega\rho} + \frac{\text{E}g}{\Pi}\cdot\frac{d}{ds}\left(\frac{du}{ds}+\frac{v}{\rho}\right),\\ \frac{d^2v}{dt^2} &= \text{T} + \frac{g}{\Pi\Omega}\cdot\frac{d\text{P}}{ds} - \frac{\text{E}g}{\Pi\rho}\left(\frac{du}{ds}+\frac{v}{\rho}\right),\\ r^2\frac{d^2\theta}{dt^2} &= \text{M} + r^2\frac{\text{E}g}{\Pi}\cdot\frac{d^2\theta}{ds^2} - \frac{\text{P}g}{\Pi\Omega}; \end{aligned}\right.$$

et il faudrait y joindre la relation

$$(3)\qquad \frac{dv}{ds}+\theta-\frac{u}{\rho}=0,$$

ce qui ferait quatre équations entre les inconnues u, v, θ, P.

Ces équations aux différences partielles simultanées détermineront les inconnues, en fonction de s et de t, lorsque l'intégration pourra être effectuée et que l'on aura déterminé les fonctions arbitraires introduites par cette opération.

Quand on voudra faire usage des équations (1) et (2), il faudra bien se rappeler que les quantités R, T, M représentent des forces et un couple directement appliqués à la pièce que l'on considère. Si ces forces ou ce couple provenaient de l'action des masses liées à la pièce et entraînées dans son mouvement, on devrait, bien entendu, tenir compte, en les évaluant, de l'inertie de ces masses. Par exemple, si un poids p appliqué en un point K de la pièce prend, par suite de sa liaison avec elle, des accélérations j suivant l'horizontale et j' suivant la verticale, il faudra supposer appliquées en K, outre le poids p, les forces $-\frac{pj}{g}$ et $-\frac{pj'}{g}$, dirigées en sens contraire de j et de j'.

Pour le moment, nous ne pousserons pas plus loin l'étude de la question; dans les cas pratiques les plus simples, la solution présentera généralement de grandes difficultés, comme on le verra ultérieurement par les exemples que nous indiquerons. Nous n'avons voulu, en donnant les calculs précédents, que compléter la théorie générale de la déformation des pièces élastiques, par l'exposé de la méthode à suivre pour mettre en équation le problème des mouvements vibratoires.

Ici se termine la partie purement théorique du Cours. Nous allons maintenant faire une série d'applications à des cas pratiques choisis parmi ceux qui intéressent plus spécialement les ingénieurs.

CHAPITRE TROISIÈME.

PROBLÈMES DIVERS CONCERNANT LES POUTRES DROITES.

---

§ I. — Poutres droites, à section constante, reposant sur deux appuis et chargées transversalement.

69. *Conditions générales à remplir par les poutres considérées dans ce paragraphe; problèmes à résoudre.* — Une poutre droite appuyée à ses deux extrémités doit porter des charges toutes perpendiculaires à sa fibre moyenne. Si l'on admet, pour fixer les idées, que la poutre est horizontale, ces charges (abstraction faite des forces provenant des appuis) consisteront, par exemple, en un poids uniformément réparti sur la longueur de la poutre et comprenant le poids propre de celle-ci, ou bien en un poids unique concentré en un certain point. Lorsque le poids de la pièce n'est pas négligeable devant ce poids unique, on se trouve dans un cas mixte où il y a tout à la fois une charge uniformément répartie et une charge isolée. On suppose remplie la condition pour que la déformation ait lieu dans le plan qui contient toutes les forces extérieures (n° 48); enfin on suppose constante la section de la poutre, sauf dans un seul cas où il sera fait mention expresse de la condition contraire.

Cela posé, on peut avoir besoin de calculer les réactions des appuis, la déformation produite par les charges, les valeurs du moment fléchissant X et de l'effort tranchant P dans une section quelconque. Ce sont là les problèmes que nous allons passer en revue, en faisant diverses hypothèses particulières sur la nature des appuis et sur la distribution des charges. Nous reviendrons plus loin, avec quelques détails, sur la vérification de la stabilité dont il a déjà été sommairement question au n° 21, et sur le calcul des dimensions d'une poutre à construire.

70. *Relation entre le moment de flexion et l'effort tranchant.* — Toutefois, avant de commencer cette série de problèmes, il ne sera peut-être pas inutile d'établir une relation fort simple qui lie nos deux inconnues X et P, et par laquelle on peut facilement passer de l'une à l'autre. Pour cela nommons :

Q l'une quelconque des charges qui agissent perpendiculairement à la fibre moyenne, en y comprenant les réactions des appuis fixes ;

ξ l'abscisse de la force Q, relativement à une origine choisie d'une manière arbitraire sur la fibre moyenne ;

x l'abscisse, relativement à la même origine, d'une section (S) quelconque, à laquelle répondent le moment de flexion X et l'effort tranchant P.

En désignant par la caractéristique Σ une sommation étendue à toutes les forces Q qui se trouvent entre la section (S) et la fin de la poutre, on aura par la définition même des quantités X et P (nº 20)

$$X = \pm \Sigma Q (\xi - x),$$
$$P = \pm \Sigma Q,$$

d'où résulte la relation

$$P = \pm \frac{dX}{dx}. \tag{1}$$

L'effort tranchant est donc égal, en valeur absolue, à la dérivée du moment de flexion par rapport à l'abscisse. Ces deux quantités P et $\frac{dX}{dx}$ ont d'ailleurs même signe ou des signes contraires, suivant le sens positif qu'on adopte dans le calcul de X et de P ; les signes seront contraires lorsqu'une force Q comptée positivement dans la somme algébrique ΣQ donnera lieu à un moment compté positivement dans l'autre somme algébrique $\Sigma Q (\xi - x)$.

Il est visible, d'après la démonstration ci-dessus, que la relation (1) s'applique, non-seulement aux poutres d'une seule travée, mais aussi aux poutres supportées par des appuis en nombre quelconque ; il n'est même pas nécessaire que les forces Q soient transversales, pourvu qu'elles se trouvent dans un même plan et que leurs points d'application soient sur la fibre moyenne; car alors leurs composantes longitudinales n'influeraient en rien sur les valeurs de X et de P, et l'on pourrait répéter sur les composantes perpendiculaires un calcul identique à celui qui nous a fourni la relation (1).

On peut encore écarter la restriction concernant la forme rectiligne de la fibre moyenne, et étendre la relation (1) au cas où cette fibre serait une courbe quelconque contenue dans un même plan avec toutes les forces extérieures. Considérons en effet une section (S) où il y a un moment de flexion X et un effort tranchant P; prenons ensuite une section (S') séparée de la première par une distance infiniment petite ds, et dans laquelle il y aurait un moment $X + dX$. Si l'on imagine une pièce droite ayant pour fibre moyenne l'élément ds prolongé, et supportant les mêmes forces extérieures que la pièce courbe, la relation (1) appliquée à cette pièce droite donnera

$$dX \pm P\,ds = 0.$$

Or les quantités dX et P sont les mêmes dans la pièce droite et dans la pièce courbe, qui ont les sections communes (S), (S'), et qui sont sollicitées par les mêmes forces extérieures : l'équation précédente est donc également vraie pour la pièce courbe. Donc l'effort tranchant dans celle-ci est toujours égal en valeur absolue à la dérivée $\frac{dX}{ds}$, le signe étant contraire ou identique suivant le sens positif adopté dans l'évaluation de P et de X, et devant être choisi comme on l'a dit tout à l'heure.

Mais il est bien important de remarquer que le procédé employé plus haut pour démontrer la relation (1) dans le cas des pièces droites suppose les forces agissant transversalement, ou tout au moins appliquées sur la fibre moyenne même. L'extension qu'on vient de faire pour les pièces courbes dépend naturellement de la même hypothèse. Si cette condition essentielle n'était pas remplie, le théorème exprimé par la relation (1) se trouverait parfois en défaut. Si, par exemple, une force finie agissait dans une section (S) sans passer au centre d'élasticité de la section, il est aisé de voir que le moment fléchissant éprouverait un accroissement fini en passant de (S) à une autre section infiniment voisine, prise d'un certain côté de la première : $\frac{dX}{dx}$ deviendrait infini et par suite ne serait pas égal à P. De même, s'il existait sur chaque élément de la pièce, outre une charge analogue à Q, un couple infiniment petit, l'ensemble de ces couples n'influerait pas sur l'effort tranchant, mais altèrerait tout à la fois X et $\frac{dX}{dx}$; la relation (1) ne pourrait donc encore subsister sans modification.

71. *Poutre reposant sur deux appuis simples.* — On admet que le support placé en A (*fig.* 36) est tellement disposé, qu'il ne peut fournir qu'une réaction verticale passant par le point A ; le support B est également assujetti à une condition analogue.

Fig. 36.

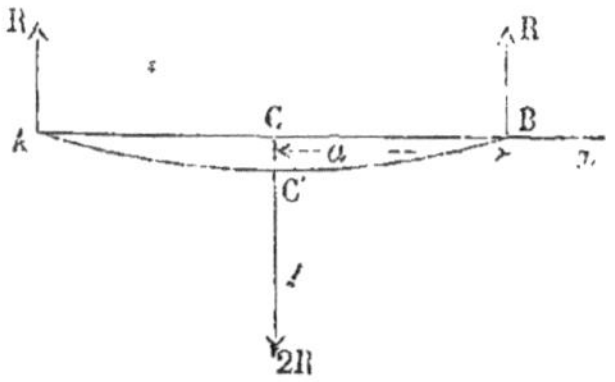

Dans ce cas la Statique élémentaire fait immédiatement connaître les réactions exercées sur la pièce en A et B. Si, par exemple, on suspend un poids 2R au milieu de la pièce, ces réactions consisteront en une force égale à R pour chaque appui. Elles seront de même exprimées par pa, dans le cas d'une répartition uniforme de la charge, en appelant a la demi-longueur de la poutre et p le poids par mètre courant qu'elle supporte, y compris son poids propre.

Déterminons maintenant la figure de la fibre moyenne, après la déformation produite par les charges. A cet effet il faut prendre la formule (1) du n° 42. En supposant le cas de la charge unique 2R appliquée au point C, et prenant les axes de coordonnées indiqués sur la *fig.* 36, cette formule devient ici

$$\frac{d^2y}{dx^2} = -\frac{R(a-x)}{er^2}.$$

Le moment d'inflexibilité er^2 étant constant, il est facile d'effectuer l'intégration, et l'on trouve

$$\frac{dy}{dx} = \frac{R}{er^2}\left(-ax + \frac{x^2}{2}\right),$$

sans constante dans le second membre, attendu que pour $x = 0$, $\frac{dy}{dx}$ est nul à cause de la symétrie. Intégrant une seconde fois et remarquant que y doit s'annuler pour $x = a$, on aura

$$y = \frac{R}{er^2}\left(-\frac{ax^2}{2} + \frac{x^3}{6}\right) + \frac{Ra^3}{3er^2} = \frac{R}{6er^2}(a-x)(2a^2 + 2ax - x^2),$$

équation qui est celle de la courbe AC′B. La flèche $\overline{CC'} = f$ s'obtient en faisant $x = 0$, ce qui donne

$$f = \frac{Ra^3}{3er^2}.$$

Quand la charge est uniformément répartie, on a, d'après la même formule (1) du n° **42** :

$$\frac{d^2y}{dx^2} = \frac{p}{2er^2}(a-x)^2 - \frac{pa}{er^2}(a-x) = -\frac{p}{2er^2}(a^2 - x^2);$$

d'où l'on tirera de même

$$\frac{dy}{dx} = \frac{p}{2er^2}\left(\frac{x^3}{3} - a^2x\right),$$

$$y = \frac{p}{2er^2}\left(\frac{x^4}{12} - \frac{a^2x^2}{2}\right) + \frac{5pa^4}{24er^2}$$

$$= \frac{p}{24er^2}(a^2 - x^2)(5a^2 - x^2).$$

La courbe AC′B s'écarte alors assez peu de la parabole représentée par l'équation

$$y' = \frac{5pa^2}{24er^2}(a^2 - x^2),$$

car la différence $y' - y$ a son maximum répondant à $x^2 = \frac{1}{2}a^2$, qui donne

$$y = \frac{pa^4}{24er^2}\cdot\frac{9}{4}, \quad y' = \frac{pa^4}{24er^2}\cdot\frac{5}{2},$$

d'où résulte

$$\frac{y'-y}{y} = \frac{1}{9}.$$

La valeur de la flèche devient

$$f = \frac{5pa^4}{24er^2}.$$

Pour se rendre compte de la pression ou tension longitudinale en un point quelconque de la section répondant à l'abscisse x, on procèdera comme il est dit au n° 21. Ici, le moment fléchissant X est donné par les équations

$X = -R(a-x)$ dans le cas de la charge unique $2R$,

$X = -\frac{1}{2}p(a^2-x^2)$ dans le cas de la charge uniformément répartie;

la quantité désignée par Ph au n° 21 n'est autre chose que la valeur absolue du moment X; $\sin\delta$ est d'ailleurs égal à 1 puisque la flexion est supposée plane (n° 48). Il sera donc facile de calculer la tension demandée. Si l'on veut avoir seulement son maximum, on voit que, d'une section à l'autre, les pressions et tensions ne varient qu'avec Ph, et que par suite ce maximum a lieu dans la section faite en C, car les deux expressions ci-dessus prennent leur plus grande valeur pour $x = 0$.

La tension transversale dans une section déterminée dépend de la force totale de glissement P, somme algébrique des forces verticales qui agissent depuis cette section jusqu'à une extrémité. Dans le cas actuel, on trouve facilement

$P = R$, si la charge est concentrée au milieu de la pièce;

$P = px$, si la charge est uniformément répartie.

La première expression est constante; la seconde varie uniformément avec x; elle est nulle en C et atteint son maximum pa pour $x = a$.

Quand on compare entre eux les effets des poids $2pa$ et $2R$, on voit que pour avoir la même flèche il faudrait assujettir ces poids à la relation $\frac{5}{8}pa = R$, c'est-à-dire que : *au point de vue de la flèche produite, un poids uniformément réparti sur la longueur entière de la poutre est l'équivalent des cinq huitièmes de ce poids condensés au milieu.* Si l'on voulait au contraire que la tension ou pression maximum fût la même, il faudrait poser le maximum de $R(a - x)$ égal au maximum de $\frac{1}{2}p(a^2 - x^2)$, c'est-à-dire

$$Ra = \frac{1}{2}pa^2, \quad \text{ou bien} \quad R = \frac{1}{2}pa.$$

Donc, *au point de vue de la tension ou pression maximum produite suivant la longueur des fibres, le poids uniformément réparti sur la longueur entière de la pièce équivaut à la moitié de ce poids condensée au milieu.*

Dans le cas mixte où l'on aurait à la fois une charge $2pa$ et un poids isolé $2R$, on trouvera facilement ce qui se passe, en se reportant aux considérations exposées dans le § III du chapitre précédent. Il suffira d'ajouter algébriquement les effets dus à ces deux charges agissant isolément.

72. *Même problème, dans le cas d'un solide d'égale résistance.* — Il peut arriver que la section transversale de la poutre ci-dessus considérée (n° 71), au lieu d'être constante, varie d'un point à l'autre de la fibre moyenne, sous la condition d'engendrer un solide d'égale résistance (n° 22), c'est-à-dire une poutre telle, que la tension maximum reste la même dans toutes les sections. Cela ne changera rien aux moments de flexion et aux efforts tranchants que l'on vient de calculer, car les réactions des points d'appui étant déterminées uniquement par les équations générales de l'équilibre ne subiront elles-mêmes aucun changement : mais ce qui pourra être plus ou moins altéré, c'est l'ordonnée y et notamment la flèche prise par la pièce en son milieu. Le moment d'inflexibilité εr^2

n'est plus constant, et l'intégration de l'équation différentielle entre y et x ne peut plus s'effectuer de la même manière. Nous allons voir comment on y parviendra dans quelques cas simples.

Supposons d'abord une section rectangulaire homogène de hauteur variable c et d'épaisseur constante b, la première dimension c étant mesurée parallèlement aux charges. Si la charge concentrée $2R$ agit seule, le moment de flexion sera proportionnel à $a-x$, et la condition d'une égale résistance (nº 22) s'exprimera ici par

$$\frac{a-x}{c^2} = \text{const.},$$

ou, en désignant par l'indice o les valeurs des variables pour $x=0$,

$$\frac{a-x}{c^2} = \frac{a}{c_0^2},$$

ou bien encore

$$c = c_0\left(\frac{a-x}{a}\right)^{\frac{1}{2}}.$$

La section étant un rectangle homogène de largeur constante, le moment d'inflexibilité varie proportionnellement à c^3 : donc

$$er^2 = e_0 r_0^2\left(\frac{a-x}{a}\right)^{\frac{3}{2}}.$$

L'équation différentielle de la fibre moyenne déformée devient donc

$$e_0 r_0^2\left(\frac{a-x}{a}\right)^{\frac{3}{2}}\frac{d^2y}{dx^2} = -R(a-x),$$

ou bien

$$e_0 r_0^2\frac{d^2y}{dx^2} = -Ra^{\frac{3}{2}}(a-x)^{-\frac{1}{2}}.$$

On intègrera deux fois cette équation, en ayant soin de déterminer les constantes de manière à avoir $\frac{dy}{dx}=0$ pour $x=0$,

$y = 0$ pour $x = a$, et l'on trouvera successivement

$$e_0 r_0^2 \frac{dy}{dx} = 2 R a^{\frac{3}{2}} \left[(a - x)^{\frac{1}{2}} - a^{\frac{1}{2}} \right],$$

$$e_0 r_0^2 y = 2 R a^{\frac{3}{2}} \left[-\frac{2}{3} (a - x)^{\frac{3}{2}} - x a^{\frac{1}{2}} + a^{\frac{3}{2}} \right].$$

Pour avoir la flèche $f = \overline{CC'}$ (*fig.* 36), il suffit de faire $x = 0$ dans la dernière équation, ce qui donne

$$f = \frac{2 R a^3}{3 e_0 r_0^2},$$

c'est-à-dire le double de la flèche qui se produirait si la section restait partout la même qu'au milieu de la poutre.

Si nous répétons le même calcul en substituant à la charge $2R$ une charge uniforme $2pa$, sans rien changer d'ailleurs, le moment de flexion deviendra proportionnel à $a^2 - x^2$ au lieu de $a - x$, ce qui conduit, pour exprimer l'égalité de résistance, à la relation

$$e r^2 = e_0 r_0^2 \left(\frac{a^2 - x^2}{a^2} \right)^{\frac{3}{2}}.$$

Par suite l'équation différentielle sera

$$e_0 r_0^2 \frac{d^2 y}{dx^2} = -\frac{1}{2} p a^3 (a^2 - x^2)^{-\frac{1}{2}}.$$

Il en résulte par l'intégration

$$e_0 r_0^2 \frac{dy}{dx} = -\frac{1}{2} p a^3 \arcsin \frac{x}{a},$$

$$e_0 r_0^2 y = \frac{1}{2} p a^4 \left(\frac{\pi}{2} - \frac{x}{a} \arcsin \frac{x}{a} - \sqrt{1 - \frac{x^2}{a^2}} \right).$$

La flèche $\overline{CC'}$ répondant à $x = 0$ sera

$$f = \frac{p a^4}{2 e_0 r_0^2} \left(\frac{\pi}{2} - 1 \right);$$

comparée à la valeur $\frac{5 p a^4}{24 e_0 r_0^2}$ qu'elle aurait si la poutre conservait partout sa section du milieu, on voit que cette flèche a été augmentée dans le rapport de $\frac{1}{2}\left(\frac{\pi}{2}-1\right)$ à $\frac{5}{24}$ ou de 1,370 à 1.

Dans les exemples qui précèdent, nous avons obtenu l'invariabilité du maximum de tension pour toute section transversale, en faisant varier seulement la hauteur quand on passe de l'une à l'autre : mais on peut tout aussi bien (et cela se fait souvent) laisser la hauteur constante en faisant varier d'autres dimensions. Si nous supposons en outre que les sections restent symétriques relativement aux axes de flexion, il faut alors, pour remplir la condition d'égale résistance, que le moment fléchissant soit dans un rapport constant avec le moment d'inflexibilité de la section correspondante ; car, en nommant toujours c la hauteur, le maximum de tension s'exprimerait, avec les notations du n° 22, par $\frac{Phc}{2I}$ ou par $\frac{Ph.Ec}{2er^2}$, et puis que cette quantité est constante, par hypothèse, ainsi que Ec, il en résulte bien que le rapport $\frac{Ph}{er^2}$ ne change pas. Sa valeur serait toujours la même que dans le section centrale, c'est-à-dire $-\frac{Ra}{e_0 r_0^2}$ s'il y a la charge unique $2R$ concentrée en C, et $-\frac{pa^2}{2e_0 r_0^2}$ dans le cas de la charge uniforme ; désignons-la généralement par D.

Ce même rapport, d'après l'équation fondamentale (1) du n° 42, doit être égal à $\frac{d^2y}{dx^2}$. Donc on a

$$\frac{d^2y}{dx^2}=D,$$

et, par conséquent, la fibre moyenne affecte la forme d'une parabole du second degré à axe vertical (*). L'intégration

(*) Il serait plus rigoureux de dire que la fibre moyenne se courbe en arc de cercle ; car $\frac{Ph}{er^2}$ exprime l'angle de flexion rapporté à l'unité de longueur (n° 17), ce qui, pour une pièce primitivement droite, ne diffère pas de la courbure produite par la déformation : la courbure est donc constante, propriété qui carac-

donne successivement

$$\frac{dy}{dx} = \mathrm{D}x,$$

$$y = \frac{1}{2}\mathrm{D}(x^2 - a^2).$$

La flèche $\overline{\mathrm{CC'}} = f$ s'exprimera donc par $-\frac{1}{2}\mathrm{D}a^2$: elle serait

avec la charge concentrée .... $f = \frac{\mathrm{R}a^3}{2e_0 r_0^2}$,

avec la charge uniforme ...... $f = \frac{pa^4}{4e_0 r_0^2}$.

En la comparant avec celle qui se produirait si la section restait partout égale à celle du milieu, on trouve des rapports respectivement égaux à $\frac{3}{2}$ et $\frac{6}{5}$.

Les flèches d'un solide d'égale résistance posé sur deux appuis étant toujours évaluées au-dessous de leur grandeur réelle, quand on les calcule comme si toutes les sections avaient les mêmes dimensions que celle du milieu, on peut se demander quelle est la position occupée dans le solide par la section qui donnerait lieu à la même flèche, en supposant qu'elle fût prise pour section invariable dans toute l'étendue de la pièce. Cette question se résout facilement. Nommons, en effet, x_1 l'abscisse de la section dont il s'agit et $e_1 r_1^2$ son moment d'inflexibilité : la flèche étant $\frac{\mathrm{R}a^3}{3e_1 r_1^2}$ ou $\frac{5pa^4}{24e_1 r_1^2}$, suivant qu'on fait agir la charge concentrée ou la charge uniforme, il faudra que le rapport $\frac{e_1 r_1^2}{e_0 r_0^2}$ prenne, dans les quatre cas ci-dessus analysés, les valeurs respectives

$$\frac{1}{2}, \quad \frac{5}{6(\pi - 2)}, \quad \frac{2}{3}, \quad \frac{5}{6},$$

---

térise le cercle. Le changement du cercle en parabole provient des approximations employées pour démontrer l'équation (1) du n° 42 ; il est d'ailleurs insensible, par suite de la petitesse que nous attribuons à la variation de forme, un arc de cercle à flèche très-petite pouvant être confondu avec un arc parabolique.

inverses des rapports trouvés précédemment. Or on connaît, dans chaque cas, l'expression du rapport $\frac{er^2}{e_0 r_0^2}$ en fonction de $\frac{x}{a}$: on pourra donc trouver $\frac{x_1}{a}$. Voici les équations à poser pour cela :

1° Cas de la charge concentrée agissant sur le solide à profil en long parabolique,

$$\left(\frac{a-x_1}{a}\right)^{\frac{3}{2}}=\frac{1}{2}, \quad \text{d'où} \quad \frac{x_1}{a}=1-\left(\frac{1}{2}\right)^{\frac{2}{3}}=0,370;$$

2° Cas de la charge uniforme agissant sur le même solide,

$$\left(\frac{a^2-x_1^2}{a^2}\right)^{\frac{3}{2}}=\frac{5}{6(\pi-2)},$$

d'où

$$\frac{x_1}{a}=\sqrt{1-\left(\frac{5}{6\pi-12}\right)^{\frac{2}{3}}}=0,435;$$

3° Cas de la charge concentrée agissant sur le solide à hauteur constante,

$$\frac{a-x_1}{a}=\frac{2}{3}, \quad \text{d'où} \quad \frac{x_1}{a}=1-\frac{2}{3}=0,333;$$

4° Cas de la charge uniforme agissant sur le solide à hauteur constante,

$$\frac{a^2-x_1^2}{a^2}=\frac{5}{6}, \quad \text{d'où} \quad \frac{x_1}{a}=\sqrt{1-\frac{5}{6}}=0,408.$$

73. *Poutre droite encastrée à ses deux extrémités.* — Rien n'est modifié dans les données de la question traitée au n° 71, si ce n'est que les appuis placés en A et B (*fig.* 37), au lieu d'être de simples points fixes, sont des encastrements qui maintiennent la pièce horizontale en ces points. On peut imaginer que cet effet se produit au moyen de pressions verticales descendantes exercées sur les prolongements de la pièce au

delà des sections faites en A et B, où continueraient à se développer des forces verticales ascendantes. Si donc nous transportons au point B toutes les pressions exercées vers l'extrémité de droite, il faudra joindre un couple à ces forces transportées, et la même chose aura lieu pour l'appui de gauche. Ainsi donc les réactions de chaque appui seront remplacées par une force verticale Y appliquée en A ou B, et par un couple dont nous appellerons μ le moment. Pour déterminer Y, nous remarquerons que si la charge consiste en un poids $2pa$ uniformément réparti sur la longueur $2a$ de la pièce et en un poids 2R concentré au milieu, chaque appui doit fournir une réaction verticale égale à $R + pa$. La réaction horizontale doit d'ailleurs être nulle, car sans cela la longueur de la pièce aurait dû varier entre A et B; ce qui n'est pas, puisque la différence AC′B — ACB n'est en quelque sorte qu'un infiniment petit du second ordre (*). Il reste seulement à chercher la grandeur du couple μ.

Fig. 37.

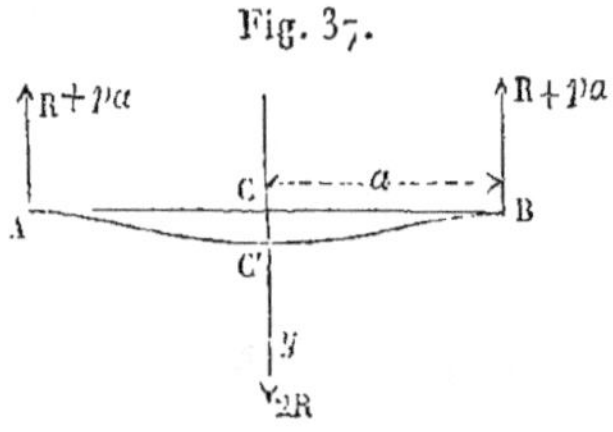

Pour cela nous prendrons encore, comme dans le problème du n° 71, l'expression de la seconde dérivée $\frac{d^2y}{dx^2}$, en fonction des forces qui agissent depuis le point correspondant jusqu'à l'extrémité de la pièce. Nous aurons ainsi

$$er^2\frac{d^2y}{dx^2} = -R(a-x) - pa(a-x) + \frac{1}{2}p(a-x)^2 + \mu,$$

$$= -R(a-x) - \frac{1}{2}p(a^2-x^2) + \mu;$$

d'où l'on tire, par l'intégration depuis la limite $x = 0$,

$$er^2\frac{dy}{dx} = -R\left(ax - \frac{x^2}{2}\right) - \frac{1}{2}p\left(a^2x - \frac{x^3}{3}\right) + \mu x.$$

(*) On a, en appelant α l'angle de l'un des éléments de la courbe AC′B avec l'axe AB, $\frac{dx}{ds} = \cos\alpha$; par conséquent, si l'on regarde α comme un angle infiniment petit, le rapport $\frac{dx}{ds}$ ne diffère de 1 que d'un infiniment petit du second ordre.

Or $\frac{dy}{dx}$ doit s'annuler pour $x = a$ comme pour $x = 0$; donc on a

$$0 = -\frac{1}{2}Ra^2 - \frac{1}{3}pa^3 + \mu a,$$

ou bien

$$\mu = \frac{1}{2}Ra + \frac{1}{3}pa^2.$$

Le couple μ étant maintenant déterminé, on peut facilement avoir la courbe affectée par la pièce, ainsi que la tension en un point quelconque. Ainsi l'on substituera μ dans l'expression de $\frac{dy}{dx}$, et l'on aura

$$er^2\frac{dy}{dx} = -R\left(ax - \frac{x^2}{2} - \frac{ax}{2}\right) - \frac{1}{2}p\left(a^2x - \frac{x^3}{3} - \frac{2}{3}a^2x\right)$$
$$= -\frac{1}{2}R(ax - x^2) - \frac{1}{6}p(a^2x - x^3);$$

intégrant ensuite et déterminant la constante par la condition que y soit nul pour $x = a$, on trouvera

$$er^2y = \frac{1}{2}R\left(-\frac{ax^2}{2} + \frac{x^3}{3} + \frac{a^3}{6}\right) + \frac{1}{6}p\left(-\frac{a^2x^2}{2} + \frac{x^4}{4} + \frac{a^4}{4}\right),$$

et par conséquent l'expression de la flèche $\overline{CC'}$ sera

$$f = \frac{a^3}{12er^2}\left(R + \frac{pa}{2}\right).$$

Ici l'on voit que, pour la production de la flèche, la charge uniforme équivaut à sa moitié que l'on concentrerait au milieu. On voit aussi, en supposant successivement $p = 0$, $R = 0$, que la substitution, en A et B, des encastrements aux appuis simples diminue la flèche dans les rapports respectifs de 4 et de 5 à 1.

Il faut maintenant étudier comment varient, pour une section quelconque, le moment fléchissant X et l'effort tranchant P. Le moment X, qui a été égalé ci-dessus à $er^2\frac{d^2y}{dx^2}$, a pour expression, dans la section définie par l'abscisse x,

$$X = -R(a-x) - \frac{1}{2}p(a^2 - x^2) + \mu;$$

ou, en substituant la valeur de μ,

$$X = -\frac{R}{2}(a-2x) - \frac{1}{6}p(a^2 - 3x^2).$$

Cette quantité, d'abord négative pour $x = 0$, est croissante, c'est-à-dire qu'elle diminue en valeur absolue et devient nulle pour une valeur x' de x facile à déterminer. On aurait à résoudre l'équation du second degré

$$\frac{R}{2}(a-2x') + \frac{1}{6}p(a^2 - 3x'^2) = 0,$$

d'où l'on tirerait une seule racine positive, comprise entre $\frac{a}{2}$ et $\frac{a}{\sqrt{3}}$ ou entre $0{,}500\,a$ et $0{,}577\,a$, valeurs qui correspondent à $p = 0$ et $R = 0$. Pour l'abscisse x', le moment X serait nul ainsi que $\frac{d^2y}{dx^2}$; par suite, la courbe présenterait une inflexion. Au delà, X change de signe, mais reste toujours croissant. Ainsi ses plus grandes valeurs absolues, intéressantes à connaître pour calculer les pressions et tensions maximum (n° 21), répondront à $x = 0$ et $x = a$: elles seront

$$\frac{Ra}{2} + \frac{1}{6}pa^2 \quad \text{et} \quad \frac{Ra}{2} + \frac{1}{3}pa^2.$$

Le premier de ces moments est d'ailleurs négatif, c'est-à-dire qu'il agit pour faire tourner de Cy vers Cx; le second agit en sens contraire. Donc (n° 21) le premier comprimera les fibres du haut de la section faite en C, et étendra celles du bas; vers les appuis, c'est l'inverse qui aura lieu.

L'effort tranchant P ne donne lieu à aucune remarque particulière; sa détermination serait la même qu'au n° 71, puisque rien n'est changé aux forces extérieures, sauf l'introduction du couple μ, qui n'influe pas sur la valeur de P.

74. *Poutre droite encastrée à une extrémité et appuyée à l'autre. Recherche de la réaction des appuis.* — Soit AB (*fig.* 38) la fibre moyenne de la pièce, laquelle est supportée en A et B par deux appuis qui rendent invariable la position de ces points, et dont l'un, l'appui A par exemple, maintient la section faite en A dans sa direction première. Supposons en premier lieu que la pièce ne soit soumise qu'à une charge 2R, devant laquelle on néglige son poids propre. Appelons $2a$ la longueur AB, na l'abscisse du point C où est appliquée la force 2R.

Fig. 38.

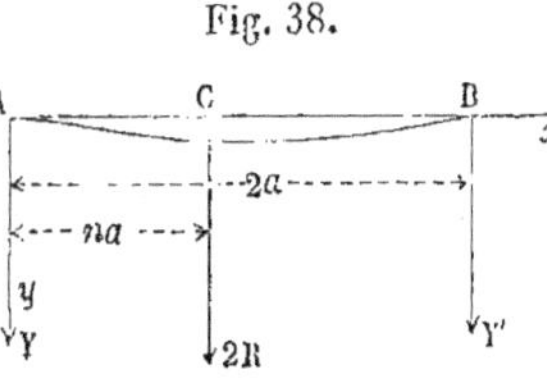

Il s'agit d'abord de déterminer les réactions des appuis, lesquelles consistent en deux forces verticales, Y, Y' appliquées en A et B, et en un couple μ à joindre à la force Y pour tenir compte de l'encastrement, comme on l'a vu dans le problème précédent.

On aura les équations suivantes fournies par la Statique des corps solides :

$$Y + Y' + 2R = 0, \tag{1}$$

$$2aY' + 2Rna + \mu = 0. \tag{2}$$

L'équation qui manque encore pour trouver les trois inconnues doit exprimer que le point B de la fibre moyenne est resté immobile. Pour la trouver de la manière la plus commode, il convient de supposer un instant que l'appui B n'existe pas, et de chercher quel serait alors l'abaissement y en tout point de la pièce AB encastrée en A et soumise à la charge 2R en C. A cet effet l'on appliquera l'équation (1) du n° 42, qui donne :

Entre A et C,

$$\varepsilon r^2 \frac{d^2y}{dx^2} = 2R(na - x); \tag{3}$$

Entre C et B,

$$\varepsilon r^2 \frac{d^2y}{dx^2} = 0. \tag{4}$$

L'intégration de l'équation (3) donne, en tenant compte de ce que y et $\frac{dy}{dx}$ s'annulent en A, pour $x = 0$,

$$\varepsilon r^2 \frac{dy}{dx} = 2R\left(nax - \frac{x^2}{2}\right), \tag{5}$$

$$\varepsilon r^2 y = 2R\left(\frac{nax^2}{2} - \frac{x^3}{6}\right). \tag{6}$$

De même, si l'on intègre l'équation (4) applicable dans la partie CB, et qu'on nomme D, D' deux constantes, il viendra

$$er^2\frac{dy}{dx} = D,$$

$$er^2y = Dx + D'.$$

Ces deux équations s'appliquent, aussi bien que (5) et (6), au point C répondant à la valeur particulière $x = na$; et comme il ne peut y avoir en ce point qu'une seule inclinaison $\frac{dy}{dx}$ et une seule ordonnée y, il faudra qu'on ait

$$D = 2R\left(n^2a^2 - \frac{n^2a^2}{2}\right) = Rn^2a^2,$$

$$Dna + D' = 2R\left(\frac{n^3a^3}{2} - \frac{n^3a^3}{6}\right) = \frac{2}{3}Rn^3a^3.$$

De là résultent les expressions des constantes D et D',

$$D = Rn^2a^2,$$

$$D' = -\frac{1}{3}Rn^3a^3;$$

en les portant dans les équations de la partie CB, celles-ci deviennent

$$(7)\qquad er^2\frac{dy}{dx} = Rn^2a^2,$$

$$(8)\qquad er^2y = Rn^2a^2x - \frac{1}{3}Rn^3a^3 = Rn^2a^2\left(x - \frac{1}{3}na\right).$$

Il est facile maintenant de déterminer la réaction Y'. En effet, la force 2R agissant seule sur la pièce AB, encastrée en A et libre en B, produirait en ce dernier point un abaissement y', qu'on obtiendrait en faisant dans l'équation (8) $x = 2a$; on aurait ainsi

$$er^2y' = 2Rn^2a^3 - \frac{1}{3}Rn^3a^3 = \frac{1}{3}Rn^2a^3(6 - n).$$

Si la force 2R est supprimée et qu'on la remplace par une force Y' appliquée en B, ce point éprouvera un abaissement y'' qu'on pourra calculer en faisant dans la dernière formule $2R = Y'$, $n = 2$, d'où résulte

$$er^2y'' = \frac{8}{3}Y'a^3.$$

Or quand 2R et Y' agiront simultanément, l'ordonnée y du point B sera (n° 63) $y'+y''$; donc si le point B est rendu fixe par un appui dont Y' représente la réaction, on doit avoir $y'+y''=0$; donc enfin l'addition des deux équations précédentes, membre à membre, fournit la relation

$$\frac{1}{3}Rn^2a^3(6-n)+\frac{8}{3}Y'a^3=0,$$

et par suite

$$Y'=-\frac{Rn^2(6-n)}{8}. \tag{9}$$

Y' étant connue, on tirera des équations (1) et (2)

$$Y=-2R-Y',$$

$$\mu=-\frac{1}{4}nRa(8-6n+n^2)=-\frac{1}{4}nRa(2-n)(4-n).$$

Lorsqu'il y a seulement une charge uniformément répartie $2pa$, on pourrait trouver ces réactions en exprimant, au moyen de l'équation (1) du n° 42 intégrée deux fois, que l'ordonnée y s'annule au point B; les calculs seraient même assez simples, parce que $\frac{d^2y}{dx^2}$ se représenterait par une seule fonction de x dans toute l'étendue de la pièce. Mais on peut, plus simplement encore, faire usage du théorème établi au n° 63. A cet effet, la charge $2pa$ sera décomposée en une infinité de charges élémentaires $pa\,dn$, n étant une variable comprise entre 0 et 2; chaque charge $pa\,dn$ produirait dans les appuis des réactions infiniment petites exprimées par

$$dY'=-\frac{1}{16}pan^2(6-n)dn,$$

$$dY=-pa\,dn-dY',$$

$$d\mu=-\frac{1}{8}pa^2n(8-6n+n^2)dn,$$

ainsi qu'il résulte des formules qu'on vient d'établir. En vertu du théorème cité, pour avoir les valeurs de Y, Y', μ qui répondent à la charge $2pa$, il faudrait faire la somme des valeurs que prennent ces expressions quand n varie par degrés insensibles de 0 à 2. On aura donc

$$Y'=-\frac{1}{16}pa\int_0^2 n^2(6-n)dn=-\frac{3}{4}pa,$$

$$Y=-2pa-Y'=-\frac{5}{4}pa,$$

$$\mu=-\frac{1}{8}pa^2\int_0^2 n(8-6n+n^2)dn=-\frac{1}{2}pa^2.$$

Il est clair qu'une méthode analogue serait applicable si les charges étaient distribuées sur la pièce suivant une loi quelconque, continue ou non.

75. *Suite du problème de la poutre encastrée à l'une de ses extrémités et appuyée à l'autre. Figure de la fibre moyenne déformée. Moments de flexion et efforts tranchants.* — Supposons d'abord que la force $2R$ existe seule, concurremment avec les réactions qu'elle engendre au-dessus des appuis. En vertu du théorème général sur la superposition des effets des forces (n° 63), l'ordonnée y en un point quelconque est la somme algébrique de celles qui se produiraient si les forces $2R$ et Y' agissaient l'une après l'autre sur la poutre, celle-ci étant encastrée au point A pendant que B serait censé libre, et la force Y' ayant la valeur (9) ci-dessus trouvée. Or l'effet de la force $2R$ est déjà connu; il s'exprime par les équations (6) et (8), dont la première s'applique entre l'encastrement et le point où agit la force, la seconde s'appliquant au reste de la poutre. Si nous prenons, au lieu de $2R$, une force Y' agissant en B, il est clair que son effet s'exprimera par l'équation (6), en y mettant Y' au lieu de $2R$ et faisant $n = 2$. On aurait donc sous l'action isolée de Y'

$$\epsilon r^2 y = Y'\left(ax^2 - \frac{x^3}{6}\right) = -\frac{1}{8}Rn^2(6-n)\left(ax^2 - \frac{x^3}{6}\right).$$

Superposant enfin les effets, nous trouverons :

Dans la partie AC,

$$(10)\quad \left\{\begin{aligned} \epsilon r^2 y &= 2R\left(\frac{nax^2}{2} - \frac{x^3}{6}\right) - \frac{n^2}{8}(6-n)R\left(ax^2 - \frac{x^3}{6}\right) \\ &= \frac{R}{48}[6nax^2(n^2 - 6n + 8) - x^3(n^3 - 6n^2 + 16)] \\ &= \frac{R(2-n)}{48}[6nax^2(4-n) - x^3(8 + 4n - n^2)]; \end{aligned}\right.$$

Dans la partie CB,

$$(11)\quad \left\{\begin{aligned} \epsilon r^2 y &= n^2a^2R\left(x - \frac{1}{3}na\right) - \frac{n^2}{8}(6-n)R\left(ax^2 - \frac{x^3}{6}\right) \\ &= \frac{Rn^2}{48}[(6-n)x^3 - 6(6-n)ax^2 + 48a^2x - 16na^3]. \end{aligned}\right.$$

Pour avoir la flèche maximum, on doit chercher le point où l'inclinaison $\frac{dy}{dx}$ s'annule. Or on a, en prenant les dérivées des deux équations précédentes,

$$(12) \qquad er^2 \frac{dy}{dx} = \frac{R(2-n)}{16}[4nax(4-n) - x^2(8+4n-n^2)],$$

$$(13) \qquad er^2 \frac{dy}{dx} = \frac{Rn^2}{16}[(6-n)x^2 - 4(6-n)ax + 16a^2],$$

expressions respectivement applicables aux parties AC et CB de la fibre moyenne. L'expression (12) devient nulle pour $x = 0$ et pour $x = \frac{4na(4-n)}{8+4n-n^2}$; cette valeur fera réellement connaître la situation du point où la tangente à la courbe est horizontale si l'on a

$$\frac{4na(4-n)}{8+4n-n^2} < na,$$

car autrement la valeur de x se rapporterait à un point auquel ne s'applique pas l'expression (12). Or l'inégalité précédente donne

$$16 - 4n < 8 + 4n - n^2,$$

ou bien

$$8 - 8n + n^2 < 0,$$

ou encore

$$(4-n)^2 - 8 < 0,$$

inégalité qui ne saurait être satisfaite par des valeurs positives de n comprises entre 0 et 2, à moins de poser

$$4 - n < \sqrt{8}, \quad \text{ou bien} \quad n > 1,172.$$

Ainsi la plus grande flèche produite par la charge isolée 2R se trouvera ou ne se trouvera pas entre l'encastrement et le point d'application de cette charge, suivant qu'on aura n plus grand ou plus petit que 1,172. Si n est $> 1,172$, la flèche maximum s'obtiendra en faisant dans l'équation (10)

$$x = \frac{4na(4-n)}{8+4n-n^2}.$$

Lorsque n sera au-dessous de 1,172, ce sera dans la partie CB qu'on devra chercher la flèche maximum. On fera donc $\frac{dy}{dx} = 0$ dans l'équation (13), et on aura pour déterminer l'abscisse correspondante à ce maximum

$$(6-n)x^2 - 4(6-n)ax + 16a^2 = 0,$$

d'où l'on tire

$$x = 2a\left(1 - \sqrt{\frac{2-n}{6-n}}\right).$$

Dans le cas particulier où la charge agirait à égale distance des points d'appui, il faudrait faire $n = 1$; l'abscisse déterminée par cette relation serait

$$x = 2a\left(1 - \sqrt{\frac{1}{5}}\right) = 1{,}106a;$$

la flèche correspondante donnée par l'équation (11) serait

$$f = \frac{Ra^3}{3\sqrt{5}cr^2}.$$

Le coefficient $3\sqrt{5}$ est compris entre ceux qu'on a trouvés (nos 71 et 73) pour le cas de deux appuis simples et pour le cas de deux encastrements.

Considérons maintenant le cas de la répartition uniforme de la charge, dont nous désignerons la valeur totale par $2pa$, p étant toujours sa valeur par unité de longueur. Alors on a pour l'expression du moment fléchissant, dans une section quelconque,

$$cr^2\frac{d^2y}{dx^2} = \frac{1}{2}p(2a-x)^2 + Y'(2a-x);$$

ou, en substituant la valeur de Y',

$$(14)\qquad \left\{\begin{aligned} cr^2\frac{d^2y}{dx^2} &= \frac{1}{2}p(2a-x)^2 - \frac{3}{4}pa(2a-x)\\ &= \frac{1}{4}p(2a^2 - 5ax + 2x^2).\end{aligned}\right.$$

On en conclut par l'intégration

$$cr^2\frac{dy}{dx} = \frac{1}{4}p\left(2a^2x - \frac{5}{2}ax^2 + \frac{2}{3}x^3\right).$$

Pour avoir le point où y est le plus grand, il faut faire $\frac{dy}{dx} = 0$, ce qui, à part la solution étrangère $x = 0$, donne l'équation

$$4x^2 - 15ax + 12a^2 = 0,$$

d'où

$$x = a\left(\frac{15 - \sqrt{33}}{8}\right) = 1{,}156a;$$

le signe + du radical doit être rejeté, parce qu'il donnerait $x > 2a$. La flèche maximum se calculera en intégrant $\frac{dy}{dx}$, et substituant cette valeur de x dans l'expression de y. On aura ainsi

$$er^2 y = \frac{1}{4} p \left(a^2 x^2 - \frac{5}{6} a x^3 + \frac{1}{6} x^4 \right) = \frac{1}{24} p x^2 (2a - x)(3a - x),$$

$$f = \frac{pa^4}{4096 er^2} (39 + 55\sqrt{33}) = 0,0867 \frac{pa^4}{er^2}.$$

La valeur de f est comprise aussi entre celles qu'on a obtenues précédemment (n°s 71 et 73) quand on avait deux appuis simples ou deux encastrements aux points extrêmes.

Afin de compléter l'étude du problème actuel, il ne nous reste plus qu'à chercher comment varient le moment fléchissant et l'effort tranchant pour chaque section de la poutre, lesquels sont nécessaires dans le calcul des pressions et tensions. Le moment X est facile à obtenir, car on connaît complétement, dans chaque cas, les forces qui agissent sur la poutre. On voit que si la charge isolée $2R$ existe seule, ce moment sera représenté par deux fonctions du premier degré en x, applicables, l'une entre A et C, l'autre entre C et B ; de telle sorte que ses trois valeurs limites répondront à $x = 0$, $x = na$, $x = 2a$, et seront exprimées respectivement par

$2Rna + 2aY'$ ou $\frac{1}{4} n(4 - n)(2 - n) Ra$, pour le point A,

$Y'a(2 - n)$ ou $-\frac{1}{8} n^2 (2 - n)(6 - n) Ra$, pour le point C,

zéro, pour le point B.

Ainsi ce serait en A ou C que se trouveraient les plus grandes pressions ou tensions longitudinales.

Lorsqu'au contraire on suppose $R = 0$ et que p subsiste seul, on a déjà trouvé la valeur du moment fléchissant, qui n'est autre que le second membre de l'équation (14). Il peut se mettre sous la forme

$$-\frac{1}{8} p (4a - 2x)(2x - a),$$

sous laquelle on reconnaît qu'il s'annule pour $x = \frac{a}{2}$ et pour $x = 2a$, et que ses limites de grandeur absolue répondent à $x = 0$ ou à $x = \frac{5a}{4}$, cette dernière valeur de x étant celle qui rend égaux les deux facteurs $4a - 2x$ et $2x - a$, dont la somme est constante. Les limites du moment fléchissant sont donc

$\frac{1}{2} pa^2$, répondant à $x = 0$,

$-\frac{9}{32} pa^2$, répondant à $x = \frac{5}{4} a$.

Ce moment est d'ailleurs positif entre $x = 0$ et $x = \frac{a}{2}$; par suite $\frac{d^2y}{dx^2}$ l'est aussi, et la courbe tourne sa concavité vers le bas. Dans le reste de la pièce, le fait contraire se produit. Entre $x = 0$ et $x = \frac{a}{2}$, ce sont donc les fibres du dessus qui sont tendues et celles du dessous comprimées, tandis que l'inverse a lieu entre $x = \frac{a}{2}$ et $x = 2a$.

Dans le cas mixte où p et R existent tous les deux, le moment fléchissant est exprimé par deux fonctions du second degré en x, aisées à trouver d'après ce qui précède. Nous laissons au lecteur le soin de les discuter. Nous donnerons seulement les expressions de l'effort tranchant, qui sont :

Entre A et C,

$$P = -2R - Y' - p(2a - x) = \frac{1}{8}R(-16 + 6n^2 - n^3) + \frac{1}{4}p(4x - 5a);$$

Entre C et B,

$$P = -Y' - p(2a - x) = \frac{1}{8}Rn^2(6 - n) + \frac{1}{4}p(4x - 5a).$$

P est donc toujours une fonction du premier degré en x, dont les valeurs limites répondent par conséquent aux limites de x. On les obtient en faisant $x = 0$ et $x = na$ dans la première expression, $x = na$ et $x = 2a$ dans la seconde; on trouve ainsi les valeurs

$\frac{1}{8}R(-16 + 6n^2 - n^3) - \frac{5}{4}pa,$ pour l'effort tranchant en A;

$\frac{1}{8}R(-16 + 6n^2 - n^3) + \frac{1}{4}pa(4n - 5),$ *id.* en C:

$\frac{1}{8}Rn^2(6 - n) + \frac{1}{4}pa(4n - 5),$ *id.* *id.*;

$\frac{1}{8}Rn^2(6 - n) + \frac{3}{4}pa,$ *id.* en B.

P varie uniformément dans chacune des deux parties AC et CB; mais il éprouve en C un changement brusque, par suite de la force 2R qu'il faut cesser d'y faire entrer quand on a dépassé ce point.

§ II. — Poutres droites reposant sur plus de deux appuis et chargées perpendiculairement à la fibre moyenne.

76. *Généralités; position de la question.* — Les poutres droites reposant sur plus de deux appuis ont été assez fré-

quemment employées, dans ces dernières années, pour supporter des ponts à plusieurs travées construits sous des voies de chemin de fer. L'un des premiers exemples de cette espèce de travaux d'art a été, en France, le pont sur lequel le chemin de fer de l'Ouest traverse la Seine à Asnières ; puis sont venus les ponts de Langon sur la Garonne, de la Quarantaine sur la Saône à Lyon, et beaucoup d'autres qu'il serait inutile d'énumérer ici. Les calculs préliminaires qu'exige la vérification de la stabilité ou la détermination à priori des dimensions d'une telle poutre consistent, comme dans le cas d'une seule travée, à rechercher : 1° les limites extrêmes entre lesquelles varie le moment fléchissant d'une section quelconque, pris soit algébriquement, soit en valeur absolue, quand on fait toutes les hypothèses possibles sur la distribution des charges ; 2° la limite supérieure qu'atteint l'effort tranchant pris en valeur absolue. L'utilité pratique de ces résultats ressortira du § III, où l'on verra l'usage qu'on doit en faire.

Indiquons en premier lieu les hypothèses particulières qui servent de base au calcul. La poutre est soutenue à ses deux extrémités par les culées, et, dans l'intervalle, par les piles ; les appuis ont donc une certaine longueur, dans la direction parallèle à la fibre moyenne, et on ne peut pas rigoureusement regarder chacun d'eux comme équivalent à la fixité d'un seul point de cette fibre. Néanmoins on admet cette hypothèse, qu'il faut considérer comme défavorable à la résistance ; car les supports constituent en réalité un encastrement partiel dont on néglige l'effet, et l'on a déjà vu par deux exemples (nos 73 et 75) les bons résultats produits par les encastrements.

Les moments fléchissants X et efforts tranchants P qui se produisent dans les diverses sections transversales sont ordinairement déterminés en supposant la poutre prismatique, c'est-à-dire établie avec une section constante, bien qu'en fait les constructeurs aient cru devoir renforcer certaines sections plus exposées que d'autres à la rupture. Voici ce qu'on peut dire pour faire comprendre l'origine de ce procédé. Il est rationnel de fixer les dimensions de chaque section de manière que la tension maximum par unité de surface y soit égale à une limite supérieure déterminée ; car si la matière de la poutre résiste convenablement à une tension ayant cette valeur, il n'y a pas de raison pour descendre au-dessous dans une section quelconque ; et, en l'atteignant toujours, on économisera le volume total de matière à mettre en œuvre. Dans le but d'y arriver, on conçoit qu'on emploie la méthode dite *de fausse position* ou *des approximations successives :* d'abord on suppose constante la section variable qu'on se propose de chercher, et on calcule en conséquence les X et P ; admettant ensuite ces valeurs de X et P comme étant celles qui se produiraient réellement dans la poutre à construire, on calcule les dimensions en travers de manière à obtenir la tension limite dans toutes les sections. Les résultats de cette opération devraient être considérés comme simplement approximatifs, et pour en avoir de plus exacts on devrait faire de nouveau la recherche des X et P, en attribuant à chaque section les dimensions qu'on aurait ainsi trouvées ; puis déduire de ces nouvelles valeurs de X et P des dimensions plus ou moins différentes des premières, au moyen desquelles on recommencerait encore un essai analogue, jusqu'à ce que deux essais consécutifs donnassent à peu près le même résultat. Mais on s'est toujours borné jusqu'à présent au premier essai : au point de vue théorique, c'est une hardiesse difficile à justifier complétement, et cependant la pratique l'a consacrée, puisque beaucoup de ponts construits sur les données qu'on en a déduites ont convenablement résisté à toutes les épreuves.

Enfin, la poutre sera soumise à des forces toutes perpendiculaires à la fibre moyenne et réductibles, sur une portion quelconque de sa longueur, à des forces situées dans un plan déterminé qui contient aussi cette fibre : pour fixer les idées, on peut supposer la fibre moyenne horizontale et les forces verticales. La condition nécessaire de la déformation dans un plan sera supposée remplie (n° 48). Les charges se composeront ordinairement : 1° d'un poids permanent réparti d'une manière uniforme sur la longueur entière de la poutre ; 2° d'une surcharge accidentelle ayant également une répartition uniforme sur les travées qu'elle embrasse, mais ne couvrant pas toute la poutre, et pouvant s'étendre sur un nombre quelconque de travées arbitrairement choisies. On y joindra parfois des poids concentrés en certains points, dans l'intervalle des appuis.

Après avoir ainsi fait connaître les données et hypothèses du problème, il faudrait naturellement en exposer la solution : mais cette solution, pour être complète, exige de tels développements, et d'ailleurs elle a dans la pratique une importance telle, que nous avons cru devoir en faire l'objet d'un ouvrage à part, constituant la troisième partie de notre *Cours de Mécanique appliquée* (*). On ne dira donc rien ici ni de la recherche des moments de flexion, ni de celle des efforts tranchants, qui, au fond, n'est pas distincte de la première (n° 70); on traitera seulement quelques problèmes accessoires, et l'on renverra le lecteur, pour le surplus, au traité spécial dont il vient d'être question. Il sera parfois utile d'y prendre diverses formules; alors nous indiquerons le renvoi en mettant le chiffre romain III (qui signifiera *troisième partie*) à la suite du numéro désignant le passage où se trouve la formule citée ; l'annotation n° 1, III, par exemple, devra se lire : n° 1 de la troisième partie.

Nous admettrons d'ailleurs parmi les données de ces problèmes deux conditions nouvelles, qui viennent encore restreindre la généralité des hypothèses ci-dessus énoncées : 1° tous les appuis, en nombre $n+1$, et désignés par les lettres

$$A_0,\ A_1,\ A_2,\ldots,\quad A_{m-2},\ A_{m-1},\ A_m,\ A_{m+1},\ldots,\quad A_{n-1},\ A_n,$$

devront être touchés naturellement par la poutre, quand celle-ci étant prise dans son état primitif, sans déformation ni tension intérieure, on la pose de manière à lui en faire toucher deux quelconques, A_0 et A_n si l'on veut ; 2° les travées extrêmes A_0A_1 et $A_{n-1}A_n$ auront une même longueur b, tandis que toutes les travées intermédiaires auront une même longueur c

(*) Cet ouvrage a été publié entre la première et la seconde édition de la première partie. Au fond ce devrait en être simplement un chapitre, et nous le supposerons, en conséquence, connu de nos lecteurs.

différente en général de b, ce qui aura pour effet de constituer la symétrie de la poutre relativement à sa section centrale. Enfin voici des notations qu'il semble bon de définir une fois pour toutes; nous appelons:

δ le rapport $\frac{c}{b}$ entre les longueurs des travées intermédiaires et de rive;

X_m moment de flexion sur l'appui A_m;

T_m réaction de cet appui;

M_k, N_k deux nombres tels, que si $2k$ désigne un nombre entier on ait les égalités

$$(-2-\sqrt{3})^k = M_k + N_k\sqrt{3},$$
$$(-2+\sqrt{3})^k = M_k - N_k\sqrt{3};$$

q un nombre dont le double est égal au nombre n des travées diminué de deux;

h le quotient $\frac{M_q}{N_q}$ (*);

p le poids de la charge permanente sur chaque unité de longueur.

Il est à peine besoin de remarquer que les moments extrêmes X_0, X_n sont toujours nuls : en effet, si l'on se place dans la dernière travée infiniment près de A_n, la seule force produisant un moment de flexion sera la réaction T_n de cet appui; or ce moment tend vers zéro en même temps que le bras de levier, et devient par conséquent nul au-dessus du point A_n lui-même. Le même raisonnement s'applique évidemment à l'autre bout de la poutre.

77. *Réactions des appuis d'une poutre à section constante, chargée uniformément.* — On a démontré (n° 7, III) que si

---

(*) Lorsque l'indice k varie, les valeurs de M_k et de N_k constituent deux séries numériques dont chaque terme est défini par son indice. On a étudié (n° 32, III) le mode de formation de ces séries et leurs propriétés; on a étudié aussi (n° 33, III) les quotients $\frac{M_q}{N_q}$ ou h.

deux travées consécutives de longueurs a et a' supportent des poids uniformément répartis, la réaction de leur appui commun surpasse algébriquement la demi-somme de ces poids, d'une quantité exprimée par

$$(1) \qquad -\frac{X_1}{a} + X_2\left(\frac{1}{a} + \frac{1}{a'}\right) - \frac{X_3}{a'},$$

en nommant X_1, X_2, X_3 les moments au-dessus des points d'appui qui limitent les deux travées. Cette formule ne peut s'appliquer qu'aux appuis placés entre deux travées consécutives, et l'on a omis, dans le passage cité, de considérer le cas d'un appui extrême : mais un raisonnement tout à fait analogue établit que la réaction d'une culée comprend le demi-poids de la travée adjacente, diminué de $\frac{X_1}{a}$, en nommant X_1 le moment de flexion sur la première pile et a la longueur de la travée de rive. D'un autre côté, le moment X_m sur un appui quelconque A_m, lorsque la charge permanente agit seule et que la poutre n'a pas moins de trois travées, s'exprime par la formule générale (n° 35, III)

$$(2) \qquad X_m = \frac{1}{12} pb^2\left(\delta^2 + \frac{M_{q+1-m}}{N_q}\cdot\frac{3 - 2\delta^2}{3\delta + 2h}\right),$$

sauf l'exception $X_0 = X_n = 0$. On a ainsi tous les éléments nécessaires pour procéder aux calculs des réactions, sous l'action d'une charge uniforme.

Pour les deux premiers ou les deux derniers appuis, on posera

$$T_0 = T_n = \frac{1}{2} pb - \frac{X_1}{b} = \frac{1}{2} pb - \frac{1}{12} pb\left(\delta^2 + h\,\frac{3 - 2\delta^2}{3\delta + 2h}\right),$$

$$\begin{aligned} T_1 = T_{n-1} &= \frac{1}{2} pb\,(1 + \delta) + X_1\left(\frac{1}{b} + \frac{1}{b\delta}\right) - \frac{X_2}{b\delta} \\ &= \frac{1}{2} pb\,(1 + \delta) + \frac{1}{12} pb\left(1 + \frac{1}{\delta}\right)\left(\delta^2 + h\,\frac{3 - 2\delta^2}{3\delta + 2h}\right) \\ &\quad - \frac{1}{12\delta} pb\left(\delta^2 + \frac{M_{q-1}}{N_q}\cdot\frac{3 - 2\delta^2}{3\delta + 2h}\right). \end{aligned}$$

En discutant (n° 36, III) la valeur de X_2, on a reconnu qu'on avait identiquement

$$\delta^2 + \frac{M_{q-1}}{N_q} \cdot \frac{3 - 2\delta^2}{3\delta + 2h} = \frac{3(\delta + 1)[\delta^2 - (3 - 2h)(\delta - 1)]}{3\delta + 2h};$$

eu égard à cette relation et à des réductions qui se présentent naturellement, les valeurs de T_0 et de T_1 deviennent

$$(3) \qquad T_0 = T_n = \frac{1}{2} pb \left[1 - \frac{\delta^3 + h}{2(3\delta + 2h)}\right],$$

$$(4) \quad T_1 = T_{n-1} = \frac{1}{2} pb(1 + \delta)\left[1 + \frac{\delta^3 - \delta^2 + (3 - 2h)\delta + 3(h - 1)}{2\delta(3\delta + 2h)}\right].$$

Pour tous les appuis suivants, jusqu'au milieu de la poutre (et il est inutile d'aller plus loin, en raison de la symétrie), les travées adjacentes ont une même longueur $b\delta$: la réaction T_m ou T_{n-m} serait donc, d'après la formule (1) ci-dessus,

$$T_m = T_{n-m} = pb\delta + \frac{1}{b\delta}(2X_m - X_{m-1} - X_{m+1}),$$

ou bien, en remplaçant les trois moments par leurs valeurs tirées de la formule (2),

$$T_m = T_{n-m} = pb\delta + \frac{pb}{12\delta N_q} \cdot \frac{3 - 2\delta^2}{3\delta + 2h}(2M_{q+1-m} - M_{q+2-m} - M_{q-m}).$$

Or on a généralement, k étant un indice quelconque (n° 32, III),

$$M_k + 4M_{k+1} + M_{k+2} = 0,$$

d'où résulte

$$-M_{q+2-m} - M_{q-m} = 4M_{q+1-m};$$

donc aussi

$$(5) \qquad T_m = T_{n-m} = pb\delta\left(1 + \frac{M_{q+1-m}}{2\delta^2 N_q} \cdot \frac{3 - 2\delta^2}{3\delta + 2h}\right),$$

formule applicable à un indice m variable de 2 à $n - 2$ inclusivement.

En raison de la restriction faite à propos de la formule (2), le cas de la poutre à deux travées égales n'est pas compris dans ce qui précède, mais il peut se traiter bien simplement au moyen d'un théorème du n° 71. Supposons pour un instant l'appui central A_1 supprimé, de manière à n'avoir qu'une travée de longueur $2b$, chargée uniformément du poids total $2pb$: alors il se produit au milieu A_1 une certaine flèche, et nous savons qu'un poids $\frac{5}{8}\cdot 2pb$ concentré au même point A_1 donnerait lieu à une flèche identique. Donc une force égale, mais prise dans le sens ascendant, la détruirait. Or l'appui supprimé avait aussi pour effet d'anéantir la flèche en A_1; donc, en le rétablissant, il devra exercer une force ascendante égale à $\frac{5}{8}\cdot 2pb$, car autrement le point A_1 de la fibre moyenne s'élèverait ou s'abaisserait, suivant que la réaction serait plus grande ou plus petite. Ainsi les $\frac{5}{8}$ de la charge complète portent sur l'appui central, et les $\frac{3}{8}$ restants se partagent également entre les deux culées; chacune porte $\frac{3}{16}\cdot 2pb$ ou $\frac{3}{8}pb$.

Ce résultat rentre encore dans la théorie faite au n° 74. La fibre moyenne devant en effet, pour cause de symétrie, conserver une direction invariable en son milieu, chaque travée peut être considérée comme une poutre appuyée par un bout et encastrée par l'autre.

Quoique les formules (3), (4) et (5) présentent déjà une assez grande simplicité, on les transforme avantageusement dans le cas des travées égales. Il faut alors faire $\delta = 1$, ce qui donne

$$T_0 = T_n = \frac{1}{2}pb\left[1 - \frac{1+h}{2(3+2h)}\right] = \frac{1}{4}pb\,\frac{5+3h}{3+2h},$$

$$T_1 = T_{n-1} = pb\left[1 + \frac{h}{2(3+2h)}\right] = \frac{1}{2}pb\,\frac{6+5h}{3+2h},$$

$$T_m = T_{n-m} = pb\left[1 + \frac{M_{q+1-m}}{2N_q(3+2h)}\right].$$

D'abord, il est aisé de constater que, dans l'hypothèse $m = 1$, la dernière de ces trois relations donne le résultat de la seconde, puisque h désigne le quotient $\frac{M_q}{N_q}$; la seconde formule devient donc superflue, et il suffit d'en avoir deux, savoir : une pour les culées et l'autre pour les diverses piles. Afin de es écrire le plus simplement possible, nous remarquerons qu'on a (n° 32, III)

$$M_1 = -2, \quad N_1 = -1, \quad M_{\frac{3}{2}} = -5\sqrt{-\frac{1}{2}}, \quad N_{\frac{3}{2}} = -3\sqrt{-\frac{1}{2}};$$

par suite, si l'on nomme i le radical imaginaire $\sqrt{-\frac{1}{2}}$, on posera identiquement

$$N_q(3+2h) = 3N_q + 2M_q = -(3N_qN_1 + M_qM_1),$$
$$N_q(5+3h) = 5N_q + 3M_q = -\frac{1}{i}\left(N_qM_{\frac{3}{2}} + M_qN_{\frac{3}{2}}\right),$$

et, en vertu des formules qui font connaître M_{k+l} et N_{k+l} (n° 32, III),

$$N_q(3+2h) = -M_{q+1},$$
$$N_q(5+3h) = -\frac{1}{i}N_{q+\frac{3}{2}}.$$

Ces derniers résultats portés dans les valeurs de T_0 et de T_m donnent définitivement

$$(6) \qquad T_0 = T_n = \frac{N_{q+\frac{3}{2}}}{4iM_{q+1}}pb,$$

$$(7) \qquad T_m = T_{n-m} = \left(1 - \frac{M_{q+1-m}}{2M_{q+1}}\right)pb,$$

formules applicables aux poutres à travées égales, la première devant être employée pour les culées et l'autre pour les piles.

Afin de pouvoir appliquer les formules (3), (4), (5), (6) et (7), il est nécessaire d'avoir à sa disposition les nombres M, N, h qui répondent à une valeur déterminée de l'indice. Ces nombres sont donnés au commencement du chapitre deuxième (troisième partie du Cours); en voici quelques-uns :

$$
\begin{array}{lllllllll}
k & = 0, & 1, & 2, & 3, & 4, & 5, & 6, & 7, \ldots, \\
M_k & = 1, & -2, & 7, & -26, & 97, & -362, & 1351, & -5042, \ldots, \\
N_k & = 0, & -1, & 4, & -15, & 56, & -209, & 780, & -2911, \ldots.
\end{array}
$$

$$
\begin{array}{llllllll}
2k & = 1, & 3, & 5, & 7, & 9, & 11, & 13, \ldots, \\
\frac{1}{i} M_k & = 1, & -5, & 19, & -71, & 265, & -989, & 3691, \ldots, \\
\frac{1}{i} N_k & = 1, & -3, & 11, & -41, & 153, & -571, & 2131, \ldots.
\end{array}
$$

$$
\begin{array}{lllllllllll}
n & = 3, & 4, & 5, & 6, & 7, & 8, & 9, & 10, & 11, & 12, \ldots, \\
h & = \frac{1}{1}, & \frac{2}{1}, & \frac{5}{3}, & \frac{7}{4}, & \frac{19}{11}, & \frac{26}{15}, & \frac{71}{41}, & \frac{97}{56}, & \frac{265}{153}, & \frac{362}{209}, \ldots.
\end{array}
$$

La lettre i représente, comme on l'a dit plus haut, le radical imaginaire $\sqrt{-\frac{1}{2}}$: cela n'introduit pas, du reste, d'imaginaires dans les formules, car ce radical disparaît toujours, soit qu'il existe comme facteur commun au numérateur et au dénominateur d'une fraction, soit que, se trouvant élevé au carré, il doive se remplacer par le nombre réel $-\frac{1}{2}$. Le nombre h étant déterminé, d'après sa définition par le nombre q, l'est aussi par le nombre n des travées, égal à $2q+2$: c'est pour cela que le tableau précédent donne les valeurs de h pour chaque nombre n.

Voici maintenant un tableau déduit des formules (6) et (7), qui fera connaître de suite les réactions dues à la charge permanente, dans les poutres à travées égales. On y a fait figurer la poutre à deux travées, bien que les mêmes formules ne s'appliquent pas; d'ailleurs on n'y a indiqué les réactions que jusqu'au milieu de la poutre, les mêmes résultats devant se reproduire symétriquement sur la seconde moitié.

Tableau indiquant les réactions des appuis d'une poutre à travées égales, chargée uniformément.

NOMBRE n des travées.	RAPPORT AU POIDS pb D'UNE TRAVÉE, DE LA RÉACTION SUR LES							
	culée.	1re pile.	2e pile.	3e pile.	4e pile.	5e pile.	6e pile.	7e pile.
2	$\frac{3}{8}$	$\frac{5}{4}$	"	"	"	"	"	"
3	$\frac{2}{5}$	$\frac{11}{10}$	"	"	"	"	"	"
4	$\frac{11}{28}$	$\frac{8}{7}$	$\frac{13}{14}$	"	"	"	"	"
5	$\frac{15}{38}$	$\frac{43}{38}$	$\frac{37}{38}$	"	"	"	"	"
6	$\frac{41}{104}$	$\frac{59}{52}$	$\frac{25}{26}$	$\frac{53}{52}$	"	"	"	"
7	$\frac{28}{71}$	$\frac{161}{142}$	$\frac{137}{142}$	$\frac{143}{142}$	"	"	"	"
8	$\frac{153}{388}$	$\frac{110}{97}$	$\frac{187}{194}$	$\frac{98}{97}$	$\frac{193}{194}$	"	"	"
9	$\frac{209}{530}$	$\frac{601}{530}$	$\frac{511}{530}$	$\frac{107}{106}$	$\frac{529}{530}$	"	"	"
10	$\frac{571}{1448}$	$\frac{821}{724}$	$\frac{349}{362}$	$\frac{731}{724}$	$\frac{361}{362}$	$\frac{725}{724}$	"	"
11	$\frac{390}{989}$	$\frac{2243}{1978}$	$\frac{1907}{1978}$	$\frac{1997}{1978}$	$\frac{1973}{1978}$	$\frac{1979}{1978}$	"	"
12	$\frac{2131}{5404}$	$\frac{1532}{1351}$	$\frac{2605}{2702}$	$\frac{1364}{1351}$	$\frac{2695}{2702}$	$\frac{1352}{1351}$	$\frac{2701}{2702}$	"
....	......	......	......	......	......	......	......	......
∞	0,3943	1,1340	0,9641	1,0096	0,9974	1,0007	0,9998	1,0000

Ce tableau peut servir, quel que soit le nombre des travées. On remarque en effet que les résultats pour $n = 12$ diffèrent déjà très-peu de leurs limites relatives à $n = \infty$; on pourra donc admettre *à fortiori* que ces limites sont atteintes pour les poutres ayant treize travées ou un plus grand nombre. Le rapport à pb, de la réaction sur une culée et les six piles qui viennent à la suite, sera pris égal respectivement à chacun des nombres inscrits en regard de $n = \infty$; pour le surplus des piles, dans la partie centrale de la poutre, ce rapport serait à très-peu près l'unité.

Lorsqu'on veut calculer les nombres du tableau, relatifs au cas de n infini, on a besoin de voir ce que deviennent, dans cette hypothèse, les rapports $\frac{N_{q+\frac{3}{2}}}{M_{q+1}}$ et $\frac{M_{q+1-m}}{M_{q+1}}$. On y parvient sans peine en observant, comme on l'a fait ailleurs (n° 36, III), qu'on a, pour un indice k infini positif,

$$M_k = \frac{1}{2}(-2-\sqrt{3})^k, \quad N_k = \frac{1}{2\sqrt{3}}(-2-\sqrt{3})^k:$$

il en résulte immédiatement

$$\frac{N_{q+\frac{3}{2}}}{M_{q+1}} = \frac{1}{\sqrt{3}}(-2-\sqrt{3})^{\frac{1}{2}} = \frac{1}{\sqrt{3}}\left(M_{\frac{1}{2}} + N_{\frac{1}{2}}\sqrt{3}\right) = \frac{i}{\sqrt{3}}(1+\sqrt{3}),$$

$$\frac{M_{q+1-m}}{M_{q+1}} = (-2-\sqrt{3})^{-m} = (-2+\sqrt{3})^m.$$

Donc enfin

$$\lim T_0 = \frac{1}{4\sqrt{3}}(1+\sqrt{3})\,pb,$$

$$\lim T_m = \left[1 - \frac{1}{2}(-2+\sqrt{3})^m\right] pb.$$

78. *Déformation d'une poutre à section constante chargée uniformément.* — Considérons une travée de rang quelconque limitée aux appuis A_{m-1}, A_m, et chargée uniformément à raison d'un poids p sur chaque unité de longueur; si l'on nomme a la longueur de la travée et qu'on place l'origine des abscisses x en A_{m-1}, on sait (n° 1, III) que le moment fléchissant X en un point quelconque de la travée s'exprime par la formule

$$X = X_{m-1} + (X_m - X_{m-1})\frac{x}{a} - \frac{1}{2}px(a-x).$$

Ainsi l'équation fondamentale (1) du n° 42 devient ici

$$er^2\frac{d^2y}{dx^2} = X_{m-1} + (X_m - X_{m-1})\frac{x}{a} - \frac{1}{2}px(a-x),$$

l'axe des y étant pris parallèle aux charges et dans le même sens. Une double intégration de l'équation précédente donne successivement, en désignant par K et K′ deux constantes,

$$er^2\frac{dy}{dx} = xX_{m-1} + (X_m - X_{m-1})\frac{x^2}{2a} - \frac{1}{2}p\left(\frac{ax^2}{2} - \frac{x^3}{3}\right) + K,$$

$$er^2y = \frac{x^2X_{m-1}}{2} + (X_m - X_{m-1})\frac{x^3}{6a} - \frac{1}{2}p\left(\frac{ax^3}{6} - \frac{x^4}{12}\right) + Kx + K'.$$

On détermine les constantes par la condition d'avoir $y = 0$ pour $x = 0$ et pour $x = a$; donc

$$K' = 0, \quad -K = \frac{aX_{m-1}}{2} + (X_m - X_{m-1})\frac{a}{6} - \frac{1}{24}pa^3,$$

et, par suite,

$$(8)\quad \begin{cases} er^2y = -\frac{1}{2}X_{m-1}(ax - x^2) - \frac{1}{6a}(X_m - X_{m-1})(a^2x - x^3) \\ \qquad + \frac{1}{24}p(a^3x - 2ax^3 + x^4). \end{cases}$$

L'équation $\frac{dy}{dx} = 0$, qu'on aurait à résoudre pour trouver les maxima ou minima de y, étant du troisième degré en x, il n'est pas possible d'exprimer algébriquement ces maxima et minima d'une manière satisfaisante. Dans la pratique, on suivrait les variations de y en substituant à la place de x, dans l'équation (8), une série de valeurs suffisamment rapprochées. Voici les résultats qui répondent aux abscisses des points de division de la travée en dix parties égales :

$x = 0$, $x = a$. . . . . $y = 0$;

$x = 0,1a$. . . $24er^2y = a^2(0,0981pa^2 - 0,684X_{m-1} - 0,396X_m)$,

$x = 0,2a$. . . $24er^2y = a^2(0,1856pa^2 - 1,152X_{m-1} - 0,768X_m)$,

$x = 0,3a$. . . $24er^2y = a^2(0,2541pa^2 - 1,428X_{m-1} - 1,092X_m)$,

$x = 0,4a$. . . $24er^2y = a^2(0,2976pa^2 - 1,536X_{m-1} - 1,344X_m)$,

$x = 0,5a$. . . $24er^2y = a^2(0,3125pa^2 - 1,500X_{m-1} - 1,500X_m)$,

$x = 0,6a$. . . $24er^2y = a^2(0,2976pa^2 - 1,344X_{m-1} - 1,536X_m)$,

$x = 0,7a$. . . $24er^2y = a^2(0,2541pa^2 - 1,092X_{m-1} - 1,428X_m)$,

$x = 0,8a$. . . $24er^2y = a^2(0,1856pa^2 - 0,768X_{m-1} - 1,152X_m)$,

$x = 0,9a$. . . $24er^2y = a^2(0,0981pa^2 - 0,396X_{m-1} - 0,684X_m)$.

On remarque, dans ces équations, que les coefficients de p pour deux points placés à égale distance du milieu sont identiques, et que les coefficients de X_{m-1} et de X_m se permutent l'un avec l'autre. Cela pouvait se prévoir sans calcul, car lorsque, dans l'expression $\frac{d^2y}{dx^2}$ qui nous a servi de point de départ, on remplace x par $a-x$, le terme en p ne change pas, tandis que X_{m-1} se substitue à X_m et réciproquement. Une autre raison équivalente, c'est que les abscisses pourraient être comptées aussi bien à partir de A_m que de A_{m-1}, ce qui, dans les calculs, n'aurait d'autre effet que de permuter X_m avec X_{m-1}.

L'ordre de grandeur des diverses ordonnées que nous venons de calculer dépend des valeurs que prennent les moments X_{m-1}, X_m, et l'on ne peut pas le fixer sans y avoir égard. Toutefois, comme nous ne croyons pas devoir entrer dans des détails trop minutieux sur une question dont l'intérêt pratique est au fond assez médiocre, nous nous bornerons à étudier la flèche qui se produit au milieu de la travée. Si nous la désignons par f_m, son équation sera

$$f_m = \frac{a^2}{24er^2}(0,3125\,pa^2 - 1,500\,X_{m-1} - 1,500\,X_m)$$

ou bien encore

$$(9) \qquad f_m = \frac{a^2}{16er^2}\left(\frac{5}{24}pa^2 - X_{m-1} - X_m\right).$$

Dans la première travée A_0A_1, on doit faire $m=1$, $a=b$, $X_{m-1}=X_0=0$, et (n° 35, III), si le nombre n des travées dépasse 2,

$$X_m = X_1 = \frac{1}{4}pb^2\frac{\delta^3+h}{3\delta+2h};$$

il vient alors

$$(10) \qquad f_1 = \frac{pb^4}{384\,er^2}\cdot\frac{4h+15\delta-6\delta^3}{3\delta+2h}.$$

Dans toutes les autres travées, il faut supposer l'ouverture $a=b\delta=c$, et de plus (n° 37, III) on peut faire (n étant toujours censé supérieur à 2)

$$\frac{X_{m-1} + X_m}{pc^2} = \frac{1}{6} + \frac{(3 - 2\delta^2) i M_{q-m+\frac{3}{2}}}{6\delta^2 N_q (3\delta + 2h)};$$

par ces changements, la formule (9) devient

$$(11) \qquad f_m = \frac{pc^4}{384\, er^2}\left[1 - \frac{4 i M_{q-m+\frac{3}{2}}(3 - 2\delta^2)}{\delta^2 N_q (3\delta + 2h)}\right].$$

Si l'on prend le cas particulier d'une poutre à travées égales, on a $\delta = 1$, et les formules (10) et (11) deviennent

$$f_1 = \frac{pb^4}{384\, er^2} \cdot \frac{9 + 4h}{3 + 2h} = \frac{pb^4}{384\, er^2}\left(3 - \frac{2h}{3 + 2h}\right),$$

$$f_m = \frac{pb^4}{384\, er^2}\left[1 - \frac{4 i M_{q-m+\frac{3}{2}}}{N_q (3 + 2h)}\right].$$

Or h représente, par définition, le quotient $\frac{M_q}{N_q}$ (n° 76), et l'on a trouvé (n° 77) l'égalité

$$N_q (3 + 2h) = - M_{q+1};$$

donc aussi

$$(12) \qquad f_1 = \frac{pb^4}{384\, er^2}\left(3 + \frac{2 M_q}{M_{q+1}}\right),$$

$$(13) \qquad f_m = \frac{pb^4}{384\, er^2}\left(1 + \frac{4 i M_{q-m+\frac{3}{2}}}{M_{q+1}}\right).$$

Les deux dernières formules, aussi bien que celles dont on les a déduites, s'appliquent seulement aux poutres qui ont plus de deux travées; pour en faciliter le calcul numérique, nous donnons ci-dessous un tableau des multiplicateurs de la quantité $\frac{pb^4}{384\, er^2}$, laquelle exprime (n° 73) la flèche prise par la travée quand on la suppose encastrée aux deux bouts.

Tableau pour le calcul des flèches au milieu des travées d'une poutre à section constante et à travées égales, sous l'action de la charge permanente.

NOMBRE des travées.	RAPPORTS A $\frac{pb^4}{384\varepsilon r^2}$, DES FLÈCHES						
	f_1	f_2	f_3	f_4	f_5	f_6	f_7
3	$\frac{13}{5}$	$\frac{1}{5}$	"	"	"	"	"
4	$\frac{17}{7}$	$\frac{5}{7}$	"	"	"	"	"
5	$\frac{47}{19}$	$\frac{11}{19}$	$\frac{23}{19}$	"	"	"	"
6	$\frac{32}{13}$	$\frac{8}{13}$	$\frac{14}{13}$	"	"	"	"
7	$\frac{175}{71}$	$\frac{43}{71}$	$\frac{79}{71}$	$\frac{67}{71}$	"	"	"
8	$\frac{239}{97}$	$\frac{59}{97}$	$\frac{107}{97}$	$\frac{95}{97}$	"	"	"
9	$\frac{653}{265}$	$\frac{161}{265}$	$\frac{293}{265}$	$\frac{257}{265}$	$\frac{269}{265}$	"	"
10	$\frac{446}{181}$	$\frac{110}{181}$	$\frac{200}{181}$	$\frac{176}{181}$	$\frac{182}{181}$	"	"
11	$\frac{2437}{989}$	$\frac{601}{989}$	$\frac{1093}{989}$	$\frac{961}{989}$	$\frac{997}{989}$	$\frac{985}{989}$	"
12	$\frac{3329}{1351}$	$\frac{821}{1351}$	$\frac{1493}{1351}$	$\frac{1313}{1351}$	$\frac{1361}{1351}$	$\frac{1349}{1351}$	"
..	......	......	......	......	......	......	......
∞	2,4641	0,6077	1,1051	0,9718	1,0075	0,9980	1,0005

La poutre à deux travées égales n'est pas comprise dans ce tableau; mais, ainsi qu'on l'a déjà fait observer (n° 77), chaque travée se comporte, sous la charge permanente, de la même manière qu'une pièce encastrée par un bout et simplement appuyée à l'autre. On calculera donc les déformations comme il est dit au n° 75.

En vertu d'une remarque déjà faite (n° 77) à propos des réactions des appuis, le même tableau pourra servir quel que soit le nombre des travées, quand même il dépasserait 12. Dans les sept premières travées à partir d'une extrémité, on prendrait les valeurs de f_m relatives à l'hypothèse d'un nombre infini de travées; dans celles qui seraient plus rapprochées du centre, on pourrait supposer uniformément f_m égal à $\frac{pb^4}{384\,er^2}$.

Le procédé indiqué au n° 77 s'applique de même pour avoir les nombres inscrits en regard de $n=\infty$. On a dans ce cas

$$\lim \frac{M_q}{M_{q+1}} = \frac{1}{-2-\sqrt{3}} = -2+\sqrt{3},$$

$$\lim \frac{M_{q-m+\frac{3}{2}}}{M_{q+1}} = \frac{1}{(-2-\sqrt{3})^{m-\frac{1}{2}}} = M_{m-\frac{1}{2}} - N_{m-\frac{1}{2}}\sqrt{3},$$

valeurs à substituer dans les formules (12) et (13).

Nous terminerons en rappelant expressément que tous les calculs des n°s 77 et 78 supposent constante la section transversale de la poutre, tandis que, dans la pratique, on adopte le plus souvent une section variable. Cela jetterait quelque incertitude sur les résultats que nous avons obtenus; notamment, en ce qui concerne l'évaluation des flèches, on serait embarrassé pour savoir le moment d'inflexibilité moyen qu'on devrait mettre à la place de er^2 dans les formules.

79. *Du rapport le plus convenable entre l'ouverture des travées de la rive et celle de la travée centrale, dans une poutre reposant sur quatre appuis.* — Considérons une poutre supportée par quatre appuis A_0, A_1, A_2, A_3, symétriquement disposés par rapport à son milieu : nous aurons ainsi deux travées extrêmes avec une même ouverture b, et une travée centrale d'ouverture c. La poutre est soumise à la charge permanente et aux surcharges définies plus haut (n° 76); sa longueur totale $2b+c$ étant de plus supposée constante, il s'agit de déterminer la valeur la plus convenable du rapport $\frac{c}{b}=\delta$.

Or on peut pour cela s'imposer diverses conditions à remplir. D'après ce qu'on a dit au n° 21 sur le peu d'influence qu'ont en général les efforts tranchants, on peut d'abord demander que le maximum de tension ou pression dans le sens longitudinal soit le plus petit possible, toutes choses égales d'ailleurs. Ce maximum est proportionnel à celui du moment fléchissant (n° 21), et par conséquent c'est cette dernière quantité qu'il faudrait diminuer autant que possible par le choix du rapport $\frac{c}{b}$ ou δ.

Déterminons donc le plus grand moment fléchissant produit par la charge permanente ou les surcharges, et voyons comment il varie avec δ.

Si l'on a seulement la charge uniforme de p kilogrammes par unité de longueur sur toute la poutre, le moment X en un point quelconque se calcule par les formules données dans la troisième partie (nos 35 et 37, III). On trouve, en faisant $n = 3$, $q = \frac{1}{2}$, $h = 1$,

$$X_1 = X_2 = \frac{1}{4} pb^2 \frac{\delta^3 + 1}{3\delta + 2}, \tag{1}$$

et par suite,

Dans la première travée :

$$X = X_1 \frac{x}{b} - \frac{1}{2} px(b - x) = -\frac{1}{4} pbx \frac{3 + 6\delta - \delta^3}{3\delta + 2} + \frac{1}{2} px^2; \tag{2}$$

Dans la seconde travée :

$$X = X_1 - \frac{1}{2} px(b\delta - x) = \frac{1}{4} pb^2 \frac{\delta^3 + 1}{3\delta + 2} - \frac{1}{2} pb\delta x + \frac{1}{2} px^2. \tag{3}$$

L'origine des abscisses est en A_0 dans la première travée, et en A_1 dans la seconde.

L'expression (2) a pour dérivée

$$\frac{dX}{dx} = -\frac{1}{4} pb \frac{3 + 6\delta - \delta^3}{3\delta + 2} + px,$$

quantité négative, nulle ou positive, suivant que l'on prend x inférieur, égal ou supérieur à l'abscisse particulière

$$\xi = \frac{1}{4} b \frac{3 + 6\delta - \delta^3}{3\delta + 2};$$

donc le moment X dans une travée de rive, nul d'abord sur la culée, commence par être décroissant algébriquement (c'est-à-dire qu'il est négatif et augmente en valeur absolue) jusqu'à $x = \xi$; il atteint alors une limite $-\mu$, et l'on a

$$\mu = \frac{1}{4} pb\xi \frac{3 + 6\delta - \delta^3}{3\delta + 2} - \frac{1}{2} p\xi^2 = \frac{1}{32} pb^2 \left(\frac{3 + 6\delta - \delta^3}{3\delta + 2}\right)^2. \tag{4}$$

Au delà de $x = \xi$ jusqu'à $x = 2\xi$ le moment varie de $-\mu$ à zéro, puis il augmente de zéro à X_1; ses valeurs extrêmes, abstraction faite du signe, sont donc X_1 et μ. Quant à l'expression (3), on pourrait la représenter par les ordonnées d'une parabole à axe vertical ayant son sommet sur l'ordonnée du milieu de la travée; ses valeurs extrêmes répondront donc à $x = 0$, qui donne $X = X_1$, et à $x = \frac{1}{2} b\delta$, qui donne un moment $-\mu'$ ayant pour grandeur absolue

$$(5) \qquad \mu' = \frac{1}{8} pb^2\delta^2 - \frac{1}{4} pb^2 \frac{\delta^3+1}{3\delta+2} = \frac{1}{8} pb^2 \frac{\delta^3+2\delta^2-2}{3\delta+2}.$$

Ce dernier moment $-\mu'$ est négatif avec les valeurs habituelles de δ, et c'est pour cela que nous l'avons écrit en changeant son signe.

Le maximum absolu du moment fléchissant dû à la charge permanente, dans la demi-poutre (et par conséquent dans la poutre entière, puisqu'il y a symétrie), sera l'une des trois valeurs X_1, μ, μ', toujours prises avec le signe $+$. Afin d'exprimer ces quantités en fonction de la seule variable δ, soit $2L$ la longueur totale de la pièce; on aura

$$2L = 2b + b\delta = b(2+\delta),$$

d'où résulte

$$b = \frac{2L}{2+\delta}.$$

Par la substitution de cette valeur, les formules (1), (4) et (5) deviendront

$$(6) \qquad X_1 = pL^2 \frac{\delta^3+1}{(2+\delta)^2(3\delta+2)},$$

$$(7) \qquad \mu = \frac{1}{8} pL^2 \left[\frac{3+6\delta-\delta^3}{(2+\delta)(3\delta+2)}\right]^2,$$

$$(8) \qquad \mu' = \frac{1}{2} pL^2 \frac{\delta^3+2\delta^2-2}{(2+\delta)^2(3\delta+2)}.$$

Voici le tableau des résultats que donnent diverses substitutions de nombres à la place de δ dans ces dernières formules.

VALEURS DE δ.	$\frac{X_1}{pL^2}$.	$\frac{\mu}{pL^2}$.	$\frac{\mu'}{pL^2}$.	MAXIMUM absolu de $\frac{X}{pL^2}$.
0,70	0,04493	0,04796	−0,01133	0,04796
0,80	0,04383	0,04374	−0,00301	0,04383
0,90	0,04374	0,03959	0,00441	0,04374
1,00	0,04444	0,03556	0,01111	0,04444
1,10	0,04577	0,03166	0,01719	0,04577
1,20	0,04757	0,02794	0,02274	0,04757
1,25	0,04862	0,02615	0,02534	0,04862
1,30	0,04976	0,02440	0,02784	0,04976

On voit par ce tableau : 1° que μ' est toujours inférieur en valeur absolue à l'un des autres moments μ et X_1, tant que δ varie de 0,7 à 1,3 ; 2° que μ est supérieur à X_1 seulement pour $\delta < 0,8$; 3° que X_1, décroissant encore au delà de $\delta = 0,8$, la valeur de δ à laquelle répondra le plus petit maximum absolu du moment fléchissant sera celle qui rendra X_1 minimum.

Pour la trouver, on posera l'équation

$$\frac{dX_1}{d\delta} = 0,$$

ou bien

$$3\delta^2(2+\delta)^2(3\delta+2) - (\delta^3+1)[3(2+\delta)^2 + 2(2+\delta)(3\delta+2)] = 0,$$

ou encore, en supprimant le facteur $2+\delta$ et réduisant,

$$14\delta^3 + 12\delta^2 - 9\delta - 10 = 0.$$

Cette équation se résout par tâtonnement; elle n'a qu'une racine positive

$$\delta = 0,859,$$

qui est le nombre cherché.

Ainsi donc, si la poutre ne devait jamais être soumise qu'à une charge uniforme sur toute sa longueur, et si l'on avait seulement en vue de diminuer autant que possible la plus grande tension ou pression longitudinale de la matière, il faudrait donner moins d'ouverture à la travée centrale qu'aux travées de rive et prendre pour le rapport δ la valeur 0,859. Comparativement à ce qui a lieu pour $\delta = 1$, l'avantage ne serait pas d'ailleurs bien grand, car le maximum absolu du moment X, égal à $0,04444\,pL^2$ pour $\delta = 1$, s'abaisserait seulement à $0,04367\,pL^2$ pour $\delta = 0,859$; on aurait donc une diminution relative de 1,75 pour 100 environ.

La considération des surcharges peut conduire à modifier ce rapport de 0,859. Supposons une surcharge p' par unité de longueur, agissant, abstraction faite de la charge permanente, sur une, deux ou trois travées choisies comme on le voudra. Il se produit alors, dans chaque section de la poutre, divers moments fléchissants, dont le plus grand en valeur absolue peut se représenter par l'ordonnée d'une courbe. Nous avons dessiné ces courbes pour une moitié de la poutre (ce qui suffit, à cause de la symétrie) en attribuant à δ les huit valeurs inscrites dans le tableau précédent : ce sont les polygones mixtilignes tracés au-dessus de l'axe OI des abscisses, dans les figures numérotées de 11 à 18 et composant les planches I, II, III de l'Atlas joint à la troisième partie du Cours. L'inspection de ces figures montre que le plus grand moment se produit toujours au-dessus de la pile, et l'on sait (n° 26, III) qu'il répond à la surcharge des deux travées adjacentes à cette pile. Son expression algébrique peut s'obtenir par l'application du théorème des trois moments (n° 6, III) ou plus simplement par la formule donnée spécialement (n° 50, III) : c'est la formule (40) où il faudra supposer d'ailleurs $h = 1$. On trouvera, en appelant μ'' le moment dont il s'agit,

$$\mu'' = \frac{1}{8} p' b^2 \left(\frac{2\delta^3 + 1}{3\delta + 2} + \frac{1}{\delta + 2} \right) = \frac{1}{4} p' b^2 \frac{\delta^4 + 2\delta^3 + 2\delta + 2}{(3\delta + 2)(\delta + 2)},$$

ou bien

$$(9) \qquad \mu'' = p' L^2 \frac{\delta^4 + 2\delta^3 + 2\delta + 2}{(3\delta + 2)(\delta + 2)^3}.$$

Voici le tableau des valeurs que prend μ'' pour les huit valeurs de δ déjà essayées :

Valeurs de δ.	Rapport $\frac{\mu''}{p' L^2}$.
0,70	0,05361
0,80	0,05211
0,90	0,05159
1,00	0,05185
1,10	0,05273
1,20	0,05414
1,25	0,05496
1,30	0,05589

Ce tableau montre que μ'' passe par un minimum aux environs de $\delta = 0,9$, et ce minimum donnera la plus grande réduction possible du maximum de X. Pour trouver la valeur correspondante de δ on posera l'équation

$$\frac{d\mu''}{d\delta} = 0,$$

qui, toutes réductions et simplifications faites, devient

$$7\delta^4 + 20\delta^3 + 3\delta^2 - 16\delta - 8 = 0.$$

On en tire $\delta = 0,913$, valeur qui, portée dans l'expression (9), fournit le minimum de μ'', égal à $0,05159 p' L^2$. Pour $\delta = 1$, μ'' est égal à $0,05185 p' L^2$; la diminution relative obtenue en posant $\delta = 0,913$ est donc de 0,50 pour 100 environ.

Il résulte de cette discussion que si l'on déterminait les dimensions transversales de la poutre uniquement d'après le maximum de tension longitudinale, il y aurait avantage à faire en sorte que l'ouverture d'une travée de rive fût à celle de la travée centrale dans un rapport peu différent de 0,9. Il convient d'ajouter que, comparativement avec ce qui se passerait dans le cas d'un égal espacement des appuis, l'avantage obtenu serait très-faible; il consisterait dans une réduction du maximum absolu de tension ou pression longitudinale, variable entre 1,75 et 0,50 pour 100, suivant l'importance comparative de la charge permanente et des surcharges.

Mais, ainsi qu'on l'a déjà dit au n° 76, les constructeurs ont habituellement égard aux valeurs du moment fléchissant X dans toutes les sections, et non pas seulement au maximum. En se plaçant à ce point de vue, il convient de chercher à réduire autant que possible, non le maximum, mais bien la moyenne des valeurs absolues du moment fléchissant. C'est ce que nous allons faire, dans l'hypothèse où il n'y a qu'une charge uniforme, dont le poids est p par unité de longueur.

Soit d'abord $\delta = 1$; le moment X est alors représenté par les ordonnées de la courbe A_0RESFT (*fig.* 39), qu'on peut facilement construire,

Fig. 39.

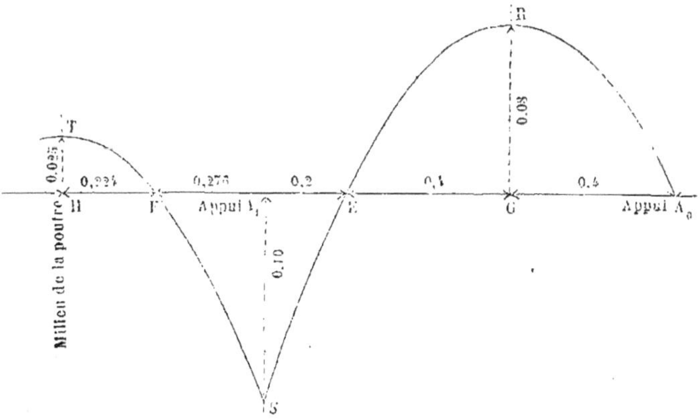

puisque nous avons les expressions (2) et (3) de X dans une travée de rive et dans la travée centrale. Le sens positif des ordonnées est censé descendant.

Pour avoir l'ordonnée moyenne en grandeur absolue, il faut calculer la somme des aires A_0RE + ESF + FTH et la diviser par $\overline{A_0H}$. Or on a

$$\text{aire } A_0RE = \frac{2}{3}\overline{A_0E}.\overline{GR} = 0{,}04267\,pb^2;$$

$$\text{aire } SA_1E = \frac{1}{3}\overline{A_1G}\left(\overline{A_1S} + \overline{GR}\right) + \frac{2}{3}\overline{GE}.\overline{GR} - \overline{A_1G}.\overline{GR} = 0{,}00933\,pb^3;$$

$$\text{aire } SA_1F = \frac{1}{3}\overline{A_1H}\left(\overline{A_1S} + \overline{HT}\right) + \frac{2}{3}\overline{HF}.\overline{HT} - \overline{A_1H}.\overline{HT} = 0{,}01207\,pb^3;$$

$$\text{aire FTH} = \frac{2}{3}\overline{HF}.\overline{HT} = 0{,}00373\,pb^3.$$

Donc les ordonnées moyennes seraient :

dans une travée de rive... $(0,04267 + 0,00933)pb^2$ ou $0,05200pb^2$;
dans la travée centrale.... $2(0,01207 + 0,00373)pb^2$ ou $0,03160pb^2$;
dans la poutre entière.... $\frac{1}{3}(0,10400 + 0,03160)pb^2$ ou $0,04520pb^2$;

et comme $b = \frac{2}{3}L$, la moyenne pour la poutre entière pourrait encore se mettre sous la forme

$$\frac{4}{9}.0,04520pL^2 = 0,02009pL^2.$$

Lorsque δ prendra une valeur différente de 1, on conçoit sans peine par cet exemple comment on pourra calculer l'ordonnée moyenne de la courbe représentative des moments. Ce calcul ne saurait présenter aucune difficulté analytique, puisqu'il se réduit à la quadrature d'aires paraboliques dans les conditions les plus simples. Sans entrer dans aucun détail à cet égard, nous nous bornerons à indiquer, dans le tableau ci-après, les résultats relatifs à un certain nombre de valeurs particulières de δ. Nous désignerons par y, y', y'' les trois moyennes respectivement calculées pour la travée de rive, la travée centrale et la poutre entière.

VALEURS DE δ.	$\frac{y}{pb^2}$.	$\frac{y'}{pc^2}$.	$\frac{y''}{pL^2}$.
0,00	0,04948	∞	0,04948
0,90	0,05322	0,03483	0,02162
1,00	0,05200	0,03160	0,02009
1,10	0,05077	0,03132	0,01923
1,20	0,04969	0,03190	0,01886
1,25	0,04929	0,03226	0,01883
1,30	0,04899	0,03265	0,01888
2,00	0,06987	0,03523	0,02634
∞	∞	0,03207	0,03207

On voit par ce tableau que la valeur $\delta = 1,25$ est celle qui rend minimum la moyenne y''; en comparant entre elles les moyennes y'' relatives à $\delta = 1,25$ et $\delta = 1$, on reconnaît qu'elles sont dans le rapport de 93,7 à 100. La diminution obtenue quand on passe de $\delta = 1$ à $\delta = 1,25$ est donc à peu près de 6,3 pour 100.

On peut encore se demander si la valeur $\delta = 1,25$ produit aussi une certaine réduction dans l'aire du polygone mixtiligne dont nous avons parlé un peu plus haut à propos du maximum μ'', et qui représente, en chaque point de la poutre, le plus grand moment dû à la surcharge seule (*fig.* 11 à 18 de l'Atlas, troisième partie). Comme nous avons donné dans un Formulaire, à la fin de la troisième partie, les équations des courbes qui composent ce polygone, il n'y a pas de difficulté à calculer numériquement son aire. Nous avons fait ce calcul seulement pour deux valeurs particulières de δ, et nous avons trouvé

dans le cas de $\delta = 1,00$.......... $0,03192 pL^3$,
dans le cas de $\delta = 1,25$.......... $0,03080 pL^3$;

le rapport des ordonnées moyennes à pL^2 devient donc respectivement 0,03192 et 0,03080; par suite, la diminution en faveur de $\delta = 1,25$ est de 3,5 pour 100.

L'aire de courbe qui représente les moments dus à la charge permanente seule étant exprimée, comme on l'a vu, par Ly'', c'est-à-dire par $0,02009 pL^3$ quand $\delta = 1$ et par $0,01883 pL^3$ quand $\delta = 1,25$, s'il y a tout à la fois charge permanente et surcharge, la moyenne des limites absolues des moments dans les diverses sections sera

pour $\delta = 1,00$...... $(0,02009 p + 0,03192 p') L^2$,
pour $\delta = 1,25$...... $(0,01883 p + 0,03080 p') L^2$;

la diminution relative, quand on passe du premier cas au second, deviendrait $\dfrac{0,00126 p + 0,00112 p'}{0,02009 p + 0,03192 p'}$, rapport variable avec $\dfrac{p}{p'}$, mais différant peu de $0,035\left(1 + \dfrac{4p}{5p + 8p'}\right)$; il serait de 0,046 si l'on avait $\dfrac{p}{p'} = 1$.

Nous avons aussi cherché (n° 63, III) à rendre maximum le moment fléchissant moyen produit par la charge permanente seule, en supposant qu'on fît varier tout à la fois la distance mutuelle des appuis et leurs ordonnées relativement à la fibre moyenne primitive. Nous avons reconnu que la moyenne minimum, pour trois travées, a une valeur égale à $0,01849 pL^2$, tandis que si les appuis sont pris sur la fibre moyenne primitive [ce que la discussion précédente suppose implicitement (n° 76)], la moyenne s'élève à $0,02009 pL^2$ ou à $0,01883 pL^2$, suivant qu'on a $\delta = 1$ ou $\delta = 1,25$. La diminution correspondante qu'il est possible d'obtenir avec la meilleure disposition possible des appuis est, en conséquence, respectivement de 8,0 et de 1,8 pour 100.

En résumé, à quelque point de vue qu'on se place, on doit reconnaître qu'il n'y a pas de raison bien péremptoire pour s'écarter de la valeur $\delta = 1$, c'est-à-dire pour ne pas donner la même ouverture aux trois travées. Sous certains rapports, nous avons en effet trouvé avantage à prendre δ un peu supérieur à 1, tandis que d'autres considérations conduiraient à le réduire, au contraire, un peu au-dessous de ce nombre. Dans tous les cas le bénéfice est représenté par une diminution de quelques centièmes sur un moment fléchissant maximum ou moyen. Or les moments fléchissants ne sont pas connus très-rigoureusement, puisque nous les avons calculés comme si la section était constante, tandis qu'en pratique on la fait généralement variable. D'ailleurs les calculs de ce genre sont toujours affectés par l'incertitude des hypothèses fondamentales de la théorie : on ne peut donc pas raisonnablement attacher beaucoup d'importance à une diminution aussi faible, peut-être notablement inférieure aux erreurs commises dans les évaluations des moments. Ajoutons encore qu'on pourrait la contre-balancer en pratique sans augmenter les frais d'établissement de la poutre, soit par un léger accroissement des coefficients numériques admis dans les calculs de résistance (coefficients que l'expérience ne saurait indiquer avec précision), soit par un accroissement plus faible encore dans la hauteur des sections transversales. (Voir le paragraphe suivant.)

Cette discussion ayant exigé d'assez longs calculs, nous n'avons pas cru devoir la répéter dans l'hypothèse où le nombre des travées excèderait trois, d'autant plus que le résultat final obtenu ci-dessus paraît en montrer le peu d'utilité pratique.

§ III. — Observations sur la vérification de la stabilité et sur le calcul des dimensions d'une poutre chargée transversalement.

80. *Vérification de la stabilité.* — On a vu au n° 21 que lorsqu'une poutre supporte des charges perpendiculaires à la fibre moyenne et toutes contenues dans le même plan, il se développe trois genres d'actions moléculaires, savoir : 1° des tensions transversales produites par l'effort tranchant et qui, suivant l'expression technique, mettent en jeu la résistance au cisaillement ; 2° des tensions ou pressions parallèles aux fibres, qui sont produites par le moment de flexion, et mettent en jeu la résistance longitudinale. En chaque point il y a généralement une action du premier genre et une action du second, cette dernière étant ou une tension ou une pression, ce qui fait bien, comme nous l'avons dit, trois genres distincts. On a également vu (n° 21) comment il était possible de calculer les intensités de ces forces moléculaires rapportées à l'unité de surface.

D'un autre côté, l'expérience indique certaines limites que

ne doivent pas dépasser les tensions transversales ou longitudinales par unité de surface, dans toute construction présentant des garanties suffisantes de conservation indéfinie. La détermination de ces limites et l'étude des faits qui s'y rapportent seront, dans une autre partie du Cours, l'objet d'un chapitre spécial. Quant à présent, nous les supposerons connues et nous les nommerons :

R pour les tensions transversales;
R' pour les tensions longitudinales positives ou tensions proprement dites;
R'' pour les tensions longitudinales négatives ou pressions.

Il conviendra donc de s'assurer que les maximums des trois genres d'actions moléculaires, dans la pièce considérée, sont respectivement inférieurs, ou tout au plus égaux à R, R', R''. Or dans cette vérification nous distinguerons trois cas : en outre, pour plus de simplicité, nous supposerons la poutre homogène et la déformation plane (n° 48).

Premier cas. *Section constante et symétrique relativement à l'axe de flexion.* — Suivant les procédés employés au § I de ce chapitre et dans la troisième partie du Cours, ou par d'autres moyens plus ou moins analogues, on cherchera d'abord comment varient les efforts tranchants P et moments fléchissants X, d'une section à l'autre, et avec tous les systèmes de charges que la pièce peut avoir à supporter. On obtiendra les plus grandes valeurs absolues X' et P' de ces quantités, dans toute l'étendue de la pièce, sous l'action des charges les plus défavorables. Alors, si l'on nomme Ω l'aire constante de la section transversale, et h sa hauteur mesurée perpendiculairement à l'axe de flexion, les maximums des trois genres de tension par unité de surface seront, d'après les formules du n° 21,

$$\frac{P'}{\Omega},\quad \frac{X'h}{2I},\quad \frac{X'h}{2I}.$$

En effet, l'expression $\frac{PG}{\Sigma G\omega}$ se réduit d'abord à $\frac{P}{\Omega}$, par suite de l'invariabilité de G, et comme Ω est aussi constant, elle ne varie qu'avec P; de même dans l'expression $\frac{Phu}{I}$, I est une constante, et u a pour valeurs extrêmes $\frac{1}{2}h$ et $-\frac{1}{2}h$, dans toutes les sections, d'où il résulte que $\frac{Phu}{I}$ prend sa plus grande valeur pour $u = \pm\frac{1}{2}h$ et $Ph = X'$. On devra donc, en appelant R_1 la plus petite des limites R' et R'', poser les conditions de stabilité

$$(1) \qquad \frac{P'}{\Omega} \leqq R, \qquad \frac{X'h}{2I} \leqq R_1.$$

Deuxième cas. *Section constante, mais non symétrique relativement à l'axe de flexion.* — En ce qui concerne l'effort tranchant, la condition de stabilité reste la même que dans le cas précédent; mais il en est différemment pour les conditions relatives aux tensions ou pressions longitudinales. Concevons que la fibre moyenne soit prise pour axe des x, qu'une perpendiculaire menée dans le plan des forces soit l'axe des y, et appelons :

X' le plus grand moment fléchissant positif, le sens positif étant (suivant la convention du n° 42) celui d'un moment qui tend à coucher l'axe des x positifs sur les y positifs;
X'' la plus grande valeur absolue des moments négatifs;
u' la plus grande distance des divers éléments de la section à l'axe autour duquel se produit la flexion, ces éléments n'étant pris que du côté des y positifs;
u'' la distance maximum analogue du côté des y négatifs.

Le moment X' produira une extension du côté des y négatifs et une compression de l'autre côté : il fait donc naître

une tension maximum...... $\frac{X'u''}{I}$ par unité de surface,

une pression maximum..... $\frac{X'u'}{I}$ par unité de surface, et ce seront là les plus grandes actions longitudinales dues aux moments fléchissants positifs. Pareillement les plus grandes actions dues aux moments négatifs seront

$$\text{la tension}\ldots\ldots \quad \frac{X''u'}{I},$$

$$\text{la pression}\ldots\ldots \quad \frac{X''u''}{I}.$$

Donc la plus grande tension par unité superficielle, dans toute la pièce, sera la plus forte des deux valeurs $\frac{X'u''}{I}$ et $\frac{X''u'}{I}$; la plus grande pression sera la plus forte des deux valeurs $\frac{X'u'}{I}$ et $\frac{X''u''}{I}$. Nommant $\frac{X_1u_1}{I}$ et $\frac{X_2u_2}{I}$ ces deux maximums, on aura donc les conditions

$$(2) \qquad \frac{P'}{\Omega} \leqq R, \quad \frac{X_1u_1}{I} \leqq R', \quad \frac{X_2u_2}{I} \leqq R''.$$

Dans le cas où R' égalerait R'', il suffirait évidemment de vérifier que R' est supérieur à la plus grande des deux quantités $\frac{X_1u_1}{I}$, $\frac{X_2u_2}{I}$, ou (ce qui revient au même) à la plus grande des quatre quantités $\frac{X'u''}{I}$, $\frac{X'u'}{I}$, $\frac{X''u'}{I}$, $\frac{X''u''}{I}$.

Troisième cas. *Section variable.* — Quand la pièce a une section constante, on se guide nécessairement, pour en fixer les dimensions, sur les plus grands efforts tranchants et sur les plus grands moments de flexion qui ont lieu dans toute l'étendue de la pièce. Or, comme ces valeurs maxima ne se produisent que dans certaines sections déterminées, il en résulte que toutes les autres ont des dimensions plus que suffisantes pour résister convenablement aux forces qui s'exercent sur elles; par suite on aurait pu employer une moindre quantité de matière. C'est afin d'éviter cet inconvénient et de réaliser ainsi une économie plus ou moins notable, qu'on établit souvent des pièces dont la section change d'un point à l'autre de la fibre moyenne.

Dans ce cas, suivant que la section a une forme symétrique ou non, il faut encore employer les conditions (1) ou (2); seulement les maxima P′, X′, X″, ainsi que les hauteurs h, u', u'', ne doivent pas être déterminés pour la pièce considérée dans toute son étendue, mais bien pour la section dont on s'occupe, prise à l'exclusion de toutes les autres. La vérification des conditions (1) ou (2) doit d'ailleurs se répéter pour toutes les sections, ou du moins pour un certain nombre d'entre elles, assez peu distantes les unes des autres.

81. *Calcul des dimensions nécessaires pour résister à des charges données.* — Lorsqu'il s'agit, non pas de vérifier si une pièce donnée, avec des dimensions parfaitement définies, est en état de résister à un système de forces également connu, mais bien de calculer les dimensions de manière que la pièce supporte, sans altération, des charges fixées d'avance, alors le problème peut devenir beaucoup plus difficile. D'abord il est possible que les forces extérieures finalement appliquées à la poutre dépendent en partie des dimensions inconnues. Cela aurait lieu, par exemple, pour une poutre reposant sur plus de deux appuis en ligne droite, puisque la Statique ne donnerait que deux équations entre les réactions de ses appuis, et que les autres équations nécessaires à leur détermination devraient être posées en ayant égard à la flexibilité de la poutre. Si l'application de procédés rigoureux entraînait à des calculs inadmissibles en pratique, on éluderait cette première difficulté en cherchant les efforts tranchants P et moments de flexion X dans une section quelconque, comme si la poutre avait une section constante : c'est ce que nous avons fait dans la troisième partie du Cours. Nous regarderons donc encore comme connues les limites extrêmes de P et de X, soit dans la poutre entière, soit dans une section prise arbitrairement.

Les choses étant amenées à ce point, il est aisé de voir que le problème reste encore indéterminé. En effet, suivant que l'on se placera dans l'un ou l'autre des trois cas particuliers examinés au numéro précédent, on devra poser, pour la poutre entière ou pour chaque section isolément, les inégalités de condition (1) et (2) du n° 80, dans lesquelles tout sera connu, sauf les quantités Ω, I, h, u', u''. On saura donc que les dimensions cherchées doivent vérifier certaines inégalités, susceptibles, si l'on veut, de se convertir en équations; mais il est visible que cela ne suffirait pas pour définir tout à fait une aire plane, sur laquelle on ne connaîtrait rien d'avance. Par exemple, dans le cas d'une section constante et symétrique, les conditions (1) devant être observées, on saurait que l'aire Ω doit être supérieure ou tout au plus égale à $\frac{P}{R}$, et de même $\frac{I}{h}$ aurait une limite inférieure; mais on n'en saurait conclure toutes les dimensions de l'aire Ω, sans ajouter d'autres conditions qu'on se donnerait arbitrairement.

Les conditions de résistance se présentant sous forme d'inégalités, il est assez naturel de les convertir en égalités, pour ne pas augmenter inutilement les dimensions que l'on cherche; en d'autres termes, il semble convenable de faire en sorte que la matière supporte les tensions les plus fortes que l'expérience permet dans chaque genre d'efforts moléculaires. Mais cela ne sera pas toujours possible. Soit en effet proposé d'établir une pièce en tôle, à section rectangulaire constante, pour laquelle les quantités P', X' et R_1 (n° 80) auraient les valeurs

$$P' = 12000^{kg},$$
$$X' = 50000^{kgm},$$
$$R_1 = 6000000^{kg};$$

nommons h la hauteur de la section mesurée parallèlement à P', et b l'épaisseur dans le sens perpendiculaire. On aurait (n° 6)

$$I = \frac{1}{12} bh^3,$$

et, par suite, les inégalités (1) prises comme égalités deviendraient

$$(3) \qquad \frac{12000}{bh} = 6000000, \quad \text{ou} \quad bh = 0{,}002,$$

$$(4) \qquad \frac{6.50000}{bh^2} = 6000000, \quad \text{ou} \quad bh^2 = 0{,}050.$$

En divisant la seconde par la première, on trouverait

$$h = 25^{m};$$

la première donnerait ensuite

$$b = 0^{m},00008.$$

Or il est évident pour toute personne ayant le moindre sentiment de l'art des constructions qu'un équarrissage de 25 mètres de hauteur sur $\frac{1}{12}$ de millimètre d'épaisseur ne saurait être admis. Aussi faudrait-il, dans cet exemple, renoncer à l'une des équations (3) et (4); les efforts tranchants étant moins à craindre que les actions produites par la flexion, comme nous l'avons déjà dit plusieurs fois, on se préoccuperait d'abord de ces dernières, et on poserait

$$bh^2 = 0,050,$$

équation à laquelle on pourrait satisfaire en prenant $b = 0^{m},025$, $h = 1^{m},414$; comme d'ailleurs le produit bh serait ainsi supérieur à 0,002, on serait assuré de la stabilité.

Cet exemple et les explications qui le précèdent suffisent sans doute pour montrer ce qu'il y aurait à faire en général. On considérerait comme connues les dimensions cherchées, et on poserait les inégalités exprimant les conditions de résistance (nº 80). On tâtonnerait ensuite de manière à satisfaire à toutes ces inégalités, en s'écartant le moins possible de l'égalité; on disposerait pour cela des dimensions transversales, ou au moins d'une partie, si des considérations d'un autre ordre en avaient déjà fait arrêter quelques-unes. Enfin, tous les résultats fournis par le calcul devraient être contrôlés et examinés au point de vue de l'art de l'ingénieur, en se fondant sur des notions que nous n'avons point à exposer ici, mais qu'on puise dans les exemples de constructions analogues à celles qu'on projette, dans l'expérience acquise et le sentiment du praticien. En un mot, l'ingénieur ne doit considérer les formules que comme un guide à consulter et non à suivre aveuglément. La vérité de la théorie d'où elles découlent est toujours subordonnée à la réalisation plus ou moins complète de quelques hypothèses primitives, et la pratique seule peut apprendre les cas où ces hypothèses se trouvent suffisamment d'accord avec les faits.

82. *Influence de la forme attribuée à la section transversale d'une poutre.* — Quand il s'agit de résister à un effort tranchant, la tension par unité de surface reste toujours la même, quelle que soit la forme de la section, si toutefois celle-ci est homogène et conserve une aire constante : la forme a donc une influence nulle sur la résistance. Il n'en est pas de même quand on considère la résistance aux moments fléchissants. Supposons, pour plus de simplicité, une section homogène symétrique relativement à l'axe de flexion; suivant les notations du n° 80, la tension longitudinale maximum, dans cette section, serait proportionnelle au quotient $\frac{h}{I}$. L'inverse $\frac{I}{h}$ donnerait donc une mesure de la résistance de la section aux moments fléchissants, car plus $\frac{I}{h}$ sera grand, moindre sera le maximum de tension dû à un même moment. Or $\frac{I}{h}$, à égalité de l'aire Ω, dépend de la forme de cette aire.

Par exemple, si l'aire Ω était rectangulaire, on aurait (n° 6)

$$I = \frac{1}{12}\Omega h^2,$$

et, par suite,

$$\frac{I}{h} = \frac{1}{12}\Omega h,$$

quantité proportionnelle à h, quand Ω conserve la même valeur. On en conclut ce fait bien connu qu'une pièce méplate résiste mieux aux poids qui tendent à la fléchir, lorsqu'elle est posée sur champ que lorsqu'elle est posée dans l'autre sens. Aussi donne-t-on aux poutres rectangulaires en bois ou en métal, destinées à supporter des poids, des équarrissages plus forts suivant la verticale que suivant l'horizontale. S'il s'agit du bois, en nommant b l'épaisseur horizontale de la section, on fait habituellement

$$b = 0,7\,h;$$

pour les poutres métalliques le rapport $\frac{b}{h}$ peut devenir beaucoup plus petit : il descend souvent à quelques millièmes. En le diminuant sans changer Ω, on augmenterait la hauteur h et, par suite, la résistance à la flexion ; mais à cet égard nous renvoyons le lecteur aux considérations qui terminent le numéro précédent.

Si l'aire Ω est une ellipse, ayant pour axes b et h, l'un parallèle et l'autre perpendiculaire à l'axe de flexion, on a (n° 6)

$$I = \frac{1}{16}\Omega h^2,$$

d'où résulte

$$\frac{I}{h} = \frac{1}{16}\Omega h.$$

Nous avons donc encore les mêmes choses à dire relativement aux variations de la résistance à la flexion avec h. De plus on voit que l'ellipse est désavantageuse en comparaison du rectangle, à égalité d'aire et de hauteur, car le coefficient $\frac{1}{12}$ relatif au rectangle est remplacé par $\frac{1}{16}$.

Afin d'augmenter autant que possible le rapport $\frac{I}{h}$, on a imaginé les sections en forme de double T (*fig.* 40). Elles sont composées de deux rectangles à côtés parallèles, réunis par un troisième rectangle perpendiculaire, comme l'indique la figure. La partie verticale de la poutre, qui a pour section ce troisième rectangle, s'appelle souvent *âme* de la poutre. Les forces agissent perpendiculairement à la ligne AB, et aussi, bien entendu, à la fibre moyenne. Si l'âme a une section petite relativement à celle des branches horizontales; si celles-ci sont très-minces, et en outre égales, on pourrait poser, sans très-grande erreur,

Fig. 40.

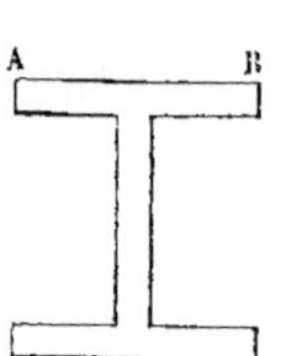

$$I = \frac{1}{4}\Omega h^2, \quad \frac{I}{h} = \frac{1}{4}\Omega h,$$

ce qui montre l'avantage de cette forme relativement au rectangle et à l'ellipse, puisque le coefficient $\frac{1}{4}$ a remplacé $\frac{1}{12}$ et $\frac{1}{16}$.

Au reste, quelque forme que l'on adopte, il est clair que rigoureusement on a toujours

$$I < \frac{1}{4}\Omega h^2,$$

pourvu que la surface soit homogène. En effet, si l'axe de flexion divise la hauteur h en deux parties égales, on augmentera le moment d'inertie I en portant tous les éléments superficiels à la distance maximum $\frac{h}{2}$ de l'axe; il deviendrait alors $\frac{1}{4}\Omega h^2$: donc il était primitivement plus petit. Il en est de même, à plus forte raison, si l'axe de flexion ne passe pas au milieu de h; car puisque cet axe contient le centre de gravité de la section, en le déplaçant parallèlement à lui-même, pour le mettre au milieu de la hauteur, on augmenterait déjà le moment d'inertie (n° **2**). Ainsi l'expression $\frac{1}{4}\Omega h$ est pour $\frac{I}{h}$ une limite qu'on ne peut pas atteindre tout à fait; mais on s'en rapproche avec la forme en double T à branches égales.

La quantité $\frac{I}{h}$ étant, dans les trois exemples qu'on vient d'indiquer, proportionnelle à h et à Ω, on pourrait, quand même Ω serait très-petit, la rendre aussi grande qu'on le voudrait, au moyen d'un choix convenable de h. On conçoit donc théoriquement des pièces dont la section transversale aurait une aire nulle, et qui cependant résisteraient bien à la flexion : mais ce n'est là qu'une conception non réalisable. Indépendamment des conditions pratiques non exprimées par la théorie, l'existence des efforts tranchants impose une limite inférieure à l'aire Ω, et l'on va voir au numéro suivant un autre genre de considérations qui conduisent également à ne diminuer indéfiniment aucune des épaisseurs de cette aire, dans le sens perpendiculaire à la hauteur h.

83. *Du glissement longitudinal des fibres les unes sur les autres.* — Soit donnée d'abord une poutre à section rectangulaire ABA_1B_1 (*fig.* 41), soumise à une série de charges parallèles au côté AB, par l'action desquelles il se produit des mouvements de flexion autour d'axes parallèles à BB_1. Nommons :

Fig. 41.

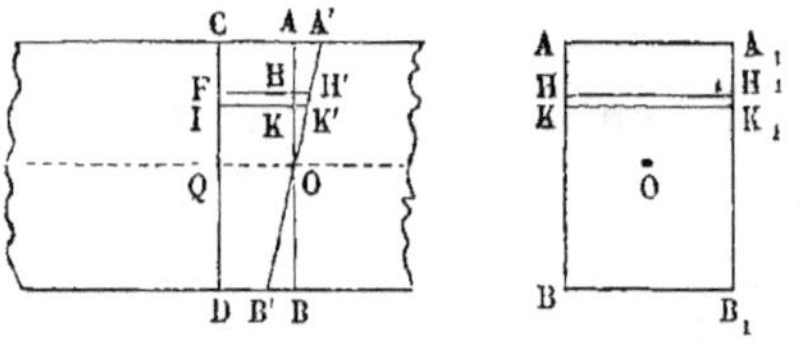

X le moment fléchissant et P l'effort tranchant dans la section AB;

$dx = \overline{OQ}$ la longueur d'un élément de la fibre moyenne, terminé à la section AB et à la section infiniment voisine CD;

$b = \overline{BB_1}$ et $h = \overline{AB}$ les deux dimensions transversales;

u la distance comprise entre le centre d'élasticité O et une parallèle quelconque KK_1 à l'axe de flexion;

I le moment d'inertie de la surface AB, supposée homogène, relativement au même axe.

La tension longitudinale par unité de surface sur la bande infiniment mince KK_1HH_1 sera $\frac{Xu}{I}$ (n° 21); et, comme cette bande a pour surface bdu, elle supporte une tension totale $\frac{bX}{I}udu$. La somme de ces tensions, pour la partie AO de la section AB, sera donc

$$\theta = \int_0^{\frac{1}{2}h} \frac{bX}{I} udu = \frac{bXh^2}{8I},$$

ou bien, à cause de $I = \frac{1}{12}bh^3$ (n° 6),

$$\theta = \frac{3X}{2h}.$$

Dans la section CD, la somme analogue prendrait la valeur

$$\theta + \frac{d\theta}{dx}dx = \frac{3}{2h}\left(X + \frac{dX}{dx}dx\right);$$

il y a donc une différence $\frac{3}{2h} \cdot \frac{dX}{dx} dx$ qui tend à faire glisser le prisme OQCA parallèlement à la direction OQ. Cette force ne peut être tenue en équilibre que par la résistance que le plan projeté sur OQ vient opposer au glissement. Si donc nous appelons R‴ la limite que ne doit pas dépasser cette force rapportée au mètre carré, pour la surface OQ ou bdx elle aura l'intensité maximum $R'''bdx$, et l'on devra poser

$$\frac{3}{2h} \cdot \frac{dX}{dx} dx \leqq R''' bdx;$$

soit, en remplaçant $\frac{dX}{dx}$ par P (n° 70), et isolant le facteur R‴,

$$\frac{3P}{2bh} \leqq R'''.$$

On se trouve ainsi conduit à considérer une nouvelle résistance, celle qui est opposée au glissement mutuel de plans menés parallèlement aux fibres de la pièce. Cette résistance, dans les pièces de bois, est ordinairement inférieure à la résistance R au glissement transversal des sections ou cisaillement : aussi la limite inférieure de l'aire bh, qu'on tirera de la dernière équation, sera-t-elle plus grande que celle qu'aurait fournie la condition $\frac{P}{\Omega} < R$ du n° 80. Le même fait se produirait encore pour toute poutre rectangulaire construite avec une autre matière que le bois, pourvu qu'on eût $R > \frac{2}{3} R'''$.

Le glissement longitudinal des fibres explique pourquoi deux poutres superposées de manière à se toucher par un plan, mais non invariablement liées l'une à l'autre, ne fléchissent pas comme une poutre unique égale en dimensions à leur ensemble. C'est parce que le plan de contact ne fournirait pas la résistance nécessaire au glissement longitudinal. Pour former une pièce unique avec la réunion de deux pièces, on a soin de les lier fortement avec des étriers, et de disposer la surface de séparation en redans qui engrènent les uns dans les autres.

On aurait pu exécuter des calculs analogues aux précédents, avec des formes de section différentes : nous nous bornerons à donner encore les résultats relatifs à la forme en double T à branches égales. On supposera, comme au n° **82**, que l'âme occupe seulement une faible partie de la section, et que les branches ont une petite épaisseur, relativement à la hauteur totale. Les notations restant celles du n° **82**, la tension totale θ sur une moitié de la section sera exprimée par

$$\theta = \frac{1}{2}\Omega \cdot \frac{Xh}{2I},$$

ou bien, puisque $I = \frac{1}{4}\Omega h^2$,

$$\theta = \frac{X}{h}.$$

Par suite, si b désigne l'épaisseur de l'âme, on devra poser

$$\frac{1}{h} \cdot \frac{dX}{dx} dx \leqq R''' b dx,$$

c'est-à-dire

$$\frac{P}{bh} \leqq R'''.$$

On trouve ainsi une limite inférieure de la section bh de l'âme : dans le cas où R''' égalerait R, on pourrait énoncer la dernière inégalité en disant que l'âme doit être, à elle seule et abstraction faite des branches, capable de résister à l'effort tranchant.

Mais il convient de faire remarquer que tous les calculs du présent article s'appliquent exclusivement au cas où la hauteur h ne varie pas d'une section à l'autre. Montrons par un exemple qu'ils seraient sensiblement modifiés dans le cas d'une hauteur variable. A cet effet, supposons une poutre d'égale résistance (n° **22**), encastrée par un bout et supportant à l'autre une force transversale unique P. La section est un rectangle d'épaisseur b constante, dans le sens perpendiculaire au plan qui contient P et la fibre moyenne; la hauteur h varie proportionnellement à la racine carrée de la distance x, entre la section considérée et le point où agit P, de sorte qu'on a

$$h^2 = Cx \quad \text{et} \quad \frac{dh}{dx} = \frac{h}{2x},$$

C désignant une constante. La somme θ des tensions sur la moitié de l'aire bh s'exprimera encore, comme tout à l'heure, par l'équation

$$\theta = \frac{3X}{2h};$$

mais en différentiant pour obtenir la force de glissement dans le sens longitudinal, il faudra considérer h comme variable en fonction de x et poser

$$\frac{d\theta}{dx}dx = \frac{3}{2h}\cdot\frac{dX}{dx}dx - \frac{3X}{2h^2}\cdot\frac{dh}{dx}dx = \left(\frac{3P}{2h} - \frac{3X}{4hx}\right)dx,$$

ou encore, attendu que $X = Px$,

$$\frac{d\theta}{dx}dx = \frac{3P}{4h}dx.$$

La valeur de $\frac{d\theta}{dx}dx$, et, par suite, la tendance au glissement longitudinal, seraient donc ici deux fois plus petites qu'avec une hauteur invariable.

Dans les exemples particuliers qui précèdent, nous n'avons cherché la tendance au glissement longitudinal que sur le plan qui contient les axes de flexion successifs. On aurait pu la chercher par un procédé semblable sur tout autre plan parallèle; et c'est même ce qu'il y aurait à faire si, parmi ces sections longitudinales, il s'en trouvait une très-étroite et conséquemment plus exposée que les autres au genre de rupture que nous venons d'étudier (*).

(*) L'idée d'avoir égard au glissement longitudinal des fibres est empruntée à un Mémoire de M. Jourawski, colonel du génie russe. Voir les *Annales des Ponts et Chaussées*, 1856, 2e semestre.

§ IV. — Des pièces droites chargées debout.

84. *Prisme vertical chargé d'un poids agissant suivant son axe.* — Nous supposons un prisme vertical dont la fibre moyenne, dans son état primitif, est AB (*fig.* 42); le point B est fixe; au point A, suivant la ligne AB, est appliquée une force N devant laquelle le poids propre de la pièce est supposé négligeable. Le point A est assujetti par des moyens quelconques à se déplacer sur AB. Dans ces conditions, si la pièce était composée de fibres parfaitement homogènes, et si la force agissait rigoureusement suivant la fibre moyenne, il ne pourrait se produire aucune flexion, car le moment de N par rapport à un quelconque des centres d'élasticité des sections successives serait nul; par conséquent la pièce resterait droite. Mais si une cause accidentelle quelconque a fait commencer la flexion, on comprend que la pièce puisse rester courbée et se maintenir en équilibre sous l'action de la force N. C'est la forme qu'elle a dans l'état d'équilibre qu'il s'agit d'étudier ici.

Fig. 42.

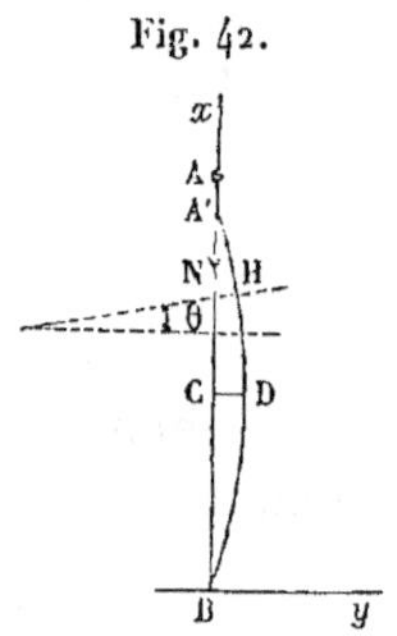

Soit A′ la position du point A après la flexion. La déformation étant supposée plane (n° 48), appliquons à la pièce A′B l'équation (1) du n° 42; si l'on prend pour axes des coordonnées les lignes Bx et By, le moment fléchissant sera exprimé par $-\mathrm{N}y$; par suite, on posera

$$er^2\frac{d^2y}{dx^2} = -\mathrm{N}y,$$

équation dans laquelle er^2 représente, comme d'habitude, le moment d'inflexibilité constant de la poutre, relativement aux axes perpendiculaires au plan de la figure et passant par les centres d'élasticité des sections. On connaît l'intégrale de cette équation linéaire du second ordre : en désignant par C et D deux constantes arbitraires, on aura

$$y = \mathrm{C}\sin\frac{x}{r}\sqrt{\frac{\mathrm{N}}{e}} + \mathrm{D}\cos\frac{x}{r}\sqrt{\frac{\mathrm{N}}{e}}.$$

La constante D doit être nulle, attendu qu'on a $y=0$ pour $x=0$; donc

$$y = C \sin \frac{x}{r}\sqrt{\frac{N}{e}}.$$

Il faut, de plus, que y soit encore nul pour $x = \overline{A'B}$, quantité peu différente de $\overline{AB}$ ou $2a$, longueur primitive de la pièce. Il faudra donc que $\frac{2a}{r}\sqrt{\frac{N}{e}}$ soit un multiple de la demi-circonférence, ou bien, en désignant par i un nombre entier quelconque, que l'on ait

$$\frac{2a}{r}\sqrt{\frac{N}{e}} = i\pi,$$

d'où nous tirons

$$N = er^2 \frac{i^2\pi^2}{4a^2}.$$

La moindre force N déduite de cette équation est $er^2\frac{\pi^2}{4a^2}$, correspondante à $i=1$; en faisant $i=2$, $i=3$, etc., on aurait des valeurs de N qui seraient égales à la première multipliée par 4, 9, etc. Donc la pièce ne pourra pas rester fléchie si N n'atteint pas au moins la limite $er^2\frac{\pi^2}{4a^2}$.

Quand on attribue à N la valeur générale $er^2\frac{i^2\pi^2}{4a^2}$, l'expression $\frac{1}{r}\sqrt{\frac{N}{e}}$ est égale à $\frac{i\pi}{2a}$, et, par suite,

$$y = C \sin \frac{i\pi x}{2a}.$$

On voit alors que pour les valeurs de x

$$x = \frac{2a}{i},\quad x = 2\frac{2a}{i},\quad x = 3\frac{2a}{i},\ \ldots,\quad x = (i-1)\frac{2a}{i},\quad x = 2a,$$

$\frac{i\pi x}{2a}$ devient un multiple de la demi-circonférence, et, par conséquent, y devient nul. La courbe affectée par la fibre moyenne présente une forme analogue à celle qui est dessinée ci-contre (*fig.* 43), pour le cas particulier de $i=3$. Cette courbe est toujours une sinusoïde. Il est clair qu'une portion de la courbe comprise entre deux points consécutifs où y s'annule, HK par exemple, représente la courbe qu'on aurait, dans l'hypothèse de $i=1$, avec une longueur de pièce $\frac{2a}{i}$. En effet, en chacun des points H et K, la partie HK doit recevoir des réactions moléculaires dont les résultantes, égales et contraires entre elles, ont N pour valeur commune : donc HK se trouve dans les mêmes conditions que A'B dans la *fig.* 42, à part cette différence que la longueur est $\frac{2a}{i}$ au lieu de $2a$.

Fig. 43.

Le maximum de l'ordonnée y, ou la flèche, se produit quand on a $\frac{i\pi x}{2a}$ égal à l'une des valeurs $\frac{\pi}{2}, \frac{3\pi}{2}, \frac{5\pi}{2}, \ldots$, ce qui donne pour x les valeurs correspondantes $\frac{a}{i}, \frac{3a}{i}, \frac{5a}{i}, \ldots$. Ce maximum est d'ailleurs égal à la constante C, qui reste encore indéterminée, bien que nous ayons employé toutes les conditions du problème.

D'après l'analyse précédente, il semble au premier abord que l'équilibre n'est compatible qu'avec certaines valeurs de N croissantes d'une manière discontinue; de sorte que si la pièce était fléchie par une force N égale à $er^2\frac{\pi^2}{4a^2}$, l'addition d'une très-petite force entraînerait la rupture. Or cela est contraire à une expérience qu'on peut à chaque instant répéter avec des règles en bois de faibles dimensions : la règle étant courbée par deux pressions en sens contraire qu'on exerce avec les mains aux extrémités, on voit la flèche varier d'une manière continue avec la force. Toutefois cette objection, que nous citons parce qu'elle se présente naturellement à l'esprit, n'est pas bien fondée : car, à la rigueur, dans la formule $N=\frac{er^2\pi^2}{4a^2}$, on devrait regarder $2a$ comme représentant la distance $\overline{AA'}$ des deux extrémités de la pièce déformée, quantité variable avec N; cette force pourrait donc varier un peu, et à chaque valeur correspondrait une courbe particulière d'équilibre. Seulement il y a toujours dans cet équilibre quelque chose que nous n'avons pas pu déterminer : c'est la constante C ou la flèche maximum de la courbe. Cela tient à ce que, en établissant les formules de la déformation, et en particulier l'équation (1) du n° 42, nous avons toujours supposé les déplacements infiniment petits, et, par conséquent, nous avons confondu la forme primitive d'une pièce et sa forme définitive, en ce qui concerne l'évaluation des moments ou projections des forces et le calcul des déplacements correspondants. Ici, cela nous empêcherait de résoudre la question, car nous devrions partout supposer $X = 0$, ce qui nous conduirait à dire que la pièce est restée droite. Aussi, en écrivant $er^2 \frac{d^2y}{dx^2} = -Ny$, avons-nous déjà tenu compte en partie de la différence de forme qui altère le moment de N; mais ce que nous avons fait pour ce moment, il aurait fallu le faire aussi pour les actions moléculaires qui le tiennent en équilibre.

Reprenons donc la question à son origine. La pièce AB ayant pris la forme A′B (*fig.* 42) sous l'action de la force N, exprimons l'équilibre entre cette force et les actions moléculaires développées dans une section quelconque faite en H. Nous appellerons ds la longueur primitive d'un élément de fibre moyenne qui part de H, θ l'inclinaison de la section qui passe en ce point par rapport à sa direction primitive. La section infiniment voisine de celle-là, et qui en était primitivement à la distance ds, fait maintenant avec elle un angle $d\theta$, tandis que le parallélisme existait d'abord entre les deux sections. Donc $\frac{d\theta}{ds}$ représente l'angle de flexion rapporté à l'unité de longueur, c'est-à-dire la quantité nommée $\frac{\psi}{L}$ au n° 17: par suite, la somme des moments des actions moléculaires relativement à l'axe projeté en H aura pour valeur $er^2 \frac{d\theta}{ds}$, et, puisqu'il y a équilibre entre ces actions et la force N, on posera

$$(1) \qquad er^2 \frac{d\theta}{ds} = \mathrm{N}y.$$

L'élément qui avait primitivement une longueur ds a pris une longueur différente ds', à cause de la compression due à la force N. En vertu des formules élémentaires relatives à l'extension et à la compression simples, on aura très-approximativement

$$(2) \qquad ds' = ds\left(1 - \frac{\mathrm{N}}{e}\right),$$

en négligeant la faible inclinaison de N sur la normale à la section. Enfin, puisque la composante de N parallèlement à la section est aussi très-faible, il est permis de négliger le glissement transversal et de regarder une section primitivement normale comme l'étant encore après la déformation. On écrit en conséquence l'équation

$$(3) \qquad -ds'.\sin\theta = dy.$$

Des équations (2) et (3) on tire

$$\frac{dy}{ds} = -\sin\theta\left(1 - \frac{\mathrm{N}}{e}\right),$$

valeur qui, substituée dans l'équation (1), après avoir différentié celle-ci par rapport à s, donne

$$er^2 \frac{d^2\theta}{ds^2} = -\mathrm{N}\left(1 - \frac{\mathrm{N}}{e}\right)\sin\theta;$$

multipliant par $2d\theta$ et intégrant, on aura

$$er^2 \left(\frac{d\theta}{ds}\right)^2 = 2\mathrm{N}\left(1 - \frac{\mathrm{N}}{e}\right)\cos\theta + \text{const.}$$

La constante peut s'exprimer en fonction de la valeur θ_0 que prend θ au point A'; car en ce point $y = 0$, et, par suite, en vertu de (1), $\frac{d\theta}{ds} = 0$. Donc on pourra poser

$$(4) \qquad er^2 \left(\frac{d\theta}{ds}\right)^2 = 2\mathrm{N}\left(1 - \frac{\mathrm{N}}{e}\right)(\cos\theta - \cos\theta_0),$$

soit, sous une autre forme,

$$\frac{d\theta}{\sqrt{2(\cos\theta - \cos\theta_0)}} = \frac{ds}{r}\sqrt{\frac{N}{e}\left(1 - \frac{N}{e}\right)}.$$

L'intégrale du second membre de cette équation entre les limites $s = 0$ et $s = 2a$ est $\frac{2a}{r}\sqrt{\frac{N}{e}\left(1 - \frac{N}{e}\right)}$; l'intégrale du premier entre les mêmes limites est connue par la théorie du pendule simple. Si θ s'annule i fois entre B et A', cette intégrale serait le temps de i oscillations d'un pendule simple ayant pour longueur le nombre g, accélération des corps pesants dans le vide; on aurait donc approximativement pour sa valeur $i\pi\left(1 + \frac{\theta_0^2}{16}\right)$, en négligeant dans l'expression différentielle les puissances de θ_0 supérieures à la quatrième; par suite, on posera

$$(5) \qquad i\pi\left(1 + \frac{\theta_0^2}{16}\right) = \frac{2a}{r}\sqrt{\frac{N}{e}\left(1 - \frac{N}{e}\right)}.$$

Or les équations (1) et (4), appliquées aux points tels que C, pour lesquels θ s'annule, en même temps que y prend une valeur maximum f, donnent

$$er^2\frac{d\theta}{ds} = Nf,$$

$$er^2\left(\frac{d\theta}{ds}\right)^2 = 2N\left(1 - \frac{N}{e}\right)(1 - \cos\theta_0);$$

d'où l'on tire

$$\frac{Nf^2}{er^2} = 2\left(1 - \frac{N}{e}\right)(1 - \cos\theta_0),$$

ou bien, à cause de la petitesse de θ_0,

$$(6) \qquad \frac{Nf^2}{er^2} = \left(1 - \frac{N}{e}\right)\theta_0^2.$$

En éliminant θ_0 entre les équations (5) et (6), on aura définitivement, pour déterminer la flèche,

$$\frac{Nf^2}{er^2\left(1 - \frac{N}{e}\right)} = 16\left[-1 + \frac{2a}{i\pi r}\sqrt{\frac{N}{e}\left(1 - \frac{N}{e}\right)}\right].$$

La quantité $\frac{\mathrm{N}}{e}$ représente le rapport du raccourcissement de la pièce à sa longueur primitive quand on suppose que la compression se fait sans entraîner de flexion (n° 14); ce rapport est nécessairement petit, car l'expérience prouve qu'il ne saurait acquérir une valeur notable, même en se rapprochant de la valeur de N qui produirait l'écrasement (*). On pourrait donc, sans avoir à craindre une erreur notable sur f, poser l'équation

$$(7) \qquad \frac{\mathrm{N}f^2}{er^2} = 16\left[-1 + \frac{2a}{i\pi r}\sqrt{\frac{\mathrm{N}}{e}\left(1 - \frac{\mathrm{N}}{e}\right)}\right].$$

Voyons les conséquences qui résultent de cette expression. D'abord, pour que f soit réel, il faut que l'on ait

$$-1 + \frac{2a}{i\pi r}\sqrt{\frac{\mathrm{N}}{e}\left(1 - \frac{\mathrm{N}}{e}\right)} > 0,$$

ou bien

$$(8) \qquad \frac{\mathrm{N}}{e}\left(1 - \frac{\mathrm{N}}{e}\right) > \frac{i^2\pi^2 r^2}{4a^2};$$

si l'on négligeait $\frac{\mathrm{N}}{e}$ devant l'unité, cette inégalité donnerait

$$(9) \qquad \mathrm{N} > er^2\frac{i^2\pi^2}{4a^2},$$

ce qui est la limite inférieure de N fournie par notre première analyse. On en a une autre un peu plus forte en remarquant qu'on a, d'après l'inégalité (8),

$$\frac{\mathrm{N}}{e} > \frac{i^2\pi^2 r^2}{4a^2\left(1 - \frac{\mathrm{N}}{e}\right)},$$

ou, *à fortiori*, en remplaçant dans le second membre $\frac{\mathrm{N}}{e}$ par la

(*) Par exemple, une pression de 25 kilogrammes par millimètre carré produit la rupture par écrasement d'un prisme en fer, et cependant le raccourcissement correspondant n'est guère que 0,002 de la longueur primitive. Pour la fonte et le bois, ce dernier nombre serait un peu plus fort, mais il atteindrait rarement une valeur maximum supérieure ou même égale à 0,01.

valeur trop faible $\frac{i^2\pi^2 r^2}{4a^2}$ déduite de (9),

$$(10) \qquad N > er^2 \frac{i^2\pi^2}{4a^2 - i^2\pi^2 r^2}.$$

La valeur de N doit donc être tant soit peu supérieure à la limite $er^2 \frac{i^2\pi^2}{4a^2 - i^2\pi^2 r^2}$; mais elle ne doit la dépasser que très-peu. En effet, si le contraire avait lieu, on aurait, d'après l'équation (7), $\frac{Nf^2}{er^2} = K$, K désignant une quantité de grandeur sensible; donc on aurait aussi $f^2 = Kr^2 \frac{e}{N}$, et attendu que $\frac{e}{N}$ doit être un rapport assez grand, la flèche serait grande, ce qui est contraire aux données que nous admettons toujours dans nos calculs, et exposerait la pièce à la rupture. Les pièces chargées debout et fléchies doivent donc être considérées comme étant dans un état d'équilibre instable, puisqu'un faible supplément de compression les met en danger de se rompre: et par conséquent on doit s'arranger, dans les constructions, pour rendre impossible la flexion de ces pièces.

En vertu de ce que N dépasse très-peu la limite inférieure, l'équation (7) peut encore recevoir une autre forme. Soit N_0 la valeur de N qui satisfait à la relation $1 = \frac{2a}{i\pi r}\sqrt{\frac{N_0}{e}\left(1 - \frac{N_0}{e}\right)}$, on aura

$$\frac{Nf^2}{er^2} = \left[\sqrt{\frac{N}{e}\left(1 - \frac{N}{e}\right)} - \sqrt{\frac{N_0}{e}\left(1 - \frac{N_0}{e}\right)}\right]\frac{32a}{i\pi r};$$

la quantité entre parenthèses sera considérée comme la différentielle de la fonction $\sqrt{\frac{N}{e}\left(1 - \frac{N}{e}\right)}$ et remplacée en conséquence par $\frac{N - N_0}{e} \cdot \frac{\left(1 - \frac{2N}{e}\right)}{2\sqrt{\frac{N}{e}\left(1 - \frac{N}{e}\right)}}$, soit, avec une petite erreur relative, par $\frac{N - N_0}{2e\sqrt{\frac{N}{e}}}$; donc on aura

$$f^2 = \frac{16ar}{ei\pi} \cdot \frac{N - N_0}{\left(\frac{N}{e}\right)^{\frac{3}{2}}}.$$

Or $\frac{N}{e}$ est encore peu différent de $\frac{i^2\pi^2 r^2}{4a^2}$; donc enfin, en posant $N - N_0 = \Delta N_0$, on aura

$$f^2 = \frac{128}{i^4\pi^4} \cdot \frac{\Delta N_0}{e} \cdot \frac{a^4}{r^2},$$

soit, en extrayant la racine carrée,

$$(11) \qquad f = \frac{8\sqrt{2}}{i^2\pi^2}\sqrt{\frac{\Delta N_0}{e}} \cdot \frac{a^2}{r}.$$

Ainsi donc, pour que la poutre fléchisse, il faut que la force N atteigne une certaine limite N_0, pour laquelle la flèche est encore nulle, mais est sur le point de se produire ; quand la force N dépasse cette limite, la flèche qui se produit est proportionnelle au carré de la longueur primitive et à la racine carrée du supplément de force; elle est en raison inverse de la racine carrée du moment d'inflexibilité.

Nous venons de voir qu'il y a une limite inférieure de N, en dessous de laquelle la flexion est impossible; il en existe pareillement une pour la longueur $2a$. En effet, $\frac{N}{e}\left(1 - \frac{N}{e}\right)$ étant le produit de deux facteurs dont la somme est constante, on a nécessairement $\sqrt{\frac{N}{e}\left(1 - \frac{N}{e}\right)} < \frac{1}{2}$; et comme pour rendre possible l'équation (7) il faut que cette quantité multipliée par $\frac{2a}{i\pi r}$ devienne plus grande que 1, on aura la condition

$$2a > 2i\pi r.$$

Mais, pratiquement, la longueur $2i\pi r$ serait encore insuffisante pour rendre la flexion possible ; car la valeur correspondante de $\frac{N}{e}$ serait $\frac{1}{2}$, ce qui entraînerait bien certainement l'écrasement du prisme.

Pour exprimer la limite que donne cette considération de la résistance à l'écrasement, appelons E_1 la plus grande valeur du coefficient d'élasticité longitudinale dans la section de la poutre, R_2 la compression longitudinale par unité de surface qui produirait la rupture. On aura

$$\frac{NE_1}{e} < R_2 \quad \text{et} \quad \frac{N}{e} > \frac{i^2\pi^2 r^2}{4a^2 - i^2\pi^2 r^2};$$

d'où l'on déduit

$$\frac{R_2}{E_1} > \frac{i^2\pi^2 r^2}{4a^2 - i^2\pi^2 r^2},$$

ou bien

$$2a > i\pi r\sqrt{1 + \frac{E_1}{R_2}}.$$

Si l'on veut que la flexion puisse commencer sans compromettre la pièce, il faut, dans cette inégalité, remplacer R_2 par la limite R'' de la compression par mètre carré, que l'on peut exercer avec sécurité. Voici, en nombres ronds, les valeurs de $\pi\sqrt{1 + \frac{E_1}{R_2}}$ pour quelques matières prises avec leurs qualités physiques moyennes :

Fer	90
Fonte	40
Bois de chêne	50

Si l'on avait remplacé R_2 par R'', les résultats seraient devenus deux fois et demie ou trois fois plus forts.

Quant à ce qui concerne la vérification de la stabilité, on a déjà dit qu'il fallait éviter dans les constructions d'avoir des pièces chargées debout et qui pourraient fléchir. Cette précaution prise, la charge suivant l'axe donnerait lieu à une compression simple, et à des pressions par unité de surface faciles à calculer en chaque point (n°s 14 et 20). Il suffirait ensuite de s'assurer que le maximum de ces pressions n'atteint pas la limite R″.

85. *Prisme vertical chargé suivant son axe et encastré à ses deux extrémités.* — Dans ce cas, si l'on se contente de l'analyse approximative donnée en commençant le n° 84, on écrira l'équation

$$er^2 \frac{d^2 y}{dx^2} = -Ny + \mu,$$

dans laquelle μ désigne le moment du couple produit par l'encastrement. En posant $y' = y - \frac{\mu}{N}$ et désignant par C et D deux constantes, on aura successivement

$$er^2 \frac{d^2 y'}{dx^2} = -Ny',$$

$$y' = C \sin \frac{x}{r}\sqrt{\frac{N}{e}} + D \cos \frac{x}{r}\sqrt{\frac{N}{e}},$$

$$y = \frac{\mu}{N} + C \sin \frac{x}{r}\sqrt{\frac{N}{e}} + D \cos \frac{x}{r}\sqrt{\frac{N}{e}}.$$

Or, y doit s'annuler pour $x = 0$ et $x = 2a$, ce qui donne

$$\frac{\mu}{N} + D = 0,$$

$$\frac{\mu}{N} + C \sin \frac{2a}{r}\sqrt{\frac{N}{e}} + D \cos \frac{2a}{r}\sqrt{\frac{N}{e}} = 0.$$

$\frac{dy}{dx}$ doit aussi être nul pour les mêmes valeurs de x, et, par suite, on a

$$C = 0, \quad D \sin \frac{2a}{r}\sqrt{\frac{N}{e}} = 0.$$

En faisant dans la seconde de ces quatre conditions $\frac{\mu}{N} = -D$ et $C = 0$, on trouve

$$\cos \frac{2a}{r}\sqrt{\frac{N}{e}} = 1,$$

équation qui, jointe à $\sin \frac{2a}{r}\sqrt{\frac{N}{e}} = 0$, exige que l'on ait

$$\frac{a}{r}\sqrt{\frac{N}{e}} = i\pi,$$

ou bien

$$N = er^2 \frac{i^2 \pi^2}{a^2}.$$

La valeur de y prend alors la forme

$$y = -D\left(1 - \cos\frac{i\pi x}{a}\right).$$

Ainsi, la moindre valeur de la force N, nécessaire pour produire la flexion dans ce cas, répond à $i = 1$ et a pour expression $\frac{er^2\pi^2}{a^2}$; elle est donc quatre fois plus grande que dans le cas précédent. La courbe affectée par la fibre moyenne est encore une sinusoïde; mais elle est tout entière d'un même côté de l'axe des x. La flèche maximum, égale à $-2D$, se produit pour $x = \frac{a}{i}, 3\frac{a}{i}, 5\frac{a}{i}, \ldots, (2i-1)\frac{a}{i}$, tandis qu'il y aurait des ordonnées nulles pour $x = 2\frac{a}{i}, 4\frac{a}{i}, 6\frac{a}{i}, \ldots, 2a$. Cette flèche reste encore indéterminée, et par conséquent il y a aussi danger de rupture quand la flexion commence.

La considération suivante met bien en évidence l'effet de l'encastrement. Prenons une pièce AB (*fig.* 44) maintenue à l'état de flexion par deux forces N égales et contraires, appliquées à ses extrémités suivant son axe primitif. La courbe produite par la flexion sera, par exemple, AGCHD...B, coupant un nombre pair de fois la ligne AB entre les points A et B, de telle sorte que le nombre des portions telles que AGC, comprises entre deux ordonnées nulles consécutives, sera au contraire impair. Nous le désignerons par $2n+1$, n étant un nombre entier positif. L'équilibre existant, il est clair que dans la section normale faite en G, la pièce GCH... supporte l'action d'une force verticale N dirigée suivant AN, qu'on peut remplacer par la même force appliquée en G et par le couple dont le moment serait $N.\overline{GE}$. De même, la portion de pièce

Fig. 44.

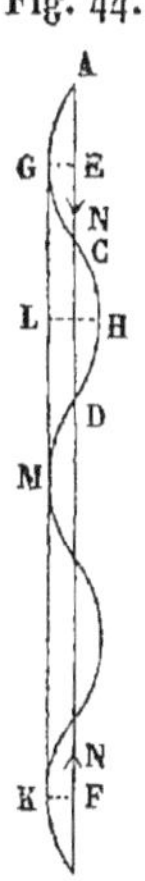

qui est supérieure à la section faite en K reçoit dans cette section des actions égales et de sens contraire. Donc, si l'on imagine que les portions AG et KB soient supprimées, mais qu'on fasse agir en G et K les forces N et les couples $N.\overline{GE}$, l'équilibre existera toujours; il existera encore si les couples sont remplacés par des encastrements qui assujettissent la pièce à conserver sa direction verticale en G et K, et les encastrements donneront lieu précisément au moment $N.\overline{GE}$; car s'il en était différemment, la direction de la pièce changerait en ces points. Alors, la partie GCH...K représentera une poutre chargée debout par une force N et encastrée à ses deux extrémités; GK serait la position de la fibre moyenne de la poutre dans l'état primitif. La longueur $\overline{GK}$ de cette pièce étant désignée par $2a$, $\overline{AB}$ sera égal à $2a.\frac{2n+1}{2n}$. Donc on peut conclure que si la pièce GK doit présenter dans sa longueur $2n-1$ points où la tangente serait verticale, non compris G et K, après la déformation elle sera identique avec la courbe ayant $2n$ ordonnées nulles entre les extrémités, qui se produirait sous l'action de la même force, en supprimant l'encastrement et prolongeant la pièce de manière à multiplier la longueur par $\frac{2n+1}{2n}$; seulement il faut observer qu'après cette modification la flèche maximum sera réduite à moitié, puisqu'elle deviendra $\overline{GE}$ au lieu de $\overline{LH}$.

On pourrait donc appliquer les formules du n° 84, en y remplaçant i par $2n+1$, $2a$ par $2a.\frac{2n+1}{2n}$, f par $\frac{1}{2}f$.

L'observation qui termine le n° 84, relativement à la stabilité, serait encore exacte dans le cas actuel.

86. *Prisme vertical encastré à une extrémité et sollicité à l'autre par une force oblique et un couple.* — Soit une pièce dont la fibre moyenne primitive coïncide avec la verticale AB (*fig.* 45) et devient A'B après la flexion. En B est un appui avec encastrement; en C, à une distance $\overline{A'C}=l$ de l'extrémité supérieure, agit une force R dont les composantes horizontale et verticale sont P et N; devant cette force on néglige le poids propre de la pièce.

L'équation générale (1) du n° 42 devient ici

Fig. 45.

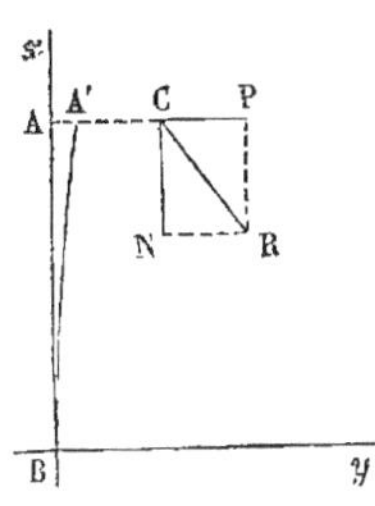

$$(1) \qquad er^2 \frac{d^2 y}{dx^2} = N(l+f-y) + P(2a-x),$$

en prenant pour axes coordonnés les lignes Bx, By, et posant $\overline{AA'} = f$, $\overline{AB} = 2a$. Pour intégrer cette équation, on en cherchera d'abord une solution particulière, qui sera la valeur de y pour laquelle le second membre devient nul. Soit y' cette valeur, on aura

$$y' = l + f + \frac{P}{N}(2a - x);$$

y' satisferait bien à l'équation (1), car le premier membre serait nul comme le second. Posons maintenant

$$y = y' + u,$$

u étant une inconnue auxiliaire. On aura

$$\frac{d^2 y}{dx^2} = \frac{d^2 u}{dx^2},$$

et, par suite, en substituant ces expressions de y et de $\frac{d^2 y}{dx^2}$ dans l'équation (1),

$$er^2 \frac{d^2 u}{dx^2} = -Nu,$$

d'où l'on tire

$$u = C \sin \frac{x}{r} \sqrt{\frac{N}{e}} + D \cos \frac{x}{r} \sqrt{\frac{N}{e}},$$

relation dans laquelle C et D sont des constantes arbitraires. Donc finalement l'intégrale générale de l'équation (1) est

$$(2) \qquad y = l + f + \frac{P}{N}(2a - x) + C \sin \frac{x}{r} \sqrt{\frac{N}{e}} + D \cos \frac{x}{r} \sqrt{\frac{N}{e}}.$$

On éliminera les constantes en exprimant que pour $x = 0$ on a

$$y = 0, \quad \frac{dy}{dx} = 0,$$

ce qui donne

$$l + f + \frac{2aP}{N} + D = 0, \qquad -\frac{P}{N} + \frac{C}{r} \sqrt{\frac{N}{e}} = 0;$$

et si l'on substitue dans (2) les valeurs de C et de D, on trouvera

$$= \left(l + f + \frac{2aP}{N}\right)\left(1 - \cos \frac{x}{r} \sqrt{\frac{N}{e}}\right) - \frac{Pr}{N} \sqrt{\frac{e}{N}} \left(\frac{x}{r} \sqrt{\frac{N}{e}} - \sin \frac{x}{r} \sqrt{\frac{N}{e}}\right).$$

Il y a encore dans cette équation une inconnue auxiliaire f, dont la valeur est celle que prend y pour $x = 2a$; on aura donc, pour la déterminer,

$$f = \left(l + f + \frac{2aP}{N}\right)\left(1 - \cos\frac{2a}{r}\sqrt{\frac{N}{e}}\right) - \frac{Pr}{N}\sqrt{\frac{e}{N}}\left(\frac{2a}{r}\sqrt{\frac{N}{e}} - \sin\frac{2a}{r}\sqrt{\frac{N}{e}}\right),$$

et, par suite,

$$(4)\qquad f = l\frac{1 - \cos\frac{2a}{r}\sqrt{\frac{N}{e}}}{\cos\frac{2a}{r}\sqrt{\frac{N}{e}}} + \frac{Pr}{N}\sqrt{\frac{e}{N}}\left(\operatorname{tang}\frac{2a}{r}\sqrt{\frac{N}{e}} - \frac{2a}{r}\sqrt{\frac{N}{e}}\right).$$

Les équations (3) et (4) suffisent pour faire connaître la courbe A'B.

Lorsqu'on suppose que l et $\frac{P}{N}$ ne sont pas deux quantités très-petites, il est nécessaire, pour que la flèche reste petite, que $\frac{2a}{r}\sqrt{\frac{N}{e}}$ soit un petit arc. Or on a généralement

$$\cos z = 1 - \frac{z^2}{2} + \ldots, \qquad \operatorname{tang} z = z + \frac{z^3}{3} + \ldots;$$

donc, si l'on néglige la quatrième puissance de z et les puissances supérieures, on pourra écrire

$$(5)\qquad f = \frac{2a^2 l}{r^2}\cdot\frac{N}{e} + \frac{8Pa^3}{3er^2} = \frac{4a^2}{er^2}\left(\frac{Nl}{2} + \frac{2Pa}{3}\right);$$

f est alors la somme des valeurs obtenues en supposant successivement $P = 0$, $N = 0$, ce qui n'avait pas lieu quand on faisait entrer y et f dans l'expression du moment fléchissant, c'est-à-dire quand on tenait compte des changements que les déformations elles-mêmes apportent dans les moments des forces extérieures par rapport à un point quelconque de la fibre moyenne.

Quant à la résistance de la pièce, on voit qu'il y aura dans les diverses sections une force de glissement P, une force N produisant une compression simple, et un moment fléchissant variable $N(l+f-y) + P(2a - x)$ dont le maximum aura lieu en B et sera $N(l+f) + 2Pa$. Il n'y a d'ailleurs rien de particulier à dire sur ce cas, à part la condition que l'arc $\frac{2a}{r}\sqrt{\frac{N}{e}}$ doit être petit; et quand on aura, par la méthode générale exposée au § III du chapitre Ier, calculé les tensions maxima de toute nature dans une section quelconque, on s'assurera que les dimensions sont suffisantes en procédant comme aux nos 80 et suivants.

CHAPITRE QUATRIÈME.

CALCUL DE LA POUSSÉE EXERCÉE PAR UN ARC REPOSANT SUR DEUX APPUIS FIXES, LORSQUE LA SECTION EST CONSTANTE ET QUE LA FIBRE MOYENNE, PRIMITIVEMENT CIRCULAIRE, SE DÉFORME EN RESTANT DANS UN MÊME PLAN VERTICAL.

---

§ Ier. — Poussée due à une force isolée, horizontale ou verticale, à un couple et à une dilatation linéaire indépendante des charges.

87. *Des questions qui doivent être traitées dans ce chapitre.* — Dans les constructions, il arrive assez souvent que les pièces courbes employées ont une section constante, et que leur fibre moyenne est un arc de cercle situé dans un plan vertical. La pièce est symétrique par rapport à ce plan, et toutes les forces qui agissent sur elle y sont contenues; de telle sorte que la condition du nº 48, nécessaire pour que la déformation soit plane, se trouve naturellement satisfaite.

Les arcs sont ordinairement supportés à leurs extrémités par deux appuis placés dans un même plan horizontal, et disposés de manière à rendre invariable la distance des deux points de l'arc avec lesquels ils sont en contact; mais ils ne doivent pas, en général, être regardés comme produisant un encastrement.

Nous nous proposons, dans le cours de ce chapitre, d'établir des formules qui permettent de calculer, seulement par des opérations algébriques, les réactions des appuis d'un arc placé dans de telles conditions, les forces étant supposées quelconques; et, en second lieu, de réduire ces opérations aux calculs numériques les plus simples, pour le cas usuel où les forces ne seraient autre chose que des poids.

88. *Notations principales de ce chapitre.* — Soit donné l'arc AEB (*fig.* 46), reposant sur les deux appuis A et B, et suppor-

tant une force isolée, appliquée dans la section qui rencontre la fibre moyenne en C. Nous prendrons pour axe des x la corde AB, pour axe des y la verticale Oy passant par le centre O du cercle dont l'arc AEB fait partie. Nous désignerons par

Fig. 46.

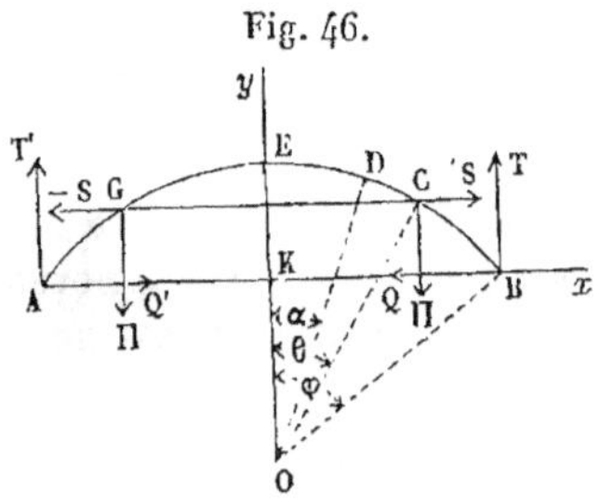

$2a$ la corde $\overline{AB}$;

f la flèche $\overline{EK}$;

ρ le rayon du cercle;

α l'angle fait par le rayon correspondant à un point D quelconque pris sur AEB avec l'axe des y;

φ l'angle BOE de la verticale avec les rayons des naissances;

θ la valeur particulière de α qui répond au point C;

T, Q, T', Q' les composantes des réactions en B et A suivant l'horizontale et la verticale, et dans le sens indiqué par la figure.

Nous conservons de plus aux lettres e, r, X, N, τ, s le sens qui leur est attribué dans les formules générales du chapitre II. Enfin, nous appelons X' et N', comme aux nos 53 et suivants, les valeurs que prennent X et N lorsqu'on n'y fait pas entrer la composante horizontale de la réaction des appuis.

89. *Poussée produite par un poids isolé.* — Supposons d'abord l'arc AEB soumis à un poids unique Π agissant en C, et faisons abstraction de son poids propre, sauf à voir par la suite comment on en tiendra compte. Nous avons les équations d'équilibre entre les forces extérieures du système

$$Q - Q' = 0,$$

$$T + T' - \Pi = 0,$$

$$\Pi\rho(\sin\varphi + \sin\theta) = 2T\rho\sin\varphi,$$

dont les deux premières expriment la nullité de la résultante de translation, et la troisième la nullité de la somme des moments par rapport au point A. On en tire

$$T = \frac{1}{2}\Pi\left(1 + \frac{\sin\theta}{\sin\varphi}\right),$$

$$T' = \frac{1}{2}\Pi\left(1 - \frac{\sin\theta}{\sin\varphi}\right),$$

$$Q = Q'.$$

T et T′ étant connus, il reste à connaître Q. Nous pourrions y parvenir par l'application pure et simple de la formule (15) donnée au n° 54; mais il est plus commode de ramener le problème au cas d'une pièce symétrique et symétriquement chargée. Pour cela, nous ajouterons un autre poids Π en un point G symétrique de C. Soit alors Q_1 la réaction horizontale de l'appui B. Si l'on se reporte aux considérations du n° 67, et si l'on remarque en outre que la réaction horizontale s'annule en supprimant les deux poids, on voit qu'entre Q et Q_1 existera la relation

$$2Q = Q_1.$$

Nous déterminerons l'inconnue auxiliaire Q_1 au moyen de la formule (16) du n° 54, dans laquelle il faudra faire $\tau = 0$,

$$Q_1 = \frac{\displaystyle\int_0^a \frac{X'y}{er^2}\frac{ds}{dx}\,dx + \int_0^a \frac{N'}{e}\,dx}{\displaystyle\int_0^a \frac{y^2}{er^2}\frac{ds}{dx}\,dx + \int_0^a \frac{1}{e}\frac{dx}{ds}\,dx}.$$

En calculant les valeurs de X′ et de N′, on devra observer que, après l'addition du second poids Π, les réactions verticales des appuis sont égales et contraires à Π. Donc, si l'on exprime toutes les variables en fonction de α, on aura

depuis $\alpha = 0$ jusqu'à $\alpha = \theta$, $\begin{cases} X' = \Pi\rho(\sin\varphi - \sin\theta), \\ N' = 0, \end{cases}$

depuis $\alpha = \theta$ jusqu'à $\alpha = \varphi$, $\begin{cases} X' = \Pi\rho(\sin\varphi - \sin\alpha), \\ N' = -\Pi\sin\alpha; \end{cases}$

$$y = \rho(\cos\alpha - \cos\varphi), \quad x = \rho\sin\alpha,$$
$$ds = \rho\, d\alpha, \quad dx = \rho\cos\alpha\, d\alpha;$$

par suite, e et r^2 étant ici des constantes, et ρ pouvant être remplacé par $\frac{a}{\sin\varphi}$,

$$\int_0^a \left(\frac{X'y}{er^2}\frac{ds}{dx} + \frac{N'}{e}\right) dx$$

$$= \frac{\Pi\rho^3}{er^2}(\sin\varphi - \sin\theta)\int_0^\theta (\cos\alpha - \cos\varphi)\,d\alpha$$

$$+ \frac{\Pi\rho^3}{er^2}\int_\theta^\varphi \left[(\sin\varphi - \sin\alpha)(\cos\alpha - \cos\varphi) - \frac{r^2}{a^2}\sin^2\varphi\sin\alpha\cos\alpha\right] d\alpha,$$

$$\int_0^a \left(\frac{y^2}{er^2}\frac{ds}{dx} + \frac{1}{e}\frac{dx}{ds}\right) dx$$

$$= \frac{\rho^3}{er^2}\int_0^\varphi \left[(\cos\alpha - \cos\varphi)^2 + \frac{r^2}{a^2}\sin^2\varphi\cos^2\alpha\right] d\alpha.$$

Toutes les intégrales qui se présentent ici nous sont déjà connues. On effectuera le calcul; puis, doublant le dénominateur de Q_1, on aura la valeur cherchée; elle peut se mettre sous la forme

$$(1)\qquad Q = \Pi\,\frac{A - \frac{r^2}{2a^2}\sin^2\varphi(\sin^2\varphi - \sin^2\theta)}{B + \frac{r^2}{a^2}\sin^2\varphi(\varphi + \sin\varphi\cos\varphi)},$$

en représentant par A et B les expressions

$$A = \frac{1}{2}(\sin^2\varphi - \sin^2\theta) + \cos\varphi(\cos\theta + \theta\sin\theta - \cos\varphi - \varphi\sin\varphi),$$

$$B = \varphi + 2\varphi\cos^2\varphi - 3\sin\varphi\cos\varphi.$$

90. *Poussée produite par une force horizontale.* — Nous supposerons, en second lieu, la force horizontale S placée en C, comme l'indique la *fig.* 46, et en même temps nous supprimerons toute autre force. Il s'agit encore de calculer les réactions des appuis T, Q, T', Q'.

Les équations d'équilibre des forces extérieures deviennent, dans ce cas,

$$Q - Q' = S,$$
$$T + T' = 0,$$
$$S\rho(\cos\theta - \cos\varphi) = 2T\rho\sin\varphi,$$

d'où l'on peut déduire immédiatement T et T',

$$T = -T' = S\frac{\cos\theta - \cos\varphi}{2\sin\varphi}.$$

Pour arriver à connaître Q et Q', nous emploierons le même artifice que dans le cas précédent. Nous ajouterons au point G une force $-$ S symétrique de la première; alors Q_1 étant la poussée en B, on aura (n° 66)

$$Q_1 = Q + Q';$$

et puisque $Q - Q' = S$,

$$Q = \frac{1}{2}Q_1 + \frac{1}{2}S,$$

$$Q' = \frac{1}{2}Q_1 - \frac{1}{2}S.$$

Reste à déterminer Q_1; ce que l'on fera au moyen de la formule (16) (n° 54), dans laquelle on supprimera τa. Or, après l'addition de la seconde force S, T et T' sont nuls, et, par suite, on a

depuis $\alpha = 0$ jusqu'à $\alpha = \theta$, $\begin{cases} X' = S\rho(\cos\alpha - \cos\theta), \\ N' = S\cos\alpha; \end{cases}$

depuis $\alpha = \theta$ jusqu'à $\alpha = \varphi$, $X' = 0$, $N' = 0$.

Donc

$$\int_0^a \left(\frac{X'y}{er^2}\frac{ds}{dx} + \frac{N'}{e}\right)dx$$
$$= \frac{S\rho^3}{er^2}\int_0^\theta \left[(\cos\alpha - \cos\theta)(\cos\alpha - \cos\varphi) + \frac{r^2}{a^2}\sin^2\varphi\cos^2\alpha\right]d\alpha$$
$$= \frac{S\rho^3}{2er^2}\left[\theta - \sin\theta\cos\theta - 2\sin\theta\cos\varphi + 2\theta\cos\theta\cos\varphi + \frac{r^2}{a^2}\sin^2\varphi(\theta + \sin\theta\cos\theta)\right].$$

D'ailleurs le dénominateur de la fraction qui exprime la valeur de la poussée reste le même que dans le cas précédent : c'est la moitié du dénominateur de la formule (1). Donc on trouvera

$$(2) \qquad \frac{1}{2}Q_1 = S\frac{A' + \frac{r^2}{2a^2}\sin^2\varphi(\theta + \sin\theta\cos\theta)}{B + \frac{r^2}{a^2}\sin^2\varphi(\varphi + \sin\varphi\cos\varphi)},$$

formule dans laquelle B a la même valeur qu'au n° 89, et A' représente la quantité

$$A' = \frac{1}{2}\theta - \frac{1}{2}\sin\theta\cos\theta - \sin\theta\cos\varphi + \theta\cos\theta\cos\varphi.$$

Connaissant Q_1, on en déduit aisément, comme nous venons de le voir, les poussées réelles Q et Q'. Il est clair d'ailleurs que si la force S venait à changer de sens, il en serait de même de Q_1. En représentant par $-Q_1$ la valeur que l'on obtiendrait alors, on aurait

$$Q = -\frac{1}{2}Q_1 - \frac{1}{2}S,$$

$$Q' = -\frac{1}{2}Q_1 + \frac{1}{2}S;$$

ce qui montre que Q et Q' prendraient aussi les mêmes valeurs que tout à l'heure, mais en sens contraire. Il existerait en B une force égale à la demi-somme des forces Q_1 et S dirigée vers les x positifs; en A agirait une force égale à la demi-différence de S et de Q_1, dirigée dans le sens de la plus grande de ces deux forces. Il faudrait encore, bien entendu, joindre à ces composantes horizontales les composantes verticales correspondantes.

91. *Poussée due à l'action d'un couple.* — En troisième lieu, considérons le cas où un couple de moment μ serait appliqué à la section normale faite en C. Ce couple est situé dans le plan de l'arc, et nous supposons qu'il tend à le faire tourner dans le sens des moments positifs.

On déterminera la réaction verticale T en prenant les moments relativement au point A, ce qui donnera

$$2aT + \mu = 0,$$

d'où

$$T = -\frac{\mu}{2a}.$$

On a d'ailleurs, pour les conditions de l'équilibre de translation,

$$T + T' = 0,$$
$$Q - Q' = 0.$$

Les deux poussées Q et Q′ étant égales, chacune d'elles sera la moitié de la poussée Q_1, qu'on obtiendrait en ajoutant un couple symétrique du premier (n° 67). Après cette addition, la réaction verticale T serait nulle; donc on aurait

entre $\alpha = 0$ et $\alpha = \theta$.......... $X' = \mu$,
entre $\alpha = \theta$ et $\alpha = \varphi$.......... $X' = 0$,
dans toute l'étendue de l'arc... $N' = 0$.

Par conséquent,

$$Q_1 = \frac{\int_0^a \left(\frac{X'y}{er^2}\frac{ds}{dx} + \frac{N'}{e}\right)dx}{\int_0^a \left(\frac{y^2}{er^2}\frac{ds}{dx} + \frac{1}{e}\frac{dx}{ds}\right)dx} = \frac{\mu \int_0^{\rho\theta} \frac{y}{er^2}\,ds}{\int_0^a \left(\frac{y^2}{er^2}\frac{ds}{dx} + \frac{1}{e}\frac{dx}{ds}\right)dx}.$$

L'intégrale du dénominateur est déjà connue, puisque c'est la même que dans les deux cas précédents. Quant au numérateur, on posera

$$\int_0^{\rho\theta} \frac{y}{er^2}\,ds = \frac{\rho^2}{er^2}\int_0^{\theta} (\cos\alpha - \cos\varphi)\,d\alpha = \frac{\rho^2}{er^2}(\sin\theta - \theta\cos\varphi);$$

on aura donc

$$(3) \qquad Q = \frac{1}{2}Q_1 = \mu \frac{\frac{1}{\rho}(\sin\theta - \theta\cos\varphi)}{B + \frac{r^2}{a^2}\sin^2\varphi(\varphi + \sin\varphi\cos\varphi)}.$$

Si le sens de μ était contraire à celui que nous avons supposé, il n'y aurait qu'à changer son signe dans cette expression; la même chose aurait lieu si on plaçait le couple dans la section faite au point G, pour lequel θ est le même en valeur absolue. On peut donc regarder la formule (3) comme générale, à la condition de donner à μ un signe d'après la convention établie pour les moments X (n° 43) et de regarder θ comme positif ou négatif, suivant qu'il sera compté à droite ou à gauche de la verticale. Le signe qui affectera la valeur de Q montrera si cette force est dirigée comme l'indique la figure ou en sens contraire. Ainsi, quand μ et θ sont de signes contraires, Q est négatif d'après la formule (3); l'arc tire ses appuis au lieu de les pousser.

92. *Poussée due à une dilatation résultant de causes indépendantes des charges.* — On obtiendra la poussée qui se produirait indépendamment de toute force agissant sur l'arc, en vertu d'une dilatation de sa fibre moyenne par l'effet de la température et du calage, si l'on fait dans la formule $X' = 0$, $N' = 0$. On trouvera

$$Q = \frac{\tau a}{\int_0^{2a} \left(\frac{y^2}{er^2} \frac{ds}{dx} + \frac{1}{e} \frac{dx}{ds} \right) dx},$$

ou bien, en substituant au dénominateur la valeur calculée au n° **89**,

$$Q = \frac{2\tau a \frac{er^2}{\rho^3}}{B + \frac{r^2}{a^2} \sin^2\varphi(\varphi + \sin\varphi\cos\varphi)}.$$

Cette expression de Q peut encore s'écrire comme il suit, en remplaçant ρ par $\frac{a}{\sin\varphi}$:

$$(4) \qquad Q = \frac{2e\tau \sin^3\varphi . \frac{r^2}{a^2}}{B + \frac{r^2}{a^2} \sin^2\varphi(\varphi + \sin\varphi\cos\varphi)}.$$

Dans le cas où, au lieu d'une dilatation, il existerait en réalité une contraction, ce qui peut arriver si la température est suffisamment basse, la même formule donnera encore la réaction horizontale des appuis; seulement cette réaction serait une traction, au lieu d'être une poussée.

On remarquera, en outre, que si aucune force n'agit sur l'arc en dehors des points A et B, les appuis ne pourront pas exercer de réaction dans le sens vertical, car les forces qui proviennent de ces appuis, devant se faire équilibre, sont nécessairement dirigées suivant la ligne qui les joint.

§ II. — Recherche de la poussée produite par des forces quelconques et par la dilatation.

93. *Cas d'un arc soumis à des forces discontinues quelconques et à une dilatation produite par d'autres causes.* — Nous prendrons maintenant un arc satisfaisant toujours aux conditions du n° 87, et nous supposerons qu'il éprouve d'une part l'action d'un nombre quelconque de forces, et, en second lieu, une dilatation linéaire provenant d'autres causes, comme les changements de température et le calage.

D'après ce qu'on a vu aux n°s 64 et 65, on peut d'abord remplacer chaque force par deux composantes, l'une verticale, l'autre horizontale, appliquées toutes deux au centre d'élasticité de la section sur laquelle agit la force primitive, et par un couple; puis faire la somme des poussées produites sur chaque point d'appui par toutes ces composantes et par la dilatation linéaire, considérées comme agissant successivement chacune à l'exclusion de toutes les autres. Or les formules (1), (2), (3) et (4), qui viennent d'être établies dans le § Ier de ce chapitre, permettent de calculer les différents termes de cette somme; donc on a le moyen de connaître les poussées totales Q et Q' qui sont exercées sur les deux appuis.

Quant aux réactions verticales T, T', leur détermination n'exige que l'emploi de la statique ordinaire des systèmes invariables. On a vu au n° 53 comment on peut les obtenir.

94. *Cas où il existe des forces réparties d'une manière continue.*—Le cas où il existe des forces réparties d'une manière continue peut être considéré comme la limite de celui qu'on vient d'examiner. Pour passer de l'un à l'autre, il suffit d'imaginer que les diverses forces considérées au n° 93 décroissent de plus en plus, et qu'en même temps leurs points d'application

se rapprochent indéfiniment les uns des autres. Quelles que soient la grandeur des forces et la distance des points sur lesquels elles agissent, la poussée horizontale s'obtiendra toujours en faisant la somme des poussées dues aux actions séparées des diverses forces élémentaires. Par conséquent, lorsqu'il s'agira d'une répartition continue, on devra chercher l'intégrale d'une poussée infiniment petite, entre des limites déterminées.

Supposons, par exemple, qu'il y ait une charge répartie d'une manière continue entre les sections normales qui font avec la verticale les angles θ_1 et θ_2; soit $F\,d\theta$ la force qui sollicite la partie de la pièce dont la fibre élémentaire moyenne correspond à l'angle $d\theta$; soit en outre dQ la poussée infiniment petite qui serait exercée sur l'un des appuis dans le cas où la force $F\,d\theta$ existerait seule. Cette poussée dQ se calculera au moyen des formules (1), (2) et (3), en faisant la somme de trois poussées dues aux deux composantes de $F\,d\theta$ suivant les axes coordonnés, et au couple provenant du transport de cette force au centre d'élasticité de la section sur laquelle elle agit. On trouve ainsi, en désignant par k, m, n des fonctions connues de θ,

$$dQ = (k + m + n)F\,d\theta;$$

d'où l'on tire, pour la poussée due à l'ensemble des forces $F\,d\theta$,

$$Q = \int_{\theta_1}^{\theta_2} (k + m + n)F\,d\theta.$$

Un procédé approximatif, qui sera souvent susceptible d'être appliqué avec avantage, consisterait à partager la portion de pièce comprise entre les sections répondant aux angles θ_1 et θ_2 en plusieurs parties, pour lesquelles on déterminerait à part l'intensité et le point d'application de la résultante des charges. Dans le cas où l'on aurait eu soin de prendre le nombre de ces parties assez grand pour que chacune d'elles ne répondît qu'à une faible fraction de la pièce entière, on pourrait négliger dans cette étendue les petites variations des quantités k, m, n et déterminer la poussée comme si l'on avait une série de forces discontinues dont chacune serait une des résultantes partielles par lesquelles on aurait remplacé la force totale. Par exemple, si l'arc supportait une charge d'eau, on partagerait la fibre moyenne en quinze parties, ou un nombre moindre, suivant le degré d'approximation désiré; on chercherait, par les procédés connus, la pression totale répondant à chacune de ces parties, et on regarderait l'ensemble de ces résultantes comme pouvant être substitué à la charge primitive. De cette manière, le problème est ramené aux termes du n° 93.

Nous allons donner quelques exemples de la détermination des poussées horizontales par une intégration.

95. Premier exemple. *Poussée produite par le poids de l'arc ou par un poids uniformément réparti sur une certaine portion de sa longueur.* — L'exemple qui se présente naturellement le premier consiste dans la recherche d'une poussée horizontale dont nous avions fait abstraction tout à l'heure : nous voulons parler de celle qui est due au poids propre de l'arc. Cette question est un cas particulier de celle qui a pour objet de trouver la poussée horizontale produite par un poids réparti uniformément, suivant la longueur de la fibre moyenne, entre deux points quelconques de l'arc : c'est ce problème plus général que nous allons résoudre d'abord.

Soient p le poids qui agit sur l'unité de longueur de la fibre moyenne, θ_1 et θ_2 les angles limites entre lesquels agit la charge totale exprimée par $p\rho(\theta_2 - \theta_1)$. Nous supposons que le poids élémentaire $p\rho d\theta$, qui correspond à une portion d'arc comprise entre les angles θ et $\theta + d\theta$, est appliqué à la fibre moyenne. C'est ce qui arrive, par exemple, si l'on ne considère que le poids propre d'un arc homogène; mais cela ne serait pas rigoureusement vrai si l'on y ajoutait une surcharge uniforme reposant directement sur les points les plus élevés de la pièce. Chaque élément de cette surcharge, agissant au point supérieur d'une section inclinée, devrait être reporté sur la fibre moyenne en un point n'appartenant pas à sa propre verticale, ce qui donnerait lieu en même temps à l'introduction d'un couple. Toutefois, en pratique, on conçoit bien que, eu égard aux incertitudes de la théorie, il ne convient pas de s'arrêter à d'aussi minutieux détails.

Cela posé, la poussée infiniment petite dQ, produite par le poids $p\rho d\theta$ qui charge l'élément $\rho d\theta$ de la fibre moyenne, aura pour valeur, d'après la formule (1) (n° 89),

$$dQ = \frac{A - \frac{r^2}{2a^2}\sin^2\varphi(\sin^2\varphi - \sin^2\theta)}{B + \frac{r^2}{a^2}\sin^2\varphi(\varphi + \sin\varphi\cos\varphi)} p\rho d\theta.$$

Chassant le dénominateur et intégrant, après avoir divisé les deux membres par $p\rho$, on trouvera

$$\frac{Q}{p\rho}\left[B + \frac{r^2}{a^2}\sin^2\varphi(\varphi + \sin\varphi\cos\varphi)\right]$$
$$= \int_{\theta_1}^{\theta_2} A\,d\theta - \frac{r^2}{2a^2}\sin^2\varphi\left[(\theta_2 - \theta_1)\sin^2\varphi - \int_{\theta_1}^{\theta_2}\sin^2\theta\,d\theta\right].$$

Le calcul du second membre s'effectue au moyen des intégrales que nous connaissons déjà et de la suivante :

$$\int \theta\sin\theta\,d\theta = -\theta\cos\theta + \int\cos\theta\,d\theta = -\theta\cos\theta + \sin\theta;$$

il donne, pour déterminer la poussée totale cherchée, la relation

$$\left[B + \frac{r^2}{a^2}\sin^2\varphi(\varphi + \sin\varphi\cos\varphi)\right]\frac{Q}{p\rho}$$
$$= \left(\frac{1}{2}\sin^2\varphi - \cos^2\varphi - \varphi\sin\varphi\cos\varphi - \frac{1}{4}\right)(\theta_2 - \theta_1)$$
$$+ \frac{1}{4}(\sin\theta_2\cos\theta_2 - \sin\theta_1\cos\theta_1) + 2\cos\varphi(\sin\theta_2 - \sin\theta_1)$$
$$- \cos\varphi(\theta_2\cos\theta_2 - \theta_1\cos\theta_1)$$
$$- \frac{r^2}{2a^2}\sin^2\varphi\left[(\theta_2 - \theta_1)\left(\sin^2\varphi - \frac{1}{2}\right) + \frac{1}{2}\sin\theta_2\cos\theta_2 - \frac{1}{2}\sin\theta_1\cos\theta_1\right].$$

Cette formule fait connaître la poussée horizontale due au poids propre de l'arc : pour cela il faut mettre au lieu de p le poids d'un prisme droit ayant même section transversale et un mètre de hauteur, et faire en même temps $\theta_2 = \varphi$, $\theta_1 = -\varphi$.

Si l'on pose

$$C = \frac{1}{4} - \frac{5}{2}\cos^2\varphi - \varphi\sin\varphi\cos\varphi + \frac{9}{4}\cos\varphi\frac{\sin\varphi}{\varphi},$$

$$D = \frac{1}{2}\left(\sin^2\varphi - \frac{1}{2} + \frac{1}{2}\cos\varphi\frac{\sin\varphi}{\varphi}\right),$$

on obtient la formule suivante, applicable d'ailleurs à tous les cas où l'arc entier supporterait une charge uniformément répartie sur sa longueur :

$$(5) \qquad Q = 2p\rho\varphi\,\frac{C - D\dfrac{r^2}{a^2}\sin^2\varphi}{B + \dfrac{r^2}{a^2}\sin^2\varphi(\varphi + \sin\varphi\cos\varphi)}.$$

96. Deuxième exemple. *Poussée produite par une charge uniformément répartie suivant l'horizontale.* — Lorsque la charge sera répartie uniformément suivant l'horizontale, en appelant p celle qui répond à l'unité de longueur mesurée sur la projection horizontale, l'élément de fibre moyenne $\rho d\theta$, qui a pour longueur projetée $\rho\cos\theta d\theta$, supportera le poids $p\rho\cos\theta d\theta$. La poussée produite par ce poids sera (nº 89)

$$dQ = p\rho\cos\theta d\theta\,\frac{A - \dfrac{r^2}{2a^2}\sin^2\varphi(\sin^2\varphi - \sin^2\theta)}{B + \dfrac{r^2}{a^2}\sin^2\varphi(\varphi + \sin\varphi\cos\varphi)}.$$

Pour avoir la poussée totale due à la somme des charges $p\rho\cos\theta d\theta$ répartie d'une manière continue sur la portion d'arc comprise entre les angles θ_1 et θ_2, on intègre cette expression entre les limites θ_1 et θ_2. Cela conduit à la recherche d'une seule intégrale que nous n'avons pas déjà employée : c'est $\int\theta\sin\theta\cos\theta\,d\theta$. Or l'intégration par parties donne

$$\int\theta\sin\theta\cos\theta\,d\theta = \frac{1}{2}\theta\sin^2\theta - \frac{1}{2}\int\sin^2\theta d\theta$$
$$= \frac{1}{2}\theta\sin^2\theta - \frac{1}{4}\theta + \frac{1}{4}\sin\theta\cos\theta.$$

On trouve donc facilement la poussée demandée, qui est

exprimée par $\int_{\theta_1}^{\theta_2} dQ$; elle sera fournie par l'équation

$$\left[B + \frac{r^2}{a^2}\sin^2\varphi(\varphi + \sin\varphi\cos\varphi)\right]\frac{Q}{p\rho}$$
$$= \left(\frac{1}{2}\sin^2\varphi - \cos^2\varphi - \varphi\sin\varphi\cos\varphi\right)(\sin\theta_2 - \sin\theta_1)$$
$$- \frac{1}{6}(\sin^3\theta_2 - \sin^3\theta_1) + \frac{1}{4}(\theta_2 - \theta_1)\cos\varphi$$
$$+ \frac{1}{2}(\theta_2\sin^2\theta_2 - \theta_1\sin^2\theta_1)\cos\varphi$$
$$+ \frac{3}{4}(\sin\theta_2\cos\theta_2 - \sin\theta_1\cos\theta_1)\cos\varphi$$
$$- \frac{r^2}{2a^2}\sin^2\varphi\left[(\sin\theta_2 - \sin\theta_1)\sin^2\varphi - \frac{1}{3}(\sin^3\theta_2 - \sin^3\theta_1)\right].$$

Lorsque l'arc entier se trouve chargé d'un poids réparti uniformément suivant une parallèle à la corde, il faut faire $\theta_1 = -\varphi$, $\theta_2 = \varphi$; en remplaçant ρ par $\frac{a}{\sin\varphi}$ et posant

$$C' = -\frac{1}{4} + \frac{7}{12}\sin^2\varphi + \frac{1}{4}\cos\varphi\frac{\varphi}{\sin\varphi} - \frac{1}{2}\varphi\sin\varphi\cos\varphi,$$

on obtient la valeur suivante de la poussée :

$$(6) \qquad Q = 2pa\frac{C' - \frac{r^2}{3a^2}\sin^4\varphi}{B + \frac{r^2}{a^2}\sin^2\varphi(\varphi + \sin\varphi\cos\varphi)}.$$

§ III. — Détails sur la détermination de la poussée produite par des poids et par une dilatation indépendante des charges.

97. *Remarques préliminaires au sujet de la formule* (1) *du* n° 89. — Cette formule a une importance particulière, parce qu'elle donne la poussée horizontale produite par un poids isolé agissant sur un arc circulaire à section constante et dont la déformation est plane : il en résulte, en effet, comme on l'a vu au n° 93, qu'elle donne aussi la poussée due à un ensemble de poids distribués d'une manière quelconque, ce qui est in-

contestablement le cas le plus fréquent dans la pratique. Aussi nous allons d'abord étudier cette formule avec tous les détails nécessaires pour en rendre l'application facile.

Si nous posons, pour abréger,

$$\lambda = \frac{\sin^2\varphi(\sin^2\varphi - \sin^2\theta)}{2A}, \quad \lambda' = \frac{\sin^2\varphi(\varphi + \sin\varphi\cos\varphi)}{B},$$

la formule (1) pourra s'écrire ainsi :

$$Q = \Pi\frac{A}{B}\left(\frac{1 - \lambda\frac{r^2}{a^2}}{1 + \lambda'\frac{r^2}{a^2}}\right).$$

Or le rapport $\frac{r^2}{a^2}$ est toujours très-petit. En effet, r^2 désigne le rayon de gyration de la section transversale par rapport à l'horizontale passant au centre d'élasticité; ce rayon de gyration est inférieur ou, au plus, égal à la moitié de la hauteur h de la section, mesurée perpendiculairement à cette horizontale, c'est-à-dire dans le sens parallèle au rayon de la fibre moyenne (nº 82); on a donc

$$r < \frac{h}{2}, \quad \text{et, par suite,} \quad \frac{r^2}{a^2} < \left(\frac{h}{2a}\right)^2.$$

Ainsi le rapport $\frac{r^2}{a^2}$ est inférieur au carré du rapport de la hauteur h à l'ouverture de l'arc; et comme il est fort rare que le rapport $\frac{h}{2a}$ atteigne 0,05, dans les constructions de quelque importance au point de vue des dimensions, on peut regarder le nombre 0,0025 comme étant la limite supérieure de $\frac{r^2}{a^2}$. A l'appui de cette conclusion, nous donnerons ici la valeur du rapport dont il s'agit dans les arcs de divers ponts existants ou projetés, en observant toutefois que quelques-uns des nombres indiqués dans la dernière colonne du tableau suivant n'ont pu, faute de données suffisantes, être calculés que par approximation.

NOMS DES PONTS.	OUVERTURE.	HAUTEUR de la section d'un arc.	RAPPORT $\frac{r^2}{a^2}$.
	m	m	
Viaduc de Tarascon, sur le Rhône....	59,99	1,70	0,000334
Pont du Carrousel, à Paris..........	47,67	0,85	0,000106
Pont de Brest (projet de M. Tritschler).	105,83	3,00	0,000269
Viaduc de Nevers (chemin de fer du Centre)........................	42,48	1,15	0,000356
Viaduc de Lormont (chemin de fer de Bordeaux)......................	13,00	0,50	0,000795
Pont de Frémur (Maine-et-Loire)....	20,25	0,55	0,000358
Pont sur le canal de la Marne au Rhin (route impériale n° 74, Meurthe)...	16,66	0,55	0,000363

La petitesse du rapport $\frac{r^2}{a^2}$, qui dans aucun des exemples variés du tableau ci-dessus n'approche du chiffre limite 0,0025, fait comprendre que l'expression $Q = \Pi \frac{A}{B}$ serait déjà, dans la plupart des cas, une valeur approximative de la poussée due au poids Π : c'est pour cette raison que nous la regardons comme la partie principale de cette poussée. Les deux quantités $1 - \lambda \frac{r^2}{a^2}$, $1 + \lambda' \frac{r^2}{a^2}$ sont considérées comme des coefficients de correction dont nous apprécierons plus loin l'influence.

98. *Tables faisant connaître la partie principale de la poussée due à un poids isolé.* — Le coefficient $\frac{A}{B}$ dépend seulement de deux variables φ et θ, qui entrent dans son expression d'une manière assez compliquée. On simplifiera beaucoup le calcul de ce coefficient si l'on en construit une table à double entrée, dont les arguments seront φ et θ. Pour y arriver le plus simplement possible, voici comment on procèdera.

Soit m le rapport $\frac{\theta}{\varphi}$; le numérateur A ne sera plus fonction que de m et de φ, et on obtiendra sans peine son développement au moyen des séries connues du sinus et du cosinus. On trouvera ainsi

$$\frac{A}{1-m^2} = (5-m^2)\frac{\varphi^4}{1.2.3.4} - (49+34m^2-11m^4)\frac{\varphi^6}{1.2.3.4.5.6}$$
$$+ (321+293m^2+83m^4-57m^6)\frac{\varphi^8}{1.2.3\ldots 8}$$
$$- (1793+1748m^2+1118m^4+68m^6-247m^8)\frac{\varphi^{10}}{1.2.3\ldots 10}$$
$$+ \left(\begin{matrix} 9217+9151m^2+7666m^4+3046m^6 \\ -419m^8-1013m^{10} \end{matrix}\right)\frac{\varphi^{12}}{1.2.3\ldots 12}$$
$$\ldots\ldots\ldots\ldots\ldots\ldots\ldots\ldots$$

Le dénominateur B est uniquement fonction de φ et a pour développement

$$B = \frac{4}{15}\varphi^6\left(1 - \frac{4}{21}\varphi^2 + \frac{1}{63}\varphi^4 - \frac{8}{10395}\varphi^6 + \frac{2}{81081}\varphi^8 - \ldots\right);$$

on tire de là, par une division,

$$\frac{A}{B(1-m^2)} = (5-m^2)\frac{5}{32\varphi} - (143+278m^2-77m^4)\frac{\varphi}{1344}$$
$$- (635+2183m^2-4207m^4+1197m^6)\frac{\varphi^3}{225792}$$
$$- \left(\begin{matrix} 51347+252932m^2-774158m^4 \\ +563332m^6-133133m^8 \end{matrix}\right)\frac{\varphi^5}{521579520}$$
$$- \left(\begin{matrix} 1770765+12871059m^2 \\ -51872366m^4+55663062m^6 \\ -25823343m^8+4516967m^{10} \end{matrix}\right)\frac{\varphi^7}{569564835840}$$
$$-\ldots\ldots\ldots\ldots\ldots\ldots\ldots\ldots$$

Dans cette série multipliée par $1-m^2$, on substituera pour m diverses valeurs, telles que

$$0,\quad \frac{1}{20},\quad \frac{2}{20},\quad \frac{3}{20},\ldots,\quad \frac{18}{20},\quad \frac{19}{20},\quad 1,$$

et l'on aura vingt séries correspondantes dans lesquelles on mettra des valeurs de φ croissantes depuis 0 jusqu'à $\frac{\pi}{2}$. On aura formé ainsi la table qu'il s'agissait de construire.

Cette table, sur le calcul de laquelle nous croyons inutile de nous appesantir davantage (*), se trouve à la fin de ce volume. L'angle φ est défini par son rapport $\frac{2\varphi}{\pi}$ à l'angle droit, et θ par le rapport m. Quand θ et φ sont donnés, on calcule d'abord ces deux rapports et on cherche le premier dans la première colonne verticale à gauche de chaque page; on cherche de même le second dans l'en-tête des colonnes; on suit la ligne horizontale jusqu'à ce qu'on arrive dans la colonne verticale surmontée du nombre m donné, et on lit alors le coefficient cherché. Exemple : pour $\frac{2\varphi}{\pi} = 0,48$, $m = 0,10$, on aurait $\frac{A}{B} = 0,942$. Si les arguments n'étaient pas exactement dans la table, on procèderait par interpolations; nous en donnerons plus loin un exemple détaillé.

Lorsqu'on a trouvé $\frac{A}{B}$, il suffit de multiplier ce nombre par Π pour avoir ce que nous appelons la partie principale de la poussée produite par le poids Π.

99. *Du coefficient de correction* $1 - \lambda \frac{r^2}{a^2}$. — La quantité λ, comme on le voit par l'expression même qui la définit (n° 97), est une fonction de θ et φ. Si on calcule ses valeurs correspondantes à des valeurs données des deux variables dont elle dépend, il sera aisé de reconnaître :

1° Que pour une valeur donnée de φ, le minimum λ_0, toujours positif, répond à $\theta = 0$, et le maximum λ_1 à $\theta = \varphi$;

2° Que le rapport $\frac{\lambda_1}{\lambda_0}$, fonction de φ seulement, est toujours compris entre les limites $\frac{5}{4}$ et 1, dont la première répond à $\varphi = 0$, et la seconde à $\varphi = \frac{\pi}{2}$;

(*) Pour plus de détails sur ce sujet, et en général sur ceux qui composent ce paragraphe, nous renvoyons encore le lecteur à nos *Recherches analytiques*, déjà citées p. 129.

3° Que le maximum de λ_1, c'est-à-dire le maximum maximorum de λ, est égal à 3, valeur de λ_1 pour $\varphi = 0$ (*).

Maintenant rappelons-nous ce qui a été dit (n° 97) de l'ordre de grandeur de $\frac{r^2}{a^2}$. Ce nombre ne peut guère dépasser 0,0025, et même on peut dire que généralement il n'atteindra pas 0,001. Donc, si l'on négligeait entièrement la correction représentée par le coefficient $1 - \lambda \frac{r^2}{a^2}$, λ étant inférieur à 3, on ne commettrait au plus qu'une erreur relative de 0,0075 dans l'évaluation de la poussée horizontale, et dans la plupart des cas cette erreur serait inférieure à 0,003. Nous avons cependant admis qu'on voulût effectuer cette correction; mais, eu égard à ce que pour une valeur donnée de φ le maximum de λ ne surpasse pas le minimum de plus d'un quart de la valeur de celui-ci, au lieu de tenir compte des variations de λ en fonction de θ, il est très-légitime de substituer à la valeur véritable la moyenne de celles qui se produisent lorsque θ varie, φ restant constant. En effet, le maximum de l'erreur relative commise sur la correction sera limité à $\frac{1}{2}\left(\frac{5}{4} - 1\right)$ ou $\frac{1}{8}$, et comme la correction est au plus 0,0075, l'erreur sera nécessairement au-dessous de 0,001 de la poussée. En supposant $\frac{r^2}{a^2} = 0,001$, ce chiffre se réduit encore à 0,000375, ce qui n'aurait aucune importance dans les applications.

Ainsi, lorsqu'on adopte la correction moyenne dont nous venons de parler, il est inutile de considérer la valeur de θ, c'est-à-dire la position occupée sur l'arc par le poids qui produit la poussée; donc cette correction moyenne devra être appliquée à la poussée produite par des poids distribués d'une manière quelconque, isolés ou répartis suivant une loi continue, après que le calcul en aura été fait dans l'hypothèse de

(*) Ces propriétés peuvent être démontrées directement par l'analyse. Nous supprimons ici la démonstration, pour ne pas nous arrêter trop longtemps sur des points secondaires.

$\frac{r^2}{a^2} = 0$. Le seul argument qui fera varier la correction sera l'angle φ, qui caractérise la fibre moyenne de la pièce dans chaque cas particulier.

Pour avoir la correction moyenne, on pourrait prendre l'expression

$$1 - \frac{1}{2}(\lambda_0 + \lambda_1)\frac{r^2}{a^2};$$

mais, au lieu de cette moyenne arithmétique, il est plus commode, et évidemment d'une exactitude aussi satisfaisante, de calculer la correction analogue qui s'applique à un poids réparti uniformément sur la longueur de l'arc; car on conçoit que l'on doit obtenir ainsi une espèce de moyenne entre toutes les valeurs qui se rapporteraient aux diverses positions d'un poids sur la pièce, sans qu'on ait attribué plus d'influence à un angle θ qu'à un autre.

Or, le coefficient λ, d'après cette définition, est le rapport du facteur $\frac{r^2}{a^2}$ dans le numérateur du coefficient de la poussée produite par un poids uniformément réparti, avec l'ensemble des termes indépendants de $\frac{r^2}{a^2}$. Ainsi, la formule (5) du n° 95, dans laquelle on rétablirait, au lieu de C et D, leurs valeurs en fonctions de φ, fera connaître λ :

$$\lambda = \frac{\frac{1}{2}\sin^2\varphi\left(\sin^2\varphi - \frac{1}{2} + \frac{1}{2}\cos\varphi\frac{\sin\varphi}{\varphi}\right)}{\frac{1}{4} - \frac{5}{2}\cos^2\varphi - \varphi\sin\varphi\cos\varphi + \frac{9}{4}\cos\varphi\frac{\sin\varphi}{\varphi}},$$

rapport qui, par suite du procédé employé pour établir la formule (5), n'est autre chose que celui des deux termes de l'expression générale

$$\frac{\frac{1}{2}\sin^2\varphi(\sin^2\varphi - \sin^2\theta)}{A},$$

dont nous venons de nous occuper, intégrés chacun relativement à θ, entre les limites $-\varphi$ et φ. Les diverses valeurs de λ

en fonction de sa variable φ sont données par une des tables qui font suite à ce volume; elles ont été calculées au moyen de l'expression simplifiée et approximative

$$\lambda = \left[\frac{\sin\varphi}{\left(\frac{2\varphi}{\pi}\right)}\right]^2,$$

dont l'exactitude peut être vérifiée par le développement en série de la valeur exacte (*).

100. *Du coefficient de correction* $\frac{1}{1+\lambda'\frac{r^2}{a^2}}$. — La valeur principale de la poussée produite par des poids quelconques ne doit pas seulement subir la correction que nous avons étudiée dans le numéro précédent, elle doit encore être multipliée par $\frac{1}{1+\lambda'\frac{r^2}{a^2}}$ (n° 97), λ' étant égal à

$$\frac{\sin^2\varphi(\varphi+\sin\varphi\cos\varphi)}{\varphi+2\varphi\cos^2\varphi-3\sin\varphi\cos\varphi}.$$

C'est donc une fonction de la seule variable φ : la table faisant connaître ses valeurs sera également donnée à la fin de ce volume.

Si l'on n'avait pas à sa disposition la table dont il s'agit, ou si l'on avait besoin d'une expression algébrique de λ', on pourrait employer, comme approximation, une formule simple et facile à retenir. On y est conduit en remarquant que λ' ne prend

---

(*) Voici cette série :

$$\lambda = \frac{5}{2}\left(\frac{\sin\varphi}{\varphi}\right)^2\left(1-\frac{2}{105}\varphi^2+\frac{1}{441}\varphi^4-\dots\right)$$
$$= \frac{10}{\pi^2}\left(1-\frac{2}{105}\varphi^2+\frac{1}{441}\varphi^4-\dots\right)\left[\frac{\sin\varphi}{\left(\frac{2\varphi}{\pi}\right)}\right]^2;$$

$\frac{10}{\pi^2}$ est un peu supérieur à 1; la série entre parenthèses est un peu plus petite : ce qui justifie l'expression adoptée, surtout quand on a égard au peu d'importance de la correction dont il s'agit. On voit aussi que la limite du coefficient moyen λ est $\frac{5}{2}$, pour $\varphi = 0$.

une grande valeur et la correction une certaine importance que lorsque φ est petit. En effet, lorsque $\varphi = \frac{\pi}{2}$, l'expression non développée de λ' donne $\lambda' = 1$, et comme cette quantité doit être multipliée par $\frac{r^2}{a^2}$, qui est très-petit, le coefficient de correction $\frac{1}{1+\lambda' \frac{r^2}{a^2}}$ diffère peu de 1. Or, si l'on attribue à φ une petite valeur, on pourra poser sans erreur sensible $\varphi = 2 \tang \frac{1}{2}\varphi$, et se borner à prendre le premier terme du développement de λ' en fonction de φ (*); on trouverait alors

$$\lambda' = \frac{15}{8 \tang^2 \frac{1}{2}\varphi},$$

et le coefficient de correction serait représenté par

$$\frac{1}{1 + \frac{15\, r^2}{8\, a^2 \tang^2 \frac{1}{2}\varphi}};$$

ou bien, comme $a \tang \frac{1}{2}\varphi$ n'est autre chose que la flèche f de l'arc, on aurait

$$\frac{1}{1+\lambda' \frac{r^2}{a^2}} = \frac{1}{1 + \frac{15\, r^2}{8 f^2}},$$

expression fort simple de ce coefficient.

Afin de mettre le lecteur à même d'en apprécier l'exactitude, nous donnons ci-après un tableau dans lequel se trouvent, pour diverses valeurs de $\frac{2\varphi}{\pi}$, les valeurs correspondantes de

(*) Ce développement est ainsi exprimé :

$$\lambda' = \frac{15}{2\varphi^2}\left(1 - \frac{10}{21}\varphi^2 + \frac{17}{147}\varphi^4 - \frac{8254}{509355}\varphi^6 + \frac{305447}{231756525}\varphi^8 - \ldots\right).$$

$1+\lambda' \frac{r^2}{a^2}$ et de $1+\frac{15\,r^2}{8f^2}$. Lorsque $\frac{r^2}{a^2}$ atteint la limite 0,0025, la plus grande erreur relative n'est que de $\frac{1}{200}$ environ; ce chiffre s'abaisse à $\frac{1}{487}$ en prenant $\frac{r^2}{a^2}=0{,}001$; par conséquent la formule approchée est tout à fait acceptable dans la pratique.

VALEURS de $\frac{2\varphi}{\pi}$.	VALEURS de $\frac{15}{8\,\mathrm{tang}^2\frac{1}{2}\varphi}$.	VALEURS exactes de λ'.	$1+\frac{15r^2}{8f^2}$ pour $\frac{r^2}{a^2}=0{,}0025$.	$1+\lambda'\frac{r^2}{a^2}$ pour $\frac{r^2}{a^2}=0{,}0025$.	$1+\frac{15r^2}{8f^2}$ pour $\frac{r^2}{a^2}=0{,}001$.	$1+\lambda'\frac{r^2}{a^2}$ pour $\frac{r^2}{a^2}=0{,}001$.
0,12	209,7	207,6	1,5242	1,5190	1,2097	1,2076
0,20	74,7	72,5	1,1868	1,1813	1,0747	1,0725
0,30	32,5	30,4	1,0813	1,0760	1,0325	1,0304
0,40	17,8	15,8	1,0445	1,0395	1,0178	1,0158
0,50	10,9	9,1	1,0273	1,0228	1,0109	1,0091
0,60	7,2	5,6	1,0180	1,0140	1,0072	1,0056
0,70	5,0	3,5	1,0125	1,0088	1,0050	1,0035
0,80	3,5	2,3	1,0088	1,0058	1,0035	1,0023
0,90	2,6	1,5	1,0065	1,0038	1,0026	1,0015
1,00	1,9	1,0	1,0047	1,0025	1,0019	1,0010

Les chiffres du tableau ci-dessus ne servent pas seulement à montrer l'exactitude avec laquelle le coefficient $1+\lambda \frac{r^2}{a^2}$ peut être remplacé par $1+\frac{15\,r^2}{8f^2}$; ils font encore ressortir l'importance que prend dans certains cas la correction dont il s'agit ici. Par exemple, en prenant un arc surbaissé au $\frac{1}{21}$ (ce qui répond à peu près à $\varphi=0{,}12.\frac{\pi}{2}$, ou à $\frac{2\varphi}{\pi}=0{,}12$), on voit que la partie principale de la poussée doit être multipliée par $\frac{1}{1{,}519}$ c'est-à-dire par moins de $\frac{2}{3}$; de sorte qu'en ne tenant pas compte de cette correction, on commettrait une erreur supérieure à 33 pour 100.

Il est bon cependant d'ajouter qu'un pareil chiffre suppose des circonstances qui paraissent devoir se réaliser rarement, savoir : $\frac{r^2}{a^2}$ égal à la valeur limite 0,0025, et un surbaissement plus grand que ceux que l'on adopte d'habitude. Mais en portant $\frac{2\varphi}{\pi}$ à 0,20, ou 0,30, valeurs qui correspondent à des surbaissements de $\frac{1}{12}$ ou $\frac{1}{8}$ environ, et réduisant $\frac{r^2}{a^2}$ à 0,001, afin de nous rapprocher des chiffres ordinaires, nous voyons que $1 + \lambda' \frac{r^2}{a^2}$ est encore supérieur à 1,07 et 1,03, et l'on commettrait, en n'en tenant pas compte, une erreur de 7 ou de 3 pour 100. C'est ce qui pourrait avoir des inconvénients dans beaucoup de circonstances où il est nécessaire de prendre la valeur exacte de la poussée, et notamment lorsque l'on veut calculer l'abaissement du sommet de l'arc par l'effet des poids qu'il supporte.

101. *Table donnant en bloc la valeur du coefficient de correction* $\frac{1 - \lambda \frac{r^2}{a^2}}{1 + \lambda' \frac{r^2}{a^2}}$. — Quand on a remplacé λ par la valeur moyenne dont il est question au n° 99, il est, ainsi que λ', fonction de φ seulement. Donc le coefficient de correction $\frac{1 - \lambda \frac{r^2}{a^2}}{1 + \lambda' \frac{r^2}{a^2}}$ dépend de deux variables, $\frac{r^2}{a^2}$ et φ. Après avoir obtenu numériquement λ et λ' pour les diverses grandeurs de φ, il est aisé de faire une table à double entrée pour le coefficient dont il s'agit. Cette table figure parmi celles que nous donnons à la fin de ce volume.

102. *Table pour le calcul de la formule qui donne la poussée due à une dilatation indépendante des charges; simplification de cette formule.* — La poussée produite par une dilatation indépendante des charges doit être calculée au moyen de la

formule (4) du n° 92, qui peut s'écrire sous la forme

$$Q = \frac{2\tau e \sin^3\varphi \cdot \frac{r^2}{a^2}}{\varphi + 2\varphi\cos^2\varphi - 3\sin\varphi\cos\varphi} \cdot \frac{1}{1+\lambda'\frac{r^2}{a^2}} = \tau e \frac{r^2}{a^2} \frac{F}{1+\lambda'\frac{r^2}{a^2}},$$

en conservant à λ' la signification que nous lui avons donnée aux n°s 97 et 100, et posant, pour définir le coefficient F,

$$F = \frac{2\sin^3\varphi}{\varphi + 2\varphi\cos^2\varphi - 3\sin\varphi\cos\varphi}.$$

F est une fonction de φ seulement, dont on trouvera la table à la fin de ce volume.

A défaut de tables, la formule précédente pourrait être remplacée par une formule beaucoup plus simple et suffisamment exacte pour les applications que l'on peut faire aux grands arcs métalliques en fer ou en fonte. Elle est fondée sur une remarque tout à fait analogue à celle qui nous a servi au n° 100 pour la simplification de $1+\lambda'\frac{r^2}{a^2}$. On observera que, pour de petites valeurs de φ, le rapport $\frac{F}{\lambda'}$, dont l'expression est

$$\frac{F}{\lambda'} = \frac{2\sin\varphi}{\varphi + \sin\varphi\cos\varphi},$$

diffère peu de l'unité, car on peut l'écrire

$$\frac{F}{\lambda'} = \frac{2}{\frac{\varphi}{\sin\varphi} + \cos\varphi}.$$

Or $\frac{\varphi}{\sin\varphi}$ et $\cos\varphi$ ont pour limite 1, quand φ décroît vers 0; donc $\frac{F}{\lambda'}$ a aussi 1 pour limite. Il en résulte que le développement de F en fonction de φ doit commencer, comme celui de λ', par le terme $\frac{15}{2\varphi^2}$ (*). Par conséquent, si la poussée due à la dilatation linéaire dont le coefficient est τ, est modérée dans le cas de petites valeurs de φ, elle doit être très-faible lorsque φ est un peu plus rapproché de l'angle droit. C'est, au reste, ce que nous vérifierons plus en détail dans un instant. Dès lors on pourra remplacer F par $\frac{15}{2\varphi^2}$ ou par $\frac{15}{8\,\text{tang}^2\frac{1}{2}\varphi}$ avec une erreur qui sera petite en même temps que φ, et qui ne deviendra notable qu'au moment où, la poussée étant très-faible, il y aura peu d'inconvénient à l'évaluer sans beaucoup de rigueur. Nous poserons donc, en remplaçant aussi $1+\lambda'\frac{r^2}{a^2}$ par sa valeur approchée (n° 100),

$$Q = \frac{15}{8}\cdot\frac{\tau e r^2}{a^2\,\text{tang}^2\frac{1}{2}\varphi\left(1+\frac{15\,r^2}{8f^2}\right)};$$

ou, à cause de $f = a\,\text{tang}\,\frac{1}{2}\varphi$,

$$Q = \frac{\tau e r^2}{r^2+\frac{8}{15}f^2}.$$

Le tableau numérique ci-après montre la comparaison de la formule approchée avec la formule rigoureuse. Eu égard à la petitesse de l'erreur commise quand on remplace $1+\lambda'\frac{r^2}{a^2}$ par $1+\frac{15\,r^2}{8f^2}$ (moins de $\frac{1}{200}$, d'après ce que nous avons vu au n° 100), nous nous sommes borné à comparer le coefficient F et l'expression simple $\frac{15}{8\,\text{tang}^2\frac{1}{2}\varphi}$ par laquelle on l'a remplacé.

(*) Ce développement est

$$F = \frac{15}{2\varphi^2}\left(1-\frac{13}{42}\varphi^2+\frac{197}{5880}\varphi^4-\frac{2435}{1629936}\varphi^6+\ldots\right).$$

VALEUR de $\frac{2\varphi}{\pi}$.	VALEUR de $\frac{15}{8 \operatorname{tang}^2 \frac{1}{2}\varphi}$.	VALEUR EXACTE du coefficient F.	DIFFÉRENCE des deux colonnes précédentes.	ERREUR relative.
0,12	209,7	208,8	0,9	0,0043
0,20	74,7	73,7	1,0	0,014
0,30	32,5	31,5	1,0	0,032
0,40	17,8	16,8	1,0	0,059
0,50	10,9	10,0	0,9	0,090
0,60	7,2	6,3	0,9	0,143
0,70	5,0	4,2	0,8	0,190
0,80	3,5	2,8	0,7	0,250
0,90	2,6	1,9	0,7	0,389
1,00	1,9	1,3	0,6	0,462

Il résulte de ce tableau que l'on prend une poussée toujours trop forte quand on se sert de la formule approximative et que l'erreur relative peut s'élever presque à moitié. Mais on va voir que cela n'a pas d'inconvénient lorsqu'il s'agit de faire une application à un arc métallique soutenant un pont ou une charpente.

Pour le montrer, rappelons-nous la signification de la quantité e. En appelant ω l'un des éléments de la section de l'arc, E le coefficient d'élasticité longitudinale de cet élément, on a

$$e = \Sigma \mathrm{E}\omega,$$

et, par suite, E_1 étant le maximum de E, et Ω la surface $\Sigma\omega$,

$$e < \mathrm{E}_1\Omega.$$

Donc, en introduisant cette valeur dans l'expression de la poussée due à la dilatation de la fibre moyenne par des causes étrangères aux charges, on a aussi l'inégalité

$$\mathrm{Q} < \tau \mathrm{E}_1 \Omega \frac{r^2}{a^2} \cdot \frac{\mathrm{F}}{1 + \lambda' \frac{r^2}{a^2}},$$

qui donne une limite de $\frac{\mathrm{Q}}{\Omega}$, c'est-à-dire de la poussée par mètre carré de section.

Lorsque l'on prend un arc de fer, E_1 est environ 2.10^{10}; pour la fonte, le plus grand coefficient d'élasticité, parmi ceux que divers expérimentateurs ont donnés, est environ de 12.10^9. Quant au rapport $\frac{r^2}{a^2}$, nous avons montré (n° 97) qu'il est inférieur à 0,0025, et même ordinairement à 0,001. Enfin la dilatation linéaire produite par la température est de 0,00122 pour le fer et 0,00111 pour la fonte, entre 0 et 100 degrés centigrades, ce qui, avec une variation de 25 degrés, donnerait respectivement pour τ les nombres 0,000305 et 0,000278 : nous prendrons 0,0004 afin d'être plutôt en dessus qu'en dessous de la réalité. Ces nombres nous ont permis de calculer le tableau suivant, où les poussées sont exprimées en kilogrammes par millimètre carré de section.

VALEURS de $\frac{2\varphi}{\pi}$.	LIMITE DE LA POUSSÉE due à la dilatation linéaire de 0,0004 lorsque $\frac{r^2}{a^2} = 0,0025$.		LIMITE DE LA POUSSÉE due à la dilatation linéaire de 0,0004 lorsque $\frac{r^2}{a^2} = 0,001$.	
	Fer.	Fonte.	Fer.	Fonte.
0,12	2,75	1,65	1,38	0,83
0,20	1,25	0,75	0,55	0,33
0,30	0,59	0,35	0,24	0,14
0,40	0,32	0,19	0,13	0,08
0,50	0,20	0,12	0,08	0,05
0,60	0,12	0,07	0,05	0,030
0,70	0,08	0,05	0,034	0,020
0,80	0,06	0,034	0,022	0,013
0,90	0,038	0,024	0,015	0,009
1,00	0,026	0,016	0,010	0,006

Maintenant, qu'on multiplie chaque nombre de ce tableau par le nombre placé à la même hauteur dans la dernière colonne du tableau précédent, on aura une série de produits représentant, pour les diverses valeurs de φ, $\frac{r^2}{a^2}$, τ et E_1 que nous avons considérées, les limites des erreurs absolues commises dans l'évaluation de la poussée dont il s'agit lorsqu'on emploie la formule approximative. On trouve les résultats suivants, que nous reproduisons dans l'ordre du dernier tableau, et qui expriment encore des kilogrammes par millimètre carré.

VALEURS de $\frac{2\varphi}{\pi}$.	LIMITES SUPÉRIEURES des erreurs absolues sur la poussée lorsque $\tau = 0{,}0004$ et $\frac{r^2}{a^2} = 0{,}0025$.		LIMITES SUPÉRIEURES des erreurs absolues sur la poussée lorsque $\tau = 0{,}0004$ et $\frac{r^2}{a^2} = 0{,}001$.	
	Fer.	Fonte.	Fer.	Fonte.
0,12	0,012	0,007	0,006	0,004
0,20	0,017	0,010	0,008	0,004
0,30	0,019	0,011	0,008	0,004
0,40	0,019	0,011	0,008	0,005
0,50	0,018	0,011	0,007	0,005
0,60	0,017	0,010	0,007	0,004
0,70	0,016	0,010	0,006	0,004
0,80	0,015	0,009	0,006	0,003
0,90	0,014	0,009	0,006	0,003
1,00	0,012	0,007	0,005	0,003

La plus grande erreur absolue n'atteint donc pas $0^{k},02$ par millimètre carré de la section transversale. Or une pareille force est complétement négligeable devant celles auxquelles on a l'habitude de soumettre les arcs métalliques dans les grandes constructions. Donc enfin il n'y aurait aucun inconvénient en pratique à se servir de la formule simplifiée

$$Q = \frac{\tau e r^2}{r^2 + \frac{8}{15} f^2},$$

lorsqu'on voudrait connaître la portion de la poussée d'un grand arc métallique spécialement due aux changements de température et au calage. Nous donnerons par la suite une table dont l'usage sera encore plus rapide; mais la formule simplifiée sera néanmoins utile pour des calculs où l'on se proposerait un autre but que la recherche de la poussée, et où l'on aurait besoin d'employer l'expression algébrique de cette force.

103. *Table pour le calcul des formules qui donnent les poussées dues à des poids uniformément répartis sur la longueur entière de la fibre moyenne ou de sa corde; simplification de ces formules.* — Les poussées dont il s'agit étant produites par des poids, il faut, conformément à ce qu'on a vu aux nos 99 et 100, en calculer d'abord la valeur comme si r était nul; on obtiendra ainsi ce que nous appelons la partie principale de la poussée. Le résultat de ce premier calcul devra ensuite subir les corrections représentées par le coefficient $\dfrac{1-\lambda\dfrac{r^2}{a^2}}{1+\lambda'\dfrac{r^2}{a^2}}$ précédemment étudié.

Quant à la partie principale, conformément aux formules (5) et (6) des nos 95 et 96, elle aura les expressions suivantes :

1° Dans le cas d'un poids uniformément réparti sur la longueur entière de la fibre moyenne,

$$2p\rho\varphi\,\frac{\dfrac{1}{4}-\dfrac{5}{2}\cos^2\varphi-\varphi\sin\varphi\cos\varphi+\dfrac{9}{4}\cos\varphi\,\dfrac{\sin\varphi}{\varphi}}{\varphi+2\varphi\cos^2\varphi-3\sin\varphi\cos\varphi};$$

2° Dans le cas d'un poids uniformément réparti suivant la longueur entière de la corde,

$$2pa\,\frac{-\dfrac{1}{4}+\dfrac{7}{12}\sin^2\varphi+\dfrac{1}{4}\cos\varphi\,\dfrac{\varphi}{\sin\varphi}-\dfrac{1}{2}\varphi\sin\varphi\cos\varphi}{\varphi+2\varphi\cos^2\varphi-3\sin\varphi\cos\varphi}.$$

Ces deux expressions sont, l'une et l'autre, le produit de la charge entière ($2p\rho\varphi$ ou $2pa$) par une certaine fonction de φ, c'est-à-dire qu'elles sont de la forme $F'.2p\rho\varphi$, $F''.2pa$. Le calcul en sera donc très-simple avec la table des coefficients F' et F'' que nous avons jointe à celles dont il a déjà été question.

Afin de pouvoir se passer de la table, et aussi pour certains problèmes dont le but final n'est pas la connaissance de la poussée, il n'est point sans utilité d'avoir les développements en série de F' et F'' et les expressions simplifiées de ces coefficients. Le calcul des séries de F' et F'' se conçoit sans peine;

en voici le résultat :

$$F' = \frac{1}{2\varphi}\left(1 - \frac{4}{21}\varphi^2 - \frac{2}{441}\varphi^4 - \frac{76}{509355}\varphi^6 - \frac{8}{1805765}\varphi^8 + \ldots\right),$$

$$F'' = \frac{1}{2\varphi}\left(1 - \frac{5}{42}\varphi^2 - \frac{23}{4410}\varphi^4 - \frac{41}{101871}\varphi^6 - \frac{17023}{4635130505}\varphi^8 + \ldots\right).$$

On peut remarquer encore que les quantités φ, f et a sont liées par la relation

$$\operatorname{tang}\frac{1}{2}\varphi = \frac{f}{a},$$

d'où l'on déduit, par une formule connue,

$$\frac{1}{2}\varphi = \operatorname{arc\,tang}\frac{f}{a} = \frac{f}{a} - \frac{f^3}{3a^3} + \frac{f^5}{5a^5} - \frac{f^7}{7a^7} + \ldots;$$

substituant cette valeur dans F′ et F″, on trouvera

$$F' = \frac{a}{4f}\left(1 - \frac{3f^2}{7a^2} + \frac{68f^4}{735a^4} - \frac{7268f^6}{169785a^6} + \ldots\right),$$

$$F'' = \frac{a}{4f}\left(1 - \frac{f^2}{7a^2} - \frac{2f^4}{147a^4} + \frac{34f^6}{3773a^6} - \ldots\right).$$

Lorsque l'arc est surbaissé, c'est-à-dire quand $\frac{f}{a}$ est petit, on peut se borner à prendre les deux premiers termes de chaque série; si de plus on néglige la correction $1 - \lambda\frac{r^2}{a^2}$ et qu'on remplace $1 + \lambda'\frac{r^2}{a^2}$ par $1 + \frac{15\,r^2}{8f^2}$ (n°s 99 et 100), on aura, pour exprimer la poussée :

1° Dans le cas de la charge uniformément répartie sur la longueur entière de la fibre moyenne,

$$Q = p\rho\varphi \cdot \frac{a}{2f}\left(\frac{1 - \frac{3f^2}{7a^2}}{1 + \frac{15\,r^2}{8f^2}}\right);$$

2° Dans le cas de la charge uniformément répartie sur la

longueur $2a$ de la corde,

$$Q = \frac{pa^2}{2f}\left(\frac{1-\dfrac{f^2}{7a^2}}{1+\dfrac{15r^2}{8f^2}}\right).$$

104. *Comparaison de la poussée produite par un poids uniformément réparti sur la longueur entière de la fibre moyenne avec celle que produirait le même poids total uniformément réparti suivant la corde.* — Les poussées produites dans ces deux cas ne diffèrent que par les coefficients F′ et F″; leur rapport sera donc $\frac{F'}{F''}$; soit, en développant $\frac{F'}{F''}$ en série,

$$1 - \frac{1}{14}\varphi^2 - \frac{23}{2940}\varphi^4 - \frac{1427}{1358280}\varphi^6 - \ldots.$$

Le tableau suivant fait connaître les valeurs du rapport $\frac{F'}{F''}$ correspondant à divers angles φ.

VALEURS de $\frac{2\varphi}{\pi}$.	RAPPORT $\frac{F'}{F''}$.	VALEURS de $\frac{2\varphi}{\pi}$.	RAPPORT $\frac{F'}{F''}$.	OBSERVATIONS.
0,12	0,997	0,60	0,930	Les trois dernières valeurs de $\frac{F'}{F''}$ ont été calculées directement, sans employer la série.
0,20	0,993	0,70	0,900	
0,30	0,984	0,80	0,863	
0,40	0,971	0,90	0,814	
0,50	0,953	1,00	0,750	

On voit que tant qu'il s'agit d'arcs dont le demi-angle au centre, désigné par φ, est inférieur à la moitié d'un angle droit, la poussée produite par un poids donné reste sensiblement la même quand on le suppose réparti uniformément, soit suivant la longueur de la fibre moyenne, soit suivant la corde. C'est donc avec raison qu'on regarde habituellement le poids propre de l'arc comme devant s'ajouter au poids du tablier, au poids d'épreuve, etc., pour donner un poids total par mètre courant de corde sur lequel on base le calcul de la poussée. Il n'y aurait d'intérêt à faire la distinction que dans certains problèmes où beaucoup de précision serait nécessaire, et où le poids propre de l'arc serait comparable à ceux qu'il supporte.

105. *Comparaison de la poussée avec la tension horizontale d'un câble de pont suspendu.* — Supposons un pont supporté par des arcs rigides et un pont suspendu ayant même flèche, même ouverture, et chargé de la même manière. La charge (y compris le poids propre des arcs ou des câbles de suspension) consiste en un poids uniformément réparti suivant l'horizontale. Soit p ce poids rapporté au mètre courant, $2a$ l'ouverture, f la flèche. La tension horizontale Q', dans l'ensemble des câbles de suspension, aura pour valeur $\frac{pa^2}{2f}$, et la poussée Q des arcs sera donnée par les calculs du n° 103. On aura donc

$$\frac{Q}{Q'} = \left(1 - \frac{f^2}{7a^2} - \frac{2f^4}{147a^4} + \ldots\right) \frac{1 - \lambda \frac{r^2}{a^2}}{1 + \lambda' \frac{r^2}{a^2}}.$$

Cette formule montre d'une manière évidente que l'action horizontale sera toujours plus petite dans les arcs rigides que dans le système flexible des ponts suspendus; car on a le produit de deux facteurs plus petits que l'unité, à diviser par un facteur qui est au contraire plus grand que 1. Le rapport $\frac{Q}{Q'}$ variera d'ailleurs avec $\frac{r^2}{a^2}$ et avec l'angle φ qui détermine $\frac{f}{a}$, λ et λ'. Le tableau suivant en donne une idée.

VALEURS de $\frac{2\varphi}{\pi}$.	$\frac{f}{a} = \tang \frac{1}{2}\varphi$.	VALEURS de λ.	VALEURS de λ'.	VALEURS DU RAPPORT $\frac{Q}{Q'}$, POUR $\frac{r^2}{a^2}=$		
				0,000.	0,001.	0,0025.
0,12	0,09453	2,4	207,6	0,999	0,825	0,653
0,20	0,15838	2,4	72,5	0,996	0,896	0,838
0,30	0,24008	2,3	30,4	0,992	0,960	0,916
0,40	0,32492	2,2	15,8	0,985	0,967	0,943
0,50	0,41421	2,0	9,1	0,975	0,964	0,949
0,60	0,50953	1,8	5,6	0,962	0,956	0,945
0,70	0,61280	1,6	3,6	0,946	0,941	0,934
0,80	0,72654	1,4	2,3	0,922	0,918	0,913
0,90	0,85408	1,2	1,5	0,893	0,890	0,887
1,00	1,00000	1,0	1,0	0,849	0,847	0,845

106. *Exemples de la détermination d'une poussée au moyen des tables.* — Nous prendrons pour premier exemple le projet du pont de Brest présenté par M. Tritscher, dont nous nous sommes déjà occupé au n° 36. Le

lecteur voudra bien s'y reporter pour avoir la définition de la forme de l'arc et des poids qu'il supporte. La poussée ou réaction horizontale des appuis était supposée connue au n° 36 ; il s'agit ici de montrer comment le calcul a pu en être fait. Pour cela, nous partagerons chaque moitié de l'arc, d'un côté de la verticale BG du sommet (*fig.* 26), en six parties, les points de division étant à des distances de BG (mesurées horizontalement) qui ont pour valeurs successives

$$10^m,\quad 20^m,\quad 28^m,\quad 36^m,\quad 44^m,\quad 52^m{,}915;$$

à égale distance des verticales extrêmes de chaque partie, se trouve la résultante des poids qui chargent cette partie : ces résultantes ont pour valeur en tonneaux de 1000 kilogrammes

$$31^t,\quad 31^t,\quad 89^t{,}2,\quad 89^t{,}2,\quad 89^t{,}2,\quad 99^t{,}4.$$

Nous allons déterminer la poussée comme si ces résultantes pouvaient être substituées aux forces élémentaires, ce qui ne doit produire qu'une faible altération (n° 94). Cherchons à cet effet les arguments nécessaires.

D'abord l'angle φ est de $74°\,10'\,24''{,}3$; par suite $\frac{2\varphi}{\pi} = 0{,}824$. Les angles $\theta', \theta'', \theta''', \theta^{\text{IV}}, \theta^{\text{V}}, \theta^{\text{VI}}$ correspondant aux points d'application, sur la fibre moyenne, des résultantes partielles, s'obtiennent aisément ; car ces points sont aux distances suivantes de la verticale BG :

$$5^m,\quad 15^m,\quad 24^m,\quad 32^m,\quad 40^m,\quad 48^m{,}4575;$$

d'où l'on tire, le rayon du cercle étant 55 mètres,

$$\sin\theta' = \frac{5}{55}, \qquad \theta' = 5°\,12'\,57''{,}3,$$

$$\sin\theta'' = \frac{15}{55}, \qquad \theta'' = 15°\,49'\,35''{,}8,$$

$$\sin\theta''' = \frac{24}{55}, \qquad \theta''' = 25°\,52'\,19''{,}6,$$

$$\sin\theta^{\text{IV}} = \frac{32}{55}, \qquad \theta^{\text{IV}} = 35°\,34'\,42''{,}7,$$

$$\sin\theta^{\text{V}} = \frac{40}{55}, \qquad \theta^{\text{V}} = 46°\,39'\,29''{,}1,$$

$$\sin\theta^{\text{VI}} = \frac{48{,}4575}{55}, \qquad \theta^{\text{VI}} = 62°\,53'\,25''{,}4.$$

Par suite, on obtient les rapports désignés par m dans la Table I,

$$m' = \frac{\theta'}{\varphi} = 0,070, \quad m^{\text{IV}} = \frac{\theta^{\text{IV}}}{\varphi} = 0,480,$$

$$m'' = \frac{\theta''}{\varphi} = 0,212, \quad m^{\text{V}} = \frac{\theta^{\text{V}}}{\varphi} = 0,629,$$

$$m''' = \frac{\theta'''}{\varphi} = 0,349, \quad m^{\text{VI}} = \frac{\theta^{\text{VI}}}{\varphi} = 0,848.$$

Ces données suffisent pour calculer la partie principale de la poussée due à l'ensemble des poids ; pour cela, il faut multiplier chaque résultante partielle par un coefficient $\frac{A}{B}$ que la Table I fait aisément connaître, au moyen d'une triple interpolation. Prenons, par exemple, le coefficient qui s'applique à la seconde résultante de $89^t,2$, située à 32 mètres de la verticale du sommet. Il s'agit de trouver la valeur d'une fonction de $\frac{2\varphi}{\pi}$ et de m, quand on y fait

$$\frac{2\varphi}{\pi} = 0,824, \qquad m = 0,480.$$

Or la Table I donne :

$$\text{pour } \frac{2\varphi}{\pi} = 0,80, \quad m = 0,45 \ldots \frac{A}{B} = 0,323,$$

$$\text{pour } \frac{2\varphi}{\pi} = 0,84, \quad m = 0,45 \ldots \frac{A}{B} = 0,292,$$

$$\text{pour } \frac{2\varphi}{\pi} = 0,80, \quad m = 0,50 \ldots \frac{A}{B} = 0,291,$$

$$\text{pour } \frac{2\varphi}{\pi} = 0,84, \quad m = 0,50 \ldots \frac{A}{B} = 0,261.$$

Interpolant par parties proportionnelles entre la première et la deuxième ligne d'une part, la troisième et la quatrième d'autre part, on conclut :

$$\text{pour } \frac{2\varphi}{\pi} = 0,824, \quad m = 0,45 \ldots \frac{A}{B} = 0,323 - 0,031 \cdot \frac{24}{40} = 0,3044,$$

$$\text{pour } \frac{2\varphi}{\pi} = 0,824, \quad m = 0,50 \ldots \frac{A}{B} = 0,291 - 0,030 \cdot \frac{24}{40} = 0,2730.$$

Une dernière interpolation entre ces deux lignes donne définitivement :

$$\text{pour } \frac{2\varphi}{\pi} = 0,824, \quad m = 0,480 \ldots \frac{A}{B} = 0,3044 - 0,0314 \cdot \frac{3}{5} = 0,286.$$

Ainsi la valeur cherchée est 0,286. On a obtenu, par des calculs tout à fait pareils, le coefficient de la partie principale de la poussée produite par chaque résultante partielle. Ces coefficients sont successivement

$$0,455,\quad 0,421,\quad 0,361,\quad 0,286,\quad 0,191,\quad 0,050.$$

On en conclura la partie principale de la poussée due aux poids, en multipliant chacun de ces nombres par la résultante à laquelle il correspond, additionnant et multipliant par 2, afin de tenir compte des poids égaux placés de l'autre côté de la verticale moyenne BG, qui produisent la même poussée que les premiers. On a donc, en désignant par Q_1 cette partie principale,

$$Q_1 = 2\left(\begin{array}{l}0,455.31 + 0,421.31 + 0,361.89,2 \\ \quad + 0,286.89,2 + 0,191.89,2 + 0,050.99,4\end{array}\right) = 213^t,75.$$

Avant de faire subir à ce nombre la correction nécessaire, il faut encore lui ajouter la poussée produite par la dilatation linéaire indépendante des charges. Ici nous avons $\frac{r^2}{a^2} = 0,000269$, car la section étant un rectangle homogène de 3 mètres de hauteur, r^2 est égal à $\frac{1}{12}\cdot 3^2 = 0,75$, et $a = 52^m,915$. D'un autre côté, l'aire de la section est $0^{mq},144$, nombre qui, multiplié par le coefficient d'élasticité de la tôle, donne

$$e = 0,144.2.10^{10}.$$

Quant au coefficient de dilatation τ, supposons-le, par exemple, de 0,0004, ce qui répondra, si l'on veut, à une augmentation de température de 25 degrés et à un calage ayant pour épaisseur 0,0001 de la longueur de l'arc. Enfin, prenons dans la Table II, en interpolant, la valeur de $F = 2,6$; nous trouverons alors, pour la poussée dont il s'agit, abstraction faite de la correction,

$$F\tau e\frac{r^2}{a^2} = 806^{kil}.$$

Donc la partie principale de la poussée sera, dans les conditions où nous nous sommes placé,

$$213^t,75 + 0^t,81 = 214^t,56.$$

Il ne reste plus qu'à effectuer la correction. L'effet de la dilatation étant ici peu important, nous affecterons l'ensemble des deux résultats du même coefficient $\frac{1-\lambda\frac{r^2}{a^2}}{1+\lambda'\frac{r^2}{a^2}}$, bien que pour la dilatation nous dussions seulement diviser par $1+\lambda'\frac{r^2}{a^2}$; la Table IV nous fournit la valeur de ce coefficient. Pour $\frac{2\varphi}{\pi}$ compris entre 0,80 et 0,84, et $\frac{r^2}{a^2} = 0,0005$, le coefficient serait 0,998; il devient 1,000 quand $\frac{r^2}{a^2}$ s'annule : donc, pour $\frac{r^2}{a^2} = 0,000269$, l'interpolation donnerait sensiblement 0,999. Il faut donc diminuer la poussée obtenue tout à l'heure de 0,001 de sa valeur, et l'on obtient définitivement le nombre

$$Q = 214^t,56 - 0^t,21 = 214^t,35,$$

résultat égal, sauf une différence relative de $\frac{1}{4287}$, à celui dont nous avons fait usage au n° 36, et que nous avions obtenu antérieurement à la construction de nos tables, par l'emploi du calcul intégral (n° 94). La différence provient des décimales négligées et de la substitution des résultantes partielles aux poids répartis d'une manière continue; il est même vraisemblable que les erreurs ont dû se compenser. Néanmoins cet exemple semble prouver que la substitution dont nous parlons est sans inconvénient pratique dans le problème actuel.

Le second exemple se rapporte au viaduc en fonte de Tarascon, établi sur le Rhône pour le chemin de fer de la Méditerranée. La section transversale d'un quelconque des huit arcs en fonte qui soutiennent une arche est représentée en détail par la *fig.* 47. La fibre moyenne est d'ailleurs un arc de cercle de $4^m,95$ de flèche et $59^m,99$ de corde. On déduit de ces données

Fig. 47.

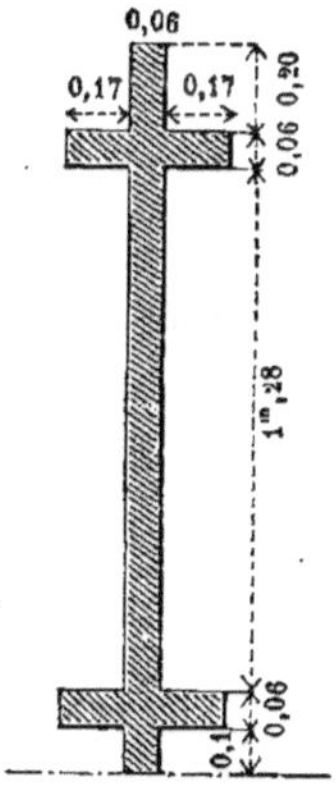

0,06 0,17 0,17 0,20 0,06 $1^m,28$ 0,06 0,1

$$\varphi = 18^\circ 44' 30'',62, \text{ en degrés sexagésimaux,}$$

$$\frac{2\varphi}{\pi} = \frac{18^\circ 44' 30'',62}{90^\circ} = 0,2082;$$

et dans l'hypothèse de l'homogénéité de la fonte,

$$r^2 = 0,3009, \quad \text{d'où} \quad \frac{r^2}{a^2} = 0,000334.$$

Nous voulons simplement ici trouver la poussée due à un poids de 105 tonneaux de 1000 kilogrammes uniformément réparti sur la longueur entière de l'arc, et à un poids égal uniformément réparti suivant la longueur entière de la corde. Cette poussée sera exprimée (n° 103) par

$$Q = \frac{1 - \lambda \frac{r^2}{a^2}}{1 + \lambda' \frac{r^2}{a^2}} (F'.2p\rho\varphi + F''.2p'a),$$

soit, à cause de $2p\rho\varphi = 2p'a = 105^t$,

$$Q = \frac{1 - \lambda \dfrac{r^2}{a^2}}{1 + \lambda' \dfrac{r^2}{a^2}} (F' + F'').105^t.$$

La Table II donne F' et F'' :

pour $\dfrac{2\varphi}{\pi} = 0,20$, on a $F' = 1,562$, $F'' = 1,573$;

pour $\dfrac{2\varphi}{\pi} = 0,21$, on a $F' = 1,484$, $F'' = 1,496$;

donc, en interpolant par parties proportionnelles, lorsque $\dfrac{2\varphi}{\pi}$ sera 0,2082, on trouvera

$$F' = 1,562 - 0,82\,(1,562 - 1,484) = 1,498,$$
$$F'' = 1,573 - 0,82\,(1,573 - 1,496) = 1,510.$$

Quant au coefficient de correction $\dfrac{1 - \lambda \dfrac{r^2}{a^2}}{1 + \lambda' \dfrac{r^2}{a^2}}$, on l'obtient au moyen de la Table IV par une double interpolation. On trouve :

pour $\dfrac{2\varphi}{\pi} = 0,20$ et $\dfrac{r^2}{a^2} = 0,0005\ldots$ le coefficient $= 0,964$;

pour $\dfrac{2\varphi}{\pi} = 0,21$ et $\dfrac{r^2}{a^2} = 0,0005\ldots$ le coefficient $= 0,967$.

Donc, si $\dfrac{2\varphi}{\pi}$ devient 0,2082 et si $\dfrac{r^2}{a^2}$ reste égal à 0,0005, le coefficient de correction deviendrait approximativement

$$0,964 + 0,82\,(0,967 - 0,964) = 0,9665,$$

en admettant l'interpolation par parties proportionnelles. D'ailleurs, pour une valeur quelconque de $\dfrac{2\varphi}{\pi}$, si $\dfrac{r^2}{a^2}$ est nul, le coefficient cherché est toujours égal à 1; donc une seconde interpolation entre $\dfrac{r^2}{a^2} = 0,0005$ et $\dfrac{r^2}{a^2} = 0$, $\dfrac{2\varphi}{\pi}$ restant 0,2082, donnera pour la valeur demandée

$$0,9665 + (1 - 0,9665)\frac{0,0005 - 0,000336}{0,0005} = 0,9775.$$

Donc définitivement la poussée d'un arc appartenant au viaduc de Tarascon sera, dans les circonstances indiquées,

$$Q = 0,9775\,(1,498 + 1,510)\,105^{t} = 308^{t},7.$$

Ces deux exemples paraîtront sans doute suffisants pour bien faire comprendre la disposition et l'usage des tables de poussée.

CHAPITRE CINQUIÈME.

SOLUTION DE DIVERSES QUESTIONS CONCERNANT LES PIÈCES A FIBRE MOYENNE CIRCULAIRE ET A SECTION CONSTANTE.

---

§ Ier. — Calcul de la variation de flèche dans certaines circonstances.

107. *Observations préliminaires.* — Nous continuerons à faire au sujet des pièces courbes dont nous devons étudier la variation de flèche les hypothèses restrictives qui ont été exposées au nº **87**. De plus, nous conservons dans le courant de ce chapitre les notations définies au nº **88**.

Cela posé, nous allons procéder au calcul de la variation de la flèche : 1º sous l'action d'un poids uniformément réparti suivant la longueur entière de l'arc; 2º sous l'action d'un poids uniformément réparti suivant la corde entière; 3º par l'effet d'une dilatation provenant de causes étrangères aux charges.

108. *Variation de flèche produite par un poids uniformément réparti suivant la longueur entière de l'arc.* — La pièce étant symétrique et symétriquement chargée, on doit appliquer la dernière formule établie au nº **51**, en supposant $\tau = 0$, parce qu'on ne s'occupe pas ici des effets de la dilatation résultant de causes étrangères aux charges; si d'ailleurs on néglige le glissement transversal (nº **41**), la formule en question devient

$$-\Delta f = \int_0^a \left[\frac{X(a-x)}{er^2}\frac{ds}{dx} + \frac{N}{e}\frac{dy}{dx}\right] dx.$$

On peut reconnaître *à priori* que le terme $\int_0^a \frac{N}{e}\frac{dy}{dx}\,dx$ n'aura pas d'influence sensible. En effet, d'après la théorie de l'extension simple, la valeur absolue de $\frac{N}{e}$ exprime l'allongement ou raccourcissement relatif subi par l'élément ds de la fibre moyenne; or, dans la pratique, ce nombre est toujours très-faible et ne dépasse pas ordinairement quelques dix-millièmes : on serait donc en droit d'admettre l'inégalité

$$\pm\frac{N}{e} < 0{,}001,$$

et par suite

$$\pm\int_0^a \frac{N}{e}\frac{dy}{dx}\,dx < \pm\left(0{,}001\int_0^a \frac{dy}{dx}\,dx\right),$$

ou bien encore, $\int_0^a \frac{dy}{dx}\,dx$ étant égal en valeur absolue à la flèche f,

$$\pm\int_0^a \frac{N}{e}\frac{dy}{dx}\,dx < 0{,}001 f.$$

Ainsi le terme dont il s'agit ne produira jamais dans la flèche un changement proportionnel atteignant 0,001. Donc on pourrait, comme nous l'avons dit, ne pas s'en préoccuper. Toutefois nous établirons d'abord des formules exactes, en tenant compte de ce terme.

Fig. 48.

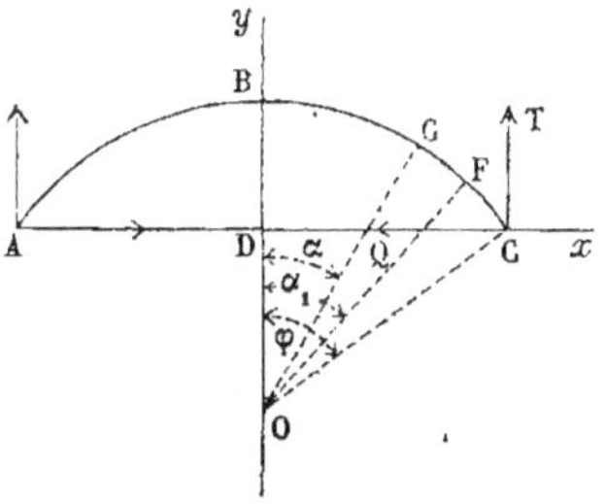

Pour effectuer le calcul de $-\Delta f$, on exprimera, comme on l'a fait précédemment, toutes les variables en fonction d'une seule, qui sera l'angle α de la verticale OB (*fig.* 48) avec le plan OG d'une section normale quelconque. On aura

$$x = \rho\sin\alpha, \qquad dx = \rho\cos\alpha\,d\alpha$$
$$y = \rho(\cos\alpha - \cos\varphi), \qquad dy = -\rho\sin\alpha\,d\alpha,$$
$$a = \overline{CD} = \rho\sin\varphi, \qquad ds = \rho\,d\alpha.$$

Projetant ensuite sur GO et sur la tangente en G toutes les forces extérieures qui agissent sur la partie GC de la pièce, on obtiendra l'effort tranchant P et la tension totale N dans la section faite suivant GO, savoir :

$$P = p\rho(\varphi - \alpha)\cos\alpha - T\cos\alpha + Q\sin\alpha,$$
$$N = p\rho(\varphi - \alpha)\sin\alpha - T\sin\alpha - Q\cos\alpha,$$

ou, à cause de $T = p\rho\varphi$,

$$P = -p\rho\alpha\cos\alpha + Q\sin\alpha,$$
$$N = -p\rho\alpha\sin\alpha - Q\cos\alpha.$$

La valeur de P nous est utile pour connaître X, car on sait (n° 70) qu'on a

$$dX = \pm P\,ds = \pm P\rho\,d\alpha;$$

donc, en intégrant cette relation,

$$\begin{aligned} X &= \pm\int P\rho\,d\alpha + \text{const.} \\ &= \pm\left(-p\rho^2\int\alpha\cos\alpha\,d\alpha + Q\rho\int\sin\alpha\,d\alpha\right) + \text{const.} \\ &= \pm[-p\rho^2(\alpha\sin\alpha + \cos\alpha) - Q\rho\cos\alpha] + \text{const.} \end{aligned}$$

Afin de compléter la détermination de X, il faut remarquer : 1° que, si l'on calculait directement le moment X, la force Q y introduirait le terme $-Q\rho(\cos\alpha - \cos\varphi)$, car le moment de Q doit être pris négativement, comme tendant à faire tourner dans le sens de x vers y (n° 43); 2° que X s'annule en C, puisque les forces appliquées à la dernière section se réduisent à Q et à T. La première remarque prouve que dans le double signe $\pm$ c'est le signe $+$ qu'on doit choisir; la seconde détermine la constante; et il vient finalement

$$X = -p\rho^2(\cos\alpha - \cos\varphi + \alpha\sin\alpha - \varphi\sin\varphi) - Q\rho(\cos\alpha - \cos\varphi).$$

Quand on transporte ces diverses valeurs dans l'expression de $-\Delta f$, on trouve

$$\begin{aligned} -\Delta f = &\frac{p\rho^4}{er^2}\int_0^\varphi(\sin\alpha - \sin\varphi)(\cos\alpha - \cos\varphi + \alpha\sin\alpha - \varphi\sin\varphi)\,d\alpha \\ &+ \frac{Q\rho^3}{er^2}\int_0^\varphi(\sin\alpha - \sin\varphi)(\cos\alpha - \cos\varphi)\,d\alpha \\ &+ \frac{p\rho^2}{e}\int_0^\varphi\alpha\sin^2\alpha\,d\alpha + \frac{Q\rho}{e}\int_0^\varphi\sin\alpha\cos\alpha\,d\alpha. \end{aligned}$$

L'intégration s'effectue aisément; on ne rencontre ici que des intégrales déjà connues, sauf $\int \alpha \sin^2\alpha\, d\alpha$. Or, en intégrant par parties, on obtient successivement

$$\begin{aligned}\int \alpha \sin^2\alpha\, d\alpha &= -\alpha\sin\alpha\cos\alpha + \int \cos\alpha\, d(\alpha\sin\alpha)\\ &= -\alpha\sin\alpha\cos\alpha + \int (\sin\alpha\cos\alpha + \alpha\cos^2\alpha)\, d\alpha\\ &= -\alpha\sin\alpha\cos\alpha + \frac{1}{2}\sin^2\alpha + \int \alpha(1-\sin^2\alpha)\, d\alpha\\ &= -\frac{1}{2}\alpha\sin\alpha\cos\alpha + \frac{1}{4}\sin^2\alpha + \frac{1}{4}\alpha^2.\end{aligned}$$

On est donc en mesure d'écrire la valeur de $-\Delta f$, qui est

$$\begin{aligned}-\Delta f = \frac{p\rho^4}{er^2}\Big(&-\frac{9}{4}\sin^2\varphi + \frac{5}{2}\varphi\sin\varphi\cos\varphi + 1 - \cos\varphi\\ &- \varphi\sin\varphi + \varphi^2\sin^2\varphi + \frac{1}{4}\varphi^2\Big)\\ &- \frac{Q\rho^3}{er^2}\left(\frac{3}{2}\sin\varphi - \varphi\sin\varphi\cos\varphi + \cos\varphi - 1\right)\\ &+ \frac{p\rho^2}{4e}(-2\varphi\sin\varphi\cos\varphi + \sin^2\varphi + \varphi^2) + \frac{Q\rho}{2e}\sin^2\varphi,\end{aligned}$$

soit encore

$$-\Delta f = H\frac{p\rho^4}{er^2} + H'\frac{Q\rho^3}{er^2} + H''\frac{p\rho^2}{e} + H'''\frac{Q\rho}{e},$$

H, H', H'', H''' étant des constantes connues maintenant en fonction de φ. La formule précédente suffirait donc pour calculer $-\Delta f$, puisque d'ailleurs on peut, par un calcul préalable, connaître la poussée Q.

Lorsqu'il s'agit d'un arc surbaissé, c'est-à-dire dans l'hypothèse, assez généralement vraie en pratique, d'une petite valeur de φ, cette formule peut recevoir une forme beaucoup plus simple. Pour la trouver, nous remplacerons d'abord Q par sa valeur donnée au n° 103 :

$$Q = 2p\rho\varphi . F'\left(\frac{1-\lambda\dfrac{r^2}{a^2}}{1+\lambda'\dfrac{r^2}{a^2}}\right),$$

et nous aurons de cette manière

$$-\Delta f = \frac{p\rho^2}{e\left(1+\lambda'\frac{r^2}{a^2}\right)}\left[(H+2F'H'\varphi)\frac{\rho^2}{r^2}+\frac{H\lambda'}{\sin^2\varphi}-\frac{2F'H'\lambda\varphi}{\sin^2\varphi}\right.$$
$$\left.+H''+2F'H'''\varphi+\frac{r^2}{a^2}(H''\lambda'-2F'H'''\varphi\lambda)\right].$$

Or on connaît déjà le développement de F' en série (nº **103**), ainsi que celui de λ et λ' (nºs **99** et **100**), et il est facile, au moyen des séries connues du sinus et du cosinus, d'avoir ceux de H, H', H'', H'''. Le calcul donne pour résultat :

$$H = \frac{5}{24}\varphi^4\left(1-\frac{77}{150}\varphi^2+\frac{269}{2800}\varphi^4-\frac{6281}{756000}\varphi^6+\ldots\right),$$
$$H' = -\frac{5}{24}\varphi^4\left(1-\frac{49}{150}\varphi^2+\frac{107}{2800}\varphi^4-\frac{1793}{756000}\varphi^6+\ldots\right),$$
$$H'' = \frac{1}{4}\varphi^4\left(1-\frac{1}{18}\varphi^2+\frac{1}{45}\varphi^4-\ldots\right),$$
$$H''' = \frac{1}{2}\varphi^3\left(1-\frac{1}{3}\varphi^2+\frac{2}{45}\varphi^4-\ldots\right);$$

et, par suite,

$$H+2F'H'\varphi = \frac{1}{1260}\varphi^6\left(1+\frac{5}{112}\varphi^2+\frac{43}{16170}\varphi^4+\ldots\right),$$
$$\frac{H\lambda'-2F'H'\lambda\varphi}{\sin^2\varphi}+H''+2F'H'''\varphi = \frac{25}{16}\left(1-\frac{1}{350}\varphi^2+\frac{1171}{176400}\varphi^4-\ldots\right).$$
$$H''\lambda'-2F'H'''\lambda\varphi = \frac{5}{8}\varphi^2\left(1-\frac{11}{70}\varphi^2+\ldots\right).$$

Donc, en ne prenant que le premier terme des trois séries précédentes, ce qui est légitime pour de petites valeurs de φ, on aura

$$-\Delta f = \frac{p\rho^2}{e\left(1+\lambda'\frac{r^2}{a^2}\right)}\left(\frac{\rho^2\varphi^6}{1260\,r^2}+\frac{25}{16}+\frac{5r^2\varphi^2}{8a^2}\right).$$

Cette valeur est encore susceptible de quelques simplifications. D'abord nous savons qu'on peut sans erreur relative notable remplacer $1+\lambda'\frac{r^2}{a^2}$ par $1+\frac{15r^2}{8f^2}$ (n° 100); en second lieu, puisque φ est petit, on a sensiblement

$$\rho\varphi = a \quad \text{et} \quad \varphi = 2\,\text{tang}\,\frac{1}{2}\varphi = \frac{2f}{a};$$

enfin, à cause de la limite de $\frac{1}{400}$, que $\frac{r^2}{a^2}$ ne dépasse pas (n° 97), le terme $\frac{5r^2\varphi^2}{8a^2}$ sera petit relativement à $\frac{25}{16}$. Donc nous écrirons simplement

$$-\Delta f = \frac{25}{16}\cdot\frac{p\rho^2}{e\left(1+\frac{15r^2}{8f^2}\right)}\left(1+\frac{64f^4}{7875a^2r^2}\right),$$

ou bien

$$(1) \qquad -\Delta f = 1,56\,\frac{p\rho^2}{e\left(1+\frac{15r^2}{8f^2}\right)}\left(1+0,0081\,\frac{f^4}{a^2r^2}\right).$$

La formule (1) ci-dessus, d'après la manière dont elle a été obtenue, semblerait ne devoir être appliquée que lorsque l'arc est notablement surbaissé. Cependant on se convaincra aisément par des substitutions directes qu'elle ne donne pas une forte erreur, même dans le cas où la fibre moyenne se rapproche du demi-cercle, c'est-à-dire quand φ est peu différent de $\frac{\pi}{2}$. Ainsi, quand on fait $\varphi = \frac{\pi}{2}$ dans les expressions non développées en séries, on trouve

$$H + 2F'H'\varphi = 0,013455,$$

$$\frac{H\lambda' - 2F'H'\varphi\lambda}{\sin^2\varphi} + H'' + 2F'H'''\varphi = 1,60303,$$

$$H''\lambda' - 2F'H'''\lambda\varphi = 0,61685,$$

et, par suite,

$$-\Delta f = \frac{p\rho^2}{e\left(1+\lambda'\frac{r^2}{a^2}\right)}\left(0,01346\frac{\rho^2}{r^2} + 1,60303 + 0,61685\frac{r^2}{a^2}\right).$$

Or, le terme $0,61685\,\frac{r^2}{a^2}$ est négligeable devant $1,60303$; $1+\lambda'\frac{r^2}{a^2}$ peut être remplacé par $1+\frac{15\,r^2}{8f^2}$ avec une erreur relative inférieure à $\frac{1}{200}$ (n° 100); donc on aurait très-approximativement

$$-\Delta f = \frac{p\rho^2}{e\left(1+\frac{15\,r^2}{8f^2}\right)}\left(1,60+0,0135\frac{\rho^2}{r^2}\right).$$

La formule (1), en remarquant que pour $\varphi=\frac{\pi}{2}$ on a $f=a=\rho$, donnerait

$$-\Delta f = \frac{p\rho^2}{e\left(1+\frac{15\,r^2}{8f^2}\right)}\left(1,56+0,0127\frac{\rho^2}{r^2}\right);$$

on voit donc qu'elle conduirait à peu près au résultat exact. La substitution de $\varphi=\frac{\pi}{4}$ nous fournirait encore une conclusion dans le même sens; car en laissant de côté le facteur $\frac{p\rho^2}{e\left(1+\lambda'\frac{r^2}{a^2}\right)}$, sur lequel on fait une très-petite erreur quand on le remplace par $\frac{p\rho^2}{e\left(1+\frac{15\,r^2}{8f^2}\right)}$, la formule (1) donnerait pour le second facteur

$$1,56+0,0127\frac{f^4}{a^2r^2},$$

au lieu de la valeur véritable

$$1,56+0,0137\frac{f^4}{a^2r^2};$$

l'erreur relative à craindre serait donc limitée à $\frac{1}{13}$, dans le cas défavorable où $\frac{f^4}{a^2r^2}$ serait très-grand; et généralement elle serait plus petite, car il est rare que le terme $1,56$ ne l'emporte pas de beaucoup sur celui qui contient le facteur $\frac{f^4}{a^2r^2}$.

109. *Variation de flèche produite par un poids uniformément réparti suivant la longueur entière de la corde.* — Nous admettons identiquement les mêmes données qu'au n° 108, à part cette différence que la charge sera répartie uniformément, non plus suivant la longueur de l'arc, mais suivant une parallèle à sa corde, c'est-à-dire qu'une partie de l'arc, occupant en projection sur cette corde une longueur l, supportera une charge $p'l$. Cette charge agit d'ailleurs perpendiculairement à la corde. On demande de déterminer l'abaissement $-\Delta f$ du sommet de l'arc.

On remarquera d'abord que la pièce a un poids propre dont on ne pourrait pas toujours faire abstraction; mais si l'on en tenait compte, cela aurait simplement pour effet d'introduire dans l'expression de $-\Delta f$ les termes $H\frac{p\rho^4}{er^2}$ et $H''\frac{p\rho^2}{e}$ que nous avons calculés au numéro précédent. En outre, les termes $H'\frac{Q\rho^3}{er^2}$ et $H'''\frac{Q\rho}{e}$ doivent rester les mêmes que tout à l'heure, car il est clair que la réaction Q entrera de la même manière dans X et N; seulement Q ne conservera pas la même valeur numérique, et dans les applications il faudrait avoir soin de prendre celle qui répond au cas actuel. Tout considéré, nous n'avons donc à chercher que les termes provenant de l'introduction de p' dans X et N.

Or on trouve sans difficulté

$$X = -\frac{1}{2}p'\rho^2(\sin\varphi - \sin\alpha)^2 + T\rho(\sin\varphi - \sin\alpha) + \ldots,$$

$$N = p'\rho(\sin\varphi - \sin\alpha)\sin\alpha - T\sin\alpha - \ldots,$$

et comme T est ici égal à $p'\rho\sin\varphi$,

$$X = \frac{1}{2}p'\rho^2(\sin^2\varphi - \sin^2\alpha) + \ldots,$$

$$N = -p'\rho\sin^2\alpha - \ldots;$$

d'où l'on conclut que les termes analogues à $H\frac{p\rho^4}{er^2}$ et $H''\frac{p\rho^2}{e}$

sont, dans le cas actuel,

$$\frac{p'\rho^4}{2er^2}\int_0^\varphi (\sin\varphi - \sin\alpha)(\sin^2\varphi - \sin^2\alpha)\,d\alpha \quad \text{et} \quad \frac{p'\rho^2}{e}\int_0^\varphi \sin^3\alpha\,d\alpha.$$

Ces intégrales se décomposent facilement en intégrales connues, et, tout calcul effectué, on trouve pour les coefficients H_1 et H''_1 qui multiplient respectivement $\frac{p'\rho^4}{er^2}$ et $\frac{p'\rho^2}{e}$:

$$H_1 = \frac{1}{2}\varphi\sin^3\varphi - \frac{1}{2}\varphi\sin\varphi - \frac{1}{2}\sin^2\varphi + \frac{7}{12}\sin^2\varphi\cos\varphi + \frac{1}{3} - \frac{1}{3}\cos\varphi,$$

$$H''_1 = \frac{2}{3} - \cos\varphi + \frac{1}{3}\cos^3\varphi.$$

Ainsi l'on aurait en définitive, pour l'effet produit sur la flèche f par le poids $2p'a$,

$$-\Delta f = H_1\frac{p'\rho^4}{er^2} + H'\frac{Q\rho^3}{er^2} + H''_1\frac{p'\rho^2}{e} + H'''\frac{Q\rho}{e}.$$

La substitution de la valeur de Q et le développement en série donnent ici, comme au n° 108, un résultat simple et remarquable. On a d'abord (n° 103)

$$= 2p'\rho\sin\varphi . F''. \frac{1 - \lambda\frac{r^2}{a^2}}{1 + \lambda'\frac{r^2}{a^2}},$$

et, par suite,

$$-\Delta f = \frac{p'\rho^2}{e\left(1 + \lambda'\frac{r^2}{a^2}\right)}\left[(H_1 + 2F''H'\sin\varphi)\frac{\rho^2}{r^2} + \frac{H_1\lambda'}{\sin^2\varphi} - \frac{2F''H'\lambda}{\sin\varphi} + H''_1 + 2F''H'''\sin\varphi + \frac{r^2}{a^2}(H''_1\lambda' - 2F''H'''\lambda\sin\varphi)\right].$$

Maintenant si l'on développe en série les quantités H_1 et H''_1, on trouvera

$$H_1 = \frac{5}{24}\varphi^4\left(1 - \frac{91}{150}\varphi^2 + \frac{431}{2800}\varphi^4 - \frac{2321}{108000}\varphi^6 + \ldots\right)$$

$$H''_1 = \frac{1}{4}\varphi^4\left(1 - \frac{1}{3}\varphi^2 + \frac{13}{240}\varphi^4 - \ldots\right);$$

au moyen de ces valeurs et des valeurs déjà connues de H′, H‴, F″, λ, λ′, on obtiendra les développements ci-après :

$$H_1 + 2F''H'\sin\varphi = \frac{1}{840}\varphi^6\left(1 - \frac{17}{168}\varphi^2 + \frac{15821}{582120}\varphi^4 - \ldots\right),$$

$$\frac{H_1\lambda'}{\sin^2\varphi} - \frac{2F''H'\lambda}{\sin\varphi} + H''_1 + 2F''H'''\sin\varphi$$
$$= \frac{25}{16}\left(1 - \frac{101}{1050}\varphi^2 + \frac{2473}{176400}\varphi^4 - \ldots\right),$$

$$H''_1\lambda' - 2F''H'''\lambda\sin\varphi = \frac{5}{8}\varphi^2\left(1 - \frac{10}{21}\varphi^2 + \ldots\right),$$

donc, φ étant d'abord supposé petit, on pourra écrire

$$-\Delta f = \frac{p'\rho^2}{e\left(1 + \lambda'\frac{r^2}{a^2}\right)}\left(\frac{\rho^2\varphi^6}{840\,r^2} + \frac{25}{16} + \frac{5\,r^2\varphi^2}{8\,a^2}\right),$$

soit plus simplement, en procédant comme au n° **108**,

$$-\Delta f = \frac{25}{16}\cdot\frac{p'\rho^2}{e\left(1 + \frac{15\,r^2}{8f^2}\right)}\left(1 + \frac{32\,f^4}{2625\,a^2r^2}\right),$$

ou enfin

$$(2)\qquad -\Delta f = 1{,}56\,\frac{p'\rho^2}{e\left(1 + \frac{15\,r^2}{8f^2}\right)}\left(1 + 0{,}0122\,\frac{f^4}{a^2r^2}\right).$$

Pour savoir si la formule (2) s'écarte beaucoup de la vérité dans le cas où φ ne serait plus petit, nous avons encore cherché les vraies valeurs de $-\Delta f$ pour $\varphi = \frac{\pi}{2}$ et $\varphi = \frac{\pi}{4}$, et nous les avons comparées avec les résultats qu'on aurait trouvés par l'application de la formule (2). En laissant toujours de côté les facteurs $\dfrac{p'\rho^2}{e\left(1+\dfrac{15r^2}{8f^2}\right)}$ et $\dfrac{p'\rho^2}{e\left(1+\lambda'\dfrac{r^2}{a^2}\right)}$, qu'on sait être très-sensiblement égaux, voici le résultat de cette comparaison. La formule (2) donne :

$$\text{pour} \quad \varphi=\frac{\pi}{2}\cdots \quad 1,56+0,0190\frac{\rho^2}{r^2},$$

$$\text{pour} \quad \varphi=\frac{\pi}{4}\cdots \quad 1,56+0,0190\frac{f^4}{a^2r^2},$$

respectivement, au lieu de

$$1,32+0,0138\frac{\rho^2}{r^2} \quad \text{et} \quad 1,50+0,0178\frac{f^4}{a^2r^2}.$$

On voit par conséquent que la formule (2) serait encore assez exacte pour $\varphi=\frac{\pi}{4}$, mais qu'elle donnerait une valeur notablement trop forte dans les environs de $\varphi=\frac{\pi}{2}$. Toutefois cette erreur n'irait jamais jusqu'à augmenter de 40 pour 100 le résultat véritable, et par conséquent elle n'en changerait pas l'ordre de grandeur.

110. *Autre démonstration des formules précédentes, pour le cas des arcs très-surbaissés.* — Le procédé par lequel nous sommes arrivé aux formules (1) et (2) des nos 108 et 109 a l'avantage de ne laisser dans l'esprit aucun doute sur la vérité du calcul, et de faire connaître en même temps jusqu'à quel point ces formules sont applicables à des arcs ne remplissant plus la condition d'être fortement surbaissés. Mais nous avons dû subir l'inconvénient d'une suite de transformations longues et pénibles, et il est possible de les éviter, ou tout au moins de les diminuer considérablement, quand on admet comme point de départ : 1° que l'angle φ est assez petit pour qu'on puisse, sans erreur sensible, le traiter en infiniment petit dans le calcul ; 2° que, conformément à une remarque du n° 108, l'expression de l'abaissement $-\Delta f$ puisse être approximativement réduite à

$$-\Delta f = \int_0^a \frac{X(a-x)}{er^2} \frac{ds}{dx} dx.$$

Ces hypothèses admises, voici comment on procèdera au calcul de Δf.

D'abord on écrira, en prenant l'angle α pour variable,

$$-er^2 \Delta f = \int_0^\varphi X \rho^2 (\sin\varphi - \sin\alpha) d\alpha$$
$$= \rho^2 \int_0^\varphi X d(\alpha \sin\varphi + \cos\alpha - 1).$$

Si l'on intègre par parties le second membre, on aura

$$\int X(\sin\varphi - \sin\alpha) d\alpha = X(\alpha\sin\varphi + \cos\alpha - 1)$$
$$- \int (\alpha\sin\varphi + \cos\alpha - 1) \frac{dX}{d\alpha} d\alpha;$$

par suite, quand les limites de l'intégration seront o et φ,

$$\int_0^\varphi X(\sin\varphi - \sin\alpha) d\alpha = -\int_0^\varphi (\alpha\sin\varphi + \cos\alpha - 1) \frac{dX}{d\alpha} d\alpha,$$

attendu que X s'annule pour $\alpha = \varphi$, et que $\alpha\sin\varphi + \cos\alpha - 1$ s'annule pour $\alpha = 0$, de sorte que le produit de ces facteurs est nul aux deux limites. La question est donc ramenée à trouver l'intégrale qui forme le second membre de la dernière équation. Maintenant il faut distinguer deux cas.

Premier cas. *Poids uniformément réparti suivant la fibre moyenne.* — On a (n° **108**)

$$\frac{dX}{d\alpha} = P\rho = -p\rho^2 \alpha \cos\alpha + Q\rho \sin\alpha = -p\rho^2 \left(\alpha\cos\alpha - \frac{Q}{p\rho} \sin\alpha \right).$$

Le rapport $\frac{Q}{p\rho}$ est donné (n° **103**) par la relation

$$\frac{Q}{p\rho} = 2F'\varphi \frac{1 - \lambda \frac{r^2}{a^2}}{1 + \lambda' \frac{r^2}{a^2}},$$

qui, dans l'hypothèse de φ très-petit, peut se réduire à

$$\frac{Q}{p\rho} = \left(1 - \frac{4}{21}\varphi^2\right)\frac{1 - \dfrac{5r^2}{2a^2}}{1 + \dfrac{15r^2}{2\varphi^2 a^2}}.$$

On a d'ailleurs, aux quantités du quatrième ordre près,

$$\cos\alpha = 1 - \frac{\alpha^2}{2},$$

$$\sin\alpha = \alpha - \frac{\alpha^3}{6}.$$

En vertu des trois dernières égalités, on transforme $\dfrac{dX}{d\alpha}$ ainsi qu'il suit :

$$\frac{dX}{d\alpha} = -p\rho^2\alpha\left[1 - \frac{\alpha^2}{2} - \left(1 - \frac{\alpha^2}{6}\right)\left(1 - \frac{4}{21}\varphi^2\right)\frac{1 - \dfrac{5r^2}{2a^2}}{1 + \dfrac{15r^2}{2\varphi^2a^2}}\right].$$

Le facteur entre crochets, multiplié par $1 + \dfrac{15r^2}{2\varphi^2a^2}$, devient

$$\left(-\frac{\alpha^2}{3} + \frac{4}{21}\varphi^2 - \frac{2}{63}\alpha^2\varphi^2\right)$$
$$+ \frac{r^2}{a^2}\left[\frac{15}{2\varphi^2}\left(1 - \frac{\alpha^2}{2}\right) + \frac{5}{2}\left(1 - \frac{\alpha^2}{6}\right)\left(1 - \frac{4}{21}\varphi^2\right)\right];$$

mais si nous prenons pour règle de ne conserver dans chaque groupe que les termes de l'ordre le moins élevé, il faudra réduire ce produit à

$$\frac{4}{21}\varphi^2 - \frac{\alpha^2}{3} + \frac{15r^2}{2\varphi^2a^2};$$

comme nous savons en outre (n° 100) que $\dfrac{1}{1 + \dfrac{15r^2}{8f^2}}$ remplace $\dfrac{1}{1 + \dfrac{15r^2}{2\varphi^2a^2}}$ dans le cas où φ est très-petit, nous trouverons, par des substitutions faciles à voir,

$$\frac{dX}{d\alpha} = -\frac{p\rho^2\alpha}{1+\frac{15r^2}{8f^2}}\left(\frac{4}{21}\varphi^2 - \frac{\alpha^2}{3} + \frac{15r^2}{2\varphi^2 a^2}\right).$$

Avec le même système d'approximation, le facteur

$$\alpha\sin\varphi + \cos\alpha - 1$$

s'exprime par $\alpha\varphi - \frac{\alpha^2}{2}$, en sorte qu'on peut écrire

$$-er^2\Delta f = -\rho^2\int_0^\varphi (\alpha\sin\varphi + \cos\alpha - 1)\frac{dX}{d\alpha}d\alpha$$

$$= \frac{p\rho^4}{1+\frac{15r^2}{8f^2}}\int_0^\varphi\left(\alpha\varphi - \frac{\alpha^2}{2}\right)\left(\frac{4}{21}\varphi^2 - \frac{\alpha^2}{3} + \frac{15r^2}{2\varphi^2 a^2}\right)\alpha\,d\alpha.$$

L'intégration s'effectue sans peine, puisqu'il s'agit d'une fonction entière et rationnelle : on a

$$\int_0^\varphi\left(\alpha\varphi - \frac{\alpha^2}{2}\right)\left(\frac{4}{21}\varphi^2 - \frac{\alpha^2}{3} + \frac{15r^2}{2\varphi^2 a^2}\right)\alpha\,d\alpha$$

$$= \int_0^\varphi\left(\frac{4}{21}\varphi^3\alpha^2 - \frac{2}{21}\varphi^2\alpha^3 - \frac{1}{3}\varphi\alpha^4 + \frac{\alpha^5}{6}\right)d\alpha$$

$$+ \frac{15r^2}{2\varphi^2 a^2}\int_0^\varphi\left(\alpha^2\varphi - \frac{\alpha^3}{2}\right)d\alpha$$

$$= \varphi^6\left(\frac{4}{63} - \frac{1}{42} - \frac{1}{15} + \frac{1}{36}\right) + \frac{15r^2\varphi^2}{2a^2}\left(\frac{1}{3} - \frac{1}{8}\right)$$

$$= \frac{\varphi^6}{1260} + \frac{25r^2\varphi^2}{16a^2}.$$

On en conclut

$$-er^2\Delta f = \frac{p\rho^4}{1+\frac{15r^2}{8f^2}}\left(\frac{\varphi^6}{1260} + \frac{25r^2\varphi^2}{16a^2}\right),$$

soit, en divisant tout par er^2,

$$-\Delta f = \frac{25}{16}\cdot\frac{p\rho^2}{e\left(1+\frac{15r^2}{8f^2}\right)}\left(\frac{\rho^2\varphi^2}{a^2} + \frac{16}{25}\cdot\frac{\rho^2\varphi^6}{1260\,r^2}\right).$$

Pour obtenir la formule (1), il faut, comme au n° 108, remplacer $\rho\varphi$ par a, et $\rho^2\varphi^6$ par $a^2\left(\frac{2f}{a}\right)^4$, dans la formule précédente; puis on réduit les fractions ordinaires en fractions décimales.

DEUXIÈME CAS. *Poids uniformément réparti suivant la corde.* — La marche du calcul reste la même que dans le premier cas; mais il faut employer d'autres valeurs de Q et de $\frac{dX}{d\alpha}$. On a ici

$$\frac{dX}{d\alpha} = P\rho = p'\rho^2(\sin\varphi - \sin\alpha)\cos\alpha - p'\rho^2\sin\varphi\cos\alpha + Q\rho\sin\alpha$$

$$= -p'\rho^2\sin\alpha\cos\alpha + Q\rho\sin\alpha$$

$$= -p'\rho^2\sin\alpha\left(\cos\alpha - \frac{Q}{p'\rho}\right),$$

$$\frac{Q}{p'\rho} = 2F''\sin\varphi\frac{1-\lambda\frac{r^2}{a^2}}{1+\lambda'\frac{r^2}{a^2}}.$$

La dernière égalité devient, dans le cas de φ très-petit,

$$\frac{Q}{p'\rho} = \left(1-\frac{\varphi^2}{6}\right)\left(1-\frac{5}{42}\varphi^2\right)\frac{1-\frac{5r^2}{2a^2}}{1+\frac{15r^2}{2\varphi^2a^2}} = \left(1-\frac{2}{7}\varphi^2\right)\frac{1-\frac{5r^2}{2a^2}}{1+\frac{15r^2}{2\varphi^2a^2}};$$

portant cette expression dans $\frac{dX}{d\alpha}$, en même temps que α et $1-\frac{\alpha^2}{2}$, au lieu de $\sin\alpha$ et de $\cos\alpha$, on trouve

$$-\frac{dX}{d\alpha} = p'\rho^2\alpha\left[1-\frac{\alpha^2}{2}-\left(1-\frac{2}{7}\varphi^2\right)\frac{1-\frac{5r^2}{2a^2}}{1+\frac{15r^2}{2\varphi^2a^2}}\right],$$

ou plus simplement

$$-\frac{dX}{d\alpha} = \frac{p'\rho^2\alpha}{1+\frac{15r^2}{8f^2}}\left(\frac{2}{7}\varphi^2 - \frac{\alpha^2}{2} + \frac{15r^2}{2\varphi^2a^2}\right).$$

Par suite, il vient

$$-er^2\Delta f = -\rho^2\int_0^\varphi (\alpha\sin\varphi + \cos\alpha - 1)\frac{dX}{d\alpha}\,d\alpha$$

$$= \frac{p'\rho^4}{1+\dfrac{15r^2}{8f^2}}\int_0^\varphi\left(\alpha\varphi - \frac{\alpha^2}{2}\right)\left(\frac{2}{7}\varphi^2 - \frac{\alpha^2}{2} + \frac{15r^2}{2\varphi^2 a^2}\right)\alpha\,d\alpha.$$

Le calcul se continue ensuite d'une manière identique à celle du premier cas, à part cette différence que l'intégrale

$$\int_0^\varphi\left(\alpha\varphi - \frac{\alpha^2}{2}\right)\left(\frac{4}{21}\varphi^2 - \frac{\alpha^2}{3}\right)\alpha\,d\alpha$$

doit être remplacée par

$$\int_0^\varphi\left(\alpha\varphi - \frac{\alpha^2}{2}\right)\left(\frac{2}{7}\varphi^2 - \frac{\alpha^2}{2}\right)\alpha\,d\alpha.$$

Cette dernière a pour valeur

$$\int_0^\varphi\left(\frac{2}{7}\varphi^3\alpha^2 - \frac{1}{7}\varphi^2\alpha^3 - \frac{1}{2}\varphi\alpha^4 + \frac{\alpha^5}{4}\right)d\alpha$$

$$= \varphi^6\left(\frac{2}{21} - \frac{1}{28} - \frac{1}{10} + \frac{1}{24}\right) = \frac{\varphi^6}{840}.$$

Il y aura tout simplement substitution du dénominateur 840 à la place du dénominateur 1260, ce qui aura pour effet d'augmenter de moitié le terme de la formule (1) contenant le facteur $\frac{f^4}{a^2r^2}$. On retombera bien ainsi sur la formule (2).

111. *Application numérique des formules* (1) *et* (2). — Nous allons appliquer les formules (1) et (2) des nos 108 et 109 au viaduc de Tarascon, déjà cité aux nos 97 et 106. On a

$$f = 4^m{,}95,\quad 2a = 59^m{,}99,\quad r^2 = 0{,}3009.$$

Des valeurs de f et de a, on conclut d'abord celle de φ et de ρ, car

$$\tan\mathrm{g}\,\frac{1}{2}\varphi = \frac{f}{a},\quad \text{et}\quad \rho = \frac{a^2+f^2}{2f};$$

donc

$$\varphi = 0,3271\ldots,\quad \rho = 93^{m},354.$$

Quant à e, c'est le produit de la section Ω de l'arc par le coefficient d'élasticité longitudinale, que les constructeurs du viaduc, MM. Desplaces et Collet-Meygret (*) ont évalué, d'après leurs expériences, à 6.10^9; comme Ω est égal à 0,1428 (*voir* la *fig.* 47), on a donc

$$e = 0,8568.10^9.$$

Au moyen de ces données, si l'on fait par exemple $2p\rho\varphi = 2p'a = 105000$ kilogrammes, on tirera des formules (1) et (2) :

pour l'effet du poids $2p\rho\varphi\ldots \quad -\Delta f = 0^{m},027$,
pour l'effet du poids $2p'a\ldots \quad -\Delta f = 0^{m},028$.

MM. Desplaces et Collet-Meygret ont constaté directement que l'effet total des deux poids de 105 tonneaux dont il s'agit était environ $0^{m},06$, tandis que nous le trouvons seulement de $0^{m},027 + 0^{m},028$, soit $0^{m},055$. Nos formules donneraient donc une erreur relative en moins dont la valeur est à peu près $\frac{1}{12}$. Cette erreur, assez faible dans une question de ce genre, s'explique par le jeu des assemblages et aussi par l'incertitude qui affecte la valeur du coefficient d'élasticité; le nombre 6.10^9 est une moyenne de plusieurs expériences assez divergentes dans leurs résultats, et on ne saurait guère compter sur son exactitude absolue.

Lorsqu'on essaye des applications numériques semblables à celle qui vient d'être faite, on remarque fréquemment que le terme en $\frac{f^4}{a^2 r^2}$ influe peu sur le résultat des formules (1) et (2), et qu'il en est de même pour le diviseur $1 + \frac{15 r^2}{8 f^2}$. Ainsi, dans l'exemple ci-dessus, on avait

$$\frac{f^4}{a^2 r^2} = \frac{(4,95)^4}{(29,995)^2 . 0,3009} = 2,22,$$

$$\frac{15 r^2}{f^2} = 0,023;$$

les coefficients $1 + 0,0081 \frac{f^4}{a^2 r^2}$ et $1 + 0,0122 \frac{f^4}{a^2 r^2}$, divisés

---

(*) Le Mémoire de ces Ingénieurs a été inséré dans les *Annales des Ponts et Chaussées*, 1854, 1er semestre.

par $1 + \frac{15 r^2}{8 f^2}$, étaient donc respectivement 0,995 et 1,004. On voit qu'il n'y aurait presque pas eu d'erreur à les négliger et à prendre simplement

$$-\Delta f = \frac{25}{16} \cdot \frac{p\rho^2}{e},$$

$$-\Delta f = \frac{25}{16} \cdot \frac{p'\rho^2}{e},$$

au lieu des formules (1) et (2).

Ce résultat se retrouve à peu près par le raisonnement approximatif que voici. Dans les arcs à surbaissement moyen $\left(\text{de } \frac{1}{10} \text{ à } \frac{1}{12}\right)$, pour peu que le rapport $\frac{r^2}{a^2}$ ne dépasse pas une limite de 0,0004 à 0,0005, comme cela se fait habituellement, on ne commet qu'une faible erreur sur la poussée (quelques centièmes au plus) en négligeant les corrections représentées par les coefficients $1 - \lambda \frac{r^2}{a^2}$, $\frac{1}{1 + \lambda' \frac{r^2}{a^2}}$ (nos 99 et 100). On aura donc une valeur passablement exacte de cette force en calculant les expressions (n° 103)

$$2 p\rho\varphi . F', \quad 2 p'\rho \sin\varphi . F'',$$

lesquelles, pour de petites valeurs de φ, deviennent simplement $p\rho$ et $p'\rho$. Or, cela représente aussi, avec une faible erreur, la composante N qui comprime chaque élément ds de la fibre moyenne, parce que : 1° dans un arc surbaissé la poussée l'emporte notablement sur la charge verticale; 2° cette charge étant presque perpendiculaire à ds a une projection très-petite sur la direction de N. Donc, tous les éléments vont éprouver un raccourcissement proportionnel $\frac{p\rho}{e}$ ou $\frac{p'\rho}{e}$, suivant le cas; et la diminution totale sur la longueur $\rho\varphi$ du demi-arc sera $\frac{p\rho^2\varphi}{e}$ ou $\frac{p'\rho^2\varphi}{e}$.

Maintenant, à quelle diminution de flèche répond une diminution donnée de longueur dans un arc circulaire surbaissé dont la corde reste invariable? Pour résoudre cette question subsidiaire, soit l la longueur du demi-arc : on aura la formule connue

$$l = a + \frac{2f^2}{3a} \quad (*),$$

qui donne, par la différentiation,

$$\Delta l = \frac{4f\,\Delta f}{3a},$$

c'est-à-dire

$$\Delta f = \frac{3a}{4f}\Delta l,$$

ou enfin, en remplaçant $\frac{a}{2f}$ par $\frac{1}{\varphi}$,

$$\Delta f = \frac{3\Delta l}{2\varphi}.$$

Cela posé, il suffit de mettre au lieu de Δl les augmentations négatives trouvées ci-dessus, savoir $-\frac{p\rho^2\varphi}{e}$, $-\frac{p'\rho^2\varphi}{e}$,

---

(*) Cette formule est celle qui sert à trouver la longueur d'un arc parabolique à petite flèche; l'arc circulaire surbaissé peut être confondu avec la parabole de même flèche et de même ouverture. Au reste, il est facile de démontrer la formule sans cette assimilation : on a

$$\rho = \frac{a^2 + f^2}{2f} = \frac{a^2}{2f}\left(1 + \frac{f^2}{a^2}\right),$$

$$\varphi = 2 \operatorname{arc\,tang} \frac{f}{a} = \frac{2f}{a}\left(1 - \frac{f^2}{3a^2} + \ldots\right),$$

relations d'où résulte

$$l = \rho\varphi = a\left(1 + \frac{f^2}{a^2}\right)\left(1 - \frac{f^2}{3a^2} + \ldots\right)$$

ou bien

$$l = a\left(1 + \frac{2f^2}{3a^2}\right),$$

en négligeant la quatrième puissance et les puissances supérieures de $\frac{f}{a}$.

et l'on obtiendra les résultats correspondants

$$-\Delta f = \frac{3}{2} \cdot \frac{p\rho^2}{e},$$

$$-\Delta f = \frac{3}{2} \cdot \frac{p'\rho^2}{e}.$$

Ce sont les mêmes que ceux auxquels nous étions parvenu d'une autre manière, sauf la légère différence entre les coefficients $\frac{25}{16}$ et $\frac{3}{2}$, différence qui s'explique assez par la nature même de l'analyse précédente. Toutefois, on peut conclure assez rationnellement de cette analyse que la diminution de flèche, dans un arc surbaissé supportant une charge uniforme, est due presque entièrement à la diminution de longueur, de sorte que la flèche varierait très-peu si la fibre moyenne devenait incompressible, tout en laissant à ses divers éléments la liberté de tourner les uns par rapport aux autres.

112. *Accroissement de flèche produit par une dilatation linéaire indépendante des charges.* — Lorsque, par une cause quelconque, telle que le changement de température, il se produit une dilatation ou contraction de la matière qui compose la pièce, toutes les dimensions tendent à augmenter ou à diminuer dans un rapport constant. Cela entraînerait déjà une variation de flèche représentée par τf; mais la flèche varie surtout parce que, les deux points d'appui faisant obstacle au changement de la corde $2a$, il naît de là deux forces horizontales Q, égales et contraires, appliquées aux deux extrémités de l'arc, qui l'obligent à se courber davantage et à augmenter sa flèche s'il y a dilatation, ou produisent l'effet inverse s'il y a contraction.

Il n'est pas besoin de nouveaux calculs pour trouver l'expression de la variation de flèche dont il s'agit. On l'obtiendrait en effet au moyen de la formule générale rappelée tout à l'heure (n° 108), dans laquelle on mettrait pour X et N le moment ou la projection de la force Q produite par la fixité des appuis, en ayant soin d'ailleurs d'y rétablir le terme τf. On retrouverait donc pour l'intégrale qui entre dans la formule les deux termes

$$\frac{Q\rho^3}{er^2}\left(\frac{3}{2}\sin^2\varphi - \varphi\sin\varphi\cos\varphi + \cos\varphi - 1\right) - \frac{Q\rho}{2e}\sin^2\varphi,$$

faisant partie de l'expression de Δf, calculée au n° 108 dans le cas d'un poids uniformément réparti suivant la longueur entière de l'arc. Donc on aurait, pour représenter le changement de flèche dû à la dilatation dont le coefficient est τ,

$$\Delta f = \tau f + \frac{Q\rho^3}{er^2}\left(\frac{3}{2}\sin^2\varphi - \varphi\sin\varphi\cos\varphi + \cos\varphi - 1\right) - \frac{Q\rho}{2e}\sin^2\varphi;$$

dans cette formule, Q exprime la poussée correspondante à la même dilatation, poussée dont la valeur nous est connue (n° 102).

Afin d'arriver à un résultat plus commode pour les applications pratiques, remplaçons encore Q par son expression en fonction de τ et des dimensions de l'arc (n° 92) : nous aurons ainsi

$$\Delta f = \tau f + 2\tau a \frac{\frac{3}{2}\sin^2\varphi - \varphi\sin\varphi\cos\varphi + \cos\varphi - 1 - \frac{r^2}{2a^2}\sin^4\varphi}{\varphi + 2\varphi\cos^2\varphi - 3\sin\varphi\cos\varphi + \frac{r^2}{a^2}\sin^2\varphi(\varphi + \sin\varphi\cos\varphi)}.$$

Or le développement en série donne

$$\frac{3}{2}\sin^2\varphi - \varphi\sin\varphi\cos\varphi + \cos\varphi - 1 = \frac{5}{24}\varphi^4\left(1 - \frac{49}{150}\varphi^2 + \ldots\right),$$

$$\sin^4\varphi = \varphi^4\left(1 - \frac{2}{3}\varphi^2 + \ldots\right),$$

$$\varphi + 2\varphi\cos^2\varphi - 3\sin\varphi\cos\varphi = \frac{4}{15}\varphi^5\left(1 - \frac{4}{21}\varphi^2 + \ldots\right),$$

$$\sin\varphi(\varphi + \sin\varphi\cos\varphi) = 2\varphi^3\left(1 - \frac{2}{3}\varphi^2 + \ldots\right);$$

par suite, si l'on suppose l'arc très-surbaissé, c'est-à-dire φ très-petit, on pourra poser

$$\Delta f = \tau f + 2\tau a \frac{\frac{5}{24}\varphi^4 - \frac{r^2}{2a^2}\varphi^4}{\frac{4}{15}\varphi^5 + \frac{2r^2}{a^2}\varphi^3} = \tau f + 2\tau a\frac{25}{32\varphi}\left(\frac{1 - \frac{12r^2}{5a^2}}{1 + \frac{15r^2}{2\varphi^2a^2}}\right).$$

Dans cette même hypothèse on peut encore remplacer φ par $\frac{2f}{a}$; on peut d'ailleurs négliger $\frac{12r^2}{5a^2}$ devant l'unité, car $\frac{r^2}{a^2}$ étant inférieur à 0,0025 (n° 97), l'erreur relative ainsi commise sur le second terme de Δf n'atteindra pas 0,006. Donc on aura

$$\Delta f = \tau f + \frac{25}{32}\tau\frac{a^2}{f}\left(\frac{1}{1+\frac{15r^2}{8f^2}}\right),$$

ou bien encore

$$(3) \qquad \Delta f = \tau f\left[1+\frac{5}{12}\left(\frac{a^2}{r^2+\frac{8}{15}f^2}\right)\right].$$

La formule (3) est déjà satisfaisante sous le rapport de la simplicité : on peut cependant en trouver une encore plus simple, et suffisamment exacte dans la plupart des cas. Il arrive assez ordinairement que la quantité $\frac{15r^2}{8f^2}$ ne dépasse pas quelques centièmes; si on la néglige dans l'avant-dernière équation, on aura

$$\Delta f = \tau f + \frac{25}{32}\tau\frac{a^2}{f} = \frac{25}{16}\tau\,\frac{a^2+f^2}{2f} + \frac{7}{32}\tau f.$$

Or $\frac{a^2+f^2}{2f}$ est égal au rayon ρ de la fibre moyenne; dans les arcs surbaissés, $\frac{25}{16}\rho$ est grand par rapport à $\frac{7}{32}f$: en négligeant cette dernière longueur, on aurait donc simplement

$$(4) \qquad \Delta f = 1,56\,\tau\rho;$$

c'est-à-dire que, sauf les restrictions au moyen desquelles la formule (4) a été établie, la flèche varierait d'une quantité égale au produit du nombre 1,56 par la dilatation linéaire absolue qu'éprouverait une barre entièrement libre, composée avec la matière de l'arc, ayant une longueur égale au rayon, et soumise à la même cause de dilatation.

Nous sommes arrivé aux formules (3) et (4) au moyen d'hypothèses particulières, savoir : φ petit, quand il s'agissait de la formule (3), et en outre $\frac{r^2}{f^2}$ petit, quand il s'agit de la formule (4). Il y a quelque intérêt à comparer les résultats de ces deux formules avec la valeur exacte donnée par l'expression de Δf non développée en série, même dans le cas où ces hypothèses ne seraient pas réalisées. Les deux tableaux ci-après font connaître le résultat de la comparaison, pour une série de valeurs de $\frac{2\varphi}{\pi}$ comprises entre 0,12 et 1,00, et pour trois valeurs particulières de $\frac{r^2}{a^2}$: ces arguments suffisent, comme il est facile de le vérifier, pour calculer, par les trois formules dont il s'agit, les rapports de Δf à $2\tau a$.

Valeurs de Δf fournies par la formule exacte et les formules (3) et (4).

RAPPORT $\frac{2\varphi}{\pi}$.	VALEURS EXACTES pour $\frac{r^2}{a^2}=$			VALEURS DE LA FORMULE (3) pour $\frac{r^2}{a^2}=$			VALEURS de la formule (4).	OBSERVATIONS.
	0,000.	0,001.	0,0025.	0,000.	0,001.	0,0025.		
0,12	4,17	3,45	2,73	4,18	3,46	2,76	4,16	Ce tableau donne le chiffre par lequel il faut multiplier $2\tau a$ pour avoir la variation de la flèche Δf due à la dilatation linéaire dont le coefficient est τ.
0,20	2,53	2,36	2,13	2,55	2,37	2,16	2,52	
0,30	1,73	1,68	1,60	1,75	1,70	1,62	1,72	
0,40	1,34	1,32	1,28	1,36	1,34	1,31	1,33	
0,50	1,12	1,11	1,09	1,15	1,14	1,13	1,10	
0,60	0,98	0,97	0,97	1,02	1,02	1,01	0,96	
0,70	0,90	0,89	0,89	0,94	0,94	0,94	0,88	
0,80	0,85	0,84	0,84	0,90	0,90	0,90	0,82	
0,90	0,82	0,82	0,82	0,88	0,88	0,88	0,79	
1,00	0,82	0,82	0,82	0,89	0,89	0,89	0,78	

Erreurs relatives des formules (3) et (4).

RAPPORT $\frac{2\varphi}{\pi}$.	ERREURS RELATIVES, EN PLUS, DE LA FORMULE (3) pour $\frac{r^2}{a^2}=$			ERREURS RELATIVES DE LA FORMULE (4) pour $\frac{r^2}{a^2}=$			OBSERVATIONS.
	0,000.	0,001.	0,0025.	0,000.	0,001.	0,0025.	
0,12	0,002	0,005	0,010	−0,002	0,208	0,524	Le signe — indique une erreur négative, c'est-à-dire une valeur plus petite que la valeur exacte.
0,20	0,005	0,008	0,012	−0,003	0,071	0,184	
0,30	0,011	0,014	0,017	−0,005	0,027	0,075	
0,40	0,020	0,022	0,025	−0,008	0,009	0,034	
0,50	0,030	0,031	0,034	−0,012	−0,002	0,014	
0,60	0,041	0,043	0,045	−0,017	−0,011	−0,001	
0,70	0,053	0,054	0,056	−0,023	−0,019	−0,012	
0,80	0,066	0,067	0,068	−0,030	−0,027	−0,023	
0,90	0,078	0,078	0,079	−0,038	−0,036	−0,033	
1,00	0,088	0,089	0,089	−0,047	−0,045	−0,044	

Il résulte de ces tableaux :

1° Que la formule (3) pourra toujours être substituée à la formule exacte, sauf une erreur ne dépassant pas 8,9 pour 100, et qui serait même inférieure à 3,4 pour 100 pour des valeurs de φ moindres que la moitié de l'angle droit;

2° Que la formule (4) entraînera une erreur maximum de 7,1 pour 100 au plus, quand on aura simultanément $\frac{2\varphi}{\pi} > 0,20$ et $\frac{r^2}{a^2} < 0,001$, ce qui aura lieu généralement dans la pratique. Pour les arcs peu surbaissés la formule (4) sera même plus exacte que la formule (3).

113. *Autre démonstration de la formule* (3). — Les formules (1) et (2) ayant été démontrées (n° **110**) d'une manière relativement simple, en les cherchant sans passer par le calcul de la valeur exacte, il convient de faire maintenant une chose analogue pour la formule (3) qui exprime la variation de flèche due à la dilatation dont le coefficient est τ. Cette variation se compose, comme on l'a déjà dit, du terme τf et de l'effet produit par la poussée Q, lequel a pour expression (n° **110**)

$$\frac{\rho^2}{er^2}\int_0^\varphi (\alpha \sin\varphi + \cos\alpha - 1)\frac{dX}{d\alpha}\,d\alpha,$$

ou, en mettant pour $\frac{dX}{d\alpha}$ sa valeur $Q\rho\sin\alpha$,

$$\frac{Q\rho^3}{er^2}\int_0^\varphi (\alpha \sin\varphi + \cos\alpha - 1)\sin\alpha\,d\alpha;$$

ainsi donc

$$\Delta f = \tau f + \frac{Q\rho^3}{er^2}\int_0^\varphi (\alpha \sin\varphi + \cos\alpha - 1)\sin\alpha\,d\alpha.$$

L'intégrale se calcule par approximation, dans le cas de petits angles α et φ, en faisant

$$\sin\alpha = \alpha, \quad \sin\varphi = \varphi, \quad \cos\alpha = 1 - \frac{\alpha^2}{2};$$

il vient alors

$$\int_0^\varphi (\alpha \sin\varphi + \cos\alpha - 1)\sin\alpha\, d\alpha$$

$$= \int_0^\varphi \left(\alpha\varphi - \frac{\alpha^2}{2}\right)\alpha\, d\alpha = \varphi^4\left(\frac{1}{3} - \frac{1}{8}\right) = \frac{5}{24}\varphi^4,$$

et, par suite,

$$\Delta f = \tau f + \frac{5\,Q\,\rho^3\varphi^4}{24\,e r^2}.$$

On peut, dans ce résultat, remplacer Q par sa valeur approximative (n° **102**)

$$Q = \frac{\tau\, e r^2}{r^2 + \frac{8}{15}f^2};$$

on peut faire aussi

$$\rho^3\varphi^3 = a^3, \quad \varphi = \frac{2f}{a}:$$

par ces substitutions, la valeur de Δf devient

$$\Delta f = \tau f + \frac{5}{24}\cdot\frac{\tau}{r^2 + \frac{8}{15}f^2}\cdot a^3\cdot\frac{2f}{a} = \tau f + \frac{5}{12}\tau f\frac{a^2}{r^2 + \frac{8}{15}f^2},$$

ce qui s'accorde exactement avec la formule (3).

Mais cette démonstration, plus rapide que la première, a l'inconvénient de n'être exacte que pour les arcs surbaissés; de plus, elle ne permettrait pas de constater le degré d'exactitude des formules simplifiées.

114. *Applications numériques de la formule* (4). — On trouve dans les *Annales des Ponts et Chaussées* (1854, 1er semestre) deux Mémoires, l'un de M. Jules Poirée, l'autre de MM. Desplaces et Collet-Meygret, où sont consignés des faits propres à vérifier la formule (4) du n° **112**. D'après les nombres fournis par ces Ingénieurs, le pont du Carrousel à Paris se relèverait de $0^m,0011$ pour une augmentation de 1 degré centigrade; ce relèvement deviendrait respectivement $0^m,00083$ et $0^m,00135$ dans le pont de la gare de Charenton et dans celui de Tarascon. Les trois ponts étant supportés par des arcs en fonte, il faut dans les formules (3) ou (4) faire $\tau = 0,0000111$, nombre donné par M. Péclet et autres auteurs, d'après le major général anglais Roy. On a d'ailleurs :

au pont du Carrousel.... $2a = 47^m,67$, $f = 4^m,90$, d'où $\rho = 60^m,4$;
de Charenton... $2a = 35^m,00$, $f = 4^m,00$, d'où $\rho = 40^m,3$;
de Tarascon.... $2a = 59^m,99$, $f = 4^m,95$, d'où $\rho = 93^m,4$.

Par suite la formule (4) donnera :

pour le pont du Carrousel..... $\Delta f = 0^m,00105$;
de Charenton .... $\Delta f = 0^m,00070$;
de Tarascon ..... $\Delta f = 0^m,00162$.

On voit que le calcul donne un résultat à peu près conforme à l'expérience, en ce qui concerne le pont du Carrousel; mais que pour les deux autres il y a des erreurs relatives, en plus ou en moins, de 15 à 20 pour 100. Une telle différence, quand il s'agit de calculs de cette espèce, ne saurait avoir de bien graves inconvénients dans la pratique. Il faut d'ailleurs se rappeler combien les qualités physiques de la fonte sont susceptibles de varier d'après sa provenance et les circonstances particulières de la fabrication ou du moulage, ce qui laisse quelque incertitude sur la valeur du coefficient τ. En outre, la mesure directe des relèvements Δf ne paraît pas susceptible d'une grande précision, et le peu de concordance des résultats d'observations (dont nous avons seulement donné les moyennes) en est une preuve suffisante. Ainsi, au pont de Charenton, le relèvement par degré centigrade a varié depuis $0^m,00036$ jusqu'à $0^m,00133$, c'est-à-dire presque du simple au quadruple. Cela tient sans doute au jeu des assemblages, qui n'est pas toujours le même; à la difficulté de faire des observations sur un pont livré à la circulation, et aussi à la difficulté de connaître exactement la température d'un arc, laquelle n'est ni égale à celle de l'air ambiant, ni peut-être constante dans toutes les parties de la pièce.

§ II. — Pression maximum produite par un poids uniformément réparti suivant la corde entière, et par les dilatations linéaires indépendantes des charges.

115. *Préliminaires.* — Le lecteur qui aura suivi avec attention les considérations que nous avons développées dans les chapitres Ier et IIe sera en mesure de résoudre tous les problèmes auxquels peut donner lieu l'étude de la stabilité et de la déformation des pièces prismatiques, quand la fibre moyenne est une courbe plane avant comme après la déformation et que les forces extérieures agissent dans son plan. Dans le cas où, indépendamment de ces conditions, la section serait constante, la fibre moyenne circulaire, et où les obstacles opposés au mouvement de l'arc seraient simplement deux appuis au même niveau, soutenant les deux points extrêmes ainsi rendus invariables en position, on saura de plus calculer, au moyen des tables, la poussée provenant de poids quelconques et des dilatations linéaires dues à d'autres causes, telles que la température. Ainsi donc, en admettant ces dernières conditions que l'on rencontre souvent dans l'établissement des ponts en métal, les forces inconnues seront promptement déterminées, et, par suite, l'étude de la stabilité sera facile; elle se fera par l'application directe des méthodes exposées au § VI du chapitre Ier, qui permettront de se rendre un compte détaillé de l'effet des charges permanentes, d'épreuve ou accidentelles.

Parmi tous les problèmes qui se présenteront, dans de telles circonstances, à l'ingénieur s'occupant de la rédaction d'un projet de pont, il en est un qui nous a paru mériter une mention spéciale, à raison des applications fréquentes qui pourront en être faites: nous voulons parler de la détermination de la pression maximum à laquelle se trouve soumise la matière de l'arc sous l'action de la charge d'épreuve. Nous allons nous en occuper maintenant; mais, pour simplifier, nous admettrons encore quelques hypothèses qui ôteront peu de généralité à la solution, car elles sont en général satisfaites, au moins approximativement. Voici ces hypothèses : 1° la section de l'arc a la même hauteur en dessus et en dessous de l'horizontale qui passe par son centre de gravité; 2° chaque portion de la fibre moyenne supporte un poids proportionnel à sa projection sur la ligne des appuis, y compris le poids propre de la pièce, c'est-à-dire que la charge est uniformément répartie suivant l'horizontale; 3° la section sera supposée homogène; à défaut de l'homogénéité, le coefficient d'élasticité maximum appartiendra aux fibres les plus éloignées de l'horizontale du centre de gravité; 4° on regardera la température comme étant celle de la pose, et l'on négligera l'effet peu sensible du calage, ou, en d'autres termes, on laissera de côté pour le moment la pression produite par la dilatation dont le coefficient est τ, sauf à y revenir spécialement un peu plus tard.

Nous conserverons dans ce paragraphe les notations employées dans le précédent, sauf que p désignera le poids de la charge par mètre courant horizontal. En outre nous appellerons :

u la distance d'un élément quelconque de fibre à l'axe de flexion, c'est-à-dire à la ligne passant au centre d'élasticité de la section où se trouve l'élément de fibre considéré, et perpendiculaire au plan vertical de la fibre moyenne ;

h la hauteur totale de la section, mesurée parallèlement au rayon de courbure de la fibre moyenne, de telle sorte que les limites extrêmes de u seront $+\frac{1}{2}h$ et $-\frac{1}{2}h$;

E le coefficient d'élasticité longitudinale, variable avec u, dont la valeur maximum pour $u=\pm\frac{1}{2}h$ sera désignée par E_1.

116. *Maximum de la pression longitudinale par unité de surface dans une section donnée.* — Toutes les forces extérieures qui agissent depuis une section jusqu'à l'extrémité peuvent, puisqu'elles sont dans le plan de la fibre moyenne, se réduire à une résultante, dont nous désignons par N la composante normale à ladite section et par X le moment relativement à l'axe de flexion. Nous ne nous occupons pas de l'effort tranchant ou composante parallèle au plan de la section (n° 41). Dès lors il est facile de reconnaître que, dans la section considérée, il se développe (n° 20) :

1° Des tensions ou pressions longitudinales par unité de surface, répondant à un allongement ou raccourcissement relatif $\frac{N}{e}$, et ayant pour valeur en chaque point $\frac{NE}{e}$;

2° Des tensions et pressions longitudinales dues à la flexion que produit X, et exprimées généralement par $\frac{XEu}{er^2}$.

D'un autre côté, quand on adopte pour N le sens positif indiqué au n° 43, et pour le moment X celui qu'on a constamment supposé à partir du chapitre IVe, on trouve

$$N = -Q\cos\alpha - p\rho\sin^2\alpha,$$

$$X = \frac{1}{2}p\rho^2(\sin^2\varphi - \sin^2\alpha) - Q\rho(\cos\alpha - \cos\varphi).$$

N est donc toujours négatif, ce qui signifie que $\frac{NE}{e}$ représente partout en réalité une pression. Quant à X, nous verrons tout à l'heure qu'il peut changer de signe; mais il est certain *à priori* que $\frac{XEu}{er^2}$ représente une tension ou une pression suivant qu'on prend des points situés d'un côté ou de l'autre de l'axe de flexion; les points pressés seraient du côté de l'extrados ou de l'intrados de l'arc, suivant que X serait positif ou négatif.

Comme les effets de la force N et du couple X doivent être superposés, on voit que, pour les points où X tendrait à produire une pression, il y aura nécessairement une pression exprimée en valeur absolue par

$$-\frac{NE}{e} \pm \frac{XEu}{er^2},$$

le signe du second terme étant choisi de manière à le rendre positif, c'est-à-dire de manière à additionner les valeurs absolues des deux termes $-\frac{NE}{e}$ et $\pm\frac{XEu}{er^2}$. Au contraire, pour les points où X, agissant seul, produirait une tension, il faudrait prendre la différence de ces mêmes valeurs absolues, et il n'y aurait en réalité tension que si la seconde l'emportait sur la première.

Dans les données de la question, nous avons admis que le coefficient E atteignait son maximum E_1 en même temps que u atteint sa plus grande valeur absolue, qui est $\frac{h}{2}$ des deux côtés de l'axe de flexion. Le maximum de pression dans une section donnée sera donc la somme des valeurs absolues de $\frac{NE_1}{e}$ et de $\frac{XE_1 h}{2er^2}$; le maximum de tension, s'il y a tension dans certains points, sera la différence des mêmes quantités. Ainsi la tension maximum, quand elle existera, sera nécessairement inférieure à la pression maximum, et assez ordinairement petite relativement à cette pression. D'un autre côté, quand il s'agit de corps résistant à des forces qui les fléchissent, il arrive souvent qu'on s'impose la même limite pour les pressions et les tensions compatibles avec la stabilité. C'est pourquoi nous nous bornerons à chercher le maximum maximorum des pressions par unité de surface, ou le maximum, relativement à la variable α, de la somme des valeurs absolues $-\frac{NE_1}{e}$ et $\pm\frac{XhE_1}{2er^2}$, ou bien de

$$\frac{E_1}{e}\left(-N\pm\frac{Xh}{2r^2}\right),$$

quantité que nous désignerons dorénavant par la lettre q.

117. *Signes que prend le moment* X. — Avant d'aller plus loin, il est nécessaire de faire cesser l'ambiguïté de signe et de chercher celui des deux qu'on devra prendre suivant la position de la section à laquelle se rapporte l'expression précédente. Or on a

$$X=-Q\rho(\cos\alpha-\cos\varphi)+T\rho(\sin\varphi-\sin\alpha)-\frac{1}{2}p\rho^2(\sin\varphi-\sin\alpha)^2,$$

ou bien, si l'on se rappelle que $T=p\rho\sin\varphi=pa$, et si l'on pose $Q=n.2pa$, n étant un nombre qu'on sait calculer,

$$X=\frac{1}{2}p\rho^2(\sin^2\varphi-\sin^2\alpha)-2np\rho^2\sin\varphi(\cos\alpha-\cos\varphi);$$

$\sin^2\varphi-\sin^2\alpha$ est égal à $\cos^2\alpha-\cos^2\varphi$; donc

$$X=\frac{1}{2}p\rho^2(\cos\alpha-\cos\varphi)(\cos\alpha+\cos\varphi-4n\sin\varphi).$$

Cette expression devient nulle pour $\alpha=\varphi$, comme on devait s'y attendre, puisque nous avons supposé (n° 53) les réactions des appuis appliquées aux centres d'élasticité des sections extrêmes; elle s'annulera encore quand on aura

$$\cos\alpha=4n\sin\varphi-\cos\varphi=\cos\alpha_1;$$

mais cette solution ne répondra véritablement à un point de la fibre moyenne que si l'angle α_1, déterminé par l'équation ci-dessus, est réel et plus petit que φ. Il faut donc poser les deux conditions

$$4n\sin\varphi - \cos\varphi < 1,$$
$$4n\sin\varphi - \cos\varphi > \cos\varphi.$$

De la première on déduit

$$4n\sin\varphi < 1 + \cos\varphi,$$
$$n < \frac{1+\cos\varphi}{4\sin\varphi} \quad \text{ou} \quad n < \frac{1}{4\tang\frac{1}{2}\varphi};$$

n doit donc être au-dessous de $\frac{1}{4\tang\frac{1}{2}\varphi}$, ce qui a toujours lieu, car nous avons fait voir (nº **105**) qu'on a

$$Q < \frac{pa^2}{2f},$$

et, par suite,

$$\frac{Q}{2pa} < \frac{a}{4f}, \quad \text{ou bien} \quad n < \frac{1}{4\tang\frac{1}{2}\varphi}.$$

Il n'y a donc à s'occuper que de la seconde condition, qui peut s'écrire

$$n > \frac{1}{2}\cot\varphi.$$

En supposant n supérieur à $\frac{1}{2}\cot\varphi$, le moment X deviendra nul en un point tel que H (*fig.* 49), qui correspond à un angle α_1 compris entre o et φ, c'est-à-dire que la courbe BIF, lieu géométrique des centres de pression dans les sections successives, aura deux points, B et H, communs avec la fibre moyenne CAB. S'il en est ainsi, on reconnaît en outre que X sera positif entre $\alpha = 0$ et $\alpha = \alpha_1$, tandis qu'il sera négatif depuis $\alpha = \alpha_1$ jusqu'à $\alpha = \varphi$; en effet le facteur $\cos\alpha + \cos\varphi - 4n\sin\varphi$, qui donne son signe à X, décroît quand α est au contraire croissant; donc, puisque ce facteur est nul pour $\alpha = \alpha_1$, il est positif pour les valeurs plus petites de α et

Fig. 49.

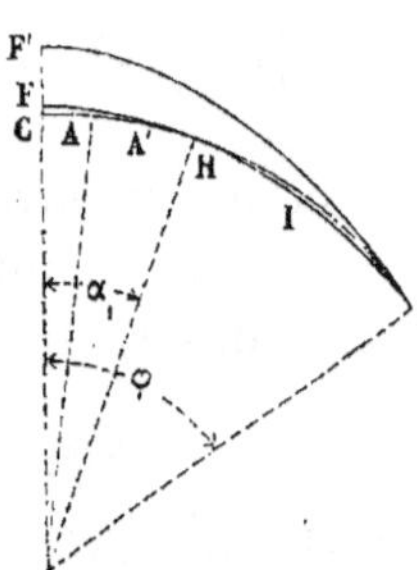

négatif pour celles qui sont au-dessus. En vertu de ce qui a été dit au n° **116**, on devra donc prendre pour la formule donnant la pression maximum dans une section déterminée :

$$\text{depuis } \alpha = 0 \text{ jusqu'à } \alpha = \alpha_1 \ldots \quad q = \frac{E_1}{e}\left(-N + \frac{Xh}{2r^2}\right),$$

$$\text{depuis } \alpha = \alpha_1 \text{ jusqu'à } \alpha = \varphi \ldots \quad q' = \frac{E_1}{e}\left(-N - \frac{Xh}{2r^2}\right).$$

Si l'on avait au contraire $n < \frac{1}{2}\cot\varphi$, cela voudrait dire que, même en faisant $\alpha = \varphi$, X serait encore positif, et, par suite, qu'il le serait dans toute l'étendue de l'arc. On n'aurait donc à étudier que l'expression

$$q = \frac{E_1}{e}\left(-N + \frac{Xh}{2r^2}\right).$$

Il est facile de se rendre compte, dans ces deux cas, de la position occupée par la courbe des pressions. En effet X n'est autre chose que le moment de la force N appliquée au centre de pression, par rapport au centre d'élasticité dans la même section. Donc, d'après le sens connu de N et le sens positif adopté pour X, on peut conclure que si X est positif, la courbe des pressions passe au-dessus de la fibre moyenne, et au-dessous si X est négatif.

Nous sommes maintenant en mesure de traiter la question qui fait l'objet principal de ce paragraphe. Il y aura deux cas principaux à distinguer, celui où l'on a $n > \frac{1}{2}\cot\varphi$ et celui où l'on a $n < \frac{1}{2}\cot\varphi$: car nous venons de reconnaître que la plus grande pression dans une section déterminée est parfois exprimée d'une manière différente quand on passe de l'un de ces cas à l'autre

118. *Pression maximum dans toute l'étendue de la pièce quand le rapport n est plus grand que* $\frac{1}{2}\cot\varphi$. — La plus forte pression dans une section donnée se représente alors par les formules suivantes (n° **117**) :

dans la portion CH de la pièce (*fig.* 49). $q = \frac{E_1}{e}\left(-N + \frac{Xh}{2r^2}\right)$,

dans la portion HB.................. $q' = \frac{E_1}{e}\left(-N - \frac{Xh}{2r^2}\right)$.

En remplaçant N et X par leurs valeurs en fonction de α, et ordonnant par rapport à $\cos\alpha$, après avoir mis $1 - \cos^2\alpha$ et $1 - \cos^2\varphi$ au lieu de $\sin^2\alpha$ et $\sin^2\varphi$, on aura

$$q = \frac{p\rho E_1}{e}\left[\left(-1 + \frac{\rho h}{4r^2}\right)\cos^2\alpha - \left(-1 + \frac{\rho h}{2r^2}\right) 2n \sin\varphi \cos\alpha \right.$$
$$\left. + 1 + \frac{\rho h}{4r^2}\cos\varphi\,(4n\sin\varphi - \cos\varphi)\right],$$

$$q' = \frac{p\rho E_1}{e}\left[-\left(1 + \frac{\rho h}{4r^2}\right)\cos^2\alpha + \left(1 + \frac{\rho h}{2r^2}\right) 2n \sin\varphi \cos\alpha \right.$$
$$\left. + 1 - \frac{\rho h}{4r^2}\cos\varphi\,(4n\sin\varphi - \cos\varphi)\right].$$

Il s'agit d'avoir le maximum maximorum de ces deux expressions quand α varie dans les limites entre lesquelles elles s'appliquent, savoir entre o et α_1 (n° **117**) pour la première, et entre α_1 et φ pour la seconde.

A cet effet, nous remarquerons d'abord que si l'on représente q et q' par les ordonnées de deux courbes dont les valeurs de $\cos\alpha$ seraient les abscisses, toutes les ordonnées seront positives dans les limites ci-dessus fixées. En outre, ces courbes seront des paraboles : celle qui représente q tournera sa concavité vers le haut, et la seconde la tournera vers le bas. On le voit facilement en se rappelant que r^2 est plus petit que $\frac{h^2}{4}$ (n° 97); d'où résulte l'inégalité $\frac{\rho h}{4r^2} > \frac{\rho}{h}$. Comme, d'un autre côté, h ne peut être qu'une assez petite fraction de ρ, il s'ensuit que $\frac{\rho}{h} - 1$, et *à fortiori* $\frac{\rho h}{4r^2} - 1$, sont des quantités positives. Donc le coefficient de $\cos^2\alpha$ est positif dans la première équation, tandis qu'il est négatif dans la seconde ; donc les deux paraboles ont bien la situation qui vient d'être définie.

De cette situation nous pouvons immédiatement conclure que la plus grande valeur de q doit répondre à l'une des limites $\alpha = 0$ ou $\alpha = \alpha_1$. La première donnera le résultat

$$q_1 = \frac{p\rho}{e} E_1 \left\{ 2n \sin\varphi + \frac{\rho h}{4r^2} \sin\varphi \left[\sin\varphi - 4n(1 - \cos\varphi) \right] \right\},$$

ou bien, à cause de $\rho \sin\varphi = a$ et de $\frac{1 - \cos\varphi}{\sin\varphi} = \operatorname{tang} \frac{1}{2}\varphi$,

$$(5) \qquad q_1 = \frac{pa}{e} E_1 \left[2n + \frac{ah}{4r^2} \left(1 - 4n \operatorname{tang} \frac{1}{2}\varphi \right) \right].$$

Quant à la valeur correspondante à $\alpha = \alpha_1$ ou au point H (*fig.* 49), nous pouvons ne pas nous en occuper ici, car nous la retrouverons parmi les valeurs de q'; le point H appartient aussi bien à la portion BH qu'à la portion CH de la fibre moyenne.

La parabole représentative de q' tournant sa concavité vers l'axe des x, et ayant ses ordonnées positives, il est clair que la tangente horizontale donnera le maximum, si elle correspond à une valeur de $\cos\alpha$ comprise entre les limites $\cos\alpha_1$ et $\cos\varphi$: sinon le maximum devra répondre à une de ces limites. Cherchons d'abord la condition pour que la première hypothèse se réalise. Pour cela, soit α_2 l'angle α qui répond à la tangente horizontale dont il s'agit : cet angle devra satisfaire à l'équation

$$\frac{dq'}{d\cos\alpha} = 0,$$

ce qui donne, en effectuant la dérivation,

$$-\left(1 + \frac{\rho h}{4r^2}\right) \cos\alpha_2 + \left(1 + \frac{\rho h}{2r^2}\right) n \sin\varphi = 0,$$

ou bien

$$\cos\alpha_2 = n \sin\varphi \frac{1 + \frac{\rho h}{2r^2}}{1 + \frac{\rho h}{4r^2}}.$$

Cette valeur sera admissible quand on aura

$$\cos\alpha_2 < \cos\alpha_1 \quad \text{et} \quad \cos\alpha_2 > \cos\varphi,$$

c'est-à-dire, en remplaçant $\cos\alpha_2$ et $\cos\alpha_1$ par leurs expressions,

$$n\sin\varphi\,\frac{1+\dfrac{\rho h}{2r^2}}{1+\dfrac{\rho h}{4r^2}} < 4n\sin\varphi - \cos\varphi,$$

$$n\sin\varphi\,\frac{1+\dfrac{\rho h}{2r^2}}{1+\dfrac{\rho h}{4r^2}} > \cos\varphi.$$

Réunissons tous les termes de la première inégalité qui contiennent le facteur n; alors elle devient

$$n\sin\varphi\,\frac{3+\dfrac{\rho h}{2r^2}}{1+\dfrac{\rho h}{4r^2}} > \cos\varphi,$$

et ainsi écrite elle est une conséquence évidente de la seconde. Celle-ci donne

$$n > \frac{1}{2}\cot\varphi\left(1+\frac{1}{1+\dfrac{\rho h}{2r^2}}\right),$$

soit

$$(6)\qquad n > \frac{1}{2}\cot\varphi\left(1+\frac{2\sin\varphi}{2\sin\varphi+\dfrac{ah}{r^2}}\right).$$

Le premier cas principal est caractérisé par la relation $n > \frac{1}{2}\cot\varphi$; mais cette inégalité n'entraîne pas forcément l'inégalité (6), parce que $\frac{1}{2}\cot\varphi$ s'y trouve multiplié par un facteur plus grand que 1. Il y a donc lieu de subdiviser en deux cas secondaires le cas dont nous nous occupons ici.

1° *La condition exprimée par l'inégalité* (6) *est satisfaite.* Le maximum de pression dans l'étendue HB répond alors à $\alpha = \alpha_2$. On le trouve par la substitution de $\cos\alpha_2$ dans l'expression générale de q'; mais pour éviter un calcul compliqué, on remarquera que $\frac{\rho h}{r^2}$ étant un nombre assez grand, la valeur de $\cos\alpha_2$,

$$\cos\alpha_2 = n\sin\varphi \frac{1+\frac{\rho h}{2r^2}}{1+\frac{\rho h}{4r^2}},$$

diffère peu de $2n\sin\varphi$, car il n'y a pas d'erreur bien notable à supprimer le terme 1 au numérateur et au dénominateur de la fraction. D'ailleurs, quand on se trouve aux environs d'un maximum, on peut, sans l'altérer sensiblement, prendre la valeur de la fonction qui correspond à une valeur de la variable peu éloignée de celle qui donne le maximum. Substituant en conséquence $2n\sin\varphi$ à la place de $\cos\alpha$ dans l'expression de q', et faisant dans le résultat $\rho = \frac{a}{\sin\varphi}$, on trouvera pour la valeur q'_1 du maximum en question

$$(7)\qquad q'_1 = \frac{paE_1}{e}\left[\frac{1}{\sin\varphi} + \frac{ah}{r^2}\left(n - \frac{1}{2}\cot\varphi\right)^2\right].$$

2° *L'inégalité* (6) *n'est pas vérifiée.* Dans cette hypothèse, la parabole représentative de q' n'a pas, dans la partie que nous devons considérer, de tangente horizontale. Le maximum, dans cette partie, répond donc à l'une des deux limites $\alpha = \alpha_1$ ou $\alpha = \varphi$. On sait que le cosinus de α_1 est donné par la relation (n° **117**)

$$\cos\alpha_1 = 4n\sin\varphi - \cos\varphi.$$

Substituant successivement cette valeur et $\cos\varphi$ dans q', qui se réduit ici à $-\frac{NE_1}{e}$, parce que **X** s'annule aux limites dont il s'agit, on trouvera les deux résultats :

$$q'_2 = \frac{p\rho}{e}E_1[6n\sin\varphi\cos\varphi - (8n^2 - 1)\sin^2\varphi]$$

$$= \frac{pa}{e}E_1[6n\cos\varphi - (8n^2 - 1)\sin\varphi],$$

$$(8)\qquad q'_3 = \frac{pa}{e}E_1(2n\cos\varphi + \sin\varphi).$$

Il est aisé de voir que q'_3, valeur qui répond à $\cos\alpha = \cos\varphi$, est supérieure à q'_2, car on trouve par la soustraction

$$q'_3 - q'_2 = 4n\,\frac{pa}{e}\,E_1(2n\sin\varphi - \cos\varphi).$$

Or, dans le cas actuel, on a $n > \frac{1}{2}\cot\varphi$, et, par suite, $2n\sin\varphi > \cos\varphi$, ce qui prouve le fait énoncé. Dans la seconde subdivision du premier cas principal, la pression maximum, pour la portion HB de la pièce, se trouvera donc à la naissance, et sera donnée par la formule (8).

Quelle que soit celle des deux subdivisions dans laquelle on se trouve, il faudra toujours, pour avoir le maximum maximorum que nous cherchons, prendre le maximum dans la partie CH, puis dans la parte HB, et choisir le plus grand des deux. La discussion à laquelle nous venons de nous livrer sur le premier cas principal se résume donc ainsi :

Lorsque n (rapport de la poussée au poids total de la travée) sera plus grand que la limite indiquée par l'inégalité (6), *la pression maximum sera la plus grande des deux valeurs données par les formules* (5) *et* (7), *dont la première répond à l'extrados et au sommet, et la seconde à l'intrados, en un point pris sur les reins de l'arc.*

Lorsque n est compris entre la limite ci-dessus et $\frac{1}{2}\cot\varphi$, *on doit dans l'énoncé précédent substituer à la formule* (7) *la formule* (8), *qui donne la pression maximum sur le joint des naissances.*

119. *Pression maximum quand n est inférieur à* $\frac{1}{2}\cot\varphi$. — Dans ce cas, nous avons dit (n° **117**) qu'on aurait seulement à étudier l'expression

$$q = \frac{E_1}{e}\left(-N + \frac{Xh}{2r^2}\right),$$

dont il faut chercher le maximum en faisant varier α de o à φ. Cette expression est identique avec celle de q dont nous nous sommes servi au n° **118**; si donc nous revenions à la considération de la parabole représentative, il faudrait conclure que le maximum de cette expression doit nécessairement correspondre à l'une des limites de α. Or $\alpha = 0$ donne la formule (5); $\alpha = \varphi$ donne la formule (8), car, X étant nul, q et q' deviennent égaux. Donc on devra prendre la plus grande des deux valeurs données par ces formules. Donc, enfin, *le second cas principal ne se distingue en rien de la seconde subdivision du premier cas.*

Il n'y a donc à distinguer réellement que les deux cas de n plus grand et n plus petit que la limite indiquée par la formule (6) : le premier exigerait l'emploi des formules (5) et (7), le second l'emploi des formules (5) et (8).

120. *Remarque sur le cas d'une section transversale homogène.* — Ce cas est compris comme cas particulier dans l'étude que nous venons de faire. La seule modification à introduire dans les formules consiste à remplacer $\frac{E_1}{e}$ par l'inverse de l'aire de la section, ou par $\frac{1}{\Omega}$, en désignant cette aire par Ω. En effet, e n'est autre chose que la somme des produits des éléments superficiels par leur coefficient d'élasticité longitudinale E, ou bien $E\Omega$, puisque E ne varie pas d'une fibre à l'autre; d'ailleurs, par la même raison, nous aurions $E = E_1$; donc

$$\frac{E_1}{e} = \frac{E}{E\Omega} = \frac{1}{\Omega}.$$

121. *Pression maximum produite par la seule existence d'une dilatation indépendante des charges.* — Revenons maintenant au calcul des effets produits spécialement par les variations de température ou par le calage, et généralement par une dilatation quelconque due à une cause étrangère aux charges. Si l'on appelle Q la poussée de l'arc dilaté sur ses deux appuis, la composante normale N de la force totale exercée sur la section qui fait l'angle α avec la verticale sera $-Q\cos\alpha$; y étant l'ordonnée du centre d'élasticité de cette section par rapport à la corde, le moment fléchissant sera $-Qy$. Ces deux quantités atteignent leur plus grande valeur absolue au sommet de l'arc, où le cosinus devient égal à 1 et où l'ordonnée y coïncide avec la flèche f de la fibre moyenne. En outre, on voit que dans chaque section la partie comprimée par le moment fléchissant se trouve du côté de l'intrados, et on sait que la pression la plus grande produite par ce moment est supportée par les fibres les plus éloignées de l'axe de flexion. On aura donc, d'après les considérations du n° **116**, en désignant par q'' la pression maximum cherchée, due tout à la fois à la compression uniforme et à la flexion, et conservant la signification déjà connue dans ce paragraphe aux lettres h, e, E_1, r :

$$q'' = \frac{QE_1}{e}\left(1 + \frac{hf}{2r^2}\right).$$

Or, d'après ce qu'on a vu au n° **102**, Q peut être remplacé par $\tau e \dfrac{r^2}{r^2 + \dfrac{8}{15}f^2}$; donc

$$(9)\qquad q'' = E_1\tau\left(\frac{r^2 + \dfrac{1}{2}hf}{r^2 + \dfrac{8}{15}f^2}\right).$$

Dans la plupart des cas particuliers r^2 sera petit relativement à $\frac{1}{2}hf$ et à $\frac{8}{15}f^2$; on pourra donc poser approximativement, en considérant les nombres $\frac{1}{2}$ et $\frac{8}{15}$ comme à peu près égaux,

$$(10)\qquad q'' = E_1\tau\frac{h}{f};$$

mais cette formule ne saurait être appliquée aux pièces presque droites, dans lesquelles r peut devenir grand relativement à f. Il faudrait alors s'en tenir à la formule (9).

Exemple numérique. — Soit donné un arc du viaduc de Tarascon, dont la section a été définie au n° **106**; supposons une dilatation linéaire ayant un coefficient de 0,0004, ce qui répondrait à une variation de température de 36 degrés centigrades. On a ici

$$\tau = 0{,}0004,\quad r^2 = 0{,}3009,\quad h = 1^{m},70,\quad f = 4^{m},95;$$

en outre, comme il s'agit d'une pièce en fonte, on peut, suivant l'expérience, prendre pour le maximum E_1 du coefficient d'élasticité longitudinale la valeur

$$E_1 = 12.10^9.$$

Avec ces données on trouve sans peine le maximum de pression par unité de surface dû spécialement à la dilatation τ; il est

d'après la formule (9)....... $q'' = 1^{\text{kil}},62.10^6$;
d'après la formule (10)....... $q'' = 1^{\text{kil}},65.10^6$.

Comme on le voit, les deux formules donnent à peu près le même résultat, savoir environ $1^{\text{kil}},6$ par millimètre carré.

§ III. — Construction, disposition et usage de la Table V destinée à faciliter l'emploi des formules du paragraphe précédent.

122. *But de la table; arguments pour y entrer.* — Les formules (5), (7) et (8) du paragraphe précédent, auxquelles nous avons été conduit en nous occupant de la résistance d'un arc dans les circonstances définies au nº **115**, sont par elles-mêmes assez peu compliquées, et nous paraissent susceptibles d'être employées en pratique. Néanmoins le désir d'en faciliter l'usage autant que possible nous a engagé à construire la Table V, placée à la fin de ce volume. Cette table aura d'ailleurs un autre avantage, c'est qu'elle mettra en évidence quelques conséquences remarquables des formules, que les seules ressources de l'analyse permettraient difficilement d'apercevoir.

Conservons les notations des nºs **115** à **117**, et appelons en outre Ω l'aire de la section de l'arc. Quel que soit le cas particulier dans lequel on se trouve, on aura toujours, en employant soit les formules (5) et (7), soit les formules (7) et (8), à calculer des expressions telles que

$$\mathfrak{G} \frac{pa}{e} E_1,$$

ou, si la section est homogène,

$$\mathfrak{G} \frac{pa}{\Omega},$$

6 étant un coefficient numérique variable d'une pièce à une autre.

Nous n'avons rien à dire ici des quantités *pa*, *e*, E_1, Ω : leur définition même explique suffisamment comment on peut les connaître; mais nous avons à montrer de quelle manière on arrivera, par le secours de la Table V, à trouver la valeur de 6.

Par l'inspection des formules que nous venons de citer, on voit que 6 est exprimé au moyen des relations

$$6 = 2n + \frac{ah}{4r^2}\left(1 - 4n \operatorname{tang}\frac{1}{2}\varphi\right), \quad \text{dans la formule (5)},$$

$$6 = \frac{1}{\sin\varphi} + \frac{ah}{r^2}\left(n - \frac{1}{2}\cot\varphi\right)^2, \quad \text{dans la formule (7)},$$

$$6 = 2n\cos\varphi + \sin\varphi, \quad \text{dans la formule (8)}.$$

n désigne le rapport de la poussée horizontale de l'arc au poids total $2pa$: ce rapport est donné par la formule (6) du n° 96 ou par les tables, et l'on voit qu'il dépend uniquement du rapport $\frac{r^2}{a^2}$ et de l'angle φ ou du rapport $\frac{2\varphi}{\pi}$ de cet angle à l'angle droit; d'un autre côté, on a identiquement

$$\frac{ah}{r^2} = \frac{h}{a} : \frac{r^2}{a^2};$$

donc les trois expressions du coefficient 6 dépendent de trois arguments qui sont :

1° Le rapport $\frac{r^2}{a^2}$;

2° L'angle φ, ou le rapport $\frac{2\varphi}{\pi}$;

3° Le rapport $\frac{h}{a}$.

Lorsque ces trois arguments seront connus, on conçoit que l'on pourrait d'abord calculer n par des formules ou les tables du chapitre IVe; puis, ayant n, voir celui des cas examinés au § II ci-devant, dans lequel on se trouve, déterminer les deux valeurs de 6 qui conviennent à ce cas et choisir la plus forte. En la multipliant par $\frac{pa}{e}E_{\iota}$, ou par $\frac{pa}{\Omega}$ si la section est homogène, on aurait la pression maximum cherchée. Or c'est toute cette série d'opérations, sauf la dernière, que la Table V dispense de faire. On y a consigné la valeur de β que l'on doit finalement employer, savoir, la plus grande des deux qui sont fournies par les formules (5) et (7) ou (5) et (8), suivant le cas.

Nous ne croyons pas devoir expliquer en détail la construction de la table ; elle revient en définitive à la réunion d'un certain nombre de solutions obtenues comme nous venons de le faire concevoir. Seulement la simultanéité dans la recherche de tous ces résultats rendait celle-ci plus prompte et plus sûre; elle permettait aussi l'emploi de quelques procédés simples de calcul, qu'il serait cependant sans intérêt de développer ici.

123. *Disposition et emploi de la table.* — La table est à triple entrée, ou plutôt elle se compose d'une série de tables à double entrée dont chacune occupe une page. L'argument $\frac{r^2}{a^2}$ est inscrit dans le haut de la page; l'argument $\frac{2\varphi}{\pi}$ dans une colonne verticale, à gauche; l'argument $\frac{h}{a}$ dans une colonne horizontale, en tête de chaque tableau. Une question particulière étant définie par ces trois arguments, le premier indiquera la page, le second la colonne horizontale, le troisième la colonne verticale, dans lesquelles on doit chercher la valeur de β.

Exemples. — Prenons $\frac{r^2}{a^2}=0{,}0004$, $\frac{2\varphi}{\pi}=0{,}21$, $\frac{h}{a}=0{,}060$; la Table V donne $\beta=4{,}0$. Si l'on avait $\frac{r^2}{a^2}=0{,}0006$, $\frac{2\varphi}{\pi}=0{,}44$, $\frac{h}{a}=0{,}075$, on trouverait $\beta=2{,}2$.

Dans le cas où les arguments ne seraient pas exactement dans la table, mais seraient compris entre ceux qui s'y trouvent, on pourra procéder par interpolation, ou bien se contenter de la valeur correspondante aux arguments les plus rapprochés. Exemple : on a $\frac{r^2}{a^2} = 0,000334$, $\frac{2\varphi}{\pi} = 0,2082$, $\frac{h}{a} = 0,0567$. Prenant $\frac{r^2}{a^2} = 0,0003$, $\frac{2\varphi}{\pi} = 0,21$, $\frac{h}{a} = 0,055$, on trouvera dans la table $6 = 4,0$; si l'on passe à la page suivante de la table et qu'on porte $\frac{r^2}{a^2}$ de 0,0003 à 0,0004, on aura $6 = 3,9$. D'ailleurs on voit dans l'une et l'autre page qu'un petit changement de $\frac{2\varphi}{\pi}$ et de $\frac{h}{a}$ autour de 0,21 et de 0,055 n'altère 6 que faiblement; donc 6 est approximativement égal à 4,0. Si l'on tenait à procéder par interpolations régulières, la détermination de 6 serait plus longue, mais toujours facile. Voici le tableau des calculs :

NUMÉROS des opérations.	ARGUMENTS.			VALEUR de 6.	OBSERVATIONS.
	$\frac{r^2}{a^2}$.	$\frac{2\varphi}{\pi}$.	$\frac{h}{a}$.		
1	0,0003	0,20	0,055	4,2	Les valeurs de 6 sans astérisques proviennent directement de la table; les autres sont fournies par interpolation.
2	0,0003	0,20	0,060	4,3	
3	0,0003	0,20	0,0567	4,23*	Opération nº 3, par interpolation entre 1 et 2,
4	0,0003	0,21	0,055	4,0	» 6, » 4 et 5,
5	0,0003	0,21	0,060	4,1	» 7, » 3 et 6,
6	0,0003	0,21	0,0567	4,03*	» 10, » 8 et 9,
7	0,0003	0,2082	0,0567	4,07*	» 13, » 11 et 12,
8	0,0004	0,20	0,055	4,2	» 14, » 10 et 13,
9	0,0004	0,20	0,060	4,3	» 15, » 7 et 14.
10	0,0004	0,20	0,0567	4,23*	L'opération 15 donne le résultat cherché.
11	0,0004	0,21	0,055	3,9	
12	0,0004	0,21	0,060	4,0	
13	0,0004	0,21	0,0567	3,93*	
14	0,0004	0,2082	0,0067	3,98*	
15	0,000334	0,2082	0,0567	4,01*	

Ce tableau se comprend de lui-même. On voit qu'il exige huit recherches dans la table et sept interpolations, et, quoique cela soit très-élémentaire, on perdrait ainsi le grand avantage de la rapidité. Hâtons-nous de dire que cette rigueur de calcul sera le plus souvent inutile : nous voyons en effet dans l'exemple précédent que l'interpolation nous a donné la même valeur de θ que nous avions obtenue déjà par l'emploi d'arguments approchés. Au reste, les interpolations qui concernent le rapport $\frac{h}{a}$ pourraient être faites à la lecture ; alors le tableau ci-dessus serait réduit aux opérations 3, 6, 7, 10, 13, 14, 15, c'est-à-dire diminué de plus de moitié.

La table ne donne θ qu'avec deux chiffres, c'est-à-dire avec une approximation variable qui parfois peut entraîner une erreur relative de $\frac{1}{25}$ ou $\frac{1}{30}$. Quand il s'agit d'en venir aux applications numériques, les constructeurs les plus recommandables diffèrent beaucoup d'opinion dans le choix d'un coefficient de résistance : pour la fonte, par exemple, les uns lui feront supporter 3 kilogrammes par millimètre carré, les autres 4, les autres 5 ou même davantage, de telle sorte qu'on manque de données bien précises au sujet de ce nombre, qui, suivant les habitudes de chaque praticien, varie plus que du simple au double. Dans de telles circonstances, il nous semble tout à fait inutile, nous dirions presque puéril, de rechercher une plus grande approximation, au prix de calculs notablement plus longs et plus compliqués.

On remarquera dans chaque page de la table un trait horizontal brisé à une certaine hauteur. En voici le sens : les nombres qui sont au-dessus ont été fournis par l'application de la formule (5) (n° 118), et, par conséquent, le maximum de la pression est alors au sommet et à l'extrados de l'arc ; les nombres en dessous du trait proviennent au contraire de l'emploi de la formule (7) (n° 118), ce qui place le maximum de pression aux reins et à l'intrados. Quant à la formule (8), nous n'avons pas eu occasion de l'appliquer. On peut donc dire que la plus grande pression se produira rarement aux naissances.

124. *Limites de la table.* — Les valeurs de $\frac{r'^2}{a^2}$ varient de dix-millième en dix-millième, depuis 0,0001 jusqu'à 0,0006 ; puis viennent les valeurs 0,0008, 0,0010, 0,0012 et enfin 0,0015. Dans les arcs existants, pour la grande majorité, le rapport en question est compris entre 0,0002 et 0,0005. Un seul des exemples cités au n° 97 donne une valeur plus petite : c'est le pont du Carrousel, à Paris ; un seul donne une valeur supérieure : c'est le viaduc de Lormont (chemin de fer de Bordeaux), pour lequel $\frac{r'^2}{a^2}$ s'approche de 0,0008. Nous pensons donc que les limites 0,0001 et 0,0015 ont une amplitude suffisante.

Lorsque $\frac{r^2}{a^2}$ est donné, le rapport $\frac{h}{a}$ ne doit pas être pris tout à fait arbitrairement. En premier lieu, on a (n° 97) $r < \frac{h}{2}$, et, par conséquent,

$$\frac{h}{a} > 2\frac{r}{a} \quad \text{ou} \quad \frac{h}{a} > 2\sqrt{z},$$

en posant $\frac{r^2}{a^2} = z$. D'un autre côté, en considérant les formes usitées pour la section transversale, on voit que le rapport $\frac{r^2}{h^2}$ descend bien rarement au-dessous du nombre $\frac{1}{12}$, qui correspond à la section rectangulaire. On peut donc, *à fortiori*, admettre comme limite inférieure $\frac{r^2}{h^2} = \frac{1}{16}$, nombre répondant au cercle plein. Alors on aura $h^2 < 16r^2$, soit $\frac{h^2}{a^2} < 16z$, et enfin $\frac{h}{a} < 4\sqrt{z}$. Donc $\frac{h}{a}$ sera compris entre $2\sqrt{z}$ et $4\sqrt{z}$. Attribuant successivement à z ou $\frac{r^2}{a^2}$ les valeurs de la table, on forme le tableau ci-après :

Valeurs de $\frac{r^2}{a^2}$.	Limite inférieure de $\frac{h}{a}$.	Limite supérieure de $\frac{h}{a}$.
0,0001	0,020	0,040
0,0002	0,028	0,057
0,0003	0,035	0,070
0,0004	0,040	0,080
0,0005	0,045	0,090
0,0006	0,049	0,098
0,0008	0,057	0,114
0,0010	0,063	0,127
0,0012	0,069	0,139
0,0015	0,078	0,156

Pour permettre les interpolations entre les résultats qui correspondent à deux valeurs consécutives de $\frac{r^2}{a^2}$, nous avons remplacé dans la seconde colonne du tableau précédent chaque nombre par celui qui est immédiatement au-dessus, et au contraire nous avons descendu d'un rang dans la colonne des limites supérieures. Par exemple, lorsque $\frac{r^2}{a^2}$ est égal à 0,0003, au lieu de supposer $\frac{h}{a}$ compris entre 0,035 et 0,070, nous avons admis qu'il pourrait varier entre 0,028 et 0,080. En outre, nous avons cru devoir rejeter comme inutile en pratique toute valeur de $\frac{h}{a}$ inférieure à 0,03 et supérieure à 0,10. Ces deux modifications conduisent au tableau suivant, dans lequel on n'a d'ailleurs introduit que des multiples de 0,005 pour les limites cherchées, en les exprimant à moins de 0,003 près :

Valeurs de $\frac{r^2}{a^2}$.	Limite inférieure de $\frac{h}{a}$.	Limite supérieure de $\frac{h}{a}$.
0,0001	0,030	0,055
0,0002	0,030	0,070
0,0003	0,030	0,080
0,0004	0,035	0,090
0,0005	0,040	0,100
0,0006	0,045	0,100
0,0008	0,050	0,100
0,0010	0,060	0,100
0,0012	0,065	0,100
0,0015	0,070	0,100

L'existence de ces limites explique les blancs qui sont restés dans les pages de la table.

Pour ce qui concerne l'angle φ, on a fait varier le rapport $\frac{2\varphi}{\pi}$ entre 0,12 et 1,00, comme dans les tables de poussée. Mais les valeurs de ce rapport ne procèdent par degrés rapprochés (de 0,01 en 0,01) qu'entre $\frac{2\varphi}{\pi} = 0,20$ et $\frac{2\varphi}{\pi} = 0,32$, c'est-à-dire dans l'intervalle qui comprend les arcs les plus ordinairement employés; en dehors de ces limites, il y avait peu d'inconvénient à avoir des différences plus fortes, et cette mesure a été prise pour ne pas trop augmenter le volume de la table.

125. *Exemple du calcul de la résistance d'un arc de pont sous la charge d'épreuve.* — Quand une fois on aura obtenu le coefficient $\mathfrak{G}$, comme il a été dit au n° 123, le calcul de la résistance s'achèvera aisément. En voici un exemple.

Supposons les données suivantes :

Arguments pour entrer dans la Table V : $\frac{r^2}{a^2} = 0,000334$, $\frac{2\varphi}{\pi} = 0,2082$, $\frac{h}{a} = 0,0567$;

Poids de la demi-travée, uniformément réparti suivant l'horizontale, $pa = 105$ tonneaux;

Aire de la section supposée homogène, $\Omega = 0^{mq},1428$.

La division de pa exprimée en tonneaux, par 1000 fois Ω exprimé en mètres carrés, donnera le quotient $\frac{pa}{\Omega}$ exprimé en kilogrammes par millimètre carré,

$$\frac{pa}{\Omega} = 0^{\text{kil}},735.$$

D'un autre côté, les arguments ci-dessus indiqués nous ont donné (n° 123) la valeur de $\mathfrak{G}$ égale à 4,0 : donc la plus grande pression, rapportée au millimètre carré, sera

$$0^{\text{kil}},735 \times 4,0 = 2^{\text{kil}},9;$$

c'est-à-dire que la matière de l'arc sera soumise à une pression maximum de près de 3 kilogrammes ($2^{\text{kil}},9$) par millimètre carré.

Ces données et ce résultat conviendraient approximativement au viaduc de Tarascon, si la fonte pouvait être regardée comme homogène : nous disons approximativement, parce que la section n'est pas tout à fait symétrique par rapport à l'horizontale du centre de gravité. D'ailleurs, l'augmentation du coefficient d'élasticité vers les bords pourrait conduire à modifier natablement le chiffre de $2^{\text{kil}},9$. Quoique les données expérimentales nous manquent pour effectuer le calcul avec quelque précision, nous rappellerons que les constructeurs du viaduc de Tarascon, MM. Desplaces et Collet-Meygret, ont évalué à 6 000 000 000 le coefficient moyen d'élasticité longitudinale des arcs (n° 111), de sorte que l'on a

$$e = 0,1428.6.10^9.$$

De plus, le nombre E_1 paraît devoir être fixé à 12.10^9 (*voir* plus loin les indications données sur ce sujet, au § Ier du chapitre VIIe) : donc

$$pa\frac{E_1}{e} = 105000 \cdot \frac{12.10^9}{0,1428.6.10^9} = 1,47.10^6.$$

Ainsi, la quantité à multiplier par le coefficient $\mathfrak{G}$ aurait une valeur double de celle que nous avons supposée tout à l'heure.

Quant à $\mathfrak{G}$, il dépend du rapport $\frac{r'^2}{a^2}$, qui peut être altéré aussi par le défaut d'homogénéité de la section ; mais la Table V montre qu'avec les arguments $\frac{2\varphi}{\pi} = 0,21$ et $\frac{h}{a} = 0,055$, $\mathfrak{G}$ ne s'écarte pas sensiblement de 4,0, quand même $\frac{r'^2}{a^2}$ varierait de 0,0001 à 0,0008. Il faut donc conclure de toutes ces considérations que probablement la pression maximum demandée se trouve aux environs de 6 kilogrammes par millimètre carré.

Il est juste d'ajouter que ce maximum a lieu en des points situés à la surface extérieure de la section. Or ces points s'étant refroidis plus vite que les autres pendant le moulage de la fonte, par suite de leur contact avec le moule, la matière y est plus serrée et plus dure que dans l'intérieur. C'est pour cela que déjà nous avons supposé au maximum E_1 une valeur double de la moyenne : il est probable que la même circonstance rend aussi la matière susceptible de mieux résister à l'écrasement. Quand on pénètre à une profondeur de $0^m,01$ ou $0^m,02$ au-dessous de la surface, peut-être la fonte devient-elle beaucoup plus molle et moins résistante : mais, par compensation, E_1 serait remplacé par un nombre beaucoup plus faible, ce qui diminuerait la pression moléculaire par unité de surface.

§ IV. — Des circonstances qui peuvent influer sur la résistance d'un arc à section constante, chargé uniformément suivant l'horizontale. — Vérification de la stabilité sous la charge d'épreuve.

126. *Généralités.* — On suppose toujours ici les circonstances générales admises dans tout ce chapitre, savoir, celles qui ont été indiquées au n° **115**. Ainsi l'arc est à fibre moyenne circulaire, avec une section constante; sa corde est maintenue invariable par deux appuis fixes placés au même niveau, et aucun autre obstacle ne gêne ses déformations; la charge, y compris le poids propre des pièces, consiste en un poids uniformément réparti suivant l'horizontale; enfin, la section a une forme telle, que l'arc fléchit dans son plan vertical, sans gauchissement (n° **48**). Alors la pression maximum, si la section est en outre supposée homogène, sera représentée, comme on vient de le voir au paragraphe précédent, par $6\,\frac{pa}{\Omega}$. Nous nous proposons ici d'examiner de quelle manière varie ce maximum quand, laissant le poids total pa et l'aire Ω constants, on fait varier les trois arguments qui ont servi à trouver 6 (n° **122**); pour cela, il suffira d'étudier les variations de 6, et c'est ce que nous allons faire maintenant. Les trois quantités dont nous avons à rechercher l'influence sont :

1° Le demi-angle φ au centre de l'arc, qui caractérise la figure de la fibre moyenne;

2° Le rayon de gyration r et la hauteur h de la section, comparés à l'ouverture $2a$ de l'arc, ou, en termes plus généraux, les éléments qui sont introduits par la forme de la section transversale.

127. *Influence du demi-angle au centre de la fibre moyenne, ou du rapport entre la flèche et l'ouverture.* — Pour se rendre compte de cette influence, il suffit de prendre la Table V et de parcourir les colonnes verticales : ces colonnes renferment effectivement une série de valeurs de $\mathfrak{G}$, obtenues en faisant varier le rapport $\frac{2\varphi}{\pi}$ sans changer $\frac{r^2}{a^2}$ ni $\frac{h}{a}$. Or on voit qu'en partant de $\frac{2\varphi}{\pi} = 0,12$ et allant jusqu'au plein cintre, $\mathfrak{G}$ diminue d'abord pour augmenter ensuite; c'est-à-dire qu'il y a une certaine valeur de $\frac{2\varphi}{\pi}$ à laquelle correspond le minimum de $\mathfrak{G}$, ou la plus grande résistance à une charge uniformément répartie suivant l'horizontale, toutes choses égales d'ailleurs. On remarque en outre que, dans une même page de la table, $\frac{r^2}{a^2}$ restant constant, cet angle φ, qui donne à l'arc le plus de résistance, varie peu quand le rapport $\frac{h}{a}$ change. C'est pourquoi, dans le tableau ci-dessous, nous indiquons seulement une valeur de $\frac{2\varphi}{\pi}$ pour chaque valeur de $\frac{r^2}{a^2}$: elle est une moyenne entre celles que l'on obtiendrait en faisant varier $\frac{h}{a}$ dans les limites de la table. Nous y avons de plus consigné, en regard du nombre $\frac{2\varphi}{\pi}$, la valeur correspondante du rapport de la flèche à l'ouverture, rapport dont les ingénieurs se servent ordinairement pour définir la figure de la fibre moyenne.

Rapport $\frac{r^2}{a^2}$.	Rapport $\frac{2\varphi}{\pi}$ entre l'arc de résistance maximum et la demi-circonférence.	Valeur correspondante du rapport de la flèche à l'ouverture.
0,0001	0,31	0,1242
0,0002	0,37	0,1495
0,0003	0,39	0,1581
0,0004	0,41	0,1668
0,0005	0,43	0,1756
0,0006	0,46	0,1889
0,0008	0,48	0,1980
0,0010	0,51	0,2117
0,0012	0,52	0,2164
0,0015	0,53	0,2210

Les chiffres de la seconde colonne de ce tableau ne doivent être considérés, bien entendu, que comme approximatifs. Pour avoir plus de précision il aurait fallu construire la table avec trois ou quatre chiffres, au lieu de deux. Mais comme aux environs d'un minimum les variations sont faibles, une solution plus exacte serait sans intérêt pratique.

On voit par conséquent que si l'on construit une série d'arcs dont la section serait la même, ainsi que la charge totale et l'ouverture, ces arcs étant tous d'ailleurs dans les conditions rappelées au n° 126, celui-là résistera le mieux, qui aura un demi-angle au centre variant de 0,31 à 0,53 d'angle droit, suivant la valeur de $\frac{r^2}{a^2}$ qui résulte des dimensions données de la section. Par exemple, si $\frac{r^2}{a^2}$ était égal à 0,0003, il faudrait que le demi-angle au centre fût environ 0,39 d'angle droit, ou que la fibre moyenne fût 0,39 de sa demi-circonférence, ou bien encore que la flèche fût les 0,158 de l'ouverture, si d'autres motifs ne devaient pas être pris en considération. Les arcs destinés à supporter les travées de pont sont en général un peu plus surbaissés : on augmente ainsi le débouché laissé au libre écoulement des eaux, et on diminue l'importance des tympans.

Cependant il ne faudrait pas se laisser aller à employer, sans raison particulière, un surbaissement excessif : car les variations de température pourraient alors donner lieu à une poussée considérable (n° 102), d'où résulteraient des efforts accidentellement très-grands, dans la matière de l'arc.

Ainsi, dans le pont de Tarascon, surbaissé au douzième, une dilatation linéaire de 0,0004 entraînerait un supplément de pression égal à environ $1^{kil},6$ par millimètre carré (n° 121), ce qui constitue déjà une pression notable, bien que le surbaissement soit modéré.

128. *Influences spéciales de la hauteur de la section transversale et de son rayon de gyration.* — Lorsque $\frac{r^2}{a^2}$ et $\frac{2\varphi}{\pi}$ restent constants, les valeurs successives qui résultent pour $\mathfrak{G}$ des changements de $\frac{h}{a}$ se trouvent sur une même ligne horizontale de l'une des pages : par conséquent on voit qu'elles sont croissantes avec $\frac{h}{a}$. Au contraire, si, laissant $\frac{2\varphi}{\pi}$ et $\frac{h}{a}$ invariables, on fait passer $\frac{r^2}{a^2}$ par des valeurs de plus en plus grandes, on sera conduit à reconnaître que $\mathfrak{G}$ diminue. Nous conclurons donc qu'il est avantageux de diminuer autant que possible la hauteur, quand on peut le faire sans entraîner une diminution correspondante dans le rayon de gyration ; et, par contre, que la hauteur restant fixe, il est bon que le rayon de gyration soit aussi grand que possible. Ces mêmes remarques sont vraies pour les pièces droites (n° 82).

129. *Influence des variations de forme de la section transversale, en général.* — Lorsque les changements de forme de la section transversale ont pour conséquence de modifier à la fois, dans le même sens, sa hauteur et son rayon de gyration, on ne peut plus dire *à priori* quel en sera le résultat. Si, par exemple, la hauteur augmente, ce sera pour la pression maximum une cause d'augmentation ; mais, d'un autre côté, cette pression diminuera simultanément par suite de l'accroissement du rayon de gyration. L'effet total sera dans un sens ou dans l'autre, suivant les cas.

Voici un exemple curieux sur ce sujet. Un série d'arcs de même ouverture satisfait, sous le rapport de la charge, de la section, etc., aux conditions rappelées au n° 126; tous ont une section rectangulaire homogène et d'égale surface; tous supportent la même charge, y compris leur poids propre : on demande d'étudier comment variera la pression maximum, quand on augmentera ou diminuera la hauteur de la section, la base variant en raison inverse, de manière à laisser le produit constant.

Dans la question actuelle, le rayon de gyration r est toujours lié à la hauteur h par la relation très-simple $r^2 = \frac{1}{12} h^2$; d'où l'on conclura $\frac{r^2}{a^2}$ quand $\frac{h}{a}$ sera donné. Nous avons d'abord considéré trois sections rectangulaires, que nous désignerons par les n°s 1, 2, 3, et dont les hauteurs sont décroissantes, comme il est indiqué ci-après :

$$\text{Section 1.....} \quad \frac{h}{a} = 0,10, \quad \frac{r^2}{a^2} = \frac{1}{12} \cdot 0,01 = 0,000833;$$

$$\text{Section 2.....} \quad \frac{h}{a} = 0,06, \quad \frac{r^2}{a^2} = \frac{1}{12} \cdot 0,0036 = 0,0003;$$

$$\text{Section 3.....} \quad \frac{h}{a} = 0,035, \quad \frac{r^2}{a^2} = \frac{1}{12} \cdot 0,001225 = 0,000102.$$

Si l'on choisit, en outre, une valeur quelconque de l'angle au centre, la Table V fera aisément connaître les valeurs correspondantes du coefficient $\mathfrak{G}$. Voici ce qu'on trouve :

RAPPORT $\frac{2\varphi}{\pi}$.	COEFFICIENT $\mathfrak{G}$ POUR LA SECTION			RAPPORT $\frac{2\varphi}{\pi}$.	COEFFICIENT $\mathfrak{G}$ POUR LA SECTION		
	N° 1.	N° 2.	N° 3.		N° 1.	N° 2.	N° 3.
0,12	9,0	7,9	6,9	0,38	2,5	2,5	3,2
0,14	7,4	6,5	5,9	0,40	2,4	2,6	3,4
0,16	6,3	5,6	5,1	0,44	2,3	2,7	3,6
0,18	5,5	4,9	4,5	0,48	2,2	2,8	3,9
0,20	4,8	4,3	4,1	0,52	2,3	3,0	4,3
0,22	4,3	3,9	3,7	0,56	2,4	3,3	4,8
0,24	3,9	3,6	3,5	0,60	2,6	3,5	5,4
0,26	3,5	3,3	3,3	0,68	3,0	4,3	6,6
0,28	3,3	3,1	3,2	0,76	3,6	5,3	8,3
0,30	3,0	2,9	3,0	0,84	4,3	6,5	10,5
0,32	2,9	2,8	3,1	0,92	5,2	8,1	13,2
0,34	2,8	2,7	3,1	1,00	6,4	10,0	16,6
0,36	2,6	2,6	3,1				

Ce tableau montre que pour résister à une charge uniformément répartie suivant l'horizontale (sous les autres conditions du n° 126), la section n° 3 sera la meilleure quand φ sera au-dessous de 0,26 d'angle droit; depuis $\frac{2\varphi}{\pi} = 0,26$ jusqu'à $\frac{2\varphi}{\pi} = 0,36$ ou 0,38, ce sera la section n° 2 qui donnera lieu à la moindre pression, et au-dessus de $\frac{2\varphi}{\pi} = 0,38$, la section n° 1 prendra le premier rang. La différence de résistance est très-marquée pour les arcs voisins du plein cintre, quand $\frac{2\varphi}{\pi}$ se rapproche de 1,00; elle est moins sensible pour les arcs très-surbaissés, et disparaît, pour ainsi dire, entre les limites $\frac{2\varphi}{\pi} = 0,26$ et $\frac{2\varphi}{\pi} = 0,32$ correspondantes au surbaissement de $\frac{1}{10}$ et de $\frac{1}{8}$ environ.

Le tableau ci-dessus indiquant que pour les arcs fortement surbaissés on augmente la résistance en diminuant la hauteur de l'arc (dont la section conserve bien entendu son aire constante), il y a de l'intérêt à chercher la hauteur qui donnerait le résultat le plus avantageux. Nous avons fait cette recherche par tâtonnement pour la valeur $\frac{2\varphi}{\pi} = 0,12$, non plus au moyen des tables, dont les limites deviennent trop restreintes, mais en nous servant directement des formules du n° 118. Voici les résultats de cinq essais :

1° $\frac{h}{a} = 0,02$; $\frac{r^2}{a^2} = \frac{1}{12}(0,02)^2 = 0,0000333$; rapport de la poussée au poids de la travée, $n = 2,624$. La valeur de $\mathfrak{G}$ est donnée par la formule (5) du n° 118; on trouve $\mathfrak{G} = 6,4$.

2° $\frac{h}{a} = 0,015$; $\frac{r^2}{a^2} = \frac{1}{12}(0,015)^2 = 0,00001875$; $n = 2,632$. Le plus fort maximum se trouve par la même formule, qui donne $\mathfrak{G} = 6,2$.

3° $\frac{h}{a} = 0,01$; $\frac{r^2}{a^2} = \frac{1}{12}(0,01)^2 = 0,00000833$; $n = 2,637$. La valeur de $\mathfrak{G}$ est toujours donnée par la formule (5); elle est $\mathfrak{G} = 6,2$.

4° $\frac{h}{a} = 0,005$; $\frac{r^2}{a^2} = \frac{1}{12}(0,005)^2 = 0,00000208$; $n = 2,640$. On trouve encore par la même formule $\mathfrak{G} = 6,4$.

5° $\frac{h}{a} = 0,001$; $\frac{r^2}{a^2} = \frac{1}{12}(0,001)^2 = 0,0000000833$; $n = 2,641$. Dans ce cas, la formule (7) conduit à un résultat plus fort que la formule (5), savoir $\mathfrak{G} = 10,4$.

En conséquence, dans la question qui nous occupe, le rapport le plus favorable de la hauteur à la demi-ouverture serait voisin de 0,01 ou 0,015, nombres auxquels correspondent des valeurs de 6 sensiblement égales. On voit que ces valeurs sont à peu près les 0,7 de celle qu'on obtiendrait en faisant $\frac{h}{a} = 0,10$; et les sections restant constantes ainsi que la charge, les pressions maxima seraient dans le même rapport. On voit, en outre, que si l'on diminue trop le rapport $\frac{h}{a}$, on finit par rendre 6 plus grand qu'il ne l'était pour $\frac{h}{a} = 0,10$. A la limite, en faisant $h = 0$, on aurait $6 = \infty$; car on a $r^2 = \frac{1}{12} h^2$, par suite $\frac{ah}{r^2} = \frac{12a}{h}$, quantité qui devient infinie quand h s'annule, et qui rend également infinis les seconds membres des formules (5) et (7) (n° 118).

130. *Réflexions sur les exemples qui précèdent.* — Il convient d'insister sur ce qu'il y a de remarquable et d'inattendu dans les résultats que nous venons d'obtenir. Les formules de résistance des pièces droites et de nombreuses expériences ont montré que, à section et à charges égales, les pièces rectangulaires résistent d'autant mieux qu'elles ont une plus grande hauteur transversale. Il en est tout différemment dans une pièce courbe, et quelquefois l'augmentation de la hauteur de la section est nuisible à la résistance. Souvent elle est indifférente et ne produit pas de changement sensible.

On n'oubliera pas les données admises dans la solution de ces problèmes. Nous nous sommes occupé exclusivement de la résistance à une charge uniformément répartie suivant l'horizontale, sous certaines conditions (n° 126). S'il y avait en quelques points des poids isolés assez considérables, les résultats pourraient se trouver modifiés. Ainsi nous nous sommes assuré (par un calcul que nous supprimons, pour ne pas étendre outre mesure cette discussion) que si l'on considérait seulement la résistance à un poids suspendu au sommet, $\frac{2\varphi}{\pi}$ étant égal à 0,12, et toute autre charge étant négligée, le rapport $\frac{h}{a} = 0,10$ serait celui qui produirait la moindre pression parmi tous ceux essayés au n° 129. L'examen d'autres circonstances que nous avons omises, notamment l'étude des effets produits par les chocs et les vibrations, conduirait peut-être aussi à des nombres un peu différents.

D'ailleurs il est des doutes qui peuvent naître de la théorie elle-même. Sans parler des hypothèses fondamentales, dont il est permis de douter puisque ce sont des hypothèses, nous avons admis (n° 53) une répartition uniforme de la réaction des appuis sur les sections extrêmes : or, pour une section de faible hauteur, comme nous en avons trouvé au n° 129, un léger écart aurait une influence assez grande sur la résistance. Quoi qu'il en soit, le fait théorique mis en lumière par les exemples du n° 129 est digne de fixer l'attention des constructeurs, et des expériences sur ce sujet seraient à désirer.

Il serait difficile d'expliquer *à priori* d'une manière complète ces résultats, qui se présentent ici comme corollaires de calculs passablement compliqués. Seulement, quand on en cherche la trace dans les calculs antérieurs, voici ce qu'on remarque.

1° Le déplacement d'un point appartenant à la fibre moyenne d'une pièce courbe, par l'effet d'une force, est composé de deux parties :

Celle qui est due à la variation des angles de contingence,

Celle qui est produite par l'extensibilité de la fibre moyenne.

Lorsque, sans altérer les charges et l'aire de la section, on change seulement la forme de celle-ci, la seconde partie reste constante, mais la première varie en raison inverse du carré du rayon de gyration ; car il y a d'autant plus de résistance à la rotation relative des sections, qu'elles ont un plus grand moment d'inertie.

2° Un arc circulaire à section constante, placé dans les conditions du chapitre IVe, étant uniquement chargé de poids, on diminue sa poussée quand on augmente le moment d'inertie (ou le rayon de gyration) de sa section, sans en altérer la surface. En effet, on a vu (n° 97) que la poussée s'obtient en multipliant ce que nous avons appelé sa partie principale par le coefficient $\dfrac{1-\lambda\dfrac{r^2}{a^2}}{1+\lambda'\dfrac{r^2}{a^2}}$, qui diminue évidemment quand r augmente, tandis que la partie principale ne dépend pas de cette ligne. En examinant les choses de près, on reconnaît que la partie principale serait la poussée qui se produirait si l'on pouvait faire abstraction des variations de longueur de la fibre moyenne ; les coefficients λ et λ' s'introduisent quand on en tient compte. Or, d'après la remarque précédente, ces variations prennent une importance relative d'autant plus grande que le rayon de gyration r est plus considérable, toutes choses égales d'ailleurs : l'altération de la poussée principale doit naturellement alors être plus profonde.

3° Supposons un arc à fibre moyenne parabolique chargé de poids uniformément distribués suivant l'horizontale et symétrique par rapport à la verticale du sommet. Soient p le poids par mètre courant horizontal, $2a$ l'ouverture, f la flèche. Appliquons à chaque extrémité une force verticale ascendante pa et une force horizontale $\dfrac{pa^2}{2f}$ dirigée du côté de la verticale du milieu. Les choses étant ainsi, on reconnaît aisément que les forces extérieures, agissant depuis une extrémité jusqu'à un point quelconque de la fibre moyenne, ont un moment nul par rapport à ce point, et on en conclut que les angles de contingence ne varient pas par le déplacement de l'arc; de telle sorte que si l'on négligeait la compressibilité de la fibre moyenne, les dimensions ne changeraient pas et les extrémités resteraient fixes. Si l'on supprime les forces pa et $\frac{pa^2}{2f}$ appliquées à chacun des points extrêmes, mais qu'on rende ceux-ci invariables, il est clair, d'après cela, qu'ils fourniront les réactions pa et $\frac{pa^2}{2f}$, puisque ce sont elles qui sont capables de produire l'immobilité de ces points. La même conséquence s'étend à un arc circulaire très-surbaissé, parce que cet arc peut être confondu avec une parabole. Mais elle cesse d'être admissible pour la parabole comme pour le cercle dès que le rayon de gyration de la section transversale est un peu grand, parce que la compressibilité de la fibre moyenne devient une cause relativement importante de déformation, et qu'on ne peut plus la négliger.

4° Quand la poussée d'un arc parabolique, ou circulaire et à petite flèche, est égale à $\frac{pa^2}{2f}$, le moment des forces étant toujours nul, comme on vient de le dire, la courbe des pressions se confond avec la fibre moyenne; donc la pression se répartit uniformément sur toutes les sections, ce qui est favorable à la résistance. Puisqu'une augmentation du rayon de gyration fait décroître la poussée, elle tend aussi à écarter de plus en plus la courbe des pressions de la fibre moyenne, ce qui produit dans chaque section une répartition inégale de la force et tend à augmenter la pression maximum.

Mais il existe dans les formules (5) et (7) du n° 118 un facteur $\frac{ah}{r^2}$ dans lequel le carré r^2 du rayon de gyration entre en dénominateur; l'accroissement de r tend donc aussi, d'un autre côté, à diminuer la pression maximum. Ce sera l'une ou l'autre de ces deux tendances qui l'emportera, suivant les cas, et quelquefois elles se contre-balanceront. Lorsque r varie seul et va en croissant, la hauteur h de la section et toutes les autres quantités restant constantes, nous avons vu (n° 128) que la pression maximum est décroissante. Mais si h croît proportionnellement à r, de telle sorte que le rapport $\frac{ah}{r^2}$ soit en raison inverse de la première puissance de r, au lieu de la seconde, l'exemple du n° 129 montre que c'est alors la première tendance qui domine et qu'il est avantageux d'avoir un faible rayon de gyration, ou, si l'on veut, un faible moment d'inertie. Toutefois l'avantage cesserait, comme on l'a vu, en prenant des sections trop aplaties, parce que la coïncidence de la courbe des pressions avec la fibre moyenne n'est qu'approximative, et le petit écart qui existe entre les deux courbes a une très-grande influence quand la hauteur de la section est très-petite.

131. *Vérification de la stabilité sous la charge d'épreuve.* — Quand on aura déterminé la pression maximum qui a lieu sous l'action de cette charge, il suffira de s'assurer que ce maximum est au-dessous de la limite que l'expérience fait connaître. Si l'on se donne toutes les dimensions de la section excepté une, ou si l'on se donne une figure semblable à la section, la condition dont nous venons de parler suffira pour en compléter la détermination.

Cette vérification de la stabilité ne se rapportant qu'à un des systèmes de charges qui peuvent peser sur la pièce, ne doit sans doute être regardée que comme une première indication. Pour avoir une certitude plus complète, il faudrait considérer tous les systèmes de charges, et prendre, dans chaque section, celui qui serait le plus défavorable à la résistance; il faudrait, en un mot, répéter pour les pièces courbes ce que nous avons fait au § III du chapitre IIIe, pour les pièces droites. Mais ce serait une discussion trop compliquée pour être faite autrement que sur des cas particuliers. Nous avons donné dans ce Cours les indications générales qui peuvent être utiles à l'ingénieur auquel un projet de pièce courbe donnerait occasion de l'entreprendre.

§ V. — Résistance des vases cylindriques soumis à la pression uniforme d'un gaz; épaisseur qu'il convient de donner aux parois d'une chaudière à vapeur.

132. *Résistance d'une chaudière à profil exactement circulaire.* — Supposons un vase de longueur indéterminée, dont la matière est comprise entre deux cylindres circulaires concentriques. La *fig.* 50 en représente le profil transversal. A l'intérieur agit une pression constante de p kilogrammes par unité de surface; à l'extérieur une pression p'. On néglige toutes les autres influences déformatrices, telles que le poids propre du vase, la réaction des appuis, l'action des bases du cylindre, etc.

Les choses étant ainsi, on voit tout d'abord que la fibre moyenne du profil ACBD A'C'B'D', considéré comme pièce courbe, doit rester circulaire après l'action des pressions p et p', comme avant. Car tout en étant symétrique par rapport au diamètre A'B', ce diamètre restera encore axe de symétrie dans l'état final, et par suite sera encore normal à la fibre moyenne; comme on peut en dire autant de toute autre ligne passant par le centre primitif O, on voit que toutes les normales de la fibre moyenne définitive concourent en un même point, propriété qui n'appartient qu'aux normales d'un cercle. Les sections normales telles que AA' ou BB' n'éprouvent donc pas de mouvement de flexion, et sont par conséquent soumises à une tension ou pression uniforme.

Fig. 50.

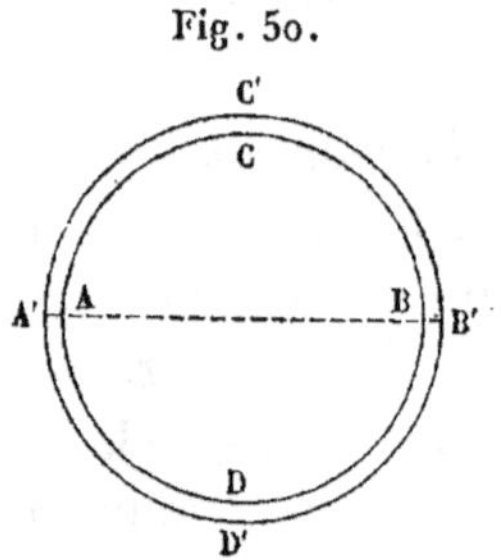

Pour en connaître la valeur, il faut chercher l'intensité de la résultante des pressions exercées sur la surface concave ACB et sur la surface convexe A'C'B', résultante qui doit être équilibrée par les actions moléculaires des sections AA' et BB'. Or la résultante se trouve aisément, quand on se rappelle ce théorème d'Hydrostatique, savoir : que si une pression constante par unité de surface est appliquée normalement sur un contour fermé, la résultante des pressions sur les divers éléments superficiels est alors nulle. Si l'on appelle d le diamètre $\overline{AB}$, d' le diamètre $\overline{A'B'}$, l la longueur du cylindre perpendiculairement au plan de la figure, en considérant ACB et A'C'B' comme des contours fermés (y compris les plans AB, A'B'), on voit que la pression totale supportée par le demi-cylindre ACB est égale à celle que supporterait le plan AB, soit à pld, et que la pression supportée par A'C'B' est de même $p'ld'$. La résultante est donc

$$\pm l(pd - p'd') = R.$$

Elle tendra à opérer la séparation des deux moitiés du vase en AA' et BB' si la pression intérieure l'emporte; elle serrera ces deux moitiés l'une contre l'autre, dans le cas contraire.

Soit maintenant c l'épaisseur $\overline{AA'} = \frac{1}{2}(d' - d')$; soit encore T la plus grande force longitudinale par unité de surface à laquelle on veuille soumettre la matière du vase. La force R est équilibrée par une pression ou tension uniforme exercée sur la surface $2\,\overline{AA'}.l$ ou $l(d - d')$ ou $2lc$; donc, pour obtenir l'épaisseur strictement nécessaire, on devra poser

$$\frac{\pm l(pd - p'd')}{2lc} = \mathrm{T},$$

soit, à cause de $d' = d + 2c$,

$$\pm(p - p')d \mp 2p'c = 2\mathrm{T}c;$$

d'où l'on tire l'inconnue

$$c = \pm\frac{(p - p')d}{2(\mathrm{T} \pm p')}.$$

Le double signe $\pm$ doit être remplacé par $+$ si p est plus grand que p', et par $-$ si p' est plus grand que p.

La quantité T, lorsqu'il s'agit de chaudières à vapeur en tôle, est grande relativement à p'. En effet, si nous supposons $\mathrm{T} = 2850000$, ce qui n'atteindrait généralement pas $\frac{1}{10}$ de la force de rupture, et si d'un autre côté nous faisons $p' = 103300$, limite répondant à une pression de 10 atmosphères, en dessous de laquelle on se tient d'habitude, il en résulterait encore $\mathrm{T} > 27p'$. On écrira donc simplement, en désignant par p'' la valeur absolue de la différence $p - p'$ (quantité qu'on appelle aussi la pression effective),

$$c = \frac{p''d}{2\mathrm{T}}.$$

Lorsque la pression effective p'' est exprimée en atmosphères, n étant le nombre d'atmosphères correspondant, on a $p'' = 10330n$; substituant cette valeur dans c, et faisant en outre $\mathrm{T} = 2850000$, on trouvera

$$c = 0{,}0018\,nd.$$

L'ordonnance royale du 22 mai 1843 (*) prescrivait de déterminer la moindre épaisseur des chaudières à vapeur, dans le cas où la pression intérieure est dominante, par la formule

$$(11) \qquad c = 0{,}0018\,nd + 0{,}003.$$

L'excédant de 3 millimètres donné par cette formule a pour but de pourvoir à l'usure de la chaudière et aux circonstances secondaires dont la théorie ne tient pas compte.

Quant aux chaudières ou tuyaux à vapeur pressés du dehors en dedans, l'ordonnance précitée portait qu'on devait leur donner une épaisseur plus grande et en outre les munir d'armatures. Une instruction ministérielle du 17 décembre 1848 exigeait que, dans ce cas, l'épaisseur de la tôle fût une fois et demie celle que donne la formule (11). Elle recommandait d'ailleurs, comme armature, des anneaux en fer forgé concentriques avec le tuyau à renforcer. Pour justifier ces prescriptions, on peut dire d'abord que si p' l'emporte, la matière est comprimée au lieu d'être tendue, et que la tôle résiste moins bien aux pressions qu'aux tensions; en outre, un cylindre circulaire supportant extérieurement une pression uniforme est pour ainsi dire en état d'équilibre instable : car si, par une cause accidentelle, le profil s'est un peu aplati, de manière à se rapprocher d'une ellipse, l'aplatissement s'augmentera par l'effet de la pression, tandis qu'il diminuerait par l'effet d'une pression intérieure dominante. Or un très-faible écart de la forme circulaire a pour résultat de mettre en jeu la flexion, de donner lieu à une égale répartition des forces moléculaires, et enfin d'exiger une épaisseur plus grande pour résister convenablement. C'est ce qu'on va voir par la solution du problème ci-après.

133. *Résistance d'une chaudière à profil faiblement elliptique.* — Soit ABA'B' (*fig.* 51) le profil transversal moyen de la chaudière, dans la forme définitive que lui a donnée l'action du gaz. Pour fixer les idées, nous supposerons la pression inté-

(*) Aujourd'hui abrogée. L'épaisseur des chaudières autres que celles des bateaux à vapeur n'est plus soumise à aucune réglementation administrative.

rieure dominante, et nous désignerons par p l'intensité de la pression effective rapportée au mètre carré. La courbe ABA'B' est une ellipse peu différente d'un cercle, dont les axes principaux sont $\overline{AA'}$, $\overline{BB'}$; nous poserons $\overline{AA'} = 2a$ et $\overline{BB'} = 2a\sqrt{1-\varepsilon^2}$, ε étant la quantité (ici très-petite) qu'on appelle *excentricité de l'ellipse*. Imaginons que la chaudière soit coupée en deux par le plan AA' et prenons une portion ayant pour longueur l'unité, suivant la perpendiculaire au plan de la figure. Nous aurons ainsi une pièce courbe, dont ABA', par exemple, serait la fibre moyenne, et dont il faudra vérifier la résistance.

Fig. 51.

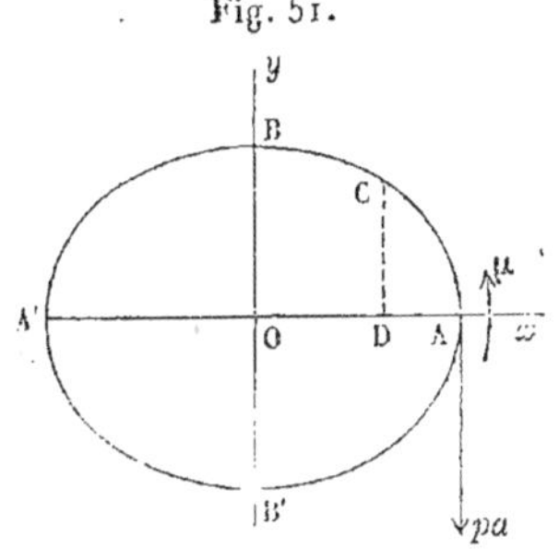

Il est avant tout nécessaire de connaître les actions qui s'exercent dans le plan de séparation des deux moitiés ABA', AB'A', ou, en d'autres termes, quelles forces il faut supposer exercées dans ce plan pour pouvoir enlever ABA' et ne conserver que la moitié supérieure du profil. On voit d'abord que dans le joint A, les réactions égales et contraires des deux moitiés l'une sur l'autre sont deux forces verticales, car il faut qu'elles soient à la fois dirigées suivant la même ligne et symétriques par rapport à AA'. Leur intensité est d'ailleurs pa, parce que la résultante des pressions exercées sur la surface courbe ABA' est égale à la pression exercée sur le plan AOA' ou à $2pa$ et que les réactions en A et A' sont les mêmes. Toutefois, nous ne connaissons pas d'avance le point d'application de ces réactions; pour les considérer comme appliquées sur la fibre moyenne elle-même, il faut en même temps joindre à chacune de ces forces un couple μ, produit par le déplacement de leur point d'application. Donc enfin la pièce courbe ABA' doit être regardée comme soumise :

1° Aux pressions exercées par le gaz sur les différents éléments du cylindre ABA';

2° A deux forces dont l'intensité est pa, dirigées de haut en bas (si la pression intérieure domine) et appliquées suivant la tangente à la fibre moyenne, en A et en A';

3° A deux couples μ, $-\mu$, appliqués dans les sections extrêmes, en A et A'.

Pour déterminer μ, on exprimera que la rotation relative des sections B et A est nulle. Or si l'on prend un point C sur le quart d'ellipse AB, la pression du gaz sur CA étant la même que sur la ligne brisée CDA qui a les mêmes extrémités, le moment fléchissant au point C sera

$$X = \frac{1}{2} p [y^2 + (a - x)^2] - pa(a - x) + \mu,$$

équation dans laquelle $y = \overline{CD}$, $x = \overline{OD}$ sont les coordonnées de C par rapport aux axes principaux de l'ellipse. En réduisant on trouve

$$X = \frac{1}{2} p (y^2 + x^2 - a^2) + \mu.$$

D'ailleurs l'équation de l'ellipse sera

$$y^2 + (1 - \varepsilon^2) x^2 = a^2 (1 - \varepsilon^2),$$

et l'on en tire

$$y^2 + x^2 - a^2 = \varepsilon^2 (x^2 - a^2);$$

donc aussi

$$X = \frac{1}{2} p \varepsilon^2 (x^2 - a^2) + \mu.$$

La rotation relative de la section faite en C, et de la section infiniment voisine séparée de la première par un arc ds de la fibre moyenne, sera, sauf un facteur constant, $X\,ds$; et puisque la rotation relative des sections faites en B et A doit être nulle, il faudra qu'on ait

$$\int X\, ds = 0,$$

l'intégrale étant prise dans l'étendue totale de l'arc AB. On posera donc, en appelant L la longueur de cet arc,

$$\frac{1}{2} p \varepsilon^2 \int x^2 ds - \frac{1}{2} p \varepsilon^2 a^2 L + \mu L = 0.$$

$\int x^2 ds$ est le moment d'inertie de l'arc AB relativement à l'axe des y, ou bien L multiplié par le carré du rayon de gyration; et comme l'arc AB diffère très-peu d'un quart de cercle, le carré du rayon de gyration sera sensiblement égal à $\frac{1}{2}a^2$ (n° 6). Donc

$$\frac{1}{4}p\varepsilon^2 a^2 L - \frac{1}{2}p\varepsilon^2 a^2 L + \mu L = 0,$$

et, par suite,

$$\mu = \frac{1}{4}pa^2\varepsilon^2,$$

valeur qui, substituée dans X, donne

$$X = \frac{1}{4}p\varepsilon^2(2x^2 - a^2).$$

On voit par cette expression que le moment fléchissant X est d'abord négatif aux environs du point B, où il a pour valeur $-\frac{1}{4}pa^2\varepsilon^2$; qu'il décroît ensuite en valeur absolue et devient nul pour $x = \frac{a}{\sqrt{2}}$, ce qui correspondrait exactement au milieu de l'arc AB si cet arc était identique avec un cercle; enfin, qu'après s'être annulé, X croît en valeur absolue et devient égal à $\frac{1}{4}pa^2\varepsilon^2$ pour $x = a$. Le signe de X montre que dans les environs de B la courbure augmente, parce que la rotation relative de deux normales consécutives, ayant lieu dans le sens de Oy vers Ox, tend à augmenter leur angle; le fait contraire se produit en A. Donc la pression du gaz tend à amoindrir l'ellipticité du profil. Nous arriverions à une conclusion directement opposée si la pression extérieure dominait.

Soient maintenant c l'épaisseur de la chaudière, et E le coefficient d'élasticité longitudinale de la matière qui la compose. La pièce courbe dont la fibre moyenne est ABA' aura pour section transversale un rectangle dont les côtés seraient c et 1; la dimension c étant celle qui se trouve placée perpendiculairement à l'axe de flexion, le rayon de gyration de la section transversale par rapport à cet axe sera $c\sqrt{\frac{1}{12}}$ (n° 6), dans l'hypothèse d'une matière homogène, et le moment d'inflexibilité correspondant aura pour valeur $\frac{1}{12}Ec^3$ (nº **17**). Donc l'angle ψ du mouvement de flexion entre deux sections infiniment voisines devra satisfaire à la relation

$$X = \frac{\psi}{ds} \cdot \frac{1}{12} Ec^3,$$

qui donne

$$\psi = \frac{12 X ds}{Ec^3};$$

et attendu que la fibre la plus éloignée de l'axe de flexion s'en trouve à la distance $\frac{1}{2}c$, cette rotation ψ donne lieu à un maximum de pression ou tension exprimé par $\frac{Ec\psi}{2ds}$ ou par $\frac{6X}{c^2}$. Mettant à la place de X son maximum $\frac{1}{4}pa^2\varepsilon^2$, on en conclut la plus grande valeur de la tension d'une fibre, par le seul effet de la flexion, valeur qui est $\frac{3pa^2\varepsilon^2}{2c^2}$.

A cette force moléculaire il faut encore joindre celle qui correspond à l'extension uniforme entre deux sections consécutives, laquelle sera toujours à peu près la même que dans le cas du profil circulaire, et aura par conséquent pour expression $\frac{pa}{c}$. Ainsi l'épaisseur c devra être déterminée par l'équation

$$\frac{pa}{c} + \frac{3pa^2\varepsilon^2}{2c^2} = T;$$

soit, en remplaçant, comme au nº **132**, p par $10330n$, a par $\frac{1}{2}d$, T par 2850000, et résolvant par rapport à c,

$$c = 0{,}0009nd\left(1 + \sqrt{1 + \frac{1655\varepsilon^2}{n}}\right).$$

Si l'on admet qu'il est nécessaire d'ajouter encore $0^m{,}003$ à cette épaisseur théorique, pour avoir égard à l'usure de la chaudière et autres circonstances secondaires qui diminueraient la résistance, on posera définitivement

$$(12) \qquad c = 0{,}0009\,nd\left(1 + \sqrt{1 + \frac{1655\,\varepsilon^2}{n}}\right) + 0{,}003.$$

Lorsque $\varepsilon = 0$, cette formule devient identique avec la formule (11); mais il n'est pas nécessaire que ε soit bien grand pour que leurs résultats soient notablement différents. Ainsi, en faisant $n = 5$, $\varepsilon^2 = 0{,}02$, $d = 1$, la formule (11) donnerait $c = 0^{\text{m}},012$, tandis que la formule (12) donnerait $c = 0^{\text{m}},020$, c'est-à-dire le résultat de l'autre formule augmenté dans le rapport de 3 à 5.

On voit donc qu'une faible excentricité dans la forme définitive du profil transversal a une influence considérable sur la résistance; et comme cette excentricité tend à s'accroître ou à diminuer suivant que la pression la plus forte agit à l'extérieur ou à l'intérieur, on comprend aisément que le premier cas présente plus de chances d'accidents et par conséquent exige l'emploi de chaudières plus épaisses.

Calcul de la déformation du profil elliptique. — La formule (12) exprime l'épaisseur c en fonction de l'excentricité ε du profil définitif; afin de pouvoir comparer les épaisseurs nécessaires pour résister à une pression effective p, quand elle agit successivement en dedans et en dehors, il faudrait avoir ε en fonction de l'excentricité primitive ε_0, qui existait avant que la chaudière fût soumise à la pression p. Il est donc utile d'étudier les déformations subies par le profil, ou tout au moins l'altération de son excentricité : cherchons à cet effet les longueurs Δa et Δb dont les demi-axes ont varié.

On peut calculer Δa en appliquant au point A l'équation (2) du n° 43; on prendra le point B (*fig.* 51) pour origine des intégrales définies, et on fera

$$\Delta x_1 = \Delta a, \quad \Delta x_0 = 0, \quad p_0 = 0, \quad y_1 = 0;$$

alors l'équation devient

$$\Delta a = \int_0^a \frac{\mathrm{N}}{e}\,dx + \int_0^a \frac{\mathrm{X}y}{cr^2}\,\frac{ds}{dx}\,dx.$$

La force N, tension totale dans une section, est, comme nous l'avons déjà dit, sensiblement constante et égale à pa : comme en outre son intensité rapportée à l'unité de surface est le plus souvent inférieure à la limite de 3 kilogrammes par millimètre carré (même dans l'hypothèse d'une flexion nulle), elle produira un allongement relatif uniforme de 1 ou 2 dix-millièmes dans tous les éléments de la fibre moyenne (*). Elle n'aura donc pas d'influence appréciable sur le changement d'excentricité. Ainsi nous prendrons simplement

$$\Delta a = \int_0^a \frac{Xy}{er^2}\frac{ds}{dx}dx.$$

Il faut dans cette formule remplacer X par $\frac{1}{4}p\varepsilon^2(2x^2 - a^2)$ et er^2 par $\frac{1}{12}Ec^3$; de plus, en considérant la courbe BA comme un cercle, on aura

$$\frac{ds}{dx} = \frac{1}{\cos \text{OCD}} = \frac{\overline{\text{OC}}}{\overline{\text{CD}}} = \frac{a}{y};$$

par suite,

$$\Delta a = \int_0^a \frac{3p\varepsilon^2 a}{Ec^3}(2x^2 - a^2)\,dx = -\frac{pa^4\varepsilon^2}{Ec^3},$$

ou bien, à cause de la relation $a^2 - b^2 = a^2\varepsilon^2$,

$$\Delta a = -\frac{pa^2(a^2 - b^2)}{Ec^3}.$$

On aura évidemment Δb, si dans cette équation on change a en b et inversement : donc

$$\Delta b = \frac{pb^2(a^2 - b^2)}{Ec^3},$$

quantité que l'on peut regarder comme égale à $-\Delta a$, vu le peu de différence que l'on suppose entre a et b.

Ainsi donc, si l'on nomme a_0 et b_0 les demi-axes primitifs, d le diamètre (sensiblement égal à $2a$ ou à $2b$, ou bien à la somme $a + b$, ou encore à $a_0 + b_0$), on posera

$$a - a_0 = -\frac{pd^2}{4Ec^3}(a^2 - b^2),$$

$$b - b_0 = \frac{pd^2}{4Ec^3}(a^2 - b^2);$$

(*) Le fer s'allonge de $\frac{1}{20000}$ environ de sa longueur primitive sous une tension longitudinale de 1 kilogramme par millimètre carré.

on en déduit par soustraction

$$a_0 - b_0 - (a - b) = \frac{pd^2}{2Ec^3}(a^2 - b^2) = \frac{pd^2}{2Ec^3}(a-b)(a+b)$$
$$= \frac{pd^3}{2Ec^3}(a-b),$$

et par suite

$$a - b = \frac{a_0 - b_0}{1 + \frac{pd^3}{2Ec^3}}.$$

D'un autre côté, on a

$$a^2\varepsilon^2 = a^2 - b^2 = (a-b)(a+b),$$

soit, puisque a diffère peu de b,

$$\varepsilon^2 = \frac{2}{a}(a-b);$$

de même,

$$\varepsilon_0^2 = \frac{2}{a_0}(a_0 - b_0).$$

Donc, si les dimensions n'ont pas été fortement altérées, on pourra écrire

$$\frac{\varepsilon_0^2}{\varepsilon^2} = \frac{a_0 - b_0}{a - b} = 1 + \frac{pd^3}{2Ec^3},$$

et finalement

(13) $$\varepsilon^2 = \frac{\varepsilon_0^2}{1 + \frac{pd^3}{2Ec^3}}.$$

Les calculs qui précèdent ont été faits en prenant la valeur de X relative au cas où la pression effective p agit intérieurement : dans cette hypothèse la formule (13) ne peut pas présenter de difficulté et donnera ε^2 en fonction de ε_0^2. Mais si p agissait au dehors, les forces changeraient de sens ainsi que X; pour répéter les mêmes calculs, il faudrait donc changer partout le signe de p, de sorte qu'on arriverait à l'équation

(14) $$\varepsilon^2 = \frac{\varepsilon_0^2}{1 - \frac{pd^3}{2Ec^3}}.$$

Or il en résulterait une valeur imaginaire pour ε, si le dénominateur du second membre n'était pas positif; une telle conséquence indiquerait que nous sommes parti d'une hypothèse inexacte, en supposant la déformation petite, et par suite la chaudière n'aurait pas une stabilité convenable. Lorsque la pression se trouve à l'extérieur, il faut donc satisfaire à la condition

$$1 - \frac{pd^3}{2Ec^3} > 0,$$

soit en résolvant par rapport à c, après avoir fait $p = 10330\,n$, $E = 2.10^{10}$, et par conséquent $\frac{p}{2E} = 0{,}000000258\,n$,

(15) $$c > 0{,}0064\,d\sqrt[3]{n}.$$

Voilà une limite inférieure de l'épaisseur, en dessous de laquelle on ne devra pas descendre; il faudra même en approcher d'autant moins que ε_0^2 aura une valeur plus notable, car autrement ε pourrait devenir grand, ce qui compromettrait la chaudière. C'est un fait assez remarquable que l'existence d'une telle limite, déterminée indépendamment du maximum de pression auquel on peut soumettre la tôle : on y est parvenu en exprimant par le calcul que la chaudière a une roideur suffisante pour n'éprouver que de petites déformations quand on la presse extérieurement, et qu'elle n'est pas exposée à s'aplatir comme pourrait le faire une membrane très-mince et très-flexible.

Maintenant, pour avoir l'épaisseur en fonction de l'excentricité primitive, il faudra, dans l'équation qui nous a conduit à la formule (12), remplacer ε^2 par l'une des expressions (13) ou (14), ce qui donnera, eu égard à la relation $a = \frac{1}{2}d$,

$$\frac{pd}{2c} + \frac{3pd^2\varepsilon_0^2}{8c^2\left(1 \pm \frac{pd^3}{2Ec^3}\right)} = T.$$

Le double signe $\pm$ sera $+$ ou $-$, suivant que la pression dominante agira en dedans ou en dehors; de plus on devra, suivant l'usage, considérer la quantité c déduite de cette équation, non comme l'épaisseur réelle, mais comme l'épaisseur diminuée de $0^m{,}003$.

L'équation ci-dessus, étant du quatrième degré en c, ne sera jamais d'un emploi bien commode; afin d'en simplifier la forme autant que possible, nous supposerons d'abord c exprimé en millimètres, et nous écrirons, en tenant compte aussi de la valeur déjà donnée à $\frac{p}{2E}$,

$$\frac{1000\,pd}{2c} + \frac{3.10^6 pd^2\varepsilon_0^2}{8c^2\left(1 \pm \frac{258\,nd^3}{c^3}\right)} = T.$$

Dans le système de l'ordonnance de 1843, on avait pris $T = 2850000$

environ ; plus exactement on avait posé

$$c = \frac{1000\,pd}{2\,\mathrm{T}} = 1,8\,nd,$$

d'où résulte

$$\mathrm{T} = \frac{1000\,p}{3,6\,n} :$$

la substitution de cette valeur dans notre équation fera disparaître le facteur $1000\,p$ et donnera

$$\frac{1,8\,nd}{c} + 1350\,\frac{nd^2\,\varepsilon_0^2}{c^2\left(1 \pm \dfrac{258\,nd^3}{c^3}\right)} = 1.$$

Désignons par x le rapport $\dfrac{c}{1,8\,nd}$, c'est-à-dire le rapport entre l'épaisseur diminuée de 3 millimètres et la valeur $1,8\,nd$ qu'aurait cette quantité, si l'on s'en tenait à l'ordonnance de 1843 ; nous ferons alors $c = 1,8\,ndx$ dans la relation précédente, qui deviendra

$$\frac{1}{x} + \frac{1350\,\varepsilon_0^2}{\overline{1,8}^2\,nx^2\left(1 \pm \dfrac{258}{\overline{1,8}^3\,n^2x^3}\right)} = 1.$$

d'où l'on tire sans peine

$$(16) \qquad \varepsilon_0^2 = 0,0024\,(x-1)\left(x \pm \frac{44}{n^2x^2}\right).$$

Au moyen de l'équation (16), on peut immédiatement et sans difficulté construire un tableau à double entrée, faisant connaître ε_0^2 en fonction des arguments n et x. Réciproquement, ce tableau étant construit, on peut en déduire un autre qui donnera x au moyen des arguments n et ε_0^2, à peu près comme une table de logarithmes permet de trouver le nombre correspondant à un logarithme donné. C'est ainsi que nous avons calculé le tableau suivant : les valeurs de x qu'il indique, ayant été en général obtenues par des interpolations, peuvent parfois présenter une inexactitude d'une ou deux unités sur le dernier chiffre, ce qui nous a paru sans inconvénient sérieux dans la pratique.

VALEURS de ε_0^2.	RAPPORT x, QUAND LA PRESSION EFFECTIVE REPRÉSENTE UN NOMBRE D'ATMOSPHÈRES ÉGAL A									
	1,0	1,5	2,0	2,5	3,0	4,0	5,0	6,0	8,0	10
	1° Cas où la pression effective est à l'intérieur.									
0,000	1,00	1,00	1,00	1,00	1,00	1,00	1,00	1,00	1,00	1,00
0,002	1,02	1,03	1,04	1,05	1,05	1,06	1,06	1,07	1,06	1,06
0,004	1,04	1,06	1,08	1,10	1,11	1,13	1,13	1,13	1,12	1,11
0,006	1,07	1,10	1,13	1,16	1,18	1,20	1,21	1,20	1,19	1,17
0,008	1,09	1,14	1,19	1,23	1,26	1,28	1,28	1,27	1,25	1,22
0,010	1,12	1,19	1,26	1,31	1,34	1,37	1,36	1,34	1,31	1,27
0,012	1,15	1,24	1,33	1,40	1,44	1,45	1,44	1,41	1,36	1,32
0,014	1,18	1,30	1,43	1,51	1,54	1,54	1,51	1,48	1,42	1,36
0,016	1,22	1,38	1,57	1,62	1,64	1,63	1,58	1,54	1,47	1,41
0,018	1,26	1,48	1,67	1,74	1,75	1,71	1,65	1,60	1,52	1,45
0,020	1,31	1,60	1,81	1,85	1,85	1,79	1,72	1,66	1,56	1,49
	2° Cas où la pression effective est à l'extérieur.									
0,000	3,53	2,69	2,22	1,92	1,70	1,40	1,21	1,07	1,00	1,00
0,002	3,64	2,80	2,33	2,03	1,82	1,54	1,37	1,27	1,16	1,11
0,004	3,75	2,90	2,43	2,13	1,92	1,65	1,48	1,38	1,25	1,19
0,006	3,85	3,00	2,53	2,23	2,02	1,74	1,57	1,46	1,33	1,25
0,008	3,95	3,10	2,62	2,32	2,10	1,83	1,65	1,54	1,40	1,31
0,010	4,05	3,19	2,71	2,40	2,19	1,91	1,73	1,61	1,46	1,37
0,012	4,15	3,28	2,80	2,48	2,27	1,98	1,80	1,67	1,51	1,42
0,014	4,24	3,37	2,88	2,56	2,34	2,05	1,86	1,73	1,57	1,46
0,016	4,34	3,45	2,96	2,64	2,41	2,11	1,92	1,79	1,62	1,51
0,018	4,44	3,54	3,03	2,71	2,48	2,18	1,98	1,85	1,66	1,55
0,020	4,52	3,62	3,11	2,78	2,55	2,24	2,03	1,90	1,71	1,59

Un exemple suffira pour bien faire comprendre l'usage de ce tableau. Soient donnés $d = 1$, $n = 2$, $\varepsilon_0^2 = 0,01$; ce dernier nombre, en vertu de la relation $\varepsilon_0^2 = \frac{2}{a_0}(a_0 - b_0)$, suppose une différence proportionnelle de 0,005 seulement entre les deux axes primitifs. Avec ces données, on trouve dans le tableau

$x = 1,26$ pour le cas de la pression effective à l'intérieur,

$x = 2,71$ pour le cas de la pression effective à l'extérieur;

on a d'un autre côté

$$1,8\,nd = 3^{\text{mm}},6 :$$

donc on devrait adopter pour épaisseur :

$$1{,}26 \times 3^{mm}{,}6 + 3^{mm}, \text{ soit } 7^{mm}{,}5 \text{ dans le premier cas;}$$

$$2{,}71 \times 3^{mm}{,}6 + 3^{mm}, \text{ soit } 12^{mm}{,}8 \text{ dans le second cas.}$$

L'ordonnance de 1843 et l'instruction ministérielle de 1848 auraient donné pour ces deux épaisseurs respectivement $6^{mm}{,}6$ et $9^{mm}{,}9$.

On voit par cet exemple combien l'existence d'une petite excentricité primitive rend défavorable le cas où la pression dominante agit extérieurement.

On peut enfin se demander quelle serait la tension ou pression maximum, en se donnant d'avance l'épaisseur, ainsi que ε_0^2, d, n, mais faisant agir la pression effective successivement en dedans et en dehors. Conservons, par exemple, les valeurs ci-dessus attribuées à ε_0^2, d, n, et supposons que la chaudière ait une épaisseur de 10 millimètres. L'application des formules (13) et (14) donnera d'abord pour le carré de l'excentricité définitive :

$$\varepsilon^2 = 0{,}0066, \text{ dans le cas de la pression intérieure;}$$

$$\varepsilon^2 = 0{,}0207, \text{ dans le cas de la pression extérieure :}$$

substituant ensuite ces valeurs dans l'expression

$$\frac{pd}{2c} + \frac{3pd^2\varepsilon^2}{8c^2}$$

de la tension ou pression maximum, on trouve pour résultats correspondants les nombres $1^{kil},54.10^6$ et $2^{kil},64.10^6$, c'est-à-dire que la tôle supporte une tension de $1^{kil},54$ par millimètre carré ou une pression de $2^{kil},64$ sur la même surface, suivant que la vapeur presse intérieurement ou extérieurement. Si l'on n'avait pas tenu compte des effets de la flexion, le maximum eût été $\frac{pd}{2c}$, soit $1^{kil},03$ par millimètre carré dans un cas comme dans l'autre. Les effets de la flexion sont donc très-marqués pour peu que ε_0^2 ait une valeur sensible, et ils le sont principalement quand la pression extérieure domine.

Conclusion. — En résumé, les calculs précédents démontrent :

1° Qu'une excentricité, même assez faible, dans le profil d'une chaudière à vapeur, est très-défavorable à la résistance, et entraîne à donner à ce profil une épaisseur notablement plus forte que s'il était exactement circulaire;

2° Que le surcroît d'épaisseur à donner, même en supposant que la tôle résiste à la compression exactement comme à l'extension, serait plus fort dans le cas de la pression extérieure qu'avec la pression intérieure, si d'ailleurs l'excentricité primitive du profil était la même;

3° Que l'épaisseur doit, dans le cas d'une pression extérieure, vérifier une certaine condition [l'inégalité (15)], indépendante de la résistance de la tôle; on peut regarder la condition dont nous parlons comme exprimant que la chaudière a une roideur suffisante, et qu'elle ne s'aplatira pas, comme pourrait le faire une membrane très-mince.

En outre, ces calculs donnent le moyen de fixer rationnellement les épaisseurs dans les différents cas.

CHAPITRE SIXIÈME.

PROBLÈMES PARTICULIERS SUR LES POUTRES VIBRANTES.

134. *Observations préliminaires.* — Nous avons donné au § IV du chapitre IIe (n° 68) les équations générales aux différences partielles, qui représentent le mouvement vibratoire d'une pièce homogène, à section constante et symétrique par rapport au plan de la fibre moyenne, quand toutes les forces extérieures sont contenues dans ce plan et que les déplacements de tous les points lui sont constamment parallèles pendant toute la durée du mouvement. Ces équations présenteront généralement des difficultés d'intégration assez grandes; et même il arrivera souvent qu'après avoir effectué l'intégration, on rencontrera des difficultés encore plus grandes quand il s'agira de déterminer les fonctions arbitraires introduites par cette opération même.

Les exemples que l'on va trouver ci-dessous s'appliqueront à des cas très-simples; ils donneront une idée des méthodes au moyen desquelles se traitent les problèmes de ce genre; ils en feront ressortir les difficultés, et fourniront enfin quelques aperçus utiles dans la pratique.

Fig. 52.

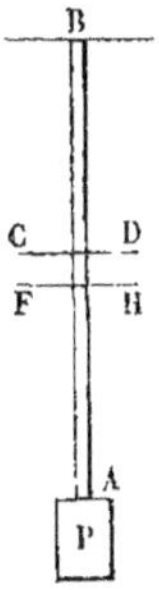

B
C D
F H
A
P

135. *Équation du mouvement vibratoire d'un prisme vertical homogène, supportant un poids à son extrémité.* — Soit AB (*fig.* 52) le prisme donné, dont le point B est fixe, et qui soutient en A un poids P. Voyons d'abord à quelles conditions il pourrait se trouver en équilibre.

Désignons par :

x la distance d'une section transversale quelconque CD au point fixe B, dans l'état *primitif* du système, c'est-à-dire quand toutes ses parties, soustraites à l'action de la pesanteur, n'éprouvent aucune tension;

u le dérangement de cette section, parallèlement à BA, à une époque quelconque, par suite de l'action des forces; cette quantité u sera fonction de x seulement s'il y a équilibre, et s'il y a mouvement elle sera tout à la fois fonction de x et du temps t;

E le coefficient d'élasticité longitudinale et Π le poids par unité de volume de la matière qui compose le prisme AB;

ω l'aire de la section transversale de ce prisme;

l la longueur AB;

t le temps, compté à partir d'un instant quelconque.

L'élément prismatique compris entre les sections infiniment voisines CD, FH, dont la longueur primitive était dx, occupera, quand l'allongement aura été produit, une longueur différente; car on aura :

pour l'abscisse de CD au temps t...... $x+u$;

pour l'abscisse de FH au même instant. $x+u+\dfrac{d(x+u)}{dx}dx$;

la distance des deux sections au temps t est donc $\dfrac{d(x+u)}{dx}dx$, ou bien $dx+\dfrac{du}{dx}dx$; donc l'allongement relatif est $\dfrac{du}{dx}$, et, par suite, la tension longitudinale dans la section CD s'exprime par $E\omega\dfrac{du}{dx}$ (n° 13). Cette expression convient aussi bien au cas du mouvement qu'à celui de l'équilibre; mais, quand il y a mouvement, u étant fonction de x et de t, il ne faut pas oublier que $\dfrac{du}{dx}$ représente la dérivée partielle de u par rapport à x. Cela posé, si l'équilibre existe, il faudra que la tension $E\omega\dfrac{du}{dx}$ soit égale à la somme du poids P et du poids de la partie CAD; donc

$$(1)\qquad E\omega\frac{du}{dx}=\Pi\omega(l-x)+P,$$

et, attendu que u est alors fonction de la seule variable x,

$$(2) \qquad u = \frac{\Pi}{2E}(2lx - x^2) + \frac{Px}{E\omega},$$

sans constante, puisque le point B est fixe, ce qui entraîne $u = 0$ pour $x = 0$.

Lorsque le système sera abandonné à l'action de la pesanteur, sans que les vitesses de tous les points soient nulles, ou bien sans que u ait alors la valeur donnée en chaque point par l'équation (2), l'équilibre ne pourra pas subsister, et il se produira un mouvement dont nous allons établir directement l'équation, en supposant qu'il ait lieu suivant la verticale. A cet effet, nous remarquerons d'abord que la masse élémentaire CDFH, exprimée par $\frac{\Pi}{g}\omega dx$, a une accélération $\frac{d^2(x+u)}{dt^2}$ ou $\frac{d^2u}{dt^2}$, puisque x est une variable indépendante du temps. Quant aux forces qui sollicitent cette masse, il y a : 1° son poids $\Pi\omega dx$; 2° la tension ascendante exercée dans CD par la partie CDB du prisme, laquelle tension s'exprime, comme on vient de le voir, par $E\omega\frac{du}{dx}$; 3° la tension descendante exercée dans FH par la portion FHA, laquelle force sera $E\omega\frac{du}{dx}$ augmentée de sa différentielle partielle relativement à x, soit $E\omega\left(\frac{du}{dx} + \frac{d^2u}{dx^2}dx\right)$. On aura donc

$$\frac{\Pi}{g}\omega dx\frac{d^2u}{dt^2} = \Pi\omega dx - E\omega\frac{du}{dx} + E\omega\left(\frac{du}{dx} + \frac{d^2u}{dx^2}dx\right);$$

soit, après avoir réduit et divisé par $\frac{\Pi}{g}\omega dx$,

$$(3) \qquad \frac{d^2u}{dt^2} = g + \frac{Eg}{\Pi}\frac{d^2u}{dx^2},$$

équation aux différences partielles du second ordre, qui représente le mouvement dont il s'agit.

Pour en obtenir l'intégrale générale, on remarquera d'abord que la valeur de u, donnée par la relation (2), satisfait à l'équation (3), dont elle est conséquemment une solution particulière. Cela permet de faire disparaître le terme constant g du second membre de l'équation (3). Il suffira en effet de poser

$$(4) \qquad u = \frac{\Pi}{2E}(2lx - x^2) + \frac{Px}{E\omega} + z,$$

d'où l'on tire

$$\frac{d^2u}{dx^2} = -\frac{\Pi}{E} + \frac{d^2z}{dx^2},$$

$$\frac{d^2u}{dt^2} = \frac{d^2z}{dt^2};$$

et par suite, en substituant dans l'équation (3) et posant $\frac{Eg}{\Pi} = a^2$,

$$(5) \qquad \frac{d^2z}{dt^2} = a^2\frac{d^2z}{dx^2}.$$

On retombe ainsi sur l'équation connue de la corde vibrante.

L'intégrale de l'équation (5) a été donnée sous forme finie par d'Alembert. En désignant par φ et ψ deux fonctions arbitraires, on a

$$z = \varphi(x + at) + \psi(x - at),$$

valeur dont la vérification est facile. Donc on aurait aussi

$$(6) \quad u = \frac{\Pi}{2E}(2lx - x^2) + \frac{Px}{E\omega} + \varphi(x + at) + \psi(x - at).$$

On peut encore donner aux quantités z et u une autre forme plus commode pour arriver à la solution complète, dans certains cas particuliers, du problème qui nous occupe. z étant une fonction de x et de t, on conçoit d'abord qu'elle soit développée suivant les puissances de la variable x, c'est-à-dire exprimée par

$$z = Ax^\alpha + Bx^\beta + Cx^\gamma + \ldots,$$

α, β, γ, ... étant des exposants indéterminés, et A, B, C, ... des fonctions du temps t. Comme e^x est une quantité connue quand x est donné, on peut encore dire que z est fonction de t et de e^x, et poser de même

$$z = A'e^{mx} + A''e^{nx} + \ldots + A'_1 e^{-mx} + A''_1 e^{-nx} + \ldots;$$

enfin, comme les exponentielles peuvent se transformer en sinus et cosinus par la formule $e^{x\sqrt{-1}} = \cos x + \sqrt{-1}\sin x$, on pourra écrire

$$\begin{aligned} z &= A_1 \sin m_1 x + A_2 \sin m_2 x + \ldots + B_1 \cos m_1 x + B_2 \cos m_2 x \\ &= \Sigma(A \sin mx + B \cos mx), \end{aligned}$$

la caractéristique Σ désignant une somme de termes de même forme.

Les développements en série d'une fonction inconnue, sous l'une des trois formes précédentes, ou sous une forme mixte comprenant à la fois des puissances, des exponentielles et des sinus, seront sans doute quelquefois en défaut; mais, dans beaucoup de problèmes, on parviendra de cette manière à remplir toutes les conditions. On remplacera donc, dans l'équation (3), u par la valeur

$$u = \frac{\Pi}{2E}(2lx - x^2) + \frac{Px}{E\omega} + \Sigma(A \sin mx + B \cos mx),$$

et l'on trouvera

$$\begin{aligned} \Sigma\left(\frac{d^2A}{dt^2}\sin mx + \frac{d^2B}{dt^2}\cos mx\right) &= \frac{Eg}{\Pi}\Sigma m^2(-A\sin mx - B\cos mx) \\ &= -a^2\Sigma m^2(A\sin mx + B\cos mx). \end{aligned}$$

Pour que le premier et le second membre soient identiques quand x et t sont quelconques, il faut qu'on ait

$$\frac{d^2A}{dt^2} = -m^2a^2A, \quad \frac{d^2B}{dt^2} = -m^2a^2B,$$

d'où l'on tire, en désignant par C, D, H, I des constantes arbitraires,

$$\begin{aligned} A &= C \sin mat + D \cos mat, \\ B &= H \sin mat + I \cos mat. \end{aligned}$$

Donc on a

$$\begin{aligned} u = \frac{\Pi}{2E}(2lx - x^2) + \frac{Px}{E\omega} & \\ + \Sigma[\sin mx\,(C \sin mat + D \cos mat) & \\ + \cos mx\,(H \sin mat + I \cos mat)]. & \end{aligned}$$

Cette formule conviendrait même au cas où l'extrémité supérieure du prisme ne serait pas fixe; car nous ne nous sommes point servi de cette condition. Si l'on en tient compte, c'est-à-dire si l'on fait $u=0$ pour $x=0$, on aura

$$0=\Sigma(\text{H}\sin mat+\text{I}\cos mat).$$

On satisfait à cette condition, t restant indéterminé, en prenant $\text{H}=0$ et $\text{I}=0$. Donc enfin, dans les termes où la question est posée, nous aurons pour l'intégrale de l'équation (3)

$$(7)\quad u=\frac{\Pi}{2\text{E}}(2lx-x^2)+\frac{\text{P}x}{\text{E}\omega}+\Sigma\sin mx(\text{C}\sin mat+\text{D}\cos mat).$$

Cette valeur de u n'est plus exprimée au moyen de fonctions arbitraires comme celle que donne l'équation (6); mais en laissant de côté la quantité $\frac{\Pi}{2\text{E}}(2lx-x^2)+\frac{\text{P}x}{\text{E}\omega}$, on voit que le surplus de la valeur de u contient un nombre indéterminé de termes de la forme

$$\sin mx(\text{C}\sin mat+\text{D}\cos mat),$$

dans lesquels on peut attribuer aux constantes m, C, D telle valeur qu'on voudra.

Soit qu'on adopte la formule (6) ou qu'on préfère la formule (7), on voit qu'après avoir intégré l'équation (3) on est encore loin de la solution complète du problème, puisque dans un cas il reste à déterminer deux fonctions φ et ψ, et dans l'autre un nombre infini de constantes, telles que m, C, D. Nous allons compléter la solution pour quelques cas particuliers, avant d'aborder le cas le plus général.

136. *Oscillation d'un prisme vertical et homogène sous la seule action de son poids.* — Supposons nul le poids P suspendu à l'extrémité A (*fig.* 52); alors l'équation (6) du n° 135 se réduit à

$$(8)\qquad u=\frac{\Pi}{2\text{E}}(2lx-x^2)+\varphi(x+at)+\psi(x-at),$$

et il s'agit de déterminer les fonctions φ et ψ, c'est-à-dire d'en faire connaître la valeur pour une valeur quelconque attribuée à la variable $x+at$ de la fonction φ, ou à la variable $x-at$ de la fonction ψ.

A cet effet, il sera d'abord nécessaire de connaître les déplacements u et les vitesses $\frac{du}{dt}$ de tous les points du prisme à un certain instant, par exemple celui à partir duquel on compte le temps, car ce n'est qu'à cette condition que le mouvement est déterminé. Supposons donc que pour $t=0$ on ait

$$u=\mathrm{F}(x), \quad \frac{du}{dt}=f(x).$$

De l'équation (8) on tire

$$(9) \qquad \frac{du}{dt}=a\varphi'(x+at)-a\psi'(x-at),$$

en désignant par φ' et ψ' les dérivées de φ et ψ, chacune par rapport à sa variable explicite $x+at$ ou $x-at$. La valeur $t=0$, substituée dans (8) et (9), devra reproduire les fonctions données $\mathrm{F}(x)$ et $f(x)$; donc

$$\frac{\Pi}{2\mathrm{E}}(2lx-x^2)+\varphi(x)+\psi(x)=\mathrm{F}(x),$$
$$a\varphi'(x)-a\psi'(x)=f(x).$$

De la première de ces deux équations on déduit $\varphi(x)+\psi(x)$; la seconde, intégrée par rapport à x, donnera $\varphi(x)-\psi(x)$, ce qui fera connaître $\varphi(x)$ et $\psi(x)$. Ainsi l'on a

$$\varphi(x)+\psi(x)=\mathrm{F}(x)-\frac{\Pi}{2\mathrm{E}}(2lx-x^2),$$

$$\varphi(x)-\psi(x)=\frac{1}{a}\int_0^x f(x)\,dx+\mathrm{K},$$

K étant une constante arbitraire; et par suite on écrira

$$(10) \quad \varphi(x)=\frac{1}{2}\mathrm{F}(x)-\frac{\Pi}{4\mathrm{E}}(2lx-x^2)+\frac{1}{2a}\int_0^x f(x)\,dx+\frac{\mathrm{K}}{2},$$

$$(11) \quad \psi(x)=\frac{1}{2}\mathrm{F}(x)-\frac{\Pi}{4\mathrm{E}}(2lx-x^2)-\frac{1}{2a}\int_0^x f(x)\,dx-\frac{\mathrm{K}}{2}.$$

Les fonctions $F(x)$ et $f(x)$ doivent être données pour l'étendue de la pièce AB, c'est-à-dire pour x compris entre o et l : on connaît donc les fonctions φ et ψ pour toute valeur de leur variable comprise entre les mêmes limites, sauf la constante K, dont la grandeur n'influe pas sur le résultat final, comme on le verra tout à l'heure.

Il faut maintenant introduire les équations particulières applicables aux extrémités A et B. Ce dernier point restant fixe, on doit avoir $u = 0$ pour $x = 0$, quel que soit t. L'équation (8) donnera donc

$$\varphi(at) + \psi(-at) = 0. \tag{12}$$

En vertu de cette relation, la fonction φ étant connue quand sa variable est comprise entre o et l, on connaîtra la fonction ψ quand sa variable sera comprise entre o et $-l$; réciproquement, la connaissance de ψ entre les limites o et l de sa variable étendra la connaissance de φ entre les limites o et $-l$; de sorte que les deux fonctions sont maintenant connues, quand la variable de chacune d'elles est comprise entre $-l$ et $+l$.

Le point A étant libre, $\frac{du}{dx}$ doit s'annuler pour $x = l$, car la tension $E\omega\frac{du}{dx}$ équilibrant, dans chaque section, les poids et l'inertie des masses qui se trouvent au-dessous, a nécessairement une valeur nulle en A. Or l'équation (8) donne

$$\frac{du}{dx} = \frac{\Pi}{E}(l - x) + \varphi'(x + at) + \psi'(x - at):$$

par conséquent on a

$$\varphi'(l + at) + \psi'(l - at) = 0,$$

équation qui, intégrée par rapport à t, devient

$$\varphi(l + at) - \psi(l - at) = K'.$$

Il est aisé de déterminer la constante K'; car de la dernière relation on déduit, en faisant $t = 0$,

$$\varphi(l) - \psi(l) = K',$$

et en faisant $x = l$ dans la valeur de $\varphi(x) - \psi(x)$ trouvée plus haut, on a

$$\varphi(l) - \psi(l) = \frac{1}{a}\int_0^l f(x)\,dx + \mathrm{K},$$

$$\mathrm{K}' = \frac{1}{a}\int_0^l f(x)\,dx + \mathrm{K};$$

de là résulte

$$(13) \qquad \varphi(l + at) - \psi(l - at) = \frac{1}{a}\int_0^l f(x)\,dx + \mathrm{K}.$$

Or l'équation (12), applicable à une valeur quelconque de la variable at, donne, quand on y remplace at par $at - l$,

$$\psi(l - at) = -\varphi(-l + at),$$

valeur qui, substituée dans l'équation (13), fournira la relation

$$\varphi(l + at) + \varphi(-l + at) = \frac{1}{a}\int_0^l f(x)\,dx + \mathrm{K},$$

ou, en faisant $-l + at = \zeta$,

$$(14) \qquad \varphi(2l + \zeta) + \varphi(\zeta) = \frac{1}{a}\int_0^l f(x)\,dx + \mathrm{K}.$$

Donc nous connaissons $\varphi(2l + \zeta)$ au moyen de $\varphi(\zeta)$; et puisque $\varphi(\zeta)$ est connu pour ζ compris entre $-l$ et l, nous en déduirons les valeurs de la fonction φ pour la variable comprise entre l et $3l$; de celles-ci nous passerions à celles que donnent les valeurs de la variable entre $3l$ et $5l$, et ainsi de suite. On procèderait de même à l'égard de la fonction ψ; ou si l'on veut, il est possible de l'éliminer de l'équation (8), car en vertu de l'équation (12) on peut écrire

$$(15) \qquad u = \frac{\Pi}{2\mathrm{E}}(2lx - x^2) + \varphi(x + at) - \varphi(-x + at);$$

et sous cette forme il est clair qu'on peut faire abstraction de la constante K et la supposer nulle, puisqu'elle doit disparaître dans la différence $\varphi(x + at) - \varphi(-x + at)$.

Un des caractères des fonctions φ et ψ qu'il est important de mentionner, c'est la périodicité. Pour la reconnaître, on remplacera dans l'équation (14) ζ par $2l+\zeta$, et l'on aura

$$\varphi(4l+\zeta)+\varphi(2l+\zeta)=\frac{1}{a}\int_0^l f(x)\,dx+\mathrm{K};$$

en éliminant $\varphi(2l+\zeta)$ au moyen de (14), on trouve

$$\varphi(4l+\zeta)-\varphi(\zeta)=0.$$

Ainsi la fonction φ ne change pas quand sa variable augmente de $4l$, c'est-à-dire quand t augmente de $\frac{4l}{a}$; c'est donc une fonction périodique, et il en est évidemment de même de ψ. Donc après un temps $\frac{4l}{a}$ la pièce se retrouvera dans une position et avec des vitesses identiques; le prisme exécutera donc une série indéfinie d'oscillations dont $\frac{4l}{a}$ sera la durée. Les considérations précédentes fournissent d'ailleurs le moyen d'en avoir la loi, puisqu'on sait trouver la valeur de φ et de ψ pour une valeur quelconque de la variable.

Cherchons enfin quelle serait l'amplitude du mouvement vibratoire que prend l'extrémité A, en supposant, pour simplifier, que les fonctions $\mathrm{F}(x)$ et $f(x)$ sont nulles toutes deux, c'est-à-dire que le prisme est abandonné sans vitesse et dans son état primitif à l'action de la pesanteur. Nous ferons de plus $\mathrm{K}=0$, ce qui est permis, comme on l'a vu. Le déplacement du point A est à chaque instant donné par l'équation (15), dans laquelle on fera $x=l$; pour ce point on a donc, en désignant par U l'expression de u qui lui convient,

$$\mathrm{U}=\frac{\Pi l^2}{2\mathrm{E}}+\varphi(l+at)-\varphi(-l+at);$$

les valeurs $l+at$ et $-l+at$ diffèrent de $2l$, et par suite, en vertu de l'équation (14), K et $f(x)$ étant nulles, $\varphi(l+at)$ et $\varphi(-l+at)$ sont égales et de signes contraires; donc

$$(16)\qquad \mathrm{U}=\frac{\Pi l^2}{2\mathrm{E}}+2\varphi(l+at)=\frac{\Pi l^2}{2\mathrm{E}}-2\varphi(-l+at).$$

Les valeurs limites de U correspondront à $\frac{dU}{dt} = 0$, ou à

$$\varphi'(l + at) = 0, \quad \varphi'(-l + at) = 0.$$

Or, d'après l'équation (10), entre les limites o et l de la variable ζ, on aurait ici

$$(17) \qquad \varphi(\zeta) = -\frac{\Pi}{4E}(2l\zeta - \zeta^2),$$

$$\varphi'(\zeta) = -\frac{\Pi}{2E}(l - \zeta).$$

Cette dérivée $\varphi'(\zeta)$ devient nulle pour $\zeta = l$; donc pour rendre nulle $\varphi'(l + at)$, il faut poser $l + at = l$ ou $t = 0$; pour annuler $\varphi'(-l + at)$, il faut poser $-l + at = l$ ou $t = \frac{2l}{a}$. D'ailleurs à ces deux valeurs de t répondent respectivement des valeurs de $l + at$ et $-l + at$ égales à l, et par conséquent comprises dans les limites assignées à la variable ζ, pour justifier l'expression employée de $\varphi(\zeta)$.

En faisant $t = 0$ et $t = \frac{2l}{a}$, on a pour les valeurs correspondantes de U

$$U_0 = \frac{\Pi l^2}{2E} + 2\varphi(l),$$

$$U_1 = \frac{\Pi l^2}{2E} - 2\varphi(l);$$

d'ailleurs l'équation (17) fait connaître $\varphi(l)$ qui a pour valeur

$$\varphi(l) = -\frac{\Pi l^2}{4E}.$$

On déduit de là d'abord l'égalité $U_0 = 0$, et en second lieu l'amplitude cherchée

$$(18) \qquad U_1 = \frac{\Pi l^2}{E}.$$

Dans l'état d'équilibre, le dérangement total du point A s'obtiendrait au moyen de l'équation (2) du n° **135** en y faisant $x = l$, $P = 0$, ce qui donnerait $\frac{\Pi l^2}{2E}$, c'est-à-dire un déplacement deux fois moindre que U_1. On voit en conséquence par cet exemple que l'inertie de la matière contribue à augmenter les déformations produites par les forces extérieures, ainsi que les tensions moléculaires correspondantes. Ici ces quantités sont portées du simple au double à certains instants du mouvement qui reviennent au bout d'intervalles de temps $\frac{4l}{a}$ ou $4l\sqrt{\frac{\Pi}{Eg}}$ (*).

137. *Oscillations d'un corps pesant suspendu à l'extrémité d'un prisme vertical, homogène et de très-faible masse.* — Quand on suppose la masse du prisme AB (*fig.* 52) très-petite relativement à celle du poids P, il se présente dans le problème général mis en équation au n° 135 une simplification très-notable. En effet, les tensions développées dans la section CD à un instant quelconque doivent faire équilibre au poids P, à la force d'inertie $-\frac{P}{g}\frac{d^2U}{dt^2}$, au poids de la portion CDA du prisme et aux forces d'inertie de cette portion. Or, comme ces dernières quantités sont supposées négligeables, il en résulte que la tension est indépendante de la section CD que l'on choisit dans le prisme; donc

$$\frac{du}{dx} = L,$$

L étant fonction de t seulement. Donc aussi, u étant nul pour $x = 0$ et égal à U pour $x = l$, on a

$$u = Lx, \quad L = \frac{u}{x} = \frac{U}{l},$$

et, par suite, la tension correspondante à l'allongement U est

(*) Ce temps, pour une barre de fer de 1 mètre de longueur, serait environ de 0",0008, ce qui correspondrait à un son parfaitement saisissable à l'oreille, si l'amplitude des vibrations $\frac{\Pi l^2}{E}$ n'était pas excessivement faible, et s'il était possible d'ailleurs de réaliser exactement toutes les conditions de la théorie.

dans toute la tige exprimée par $E\omega \frac{U}{l}$, comme s'il y avait équilibre, l'allongement U restant le même.

Maintenant il est facile d'écrire l'équation du mouvement du corps P. Cette équation est

$$(19) \qquad \frac{d^2U}{dt^2} = g - \frac{E\omega g}{Pl} U,$$

ou, si l'on appelle λ l'allongement $\frac{Pl}{E\omega}$ auquel correspond l'équilibre du poids P,

$$\frac{d^2U}{dt^2} = g\left(1 - \frac{U}{\lambda}\right) = \frac{g}{\lambda}(\lambda - U);$$

ou bien encore

$$\frac{d^2(U-\lambda)}{dt^2} = -\frac{g}{\lambda}(U-\lambda),$$

équation dont l'intégrale générale est

$$(20) \qquad U - \lambda = A \cos t\sqrt{\frac{g}{\lambda}} + B \sin t\sqrt{\frac{g}{\lambda}},$$

A et B désignant deux constantes arbitraires.

Ces deux constantes seront déterminées par les conditions initiales. Si l'on suppose, par exemple, qu'à l'instant pris pour origine du temps, U et $\frac{dU}{dt}$ sont nuls, on aura

$$-\lambda = A, \qquad B = 0,$$

et, par conséquent,

$$(21) \qquad U = \lambda\left(1 - \cos t\sqrt{\frac{g}{\lambda}}\right).$$

Si plus généralement on doit avoir $U = U_0$ et $\frac{dU}{dt} = v_0$ quand t est nul, on posera

$$U_0 - \lambda = A, \qquad v_0 = B\sqrt{\frac{g}{\lambda}},$$

et, en substituant les valeurs de A et B dans l'équation (20),

$$(22)\qquad U-\lambda=(U_0-\lambda)\cos t\sqrt{\frac{g}{\lambda}}+v_0\sqrt{\frac{\lambda}{g}}\sin t\sqrt{\frac{g}{\lambda}}.$$

D'après la forme de l'équation (20), on voit que si l'on donne au temps un accroissement $2\pi\sqrt{\frac{\lambda}{g}}$, l'arc $t\sqrt{\frac{g}{\lambda}}$ aura augmenté d'une circonférence; ses sinus et cosinus auront repris la même valeur, et U redeviendra ce qu'il était. Le mouvement est donc périodique, et la durée de la période est $2\pi\sqrt{\frac{\lambda}{g}}$. Quand on donne au temps un accroissement moitié du précédent, l'arc $t\sqrt{\frac{g}{\lambda}}$ augmente seulement d'une demi-circonférence, et, par suite, $U-\lambda$ repasse par la même valeur absolue, mais avec un signe contraire. Par conséquent on voit que le point A oscillera également de part et d'autre du point correspondant à la valeur particulière $U=\lambda$.

Pour avoir les limites extrêmes du mouvement du point A, il faut chercher les valeurs de t qui rendent nulle la vitesse $\frac{dU}{dt}$, ce qui donne l'équation

$$-A\sin t\sqrt{\frac{g}{\lambda}}+B\cos t\sqrt{\frac{g}{\lambda}}=0;$$

d'où l'on tire

$$\tan t\sqrt{\frac{g}{\lambda}}=\frac{B}{A}.$$

En substituant cette valeur dans l'équation (20), on trouve la valeur correspondante de $U-\lambda$, qui est

$$\pm\sqrt{A^2+B^2};$$

donc l'amplitude de l'oscillation est

$$2\sqrt{A^2+B^2},$$

et le maximum de U s'exprime par

$$\lambda+\sqrt{A^2+B^2}.$$

Ainsi, dans l'hypothèse qui a conduit à l'équation (21), on aurait pour maximum

$$\lambda + \sqrt{A^2 + B^2} = \lambda + \sqrt{\lambda^2} = 2\lambda,$$

et le plus grand allongement de la tige serait double de l'allongement statique, comme on l'a déjà vu dans un autre exemple (n° 136). Dans les hypothèses plus générales qui ont donné l'équation (22), on trouve

$$(23) \qquad \lambda + \sqrt{A^2 + B^2} = \lambda + \sqrt{(U_0 - \lambda)^2 + \frac{\lambda v_0^2}{g}}.$$

138. *Cas particulier du problème précédent.* — Supposons un poids Q suspendu et restant en équilibre à l'extrémité d'une tige prismatique AB de faible masse (*fig.* 53). Le système est mis en mouvement par un poids Q', qui vient choquer le poids Q, en descendant verticalement le long de la tige. La réaction est supposée non élastique, et la vitesse de Q', à l'instant où commence le choc, est due à la hauteur h. On demande le mouvement des deux corps Q et Q' réunis après le choc.

Fig. 53.

Il est clair qu'on se trouve ici, quand le choc est terminé, dans les conditions du n° 137. Le mouvement cherché sera donc représenté par l'équation (20), ou, si l'on veut, par l'équation (22), en attribuant aux constantes des valeurs convenables. En conservant les notations du n° 137, λ sera l'allongement statique correspondant au poids $P = Q + Q'$, soit $\frac{(Q+Q')l}{E\omega}$; U_0 sera l'allongement statique produit par le poids Q, soit $\frac{Ql}{E\omega}$; enfin v_0 sera la vitesse commune des corps Q et Q' à la fin du choc, ou bien $\sqrt{2gh}\,\frac{Q'}{Q+Q'}$. Donc, si l'on cherche l'allongement maximum par la formule (23), on trouvera

$$\frac{(Q+Q')l}{E\omega} + \sqrt{\frac{Q'^2 l^2}{E^2\omega^2} + \frac{(Q+Q')l}{E\omega} \cdot 2h \frac{Q'^2}{(Q+Q')^2}},$$

ou bien

$$\frac{Ql}{E\omega}+\frac{Q'l}{E\omega}\left(1+\sqrt{1+\frac{2h}{l}\cdot\frac{E\omega}{Q+Q'}}\right).$$

Cette formule fait concevoir l'utilité qu'il y a quelquefois d'augmenter la charge permanente supportée par une pièce qui peut recevoir des chocs. Soit, par exemple, une tige de fer ayant 5 mètres de longueur, 10 millimètres carrés de section, et supportant un poids permanent de 5 kilogrammes. Supposons de plus qu'un autre poids Q' de 5 kilogrammes vienne choquer le premier en tombant d'une hauteur de $0^m,25$. Avec ces données, l'expression précédente devient, en faisant $E=2.10^{10}$;

$$\frac{l}{E\omega}(Q+46Q')\quad\text{ou}\quad 235\frac{l}{E\omega};$$

par suite la tension correspondante est $\frac{235}{\omega}$ ou $23^{kil},5$ par millimètre carré. Or si l'on prenait $Q=45$, c'est-à-dire une charge permanente neuf fois plus forte, les autres données restant les mêmes, on trouverait pour l'allongement maximum

$$\frac{l}{E\omega}(Q+21Q')\quad\text{ou}\quad \frac{150\,l}{E\omega};$$

la tension maximum produite par le choc serait donc réduite à $\frac{150}{\omega}$, soit à 15 kilogrammes par millimètre carré, au lieu de $23^{kil},5$ que nous avions précédemment quand la charge permanente était moindre.

139. *Mouvement vibratoire d'un corps pesant suspendu à l'extrémité d'un prisme vertical et homogène quand la masse de ce prisme n'est pas négligeable.* — Nous avons déjà mis le problème en équation au n° 135, et même nous avons donné sous deux formes différentes l'intégrale de l'équation aux différences partielles qui représente le phénomène dont il s'agit. Dans les numéros suivants, nous avons complété la solution par la détermination des fonctions ou constantes arbitraires, en admettant certaines hypothèses restrictives, comme la nullité du poids P ou de la masse du prisme. Maintenant nous allons traiter la question en restant dans les termes généraux du n° 135.

Reprenons l'intégrale de l'équation (3) sous la seconde forme que nous lui avons donnée,

$$(7)\qquad u = \frac{\Pi}{2E}(2lx - x^2) + \frac{Px}{E\omega} + \Sigma \sin mx\,(C \sin mat + D \cos mat);$$

il s'agit de déterminer les constantes m, C, D, en nombre infini, de manière que cette équation convienne à l'état initial du système et qu'elle exprime aussi le mouvement du point extrême A (*fig.* 52). Supposons que pour $t = 0$ on ait

$$u = F(x), \quad \frac{du}{dt} = f(x);$$

en identifiant ces valeurs avec celles tirées de la dernière équation, on aura

$$(24)\qquad F(x) = \frac{\Pi}{2E}(2lx - x^2) + \frac{Px}{E\omega} + \Sigma D \sin mx,$$

$$(25)\qquad f(x) = a\Sigma mC \sin mx.$$

D'un autre côté, on sait que la tension en un point quelconque du prisme est exprimée par $E\omega\frac{du}{dx}$, ou, en vertu de l'équation (7), par

$$\Pi\omega(l - x) + P + E\omega\Sigma m \cos mx\,(C \sin mat + D \cos mat);$$

donc au point A la valeur de cette tension sera

$$P + E\omega\Sigma m \cos ml\,(C \sin mat + D \cos mat),$$

L'accélération du point A sera de même ce que devient $\frac{d^2u}{dt^2}$ pour $x = l$; or on a, d'après l'équation (7),

$$\frac{d^2u}{dt^2} = -a^2\Sigma m^2 \sin mx\,(C \sin mat + D \cos mat);$$

donc l'accélération commune du point A et du corps P a pour valeur

$$-a^2\Sigma m^2 \sin ml\,(C \sin mat + D \cos mat).$$

Comme cette accélération est due au poids P diminué de la tension au point extrême du prisme, on posera

$$-\frac{Pa^2}{g}\Sigma m^2 \sin ml\,(C \sin mat + D \cos mat)$$
$$= P - P - E\omega\Sigma m \cos ml\,(C \sin mat + D \cos mat),$$

ou, en réduisant et remplaçant a^2 par $\frac{Eg}{\Pi}$,

$$\frac{PE}{\Pi}\Sigma m\left(m\sin ml - \frac{\Pi\omega}{P}\cos ml\right)(C\sin mat + D\cos mat) = 0.$$

Cette équation doit être vérifiée identiquement, quel que soit t; il faut donc poser

$$m\sin ml - \frac{\Pi\omega}{P}\cos ml = 0,$$

ou, en désignant par b^2 le rapport, nécessairement positif, du poids $\Pi\omega l$ de la tige au poids P,

$$(26) \qquad ml\,\mathrm{tang}\,ml = b^2.$$

L'équation (26) donnera pour ml, et par suite pour m, une infinité de valeurs réelles, deux à deux égales et de signes contraires. En effet, lorsque ml variera depuis $-\infty$ jusqu'à $+\infty$, le premier membre s'annulera chaque fois que ml deviendra un multiple de la demi-circonférence. Ainsi on aura $ml\,\mathrm{tang}\,ml = 0$ pour $ml = i\pi$ et pour $ml = (i+1)\pi$, i étant un nombre entier quelconque. De plus, entre ces deux limites de ml, qui comprennent l'étendue d'une demi-circonférence, $\mathrm{tang}\,ml$, ainsi que $ml\,\mathrm{tang}\,ml$, passent par tous les états de grandeur entre $-\infty$ et $+\infty$. Donc, entre ces mêmes limites, $ml\,\mathrm{tang}\,ml$ devenant une fois égal à b^2, il se trouve une racine de l'équation (26). On peut de plus reconnaître que cette équation n'a pas de racines imaginaires. En effet, les racines de cette espèce se mettent toujours sous la forme $\alpha + \beta\sqrt{-1}$, α et β étant des quantités réelles; il faudrait donc qu'on eût

$$(\alpha+\beta\sqrt{-1})\sin(\alpha+\beta\sqrt{-1}) = b^2\cos(\alpha+\beta\sqrt{-1}),$$

soit, en développant le sinus et cosinus,

$$\begin{aligned}(\alpha+\beta\sqrt{-1})&(\sin\alpha\cos\beta\sqrt{-1}+\cos\alpha\sin\beta\sqrt{-1})\\ &= b^2(\cos\alpha\cos\beta\sqrt{-1}-\sin\alpha\sin\beta\sqrt{-1}).\end{aligned}$$

Or on sait que

$$\cos\beta\sqrt{-1} = \frac{1}{2}(e^\beta + e^{-\beta}), \quad \sin\beta\sqrt{-1} = \frac{1}{2}\sqrt{-1}(e^\beta - e^{-\beta});$$

donc l'équation précédente devient

$$\begin{aligned}(\alpha+\beta\sqrt{-1})&\left[\sin\alpha(e^\beta+e^{-\beta})+\cos\alpha(e^\beta-e^{-\beta})\sqrt{-1}\right]\\ &= b^2\left[\cos\alpha(e^\beta+e^{-\beta})-\sin\alpha(e^\beta-e^{-\beta})\sqrt{-1}\right];\end{aligned}$$

ou bien

$$\alpha \sin\alpha\left(e^{\beta}+e^{-\beta}\right)-\beta\cos\alpha\left(e^{\beta}-e^{-\beta}\right)-b^2\cos\alpha\left(e^{\beta}+e^{-\beta}\right)$$
$$+\sqrt{-1}\left[\alpha\cos\alpha\left(e^{\beta}-e^{-\beta}\right)+\beta\sin\alpha\left(e^{\beta}+e^{-\beta}\right)\right.$$
$$\left.+b^2\sin\alpha\left(e^{\beta}-e^{-\beta}\right)\right]=0.$$

Cette dernière équation ne peut être satisfaite que si la partie réelle et la partie imaginaire sont nulles séparément : on en tire donc

$$\alpha\sin\alpha\left(e^{\beta}+e^{-\beta}\right)-\beta\cos\alpha\left(e^{\beta}-e^{-\beta}\right)-b^2\cos\alpha\left(e^{\beta}+e^{-\beta}\right)=0,$$
$$\alpha\cos\alpha\left(e^{\beta}-e^{-\beta}\right)+\beta\sin\alpha\left(e^{\beta}+e^{-\beta}\right)+b^2\sin\alpha\left(e^{\beta}-e^{-\beta}\right)=0.$$

Multipliant la première de ces équations par $\cos\alpha\left(e^{\beta}-e^{-\beta}\right)$, la seconde par $\sin\alpha\left(e^{\beta}+e^{-\beta}\right)$, et prenant la différence des produits, on trouve

$$\beta\left[\sin^2\alpha\left(e^{\beta}+e^{-\beta}\right)^2+\cos^2\alpha\left(e^{\beta}-e^{-\beta}\right)^2\right]+b^2\left(e^{2\beta}-e^{-2\beta}\right)=0,$$

relation impossible à satisfaire, à moins qu'on ne suppose $\beta=0$; car les deux termes

$$\beta\left[\sin^2\alpha\left(e^{\beta}+e^{-\beta}\right)^2+\cos^2\alpha\left(e^{\beta}-e^{-\beta}\right)^2\right]\quad\text{et}\quad b^2\left(e^{2\beta}-e^{-2\beta}\right)$$

ont toujours même signe que β pour toute valeur réelle de cette variable, et par conséquent ils ne peuvent se détruire. Donc, enfin, β est nul, et l'équation (26) n'admet que des racines réelles.

Les racines de l'équation (26) étant déterminées, on mettra les valeurs correspondantes de m dans l'expression (7) de u. Il ne restera plus alors qu'à déterminer les coefficients constants C et D, en nombre infini, de manière à satisfaire aux équations (24) et (25), c'est-à-dire de manière que les séries exprimées par $\Sigma \mathrm{D}\sin mx$ et par $\Sigma m\mathrm{C}\sin mx$ soient égales respectivement aux fonctions données

$$\mathrm{F}(x)-\frac{\Pi}{2\mathrm{E}}(2lx-x^2)-\frac{\mathrm{P}x}{\mathrm{E}\omega}\quad\text{et}\quad\frac{1}{a}f(x),$$

entre les limites $x=0$ et $x=l$. On peut suivre à cet effet la méthode suivante, indiquée par Poisson (*).

(*) *Journal de l'École Polytechnique*, XVIIIe cahier, t. XI. Mémoire sur la manière d'exprimer les fonctions par des séries de quantités périodiques, et sur l'usage de cette transformation dans la résolution de différents problèmes.

Supposons le problème résolu, et soit, par exemple, l'égalité

$$F(x) - \frac{\Pi}{2E}(2lx - x^2) - \frac{Px}{E\omega} = D\sin mx + D'\sin m'x + \ldots,$$

dans laquelle D, D', ..., représentent les constantes à chercher, et m, m', ..., les racines de l'équation (26). Ces racines sont deux à deux égales et de signe contraire. Mais on ne diminuera en rien la généralité de l'intégrale (7) en se bornant à prendre les racines positives. En effet, les valeurs m et $-m$ donneraient lieu dans cette intégrale à l'ensemble de termes

$$\sin mx\,(C\sin mat + D\cos mat) - \sin mx\,(-C_1\sin mat + D_1\cos mat),$$

qui peut se mettre sous la forme

$$\sin mx\,[(C + C_1)\sin mat + (D - D_1)\cos mat],$$

ou sous la forme

$$\sin mx\,(C_2\sin mat + D_2\cos mat),$$

C_2 et D_2 désignant des constantes comme C, D, C_1, D_1. Si l'on admettait les racines négatives, on aurait donc un développement réductible à la même forme que si l'on prenait exclusivement les racines positives : on est donc en droit de s'arrêter à ce dernier parti.

Cela posé, désignons par $\varphi(x)$, pour abréger, la dérivée du premier membre de l'équation précédente prise par rapport à x; $\varphi(x)$ sera une fonction connue de x, ayant pour expression

$$\frac{dF(x)}{dx} - \frac{\Pi}{E}(l - x) - \frac{P}{E\omega} = \varphi(x).$$

Les inconnues D, D', ..., devront donc aussi vérifier l'égalité

$$\varphi(x) = mD\cos mx + m'D'\cos m'x + \ldots,$$

soit, en remplaçant x par une autre variable ζ,

$$\varphi(\zeta) = mD\cos m\zeta + m'D'\cos m'\zeta + \ldots.$$

Multiplions les deux membres par $\cos m\zeta\, d\zeta$ et intégrons entre les limites o et l; il viendra

$$\int_0^l \varphi(\zeta)\cos m\zeta\, d\zeta = Dm\int_0^l \cos^2 m\zeta\, d\zeta + D'm'\int_0^l \cos m\zeta \cos m'\zeta\, d\zeta + \ldots.$$

Or on a la formule connue

$$\int \cos^2 m\zeta\, d\zeta = \frac{1}{2m}(m\zeta + \sin m\zeta \cos m\zeta) = \frac{1}{4m}(2m\zeta + \sin 2m\zeta),$$

et, par conséquent,

$$\int_0^l \cos^2 m\zeta\, d\zeta = \frac{1}{4m}(2ml + \sin 2ml).$$

D'un autre côté, l'intégration par parties donne les relations

$$\int \cos m\zeta \cos m'\zeta\, d\zeta = \frac{1}{m'} \sin m'\zeta \cos m\zeta + \frac{m}{m'}\int \sin m'\zeta \sin m\zeta\, d\zeta,$$

$$\int \sin m\zeta \sin m'\zeta\, d\zeta = -\frac{1}{m'} \cos m'\zeta \sin m\zeta + \frac{m}{m'}\int \cos m'\zeta \cos m\zeta\, d\zeta;$$

d'où résulte, par l'élimination de $\int \sin m\zeta \sin m'\zeta\, d\zeta$,

$$(m^2 - m'^2)\int \cos m\zeta \cos m'\zeta\, d\zeta = m \sin m\zeta \cos m'\zeta - m' \sin m'\zeta \cos m\zeta,$$

ou, en prenant l'intégrale définie,

$$\begin{aligned}(m^2 - m'^2)&\int_0^l \cos m\zeta \cos m'\zeta\, d\zeta \\ &= m \sin ml \cos m'l - m' \sin m'l \cos ml \\ &= \frac{1}{l} \cos ml \cos m'l\,(ml \operatorname{tang} ml - m'l \operatorname{tang} m'l).\end{aligned}$$

Puisque m et m' satisfont à l'équation (26), on a

$$ml \operatorname{tang} ml = m'l \operatorname{tang} m'l = b^2;$$

donc, si m est différent de m', le facteur $m^2 - m'^2$ n'étant pas nul, il faudra nécessairement qu'on ait

$$\int_0^l \cos m\zeta \cos m'\zeta\, d\zeta = 0.$$

En vertu de ces calculs, on pourra donc écrire

$$\int_0^l \varphi(\zeta) \cos m\zeta\, d\zeta = \frac{D}{4}(2ml + \sin 2ml),$$

d'où l'on tire l'un des coefficients

$$D = \frac{4}{2ml + \sin 2ml} \int_0^l \varphi(\zeta) \cos m\zeta \, d\zeta.$$

On aurait trouvé pareillement

$$D' = \frac{4}{2m'l + \sin 2m'l} \int_0^l \varphi(\zeta) \cos m'\zeta \, d\zeta,$$

et ainsi de suite pour les autres. Le même procédé servirait pour les coefficients C, et donnerait l'expression générale

$$C = \frac{4}{ma\,(2ml + \sin 2ml)} \int_0^l \frac{df(\zeta)}{d\zeta} \cos m\zeta \, d\zeta.$$

Ainsi donc finalement, si l'on indique par le signe $\sum$ une sommation étendue à toutes les racines positives de l'équation (26), la valeur de u sera

$$(27) \quad \left\{ \begin{aligned} u = {} & \frac{\Pi}{2E}(2lx - x^2) + \frac{Px}{E\omega} \\ & + 4\sum \left[\frac{\sin mx \sin mat}{ma\,(2ml + \sin 2ml)} \int_0^l \frac{df(\zeta)}{d\zeta} \cos m\zeta \, d\zeta \right] \\ & + 4\sum \left[\frac{\sin mx \cos mat}{2ml + \sin 2ml} \int_0^l \varphi(\zeta) \cos m\zeta \, d\zeta \right]; \end{aligned} \right.$$

les applications numériques n'exigeraient plus que des quadratures.

L'analyse que nous venons de donner présente, au point de vue de la rigueur mathématique, un assez grave défaut : c'est qu'on y admet *à priori* et sans aucune démonstration la possibilité d'exprimer une fonction, entre les limites o et l de la variable, par un développement de la forme

$$D \sin mx + D' \sin m'x + \ldots,$$

les coefficients m, m', ..., étant les racines positives de l'équation (26); or cette possibilité n'est pas du tout évidente, et il y a là, par conséquent, matière à une objection très-fondée. Pour y répondre de manière à lever tous les doutes, il faudrait entrer dans de longs développements, qui nous écarteraient beaucoup de l'objet de notre Cours. Nous nous bornerons à dire qu'on peut y parvenir en appliquant une méthode indiquée par M. Liouville (*), et que, malgré le défaut de la démonstration, le résultat exprimé par l'équation (27) n'en est pas moins d'une entière exactitude.

140. *Vibrations transversales d'une poutre homogène uniformément chargée et reposant sur deux appuis simples.* — Soit AB (*fig.* 54) la fibre moyenne de la poutre donnée qui est homogène et à section constante; nous la supposerons chargée uniformément suivant sa longueur et nous considérerons la charge comme participant au mouvement vibratoire transversal de la pièce. Prenons la ligne AB prolongée pour axe des x, et pour axe des y la perpendiculaire Ay menée dans un plan que nous supposerons contenir toutes les

Fig. 54.

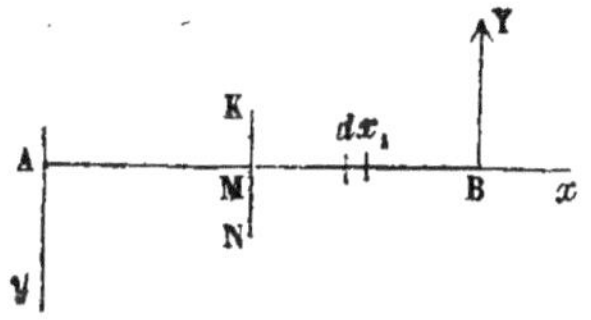

(*) *Journal de Mathématiques pures et appliquées*, t. Ier, p. 14 et suiv. Soit $\varpi(x)$ la fonction à développer, dont les valeurs sont données entre $x=0$ et $x=l$; comme on peut la définir arbitrairement en dehors de ces limites, on s'imposera les conditions

$$\varpi(x) = -\varpi(-x),$$

$$\frac{b^2}{l}\varpi(l+x) + \frac{d\varpi(l+x)}{dx} + \frac{b^2}{l}\varpi(x-l) - \frac{d\varpi(x-l)}{dx} = 0.$$

On en conclura (par un calcul que nous supprimons) les valeurs des intégrales que M. Liouville nomme p et q, savoir

$$p = \int_0^{\infty} e^{-hx}\varpi(x)\,dx, \quad q = \int_0^{-\infty} e^{hx}\varpi(x)\,dx,$$

lesquelles seront

$$p = q = \frac{\Psi(h)}{\Phi(h)},$$

en posant

$$\Psi(h) = 2l\varpi(l) + e^{lh}(lh + b^2)\int_0^l e^{-hx}\varpi(x)\,dx - e^{-lh}(lh - b^2)\int_0^l e^{hx}\varpi(x)\,dx,$$

$$\Phi(h) = lh(e^{lh} - e^{-lh}) + b^2(e^{lh} + e^{-lh}).$$

Cela fait, on se trouve dans les conditions voulues pour la réussite de la méthode, et il ne reste qu'à appliquer les formules (α) et (β) de M. Liouville (p. 23 du tome cité).

positions de la fibre moyenne. Appelons :

x la distance d'une section quelconque KMN à l'extrémité A;
l la distance $\overline{AB}$ des points d'appui;
y le dérangement vertical du point M à un instant quelconque;
e le ressort longitudinal (n° 18) de la section transversale;
r son rayon de gyration relativement à l'axe autour duquel s'opère la flexion;
p le poids de la charge par mètre courant, y compris le poids propre de la pièce;
p' le poids de la pièce seule, également par mètre courant;
Y la réaction de l'appui B;
t le temps compté à partir d'une origine quelconque.

Si l'équilibre existait, on aurait (n° 42)

$$er^2 \frac{d^2y}{dx^2} = X = \frac{1}{2} p (l - x)^2 - Y (l - x),$$

ou, à cause de $Y = \frac{1}{2} pl$,

$$er^2 \frac{d^2y}{dx^2} = \frac{1}{2} p (x^2 - lx);$$

donc aussi

$$er^2 \frac{dy}{dx} = \frac{1}{2} p \left(\frac{x^3}{3} - \frac{lx^2}{2} + \frac{l^3}{12} \right),$$

car $\frac{dy}{dx}$ doit s'annuler pour $x = \frac{1}{2} l$; donc enfin

$$(28) \qquad er^2 y = \frac{1}{2} p \left(\frac{x^4}{12} - \frac{lx^3}{6} + \frac{l^3 x}{12} \right) = \frac{1}{24} px (x^3 - 2lx^2 + l^3).$$

L'équilibre n'existerait que si le dérangement y avait partout la valeur donnée par cette formule, et si la vitesse antérieurement acquise était nulle; dans tout autre cas, il y aura un mouvement dont il s'agit de trouver l'équation.

A cet effet on pourra se servir de la même équation (1) du n° 42, qui exprime l'équilibre entre les forces extérieures et les actions moléculaires dues aux dérangements y, pourvu que, conformément au principe de d'Alembert, on compte les forces d'inertie parmi les forces extérieures. Or pour une portion de pièce de longueur dx_1, répondant à l'abscisse x_1, entre M et B, la masse sera $\frac{pdx_1}{g}$ et l'accélération $\frac{d^2y_1}{dt^2}$, y_1 étant la valeur de y pour $x=x_1$; par conséquent la force d'inertie s'exprimera par $-\frac{p}{g}dx_1\frac{d^2y_1}{dt^2}$, et sa direction sera de bas en haut si $\frac{d^2y_1}{dt^2}$ a le signe $+$. Il faut observer en outre que l'élément de masse $\frac{p'dx_1}{g}$, appartenant à la poutre proprement dite, a un mouvement de rotation autour de son centre de gravité, mouvement qui donne lieu à des forces d'inertie dont l'ensemble forme un couple résultant. On sait par des théories connues que l'intensité de ce couple est le produit de l'accélération angulaire par le moment d'inertie de la masse $\frac{p'dx_1}{g}$ relativement à l'axe de rotation. Le premier facteur s'évalue en remarquant que $-\frac{dy_1}{dx_1}$ exprime l'angle variable de la section normale avec l'axe des y; l'accélération angulaire, comptée dans le sens de Ay vers Ax, sera donc $-\frac{d^3y_1}{dx_1dt^2}$. D'ailleurs, à cause de l'homogénéité de l'élément $\frac{p'dx_1}{g}$, son rayon de gyration est le même que celui de la section transversale; donc le couple d'inertie dû à la rotation de cet élément a pour valeur $-\frac{p'r^2dx_1}{g}\cdot\frac{d^3y_1}{dx_1dt^2}$, et il doit être regardé comme agissant contrairement au sens de l'accélération angulaire, ou bien dans le sens d'une rotation de Ax vers Ay. Le moment X, en tenant compte des forces d'inertie dans la partie MB, aura donc pour expression

$$er^2\frac{d^2y}{dx^2}=\int_x^l\left(1-\frac{1}{g}\cdot\frac{d^2y_1}{dt^2}\right)(x_1-x)pdx_1$$

$$-\int_x^l\frac{p'r^2}{g}\cdot\frac{d^3y_1}{dx_1dt^2}dx_1-\mathrm{Y}(l-x).$$

Pour faire disparaître le signe $\int$ sous lequel entre une fonction inconnue y_1, on différentiera deux fois par rapport à x, et on trouvera successivement

$$er^2\frac{d^3y}{dx^3} = -\int_x^l \left(1 - \frac{1}{g}\cdot\frac{d^2y_1}{dt^2}\right) p\,dx_1 + \frac{p'r^2}{g}\cdot\frac{d^3y}{dx\,dt^2} + Y,$$

$$(29)\quad er^2\frac{d^4y}{dx^4} = p - \frac{p}{g}\cdot\frac{d^2y}{dt^2} + \frac{p'r^2}{g}\cdot\frac{d^4y}{dx^2dt^2}.$$

L'équation (29), dont on vient de donner la démonstration directe, aurait pu également se déduire des formules (2) et (3) établies au n° 68, dans un cas plus général. La fibre moyenne étant supposée droite, il faudrait d'abord faire

$$s = x,\quad \rho = \infty,\quad v = y,$$

ce qui réduit ces formules aux suivantes :

$$\frac{d^2u}{dt^2} = R + \frac{Eg}{\Pi}\cdot\frac{d^2u}{dx^2},$$

$$\frac{d^2y}{dt^2} = T + \frac{g}{\Pi\Omega}\cdot\frac{dP}{dx},$$

$$r^2\frac{d^2\theta}{dt^2} = M + r^2\frac{Eg}{\Pi}\cdot\frac{d^2\theta}{dx^2} - \frac{g}{\Pi\Omega}P;$$

la formule (3) devient de même

$$\frac{dy}{dx} + \theta = 0.$$

Pour évaluer les forces désignées par R et T, ainsi que le couple M, on se rappellera qu'un élément répondant à la portion dx de la fibre moyenne supporte seulement des forces verticales, qui sont : 1° son poids $p'dx$, 2° la pression due à la charge $(p - p')\,dx$, laquelle, eu égard à la force d'inertie de cette charge possédant l'accélération $\frac{d^2y}{dt^2}$, s'exprime par

$$(p - p')\left(1 - \frac{1}{g}\cdot\frac{d^2y}{dt^2}\right)dx.$$

Ainsi donc R et M sont nuls, et T, force verticale rapportée à l'unité de masse, s'obtient en divisant par $\frac{p'}{g}dx$ l'expression précédente augmentée de $p'dx$, ce qui donne

$$T = -\frac{p - p'}{p'}\cdot\frac{d^2y}{dt^2} + \frac{p}{p'}g.$$

Si l'on substitue ces valeurs, on trouve

$$\frac{d^2u}{dt^2} = \frac{\mathrm{E}g}{\Pi} \cdot \frac{d^2u}{dx^2},$$

$$\frac{p}{p'} \cdot \frac{d^2y}{dt^2} = \frac{p}{p'}g + \frac{g}{\Pi\Omega} \cdot \frac{d\mathrm{P}}{dx},$$

$$r^2 \frac{d^2\theta}{dt^2} = r^2 \frac{\mathrm{E}g}{\Pi} \cdot \frac{d^2\theta}{dx^2} - \frac{g}{\Pi\Omega}\mathrm{P},$$

$$\frac{dy}{dx} + \theta = 0.$$

La première donne la loi des vibrations longitudinales; c'est l'équation connue de la corde vibrante, et nous croyons inutile de nous y arrêter davantage. Entre la seconde et la troisième on peut d'abord éliminer P, et il vient

$$\frac{p}{p'} \cdot \frac{d^2y}{dt^2} - \frac{p}{p'}g + r^2 \frac{d^3\theta}{dx\,dt^2} - r^2 \frac{\mathrm{E}g}{\Pi} \cdot \frac{d^3\theta}{dx^3} = 0;$$

puis faisant $\theta = -\frac{dy}{dx}$, et observant que des relations $p' = \Pi\Omega$ et $e = \mathrm{E}\Omega$ résulte $\frac{\mathrm{E}}{\Pi} = \frac{e}{p'}$, on aura

$$\frac{p}{p'} \cdot \frac{d^2y}{dt^2} - \frac{p}{p'}g - r^2 \frac{d^4y}{dx^2\,dt^2} + \frac{er^2g}{p'} \cdot \frac{d^4y}{dx^4} = 0,$$

équation ne différant de l'équation (29) que par l'ordre des termes et le facteur $\frac{g}{p'}$.

Maintenant il s'agit d'intégrer cette équation aux différences partielles du quatrième ordre.

L'expression de y donnée par l'équation (28) en est une solution particulière, car il en résulterait

$$\frac{d^4y}{dx^4} = \frac{p}{er^2}, \quad \frac{d^2y}{dt^2} = 0, \quad \frac{d^4y}{dx^2\,dt^2} = 0,$$

valeurs qui rendent bien identiques les deux membres de l'équation (29). Posons

$$y = \frac{p}{24er^2}x(x^3 - 2lx^2 + l^3) + z;$$

l'inconnue auxiliaire z devra satisfaire à la relation obtenue en substituant cette valeur dans l'équation (29) : or on a d'abord

$$\frac{d^4y}{dx^4} = \frac{p}{er^2} + \frac{d^4z}{dx^4}, \quad \frac{d^2y}{dt^2} = \frac{d^2z}{dt^2}, \quad \frac{d^4y}{dx^2dt^2} = \frac{d^4z}{dx^2dt^2},$$

et par suite, si l'on effectue la substitution, il vient

$$p + er^2 \frac{d^4z}{dx^4} = p - \frac{p}{g} \cdot \frac{d^2z}{dt^2} + \frac{p'r^2}{g} \cdot \frac{d^4z}{dx^2dt^2},$$

ou, en réduisant et posant $a^4 = \frac{er^2g}{p}$, $b^2 = \frac{p'}{p} r^2$,

$$a^4 \frac{d^4z}{dx^4} - b^2 \frac{d^4z}{dx^2dt^2} + \frac{d^2z}{dt^2} = 0. \tag{30}$$

Cette dernière équation s'intègre au moyen du procédé général indiqué plus haut (nº 135) : on en cherchera une solution de la forme

$$z = \sum A \sin mx,$$

laquelle a une généralité suffisante pour le problème actuel, comme la suite le montrera. Cette valeur substituée dans l'équation (30) donne

$$a^4 \sum m^4 A \sin mx + b^2 \sum m^2 \frac{d^2A}{dt^2} \sin mx + \sum \frac{d^2A}{dt^2} \sin mx = 0,$$

ou bien

$$\sum \left[m^4 a^4 A + (m^2 b^2 + 1) \frac{d^2A}{dt^2} \right] \sin mx = 0;$$

comme la nullité de cette somme doit avoir identiquement lieu quel que soit x, il faut que chaque multiplicateur de $\sin mx$ soit nul en particulier, c'est-à-dire que les fonctions du temps désignées par A doivent satisfaire à la relation

$$m^4 a^4 A + (m^2 b^2 + 1) \frac{d^2A}{dt^2} = 0.$$

On en tire

$$A = C \sin \frac{m^2 a^2 t}{\sqrt{m^2 b^2 + 1}} + D \cos \frac{m^2 a^2 t}{\sqrt{m^2 b^2 + 1}},$$

C et D désignant deux constantes arbitraires. Nous avons donc

$$y = \frac{p}{24er^2}x(x^3 - 2lx^2 + l^3)$$
$$+\sum \sin mx \left(C \sin \frac{m^2a^2t}{\sqrt{m^2b^2+1}} + D\cos \frac{m^2a^2t}{\sqrt{m^2b^2+1}}\right).$$

Il ne reste plus qu'à déterminer les constantes telles que m, C, D, qui sont en nombre infini.

A cet effet, exprimons d'abord que les extrémités de la pièce reposent sur des appuis simples : cela exige que l'ordonnée y et le moment fléchissant (ou la dérivée $\frac{d^2y}{dx^2}$, qui lui est proportionnelle) soient nuls quand on fait $x = 0$ et $x = l$, indépendamment de toute valeur attribuée à t. Or on voit que l'expression précédente de y et sa dérivée seconde par rapport à x s'annulent d'elles-mêmes pour $x = 0$; afin que la même chose ait lieu pour $x = l$, il faut poser les deux équations

$$\sum \sin ml \left(C\sin \frac{m^2a^2t}{\sqrt{m^2b^2+1}} + D\cos\frac{m^2a^2t}{\sqrt{m^2b^2+1}}\right) = 0,$$
$$\sum m^2 \sin ml \left(C\sin \frac{m^2a^2t}{\sqrt{m^2b^2+1}} + D\cos\frac{m^2a^2t}{\sqrt{m^2b^2+1}}\right) = 0,$$

et puisque t reste indéterminé, on en conclut

$$\sin ml = 0,$$

ce qui montre que ml doit être un multiple exact de la demi-circonférence. Si donc on appelle i un nombre entier quelconque, on aura

$$ml = i\pi, \tag{31}$$

relation qui fournit toutes les valeurs de m à mettre dans l'expression de y. Donc

$$(32)\quad \begin{cases} y = \dfrac{p}{24er^2}x(x^3 - 2lx^2 + l^3) \\ \quad + \sum \sin \dfrac{i\pi x}{l}\left(C\sin\dfrac{i^2\pi^2a^2t}{l\sqrt{i^2\pi^2b^2+l^2}} + D\cos\dfrac{i^2\pi^2a^2t}{l\sqrt{i^2\pi^2b^2+l^2}}\right). \end{cases}$$

Maintenant supposons que pour $t=0$, on donne les valeurs de y et de $\frac{dy}{dt}$ en fonction de x, savoir $y=\mathrm{F}(x)$ et $\frac{dy}{dt}=f(x)$, ce qui serait nécessaire pour définir l'état initial du système : alors les constantes C et D doivent vérifier les égalités

$$(33)\quad \mathrm{F}(x)=\frac{p}{24er^2}x(x^3-2lx^2+l^3)+\sum \mathrm{D}\sin\frac{i\pi x}{l},$$

$$(34)\quad f(x)=\frac{\pi^2a^2}{l}\sum\frac{i^2\mathrm{C}}{\sqrt{i^2\pi^2b^2+l^2}}\sin\frac{i\pi x}{l}.$$

Les choses étant à ce point, la solution se complète sans peine au moyen d'un théorème dû à Lagrange (*), que l'on peut énoncer ainsi : Quelle que soit une fonction $\varphi(x)$, continue ou discontinue, mais toujours finie quand x varie de 0 à l, si l'on représente par i un nombre entier positif, par ζ une quantité variable entre les limites 0 et l, et par $\sum$ une somme étendue à toutes les valeurs de i depuis 1 jusqu'à l'infini, on aura

$$\varphi(x)=\frac{2}{l}\sum_{i=1}^{i=\infty}\left[\sin\frac{i\pi x}{l}\int_0^l\sin\frac{i\pi\zeta}{l}\varphi(\zeta)\,d\zeta\right],$$

pour toutes les valeurs de x intermédiaires entre 0 et l, et même pour ces limites lorsque $\varphi(0)$ et $\varphi(l)$ sont nulles. Or $\mathrm{F}(x)$ et $f(x)$ doivent précisément remplir la condition de s'annuler aux deux limites 0 et l, entre lesquelles se trouve toujours comprise la variable x, et de plus ces fonctions, par leur nature, sont toujours finies dans le même intervalle; donc si l'on pose

$$\varphi(x)=\mathrm{F}(x)-\frac{p}{24er^2}x(x^3-2lx^2+l^3),$$

(*) *Mémoire sur la théorie du son*, faisant partie de la collection de l'Académie de Turin, t. Ier des anciens Mémoires. Cette formule se trouve encore reproduite : 1° dans la *Mécanique analytique* de Lagrange, t. Ier, section VI, § IV; 2° dans le *Traité de Mécanique* de Poisson, 2e édition, t. Ier, n° 325; 3° dans le Mémoire du même, déjà cité (note de la page 357). Nous renvoyons à ces auteurs pour la démonstration de la formule et les remarques auxquelles elle donne lieu.

et si l'on observe que le multiplicateur de p remplit également les conditions dont nous venons de parler, on en conclura qu'il est possible de satisfaire aux égalités (33) et (34) en supposant $C=0$, $D=0$, pour toutes les valeurs négatives de i, et prenant, dans le cas de i positif,

$$D=\frac{2}{l}\int_0^l \sin\frac{i\pi\zeta}{l}\,\varphi(\zeta)\,d\zeta, \tag{35}$$

$$C=\frac{2\sqrt{i^2\pi^2b^2+l^2}}{i^2\pi^2a^2}\int_0^l \sin\frac{i\pi\zeta}{l}f(\zeta)\,d\zeta. \tag{36}$$

On aurait donc définitivement

$$\left\{\begin{aligned}
y=&\frac{p}{24er^2}x(x^3-2lx^2+l^3)\\
&+\frac{2}{l}\sum_{i=1}^{i=\infty}\left[\sin\frac{i\pi x}{l}\cos\frac{i^2\pi^2a^2t}{l\sqrt{i^2\pi^2b^2+l^2}}\int_0^l\sin\frac{i\pi\zeta}{l}\varphi(\zeta)\,d\zeta\right]\\
&+\frac{2}{\pi^2a^2}\sum_{i=1}^{i=\infty}\left[\frac{\sqrt{i^2\pi^2b^2+l^2}}{i^2}\sin\frac{i\pi x}{l}\sin\frac{i^2\pi^2a^2t}{l\sqrt{i^2\pi^2b^2+l^2}}\int_0^l\sin\frac{i\pi\zeta}{l}f(\zeta)\,d\zeta\right].
\end{aligned}\right. \tag{37}$$

Quand le temps t reçoit un accroissement exprimé par $\frac{2l\sqrt{i^2\pi^2b^2+l^2}}{\pi a^2}$, l'arc $\frac{i^2\pi^2a^2t}{l\sqrt{i^2\pi^2b^2+l^2}}$ augmente de $2i^2\pi$, c'est-à-dire d'un nombre entier de circonférences; ses sinus et cosinus redeviennent donc les mêmes. Il en résulte que chacun des termes qui composent y est une fonction périodique du temps; mais comme la durée de la période varie pour chacun d'eux en fonction de i, nous ne pouvons pas en conclure que le mouvement de la pièce est lui-même périodique : nous devons seulement affirmer qu'il est produit par la superposition d'une infinité de mouvements périodiques. La périodicité n'existerait rigoureusement que si b^2 était nul, ce qu'on pourrait supposer dans le cas où p' deviendrait négligeable devant p, car d'après la définition de b on a $b^2=\frac{p'}{p}r^2$. La durée de la période serait alors $\frac{2l^2}{\pi a^2}$, ou bien, en remplaçant a^2 par sa valeur, $\frac{2l^2}{\pi r}\sqrt{\frac{p}{eg}}$; elle pourrait d'ailleurs, dans certains cas particuliers, comprendre plusieurs sous-périodes. Lorsque b n'est pas nul, la durée de la période augmente pour chaque terme de y en particulier; le système partant d'une position arbitrairement choisie emploie donc plus de temps pour y revenir à peu près.

141. *Cas particulier de la question traitée au n° 140.* — Lorsque les fonctions φ et f sont des polynômes algébriques entiers, ne contenant que des puissances entières et positives de la variable, le calcul des intégrales définies

$$\int_0^l \sin\frac{i\pi\zeta}{l}\,\varphi(\zeta)\,d\zeta \quad \text{et} \quad \int_0^l \sin\frac{i\pi\zeta}{l}\,f(\zeta)\,d\zeta$$

peut s'effectuer assez simplement. La méthode étant identique pour les deux, nous prendrons par exemple la première. En désignant par φ', φ'', φ''', etc., les dérivées successives de φ, et intégrant par parties, on aura

$$\int \sin\frac{i\pi\zeta}{l}\,\varphi(\zeta)\,d\zeta = -\frac{l}{i\pi}\cos\frac{i\pi\zeta}{l}\,\varphi(\zeta) + \frac{l}{i\pi}\int\cos\frac{i\pi\zeta}{l}\,\varphi'(\zeta)\,d\zeta,$$

$$\int \cos\frac{i\pi\zeta}{l}\,\varphi'(\zeta)\,d\zeta = \frac{l}{i\pi}\sin\frac{i\pi\zeta}{l}\,\varphi'(\zeta) - \frac{l}{i\pi}\int\sin\frac{i\pi\zeta}{l}\,\varphi''(\zeta)\,d\zeta.$$

On mettra successivement dans la première équation φ'', φ^{IV}, φ^{VI}, ..., au lieu de φ, et de même, dans la seconde, φ''', φ^{V}, φ^{VII}, ..., au lieu de φ'; entre la série d'équations obtenues ainsi, on élimine sans peine les diverses intégrales, sauf celle que l'on cherche et celle dans laquelle entre la dérivée de φ de l'ordre le plus élevé; on trouve ainsi

$$(38)\quad \left\{\begin{aligned} \int \sin\frac{i\pi\zeta}{l}\,\varphi(\zeta)\,d\zeta = &-\frac{l}{i\pi}\cos\frac{i\pi\zeta}{l}\,\varphi(\zeta) + \frac{l^2}{i^2\pi^2}\sin\frac{i\pi\zeta}{l}\,\varphi'(\zeta)\\ &+\frac{l^3}{i^3\pi^3}\cos\frac{i\pi\zeta}{l}\,\varphi''(\zeta) - \frac{l^4}{i^4\pi^4}\sin\frac{i\pi\zeta}{l}\,\varphi'''(\zeta)\\ &-\frac{l^5}{i^5\pi^5}\cos\frac{i\pi\zeta}{l}\,\varphi^{\text{IV}}(\zeta) + \frac{l^6}{i^6\pi^6}\sin\frac{i\pi\zeta}{l}\,\varphi^{\text{V}}(\zeta)\\ &+\ldots\ldots\ldots\ldots\ldots\ldots \end{aligned}\right.$$

La loi de cette série est évidente; d'ailleurs la série se terminera d'elle-même, car si $\varphi(\zeta)$ est un polynôme de degré n, la $(n+1)^{ième}$ dérivée et les dérivées suivantes seront nulles.

L'intégrale fournie par l'équation (38) devant être prise entre les limites o et l, cette circonstance donne lieu à une simplification notable. En effet, $\sin\frac{i\pi\zeta}{l}$ s'annule à ces deux limites; $\cos\frac{i\pi\zeta}{l}$ est égal à l'unité pour $\zeta=0$, et à $(-1)^i$ pour $\zeta=l$; enfin, on sait que $\varphi(0)$ ainsi que $\varphi(l)$ sont nulles, et qu'il en est de même de $\varphi''(0)$ et de $\varphi''(l)$, à cause de la nullité constante de $\frac{d^2y}{dx^2}$ aux points A et B; donc on peut écrire

$$(39)\quad \left\{\begin{aligned}&\int_0^l \sin\frac{i\pi\zeta}{l}\varphi(\zeta)\,d\zeta\\ &=-\frac{l^5}{i^5\pi^5}[(-1)^i\varphi^{\text{IV}}(l)-\varphi^{\text{IV}}(0)]+\frac{l^7}{i^7\pi^7}[(-1)^i\varphi^{\text{VI}}(l)-\varphi^{\text{VI}}(0)]\\ &\quad-\frac{l^9}{i^9\pi^9}[(-1)^i\varphi^{\text{VIII}}(l)-\varphi^{\text{VIII}}(0)]+\ldots\end{aligned}\right.$$

S'il s'agissait de la fonction f, on aurait bien encore

$$f(0)=f(l)=0;$$

mais comme les dérivées secondes $f''(0)$ et $f''(l)$ ne s'annuleraient pas nécessairement, on écrirait

$$(40)\quad \left\{\begin{aligned}&\int_0^l \sin\frac{i\pi\zeta}{l}f(\zeta)\,d\zeta\\ &=\frac{l^3}{i^3\pi^3}[(-1)^i f''(l)-f''(0)]-\frac{l^5}{i^5\pi^5}[(-1)^i f^{\text{IV}}(l)-f^{\text{IV}}(0)]\\ &\quad+\frac{l^7}{i^7\pi^7}[(-1)^i f^{\text{VI}}(l)-f^{\text{VI}}(0)]-\ldots\end{aligned}\right.$$

Ces deux formules permettent d'obtenir les valeurs de toutes les intégrales définies qui entrent comme coefficients constants dans l'équation (37).

Prenons comme exemple le cas où la poutre serait à l'origine du temps dans son état primitif, c'est-à-dire sans déformation et sans vitesse initiale. Il faut faire alors

$$F(x)=0, \quad f(x)=0,$$

et, par suite,

$$\varphi(x)=-\frac{p}{24er^2}(x^4-2lx^3+l^3x);$$

$\varphi^{\text{IV}}(x)$ se réduit à la constante $-\frac{p}{er^2}$, et toutes les dérivées suivantes sont nulles. Donc

$$\int_0^l \sin\frac{i\pi\zeta}{l}\varphi(\zeta)\,d\zeta=\frac{p}{er^2}\cdot\frac{l^5}{i^5\pi^5}(\pm 1-1),$$

le double signe dans la parenthèse devant être + ou —, suivant qu'on prend i pair ou impair. Ainsi l'intégrale sera nulle dans le premier cas, et dans le second elle aura pour valeur $-\frac{2p}{er^2}\cdot\frac{l^5}{i^5\pi^5}$; d'ailleurs f étant nulle, $\int_0^l \sin\frac{i\pi\zeta}{l}f(\zeta)\,d\zeta$ l'est aussi. Donc l'équation (37) devient

$$(41)\quad \left\{\begin{aligned}\frac{24er^2}{p}y &= x^4-2lx^3+l^3x\\ &\quad -\frac{96l^4}{\pi^5}\sum_{i=1}^{i=\infty}\left(\frac{1}{i^5}\sin\frac{i\pi x}{l}\cos\frac{i^2\pi^2a^2t}{l\sqrt{i^2\pi^2b^2+l^2}}\right),\end{aligned}\right.$$

la somme $\sum$ ne s'étendant plus qu'aux valeurs impaires de i.

Lorsque x est changé en $l-x$, on reconnaît aisément que le second membre de cette équation ne change pas; deux points à égale distance du milieu de la poutre auront donc un mouvement identique, ce qui était évident *a priori*, à cause de la symétrie. Nous avons déjà vu (nº 140) que le mouvement de la pièce est produit par la superposition d'une infinité de mouvements périodiques : on peut ajouter ici qu'il remplit lui-même assez approximativement la condition de périodicité, car la somme $\sum$ développée devient

$$\sin\frac{\pi x}{l}\cos\frac{\pi^2a^2t}{l\sqrt{\pi^2b^2+l^2}}+\frac{1}{243}\sin\frac{3\pi x}{l}\cos\frac{9\pi^2a^2t}{l\sqrt{9\pi^2b^2+l^2}}$$
$$+\frac{1}{3125}\sin\frac{5\pi x}{l}\cos\frac{25\pi^2a^2t}{l\sqrt{25\pi^2b^2+l^2}}+\ldots.$$

On voit que la série converge rapidement et que le premier terme est prédominant; il a en effet pour limite l'unité, tandis que le second a pour limite $\frac{1}{243}$, le troisième $\frac{1}{3125}$, celui du rang n le nombre $\frac{1}{(2n-1)^5}$. En se bornant au premier terme, y deviendrait une fonction périodique du temps ayant pour durée de la période $\frac{2l\sqrt{\pi^2 b^2+l^2}}{\pi a^2}$, soit $\frac{2l}{\pi r}\sqrt{\frac{\pi^2 r^2 p'+l^2 p}{eg}}$.

La dérivée partielle $\frac{dy}{dx}$ est constamment nulle pour $x=\frac{l}{2}$, indépendamment de t; on peut s'en assurer au moyen de l'expression (41), ou bien regarder ce fait comme une conséquence de ce qui a été dit tout à l'heure sur l'identité du mouvement de deux points pris à égale distance du milieu. Le milieu de la poutre est donc le point où la flèche est à chaque instant la plus grande. Appelons-la y_1; nous aurons y_1 en faisant $x=\frac{l}{2}$ dans le second membre de l'équation (41), ce qui donne

$$(42)\quad \left\{ \begin{aligned} \frac{24er^2}{pl^4}y_1 = \frac{5}{16} - \frac{96}{\pi^5}\Bigg(& \cos\frac{\pi^2a^2t}{l\sqrt{\pi^2b^2+l^2}} - \frac{1}{243}\cos\frac{9\pi^2a^2t}{l\sqrt{9\pi^2b^2+l^2}} \\ & + \frac{1}{3125}\cos\frac{25\pi^2a^2t}{\sqrt{25\pi^2b^2+l^2}} - \ldots\Bigg) \end{aligned} \right.$$

Si nous supposons $t=0$, nous savons d'avance que y_1 doit s'annuler, aussi bien que l'ordonnée y de tout point de la fibre moyenne; or, tous les cosinus deviennent alors égaux à l'unité : donc on peut écrire

$$\frac{5}{16}\cdot\frac{\pi^5}{96} = \frac{5\pi^5}{1536} = 1 - \frac{1}{3^5} + \frac{1}{5^5} - \frac{1}{7^5} + \ldots \ (*).$$

(*) On a d'autres procédés en Analyse pour effectuer la sommation de cette suite. Par exemple, Poisson la déduit de la relation suivante entre les sinus des multiples impairs d'un angle aigu :

$$\sin\theta - \sin 3\theta + \sin 5\theta - \sin 7\theta + \ldots = 0.$$

Sans s'arrêter aux doutes que pourrait soulever le défaut de convergence du

La même valeur $y_1 = 0$ se reproduit approximativement toutes les fois que t devient un multiple pair de $\frac{l\sqrt{\pi^2 b^2 + l^2}}{\pi a^2}$, car le premier cosinus de la parenthèse reprend sa valeur maximum, égale à l'unité; et les autres, comme on l'a déjà dit, n'ont pas d'influence sensible, à cause de la petitesse de leurs coefficients. Quand, au contraire, t se trouve être un multiple impair du même temps, le premier cosinus devient égal à -1, de sorte que le second membre de l'équation (42) atteint une valeur à peu près double de $\frac{5}{16}$. La flèche varie donc à peu près périodiquement, entre un minimum et un maximum respectivement peu différents de 0 et de $\frac{5}{8.24}\frac{pl^4}{er^2}$; cette dernière quantité n'est autre chose que le double de la flèche d'équilibre. Une propriété analogue a été déjà constatée sur deux exemples (nos 136 et 137).

---

premier membre, il intègre cinq fois cette équation (*voir* le XVIIIe cahier, t. XI, du *Journal de l'École Polytechnique*, p. 315 et 316) et trouve ainsi

$$\frac{\pi^3\theta^2}{32} - \frac{\pi\theta^4}{96} + c' = -\cos\theta + \frac{\cos 3\theta}{3^5} - \frac{\cos 5\theta}{5^5} + \frac{\cos 7\theta}{7^5} - \ldots;$$

le second membre s'annulant pour $\theta = \frac{\pi}{2}$, on en conclut la constante c' qui est $c' = -\frac{11\pi^5}{1536}$; puis, faisant $\theta = 0$, il viendra

$$-c' = 1 - \frac{1}{3^5} + \frac{1}{5^5} - \frac{1}{7^5} + \ldots = \frac{11\pi^5}{1536}.$$

La différence entre ce résultat et celui que nous obtenons tient à une faute de calcul numérique dans la troisième intégration, par suite de laquelle Poisson donne à une constante c la valeur $-\frac{\pi^3}{16}$ au lieu de $-\frac{\pi^3}{32}$. En rétablissant ce dernier nombre, on trouve bien $c' = -\frac{5\pi^5}{1536}$.

Il vaut mieux, comme l'indique M. Bertrand (*Traité de Calcul différentiel et de Calcul intégral*, t. Ier, p. 423), recourir à la série

$$\pi\cot\pi x = \frac{1}{x} + \frac{1}{x-1} + \frac{1}{x+1} + \frac{1}{x-2} + \frac{1}{x+2} + \ldots$$

et faire $x = \frac{1}{4}$ dans la quatrième dérivée.

142. *Effet produit sur une poutre par une charge roulante.* — On suppose une poutre homogène à section constante reposant sur deux appuis au même niveau; cette poutre supporte une charge permanente uniformément répartie et un poids qui se meut suivant sa longueur avec une vitesse constante v.

La recherche du mouvement vibratoire que la poutre prend dans ces circonstances donne lieu à des calculs trop laborieux pour qu'il soit possible de les exposer ici. Divers cas particuliers de la question sont traités dans un savant Mémoire de M. Phillips, ingénieur des Mines; nous y renverrons le lecteur qui désirerait des développements sur ce sujet (*). M. Phillips a supposé un poids isolé Q concentré à chaque instant sur un point unique de la poutre; il a étudié d'ailleurs les poutres simplement appuyées à leurs deux extrémités et celles qui sont au contraire terminées par deux encastrements. Voici les principales conclusions qui résultent de son travail :

1° S'il s'agit d'une poutre reposant librement sur deux appuis, le moment fléchissant maximum se produira dans la section à égale distance des appuis et aura pour valeur

$$\frac{1}{8}pl^2\left(1+\frac{Ql}{2er^2}\cdot\frac{v^2}{2g}\right)+\frac{1}{4}Ql\left(1+\frac{2Ql}{3er^2}\cdot\frac{v^2}{2g}\right),$$

les notations p, l, e, r, g conservant le même sens qu'au n° 140. Cette expression dans laquelle on ferait $v=0$ donnerait la valeur du moment fléchissant maximum, sous l'action

---

(*) *Annales des Mines*, t. VII, 1855. Nous croyons toutefois devoir faire deux observations. La première, c'est que M. Phillips a négligé les forces d'inertie produites par la rotation des sections normales de la pièce, à laquelle il attribue simplement un mouvement vertical : il trouve ainsi, au lieu de l'équation (30) du n° 140, qui serait réellement applicable au problème, la même équation privée du terme $-b^2\dfrac{d^4z}{dx^2dt^2}$. Ses calculs ne semblent donc bien rigoureux que dans le cas où la section aurait un très-petit rayon de gyration, et dans celui où le poids propre de la poutre serait négligeable devant la charge permanente complète, circonstances qui tendraient à rendre nulle la quantité b^2. En second lieu, si l'on répète les calculs indiqués au chapitre III du Mémoire, pour le cas d'une poutre encastrée à ses deux extrémités, on trouve une inexactitude dans le second membre de l'équation (76) : l'excès de la seconde parenthèse sur l'unité doit être réduit de moitié. Cet erratum nous a conduit à modifier légèrement les conclusions de l'auteur.

de la charge permanente et du poids Q placé en repos au milieu de la poutre, savoir :

$$\frac{1}{8}pl^2 + \frac{1}{4}Ql.$$

Afin de tenir compte de la vitesse v, on voit que le terme $\frac{1}{8}pl^2$, représentant le moment limite produit par l'action isolée de la charge permanente, doit être augmenté dans le rapport de 1 à $1 + \frac{Ql}{2er^2}\cdot\frac{v^2}{2g}$, et que le second terme, donnant le moment limite sous le poids Q isolé et privé de sa vitesse, doit pareillement subir une augmentation dans le rapport de 1 à $1 + \frac{2Ql}{3er^2}\cdot\frac{v^2}{2g}$.

2° Si la poutre est encastrée à ses deux extrémités, et qu'elle supporte à l'état d'équilibre le poids permanent pl et le poids Q, ce dernier étant concentré au milieu, on sait (n° 73) que le moment fléchissant a deux maxima, l'un au milieu, égal à

$$\frac{1}{24}pl^2 + \frac{1}{8}Ql,$$

l'autre dans les sections extrêmes, ayant pour expression

$$\frac{1}{12}pl^2 + \frac{1}{8}Ql.$$

L'existence de la vitesse v leur donnera respectivement les valeurs

$$\left(\frac{1}{24}pl^2 + \frac{1}{8}Ql\right)\left(1 + \frac{Ql}{4er^2}\cdot\frac{v^2}{2g}\right),$$

$$\frac{1}{12}pl^2\left(1 + \frac{Ql}{8er^2}\cdot\frac{v^2}{2g}\right) + \frac{1}{8}Ql\left(1 + \frac{Ql}{4er^2}\cdot\frac{v^2}{2g}\right).$$

Le premier est augmenté dans le rapport de 1 à $1 + \frac{Ql}{4er^2}\cdot\frac{v^2}{2g}$; le second s'accroît dans un rapport intermédiaire entre celui de 1 à $1 + \frac{Ql}{8er^2}\cdot\frac{v^2}{2g}$ ou de 1 à $1 + \frac{Ql}{4er^2}\cdot\frac{v^2}{2g}$, suivant l'importance comparative de la charge permanente et du poids Q.

3° Les résultats précédents ne sont assez approchés de la vérité que s'ils indiquent de faibles accroissements relatifs dans les valeurs des moments qui correspondent à $v=0$, c'est-à-dire si les quantités $\frac{2Ql}{3er^2}\cdot\frac{v^2}{2g}$, $\frac{Ql}{2er^2}\cdot\frac{v^2}{2g}$, $\frac{Ql}{4er^2}\cdot\frac{v^2}{2g}$, $\frac{Ql}{8er^2}\cdot\frac{v^2}{2g}$ (suivant les cas) sont de petites fractions : cette condition étant remplie, on voit que l'accroissement relatif varie proportionnellement à la force vive du corps roulant, à l'écartement des appuis, et en raison inverse du moment d'inflexibilité de la section transversale. On a supposé d'ailleurs qu'à l'instant où le poids Q vient s'engager sur la poutre, celle-ci était en équilibre sous la charge permanente.

4° Dans la pratique, lorsqu'on voudra calculer les dimensions d'une poutre, on le fera d'abord sans avoir égard à la vitesse de la charge Q; puis, dans le cas de deux appuis simples, on vérifiera si $\frac{2Ql}{3er^2}\cdot\frac{v^2}{2g}$ est une petite fraction, et dans le cas de deux encastrements on fera cette vérification sur $\frac{Ql}{4er^2}\cdot\frac{v^2}{2g}$. Si la vérification réussit, la vitesse de la charge n'aura pas d'influence notable sur la résistance; sinon il faudrait diminuer l'écartement des appuis, ou augmenter le moment d'inflexibilité, dans la mesure qui serait nécessaire.

Voici enfin un cas particulier que M. Phillips a omis de considérer et dans lequel la théorie fournit, au moyen de calculs fort simples, des aperçus intéressants. Soit donnée une poutre horizontale reposant librement sur deux appuis extrêmes, dont l représente l'écartement, et soutenant une charge pl uniformément répartie sur sa longueur, à raison de p kilogrammes par unité linéaire. L'équilibre existe à un instant donné : alors on communique subitement une vitesse v à une portion de la charge, dont q représente le poids par unité de longueur. Il est visible que de cette manière l'équilibre serait troublé, car les poids animés de la vitesse v, se mouvant suivant des courbes égales et parallèles à celle de la fibre moyenne, exerceraient sur la poutre des pressions plus grandes que dans l'état statique, en raison de leurs forces d'inertie centrifuges;

mais on conçoit la possibilité idéale de donner à la poutre un accroissement de courbure capable de compenser l'augmentation de pression, de sorte que l'équilibre subsisterait malgré la vitesse v donnée au poids ql, pourvu toutefois que ce poids fût sans cesse renouvelé à une extrémité de la poutre à mesure qu'il s'écoule par l'autre, ce qui rendrait le phénomène permanent. Dans ces hypothèses, on peut d'abord chercher la figure d'équilibre, sous les actions simultanées du poids mort $(p-q)l$ et du poids ql animé de la vitesse v.

Représentons par AB (*fig.* 55) la fibre moyenne de la pièce dans son état primitif; prenons cette ligne pour axe des x, et pour axe des y la verticale descendante Cy qui passe en son milieu C. La courbe AC′B étant la figure d'équilibre demandée, appelons :

Fig. 55.

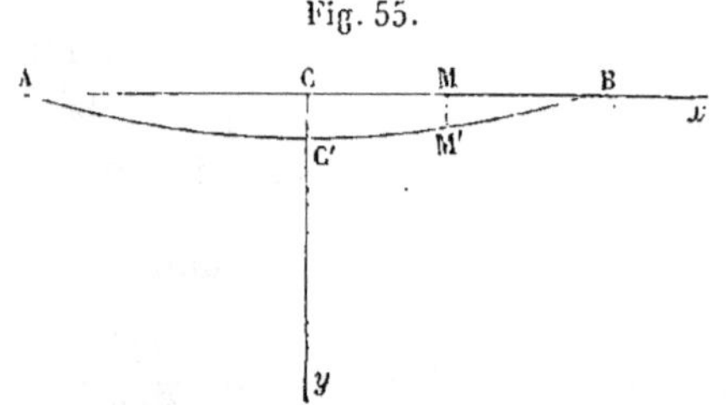

x, y les coordonnées d'un point quelconque M′ de cette courbe, lequel était primitivement en M;

a la distance $\overline{CB}$, ou la moitié de l'écartement l des appuis;

e le ressort longitudinal de la section transversale;

r son rayon de gyration relativement à l'axe de flexion;

ρ le rayon de courbure de la courbe C′B, pour le point M′, répondant aux coordonnées x, y;

P l'effort tranchant, X le moment de flexion, pour la section faite au même point.

Si nous prenons un élément dx de la fibre moyenne primitive, à partir du point M, l'élément correspondant de la pièce supportera : 1° le poids pdx; 2° l'excès de pression $\frac{qdx}{g}\cdot\frac{v^2}{\rho}$ dû à la force centrifuge. Or, on a

$$\frac{1}{\rho}=\frac{d^2y}{dx^2}\left[1+\left(\frac{dy}{dx}\right)^2\right]^{-\frac{3}{2}},$$

ou plus simplement, attendu la faible courbure de la pièce qui rend $\left(\frac{dy}{dx}\right)^2$ négligeable devant l'unité,

$$\frac{1}{\rho} = \pm \frac{d^2y}{dx^2}.$$

Ici, quand on veut avoir la valeur absolue de ρ, c'est le signe — qu'il faut prendre, car la courbe tourne sa concavité du côté des y négatifs, d'où il résulte que $\frac{dy}{dx}$ est décroissant algébriquement et $\frac{d^2y}{dx^2}$ est négatif. D'ailleurs, la petitesse de $\frac{dy}{dx}$ autorise à considérer la force centrifuge comme très-sensiblement verticale; la force totale supportée par l'élément dx a donc pour valeur

$$pdx - \frac{qv^2dx}{g}\cdot\frac{d^2y}{dx^2}.$$

En convenant d'exprimer les efforts tranchants avec un sens positif contraire à celui des y, cette quantité exprimera l'accroissement différentiel $d\mathrm{P}$ quand on se déplace de dx sur la fibre moyenne; ainsi

$$d\mathrm{P} = pdx - \frac{qv^2}{g}\cdot\frac{d^2y}{dx^2}\,dx,$$

d'où l'on déduit par l'intégration

$$\mathrm{P} = px - \frac{qv^2}{g}\cdot\frac{dy}{dx} + \text{const.}$$

Afin de déterminer la constante, on remarquera que chacune des réactions égales qui s'exercent en A et en B doit égaler la somme des forces verticales appliquées sur une moitié de la pièce, d'où il résulte que l'effort tranchant s'annule en C′, pour $x = 0$; d'un autre côté, $\frac{dy}{dx}$ s'annule aussi au même point, par raison de symétrie : donc la constante est nulle, et l'on a

$$\mathrm{P} = px - \frac{qv^2}{g}\cdot\frac{dy}{dx}.$$

Intégrant une seconde fois, on aura (n° 70) le moment fléchissant X :

$$X = \frac{1}{2}px^2 - \frac{qv^2y}{g} + \text{const.};$$

la constante se déterminera par la condition d'avoir $X = 0$ en B, pour $x = a$, et il viendra finalement

$$X = \frac{1}{2}p(x^2 - a^2) - \frac{qv^2y}{g},$$

d'où l'on conclura aussi (nº 42)

$$(43) \qquad er^2\frac{d^2y}{dx^2} = \frac{1}{2}p(x^2 - a^2) - \frac{qv^2y}{g}.$$

C'est l'équation différentielle de la courbe AC'B.

L'équation (43) met déjà en évidence un fait assez remarquable : c'est que, dans l'équilibre dont il s'agit, les forces centrifuges développées par la vitesse de la charge $2qa$ équivalent à deux forces $\frac{qv^2}{g}$, égales et contraires, agissant aux extrémités A et B, suivant l'axe primitif AB, et de manière à produire une compression. L'intensité de ces forces est égale à la force vive possédée par chaque mètre courant du convoi mobile. On sait, par la théorie des pièces chargées debout (nº 84), que la seule existence des forces dont il s'agit, même en faisant abstraction des actions de la pesanteur, serait capable de compromettre la pièce, si ces forces atteignaient la limite $\frac{er^2\pi^2}{4a^2}$. Donc la relation

$$\frac{qv^2}{g} = \frac{er^2\pi^2}{4a^2}$$

détermine une valeur de la vitesse v capable d'entraîner la rupture de la poutre. Mais, ne trouverait-on pas une limite moins élevée, si l'on avait égard au poids $2pa$ en même temps qu'aux forces horizontales $\frac{qv^2}{g}$? C'est une question qu'il est naturel de se poser et à laquelle on pourra répondre quand on aura intégré l'équation (43); nous allons donc procéder à cette opération.

Afin de simplifier l'écriture, nous poserons

$$\frac{qv^2}{g} = \frac{er^2}{a^2} u^2,$$

u étant une constante donnée; de plus, nous prendrons les variables x', y' liées à x et à y par les relations

$$er^2 y = pa^4 y', \quad x = ax'.$$

Alors l'équation (43) pourra s'écrire

$$pa^2 \frac{d^2 y'}{dx'^2} = \frac{1}{2} pa^2 (x'^2 - 1) - \frac{er^2 u^2}{a^2} \cdot \frac{pa^4 y'}{er^2},$$

soit, en supprimant le facteur commun pa^2 et simplifiant,

$$\frac{d^2 y'}{dx'^2} = \frac{1}{2} (x'^2 - 1) - u^2 y'. \tag{44}$$

Si, dans cette dernière équation, on met à la place de y' un binôme du second degré tel que

$$\alpha + \beta x'^2,$$

on déterminera facilement les coefficients α et β de manière à rendre les deux membres identiques, et l'on aura ainsi une solution particulière de l'équation différentielle, savoir

$$y' = \frac{1}{2u^2} \left(x'^2 - 1 - \frac{2}{u^2} \right).$$

On posera ensuite

$$y' = \frac{1}{2u^2} \left(x'^2 - 1 - \frac{2}{u^2} \right) + z,$$

valeur qui, substituée dans l'équation (44), donne, pour déterminer l'inconnue auxiliaire z,

$$\frac{d^2 z}{dx'^2} = - u^2 z.$$

On a par suite, en appelant A et B deux constantes arbitraires,

$$z = \mathrm{A} \sin ux' + \mathrm{B} \cos ux',$$

d'où l'on déduit successivement

$$y' = \frac{1}{2u^2}\left(x'^2 - 1 - \frac{2}{u^2}\right) + A\sin ux' + B\cos ux',$$

$$\frac{er^2 y}{pa^2} = \frac{1}{2u^2}\left(x^2 - a^2 - \frac{2a^2}{u^2}\right) + Aa^2\sin\frac{ux}{a} + Ba^2\cos\frac{ux}{a}.$$

Les constantes doivent être prises de manière à donner $\frac{dy}{dx} = 0$ pour $x = 0$, et $y = 0$ pour $x = a$: il en résulte

$$A = 0, \quad B = \frac{1}{u^4\cos u},$$

et, par conséquent,

(45) $$\frac{er^2 y}{pa^2} = \frac{1}{2u^2}(x^2 - a^2) + \frac{a^2}{u^4}\left(\frac{\cos\frac{ux}{a}}{\cos u} - 1\right).$$

La flèche f s'obtient en faisant $x = 0$ dans l'équation (45) : on a donc

(46) $$\frac{er^2 f}{pa^4} = -\frac{1}{2u^2} + \frac{1}{u^4}\left(\frac{1}{\cos u} - 1\right).$$

Il y a aussi de l'intérêt à connaître le maximum du moment fléchissant X; d'après l'équation (43) ce maximum répond à $x = 0$ et a pour valeur absolue

$$X_0 = \frac{1}{2}pa^2 + \frac{qv^2 f}{g}$$

ou, ce qui revient au même,

$$X_0 = \frac{1}{2}pa^2 + \frac{er^2 fu^2}{a^2} = \frac{1}{2}pa^2\left(1 + \frac{2er^2 fu^2}{pa^4}\right)$$

$$= \frac{1}{2}pa^2 \cdot \frac{2}{u^2}\left(\frac{1}{\cos u} - 1\right).$$

La quantité $\frac{1}{2}pa^2$ exprimerait le moment fléchissant maximum dans le cas où la vitesse v s'annulerait; si donc on pose

(47) $$n = \frac{2}{u^2}\left(\frac{1}{\cos u} - 1\right),$$

le nombre n sera le coefficient par lequel on devra multiplier ce moment pour tenir compte de l'accroissement dû à v.

On voit que si on a $u = \frac{\pi}{2}$, ce qui entraîne l'égalité

$$\frac{\pi^2}{4} = u^2 = \frac{qv^2a^2}{er^2g} \quad \text{ou bien} \quad \frac{qv^2}{g} = \frac{er^2\pi^2}{4a^2},$$

alors f et X_0 deviennent infinis : la rupture se produirait donc, et nous retrouvons ainsi le résultat que nous avions prévu au moyen de la théorie des poutres chargées debout. D'ailleurs, f et X_0 restent finis pour toute valeur de u inférieure à $\frac{\pi}{2}$. Si en particulier on suppose $u = \frac{\pi}{4}$, il vient

$$f = 0,2780.\frac{pa^4}{er^2}, \quad X_0 = 1,3430.\frac{1}{2}pa^2,$$

tandis que, si la vitesse v était nulle, on aurait (n° **71**)

$$f = \frac{5pa^4}{24er^2} = 0,2083\frac{pa^4}{er^2}, \quad X_0 = \frac{1}{2}pa^2:$$

ces quantités augmenteraient donc, par l'effet de la vitesse, dans les rapports de 1 à 1,3348 et à 1,3430, c'est-à-dire de $\frac{1}{3}$ environ. Le maximum des pressions ou tensions croîtrait dans la même proportion que le moment X_0; mais il ne semble pas que cela puisse avoir des inconvénients bien sérieux en pratique parce que la matière de la poutre ne doit supporter, sous l'action des charges mortes, que $\frac{1}{6}$ au plus de la tension capable de produire la rupture (*voir* le chapitre suivant). On aurait donc le droit d'adopter avec assez de sécurité la valeur $u = \frac{\pi}{4}$, c'est-à-dire

$$\frac{qv^2}{g} = \frac{er^2\pi^2}{16a^2},$$

ce qui donnerait une limite des valeurs non dangereuses de

la force vive $\frac{qv^2}{g}$ possédée par le convoi roulant sur chaque unité de longueur.

Il est facile de reconnaître que la vitesse v, correspondante à la limite ci-dessus, doit être généralement assez considérable. Supposons (ce qui a lieu le plus souvent) que la poutre ait une section homogène, symétrique relativement à l'axe de flexion, et dont la hauteur serait h dans le sens perpendiculaire à cet axe. Le maximum de tension par unité de surface (abstraction faite de la vitesse v) serait (n° **21**) égal à $\frac{pa^2Eh}{4er^2}$, puisque le moment fléchissant maximum est $\frac{1}{2}pa^2$; donc, en nommant R la plus grande tension à laquelle on doit soumettre la matière sous l'action d'une charge immobile, on aura

$$\frac{pa^2Eh}{4er^2} = R,$$

égalité qui, combinée avec la précédente, donne

$$\frac{qv^2}{g} = \frac{\pi^2}{64} \cdot \frac{E}{R} \cdot ph$$

et, par suite,

$$v = \frac{\pi}{8} \sqrt{\frac{E}{R} \cdot \frac{p}{q} gh}.$$

Or $\frac{p}{q}$, d'après la définition des lettres p et q, dépasse nécessairement l'unité; d'un autre côté, le facteur $\frac{E}{R}$ est grand, comme on peut le reconnaître en prenant les nombres donnés dans le chapitre suivant: cela suffit pour faire concevoir la vérité de notre assertion. Afin de mieux constater le fait dans un cas particulier, supposons une poutre en tôle, comme celles qu'on emploie fréquemment dans les ponts de chemins de fer; alors on aura

$$E = 2.10^{10}, \qquad R = 6.10^6,$$

d'où résulte

$$v = \frac{\pi}{8} \sqrt{\frac{20000}{6} \cdot \frac{p}{q} gh} = 16,03 \sqrt{\frac{p}{q}} \sqrt{2gh}.$$

Supposant enfin le poids roulant q quintuple du poids immobile $p-q$ (ce qui est en général au-dessus de la vérité, et ce qui tend à diminuer la limite v que nous cherchons), nous devrons faire $\frac{p}{q}=\frac{6}{5}$, et nous trouverons

$$v=17,56\sqrt{2gh}.$$

Voici les résultats que donne cette formule, pour diverses valeurs de h.

Hauteur h de la poutre.	Limite des valeurs non dangereuses de la vitesse.
0^m,50	55 mètres.
0,75	67 »
1,00	78 »
1,25	87 »
1,50	95 »
2,00	110 »
3,00	135 »
4,00	156 »
5,00	174 »

La vitesse d'un train express s'élève rarement jusqu'à 20 mètres par seconde (18 lieues à l'heure); une vitesse double ne s'obtient que dans des circonstances tout à fait exceptionnelles. On peut donc dire que les vitesses des trains de chemins de fer n'atteignent jamais à la limite qui pourrait commencer à rendre la force vive du convoi dangereuse pour la stabilité des poutres en tôle. La quantité u aura toujours dans la réalité une valeur moindre que $\frac{\pi}{4}$, et l'accroissement proportionnel de flèche ou de tension moléculaire dû à la vitesse de la charge roulante restera plus ou moins en dessous de $\frac{1}{3}$, nombre que nous avons trouvé en admettant l'hypothèse $u=\frac{\pi}{4}$.

Tous ces calculs supposent que la poutre reste en équilibre sous une charge uniformément répartie, dont une portion forme un convoi roulant, sans cesse renouvelé. Cela se produirait assez exactement si le convoi placé d'abord sans vitesse au-dessus de la poutre prenait ensuite une vitesse très-lentement croissante, jusqu'à la valeur finale v. On pourrait alors négliger les forces d'inertie tangentielles du convoi, et la poutre tendrait à prendre peu à peu la forme d'équilibre que nous avons calculée; comme de plus elle y arriverait sans vitesse sensible, elle ne s'en écarterait plus après qu'elle l'aurait atteinte. Mais ce n'est point ainsi que les choses se passent généralement. La poutre étant en équilibre sous sa charge permanente $(p - q)l$, le convoi, pesant q par unité de longueur, arrive avec toute sa vitesse v antérieurement acquise; il s'engage progressivement au-dessus de la poutre et finit par la couvrir entièrement, s'il est assez long; puis au bout d'un certain temps son extrémité d'arrière ayant passé à son tour, la poutre continue à osciller en vertu du mouvement qu'elle vient de recevoir et de son inertie jointe à celle de la charge permanente. Nous pouvons bien encore dire qu'elle tend à prendre, pendant le passage du convoi, la forme d'équilibre représentée par l'équation (45); mais elle aura de la vitesse au moment où elle l'atteindra, et par suite elle ira au delà. Il n'en résulte pas moins, cependant, que la flèche cesserait d'être petite si $\frac{qv^2}{g}$ prenait la valeur $\frac{er^2\pi^2}{4a^2}$, puisque ce fait a déjà lieu en supposant que la poutre s'arrête à la position d'équilibre, tandis que, en réalité, elle va plus loin : il serait donc dangereux, en tout cas, de laisser $\frac{qv^2}{g}$ croître jusqu'à la limite dont il s'agit. Quant à la limite quatre fois moindre, qui produisait tout à l'heure un accroissement relatif de $\frac{1}{3}$ dans le moment fléchissant maximum, elle pourra produire, eu égard aux oscillations de la poutre, un accroissement plus grand; mais en admettant, par analogie avec d'autres exemples, que l'accroissement doive être doublé (n°s 136, 137 et 141) et même, au besoin, triplé, il n'y aurait là rien d'inquiétant pour la stabilité, à moins que la plus forte tension, calculée dans l'hypothèse d'une charge morte, ne fût déjà très-élevée et sensiblement supérieure aux chiffres habituellement admis. On a vu d'ailleurs, dans le cas des poutres en tôle soutenant une voie de chemin de fer, que cette seconde limite ne peut même pas être atteinte avec les plus grandes vitesses ordinairement réalisées : il en résulte que la vitesse des convois augmente en général assez faiblement la flexion des poutres, et que cette vitesse ne peut amener immédiatement aucune conséquence fâcheuse. Mais cela ne veut pas dire que de petites trépidations fréquemment renouvelées ne puissent à la longue altérer la résistance des poutres métalliques, en les faisant passer de l'état fibreux à l'état cristallin. C'est un autre point de vue que nous n'avons pas eu l'intention de considérer ici : nous y reviendrons plus loin.

Les augmentations des moments de flexion, qui ont lieu quand une partie de la charge prend une certaine vitesse, étant produits par les forces d'inertie centrifuges, un bon moyen pratique d'en atténuer, et souvent d'en faire disparaître les effets, consisterait à établir primitivement la poutre avec une fibre moyenne légèrement arquée en dessus de l'horizontale : cette fibre tendrait alors à se redresser pendant le passage des convois, et si elle ne devenait pas concave en sens inverse de la courbe de pose, les forces centrifuges ne pourraient que diminuer la pression statique.

CHAPITRE SEPTIÈME.

RÉSULTATS D'EXPÉRIENCES SUR L'ÉLASTICITÉ DES MATÉRIAUX.

§ Ier. — Extension.

143. *Précautions à prendre dans les expériences.* — On conçoit facilement comment peuvent se faire des expériences sur l'extension des matériaux. Un prisme, suspendu par l'une de ses extrémités, soutient à l'autre un plateau de balance, dans lequel on met des poids. Pour chaque poids total mis dans la balance, on tient note de l'allongement correspondant. On augmente successivement la charge jusqu'à produire la rupture; mais avant d'arriver à ce point, on peut laisser chaque charge plus ou moins longtemps dans la balance, pour constater l'influence du temps sur l'étendue du phénomène; on peut aussi observer les effets qui subsistent après l'enlèvement de la charge.

Les précautions à prendre dans l'exécution de ces expériences sont les suivantes : 1° Quand les allongements sont mesurés simplement en constatant le déplacement vertical que prend l'extrémité inférieure du prisme, il faut que les points d'appui soient aussi résistants que possible; sans cela ils cèderaient à l'action de la charge, et la mesure des allongements serait entachée d'erreur. Cette cause d'incertitude pourrait être évitée si l'on mesurait le déplacement relatif de deux points du prisme primitivement séparés par une distance connue. 2° Les poids doivent être posés très-doucement dans le plateau, et même il faut soutenir celui-ci pendant que l'allongement se produit. On a vu en effet, dans divers exemples traités au chapitre VIe, que, même en faisant agir la charge sans vitesse initiale, l'allongement statique pourrait être doublé, et cette proportion serait même dépassée si les poids qu'on met dans le plateau tombaient d'une certaine hauteur. 3° Lorsqu'on opère sur un prisme qui n'a pas de petites dimensions transversales, et qui, en conséquence, n'est pas très-flexible, il faut que la résultante des charges passe bien par la fibre moyenne du prisme. Si cette condition n'était pas remplie, on sait (§ IV du chapitre Ier) que la tension et l'allongement de la fibre moyenne resteraient néanmoins les mêmes; seulement la flexion qui se produirait alors, en même temps que l'extension simple, déterminerait en certains points des actions moléculaires plus fortes, et la rupture se produirait sous une charge moindre.

144. *Expériences sur l'extension du fer.* — Le fer est la matière qui a été le plus essayée; elle se classe en effet parmi les plus utiles, à cause de sa grande résistance, et l'attention devait naturellement se porter sur ses propriétés. Parmi les ingénieurs ou physiciens qui s'en sont occupés, on peut citer en particulier Duleau et M. Eaton Hodgkinson. Les expériences de ce dernier sont plus multipliées et plus complètes. Nous citons ci-après une série de ces expériences faites sur une tige en fer forgé de la meilleure qualité. La tige ayant environ 15 mètres de longueur totale, afin de rendre sensibles les allongements à mesurer, était formée de plusieurs parties réunies au moyen de manchons; sa section était, en millimètres carrés, environ $135^{mmq},4$. Pour chaque charge, on mesurait d'abord l'allongement total; puis on enlevait la charge afin de constater l'allongement permanent qui pouvait subsister; la différence de ces deux quantités est ce qu'on nomme *allongement élastique*. Le coefficient d'élasticité longitudinale est égal, comme l'on sait (n° 13), au quotient obtenu en divisant la charge rapportée à l'unité de surface par l'allongement rapporté à l'unité de longueur; ordinairement on l'exprime en prenant le mètre carré pour unité de surface et le kilogramme pour unité de force. Dans le tableau ci-après, les charges sont exprimées en multiples de $1^{kil},87$ par millimètre carré; les allongements, en millièmes de la longueur primitive. Ce tableau, sauf quelques simplifications et quelques détails complémentaires, est emprunté à la *Résistance des Matériaux* de M. le général A. Morin.

Expériences pour déterminer les allongements d'une barre de fer, sous divers poids.

CHARGES par millimètre carré.	NOMBRES proportionnels aux charges.	ALLONGEMENT RELATIF exprimé en millièmes de la longueur primitive			QUOTIENT DE LA CHARGE rapportée au mètre carré, divisée par l'allongement relatif	
		Total.	Permanent.	Élastique.	Total.	Élastique.
k 1,87	1	0,082	"	0,082	$10^9 \times 22,8$	$10^9 \times 22,8$
3,75	2	0,185	"	0,185	20,2	20,2
5,62	3	0,284	0,003	0,281	19,8	20,0
7,50	4	0,380	0,003	0,377	19,8	19,9
9,37	5	0,475	0,004	0,471	19,7	19,9
11,25	6	0,571	0,005	0,566	19,7	19,9
13,12	7	0,666	0,007	0,659	19,7	19,9
15,00	8	0,760	0,010	0,750	19,3	20,0
16,87	9	0,873	0,033	0,840	19,3	20,1
18,75	10	1,013	0,083	0,930	18,4	20,2
20,64	11	1,283	0,262	1,021	16,1	20,2
22,50	12	2,360	1,130	1,230	9,5	18,1
24,37	13	4,287	3,071	1,216	5,6	20,0
26,25	14	9,951	8,574	1,377	2,9	19,1
28,12	15	10,493	9,102	1,391	2,7	20,0
la même après 1h	"	11,750	"	"	2,4	"
» 3	"	11,934	"	"	2,4	"
» 5	"	11,959	"	"	2,4	"
» 7	"	12,027	"	"	2,3	"
» 10	"	12,027	"	"	2,3	"
30,00	16	17,888	16,515	1,373	1,7	21,8
"	"	20,220	18,889	1,331	1,5	22,5
31,87	17	21,486	19,795	1,691	1,5	18,9
"	"	21,702	"	"	1,5	"
33,75	18	24,774	22,709	2,065	1,4	16,3
"	"	25,225	"	"	1,3	"
35,62	19	34,935	32,820	2,115	1,0	17,0
"	"	35,202	"	"	1,0	"
37,46	20	rupture de la tige.		"	"	"

Si, pour rendre plus sensibles les résultats du tableau précédent, nous portons sur un axe Ax (*fig.* 56) les charges par

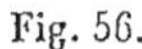

Fig. 56.

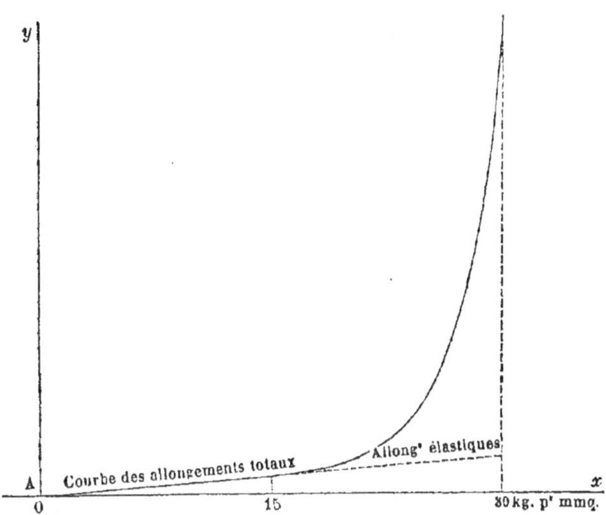

millimètre carré, et en ordonnées parallèles à Ay les allongements totaux ou élastiques, après avoir corrigé quelques irrégularités qui viennent sans doute des erreurs d'expérience, nous constaterons :

Que les allongements totaux du fer sont sensiblement proportionnels aux charges, tant que celles-ci ne dépassent pas la limite de 15 kilogrammes par millimètre carré; que, au delà de cette limite, les allongements totaux croissent suivant une loi qui devient progressivement beaucoup plus rapide, de telle sorte que le coefficient d'élasticité se trouve à la fin quinze ou vingt fois plus petit qu'au commencement;

Que les allongements élastiques restent toujours à peu près proportionnels aux charges, même quand celles-ci se rapprochent de celle qui entraîne la rupture immédiate;

Que la valeur du coefficient d'élasticité longitudinale **E**, pour l'extension du fer, est en nombres ronds de 2.10^{10}, le mètre carré étant pris pour unité de surface et le kilogramme pour unité de force.

L'ensemble des expériences de **M. Hodgkinson** a confirmé

ces résultats. Voici encore d'autres propriétés qui ont été observées par ce physicien. Les charges les plus faibles donnent lieu, dans le fer, à une déformation permanente; mais on voit que les allongements permanents sont très-petits tant que les allongements totaux restent proportionnels aux charges. En effet, pour la charge de 15 kilogrammes par millimètre carré, l'allongement permanent n'est encore que 0,01 de millimètre par mètre, soit $\frac{1}{76}$ de l'allongement total. Un caractère remarquable de cet allongement permanent, c'est qu'il n'augmente plus lorsque, après avoir laissé reposer quelque temps la barre, on la soumet de nouveau à une traction plus faible. Ainsi une barre de fer, de 10 mètres de longueur primitive, ayant été soumise à une traction de $22^{kil},5$ par millimètre carré, conservera, après l'enlèvement de la charge, une longueur de $10^{m},0113$, d'après le tableau ci-dessus; cette barre de $10^{m},0113$, soumise ensuite à de nouvelles tensions moindres que $22^{kil},5$ par millimètre carré, reprendra toujours la longueur de $10^{m},0113$ après l'enlèvement de la charge, et éprouvera pour chaque tension un allongement proportionnel à cette tension, pourvu, bien entendu, que dans la mesure de l'allongement on considère $10^{m},0113$ comme la longueur primitive. Il y a donc dans le fait de soumettre une barre à une certaine tension en quelque sorte un fabrication nouvelle qui, comme le martelage ou le passage au laminoir, change dans une certaine mesure les qualités physiques du métal.

145. *Remarques sur les résultats précédents. Limites dans lesquelles on peut appliquer les formules de la Résistance des Matériaux.* — Anciennement on admettait que tout corps soumis à une force reprenait sa forme primitive quand la force cessait d'agir, pourvu que cette force fût en dessous d'une certaine limite. C'est en cela qu'on faisait consister l'élasticité de la matière, et l'on disait que la limite de l'élasticité se trouvait dépassée quand, après la suppression de la force, il y avait un retour incomplet vers la forme primitive. Aujourd'hui, cette notion de la limite d'élasticité ne peut plus être admise en toute rigueur, puisqu'il y a toujours après l'action d'une force une

déformation permanente. Le retour incomplet vers la forme primitive après l'action d'une certaine force ne prouve pas que la matière ait perdu son élasticité, mais seulement que la force a dépassé la limite de celles auxquelles on avait précédemment soumis le corps dans des circonstances analogues, ce qui en fait un corps nouveau ayant ses molécules dans un état d'équilibre différent du premier.

Les formules fondamentales de la Résistance des Matériaux reposent sur plusieurs hypothèses, et entre autres sur celle de la proportionnalité des allongements et des forces qui les produisent. En ce qui concerne le fer, on voit que cette proportionnalité existe en effet pour des charges bien supérieures à celles que les constructeurs regardent comme limites des efforts auxquels on peut soumettre les pièces de fer; mais quand on se rapproche du point de rupture, la loi change complétement, et les allongements croissent dans une proportion bien plus rapide que les charges.

Ces remarques sont importantes. Souvent on donne aux formules théoriques de la Résistance des Matériaux une généralité qu'elles ne doivent pas avoir, en continuant de les appliquer quelles que soient les tensions intérieures des pièces que l'on considère. C'est ainsi qu'on détermine le poids qui, suspendu au milieu d'une poutre reposant sur deux appuis, serait capable de la rompre, en exprimant par le calcul que la tension longitudinale maximum des fibres atteint la limite indiquée par l'expérience pour produire la rupture. Mais, dans cette question et dans toutes les applications analogues qu'on pourrait imaginer, on oublie que l'expression de la tension maximum repose sur l'hypothèse de la proportionnalité entre les tensions et les allongements, laquelle cesse d'être vraie dans les environs de la rupture. Il n'y a donc pas lieu de s'étonner, quand on procède ainsi, du désaccord entre les données de l'expérience et les résultats du calcul, car il y aurait lieu plutôt de s'étonner du fait contraire; et les reproches qui, pour cette cause, ont été adressés à la théorie, paraissent en réalité peu fondés. Les formules ne doivent être soumises à la vérification expérimentale qu'en se tenant dans de justes limites quant à la grandeur des déformations et des forces moléculaires mises en jeu; nous ne croyons pas, moyennant cette restriction, que l'expérience soit venue les démentir, et nous pourrons au contraire citer bien des faits pour les confirmer, comme la suite le montrera.

146. *Expériences sur l'extension de la fonte.* — M. Hodgkinson a constaté pour l'extension de la fonte des propriétés tout à fait analogues à celles qu'on a vues au sujet du fer. Il se produit toujours, même pour les charges les plus faibles, un allongement permanent qui subsiste après l'enlèvement de la charge. La proportionnalité entre les allongements et les tensions subsiste assez approximativement jusqu'à une charge moitié de celle qui produirait la rupture immédiate; elle subsisterait même au delà si l'on ne considérait que les allongements élastiques.

D'après les résultats moyens des expériences de M. Hodgkinson, le coefficient d'élasticité longitudinale pour l'extension de la fonte serait environ de 9.10^9. Précédemment on admettait le chiffre de 12.10^9. M. Stephenson a proposé 8.10^9; enfin, il y a quelques années, MM. Desplaces et Collet-Meygret ont attribué à ce coefficient, dans les arcs du viaduc de Tarascon, la valeur de 6.10^9, et, d'après leurs expériences, ce ne serait là qu'une moyenne de nombres variant depuis 3.10^9 jusqu'à 12.10^9. Des divergences aussi considérables ne viennent pas sans doute uniquement de la différence d'origine des fontes essayées, laquelle a cependant une influence marquée sur une matière de propriétés physiques aussi changeantes. Suivant MM. Desplaces et Collet-Meygret, il y aurait en réalité, dans toute pièce de fonte de dimensions transversales un peu fortes, deux métaux essentiellement différents : le métal extérieur, occupant la surface de la pièce sur une profondeur de quelques millimètres, et le métal intérieur. Le premier, refroidi plus rapidement par le contact du moule au moment du coulage, serait plus dur, plus dense, doué d'un coefficient plus considérable que le second, pour lequel le resserrement des molécules aurait été gêné et contrarié par l'enveloppe déjà refroidie. En admettant cette distinction comme fondée, on comprend aisément que l'essai d'une pièce mince fasse attribuer une valeur plus forte au coefficient d'élasticité longitudinale de la fonte que l'essai d'une pièce à grande épaisseur; car dans le premier cas l'influence du métal extérieur serait dominante, et dans le second elle serait plus ou moins effacée.

Il est bien difficile, quand on doit faire des calculs sur les déformations d'une pièce de fonte, de fixer *à priori* la valeur exacte du coefficient dont il s'agit. Suivant que la pièce aura des épaisseurs faibles, moyennes ou fortes, il conviendra de se rapprocher des nombres 12.10^9, 9.10^9, 6.10^9, à défaut de données plus précises. Mais il vaudrait mieux faire quelques expériences directes sur des morceaux analogues, pour les dimensions et la provenance, avec ceux qu'on doit définitivement employer. D'ailleurs, si l'on avait besoin de connaître le coefficient d'élasticité longitudinale maximum dans une section, il serait assez plausible de le supposer toujours égal à 12.10^9.

147. *Expériences sur l'extension des bois.* — Les résultats suivants ont été donnés par MM. Chevandier et Wertheim, comme conséquence de nombreux essais :

1° La densité d'un bois varie peu avec l'âge; mais le coefficient d'élasticité longitudinale E diminue à partir d'un certain âge; il dépend, en outre, de la sécheresse, de l'exposition et de la constitution géologique du terrain. Il est plus grand pour les expositions nord, nord-est, nord-ouest et pour les terrains secs, toutes choses étant égales d'ailleurs.

2° La résistance à l'extension est soumise à des influences analogues.

3° Les arbres coupés en pleine séve et ceux d'une même essence qui sont coupés avant la séve ont à peu près la même élasticité.

4° L'épaisseur des couches ligneuses n'a pas d'influence notable sur le coefficient d'élasticité longitudinale, excepté quand il s'agit du sapin; la valeur de ce coefficient est d'autant plus grande, que l'épaisseur des couches est plus petite.

5° Il se produit toujours un allongement permanent en même temps qu'un allongement élastique.

Quant à la valeur du coefficient d'élasticité longitudinale

pour l'extension des bois, elle est naturellement très-variable, suivant les essences et les circonstances particulières qui influent sur la qualité de chaque échantillon. Dans le cas du chêne et du sapin, on a trouvé généralement E variable de 9.10^8 à 12.10^8; mais ces chiffres sont loin d'être absolus, et nous ne les citons que pour donner une idée de l'ordre de grandeur du nombre dont nous parlons.

148. *Résistance de diverses matières à l'extension; limites pratiques de la tension longitudinale par unité de surface.* — La résistance du fer à la rupture par extension est assez variable avec la nature des fers essayés et leur mode de fabrication. Certains fils de fer de très-bonne qualité peuvent ne se rompre que sous une charge de 90 kilogrammes par millimètre carré, tandis que 25 suffiraient pour des fers en barre médiocres et de gros échantillon. On peut admettre comme charges moyennes produisant la rupture par extension des pièces en fer :

70^{kil}	pour le fil de fer, les limites extrêmes étant			50 et 90
40^{kil}	pour le fer en barre	»	»	25 et 60
38^{kil}	pour la tôle	»	»	35 et 40

La tôle est, comme on le voit, sujette à des variations moins considérables.

Lorsqu'il s'agit de la fonte, il faut s'attendre à trouver des variations encore bien plus grandes que pour le fer. M. Hodgkinson a reconnu que la rupture s'opérait pour des charges comprises entre 9 et 14 kilogrammes par millimètre carré; la section des barres essayées était de 10 centimètres carrés au moins et de 26 au plus. MM. Minard et Desormes, en 1815, avaient indiqué un chiffre sensiblement égal à la moyenne de M. Hodgkinson. Mais ces chiffres paraissent devoir être considérablement diminués dans le cas de dimensions transversales assez fortes. Ainsi, dans la construction du pont tubulaire sur le détroit de Menai, le fond du cylindre d'une presse hydraulique s'est détaché sous une tension qui ne dépassait guère 2 kilogrammes par millimètre carré. Une aussi grande réduction de résistance tenait sans doute d'abord à l'épaisseur des parois latérales du cylindre, qui allait jusqu'à $0^m,254$. Il y a probablement ici une influence analogue à celle que nous avons signalée précédemment en nous occupant du coefficient d'élasticité E (nº 146). Peut-être aussi n'avait-on pas assez pris soin d'éviter les inégalités d'épaisseur des parties adjacentes, ce qui donne souvent lieu à des défauts intérieurs dans la pièce, au moment où elle se solidifie dans le moule qui a servi à la couler.

Parmi les bois de construction ordinaires, le chêne et le sapin du Nord se rompent par extension sous des charges de 6 à 9 kilogrammes par millimètre carré ; pour le sapin des Vosges, ce chiffre est réduit à 4 kilogrammes environ.

On n'a point déterminé jusqu'à présent d'une manière bien précise les limites que peut atteindre la tension longitudinale permanente des matériaux de diverses natures dans les constructions. Les expériences sont en effet difficiles, à cause de l'influence mal connue de la durée des efforts, ce qui exigerait qu'on les prolongeât pendant des années ; cette difficulté s'augmente encore à cause de la variété infinie de circonstances secondaires que présente la pratique. Quand il s'agit des métaux, on recommande en général d'adopter comme limite des tensions permanentes $\frac{1}{6}$ de celle qui entraîne la rupture immédiate, et d'aller à $\frac{1}{10}$ au plus pour les autres matières. Ce que l'on doit dire pour justifier ces chiffres, c'est que l'habitude et le sentiment des constructeurs les ont consacrés, et que d'assez nombreuses applications sur des échelles très-variées n'ont pas encore fait reconnaître l'utilité de les modifier. On verra cependant plus loin que le rapport de $\frac{1}{6}$ ne donne pas une sécurité exagérée, au moins quand on emploie la fonte.

Les rapports ci-dessus $\frac{1}{6}$ et $\frac{1}{10}$ sont observés non-seulement quand il s'agit de l'extension simple, mais aussi des diverses natures d'actions que nous allons passer successivement en revue.

§ II. — Compression.

149. *Élasticité longitudinale du fer et de la fonte comprimés.* — Les expériences faites par M. Hodgkinson sur la compression du fer et de la fonte ont donné divers résultats analogues à ceux qu'on a déjà vus tout à l'heure, au sujet de l'extension. Ainsi, tant que la charge d'une barre de fer ne dépasse pas 15 à 18 kilogrammes par millimètre carré, les raccourcissements restent sensiblement proportionnels aux charges qui les produisent; mais au delà les raccourcissements croissent suivant une loi de plus en plus rapide. Les charges les plus faibles donnent lieu à un raccourcissement permanent, qui subsiste après la charge, mais qui n'est qu'une petite fraction du raccourcissement total, tant que la charge est elle-même peu considérable.

Le coefficient d'élasticité longitudinale du fer, relatif à la compression, serait, d'après l'expérimentateur que nous citons, un peu inférieur à celui de l'extension, et la différence relative serait de 15 à 20 pour 100 environ. Pour la fonte, l'inégalité subsisterait dans le même sens, mais serait de quelques centièmes seulement. Le fait dont il s'agit n'est pas encore établi d'une manière bien irrécusable; il a d'ailleurs peu d'importance pratique. On peut donc toujours admettre l'égalité des deux coefficients d'élasticité longitudinale; ce qui ne signifie pas, comme on le dit quelquefois, que la charge de rupture est la même dans les deux cas de l'extension et de la compression.

On connaît peu d'expériences entreprises dans le but de mesurer spécialement le coefficient d'élasticité longitudinale, relatif à la compression, pour d'autres matières que le fer et la fonte. D'autres exemples de l'inégalité dont nous venons de parler n'ont été signalés par aucun observateur.

150. *Généralités sur la rupture par compression; deux cas à distinguer.* Premier cas. — On comprend difficilement au premier abord comment un corps peut se rompre par compression. La rupture, en effet, consiste dans la séparation des diverses molécules, et il semble que la compression ne peut produire cet effet, puisqu'elle tend au contraire à les rapprocher les unes des autres. Cela serait vrai s'il n'y avait qu'une compression simple telle que nous l'avons étudiée au commencement du Cours (nos 13 et 14); mais la compression est presque toujours accompagnée d'effets secondaires, et c'est à eux qu'est due la disjonction des parties, quand les forces deviennent assez grandes. Ainsi, par exemple, dans le cas d'un prisme de longueur notable, chargé suivant son axe, la charge en croissant progressivement finira par produire la flexion du prisme (n° 84); alors il y aura des fibres tendues et la rupture pourra s'ensuivre. Si la longueur du prisme est trop faible pour que la flexion soit possible (n° 84), on observe que la compression longitudinale est accompagnée d'une dilatation latérale, et de déformation par glissement de certaines parties relativement à d'autres, ce qui finit par amener la division du corps en plusieurs fragments.

Les explications précédentes n'ont pas seulement pour but de faire comprendre la possibilité de la rupture par compression; elles montrent en outre qu'il y a deux cas essentiellement différents à distinguer, parce que la cause de rupture n'y est point la même. Ces deux cas sont: 1° celui de la rupture par compression d'un prisme trop court pour fléchir sous l'action d'une force dirigée suivant son axe; 2° celui de la rupture par compression d'un prisme dont la longueur est assez considérable pour rendre la flexion possible.

Dans le premier cas, la charge capable de produire l'écrasement est indépendante de la longueur et proportionnelle à la section transversale. Elle est de 25 kilogrammes environ par millimètre carré quand il s'agit du fer; s'il s'agit de la fonte, d'après M. Hodgkinson, le chiffre est moyennement de 63 kilogrammes par millimètre carré, c'est-à-dire cinq fois et demie ce que nous avons indiqué pour l'extension (n° 148) : ces nombres sont d'ailleurs très-variables. Suivant Rondelet, le chêne et le sapin du Nord s'écraseraient sous une charge de 4 kilogrammes à $4^{kil},5$ par millimètre carré; mais cette résistance peut être augmentée par la dessiccation, ainsi que M. Hodgkinson l'a constaté; et même l'augmentation peut aller jusqu'à doubler le chiffre relatif à certaines essences de bois.

Les pierres et les maçonneries ont donné des résultats extrêmement variables. Nous reproduirons plus loin, dans une des tables numériques placées à la fin de ce volume, quelques chiffres bons à connaître.

151. Deuxième cas : *rupture par compression des prismes qui peuvent fléchir.* — On a déjà vu (n° 84) quelle est la condition théorique nécessaire pour qu'un prisme puisse fléchir sous l'action d'une force dirigée suivant la fibre moyenne. En appelant :

$2a$ la longueur du prisme;

r le rayon de gyration de la section transversale relativement à l'axe autour duquel s'opère la flexion;

E_1 le plus grand coefficient d'élasticité longitudinale pour une fibre quelconque du prisme;

R_2 la compression par unité de surface capable de produire l'écrasement;

π le rapport de la circonférence au diamètre,

il faut que l'on ait

$$2a > \pi r \sqrt{1 + \frac{E_1}{R_2}};$$

on doit d'ailleurs choisir pour axe de flexion celui qui donne le minimum de r, car c'est celui autour duquel la flexion est la plus facile, et auquel correspond la plus petite limite inférieure de la longueur $2a$. Ainsi, quand la base est un rectangle homogène dont la plus petite dimension est h, il faut prendre $r = h\sqrt{\frac{1}{12}} = 0,29h$; quand la base est un cercle homogène de diamètre d, on a $r = 0,25d$.

On s'est peu préoccupé de déterminer expérimentalement la limite inférieure dont nous parlons. Seulement M. Hodgkinson a énoncé ce fait : tant que la longueur d'une barre de fonte carrée ou circulaire ne dépasse pas cinq fois le diamètre, la rupture se fait par écrasement simple ; quand la longueur est de cinq à vingt-cinq fois le diamètre, il y a rupture mixte, à la fois par écrasement et par flexion ; au delà de vingt-cinq fois le diamètre, la flexion devient irrésistible. Or, si dans la formule rappelée tout à l'heure, on fait $r=0,29h$, $E_1=12.10^9$, $R_2=63.10^6$ (n^{os} **146** et **150**), on trouve $2a>12h$, résultat qui concorde assez bien avec l'indication de M. Hodgkinson; ce résultat varierait d'ailleurs avec les échantillons de fonte, par le changement des nombres E_1 et R_2.

Quand un corps de forme prismatique a une longueur assez grande pour commencer à fléchir avant de s'écraser, si la charge acquiert une intensité suffisante pour que la flexion puisse exister en effet, on sait (n° **84**) qu'un faible supplément de charge peut entraîner un grand accroissement de flèche, et par conséquent la rupture de la pièce. Ainsi donc, si l'on désigne par e le ressort longitudinal du prisme (n° **14**), la moindre charge capable de maintenir la pièce fléchie étant exprimée par $\frac{er^2\pi^2}{4a^2}$ (n° **84**), ce sera là aussi l'expression théorique de la charge de rupture, puisqu'on ne saurait la dépasser d'une manière sensible sans très-grand danger. Dans le cas d'une section transversale homogène, ayant la forme d'un cercle plein, de diamètre d, on aurait $er^2=\frac{1}{64}\pi E d^4$; dans le cas d'une section rectangulaire homogène, h étant son petit côté et l le grand, on aurait $er^2=\frac{1}{12}Elh^3$. Par conséquent la force N capable de produire la rupture serait exprimée théoriquement par

$$\frac{1}{256}\pi^3 E\frac{d^4}{a^2}, \text{ pour la section circulaire;}$$

$$\frac{1}{48}\pi^2 E\frac{lh^3}{a^2}, \text{ pour la section rectangulaire.}$$

Il est indispensable de se rappeler que l'expression $\frac{er^2\pi^2}{4a^2}$ de la force de rupture a été obtenue dans l'hypothèse où les sections extrêmes de la pièce ne seraient pas encastrées et pourraient au contraire tourner librement, tout en conservant leur centre sur la direction même de l'effort total de compression. Dans le cas où l'encastrement existerait et empêcherait rigoureusement toute rotation des sections extrêmes, la force de rupture serait quadruplée (n° **85**). Or, ce dernier cas se rapproche peut-être plus que l'autre des circonstances pratiques les plus ordinaires; car les poteaux et colonnes sont toujours terminés par des surfaces plates s'appuyant aussi sur des plans, en sorte que l'étendue même de ces surfaces d'appui s'oppose plus ou moins complétement à leur rotation et constitue tout au moins un encastrement partiel. L'expérience confirme cette manière de voir. M. Hodgkinson a trouvé en effet que les colonnes de fonte à extrémités arrondies résistaient trois fois moins à la rupture par compression que celles dont les extrémités présentaient une section plane. Ainsi donc, en admettant la substitution de ce multiplicateur 3 au multiplicateur théorique 4, pour tenir compte par aperçu de l'imperfection de l'encastrement, on aurait, dans le cas des bases plates :

$$N = \frac{3}{256}\pi^3 E \frac{d^4}{a^2},$$ pour la section circulaire, pleine et homogène;

$$N = \frac{1}{16}\pi^2 E \frac{lh^3}{a^2},$$ pour la section rectangulaire, également pleine et homogène.

A la vérité, comme nous l'avons déjà fait observer (n° 145), on ne doit pas compter sur l'exactitude des formules théoriques lorsqu'il s'agit de calculer les forces de rupture; néanmoins M. Hodgkinson a reconnu que la charge capable de rompre un poteau en chêne de bonne qualité, à section rectangulaire et à bases plates, était représentée par la formule empirique

$$N = 2565 \cdot 10^6 \frac{lh^3}{4a^2},$$

le kilogramme et le mètre étant pris pour unités. On voit que N varie proportionnellement à l et au cube de h, et en raison inverse du carré de la longueur $2a$, comme l'indique la théorie; de plus, en comparant la valeur de la constante $\frac{2565 \cdot 10^6}{4}$ avec l'expression $\frac{1}{16}\pi^2 E$, on en conclurait $E = 10^9$ environ, valeur s'accordant à peu près avec les nombres admis. Nous devons dire que les expériences du physicien anglais n'ont pas été très-nombreuses et se rapportaient à de petits échantillons.

Pour des poteaux en sapin rouge, le même expérimentateur a indiqué la formule

$$N = 2142.10^6 \frac{lh^3}{4a^2}.$$

Si les bois, au lieu d'être choisis, étaient de qualité médiocre, les coefficients numériques diminueraient environ de $\frac{1}{4}$ ou de $\frac{1}{3}$ de leur valeur.

M. Hodgkinson a aussi proposé, pour déterminer la charge de rupture des colonnes pleines en fonte à bases plates, la formule

$$N = 3290.10^6 \frac{d^{3,6}}{(2a)^{1,7}};$$

et dans le cas de colonnes creuses, c étant le diamètre du vide supposé concentrique au plein,

$$N = 3290.10^6 \frac{d^{3,6} - c^{3,6}}{(2a)^{1,7}}.$$

La théorie aurait donné, au lieu de l'exposant 3,6, l'exposant 4; 2 au lieu de 1,7; au lieu de 3290.10^6, la quantité $\frac{3}{64}\pi^3 E$, soit, en faisant $E = 9.10^9$ (valeur moyenne pour la fonte), le nombre 13080.10^6. Mais ces discordances paraissent toutes naturelles si l'on veut bien se reporter aux considérations du n° 145, et nous ne saurions trop répéter qu'on risque beaucoup de s'engager dans une fausse voie, quand on veut calculer les charges de rupture à l'aide des formules fondées sur les théories de la Résistance des Matériaux, puisque les hypothèses premières qui leur servent de base, suffisamment vraies pour le cas de faibles efforts moléculaires, deviennent radicalement inexactes si la rupture est sur le point de se produire.

En résumé, pour les solides pouvant fléchir, la résistance à la rupture par compression directe est, à section égale, décroissante avec la longueur et croissante avec la petite dimension de l'équarrissage : on voit aussi qu'il est difficile de la représenter par une formule qui convienne à tous les cas.

M. Hodgkinson a observé en outre les deux faits suivants :

1° A égalité de matière employée, le renflement vers le milieu augmente peu la résistance; il ne l'augmente que de $\frac{1}{7}$ ou $\frac{1}{8}$ seulement.

2° Sous la même condition d'une égale dépense de matière, les colonnes creuses résistent mieux que les colonnes pleines; elles sont également préférables à celles dont la section transversale est en forme de croix. Cependant leur emploi exige des précautions; le moule peut se déranger pendant le coulage, et le vide ne plus être bien concentrique avec la circonférence extérieure, ce qui produirait une diminution notable de résistance. Quant à l'explication théorique de ce deuxième fait, elle consisterait à dire que la charge de rupture est proportionnelle au moment d'inflexibilité, lequel est plus grand, à égalité d'aire, pour une section annulaire que pour une section ayant la forme d'un cercle plein ou d'une croix.

M. Love, ingénieur civil, a donné, dans un Mémoire sur la résistance du fer et de la fonte, des formules plus simples que celles de M. Hodgkinson, pour calculer la charge de rupture des colonnes pleines en fer ou en fonte. Ces formules, qui concordent suffisamment avec les expériences du physicien anglais, sont les suivantes :

$$\text{pour la fonte...}\quad N = \frac{N'}{1,45 + 0,00337\left(\frac{2a}{d}\right)^2},$$

$$\text{pour le fer.....}\quad N = \frac{N'}{1,55 + 0,00050\left(\frac{2a}{d}\right)^2},$$

en nommant N′ la charge de rupture calculée d'après la section de la colonne, comme si celle-ci était incapable de fléchir. Il est visible que ces formules ne sont pas applicables quand le rapport $\frac{2a}{d}$ devient trop faible; car pour une très-petite longueur on devrait avoir $N = N'$, tandis que les formules donnent toujours $N < N'$. Il faut supposer que la longueur est au moins égale à vingt fois le diamètre.

On voit, par l'examen des deux formules précédentes, que la résistance des colonnes de fonte diminue plus rapidement que celle des colonnes de fer, quand la longueur augmente. C'est ce qui explique ce fait d'observation, que si le rapport $\frac{2a}{d}$ vient à dépasser une certaine limite (30 environ), les colonnes pleines en fer résistent mieux que celles de fonte.

152. *Limites pratiques des efforts de compression permanente.* — Ces limites sont fixées absolument de la même manière que pour l'extension (n° 148), comme nous l'avons déjà dit.

§ III. — Glissement transversal; glissement longitudinal des fibres dans les pièces de bois.

153. *Difficulté de procéder à une mesure directe de l'élasticité transversale; comment on peut l'évaluer indirectement.* — Le glissement relatif simple des sections transversales d'un prisme, tel qu'il a été défini et étudié au n° 15, est difficile à produire isolément. Si, par exemple, on cherche à le faire naître en suspendant un poids à l'extrémité d'un prisme horizontal encastré à l'autre bout, il est clair que cette charge aura un moment par rapport aux divers centres d'élasticité des sections successives, en sorte qu'elle engendrera tout à la fois un glissement et une flexion. On peut dire qu'il en sera toujours ainsi quand le prisme ne sera soumis qu'à des forces perpendiculaires à sa longueur; car s'il n'y avait pas de flexion, le moment fléchissant serait constamment nul : or la dérivée de cette quantité, considérée comme variable d'une section à l'autre, représente la valeur de la force transversale de glissement (n° 70); donc cette force serait elle-même toujours nulle, et le glissement n'existerait pas. Ainsi la production isolée du glissement transversal exigerait qu'on fît usage tout à la fois de forces perpendiculaires et de forces parallèles à la longueur du prisme; et bien que cette combinaison ne soit pas absolument impossible à réaliser, nous croyons cependant que l'expérience directe présenterait d'assez grandes difficultés.

Mais si le glissement simple ne se produit pas isolément sans beaucoup de précautions, on peut aisément mettre en jeu l'élasticité transversale dans un autre phénomène, qui est celui de la torsion simple. Il suffira, par exemple, d'encastrer un cylindre par une extrémité et d'appliquer à l'autre un couple contenu dans un plan perpendiculaire à l'axe. Appelons V le moment du couple, a et b les rayons de gyration principaux (n° 3) de la section transversale, ω un élément de cette section, dont G serait le coefficient d'élasticité transversale. Comme les actions moléculaires développées dans une section quelconque doivent faire équilibre au couple V, la rotation relative de deux sections distantes d'une longueur ds aura pour expression $\frac{V\,ds}{(a^2+b^2)\Sigma G\omega}$ (n° **18**), et cette rotation s'effectuera autour de l'axe de la pièce. Entre deux sections quelconques il y aura donc une rotation relative proportionnelle à leur distance, et la quantité $\frac{V}{(a^2+b^2)\Sigma G\omega}$, représentant cette rotation rapportée à l'unité de longueur, est ce que l'on appelle ordinairement *angle de torsion par unité de longueur*. Quand la matière est supposée homogène, l'angle de torsion par unité de longueur a simplement pour valeur $\theta = \frac{V}{G\Omega(a^2+b^2)}$, en appelant Ω la section totale. On comprend maintenant sans peine que si l'expérience a donné pour un cylindre déterminé la valeur de θ correspondante à un couple V, l'égalité précédente, où tout serait connu sauf G, ferait connaître ce coefficient. Ainsi, dans le cas d'un cylindre circulaire homogène de rayon ρ, l'on aurait $\Omega = \pi\rho^2$, $a^2 = b^2 = \frac{1}{4}\rho^2$, et par suite

$$G = \frac{2V}{\pi\rho^4\theta}; \tag{1}$$

si la section est un carré homogène de côté c, on devra faire $\Omega = c^2$, $a^2 = b^2 = \frac{1}{12}c^2$, d'où résultera

$$G = \frac{6V}{c^4\theta}. \tag{2}$$

Une telle manière de procéder serait à l'abri de toute critique si l'hypothèse en vertu de laquelle nous avons établi que la torsion simple correspond à l'action d'un couple était elle-même rigoureuse. Or les beaux travaux de M. de Saint-Venant sur la théorie mathématique de l'élasticité (*) tendent à démontrer que cela n'est pas, sauf dans le cas d'une section circulaire. Si l'on prend, par exemple, une section carrée homogène, il faudrait, d'après M. de Saint-Venant, rectifier l'équation (2) ci-dessus en divisant le second membre par le nombre 0,8435. Il nous semblerait donc préférable, sans les difficultés dont il a été question tout à l'heure, de chercher le coefficient G par la mesure d'un glissement transversal simple, plutôt que le déduire d'un effet qui en dépend suivant une loi plus ou moins compliquée et peut-être imparfaitement connue. Par la même raison, il semble plus sage de déterminer le coefficient E par la mesure d'extensions simples que par des expériences sur la flexion, phénomène qui met bien en jeu l'élasticité longitudinale, mais d'une manière plus complexe et moins facile à saisir. Tout au moins, quand on déduira G d'expériences sur la torsion, conviendra-t-il d'écarter une cause d'erreur en employant de préférence les cylindres à base circulaire.

Voici les valeurs du coefficient d'élasticité transversale G pour les deux métaux les plus usuels :

Fer..............	$6{,}7 . 10^9$,
Fonte............	$2{,}0 . 10^9$.

Quant aux bois, il y a peu d'expériences connues, et les auteurs indiquent à ce sujet des résultats assez discordants. Nous trouvons, par exemple, dans un travail de M. Wertheim (*Annales de Chimie et de Physique*, 3e série, t. L), une expérience sur un prisme carré en bois de chêne, dans laquelle on aurait

$$V = 0^{\text{kgm}},2475, \quad \frac{1}{2}c = 0,0101, \quad \theta = 0,108;$$

(*) *Voir* l'ouvrage intitulé : *De la torsion des prismes, etc.*, par M. de Saint-Venant, extrait du tome XIV des Mémoires présentés par divers savants à l'Académie des Sciences.

la formule (2) donnerait en conséquence

$$G = \frac{1,485}{0,108.(0,0101)^4.16} = 0,82.10^8,$$

valeur qui, en l'affectant du coefficient rectificatif $\frac{1}{0,8435}$ de M. de Saint-Venant, s'élèverait aux environs de 10^8. M. l'ingénieur en chef Bouniceau a trouvé, de son côté, comme résultat de ses propres expériences sur des prismes en chêne de la haute Normandie (*Annales des Ponts et Chaussées*, 1861, 1er semestre),

$$G = 0,49.10^8,$$

ou encore, eu égard au coefficient rectificatif,

$$G = 0,58.10^8.$$

Enfin, M. le général A. Morin (*Résistance des Matériaux*, n° 600 de la 2e édition) indique pour le chêne la valeur $G = 4.10^8$. La conclusion que nous devons naturellement tirer de là, c'est que le coefficient G relatif à une même espèce de bois varie considérablement d'un échantillon à l'autre, et qu'on doit désirer d'être éclairé sur ce sujet par des expériences plus nombreuses.

154. *Résistance transversale.* — La résistance transversale des matériaux a été beaucoup moins étudiée par les ingénieurs et les physiciens que les résistances à l'extension et à la compression. Cependant on ne rencontre pas ici les difficultés que nous avons signalées dans le n° 153, à propos du coefficient d'élasticité; la mesure de la résistance dont il s'agit pourrait être opérée simplement et d'une manière directe en encastrant un prisme horizontal par une extrémité et suspendant une charge verticale très-près du point d'encastrement.

M. Vicat, à qui l'on doit quelques expériences sur ce sujet, n'a pas procédé tout à fait comme on vient de le dire. Il a opéré sur des cubes de plâtre, sur des briques, des mortiers et des pierres calcaires. Les solides étaient percés de deux trous cylindriques opposés, de même diamètre; on mesurait la force nécessaire pour détacher le solide intermédiaire qui restait entre ces trous, en l'obligeant, par la pression d'un piston, à glisser dans le sens parallèle à l'axe commun des deux cylindres. Si l'on nomme F cette force, ρ le rayon des trous, ε l'épaisseur restant pleine entre les fonds des trous, le quotient $\frac{F}{2\pi\rho\varepsilon}$ mesurera la résistance transversale à la rupture par unité de surface. Voici les valeurs données par les expériences de M. Vicat pour la quantité $\frac{F}{2\pi\rho\varepsilon}$:

Plâtre ordinaire gâché...........	de 21.10^4	à 53.10^4
Brique crue....................	»	30.10^4
Mortier de chaux grasse et de sable, âgé de quatorze ans...........	»	28.10^4
Pierre calcaire..................	»	121.10^4
Calcaire lithographique...........	»	239.10^4

La méthode de M. Vicat semble bonne pour les corps grenus comme ceux sur lesquels il a opéré ; mais elle laisserait quelque incertitude pour les corps fibreux, car la résistance au glissement pourrait ne pas être constante sur tout le contour du cylindre restant dans l'intervalle des trous.

La résistance transversale du fer est connue par des expériences sur le cisaillement des rivets employés dans les constructions et appareils en tôle, c'est-à-dire sur leur rupture par un glissement de la tête parallèlement à son plan. D'après les résultats suffisamment concordants obtenus par diverses personnes, on admet généralement comme un fait acquis que la résistance transversale du fer et sa résistance longitudinale à la rupture par extension sont à peu près identiques ; ou, en d'autres termes, qu'il faut, pour cisailler une barre de fer, une force à peu près égale à celle qui serait capable d'en produire la rupture par extension. Cependant l'expérience semblerait plutôt indiquer une légère infériorité dans la résistance transversale ; peut-être serait-il plus exact d'admettre qu'elle est seulement les $\frac{4}{5}$ de l'autre, comme l'avait indiqué Navier d'après certaines considérations théoriques. Au reste, le fait a pratiquement peu d'importance; pour les rivets en particulier, la résistance au cisaillement est beaucoup augmentée par le frottement dû au serrage, frottement en vertu duquel une partie de la force totale est transmise, sans l'intermédiaire des rivets, de l'une à l'autre des deux pièces de tôle qu'ils servent à réunir.

La résistance transversale de la fonte n'a pas été, à notre connaissance, l'objet d'essais directs; elle a été déduite seulement d'expériences sur la torsion. En conservant les notations du n° **153**, la quantité $\rho\theta$ serait, pour un cylindre circulaire homogène soumis à la torsion, la valeur du glissement transversal maximum des fibres par unité de longueur; la tension transversale maximum par unité de surface serait donc $G\rho\theta$, ou bien $\frac{V\rho}{\Omega(a^2+b^2)}$, ou enfin $\frac{2V}{\pi\rho^3}$. Par conséquent, si l'on admet que les formules continuent à s'appliquer jusqu'à la rupture, et qu'on la produise en augmentant convenablement le couple V, le calcul de l'expression $\frac{2V}{\pi\rho^3}$ donnera la résistance transversale à la rupture, rapportée à l'unité de surface. On a trouvé ainsi, dans le cas de la fonte, des nombres variables de 17.10^6 à 26.10^6, et moyennement 22.10^6. Outre l'inconvénient déjà signalé (n^{os} **145** et **151**) d'appliquer les formules théoriques de la Résistance des Matériaux à la détermination de forces de rupture, ce procédé suppose l'homogénéité de la fonte, tandis que plus vraisemblablement la partie centrale n'a pas la même élasticité que la partie extérieure. Mais la plupart des déductions que l'on a tirées des expériences faites sur la fonte sont également fondées sur l'hypothèse d'une matière homogène, et peut-être est-ce là une des causes qui en rendent les résultats si divergents.

A l'égard du bois, nous n'avons guère d'autres renseignements que ceux qui nous sont fournis par le travail de M. Bouniceau, déjà cité (n° **153**). M. Bouniceau a opéré sur des prismes à section carrée : c désignant le côté, le glissement maximum est alors exprimé par $\frac{1}{2}c\theta\sqrt{2}$, d'où résulte la tension correspondante $\frac{1}{2}Gc\theta\sqrt{2}$, soit, en vertu de la relation (2), $\frac{3V\sqrt{2}}{c^3}$. En augmentant V jusqu'à rompre le prisme, le calcul de cette expression a donné les résultats moyens que voici :

Essences des bois essayés.	Résistances transversales à la rupture.
Sapin rouge de Prusse...........	$1,29.10^6$
Orme.........................	$1,16.10^6$
Chêne de haute Normandie......	$1,96.10^6$
Hêtre......................	$1,23.10^6$
Hêtre injecté...................	$0,93.10^6$
Sapin rouge de Norvége.........	$0,80.10^6$

D'après la théorie de M. de Saint-Venant, la tension maximum, dans un prisme carré et homogène soumis à la torsion, serait $\frac{8V}{1,66532.c^3}$ ou à peu près $\frac{24V}{5c^3}$; par suite, les résultats de M. Bouniceau devraient se multiplier par $\frac{4\sqrt{2}}{5} = 1,13$.

155. *Limites pratiques des tensions transversales.* — Il est assez rare que dans les constructions telles que peuvent avoir à en établir les ingénieurs des Ponts et Chaussées, les tensions transversales jouent un rôle important; presque toujours les dimensions qu'on est obligé de donner aux pièces pour résister à des actions d'une autre nature sont plus que suffisantes pour les mettre en état de résister aussi aux forces de glissement. Cependant l'ingénieur ne doit pas perdre ces forces de vue, surtout quand, pour économiser la matière, il réduit les dimensions des diverses sections d'une pièce à ce qui est strictement nécessaire, comme dans les solides d'égale résistance. Il peut arriver alors que dans certaines sections déterminées, la force de glissement fatigue plus la pièce que les forces qui résultent de l'extension longitudinale.

En pareil cas, suivant la règle indiquée au n° **148**, on s'assurera que le maximum de la tension transversale par unité de surface dans une pièce de métal ne dépasse pas $\frac{1}{6}$ de celle qui entraînerait la rupture immédiate; la fraction $\frac{1}{6}$ sera réduite à $\frac{1}{10}$ pour les autres matières.

Dans les machines, il y a certaines pièces, les arbres de rotation par exemple, qui sont plus particulièrement exposés à des tensions transversales produites par la torsion. Il convient ici, non-seulement que les efforts moléculaires ne compromettent pas la pièce, mais encore que l'angle de torsion n'atteigne pas une grandeur bien sensible, afin d'assurer la régularité dans les transmissions de mouvement et de ne pas donner lieu à des suppléments de frottement plus ou moins considérables. On comprend alors qu'il est bon de restreindre le maximum des efforts qui seraient parfaitement admissibles dans d'autres circonstances. Si donc il s'agit d'arbres ayant une section circulaire ou en forme de polygone régulier, ρ étant le rayon du cercle inscrit, au lieu d'égaler la quantité $\frac{2V}{\pi\rho^3}$ (nº 154) au sixième ou au dixième de la résistance à la rupture par unité de surface, on devra l'égaler à une constante C, que la pratique des constructeurs de machines et des exemples connus auront permis de déterminer pour chaque matière. M. le général A. Morin a proposé les valeurs suivantes, que nous transcrivons en nombres ronds :

Pour le fer et l'acier.......	$C = 4.10^6$
Pour la fonte............	133.10^4
Pour le bois de chêne.....	27.10^4
Pour le bois de sapin......	29.10^4

Les valeurs ci-dessus conviennent au cas des arbres allégés; si l'on veut avoir des arbres forts, on prend C deux fois plus petit. Dans le cas d'arbres creux, ρ' étant le rayon intérieur, C devrait être égalé à $\frac{2V\rho}{\pi(\rho^4 - \rho'^4)}$.

156. *Résistance au glissement longitudinal des fibres.* — On

a vu au n° 83 que si une poutre droite chargée de forces transversales fléchit comme le suppose la théorie, alors il y a dans chaque élément de la poutre compris entre deux sections consécutives une force qui tend à faire glisser l'une sur l'autre les deux moitiés de cet élément parallèlement à la longueur des fibres. Il se développe ainsi une nature particulière de résistance dont nous ne dirons que quelques mots. Quand on considère une poutre en fonte ou en tôle, on peut admettre, faute de données suffisantes, que les forces de rupture par glissement longitudinal et par glissement transversal sont sensiblement les mêmes. Pour les bois de chêne et de sapin, d'après MM. Chevandier et Wertheim, cette force de rupture serait de 30 à 40 kilogrammes par centimètre carré de surface, soit de 30.10^4 à 40.10^4 kilogrammes par mètre carré.

§ IV. — Expériences sur la flexion et sur les effets d'une charge en mouvement.

157. *Vérification expérimentale de diverses notions théoriques relatives à la flexion des pièces droites chargées transversalement.* — Considérons, pour fixer les idées, une poutre droite horizontale reposant sur des appuis et supportant des poids. Dans ce cas, la théorie nous apprend (n° 21) que les tensions longitudinales et les variations de longueur des éléments de fibre qui traversent une même section sont proportionnelles aux distances qui les séparent de la fibre moyenne, en sorte que celle-ci n'est ni pressée ni tendue; nous avons vu de plus que les fibres sont tendues ou comprimées suivant qu'elles se trouvent d'un côté ou de l'autre de l'axe de flexion.

Comme vérification de ces faits, on peut d'abord citer les expériences anciennement faites par Duhamel du Monceaux, insérées dans les *Mémoires de l'Académie des Sciences de Paris,* pour l'année 1767. Duhamel du Monceaux ayant fait préparer une série de barreaux en bois de saule, identiques autant que possible, les plaça successivement sur des appuis de même niveau qui en soutenaient les extrémités, et les rompit par un poids placé au milieu, dans les circonstances suivantes : Une partie des barreaux n'avait pas subi de modification quand on les soumettait à l'action de la charge; d'autres avaient reçu un trait de scie dans le plan de la section du milieu, et cette partie sciée occupait le tiers de la hauteur de l'équarrissage, à partir de la face supérieure et sur toute la largeur; d'autres barreaux avaient pareillement des traits de scie sur la moitié et sur les trois quarts de la hauteur. Le petit vide produit par l'épaisseur du trait était rempli par une planchette en bois dur. Or, l'expérience a montré que tous ces barreaux se rompaient à peu près sous la même charge, et les différences peu sensibles des charges de rupture s'expliqueraient suffisamment par l'impossibilité de se procurer des barreaux absolument identiques. Cela se comprend aisément au moyen des notions théoriques sur la flexion; car en sciant les fibres en travers, dans la partie de la section qui est comprimée, et remplissant le vide par du bois dur, on n'empêche pas les actions répulsives dues à la compression de s'exercer tout aussi bien qu'avant la solution de continuité, et par conséquent on n'affaiblit pas la pièce, en tant qu'on la considère comme résistant à la flexion; on ne produit pas encore d'affaiblissement notable quand on scie au delà du milieu de la hauteur, jusqu'aux trois quarts, car les fibres situées près de la fibre moyenne ne supportent que de faibles pressions ou tensions, et il y a peu d'inconvénient à les scier, lors même qu'elles sont tendues.

M. Charles Dupin et Duleau ont également fait des expériences en petit sur des pièces de bois et de fer, desquelles il résulte que dans les pièces droites courbées par la flexion due à des charges perpendiculaires à leur axe, les sections normales restent planes, et que dans le cas d'une section rectangulaire l'allongement de la partie convexe est égal au raccourcissement de la partie concave, comme l'indique la théorie, puisque ces deux parties sont également éloignées de l'axe neutre.

M. le général Morin a fait exécuter au Conservatoire des Arts et Métiers, à Paris, des expériences nombreuses sur des poutres en bois ou en métal de 4 mètres de portée, les poutres métalliques ayant des sections en forme de double T à branches égales ou inégales. La conclusion à laquelle il a été conduit confirme les notions théoriques rappelées au commencement du n° 157, et montre que ces notions peuvent être admises, non comme vérité absolue et mathématique, mais comme représentation suffisamment exacte des faits réels, dans les limites de charge qu'exige la pratique des constructions.

En nous occupant de la flèche que prend une poutre horizontale reposant sur deux appuis simples, quand elle supporte un poids placé au milieu, nous avons trouvé (n° 71) la formule

$$f = \frac{Ra^3}{3er^2},$$

dans laquelle f désigne la flèche, R la moitié de la charge, a la demi-distance des appuis, er^2 le moment d'inflexibilité de la section transversale. Si la section est un rectangle homogène de hauteur h et de largeur b parallèlement à l'axe de flexion, en appelant E le coefficient d'élasticité longitudinale on a $er^2 = \frac{1}{12}Ebh^3$, et par suite

$$f = \frac{4Ra^3}{Ebh^3};$$

ce qui montre : 1° que la flèche est proportionnelle à la charge et au cube de la portée; 2° qu'elle est en raison inverse de la largeur de l'équarrissage et du cube de la hauteur. On sait en outre qu'une charge uniformément répartie produit la même flèche qu'une charge concentrée au milieu, ayant pour intensité les cinq huitièmes de la précédente. Tous ces faits ont été vérifiés expérimentalement par M. Charles Dupin, sur des barreaux de faibles dimensions : ils le sont aussi par les expériences de M. Hodgkinson sur la flexion des pièces de fonte, au moins dans les limites de charge admissibles en pratique.

158. *Résistance à la rupture par flexion.* — Une poutre droite étant posée sur deux appuis au même niveau et chargée en son milieu, si l'on conserve les notations du n° 157 et qu'on appelle en outre p le poids de la pièce par mètre courant, on sait (n° 71) que le maximum du moment fléchissant est exprimé par $Ra + \frac{1}{2}pa^2$. Supposons, par exemple, que la section

soit rectangulaire et homogène : alors la tension ou compression longitudinale maximum par unité de surface sera égale à $\frac{(\mathrm{R}a + \frac{1}{2} pa^2)\frac{1}{2}h}{\frac{1}{12}bh^3}$ (n° 21) ou bien à $\frac{6a(\mathrm{R} + \frac{1}{2}pa)}{bh^2}$; avec d'autres sections on pourrait aussi facilement obtenir des résultats analogues,

Cela posé, on a quelquefois déterminé par expérience la valeur de la charge 2 R qui entraîne la rupture immédiate; puis en calculant, comme on vient de le rappeler, la tension maximum correspondante (c'est-à-dire la quantité $\frac{6a(\mathrm{R} + \frac{1}{2}pa)}{bh^2}$, dans le cas de la section rectangulaire et homogène), on a ce qu'on appelle *résistance à la rupture par flexion,* pour la matière formant la pièce essayée. Nous avons déjà dit (n° 145) pourquoi cette méthode est vicieuse et il serait inutile d'en répéter la raison. En définitive, quand une pièce est rompue par flexion, c'est que la tension ou la compression longitudinale de certaines fibres a pris la grandeur nécessaire pour entraîner la rupture : donc la résistance à la rupture par flexion devrait être la même que la moindre des deux qu'on a trouvées pour l'extension et la compression longitudinales : si l'on parvient à un résultat différent, c'est sans doute parce qu'il y a quelque chose d'inexact dans les raisonnements qu'on a faits ou dans les formules qu'on a employées; et nous savons, en effet, qu'on ne doit plus compter sur la vérité des formules théoriques lorsque les actions moléculaires s'approchent de la limite extrême pour laquelle la rupture se produit.

D'après cela, il ne faut point s'attendre à ce que le chiffre de la résistance à la rupture par flexion soit identique avec le moindre des deux qui se rapportent à l'extension et à la compression, comme cela devrait être. La discordance sur ce point est le résultat ordinaire de l'expérience. Ainsi, dans le cas de la fonte, on sait qu'une tension longitudinale de 11 kilogrammes par millimètre carré est suffisante pour produire la rupture, tandis que la résistance à la rupture par flexion serait deux ou trois fois plus grande. D'ailleurs on a déjà vu (n° 154) que pour la fonte il y a une cause particulière d'erreur, qui consiste dans le défaut d'homogénéité du métal, défaut d'où résulte l'évaluation incertaine du moment d'inflexibilité de la section transversale.

La résistance à la rupture par flexion des pièces en bois de chêne serait, d'après M. Barlow, de 6.10^6 à 7.10^6 kilogrammes par mètre carré; pour des sapins ordinaires, ce chiffre s'abaisserait à $4,5.10^6$.

Pour la fonte on a indiqué des nombres excessivement variables; le chiffre de 32.10^6 kilogrammes par mètre carré peut être regardé comme une moyenne de laquelle on s'écarte parfois assez notablement, tant au-dessus qu'au-dessous.

La détermination de la résistance du fer à la rupture par flexion présente une difficulté particulière : c'est que la rupture n'arrive pas sans être précédée de grandes déformations, de sorte que, si l'on veut pousser l'expérience jusqu'au bout, ce n'est plus en général une pièce droite qu'on réussit à rompre, mais une pièce sensiblement courbe, à laquelle on ne peut plus appliquer la formule ci-dessus rappelée. Aussi on se borne souvent à déterminer non pas la charge produisant la rupture, mais la charge donnant lieu à une altération notable de l'élasticité ou à une grande déformation permanente. Dans des expériences exécutées au Conservatoire des Arts et Métiers, sous la direction de M. le Général A. Morin, on a trouvé que l'élasticité du fer est assez fortement altérée lorsque la quantité $\frac{6a(R+\frac{1}{2}pa)}{bh^2}$ atteint une valeur variable de 21.10^6 à 30.10^6 kilogrammes par mètre carré.

159. *Limites pratiques des tensions longitudinales dans les pièces soumises à la flexion.* — Le tableau suivant est emprunté à la *Résistance des Matériaux* de M. le Général A. Morin, qui le donne comme résultant de l'observation des bonnes constructions, à la fois solides et légères.

NATURE DES MATÉRIAUX.	EFFORT LONGITUDINAL (tension ou pression) qu'on peut faire supporter avec sécurité par millimètre carré de section.	
	Cas ordinaires.	Matériaux de choix et constructions légères.
Fonte. Ponts de chemins de fer....	kil 2,0	//
Fonte. Ponts ordinaires et arbres de roues hydrauliques........	3,0	kil 7,5
Fonte. Pièces ordinaires de machines.	7,5	//
Fer forgé........................	6,0	8,0
Acier de première qualité.........	16,7	22,0
Acier de qualité moyenne........	12,5	16,6
Bois de chêne ou de sapin..........	0,6	0,8

On ne distingue pas la limite relative à la compression de celle qui se rapporte à l'extension : cette simplification est consacrée par l'usage.

160. *Effet d'une charge en mouvement et des vibrations en général.* — En 1847, le gouvernement anglais, à la suite de plusieurs accidents arrivés à des ponts de chemins de fer, nomma une commission pour faire une enquête sur les conditions que les ingénieurs doivent observer, lorsqu'ils emploient le fer et la fonte dans les constructions exposées à de violentes secousses et à des vibrations.

La commission a examiné les deux questions suivantes (*) :

Lorsqu'une pièce métallique a été soumise pendant longtemps à des chocs et à des vibrations, s'opère-t-il dans l'arrangement de ses molécules quelque altération qui diminue sa résistance?

Quels sont les effets mécaniques des chocs et du passage des

(*) Le Rapport de la commission, traduit par M. Busche, inspecteur général des Ponts et Chaussées, est inséré dans les *Annales des Ponts et Chaussées*, 1851, 1er semestre. Nous ne faisons ici que l'analyser brièvement et en reproduire les principales conclusions relatives à l'effet des charges en mouvement et des vibrations.

corps pesants pour courber et rompre les barres ou les poutres sur lesquelles ils agissent?

Sur la première question, on a constaté une grande divergence d'opinions chez les hommes de pratique, les uns se prononçant pour l'affirmative, les autres pour la négative, et attribuant l'état cristallin soit au mode de fabrication, soit au mode de rupture. — Pour étudier la question, la commission a exécuté des expériences de divers genres. 1° Une barre de fonte à section carrée, de $0^m,076$ de côté, a été placée sur des supports écartés de $4^m,27$; une boule pesante, suspendue à un fil de fer de $5^m,48$ de longueur, était ensuite écartée de la verticale du point de suspension, et venait en retombant frapper la barre par le milieu. Le nombre de chocs ainsi produits sur une même barre est allé jusqu'à 4000; on en faisait varier l'intensité, en changeant soit le poids de la boule, soit simplement son écart de la verticale. 2° On a plié des barres de même force, au moyen d'une came tournante, qui les fléchissait lentement et les laissait ensuite reprendre leur forme primitive; d'autres fois on employait un moyen par suite duquel la flexion était accompagnée d'une violente trépidation. Ce genre d'épreuves a été répété, dans certains cas, jusqu'à 100000 fois sur chaque barre. 3° Enfin, on a fait promener lentement, et jusqu'à 96000 fois sur certaines barres, un poids égal à la moitié du poids de rupture.

Dans les deux premiers genres d'épreuves, on a reconnu que les barres de fonte n'avaient subi aucun affaiblissement tant que la flèche passagère, prise sous l'action du choc ou de la came tournante, ne dépassait pas le tiers de celle qui aurait eu pour conséquence la rupture instantanée, et l'on s'assurait du fait en constatant qu'il n'y avait pas de diminution dans la charge morte capable de produire la rupture. Au contraire, les barres étaient affaiblies, quand la flèche passagère atteignait la moitié du maximum, et dans ce cas moins de 900 flexions suffisaient pour briser la pièce. On conclut de là que la flèche passagère, mais réitérée, prise par une poutre en fonte, ne doit pas dépasser le tiers du maximum; et comme les chocs aussi bien que le mouvement imprimé à la charge peuvent augmenter beaucoup la flèche déjà produite par le poids mort, il suit de là qu'en réduisant le maximum de la charge totale au sixième de celle qui entraînerait la rupture, on aura une limite à peine suffisante pour la sécurité, même en admettant que la poutre soit parfaitement saine. Le troisième genre d'épreuves ne conduit pas à modifier cette conclusion, car la flèche passagère pourrait alors atteindre la moitié au lieu du tiers de la flèche de rupture.

Le Rapport entre dans moins de détails au sujet du fer. Cependant il mentionne ce fait qu'aucun affaiblissement notable n'est résulté, pour les barres en fer forgé, de 10000 flexions produites par une came tournante, chaque flexion étant due à la moitié du poids qui, par sa pression statique, produirait une grande flexion permanente. Nous ne savons quel est ce poids, et il reste ici un peu de vague. D'ailleurs la commission conclut, pour le fer comme pour la fonte, qu'il faut limiter la charge au sixième du poids de rupture.

Sur la seconde question indiquée tout à l'heure, de nombreuses expériences ont également été faites. Elles ont donné les résultats suivants, relativement à l'effet des chocs. 1° Une barre de fonte ayant pour section un rectangle dont un côté est quadruple de l'autre, et reposant sur deux appuis, exige, pour être rompu, un choc de même intensité, soit que le coup porte sur le petit côté, soit qu'il porte sur le grand côté du rectangle. Les barres de même longueur et de même poids, quelle que soit la forme de leur section, présentent la même résistance au choc. 2° La flexion produite par un choc sur une barre de fer est proportionnelle à la vitesse du choc; pour la fonte, les flexions croissent dans un rapport plus grand que les vitesses. 3° Un poids additionnel uniformément réparti sur une poutre la rend capable de résister à un choc vertical plus intense; dans certains cas, la résistance a pu être doublée de cette manière.

Il reste enfin la dernière partie de la seconde question, celle qui concerne le passage des corps pesants sur les poutres, avec une vitesse plus ou moins considérable. Pour l'étudier, entre autres méthodes suivies, on a fait construire un appareil par le moyen duquel un chariot, chargé de poids variables à volonté, était abandonné à lui-même au sommet d'un plan incliné : les poutres soumises à l'expérience formaient, au bas du plan incliné, un chemin de fer sur lequel le chariot s'engageait avec la vitesse acquise pendant la descente. Le maximum du poids roulant à été de 2000 kilogrammes environ, et le maximum de la vitesse 13 mètres par seconde. Les barres avaient $2^m,74$ de portée. Les expériences faites à l'aide de cet appareil prouvent que la flèche augmente avec la vitesse du chariot, quand le poids de celui-ci reste constant; on a quelquefois observé des flexions doubles de la flexion statique. On a aussi remarqué que le point où se produit la plus grande flèche n'est pas au milieu de la barre, mais au delà, en suivant le sens du mouvement du chariot; de même la fracture a lieu au delà du centre, et quelquefois la barre se brise à la fois en plusieurs morceaux.

Telle est, en résumé, la partie du rapport qui concerne les effets des charges en mouvement et des vibrations. On voit que la commission anglaise ne paraît pas redouter beaucoup les efforts et secousses passagères, tant que leurs effets restent en dessous d'une certaine limite. Sur ce point, le temps est peut-être un élément indispensable pour qu'on puisse décider la question en parfaite connaissance de cause. L'avenir nous donnera la réponse: il montrera si les constructions en métal, employées si fréquemment aujourd'hui dans les chemins de fer et les édifices publics ou privés, finissent par cristalliser et perdre leur résistance après une certaine durée. Quant à l'accroissement de la flèche statique, dû spécialement aux chocs et à la vitesse des convois qui passent sur les ponts, nous ne croyons pas qu'il y ait en général à s'en inquiéter beaucoup, lorsqu'il s'agit de ponts à grande ouverture. Les expériences de la commission anglaise avec le chariot mobile étaient faites dans des conditions toutes différentes de celles qu'on peut rencontrer dans les ouvrages d'art, parce que la charge roulante était considérable relativement au poids de la poutre, tandis que dans la pratique le poids mort de la construction l'emporte ordinairement, ce qui atténue beaucoup l'importance des accroissements de flèche produits par la vitesse. Ainsi, dans un cas cité par la commission elle-même, la vitesse étant de 22 mètres par seconde environ, l'accroissement était seulement $\frac{1}{7}$ de la flèche statique; c'est-à-dire que cette vitesse considérable équivalait, au point de vue de la flèche produite, à augmenter la charge mobile d'un septième de sa valeur, pour la faire ensuite stationner sur le pont. Diverses expériences faites par M. Jules Poirée, sur plusieurs ponts du chemin de fer de Lyon et sur le pont du Carrousel à Paris (*), viennent à l'appui de notre opinion, que confirment encore les applications numériques des formules de M. Philipps et les calculs que nous avons exposés relativement à l'effet d'un convoi roulant indéfini (n° 142).

(*) *Annales des Ponts et Chaussées*, 1854, 1er semestre.

CHAPITRE HUITIÈME.

ÉQUILIBRE DES SYSTÈMES ARTICULÉS SANS FROTTEMENT.

§ I. — Systèmes articulés simples.

161. *Définitions; propriété caractéristique des articulations sans frottement.* — On appelle *articulation* la liaison de deux corps solides en vertu de laquelle ils ne peuvent prendre, relativement l'un à l'autre, que des mouvements de rotation autour d'axes passant par un point géométriquement commun aux deux corps, et occupant une position déterminée dans l'un et l'autre. Ce point se nomme *le centre d'articulation.*

L'articulation est dite *cylindrique* lorsque l'axe de la rotation relative est une ligne déterminée dans chaque corps; elle est dite *sphérique* dans le cas contraire. L'assemblage à charnière donne la réalisation pratique de la première espèce d'articulation; il consiste essentiellement, comme on le sait, en deux cylindres circulaires, ayant même axe et même rayon, l'un creux et attaché au premier corps, l'autre plein et attaché au second corps. Pareillement l'articulation sphérique est réalisée dans l'appareil qu'on nomme *assemblage à genou,* consistant essentiellement en deux sphères concentriques et de même rayon, respectivement attachées aux deux corps. Dans la suite de ce chapitre, nous supposerons constamment des articulations sphériques; mais dans certains cas la solution des problèmes ne cessera pas d'être applicable en les prenant cylindriques. C'est ce qui arriverait notamment si le système considéré était formé de lignes et de forces toutes contenues dans le même plan.

L'articulation sera sans frottement, quand les deux corps solides qui sont réunis par elle n'exerceront l'un sur l'autre que des forces normales aux surfaces de contact. Dans ce cas, on sait que pour tout déplacement réel ou possible du système la somme des travaux de ces actions mutuelles est nulle : or, cette somme de travaux ne dépend que du mouvement relatif; donc on peut conclure que pour tout mouvement de rotation de l'un des deux corps autour d'un axe passant par le centre d'articulation, le travail total des actions qu'il reçoit de l'autre corps est nul. Et puisque le travail d'une force dans la rotation d'un solide autour d'un axe est proportionnel au moment de la force par rapport au même axe, nous énoncerons la proposition suivante.

Dans une articulation cylindrique sans frottement, la somme des moments des actions d'un des deux corps sur l'autre, par rapport à l'axe de leur rotation relative, est nécessairement nulle.

Dans une articulation sphérique sans frottement, la somme des moments de ces mêmes actions par rapport à un axe quelconque contenant le centre d'articulation est nulle, c'est-à-dire que ces actions doivent se réduire à une force unique passant au centre d'articulation.

La proposition est évidente dans le cas d'un assemblage à genou ou à charnière; mais la démonstration qui précède a l'avantage d'être indépendante du procédé employé pour réaliser matériellement la liaison.

Les systèmes de corps liés par des articulations sans frottement n'existent point en réalité et sont une pure abstraction. Cependant la théorie que nous allons donner trouvera son application dans bien des problèmes pratiques. Ainsi les différentes pièces d'une charpente sont fréquemment reliées entre elles par des assemblages de faibles dimensions, incapables de résister à un effort notable qui tendrait à produire une rotation autour de leur centre. Il est donc nécessaire que l'équilibre existe en les considérant comme des articulations parfaites, et cette hypothèse ne peut pas conduire à des conséquences très-éloignées de la réalité.

Nous nous proposons principalement, dans ce chapitre, d'arriver, par l'étude de l'équilibre, à la connaissance des forces que chaque corps faisant partie d'un système articulé reçoit de la part des autres corps qui le touchent. Cela fait, on serait en mesure d'appliquer, pour vérifier la stabilité ou pour chercher les déformations, les théories de la Résistance des Matériaux, exposées dans les deux premiers chapitres de ce Cours. Subsidiairement nous établirons diverses propriétés qui présentent un certain intérêt en elles-mêmes.

162. *Équilibre d'un corps solide articulé en deux points fixes.* — Le corps M (*fig.* 57) est articulé sphériquement en A et en B avec deux appuis fixes, de telle sorte que les centres d'articulation A et B ne pouvant prendre aucun mouvement, le corps conserve seulement la liberté de tourner autour de la ligne AB. Il est d'ailleurs sollicité par des forces quelconques, désignées généralement par F. Il s'agit de trouver : 1° la condition d'équilibre du système solide M; 2° les réactions des points fixes A et B.

Fig. 57.

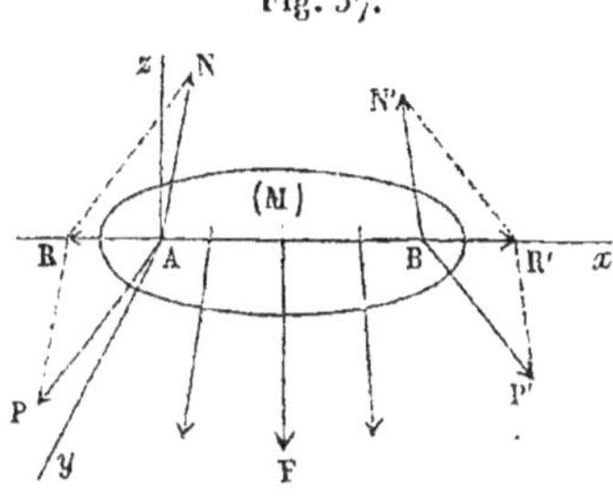

Les forces qui proviennent des appuis devant nécessairement se réduire à deux forces N, N' passant par les points A et B (n° **161**), il y aura équilibre entre N, N' et toutes les forces F; et comme, en vertu d'un théorème de Statique élémentaire, un système de forces en équilibre doit avoir une somme de moments nulle par rapport à un axe quelconque, on en conclura que la somme des moments des forces F seules, par rapport à la ligne qui joint les centres d'articulation est nulle. Cette condition à remplir par le système des forces F est une condition nécessaire de l'équilibre : elle est d'ailleurs suffisante, car si le corps, primitivement en repos, se mettait en mouvement, on pourrait empêcher ce mouvement en appliquant à chaque point une force en sens contraire de l'élément de cercle qu'il tend à décrire, et alors l'équilibre existerait. Donc la somme des moments, relativement à AB, serait nulle, et par conséquent elle serait nulle pour les forces nouvelles prises séparément puisqu'elle l'était déjà pour les anciennes. Or, toutes ces nouvelles forces ont des moments de même sens et qui ne peuvent pas se détruire algébriquement. Donc le mouvent supposé n'existe pas. Ce qu'il fallait démontrer.

La condition d'équilibre étant établie, cherchons N et N'. On sait que le système des forces F peut être remplacé par un autre, équivalent au point de vue de l'équilibre des forces extérieures appliquées au solide, cet autre système étant formé de deux forces dont l'une passe en un point donné, A par exemple. Alors la seconde devra se trouver dans un même plan avec AB; donc on pourra la décomposer en deux dont l'une passe en A et l'autre en B, de manière que finalement les forces F seront remplacées par deux forces P, P' passant respectivement en A et B. Soit R la résultante de N et de P, R' la résultante de N' et de P'. L'équilibre du corps M, soumis uniquement à R et à R' exige que ces deux forces soient égales et contraires, et par conséquent dirigées toutes deux suivant la ligne AB; donc la projection de N sur un plan perpendiculaire à AB est égale et opposée à la projection de P sur le même plan, et une relation identique existe entre N' et P'. Ainsi les réactions totales des appuis se trouvent déterminées quant à la grandeur et à la direction, en projection sur le plan perpendiculaire à la ligne qui joint les centres d'articulation; mais leurs composantes S, S' suivant cette ligne restent indéterminées. S et S' ne sont en effet assujetties qu'à une condition, c'est que leur somme algébrique soit égale et contraire à la somme algébrique des projections de P et de P' sur AB, le sens positif étant le même, bien entendu, pour S, S' et les deux projections de P et P'.

Le procédé géométrique indiqué ci-dessus n'étant pas toujours d'une application facile, il convient de savoir comment on le remplacerait par le calcul. Pour le montrer, prenons trois axes rectangulaires Ax, Ay, Az, dont le premier coïncide avec AB; désignons généralement par les notations F_x, F_y, F_z, $M_x F$, $M_y F$, $M_z F$, les projections d'une force F sur les trois axes et ses moments par rapport aux mêmes axes; appelons a la distance $\overline{AB}$ et Σ une somme étendue à toutes les forces autres que les réactions des points d'appui. Les six équations connues de l'équilibre d'un solide donneront

$$N_x + N'_x + \Sigma F_x = 0,$$
$$N_y + N'_y + \Sigma F_y = 0,$$
$$N_z + N'_z + \Sigma F_z = 0,$$
$$\Sigma M_x F = 0,$$
$$-aN'_z + \Sigma M_y F = 0,$$
$$aN'_y + \Sigma M_z F = 0.$$

La quatrième équation est la condition d'équilibre indépendante de N et de N'; la seconde et la troisième jointes à la cinquième et à la sixième déterminent N_y, N_z, N'_y, N'_z, c'est-à-dire les composantes de N et de N' perpendiculairement à AB; la première détermine seulement la somme $N_x + N'_x$. Nous arrivons donc à des résultats identiques avec ceux trouvés par l'autre méthode.

L'indétermination que l'on rencontre ici dans la recherche des composantes N_x, N'_x n'a rien qui doive surprendre. Dans la réalité physique, les réactions des points d'appui ont une valeur déterminée pour chaque point; mais pour arriver à les connaître, il ne suffit pas de savoir que le corps M est actuellement en équilibre. En effet, on ne trouble pas l'équilibre par l'addition de deux forces égales et contraires dirigées suivant AB; ce qui prouve qu'il y a une infinité de systèmes de réactions compatibles avec l'état d'équilibre. Lequel se produira réellement? Pour répondre à cette question, il faudrait connaître toutes les circonstances qui ont précédé l'état d'équilibre, c'est-à-dire l'établissement du corps sur ses appuis et ses déformations sous les forces qui lui sont appliquées. Au reste, l'indétermination cesse, comme on va le voir, quand on considère des systèmes de plusieurs corps articulés entre eux.

163. *Équilibre d'un système polygonal articulé.* — Nous allons prendre un système ABCDEFG (*fig.* 58) formé d'une série de corps solides, dont les corps intermédiaires BC, CD, DE,... présentent chacun deux articulations, l'une avec le solide précédent, l'autre avec le suivant. B, C, D,..., F sont les

centres d'articulations. Indépendamment de leurs actions mutuelles, les solides supportent diverses forces extérieures : il

Fig. 58.

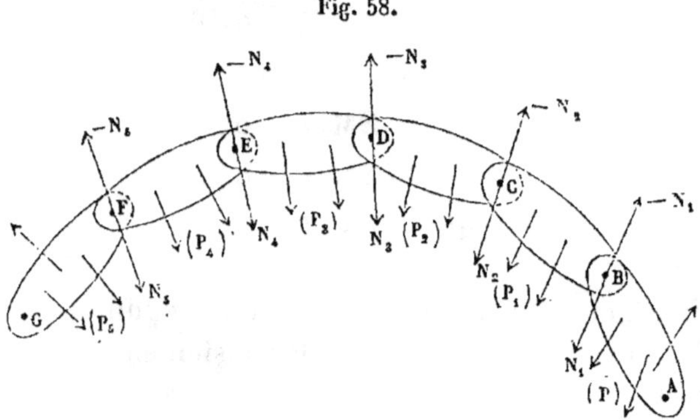

s'agit d'établir les conditions d'équilibre et de trouver les réactions mutuelles qui s'exercent dans les points d'articulation.

Désignons collectivement par (P) le système de forces appliquées au premier corps AB, et de même par (P_1), (P_2), (P_3),..., les systèmes de forces qui sollicitent respectivement BC, CD, DE,..., ces systèmes n'étant pas censés comprendre les réactions que chaque corps reçoit de ses deux voisins, mais devant comprendre au contraire les réactions des articulations extrêmes placées en A et G, si ces articulations existent. Soit N_1 la résultante de translation de (P), N_2 la résultante de translation de (P) et de (P_1), N_3 celle de (P), (P_1) et (P_2), et ainsi de suite. Les groupes (P), (P_1), (P_2),..., sont regardés provisoirement comme des données immédiates d'où l'on déduira sans peine N_1, N_2, N_3, ...

Cela posé, considérons un certain nombre de corps consécutifs à partir d'une extrémité, trois par exemple à partir de la droite. Ce système ABCD doit être en équilibre sous l'action des forces extérieures (P), (P_1), (P_2), et de la réaction qu'il reçoit en D; donc la somme des moments de (P), (P_1), (P_2), relativement à un axe quelconque passant au point D, doit être égale à zéro. Une condition analogue doit être remplie pour chaque centre d'articulation. Pour énoncer ce fait, nous dirons:

Lorsqu'un système polygonal articulé se trouve en équilibre, si l'on considère l'ensemble d'un certain nombre de corps consécutifs de ce système, à partir d'une extrémité jusqu'à un centre d'articulation quelconque qui le termine, le moment résultant de toutes les forces extérieures appliquées à cet ensemble doit être nul relativement au centre d'articulation dont on vient de parler.

Il faut de plus que le système pris en entier satisfasse aux six conditions générales que doivent remplir toujours les forces extérieures appliquées à un système matériel en équilibre.

Réciproquement, si toutes ces conditions sont remplies, les forces se feront équilibre, c'est-à-dire que les corps AB, BC,..., FG, supposés primitivement en repos, ne se mettront pas en mouvement. C'est ce que nous allons démontrer à l'aide du théorème du travail virtuel (*). A cet effet, nous remarquerons qu'on peut, sans changer la somme des travaux virtuels dans un déplacement possible quelconque du système articulé: 1° appliquer en B, au corps AB, une force $-N_1$, pourvu qu'on applique la même force en sens contraire au corps BC, également en B, car ces deux forces, agissant sur deux points dont les déplacements sont identiques, feront toujours une somme de travaux nulle; 2° faire agir en C deux forces égales et contraires, la première $-N_2$ sollicitant le corps BC, la seconde N_2 le corps CD; 3° procéder de la même manière pour les articulations suivantes : par exemple appliquer en D les forces $-N_3$ et N_3 respectivement aux corps CD et DE, et ainsi de suite. Si l'équilibre existe après les opérations que nous venons de faire, c'est que déjà il existait auparavant, puisque nous n'avons pas altéré la somme des travaux virtuels dans l'un quelconque des déplacements permis par les liaisons. Or, après l'introduction des forces nouvelles, il est aisé de reconnaître que chaque corps est sollicité par des forces ayant une résultante nulle. Ainsi, le groupe (P), appliqué au premier corps, donne une résultante égale à N_1 passant par le point B, puisque la somme des moments des forces (P) est nulle relativement à

(*) Le théorème du travail virtuel s'énonce ainsi, dans le cas d'un système à liaisons : *Pour qu'un système matériel soit en équilibre, il est nécessaire et suffisant que la somme des travaux virtuels des forces tant intérieures qu'extérieures qui le sollicitent, soit nulle, pour un déplacement virtuel quelconque, compatible avec les liaisons du système.*

tout axe mené par B; donc cette résultante s'équilibre avec la force $-N_1$ que nous avons ajoutée au corps AB. Pareillement, le corps BC est soumis à N_1 et au groupe (P_1); attendu l'équivalence de N_1 et de (P) d'une part, et la nullité des moments de l'ensemble (P), (P_1) relativement aux axes qui passent par C, d'autre part, le groupe (P_1), composé avec N_1, donnera une résultante N_2 passant au point C, qui sera équilibrée par la force $-N_2$ que nous avons appliquée en dernier lieu à ce même point du corps BC. Le raisonnement serait identique pour les autres corps en allant de proche en proche.

Si nous comptons le nombre des conditions d'équilibre, nous en trouvons d'abord six pour l'équilibre de toutes les forces extérieures du système, puis trois pour chaque centre d'articulation, nécessaires pour exprimer la nullité des moments des forces appliquées aux corps compris entre ce centre et une des extrémités. En désignant par n le nombre de corps, il y aura donc $6 + 3(n - 1)$, c'est-à-dire $3n + 3$ conditions. Dans le cas, assez ordinaire, où il y aurait vers les extrémités A et G deux articulations dont les centres seraient fixes, les trois composantes des réactions de ces points, parallèlement à trois axes coordonnés, deviendraient des inconnues auxiliaires, et le nombre des conditions ne serait plus que de $3n - 3$.

Quant aux réactions des différents corps les uns sur les autres, il est clair que ce sont les forces désignées tout à l'heure par N_1, N_2, N_3,..., c'est-à-dire que *la partie formée d'un certain nombre de corps consécutifs, à partir d'une extrémité, exerce sur l'autre partie une action égale à la résultante de translation des forces qui lui sont appliquées.*

Dans tous les raisonnements qui précèdent, on peut placer l'extrémité du système à tel centre d'articulation qu'on veut, pourvu qu'on tienne compte des forces exercées en ce point sur la partie conservée par celle qu'on laisse de côté. De même, s'il y a des appuis fixes, les réactions inconnues de ces appuis doivent être comptées dans les groupes des forces tels que (P). Ces réactions se détermineraient, comme on l'a dit tout à l'heure, au moyen des conditions d'équilibre; ainsi, par exemple, A et G étant des points fixes, l'équilibre du corps AB, considéré comme articulé en A et B, fera connaître les composantes de la réaction N du point A suivant deux directions perpendiculaires à AB; la troisième composante s'obtiendra en faisant usage d'une équation de moments du groupe N, (P), (P_1) relativement à un axe mené par le point C.

La recherche des réactions des points A et G, supposés fixes, est d'ailleurs beaucoup simplifiée lorsque les centres d'articulation sont tous dans un même plan contenant aussi les forces extérieures, et que le système est symétrique, pour les forces et les dimensions, relativement à la perpendiculaire au milieu de AG. Les réactions en A et en G sont alors égales et symétriques; leurs composantes parallèles à l'axe de symétrie s'obtiennent par une simple projection des forces extérieures sur cet axe; cela fait, les composantes parallèles à AG sont connues au moyen d'une des équations de moments nécessaires à l'équilibre.

164. *Équilibre d'un système dont les articulations sont infiniment rapprochées.* — Supposons que les centres d'articulation B, C, D,..., du système que nous venons d'étudier se rapprochent indéfiniment, de manière à former une courbe continue AG (*fig.* 59). A l'élément quelconque DE, dont la longueur sera représentée par ds, sont appliquées des forces ayant une résultante $P\,ds$. Appelons T l'action mutuelle des deux parties du système qui se réunissent en E.

Fig. 59.

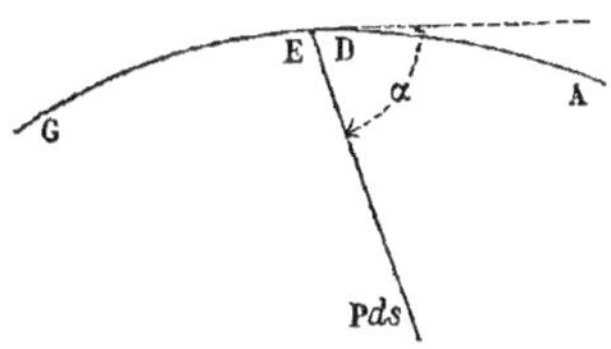

En premier lieu, l'élément DE est en équilibre, et, par suite, la somme des moments des forces extérieures qui le sollicitent, relativement à un arc quelconque, est nulle. Ces forces sont l'action T exercée en E, l'action analogue en D et la résultante $P\,ds$; si l'axe des moments passe en D, le moment de la seconde est nul, et celui de la troisième est infiniment petit du second ordre. Donc le moment de T est de même ordre, ainsi que sa distance à D; donc la force T est tangente à la courbe. Ainsi l'action mutuelle qui s'exerce en un des points de la courbe, de la part d'une portion du système sur une autre portion, est dirigée suivant la tangente à l'élément qu'elle sollicite : on la nomme *pression* ou *tension*, suivant le sens dans lequel elle agit.

D'un autre côté, on remarquera que pour l'équilibre de la partie AE du système, la pression ou tension en E doit être égale à la résultante des forces extérieures appliquées de A en E; donc la condition d'équilibre du système considéré s'exprime en disant que : *Si l'on compose toutes les forces appliquées depuis une extrémité* A *jusqu'à un point quelconque* E, *la résultante unique doit passer en* E *et se confondre avec la tangente à la courbe en ce point.* A cette condition, il faut encore ajouter, bien entendu, que les forces extérieures se feraient équilibre sur le système total considéré comme solide. On démontrerait, comme au nº **163**, que ces conditions sont suffisantes.

165. *Forme d'équilibre d'un système articulé.* — La question à résoudre est celle-ci : *Étant données les diverses forces qui doivent agir sur les côtés d'un système polygonal articulé et les longueurs de ces côtés, trouver la forme du polygone.* Ainsi, dans la *fig.* 58, on donne les groupes de forces (P), (P_1), (P_2),..., et, par suite, les résultantes partielles N_1, N_2, N_3,...; on donne aussi les longueurs $\overline{BC}$, $\overline{CD}$, $\overline{DE}$,..., et l'on demande les sommets B, C, D,....

Le problème ainsi posé se résout sans peine par la construction graphique suivante. On place arbitrairement le sommet B sur la première résultante N_1; puis, avec la longueur donnée $\overline{BC}$ pour rayon, on décrit un cercle (ou une sphère plus généralement) qui coupe N_2 au point cherché C, et ainsi de suite pour les autres. On voit qu'il y a une infinité de solutions.

Mais il est rare qu'en pratique la question soit tout à fait présentée comme on vient de le voir, et ordinairement la solution n'est pas aussi facile. Ainsi les forces extérieures peuvent dépendre de la situation des côtés du polygone, au lieu d'être absolument déterminées, comme nous l'avons supposé; elles pourraient aussi comprendre les réactions de points fixes, dont la recherche se lierait avec celle de la forme du polygone lui-même. Les hypothèses et données étant susceptibles de varier à l'infini, nous nous contenterons de traiter quelques exemples.

166. *Exemples particuliers du problème précédent.* — Soit le système ABCD... (*fig.* 60), dont les centres d'articulation sont B, C, D,...; chaque corps supporte un poids uniformément réparti suivant la ligne qui joint les deux articulations de ce corps, et proportionnel à la longueur de cette ligne projetée sur l'horizontale.

Fig. 60.

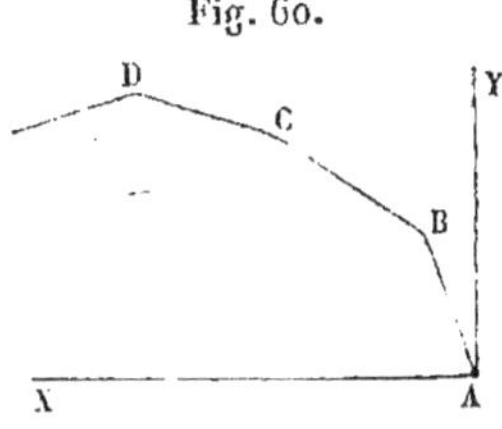

En premier lieu, il est nécessaire pour l'équilibre que tout le polygone ABCD soit dans un même plan vertical; car si deux côtés consécutifs, tels que BC et CD, n'étaient pas dans un même plan vertical, la somme des moments des forces appliquées à BCD, y compris les réactions exercées en B et D, ne serait pas nulle relativement à l'axe BD. Donc deux côtés consécutifs sont contenus dans un plan vertical; donc BC est dans le plan vertical de AB; par suite, ce plan contient aussi CD, et en allant de proche en proche on verrait ainsi qu'il contient le polygone tout entier.

Soient maintenant AX, AY deux axes coordonnés tracés dans ce plan; X, Y les composantes de la force appliquée en A au système; x, y les coordonnées d'un sommet quelconque C; p le poids qui charge l'unité de longueur en projection horizontale. En égalant à zéro la somme des moments, relativement au point C, de toutes les forces qui agissent depuis ce point jusqu'à l'extrémité A, on aura

$$Yx - Xy - \frac{1}{2}px^2 = 0,$$

ce qui prouve que tous les sommets A, B, C, D,..., sont sur une même parabole représentée par l'équation précédente. La détermination des constantes X, Y, nécessaire pour la connaissance complète de cette parabole, dépendrait d'autres données particulières de la question.

Si le polygone ABCD... représentait la section droite d'une

enveloppe cylindrique soumise à la pression normale uniforme d'un gaz, dont l'intensité serait de p kilogrammes par mètre de longueur mesurée suivant le contour ABCD, l'équation des moments deviendrait

$$Yx - Xy \pm \frac{1}{2} p(x^2 + y^2) = 0,$$

et tous les sommets se trouveraient sur un même cercle. La quantité $\frac{1}{2} p(x^2 + y^2)$ est la somme des moments, relativement à un sommet C, de toutes les pressions exercées par le gaz depuis ce sommet jusqu'à l'extrémité A; le signe + convient au cas d'une pression intérieure, le signe — au cas d'une pression extérieure. Ici, comme dans le premier problème, il y aurait deux constantes Y, X à déterminer.

A cet effet on pourrait, dans les deux cas, donner par exemple la position de deux sommets relativement aux axes AX, AY; les coordonnées de ces sommets, introduites dans l'équation au lieu de x, y, donneraient deux relations d'où l'on tirerait X et Y. Si le système était assujetti à être symétrique relativement à une certaine ligne passant par un sommet, les axes de coordonnées étant menés par ce point, celui des y suivant la ligne de symétrie et l'autre perpendiculairement, on aurait $Y = 0$; l'équation de la courbe ne contiendrait plus qu'une constante, et une seule condition serait suffisante pour la déterminer.

Enfin, on remarquera que soit pour la parabole, soit pour le cercle, à l'origine A on a $\frac{dy}{dx} = \frac{Y}{X}$, ce qui montre que la force exercée en A sur le polygone articulé est tangente à la courbe des sommets. L'origine pouvant d'ailleurs être placée en un sommet quelconque, sans changer la forme de l'équation d'équilibre, la même propriété est vraie pour les deux actions mutuelles exercées en chaque centre d'articulation.

167. *Forme d'équilibre dans le cas d'articulations infiniment rapprochées.* — Replaçons-nous dans les conditions du n° 164, et exprimons par des équations l'équilibre de l'élément DE, dont la longueur est ds (*fig.* 59). Indépendamment de la force $P\,ds$, l'élément est sollicité en E par la force T provenant de l'action de la partie EG du système, et en D par une force analogue due à l'action de la partie DA. La première force T, à laquelle nous attribuons comme sens positif celui d'une pression sur DE, est dirigée suivant la tangente en D (n° 164); elle aura donc pour composantes suivant trois axes coordonnés rectangulaires

$$T\frac{dx}{ds}, \quad T\frac{dy}{ds}, \quad T\frac{dz}{ds}.$$

Si l'on adopte pour sens des s positifs celui de E vers D, la pression en ce dernier point donnera pareillement trois composantes

$$T\frac{dx}{ds} + d.T\frac{dx}{ds}, \quad T\frac{dy}{ds} + d.T\frac{dy}{ds}, \quad T\frac{dz}{ds} + d.T\frac{dz}{ds};$$

et comme elles sont en sens contraire de celles de la force T, il restera en définitive

$$-d.T\frac{dx}{ds}, \quad -d.T\frac{dy}{ds}, \quad -d.T\frac{dz}{ds}.$$

Donc en appelant X, Y, Z les composantes de P, on aura

$$(1) \qquad \left\{ \begin{aligned} X\,ds - d.T\frac{dx}{ds} &= 0, \\ Y\,ds - d.T\frac{dy}{ds} &= 0, \\ Z\,ds - d.T\frac{dz}{ds} &= 0. \end{aligned} \right.$$

L'élimination de l'inconnue auxiliaire T entre les trois équations (1) donnera deux équations entre les quantités connues X, Y, Z et les coordonnées x, y, z. Ce seront les équations différentielles de la courbe d'équilibre.

En multiplant la première des équations (1) par dx, la seconde par dy, la troisième par dz, faisant la somme et divisant par ds, on trouvera, tout calcul effectué,

$$X\,dx + Y\,dy + Z\,dz - dT\left[\left(\frac{dx}{ds}\right)^2 + \left(\frac{dy}{ds}\right)^2 + \left(\frac{dz}{ds}\right)^2\right] - T\left(\frac{dx\,d^2x}{ds^2} + \frac{dy\,d^2y}{ds^2} + \frac{dz\,d^2z}{ds^2}\right) = 0.$$

Or, de la relation

$$\left(\frac{dx}{ds}\right)^2 + \left(\frac{dy}{ds}\right)^2 + \left(\frac{dz}{ds}\right)^2 = 1,$$

on déduit, en différentiant par rapport à s,

$$\frac{dx\,d^2x}{ds^2} + \frac{dy\,d^2y}{ds^2} + \frac{dz\,d^2z}{ds^2} = 0;$$

donc on aura

(2) $$dT = X\,dx + Y\,dy + Z\,dz,$$

équation qui montre comment la pression varie d'un point à l'autre de la courbe des centres d'articulation.

L'équation (2) aurait pu se démontrer plus simplement en projetant sur la direction même de l'élément **DE** les trois forces T, $T + dT$, $P\,ds$; car α étant l'angle de P avec ds, on aurait eu

$$dT = P\cos\alpha . ds,$$

et comme on a d'ailleurs

$$\cos\alpha = \frac{X\,dx + Y\,dy + Z\,dz}{P\,ds},$$

on retrouverait l'équation (2) par une multiplication membre à membre des deux dernières équations. Pareillement on peut encore remarquer que pour l'équilibre de $P\,ds$ avec les deux forces T et $T + dT$, P doit être dans le plan des deux tangentes avec lesquelles coïncident T et $T + dT$, c'est-à-dire dans le plan osculateur de la courbe, que l'angle de contingence est exprimé par $\frac{ds}{\rho}$, ρ étant le rayon de la première courbure; et, par suite, en projetant sur la direction de ρ, on posera la relation

(3) $$\frac{T}{\rho} = P\sin\alpha,$$

dont la démonstration analytique serait notablement plus longue.

168. *Exemple particulier d'un système dont les articulations sont infiniment rapprochées; système supportant une charge d'eau.* — Soit ACB (*fig.* 61) la courbe des centres d'articulation, que nous considérerons simplement comme la section droite d'un cylindre ayant des génératrices de longueur égale à 1. On néglige le poids propre des corps articulés et on suppose que les forces extérieures consistent, indépendamment de celles que produisent les appuis, en pressions dues à une charge d'eau dont le niveau est NN. La ligne NN est prise pour axe des x; l'axe des y est une verticale Oy, relativement à laquelle on admet que le système est symétrique.

Fig. 61.

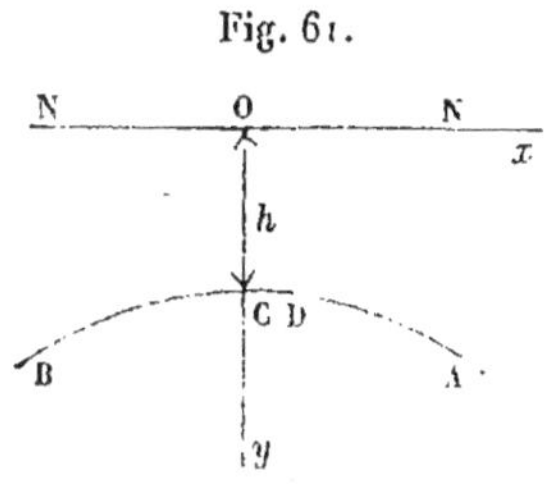

Π étant le poids d'un mètre cube d'eau, nous devons faire, dans les équations du n° 167,

$$R = \Pi y, \quad \alpha = 90^\circ.$$

Donc on a d'abord

$$dT = 0, \quad \text{ou} \quad T = \text{constante},$$

$$\frac{T}{\rho} = \Pi y,$$

c'est-à-dire que la pression T est constante, et que le rayon de courbure de la courbe ACB est, dans chaque point, en raison inverse de l'ordonnée y. Cette considération donnerait un premier moyen de tracer approximativement la courbe, au moyen d'une série d'arcs de cercle se raccordant entre eux. On tracerait un premier arc CD partant du point C avec un centre placé arbitrairement sur Cy; puis, appelant ρ_0 et ρ_1 les rayons de la courbe en C et D, h et h_1 les cotes de ces mêmes points au-dessous du niveau NN, on poserait la proportion

$$\frac{\rho_1}{\rho_0} = \frac{h}{h_1},$$

d'où l'on tirerait le rayon ρ_1 avec lequel on décrirait le second arc à partir du point D. On irait de même de proche en proche, et on aurait toujours soin de ne faire correspondre les arcs successifs qu'à de faibles accroissements d'ordonnées y. Le premier rayon ayant été pris arbitrairement, pour déterminer complétement la courbe, on pourrait lui imposer les conditions d'avoir son point le plus haut C et son extrémité A dans des situations données. Le problème se résoudrait alors par tâtonnement, en essayant diverses valeurs du rayon initial.

Si l'on veut employer le calcul, on remplacera ρ par sa valeur en fonction de $\frac{dy}{dx}$ et de $\frac{d^2y}{dx^2}$, ce qui donnera l'équation différentielle de la courbe CA :

$$\frac{d^2y}{dx^2}\left[1+\left(\frac{dy}{dx}\right)^2\right]^{-\frac{3}{2}} = \frac{\Pi y}{T}.$$

On peut faire une première intégration, après avoir multiplié les deux membres par $2dy$, et on trouvera

$$-2\left[1+\left(\frac{dy}{dx}\right)^2\right]^{-\frac{1}{2}} = \frac{\Pi y^2}{T} + \text{constante},$$

ou bien, attendu que $\frac{dy}{dx} = 0$ pour $y = h$,

$$-2\left[1+\left(\frac{dy}{dx}\right)^2\right]^{-\frac{1}{2}} + 2 = \frac{\Pi}{T}(y^2 - h^2).$$

Cette équation, résolue par rapport à $\frac{dy}{dx}$, devient

$$\frac{dy}{dx} = \sqrt{\frac{1}{\left[1-\frac{\Pi}{2T}(y^2-h^2)\right]^2} - 1} = \frac{\sqrt{1-\left[1-\frac{\Pi}{2T}(y^2-h^2)\right]^2}}{1-\frac{\Pi}{2T}(y^2-h^2)},$$

soit, en remplaçant la différence de deux carrés par le produit de la somme et de la différence, et effectuant la séparation des variables,

$$\frac{dy\left[1-\frac{\Pi}{2T}(y^2-h^2)\right]}{\sqrt{(y^2-h^2)\left[1-\frac{\Pi}{4T}(y^2-h^2)\right]}} = dx\sqrt{\frac{\Pi}{T}}.$$

On doit avoir nécessairement $\frac{\Pi}{4T}(y^2 - h^2) < 1$, sans quoi l'expression de $\frac{dy}{dx}$ ne serait pas réelle; par suite, on pourra développer $\frac{1}{\sqrt{1-\frac{\Pi}{4T}(y^2-h^2)}}$ en série, au moyen de la formule du binôme; de cette manière, la dernière équation devient

$$dx\sqrt{\frac{\Pi}{T}} = \frac{dy}{\sqrt{y^2-h^2}}\left[1-\frac{\Pi}{2T}(y^2-h^2)\right]$$
$$\times\left[1+\frac{\Pi}{8T}(y^2-h^2)+\frac{3\Pi^2}{128T^2}(y^2-h^2)^2+\ldots\right].$$

L'intégration est maintenant facile, car elle se ramène à la recherche d'intégrales de la forme $\int\frac{y^n dy}{\sqrt{y^2-h^2}}$, n étant un nombre entier positif. Or, on sait que

$$\int\frac{dy}{\sqrt{y^2-h^2}} = \log\text{hyp}\left(\frac{y+\sqrt{y^2-h^2}}{h}\right),$$
$$\int\frac{y\,dy}{\sqrt{y^2-h^2}} = \sqrt{y^2-h^2};$$

et, d'un autre côté, l'intégration par parties donne

$$\int\frac{y^n dy}{\sqrt{y^2-h^2}} = \frac{y^{n-1}}{n}\sqrt{y^2-h^2}+\left(\frac{n-1}{n}\right)h^2\int\frac{y^{n-2}dy}{\sqrt{y^2-h^2}}.$$

Ainsi, par cette dernière formule, connaissant les valeurs de l'intégrale pour $n=0$ et $n=1$, on les aura pour $n=2$ et $n=3$; au moyen de ces dernières, on les aura dans les cas de $n=4$ et $n=5$; et ainsi de suite.

Nous ne pousserons pas plus loin le calcul sans introduire une hypothèse restrictive. D'après une équation établie tout à l'heure, $1-\frac{\Pi}{2T}(y^2-h^2)$ est égal à $\left[1+\left(\frac{dy}{dx}\right)^2\right]^{-\frac{1}{2}}$, c'est-à-dire au cosinus de l'angle que la tangente à la courbe fait avec l'horizontale. Si la courbe est assez surbaissée, le cosinus diffèrera de très-peu de 1, et $\frac{\Pi}{2T}(y^2-h^2)$ sera une petite quantité dont il suffira de conserver la première puissance dans les calculs. Dans l'hypothèse d'un faible rapport entre la flèche et l'ouverture de la courbe ABC, on posera donc

$$dx\sqrt{\frac{\Pi}{T}} = \frac{dy}{\sqrt{y^2-h^2}}\left[1-\frac{\Pi}{2T}(y^2-h^2)\right]\left[1+\frac{\Pi}{8T}(y^2-h^2)+\ldots\right]$$
$$= \frac{dy}{\sqrt{y^2-h^2}}\left[1-\frac{3\Pi}{8T}(y^2-h^2)+\ldots\right],$$

équation dont l'intégrale, calculée comme il est dit ci-dessus, est la suivante :

$$x\sqrt{\frac{\Pi}{T}} = \left(1 + \frac{3\Pi h^2}{16T}\right) \log \text{hyp} \left(\frac{y + \sqrt{y^2 - h^2}}{h}\right) - \frac{3}{16}\frac{\Pi y}{T}\sqrt{y^2 - h^2}.$$

La constante T pourrait être déterminée par la condition de faire passer la courbe au point donné A.

169. *Application des formes d'équilibre de systèmes articulés à la construction de pièces rigides.* — Quand on connaît toutes les charges qui doivent agir sur une pièce, y compris son poids propre et les réactions des appuis, on peut construire, en s'appuyant sur les considérations du n° 167, une courbe telle, que si celle-ci était considérée comme le lieu des articulations, infiniment rapprochées entre elles, d'un système articulé, l'équilibre existerait. Or cette courbe peut aussi être prise pour fibre moyenne de la pièce, et alors on aura cet avantage que, dans toutes les sections transversales, la résultante des actions moléculaires passera au centre d'élasticité. De là il résulte que les efforts se répartissent uniformément sur la section, c'est-à-dire de la manière la plus favorable à la résistance, ce qui permet d'employer moins de matière dans la construction de la pièce.

Pour faire usage de cette propriété, il faut cependant remarquer que l'action des forces produit des allongements, raccourcissements ou glissements par suite desquels la forme d'équilibre que la pièce doit finalement conserver ne sera pas tout à fait identique avec celle sous laquelle on doit la construire. Il serait donc toujours utile, et quelquefois nécessaire, de prévoir et de calculer par avance les déformations et d'établir la pièce avec une forme provisoire, de manière que, par l'effet même des charges, elle prît la forme d'équilibre qu'on aurait en vue. On y parviendrait approximativement au moyen d'une règle de fausse position : on supposerait la pièce construite avec la forme d'équilibre; les déplacements produits par les forces seraient ensuite calculés dans cette hypothèse pour les différents points de la force moyenne, et portés en sens contraire de leur direction à partir de ces points. Le lieu des extrémités de ces déplacements inverses pourrait être adopté pour fibre moyenne provisoire. Cette solution serait rigoureuse pour le cas de déplacements infiniment petits : pratiquement elle sera donc, en général, d'une exactitude suffisante, car la petitesse des déformations est une conséquence de la stabilité.

Dans sa théorie de la stabilité des voûtes (*), M. Yvon Villarceau a cherché à déterminer les courbes d'intrados et d'extrados de telle sorte, que la résultante des pressions sur un joint passât au centre de gravité de ce joint : la fibre moyenne de la voûte ainsi construite satisferait à la condition d'être identique avec le lieu des centres d'articulation d'un système articulé en équilibre sous les forces appliquées à la voûte, et par conséquent on obtiendrait une certaine économie dans le cube des maçonneries. C'est une des applications les plus intéressantes qu'on ait faites des considérations que nous venons de présenter.

§ II. — Systèmes articulés complexes.

170. *Des systèmes articulés complexes.* — Dans tous les systèmes précédemment étudiés, chaque corps présentait seulement deux points d'articulation, l'un avec un corps précédent, l'autre avec un corps suivant, et l'ensemble, réduit aux lignes droites joignant les deux centres d'articulation de chaque corps, formait un polygone convexe ayant deux extrémités bien définies. Nous avions alors ce que nous conviendrons d'appeler un *système articulé simple.* Mais il peut arriver qu'après avoir établi un tel système, on réunisse certains corps de ce système entre eux ou à d'autres corps au moyen de tiges ou corps de forme quelconque, articulés eux-mêmes à leurs points d'assemblage. On aura formé de cette manière ce que nous appellerons un *système articulé complexe.* Le caractère général auquel on les reconnaît, c'est qu'il y a au moins un des corps du système qui présente plus de deux centres d'articulation ou points considérés comme tels.

Ainsi une charpente qui ne serait composée que de deux

(*) *Voir* l'ouvrage intitulé : *Sur l'établissement des arches de pont, envisagé au point de vue de la plus grande stabilité;* Paris, 1854.

arbalétriers et un tirant se classerait cependant parmi les systèmes complexes, parce que chaque arbalétrier serait articulé avec l'autre arbalétrier et le tirant, et aurait en outre un appui fixe assimilé à un centre d'articulation.

Nous ne pouvons pas donner de théorie générale des systèmes articulés complexes. Nous nous bornerons à traiter quelques exemples.

171. *Charpente composée de deux arbalétriers simples, deux contre-fiches, tirant et poinçon.* — Soit donnée la charpente ABCDFGH (*fig.* 62), dont nous représentons les diverses pièces par de simples lignes droites; AB, BC sont les arbalétriers, soutenus vers le milieu de leur longueur, en D et G, par les contre-fiches DF, GF; un tirant AC reçoit les extrémités des arbalétriers; enfin les points B, F, H sont réunis par un poinçon principalement destiné à empêcher la flexion que subirait le tirant sous l'action de son poids et des pressions transmises par les contre-fiches dans le cas où l'absence de poinçon obligerait le constructeur à les assembler avec le tirant. Les pièces AB, BC supportent un poids uniformément réparti, à raison de p kilogrammes par mètre courant de projection horizontale, y compris leur poids propre. Le système est supposé symétrique par rapport à la verticale, et il repose sur deux appuis fixes en A et C; enfin tous les assemblages sont censés constituer des articulations sans frottement. Il s'agit de déterminer les forces extérieures inconnues qui sollicitent les différentes pièces, afin de vérifier si les dimensions sont suffisantes, conformément aux méthodes qu'enseigne la Résistance des Matériaux.

Fig. 62.

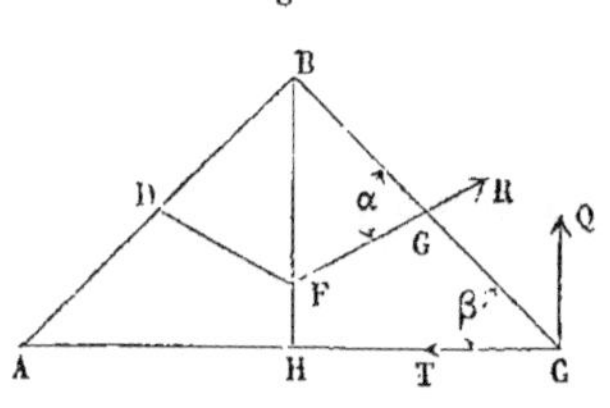

Soient α et β les angles FGB, HCB; $2a$ l'ouverture $\overline{AC}$; T la tension du tirant; R la compression de la contre-fiche; S la tension du poinçon en dessus du point F; P le poids du tirant. On négligera, pour plus de simplicité, les poids des trois pièces FG, FD, BH, comme faibles comparativement à P et à la charge $2pa$ des arbalétriers.

Si l'on considère d'abord un arbalétrier BC, on voit qu'il supporte, en dehors des points d'appui B, G, C, une force pa uniformément répartie, dont chaque élément pdx, répondant à une longueur infiniment petite dx prise sur la longueur $\overline{HC}$, pourrait être décomposé en deux forces $pdx\sin\beta$, $pdx\cos\beta$, suivant la direction de BC et la direction perpendiculaire. Les premières composantes tendraient seulement à comprimer la fibre moyenne de l'arbalétrier; les secondes seules produiraient une flexion. Or nous admettrons que le constructeur a déterminé le serrage de la contre-fiche de manière à rendre nulle la flèche que toutes les forces $pdx\cos\beta$, dont la somme est $pa\cos\beta$, feraient prendre en C à l'arbalétrier s'il n'était pas soutenu par la contre-fiche. Il en résulte que, au point de vue de la flexion et des pressions normales exercées sur les appuis, la pièce BC pourra être considérée comme supportant une charge $pa\cos\beta$, uniformément répartie et comme soutenue en trois points équidistants B, G, C. On trouve alors immédiatement les réactions normales des points d'appui, savoir : $\frac{3}{16}pa\cos\beta$ pour B et C, $\frac{5}{8}pa\cos\beta$ pour G (n° 77).

Cela posé, comme il n'y a de forces appliquées à la contre-fiche qu'aux extrémités F, G, et que par conséquent ces forces doivent être dirigées suivant la droite FG, on voit que la réaction totale R, supportée en G par l'arbalétrier, aura cette même direction; donc on pourra d'abord poser l'égalité

$$R\sin\alpha = \frac{5}{8}pa\cos\beta,$$

qui détermine l'inconnue R. Secondement, la réaction totale appliquée au point C de l'arbalétrier se compose de la tension horizontale T du tirant et d'une force verticale Q; la composante normale de cette réaction sera $Q\cos\beta - T\sin\beta$; donc on aura

$$Q\cos\beta - T\sin\beta = \frac{3}{16}pa\cos\beta.$$

On voit que la tension T serait connue si l'on avait la valeur de Q : pour la déterminer, il faut auparavant trouver la tension du poinçon dans la partie FH. Cette tension, devant simplement empêcher la flexion du tirant, aurait pour valeur normale $\frac{5}{8}P$; donc, si l'on pose l'équation d'équilibre en projection verticale, des forces extérieures au système composé des deux abalétriers, des contre-fiches et du poinçon, cette équation sera

$$2Q - 2pa - \frac{5}{8}P = 0 \text{ (*)}.$$

Quant à la tension S du poinçon dans la partie FB, il est clair que ce sera celle de la portion FH, plus la somme des deux composantes verticales des forces R transmises par les contre-fiches; et l'on aura, par suite,

$$S = \frac{5}{8}P + 2R\sin(\alpha - \beta).$$

Il est aisé maintenant d'écrire les valeurs de toutes les forces cherchées. On trouvera successivement

$$R = \frac{5}{8}pa\frac{\cos\beta}{\sin\alpha},$$

$$Q = pa + \frac{5}{16}P,$$

$$T = \frac{13pa + 5P}{16\tan\beta},$$

$$S = \frac{5}{8}P + \frac{5}{4}pa\frac{\cos\beta\sin(\alpha-\beta)}{\sin\alpha}.$$

La dernière formule peut encore s'écrire ainsi :

$$S = \frac{5}{8}\left[P + 2pa\cos^2\beta\left(1 - \frac{\tan\beta}{\tan\alpha}\right)\right],$$

(*) La force Q ainsi calculée diffère du poids de la demi-ferme : mais cela n'a rien qui doive surprendre, car T et Q constituent, non pas la réaction de l'appui sur la ferme, mais la réaction du tirant sur l'arbalétrier.

et, dans l'hypothèse de α peu différent de 90 degrés,

$$S = \frac{5}{8}(P + 2pa\cos^2\beta).$$

On possède maintenant toutes les données utiles pour procéder à la vérification de la résistance des principales pièces de la ferme. Le tirant ne doit guère résister qu'à la tension T, car la flexion due à son poids est peu sensible, surtout avec le secours du poinçon. Les contre-fiches et le poinçon ne résistent pareillement qu'à des efforts longitudinaux. Quant aux arbalétriers, ils doivent supporter, outre les efforts dus à la flexion, des forces de compression longitudinale agissant suivant leur axe; les forces totales qui produisent ces effets seront connues dans chaque section, et l'on en conclura les actions moléculaires correspondantes.

172. *Ferme de charpente en fer à grande portée.* — Dans la plupart des gares de chemin de fer et beaucoup d'autres bâtiments, on trouve des fermes construites comme l'indique le croquis ci-dessous (*fig.* 63), dont la disposition ingénieuse a été imaginée par M. Polonceau. AB, BC sont les arbalétriers, tantôt en bois, tantôt en fer ou en fonte, soutenus perpendiculairement en leurs milieux F, G par des bielles en fonte FD, GE. Ces bielles s'articulent à leurs deux extrémités, d'une part avec les arbalétriers, d'autre part avec des tirants AD, DB, CE, EB, qui les réunissent aux extrémités des arbalétriers. Enfin, un tirant horizontal DE réunit les deux moitiés de la ferme et les empêche d'exercer une poussée trop considérable contre les supports. Il s'agit encore ici de se rendre compte des forces auxquelles doivent résister les diverses pièces.

Fig. 63.

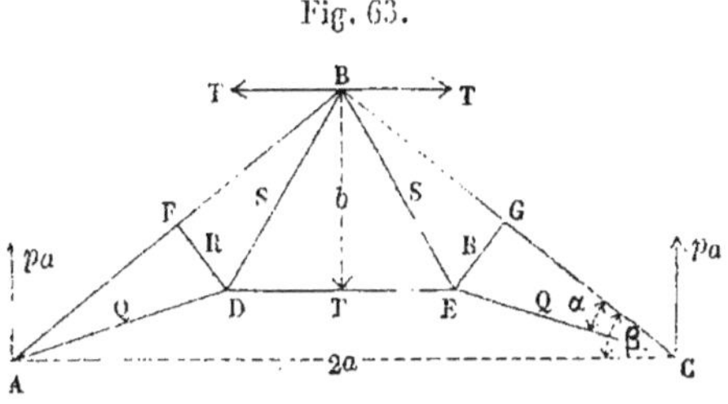

D'abord les appuis doivent exercer en C et A, sur cette ferme, des réactions égales pour cause de symétrie, dont la composante verticale aura nécessairement pour valeur le poids de la demi-ferme avec la charge correspondante. Nous admettrons que cette charge, en y comprenant le poids propre des pièces, est un poids uniformément réparti suivant l'horizontale, et nous la désignerons par pa, p étant le poids par mètre courant mesuré horizontalement, et $2a$ la distance $\overline{AC}$; pa sera donc la composante verticale de la réaction en A ou C.

Les forces verticales appliquées à une moitié de la ferme se réduisent à un couple $(pa, -pa)$, dont la force est pa et le bras de levier à très-peu près $\frac{1}{2}a$; ce serait rigoureusement $\frac{1}{2}a$ en négligeant le poids des bielles et tirants, simplification qui n'entraînera pas d'erreur sensible. Donc les forces horizontales doivent se réduire à un couple dont $\frac{1}{2}pa^2$ sera le moment. Or, ces forces horizontales sont : 1° la réaction mutuelle des deux moitiés de ferme en B ; 2° la tension T du tirant ; 3° la composante suivant AC de la réaction de l'appui soutenant la moitié considérée. Si l'on suppose que le tirant DE a été suffisamment tendu, cette dernière composante pourra être nulle; la réaction mutuelle en B sera égale et contraire à T, et, en désignant par b la distance de DE au sommet B de la ferme, on aura

$$Tb = \frac{1}{2}pa^2,$$

d'où l'on tire

$$T = \frac{pa^2}{2b}.$$

Telle est la tension qu'il conviendra de donner au tirant; elle se produirait d'elle-même par le seul fait de l'équilibre, si un des appuis A ou C était disposé de manière à ne pouvoir exercer de réaction horizontale, ce qui entraînerait la nullité de la réaction horizontale exercée par l'autre appui. Ordinairement cette condition n'est pas remplie, en sorte que la tension T est réalisée par un serrage convenable que l'on effectue au moyen des procédés connus, par exemple avec un écrou portant deux surfaces de vis filetées en sens contraires; cet écrou, placé vers le milieu du tirant, assemble ses deux moitiés et les fait marcher l'une vers l'autre, de manière à produire une tension si les points D et E sont fixes. On emploie aussi des vis de rappel placées à une extrémité du tirant qu'il s'agit de tendre, ou bien des clefs et contre-clefs analogues à celles des têtes de bielle, usitées dans les machines à vapeur.

Les tensions S et Q des tirants BE, CE et de leurs symétriques BD, AD sont produites artificiellement par des moyens analogues. En opérant le serrage, le constructeur doit remplir cette condition que les bielles FD, GE soient assez pressées contre leurs arbalétriers pour annuler les flèches que ces pièces tendraient à prendre aux points F et G. Dès lors, par des considérations semblables à celles dont on a fait usage au n° **171**, en appelant R la pression totale de l'une des bielles, et β l'angle des arbalétriers avec l'horizontale AC, on est conduit à l'égalité

$$R = \frac{5}{8} pa \cos\beta.$$

De même on voit que la réaction appliquée au point C, normalement à l'arbalétrier, est exprimée à la fois par $\frac{3}{16} pa \cos\beta$ et par $pa\cos\beta - Q\cos\alpha$, α étant l'angle de l'arbalétrier avec un des tirants qui soutiennent la bielle. Donc on a

$$\frac{3}{16} pa\cos\beta = pa\cos\beta - Q\sin\alpha,$$

et par suite

$$Q = \frac{13\, pa\cos\beta}{16\sin\alpha}.$$

Enfin on trouve la tension du tirant BE par un procédé analogue, en exprimant que la somme algébrique des projections des forces S et T, sur la perpendiculaire à l'arbalétrier, doit être égale à $\frac{3}{16} pa\cos\beta$, ce qui donne

$$T\sin\beta - S\sin\alpha = \frac{3}{16} pa\cos\beta,$$

ou bien

$$S = T\frac{\sin\beta}{\sin\alpha} - \frac{3\, pa\cos\beta}{16\sin\alpha} = \frac{pa}{2\sin\alpha}\left(\frac{a\sin\beta}{b} - \frac{3}{8}\cos\beta\right).$$

Connaissant les forces Q, R, S, T, qui s'exercent symétriquement sur les deux moitiés de la ferme, la vérification de la résistance devient facile, comme dans l'exemple du n° **171**.

Quelquefois, quand la portée devient un peu considérable, on ajoute à la ferme un poinçon pour soutenir le tirant DE en son milieu, et rendre insensible sa flexion, qui produirait un effet désagréable à l'œil. La tension de ce poinçon doit être alors les cinq huitièmes du poids du tirant. L'introduction d'une aussi faible force dans le système ne modifie pas sensiblement les résultats que nous avons trouvés.

Dans certaines circonstances, afin d'éviter la poussée horizontale que doit produire la ferme quand elle se dilate par suite d'un accroissement de température, les deux extrémités inférieures des arbalétriers ont été reçues dans deux sabots de fonte, dont l'un a été fait mobile sur des roulettes. La course du sabot mobile s'effectue suivant une horizontale, elle est d'ailleurs limitée par la fixité de l'autre sabot, ou par des arrêts qui ne lui permettent qu'une amplitude convenable. On peut éviter aussi que les variations de température ne soient accompagnées de changements plus ou moins nuisibles dans le serrage des tirants; il suffit pour cela de constituer toute la ferme avec des matériaux ayant le même coefficient de dilatation, parce qu'alors le système en se dilatant resterait semblable à sa figure première. Cependant il ne paraît pas, d'après l'expérience acquise des constructeurs, que ces précautions aient une grande importance pratique, et le plus souvent on ne s'assujettit pas à les observer.

Enfin, nous remarquerons qu'il parait assez difficile de réaliser exactement pour les cinq tirants le degré de serrage convenable, correspondant à la tension indiquée par les calculs précédents. Peut-être serait-il bon de chercher un procédé d'un emploi facile pour connaître la tension qui existe dans un tirant, quand il est posé et serré; car, faute de ce procédé, il reste nécessairement beaucoup d'incertitude sur les actions moléculaires effectives auxquelles sont soumises les diverses pièces.

173. *Autre système de charpente en fer.* — Quand la portée devient considérable, on est quelquefois obligé d'avoir recours à un système un peu plus compliqué que le précédent, afin d'éviter l'emploi d'arbalétriers de trop forte section. A cet effet, comme l'indique le croquis ci-dessous (*fig.* 64), au lieu

Fig. 64.

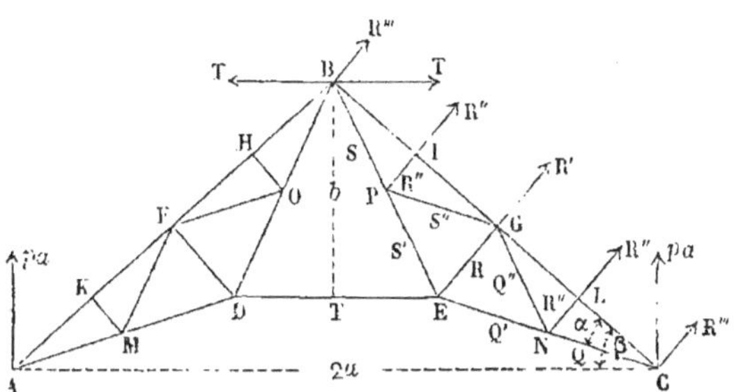

de soutenir les arbalétriers en un point seulement, outre les extrémités, on leur donne trois points d'appui intermédiaires, de sorte qu'ils sont comme des poutres à quatre travées égales. Ainsi donc, après avoir tracé les deux arbalétriers **AB**, **BC** et les lignes **AD**, **DB**, **DF**, **EC**, **EB**, **EG**, **DE**, comme si l'on voulait reproduire la *fig*. 63, on ajoute à l'arbalétrier **AB** deux bielles **KM**, **HO**, articulées à leurs deux extrémités, et deux tirants **FO**, **FM**; les tirants **BD** et **AD** sont remplacés chacun par deux autres **BO** et **OD**, **AM** et **MD**. Les cinq points **A**, **K**, **F**, **H**, **B** sont, comme on l'a dit, également espacés; les deux triangles **AMF**, **FOB** sont égaux et semblables au triangle **ABD**. Les mêmes additions et modifications sont faites pour le côté droit de la figure.

Le calcul des forces extérieures appliquées à chaque pièce est tout à fait analogue à celui qu'on a vu au n° **172**. Les appuis en **A** et **C** doivent d'abord exercer chacun une réaction verticale exprimée par pa, en conservant les mêmes notations; la tension **T** du tirant principal **DE**, nécessaire pour anéantir la poussée horizontale, sera, en vertu des mêmes raisonnements, égale à $\frac{pa^2}{2b}$. Si l'on suppose, comme au n° **172**, que le serrage des tirants secondaires est opéré de manière à détruire la flèche de l'arbalétrier aux points où il est soutenu par les bielles, les forces normales exercées sur l'arbalétrier en B, I, G, L, C auront les valeurs suivantes (n° 77), savoir :

$$R' = \frac{13}{56} pa \cos\beta, \quad \text{au milieu G,}$$

$$R'' = \frac{2}{7} pa \cos\beta, \quad \text{en I et L,}$$

$$R''' = \frac{11}{112} pa \cos\beta, \quad \text{en B et C.}$$

Les deux forces R'' ne sont autre chose que les compressions des bielles PI et NL; les autres nous serviront à établir des relations entre les inconnues qui restent à trouver.

Ainsi la réaction R''' en C est produite par les composantes, suivant la normale à BC, de la force pa due à l'appui et de la tension Q du tirant NC : donc on a

$$\frac{11}{112} pa \cos\beta = pa \cos\beta - Q \sin\alpha,$$

$$Q = \frac{101}{112} pa \frac{\cos\beta}{\sin\alpha}.$$

En procédant de même pour le point B, avec la force T action mutuelle des deux moitiés de la ferme et la tension S du tirant BP, on aura

$$\frac{11}{112} pa \cos\beta = T \sin\beta - S \sin\alpha,$$

ou bien

$$S = \frac{T \sin\beta}{\sin\alpha} - \frac{11}{112} pa \frac{\cos\beta}{\sin\alpha},$$

ce qui donne S, puisque T est connu.

Pour avoir les tensions Q', Q'', S', S'' des tirants NE, NG, PE, PG, on pourra poser les équations d'équilibre des points P et N. Si l'on choisit pour axes de projection la parallèle et la perpendiculaire à l'arbalétrier, on obtiendra les équations

$$Q' + Q'' - Q = 0,$$

$$(Q' - Q'' - Q) \sin\alpha + R'' = 0,$$

$$S' + S'' - S = 0,$$

$$(S' - S'' - S) \sin\alpha + R'' = 0,$$

relations d'où l'on déduira très-facilement Q', Q'', S', S'', les quantités Q, S, R'' étant déjà déterminées. On trouvera

$$Q'' = S'' = \frac{R''}{2\sin\alpha} = \frac{1}{7} pa \frac{\cos\beta}{\sin\alpha},$$

$$Q' = \frac{85}{112} pa \frac{\cos\beta}{\sin\alpha},$$

$$S' = \frac{1}{\sin\alpha}\left(T\sin\beta - \frac{27}{112} pa\cos\beta\right).$$

Enfin, on détermine la pression R de la bielle GE, en exprimant que la somme des projections sur la ligne GE des forces R, Q'', S'' est égale à la réaction R' que l'arbalétrier doit recevoir en G; donc on a

$$\frac{13}{56} pa\cos\beta = R - (Q'' + S'')\sin\alpha,$$

et finalement

$$R = \frac{29}{56} pa\cos\beta.$$

Toutes les forces extérieures qui sont appliquées à chaque pièce étant maintenant connues, la vérification de la résistance ou le calcul des dimensions transversales s'effectueront sans difficulté.

174. *Poutres en treillis; 1° poutres simplifiées.* — Nous considérerons d'abord le système simplifié que représente la *fig.* 65.

Fig. 65.

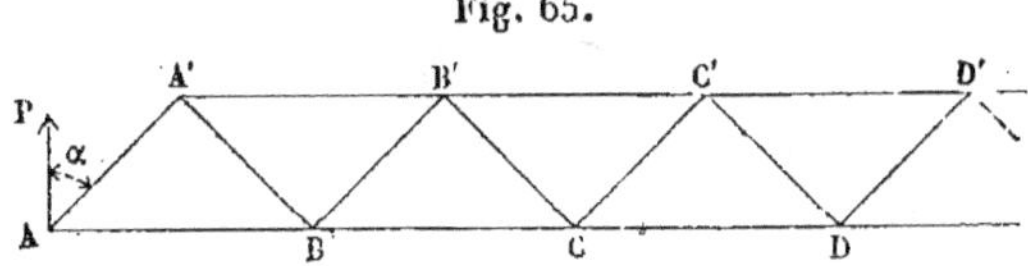

La poutre est formée de deux cours de tiges horizontales placées dans le même plan vertical, suivant les lignes ABCD..., A'B'C'D'...; ces tiges sont censées articulées entre elles aux points B, C,... et aux points B', C',.... En ces mêmes points, ainsi qu'en A et A', sont articulées d'autres tiges inclinées AA', A'B, BB',..., ayant toutes la même longueur, et faisant par conséquent le même angle α avec la verticale. La poutre ainsi définie peut être posée sur deux appuis et chargée en ses sommets A, B, C,..., A', B', C',..., de poids quelconques, dans lesquels on suppose compris le poids propre des tiges.

Quelle que soit la charge, comme il n'y a que deux appuis seulement, la Statique élémentaire permettra de calculer immédiatement leurs réactions : nommons P la résultante obtenue en composant celle qui s'exerce à l'extrémité A avec le poids directement appliqué à cette articulation. Le point A doit rester en équilibre sous l'action de la force P et de deux autres forces dirigées suivant AA' et AB, lesquelles sont les pressions ou tensions de ces deux côtés : ces deux dernières forces sont donc déterminées, puisqu'on connaît leur direction et leur résultante. Le parallélogramme des forces fait voir que AA' supporte une pression $\frac{P}{\cos\alpha}$ et AB une tension $P \tang\alpha$. De même, si nous nommons P' la résultante de la pression $\frac{P}{\cos\alpha}$ subie par AA' et du poids suspendu en A', nous verrons que P' doit être tenue en équilibre par deux forces agissant dans les directions A'B' et A'B, de sorte qu'il suffira de décomposer P' suivant ces deux lignes pour en conclure les pressions ou tensions correspondantes. On passera ensuite au point B; nommant P'' la résultante du poids suspendu en B et des forces déjà trouvées qui agissent suivant BA, BA', on décomposera P'' suivant BC et BB', ce qui fera connaître les efforts supportés par ces deux tiges. Et ainsi de suite, en parcourant successivement les sommets suivant la ligne brisée AA'BB'CC'..., on finira par avoir déterminé, de proche en proche, toutes les forces intérieures du système.

Cette méthode, fort simple en principe, réussirait toujours, avec une distribution quelconque des charges sur les sommets; mais elle serait d'un usage pénible, si l'on voulait effectuer graphiquement, par la règle du parallélogramme des forces, les nombreuses compositions ou décompositions qu'elle exige. Dans la pratique, il vaudrait mieux employer le calcul et procéder comme il suit.

Considérons C et C' (*fig.* 65) comme deux sommets de rang

quelconque i, le numérotage commençant par o en A et A′, et marchant de gauche à droite. Nommons :

$2p_i$ le poids attaché en C;
$2p'_i$ celui qui agit en C′;
T_i la tension du côté BC ;
t_i celle du côté incliné C′D;
Q_i la compression de B′C′;
q_i celle de CC′.

Les mêmes lettres affectées d'autres indices désigneront les forces analogues agissant avant ou après les points C et C′. Il ne peut d'ailleurs y avoir aucun inconvénient à préjuger d'avance, comme nous l'avons fait, la nature de l'effort intérieur subi par chaque côté : quand on se trompe sur le sens d'une force inconnue, elle figure partout dans le calcul avec un signe contraire à celui qu'elle devrait avoir, de sorte qu'on est averti de l'erreur en trouvant finalement une valeur négative pour cette inconnue, et qu'il est alors facile de rétablir les choses conformément à la réalité. Cela posé, l'équilibre de C exige que la somme des projections horizontales ou verticales des forces appliquées à ce point soit égale à zéro, ce qui donne les équations

$$T_{i+1} - T_i - (t_{i-1} + q_i)\sin\alpha = 0, \tag{1}$$
$$(t_{i-1} - q_i)\cos\alpha - 2p_i = 0; \tag{2}$$

on aura pareillement les équations d'équilibre du point C′ :

$$Q_{i+1} - Q_i - (t_i + q_i)\sin\alpha = 0, \tag{3}$$
$$(t_i - q_i)\cos\alpha + 2p'_i = 0. \tag{4}$$

En retranchant l'équation (2) de l'équation (4) telle qu'elle est écrite, puis de cette équation dans laquelle on aurait diminué les indices d'une unité, on trouve

$$(t_i - t_{i-1})\cos\alpha + 2(p_i + p'_i) = 0, \tag{5}$$
$$(q_i - q_{i-1})\cos\alpha + 2(p_i + p'_{i-1}) = 0; \tag{6}$$

la combinaison des équations (1) et (2) d'une part, (3) et (4) d'autre part fournit aussi les relations

$$(7)\qquad T_{i+1} - T_i - 2(q_i \sin\alpha + p_i \operatorname{tang}\alpha) = 0,$$

$$(8)\qquad Q_{i+1} - Q_i - 2(q_i \sin\alpha - p'_i \operatorname{tang}\alpha) = 0.$$

Les huit relations précédentes sont vraies lorsque l'indice i est au moins égal à 1; mais pour les points A et A', répondant à $i = 0$, il faut les modifier en raison : 1° de la force ascendante P qui se substitue au poids $2p_0$; 2° de l'absence des forces Q_0, T_0, t_{-1}, q_{-1}, p'_{-1} : en tenant compte de ces changements, on trouve par les quatre dernières relations ou par les quatre premières

$$(9)\qquad \begin{cases} t_0 = \dfrac{P - 2p'_0}{\cos\alpha}, \\ q_0 = \dfrac{P}{\cos\alpha}, \\ T_1 = 2\,q_0 \sin\alpha - P \operatorname{tang}\alpha = P \operatorname{tang}\alpha, \\ Q_1 = 2(q_0 \sin\alpha - p'_0 \operatorname{tang}\alpha) = 2(P - p'_0)\operatorname{tang}\alpha, \end{cases}$$

résultats qu'il serait aussi facile de démontrer par la méthode de décomposition successive exposée en premier lieu. Maintenant on connaît les valeurs initiales des forces généralement désignées par t, q, T, Q, et, comme les relations (5), (6), (7) et (8) déterminent leurs accroissements ou différences quand l'indice augmente d'une unité, il sera facile de former toutes les valeurs suivantes. Voici comment le calcul pourrait être conduit.

Écrivons les deux suites d'équations tirées de (5) et de (6) :

$$\begin{cases} (t_0 - t_1)\cos\alpha = 2(p_1 + p'_1), \\ (t_1 - t_2)\cos\alpha = 2(p_2 + p'_2), \\ (t_2 - t_3)\cos\alpha = 2(p_3 + p'_3), \\ \dots\dots\dots\dots\dots\dots \\ (t_{i-1} - t_i)\cos\alpha = 2(p_i + p'_i); \end{cases}$$

$$\begin{cases} (q_0 - q_1)\cos\alpha = 2(p_1 + p'_0), \\ (q_1 - q_2)\cos\alpha = 2(p_2 + p'_1), \\ (q_2 - q_3)\cos\alpha = 2(p_3 + p'_2), \\ \dots\dots\dots\dots\dots\dots \\ (q_{i-1} - q_i)\cos\alpha = 2(p_i + p'_{i-1}); \end{cases}$$

si l'on somme chacun de ces deux groupes, il viendra

$$(t_0 - t_i)\cos\alpha$$
$$= 2[(p_1 + p_2 + p_3 + \ldots + p_i) + (p'_1 + p'_2 + p'_3 + \ldots + p'_i)],$$
$$(q_0 - q_i)\cos\alpha$$
$$= 2[(p_1 + p_2 + p_3 + \ldots + p_i) + (p'_0 + p'_1 + p'_2 + \ldots + p'_{i-1})].$$

En substituant les expressions (9) ci-dessus trouvées pour t_0 et q_0, et posant, afin d'abréger,

$$(10) \qquad \begin{cases} S_i = p_1 + p_2 + p_3 + \ldots + p_i, \\ S'_i = p'_0 + p'_1 + p'_2 + \ldots + p'_i, \end{cases}$$

les deux équations précédentes, résolues par rapport à t_i et q_i, deviennent

$$(11) \qquad \begin{cases} t_i = \dfrac{P - 2(S_i + S'_i)}{\cos\alpha}, \\ q_i = \dfrac{P - 2(S_i + S'_{i-1})}{\cos\alpha}. \end{cases}$$

Ces formules comprennent, comme cas particulier, les deux premières formules (9), pourvu qu'on regarde S_0 et S'_{-1} comme nulles [ce qui n'a d'ailleurs rien d'incompatible avec la définition des sommes S_i, S'_i contenue dans les formules (10)]; on y serait arrivé directement et très-simplement si l'on avait exprimé l'équilibre en projection verticale des forces appliquées à la partie du système comprise entre le point A et un plan vertical passant d'abord entre C' et D, puis entre C' et C.

Une marche analogue donne T_i et Q_i. D'abord on substitue dans (7) et (8) la valeur (11) de q_i, et l'on trouve

$$T_{i+1} - T_i = 2\operatorname{tang}\alpha\,(P + p_i - 2S_i - 2S'_{i-1}),$$
$$Q_{i+1} - Q_i = 2\operatorname{tang}\alpha\,(P - p'_i - 2S_i - 2S'_{i-1});$$

de là résultent, en faisant i successivement égal à 1, 2, 3, ..., les deux groupes d'équations :

$$\left\{\begin{array}{l}
T_2-T_1=2\tan g\alpha\,(P+p_1-2S_1-2S'_0),\\
T_3-T_2=2\tan g\alpha\,(P+p_2-2S_2-2S'_1),\\
T_4-T_3=2\tan g\alpha\,(P+p_3-2S_3-2S'_2),\\
\dots\dots\dots\dots\dots\dots\dots\dots\\
T_{i+1}-T_i=2\tan g\alpha\,(P+p_i-2S_i-2S'_{i-1});
\end{array}\right.$$

$$\left\{\begin{array}{l}
Q_2-Q_1=2\tan g\alpha\,(P-p'_1-2S_1-2S'_0),\\
Q_3-Q_2=2\tan g\alpha\,(P-p'_2-2S_2-2S'_1),\\
Q_4-Q_3=2\tan g\alpha\,(P-p'_3-2S_3-2S'_2),\\
\dots\dots\dots\dots\dots\dots\dots\dots\\
Q_{i+1}-Q_i=2\tan g\alpha\,(P-p'_i-2S_i-2S'_{i-1}).
\end{array}\right.$$

Définissons maintenant deux nouvelles séries de sommes par les équations

$$(12)\quad\left\{\begin{array}{l}
\Sigma_i=S_1+S_2+S_3+\dots+S_i\\
\quad=ip_1+(i-1)p_2+(i-2)p_3+\dots+2p_{i-1}+p_i,\\
\Sigma'_{i-1}=S'_0+S'_1+S'_2+\dots+S'_{i-1}\\
\quad=ip'_0+(i-1)p'_1+(i-2)p'_2+\dots+2p'_{i-2}+p'_{i-1},
\end{array}\right.$$

et faisons la sommation de chacun des deux groupes précédents; en substituant dans les résultats les valeurs (9) de T_1 et Q_1, il viendra définitivement

$$(13)\quad\left\{\begin{array}{l}
T_{i+1}=2\tan g\alpha\left[\left(i+\frac{1}{2}\right)P+S_i-2\Sigma_i-2\Sigma'_{i-1}\right],\\
Q_{i+1}=2\tan g\alpha\,[(i+1)P-S'_i-2\Sigma_i-2\Sigma'_{i-1}].
\end{array}\right.$$

Comme les sommes S_i, S'_i, Σ, Σ'_{i-1} peuvent, ainsi que la force P, se calculer immédiatement au moyen des poids donnés, les formules (11) et (13) renferment la solution la plus générale du problème que nous nous étions proposé. Nous passons maintenant à l'examen des cas particuliers.

Effet d'une charge isolée, suspendue à un sommet inférieur. — Si la charge se réduisait à un seul poids $2p_k$ suspendu à l'une des articulations B, C, D, ... de la ligne inférieure, il faudrait supposer p'_i constamment nul, et par conséquent

$$S'_i=\Sigma'_{i-1}=0;$$

de même, on aurait

$$S_i = 0$$

pour toute valeur de i inférieure à k, et

$$S_i = p_k$$

lorsque i atteindrait ou dépasserait k. On déduit de là, par la première formule (12),

$$\Sigma_i = 0 \quad \text{pour} \quad i < k,$$
$$\Sigma_i = (i - k + 1) p_k \quad \text{pour} \quad i \gtreqless k.$$

D'un autre côté, nommons $n+1$ le nombre des sommets tels que B compris entre les deux extrémités; le poids $2p_k$ agissant à la distance $k\overline{AB}$ du point A, pendant que la longueur totale entre les appuis est $(n+1)\overline{AB}$, produira en A une réaction $2p_k\left(\frac{n-k+1}{n+1}\right)$, qui ne diffère point de P : ainsi

$$P = 2p_k \frac{n-k+1}{n+1}.$$

Eu égard à ces premiers résultats, les formules (11) et (13) donnent, l'indice i étant inférieur à k,

$$(14)\quad \begin{cases} q_i = t_i = \dfrac{2p_k(n-k+1)}{(n+1)\cos\alpha}, \\[2ex] T_{i+1} = \dfrac{4p_k \operatorname{tang}\alpha\,(n-k+1)\left(i+\frac{1}{2}\right)}{n+1}, \\[2ex] Q_{i+1} = \dfrac{4p_k \operatorname{tang}\alpha\,(n-k+1)(i+1)}{n+1}; \end{cases}$$

l'indice i étant égal ou supérieur à k,

$$(15)\quad \begin{cases} q_i = t_i = -\dfrac{2kp_k}{(n+1)\cos\alpha}, \\[2ex] T_{i+1} = \dfrac{4kp_k \operatorname{tang}\alpha\left(n-i+\frac{1}{2}\right)}{n+1}, \\[2ex] Q_{i+1} = \dfrac{4kp_k \operatorname{tang}\alpha\,(n-i)}{n+1}. \end{cases}$$

Les formules (14) et (15) conduisent à quelques remarques importantes.

1° Les valeurs de i et de k ne pouvant nécessairement dépasser n, on voit de suite que les forces T_{i+1} et Q_{i+1} restent toujours positives, quels que soient ces indices. Ainsi, l'un quelconque des poids attachés en B, C, D,... comprime les côtés horizontaux supérieurs et tend au contraire les côtés horizontaux inférieurs. Or, le théorème général du n° 63, relatif à la superposition des effets produits par les forces, est applicable aux tensions et pressions T, Q, t, q, car si l'on imaginait la pièce coupée en deux par un plan, ces forces deviendraient des forces extérieures inconnues pour chacune des deux parties; d'ailleurs le théorème se vérifie sans peine dans le cas actuel, au moyen des formules (11) et (13), après y avoir remplacé P par sa valeur. Donc, si l'on suppose un ensemble de poids analogues à $2p_k$, les effets partiels de chacun d'eux étant ici tous de même signe, leur somme algébrique ira toujours en s'augmentant à mesure qu'on ajoutera un poids nouveau; et comme cette somme exprime l'effet total dû à l'ensemble des poids, on voit que les pressions et tensions dans les côtés horizontaux acquerront leur plus grande intensité lorsque la charge sera complète.

2° La même proposition n'est plus exacte en ce qui concerne les efforts t et q supportés par les tiges inclinées. On voit en effet, par les formules (14) et (15), que t_i et q_i passent brusquement du positif au négatif lorsque i devient égal ou supérieur à k. Les notations t_i et q_i désignant les efforts de deux tiges qui viennent se couper sur la ligne horizontale supérieure, en un point tel que C' (*fig.* 65), il résulte de ce changement de signe que l'un quelconque des poids $2p_k$ attachés au delà de C vers la droite produit une pression dans la tige CC', tandis que les poids $2p_k$, suspendus au point C lui-même ou en deçà vers la gauche, engendreraient une tension dans la même tige. Ainsi, l'effort total de la tige en question, lorsqu'on chargera un certain nombre de sommets inférieurs arbitrairement choisis, peut varier entre la pression totale produite par les poids agissant au delà du point C jusqu'à l'extrémité de droite, et la tension produite par les poids agissant depuis l'extrémité A jusqu'au point C inclusivement. Les deux mêmes combinaisons de poids donnent aussi, comme on le reconnaît facilement, les efforts limites de la tige conjuguée C'D. On a toujours, en effet, $t_i = q_i$ lorsque les poids $2p'$ sont tous supposés nuls.

Effet d'une charge uniforme et complète. — Supposons un même poids $2p$ en chacun des sommets inférieurs B, C, D, ...; afin de rendre encore plus grande l'uniformité de la charge, on pourrait aussi supposer un poids p à chacune des deux extrémités : mais cela ne changerait rien aux résultats, car ces derniers poids seraient détruits par une réaction égale des culées. Les poids $2p$ étant en nombre n, il faut faire $P = np$; on a d'ailleurs, en vertu de la définition même des notations,

$$S'_i = \Sigma'_{i-1} = 0, \quad S_i = ip,$$
$$\Sigma_i = p\,[i + (i-1) + (i-2) + \ldots + 2 + 1] = \frac{i(i+1)p}{2};$$

la substitution de ces valeurs particulières dans les formules (11) et (13) donne en conséquence

$$(16)\quad \begin{cases} t_i = q_i = \dfrac{(n-2i)p}{\cos\alpha}, \\ T_{i+1} = 2p\,\text{tang}\,\alpha\left[n\left(i+\dfrac{1}{2}\right) + i - i(i+1)\right] \\ \qquad = [n + 2i(n-i)]\,p\,\text{tang}\,\alpha, \\ Q_{i+1} = 2p\,\text{tang}\,\alpha\,[n(i+1) - i(i+1)] \\ \qquad = 2(i+1)(n-i)\,p\,\text{tang}\,\alpha. \end{cases}$$

Lorsqu'on examine comment varient les forces exercées sur les divers corps du système, dans le cas actuel, on voit sans peine, au moyen des formules (16), que les pressions et tensions des tiges inclinées diminuent en allant de l'extrémité au milieu de la poutre, tandis que le contraire a lieu pour les tiges horizontales. La première formule (16) indique même une valeur nulle pour t_i et q_i au point milieu, en supposant que n soit un nombre pair; dans le cas contraire, $n - 2i$ ne peut s'annuler, mais peut descendre seulement jusqu'à 1 : le minimum $\frac{p}{\cos\alpha}$ de t_i et q_i, sans se réduire à zéro, n'est qu'une assez faible fraction du maximum $\frac{np}{\cos\alpha}$, le nombre n descendant rarement au-dessous de 5.

Les maxima de T_{i+1} et de Q_{i+1}, lorsqu'on fait varier i, répondent respectivement à $i=\frac{n}{2}$ et à $i=\frac{n-1}{2}$, c'est-à-dire qu'ils ont lieu dans les côtés qui contiennent le point milieu ou lui sont adjacents; ils ne peuvent pas se produire rigoureusement tous les deux, puisque i ne doit recevoir que des valeurs entières, mais ils se produiront, l'un rigoureusement et l'autre à très-peu près, pour peu que n soit un nombre notable. Ils ont pour valeurs

$$\frac{1}{2}p\,\text{tang}\,\alpha.(n+1)^2 \quad \text{et} \quad \frac{1}{2}p\,\text{tang}\,\alpha\,[(n+1)^2-1];$$

ils sont donc sensiblement égaux, car leur différence relative s'exprime par la fraction $\frac{1}{(n+1)^2}$, soit $\frac{1}{36}$ au plus.

Effet d'une charge permanente uniforme et complète, jointe à une surcharge également uniforme, mais pouvant être à volonté complète ou incomplète. — Nous supposons encore tous les poids attachés aux sommets inférieurs. Les remarques faites plus haut, à l'occasion du premier cas (celui d'un poids unique), montrent que les côtés horizontaux se trouveront dans la condition la plus défavorable et supporteront les plus grandes forces quand la surcharge sera complète. Les formules (16) seront alors applicables, puisque en somme la poutre soutiendra un poids uniformément réparti sur sa longueur entière.

Pour chacun des côtés inclinés on doit ajouter algébriquement l'effet de la charge permanente [déjà déterminé au moyen de la première formule (16)] avec les deux effets limites de la surcharge, lesquels s'obtiendront en surchargeant toute la portion de poutre située avant ou après le côté en question. On a donc ici besoin de déterminer t_i et q_i sous l'action d'une surcharge uniforme, mais incomplète, commençant à l'une des extrémités, et finissant au côté dont on s'occupe ou bien immédiatement avant.

Nous allons d'abord traiter cette question incidente avec un peu plus de généralité, en plaçant un poids $2p_1$ sur chacun des k premiers sommets B, C, D, . . ., et cherchant t_i et q_i pour une valeur quelconque de l'indice. A cet effet il faut employer les formules (11), après avoir calculé préalablement la force P. Or, les k poids $2p_1$ donnent une résultante $2kp_1$ située à la distance $\frac{1}{2}(k+1)\overline{AB}$ du point A, qui produit en ce point une pression $2kp_1\left[1-\frac{1}{2}\left(\frac{k+1}{n+1}\right)\right]$, soit $\frac{k(2n-k+1)}{n+1}p_1$: c'est la valeur de P. D'ailleurs, S'_i est toujours nulle, et l'on a, pour i inférieur ou égal à k,

$$S_i = ip_1;$$

donc on tire des formules (11)

$$(17) \qquad t_i = q_i = \frac{p_1}{\cos\alpha}\left[\frac{k(2n-k+1)}{n+1} - 2i\right].$$

Lorsque i atteint ou dépasse k, la somme S_i ne varie plus, mais conserve la valeur constante kp_1; la formule précédente doit donc se modifier en remplaçant i par k dans le second membre, d'où résulte

$$t_i = q_i = \frac{p_1}{\cos\alpha}\left[\frac{k(2n-k+1)}{n+1} - 2k\right]$$

ou bien

$$(18) \qquad t_i = q_i = -\frac{kp_1(k+1)}{(n+1)\cos\alpha}.$$

Cela posé, on a vu plus haut que les limites de t_i et q_i répondent à la surcharge des i premiers sommets B, C, D, . . ., ou à celle des $n-i$ sommets restants dans l'intervalle des appuis. On les obtiendra donc en faisant $k=i$ dans la formule (17) ou $k=n-i$ dans la formule (18), ce qui donne successivement

$$t_i = q_i = -\frac{i(i+1)p_1}{(n+1)\cos\alpha},$$

$$(19) \qquad t_i = q_i = \frac{(n-i)(n-i+1)p_1}{(n+1)\cos\alpha}.$$

Si l'on résout par rapport à i l'inégalité

$$i(i+1) < (n-i)(n-i+1),$$

on en déduit, toute simplification faite,

$$i < \frac{n}{2};$$

donc l'expression (19) l'emporte en valeur absolue sur la précédente dans la première moitié de la poutre, et si l'on se borne à considérer cette moitié (ce qui suffit en raison de la symétrie), la même expression fera connaître la limite de q_i et t_i sous l'action isolée de la surcharge. En y joignant l'effet de la charge permanente, calculé précédemment, on aurait finalement pour la limite qui existerait en réalité

$$(20) \quad t_i = q_i = \frac{1}{\cos\alpha}\left[(n-2i)p + \frac{(n-i)(n-i+1)p_1}{n+1}\right],$$

formule dans laquelle i pourrait recevoir toutes les valeurs positives ne dépassant pas $\frac{n}{2}$.

On voit que l'expression (20) décroît paraboliquement lorsque i augmente, depuis le maximum $\frac{n(p+p_1)}{\cos\alpha}$ répondant à $i=0$ et à une charge complète, jusqu'au minimum dont la valeur est

$$\frac{n(n+2)p_1}{4(n+1)\cos\alpha} \quad \text{dans le cas de } n \text{ pair,}$$

$$\frac{p+(n+3)p_1}{4\cos\alpha} \quad \text{dans le cas de } n \text{ impair.}$$

Le rapport du minimum au maximum s'exprime respectivement par

$$\frac{1}{4} \cdot \frac{n+2}{n+1} \cdot \frac{p_1}{p+p_1} \quad \text{et} \quad \frac{1}{4} \cdot \frac{p+(n+3)p_1}{n(p+p_1)};$$

pour le rendre aussi grand que possible, il faut supposer p négligeable devant p_1 et donner à n sa plus faible valeur. Les hypothèses $p=0$, $n=5$ le rendent égal à $\frac{2}{5}$; ce nombre est une limite supérieure. On se rapproche de la vérité, dans les circonstances ordinaires, en supposant $p=p_1$, ce qui abaisse à $\frac{9}{40}$ la fraction qu'on vient de trouver; avec n pair et égal à 4 ou 6, les résultats seraient encore moindres : par cette raison, nous adopterons $\frac{1}{4}$ pour valeur générale du rapport dont il s'agit, et cette évaluation se trouvera plutôt forte que faible. On remarque en outre que la parabole représentative des valeurs de l'expression (20), lorsqu'on prend i pour abscisse, tourne sa concavité vers les ordonnées positives; elle est donc toujours en dessous d'une ligne brisée qui joindrait son sommet aux deux points extrêmes. On aura donc une limite supérieure des efforts t_i, q_i en les déterminant conformément à la règle que voici : 1° *Chercher les efforts* t_0, q_0 *aux environs d'un appui dans l'hypothèse où la surcharge complète agit concurremment avec la charge permanente;* 2° *faire décroître uniformément cette valeur initiale en allant d'une extrémité au milieu de la poutre, non plus jusqu'à un minimum nul* (*comme dans le cas d'une charge uniforme et complète*), *mais seulement jusqu'à un minimum égal au quart du maximum;* 3° *répéter symétriquement les mêmes résultats dans la seconde moitié.* Telle est la règle pratique à laquelle nous conseillons de se conformer, dans le but de réunir la simplicité des calculs à une exactitude suffisante.

2° *Extension des résultats précédents aux poutres en treillis.* — Pour passer du système abstrait que nous venons d'étudier aux poutres en treillis, telles qu'on les emploie dans les ponts américains, on fera usage des aperçus approximatifs suivants.

D'abord les tiges horizontales articulées à leurs extrémités pourront être remplacées par des poutres dont ABCD..., A'B'C'D'... (*fig.* 65) seraient les fibres moyennes; car ces poutres n'ayant que de petites dimensions transversales, eu égard à leur ouverture, jouiront d'une flexibilité considérable qui permettra de les assimiler théoriquement à des corps formés d'une série d'éléments joints entre eux par des articulations. En second lieu, on imaginera que la tige inclinée AA' est subdivisée en plusieurs autres tiges de même direction, également espacées et réparties entre AA' et BB', et qu'une transformation tout à fait pareille a été opérée sur les autres tiges inclinées. On conçoit que si $\overline{AB}$ est une fraction suffisamment petite de la distance totale des appuis, ce second changement n'aura pas encore notablement troublé les tensions et pressions des côtés horizontaux; et quant aux côtés inclinés, les groupes compris entre deux côtés parallèles et consécutifs du premier système travailleront, en somme, à peu près comme les côtés qu'ils ont respectivement remplacés. Ils devront donc avoir, en somme, la même section. La section de chacun d'eux en particulier pourra se calculer comme s'ils travaillaient tous également, ou, mieux peut-être, comme si le changement de tension entre deux tiges parallèles consécutives de la *fig.* 65 devait s'effectuer par accroissements égaux dans les tiges du treillis (*). Une hypothèse analogue serait applicable aux côtés horizontaux.

En vertu d'une remarque faite tout à l'heure, il conviendrait

---

(*) Si les distances AB, BC, ... étaient subdivisées en k parties égales, la charge étant formée de n poids $2p$ appliqués en B, C, D, ..., on pourrait dire, par exemple, qu'il y a dans chacune des k tiges substituées à AA' une même pression $\frac{np}{k\cos\alpha}$, dans celles qui remplacent BB' une même pression $\frac{(n-2)p}{k\cos\alpha}$, et ainsi de suite. Mais il serait plus convenable d'effectuer progressivement le changement de pression et d'admettre, au lieu du seul coefficient n de la quantité $\frac{p}{k\cos\alpha}$ dans l'intervalle AB, les k coefficients

$$n+1-\frac{1}{k},\quad n+1-\frac{3}{k},\quad n+1-\frac{5}{k},\ldots,\quad n-1+\frac{1}{k},$$

équidifférents et donnant la même valeur moyenne; pareillement le coefficient

que le treillis eût une force plus grande vers les extrémités que vers le milieu, tandis que les longrines ou moises horizontales seraient dans une condition contraire. Des expériences faites en Allemagne sur la rupture des poutres en treillis ont confirmé ce résultat, car la rupture du treillis a eu lieu dans le voisinage des extrémités.

Il est bien entendu que pour autoriser le dédoublement des tiges inclinées, au moyen duquel nous avons passé du système de la *fig.* 65 à la poutre en treillis, il est nécessaire de supposer que les tiges dédoublées ne sont pas liées à celles qu'elles traversent en d'autres points qu'à leurs extrémités. Cette liaison existe cependant en général dans la pratique; mais comme il serait difficile d'en tenir compte, on devra en faire abstraction, ce qui aura pour effet de donner un surcroît de sécurité.

175. *Autre solution du problème des poutres en treillis.* — La question que nous venons de résoudre peut se traiter en adoptant un point de vue un peu différent, qui cependant conduit à peu près aux mêmes résultats, mais qui a l'avantage de rattacher la théorie des poutres en treillis à celle des poutres pleines, et permet ainsi d'utiliser partiellement les propriétés démontrées aux §§ I et II du chapitre IIIe, ainsi que dans la troisième partie du Cours.

Étant donnée une poutre en treillis, coupons-la par un plan quelconque AB (*fig.* 66) mené perpendiculairement à son axe. Toutes les forces extérieures, y compris les réactions des appuis, qui agissent transversalement sur la poutre dans le plan de la figure, entre la section AB et une extrémité (celle de droite par exemple), peuvent toujours se réduire à une résultante de translation P et à un couple X. Ces deux quan-

---

$n-2$ du second intervalle BC serait remplacé par les k coefficients

$$n-1-\frac{1}{k},\quad n-1-\frac{3}{k},\quad n-1-\frac{5}{k},\ldots,\quad n-3+\frac{1}{k},$$

et ainsi de suite. De cette manière toutes les pressions des côtés parallèles à AA' formeraient une seule progression arithmétique ayant pour raison $-\frac{2p}{\cos\alpha}$.

tités ne sont autre chose que ce qu'on a nommé l'*effort tranchant* et le *moment de flexion* dans la théorie des poutres

Fig. 66.

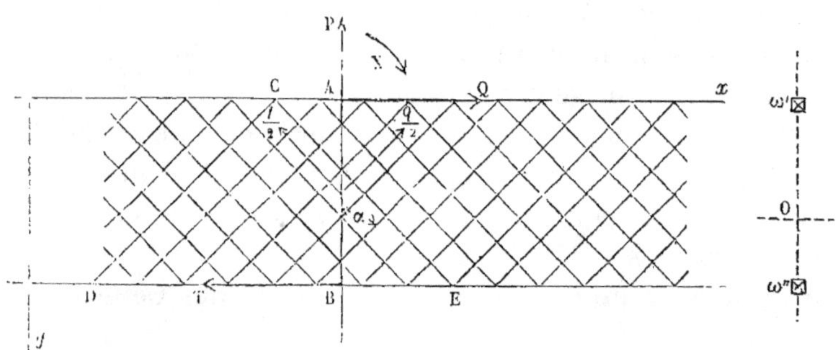

droites; nous les supposons évaluées en adoptant les sens positifs indiqués par les flèches. La partie du système située à droite du plan AB doit être en équilibre sous l'action de la force P, du couple X, et enfin des réactions qu'elle reçoit dans le plan AB, en vertu de sa liaison avec la partie située à gauche. Ces réactions ne sont autre chose que les pressions et tensions des tiges rencontrées par AB (*). Nous supposerons *à priori* : 1° que toutes le tiges parallèles à CD sont comprimées et que les tiges parallèles à CE sont tendues; 2° que la pièce horizontale supérieure éprouve une compression Q, et la pièce horizontale inférieure une tension T. Les erreurs que nous pouvons commettre sur la vraie nature des efforts ne sauraient avoir, comme on l'a déjà remarqué (n° 174), aucun inconvénient; elles se manifesteront, dans le résultat final, par les valeurs négatives des inconnues, et alors il sera bien aisé de les rectifier. Il suffira pour cela de considérer une pression négative comme représentant une tension, et *vice versâ*.

Toutes les tiges parallèles à CD, et rencontrées par AB, sont attachées en des points de la ligne Ax occupant une longueur au plus égale à $h \tan\alpha$, en nommant h la hauteur de la poutre

(*) Chaque tige est censée articulée en ses deux points extrêmes; dans l'intervalle elle ne supporte que son poids propre, lequel est considéré comme négligeable. Dès lors il faut, pour l'équilibre de cette tige, que les deux résultantes appliquées aux deux centres d'articulation soient égales et contraires, et par suite la tige n'éprouve qu'une tension ou compression directe.

et α l'angle des tiges du treillis avec la verticale; elles forment la moitié des tiges dans lequelles nous supposions précédemment (n° **174**, 2°) qu'on dédoublait une tige inclinée quelconque de la *fig.* 65, CC′ par exemple. Les compressions de ces tiges étant supposées varier d'une manière continue avec l'abscisse x, on pourra les considérer comme égales, parce que $h \tang \alpha$ sera, par hypothèse, une petite fraction de la longueur de la poutre (*); nous nommerons $\frac{q}{2}$ leur résultante, et q aura ainsi la signification qu'on donnait tout à l'heure à q_i. De même toutes les tiges parallèles à CE, qui viennent couper AB, pourront être regardées comme également tendues, et nous désignerons par $\frac{t}{2}$ la tension résultante, t étant ce qu'on appelait précédemment t_i. Les deux résultantes $\frac{t}{2}$ et $\frac{q}{2}$, provenant de forces à répartition à peu près uniforme, seront appliquées à peu près au milieu de la hauteur h.

Cela posé, nous écrirons les trois équations d'équilibre des forces qui sollicitent la portion de poutre comprise entre le plan AB et l'extrémité de droite, savoir :

Projections horizontales et verticales,

$$Q - T + \frac{1}{2}(q - t)\sin\alpha = 0,$$

$$\frac{1}{2}(q + t)\cos\alpha + P = 0;$$

(*) Cette condition domine tout le calcul que nous allons faire; les résultats seraient fort incertains si elle n'était pas remplie. Au reste, la méthode exposée plus haut (n° 174, 2°) présente le même inconvénient, car nous avons été obligé, dans le cours du raisonnement, de faire cette restriction : *si* $\overline{\text{AB}}$ (ou $2h \tang \alpha$) *est une fraction suffisamment petite de la distance totale des appuis*. Il faut donc admettre que le nombre désigné par n au n° 174 est assez grand, sans quoi l'on pourrait bien calculer les forces intérieures dans le système simplifié (n° 174, 1°), mais le passage de ce système au treillis aurait quelque chose de trop arbitraire, et l'on pourrait en dire autant de notre seconde méthode. Dans la pratique, n varie le plus souvent de 5 à 8 : c'est à peine si cela nous paraît suffisant pour la justification des procédés que nous faisons connaître, et qui sont généralement reçus.

Moments relativement au point A,

$$Th + \frac{1}{4}(t - q)\,h \sin\alpha + X = 0.$$

On n'a ainsi que trois équations entre les quatre inconnues T, Q, t, q, et il semble que pour achever de les déterminer il serait nécessaire d'avoir égard à la manière dont le système se déforme sous l'action des forces; mais pour éviter cette complication, nous aurons encore recours à un raisonnement approximatif. On a vu (n° **174**) que si tous les poids agissent sur la longrine inférieure, il en résulte la relation $q_i = t_i$, c'est-à-dire que deux tiges inclinées aboutissant au même point de la longrine supérieure sont l'une pressée, l'autre tendue par la même force : donc t ne diffère pas beaucoup de q, car il s'agit ici de tiges inclinées qui descendent en partant de points assez voisins les uns des autres. Un raisonnement tout à fait analogue s'appliquerait au cas où tous les poids seraient attachés à la longrine supérieure; la conclusion subsisterait donc aussi dans le cas le plus général, en vertu du principe de la superposition des effets des forces. Si en conséquence nous admettons l'égalité

$$q = t,$$

la première des trois équations précédentes sera

$$Q = T;$$

les deux autres deviendront

$$(21)\qquad t\cos\alpha + P = 0,$$

$$(22)\qquad Th + X = 0,$$

ce qui fera connaître les forces t et T, et partant leurs égales q et Q.

Mais il faut, pour cela, qu'on soit parvenu à trouver par un moyen quelconque l'effort tranchant P et le moment fléchissant X. Cette question ne peut offrir aucune difficulté quand il s'agit, comme au n° **174**, de pièces simplement posées sur deux appuis, dont la Statique élémentaire fait connaître les réactions, car on connaît alors toutes les forces verticales agissant sur la pièce depuis une section jusqu'à l'extrémité, et il est facile d'en conclure leur somme algébrique P, ainsi que leur moment total X, relativement à un point de la section. Le problème est un peu plus complexe quand la poutre n'est pas simplement appuyée en ses points extrêmes ou quand elle a plus de deux appuis. Voici comment on le ramène à un problème déjà traité dans ce Cours.

Un élément dx de la longrine supérieure se raccourcit d'une longueur $\frac{T\,dx}{e'}$, et l'élément de la longrine inférieure, situé directement au-dessous, s'allonge de $\frac{T\,dx}{e''}$, en nommant e' et e'' les ressorts longitudinaux des deux longrines (n°s 13 et 14); les deux plans verticaux, qui comprenaient entre eux l'espace dx avant la déformation, seront inclinés l'un sur l'autre dans l'état final, et leur angle s'exprimera par le rapport à h de $T\,dx\left(\frac{1}{e'}+\frac{1}{e''}\right)$, soit par

$$\frac{T\,dx}{h}\left(\frac{1}{e'}+\frac{1}{e''}\right).$$

Cet angle infiniment petit n'est autre chose que l'angle de contingence pour la poutre déformée; en le divisant par dx, on a donc l'inverse du rayon de courbure, exprimé aussi, comme on le sait (n° 142), par $-\frac{d^2y}{dx^2}$; ainsi l'on a

$$-\frac{d^2y}{dx^2}=\frac{T}{h}\left(\frac{1}{e'}+\frac{1}{e''}\right),$$

ou bien, en vertu de l'équation (22),

$$\frac{d^2y}{dx^2}=\frac{X}{h^2}\left(\frac{1}{e'}+\frac{1}{e''}\right). \tag{23}$$

Imaginons maintenant une poutre fictive dont la section transversale ne comprendrait que deux éléments ω', ω'', séparés par la distance verticale h et doués de ressorts longitudinaux e', e'' : ce sera la poutre donnée, débarrassée de son treillis, mais conservant une entière solidarité entre les deux longrines. Supposons-la soumise aux mêmes forces, et, la traitant comme une poutre à section continue, appliquons-lui l'équation (1) du n° 42; l'équation de sa flexion sera, si l'on appelle er^2 son moment d'inflexibilité,

$$(24) \qquad \frac{d^2y}{dx^2} = \frac{X}{er^2}.$$

Or le centre d'élasticité de la section transversale (n° 16) est en un point O qui divise la distance $\omega\omega'$ en deux segments $O\omega' = \frac{he''}{e'+e''}$, $O\omega'' = \frac{he'}{e'+e''}$, inversement proportionnels à e' et e''; donc

$$er^2 = \frac{e'e''^2h^2 + e''e'^2h^2}{(e'+e'')^2} = \frac{e'e''h^2}{e'+e''},$$

ou bien

$$\frac{1}{er^2} = \frac{1}{h^2}\left(\frac{1}{e'} + \frac{1}{e''}\right).$$

En vertu de cette relation, les équations (23) et (24) deviennent identiques entre elles, et par suite la poutre fictive fléchit absolument comme la poutre donnée, sous l'action des mêmes charges. Si l'on se rappelle maintenant que les réactions des appuis d'une poutre sont déterminées par les conditions de la Statique jointes à celles que fournit l'équation (24), on en conclura que ces réactions sont égales dans les deux poutres; les charges y étant déjà supposées les mêmes, il y aura donc finalement une complète identité entre leurs moments de flexion aussi bien qu'entre leurs efforts tranchants. Ainsi ces deux quantités X et P se détermineront comme pour une poutre à section continue, en suivant les méthodes et employant les formules indiquées au §§ I et II du chapitre IIIe de ce volume, ainsi que dans la troisième partie de notre Cours.

176. *Comparaison de la solution précédente avec celle du n° 174; observations diverses.* — Dans la théorie du n° 174, les pressions et tensions étaient considérées comme des fonctions discontinues, changeant brusquement de valeur en certains points, tandis que nous les avons regardées, au n° 175, comme des fonctions continues d'une variable x. Les résultats obtenus avec ces deux hypothèses ne peuvent donc pas être absolument pareils; mais ils se ressemblent dans leur physionomie générale. C'est ce que nous allons constater dans le cas d'une poutre reposant sur deux appuis et chargée d'un poids à distribution uniforme.

Soient $2a$ la longueur de la poutre et ϖ le poids de la charge par unité de longueur; les autres notations étant celles des articles précédents et l'origine des abscisses x (*fig.* 66) étant placée sur l'appui de gauche, on aura

$$X = -\frac{1}{2}\varpi x(2a - x),$$

$$P = -\varpi(a - x) = \frac{dX}{dx},$$

comme il est facile de le constater de suite, puisque chaque appui exerce une réaction ascendante égale à ϖa. Par suite, on tire des formules (21) et (22) du n° 175

$$q = t = \frac{\varpi(a - x)}{\cos\alpha},$$

$$Q = T = \frac{1}{2h}\varpi x(2a - x).$$

D'après cela, la force q commence par être positive avec $x = 0$, et égale à $\frac{\varpi a}{\cos\alpha}$, ce qui prouve que les tiges parallèles à CD (*fig.* 66) sont comprimées aux environs de l'appui gauche; sa valeur absolue décroît uniformément avec x, devient nulle au milieu de la pièce et repasse ensuite par les mêmes grandeurs en ordre inverse; son signe est négatif à partir de $x = a$, et dans la seconde moitié de la pièce les tiges parallèles à CD supportent effectivement une tension. Quant à la tension T, elle est nulle aux deux extrémités, et dans l'intervalle on peut la représenter par les ordonnées d'une parabole à axe vertical, dont le sommet se trouve sur le milieu de la pièce et a pour ordonnée $\frac{\varpi a^2}{2h}$. Voyons maintenant jusqu'à quel point les mêmes choses ont lieu dans la théorie du n° 174, nous bornant d'ailleurs à supposer le cas d'une charge uniforme suspendue aux articulations inférieures.

On a trouvé pour la compression du côté AA' (*fig.* 65) $\frac{np}{\cos\alpha}$, ou, ce qui revient au même, $\frac{\varpi a}{\cos\alpha}$, car np n'est autre chose que la moitié de la charge totale soutenue par la poutre ; donc les deux méthodes conduisent à la même compression pour les tiges inclinées dans un certain sens, aux environs de l'un ou l'autre appui. L'égalité subsiste encore au milieu de la poutre, rigoureusement si le nombre n est pair (n° 174), approximativement dans le cas contraire. Les compressions déterminées par les deux théories forment ainsi deux séries de quantités uniformément décroissantes, depuis un même maximum jusqu'à un minimum nul ou à peu près nul : elles restent donc toujours sensiblement égales.

On peut raisonner de même à l'égard des tensions supportées par le surplus des tiges inclinées; elles passent en effet par les mêmes valeurs que les compressions.

Les tensions T_i des côtés horizontaux inférieurs (*fig.* 65), ainsi que les compressions des côtés supérieurs, ont un maximum peu différent de $\frac{1}{2}p(n+1)^2\operatorname{tang}\alpha$ au milieu de la poutre (n° 174); le maximum analogue, dans la théorie qu'on vient de faire, a pour expression $\frac{\varpi a^2}{2h}$. Or on a, par la définition même des lettres,

$$a=(n+1)\,h\operatorname{tang}\alpha,\qquad p=\varpi h\operatorname{tang}\alpha;$$

donc aussi

$$\frac{1}{2}p(n+1)^2\operatorname{tang}\alpha=\frac{1}{2}\varpi h\operatorname{tang}^2\alpha\cdot\frac{a^2}{h^2\operatorname{tang}^2\alpha}=\frac{\varpi a^2}{2h},$$

ce qui démontre l'identité des deux maxima. D'ailleurs la décroissance des fonctions T_i et Q_i d'une part, T et Q de l'autre, à partir du maximum, s'opère dans les deux cas suivant une loi parabolique exprimée par une fonction entière du second degré; enfin les fonctions T_i et Q_i, si elles ne s'annulent pas tout à fait pour les points extrêmes, se réduisent du moins à une faible fraction du maximum quand n est un peu grand. Donc les fonctions T_i, Q_i ne peuvent jamais s'écarter beaucoup des fonctions T, Q, sauf le cas où le nombre n n'aurait qu'une valeur insuffisante.

Ainsi se trouve établie la coïncidence approximative que nous avions annoncée.

L'angle α ne doit pas être choisi arbitrairement, car il influe sur le volume total du treillis. On a en effet reconnu ci-dessus que toutes les tiges inclinées, coupées à l'intérieur même de la poutre par un plan vertical donné AB (*fig.* 65), se partagent en deux groupes égaux, dont l'un résiste à une tension totale $\frac{t}{2}$ et l'autre à une pression $\frac{q}{2}$ de même valeur, ce qui fait en tout un effort t ou $\frac{P}{\cos\alpha}$. Si donc on nomme R la limite des efforts longitudinaux (pressions ou tensions) par unité de surface, les sections réunies de toutes ces tiges donneront une somme égale à $\frac{P}{R\cos\alpha}$, et comme elles ont $\frac{h}{\cos\alpha}$ pour longueur commune, leur volume sera $\frac{Ph}{R\cos^2\alpha}$. Ces mêmes tiges forment une longueur $h\tang\alpha$ de treillis, mesurée parallèlement à l'axe de la poutre : ainsi le volume de matière dépensé dans le treillis sur l'unité de longueur horizontale, aux environs du plan AB, s'exprime par $\frac{Ph}{R\cos^2\alpha}\cdot\frac{1}{h\tang\alpha}$ ou par $\frac{P}{R\sin\alpha\cos\alpha}$. Son minimum, quand α varie, répond au maximum de $\sin\alpha\cos\alpha$ ou de $\sin 2\alpha$, ce qui conduit à faire l'angle α de 45 degrés.

Il est d'ailleurs aisé de reconnaître que les efforts T et Q (n° 175) ne dépendent pas de α, en sorte que cette variable n'exerce pas d'influence sur le volume des longrines horizontales.

Le volume dépensé en treillis, par unité de longueur horizontale, aux environs d'un plan vertical AB, étant $\frac{P}{R\sin\alpha\cos\alpha}$, c'est-à-dire $\frac{2P}{R}$ lorsque α prend sa valeur la plus favorable, il est bon de le comparer à celui qu'exigerait une âme pleine qui réunirait les deux longrines pour en faire une poutre continue avec section transversale en double T. On sait (n° 83) que l'âme doit avoir une section capable de résister à l'effort tranchant, soit une section $\frac{P}{R}$; le volume par unité de longueur ne sera donc que la moitié de celui qu'on vient de trouver pour le treillis. Quant aux bandes horizontales, elles se trouvent soumises aux mêmes pressions et tensions dans les deux cas, puisque les valeurs du moment X sont les mêmes (n° 175) et que l'équation

$$Th + X = 0$$

pourrait s'appliquer aussi bien à la poutre en double T qu'à la poutre en treillis (*) : le volume total dépensé pour ces bandes n'est donc pas plus grand dans la poutre pleine, et l'excédant trouvé pour le treillis subsiste sans compensation. Mais, comme le dit M. Édouard Collignon dans un intéressant Mémoire sur le sujet qui nous occupe (**), « malgré cette in- » fériorité économique du treillis, on ne renoncera pas à ce » mode de construction pour s'en tenir exclusivement aux » ponts à poutres pleines. L'élégance d'un treillis bien des- » siné et l'aspect repoussant d'une paroi pleine ramèneront » toujours un grand nombre de constructeurs à préférer le » système le plus satisfaisant pour l'œil, à celui dont le bon » marché constitue l'avantage. »

Poids de la poutre en treillis par mètre courant. — Quand la poutre doit supporter une charge permanente uniforme jointe à une surcharge également uniforme, mais pouvant ne couvrir la poutre que partiellement, on a démontré (n° 174) que les longrines horizontales se trouvent soumises aux plus grands efforts sous la surcharge complète. Il n'en est pas généralement de même pour les tiges inclinées; mais nous avons posé une règle pratique d'après laquelle on doit déter-

---

(*) Cela suppose qu'on néglige la résistance de l'âme à la flexion; mais si l'on en tenait compte, la conclusion subsisterait *à fortiori*.

(**) *Annales des Ponts et Chaussées*, 1864, 1er semestre.

miner leurs efforts dans le voisinage des appuis en supposant la surcharge complète, réduire ce maximum au quart de sa valeur pour le milieu de la poutre, et enfin calculer les valeurs intermédiaires dans l'hypothèse d'une variation uniforme. En somme, on voit donc que c'est la surcharge complète qui détermine toutes les pressions ou tensions limites, savoir celles dont on a besoin pour fixer les équarrissages des diverses tiges. On peut appliquer, dans la recherche de ces pressions et tensions limites, soit les procédés du n° **174**, soit la méthode, au fond équivalente, du n° **175**; mais, dans les deux cas, il est nécessaire de connaître le poids ϖ par unité de longueur de la charge maximum, surcharge comprise. Or, le poids ϖ renferme : 1° le poids propre ϖ' de la poutre ; 2° le poids ϖ'' de la construction placée au-dessus, en y joignant une surcharge dont les règlements administratifs ont fixé l'intensité : on a donc

$$\varpi = \varpi' + \varpi'',$$

la portion ϖ'' étant une donnée immédiate de la question, mais ϖ' étant au contraire inconnu *à priori*. Alors on détermine souvent ϖ en attribuant à ϖ' une valeur prise un peu au hasard et arbitrairement, sauf à vérifier plus tard que le poids réel de la poutre, d'après le projet définitif, n'est pas trop audessus de celui qu'on a supposé.

M. Édouard Collignon, dans le Mémoire déjà cité, propose une marche plus rationnelle, et en développe le calcul dans le cas d'une poutre en tôle reposant sur deux appuis. Voici à peu près comment il procède.

La tension ou pression dans les longrines est exprimée en chaque point par $\frac{X}{h}$, au signe près (n° **175**); la section transversale correspondante sera en conséquence $\frac{X}{hR}$ pour chacune d'elles (*), et leur volume total V' aura pour expression

$$V' = \frac{2}{hR}\int_0^{2a} X\,dx;$$

(*) Suivant l'usage généralement admis en France, nous n'adoptons qu'une même valeur de l'effort limite R pour le treillis et les longrines.

ou bien, comme X est représenté par les ordonnées d'une parabole ayant $2a$ de corde sur $\frac{1}{2}\varpi a^2$ de flèche,

$$V' = \frac{4\varpi a^3}{3hR}.$$

Ce résultat suppose que X aussi bien que T et Q s'annulent au-dessus des appuis, et que, par conséquent, les longrines y reçoivent une section nulle : cela ne pouvant pas avoir lieu pratiquement, M. Collignon force un peu le coefficient $\frac{4}{3}$ et le remplace par $\frac{3}{2}$. Il prend donc

$$V' = \frac{3\varpi a^3}{2hR}.$$

Le volume du treillis, rapporté à l'unité de longueur horizontale, doit varier proportionnellement aux efforts t et q, ou, ce qui revient au même, proportionnellement à l'effort tranchant P : il s'exprime par $\frac{2P}{R}$, lorsqu'on donne à α sa valeur la plus favorable, égale à 45 degrés. De là résulte un volume total exprimé par

$$V'' = \frac{2}{R}\int_0^{2a} P\,dx,$$

l'effort tranchant devant toujours être pris positivement sous le signe $\int$. Or, la charge complète donnerait lieu à une force P variable entre les valeurs extrêmes o et ϖa; mais on vient de rappeler que, pour le calcul des tiges inclinées, il faut supposer sa variation uniforme entre le maximum et le quart du maximum. On aura donc $\frac{1}{2}\varpi a\left(1+\frac{1}{4}\right)$, soit $\frac{5}{8}\varpi a$, comme valeur moyenne de P, et par suite

$$V'' = \frac{2}{R}\cdot 2a\cdot\frac{5}{8}\varpi a = \frac{5\varpi a^2}{2R}.$$

La somme $V'+V''$ donne la plus grande partie du volume V

de la poutre (*); pour avoir égard approximativement aux portions négligées, telles que rivures et couvre-joints, pièces destinées au contreventement, etc., il sera bon de poser

$$V = \frac{4}{3}(V' + V'') = \frac{4\varpi a^2}{3R}\left(\frac{3a}{2h} + \frac{5}{2}\right) = \frac{2\varpi a^2}{R}\left(\frac{a}{h} + \frac{5}{3}\right).$$

Le volume moyen de la poutre, par mètre courant, sera donc $\frac{V}{2a}$, ou bien $\frac{\varpi a}{R}\left(\frac{a}{h} + \frac{5}{3}\right)$; et, si l'on désigne par D le poids du mètre cube de fer, on aura

$$\varpi' = \frac{\varpi D a}{R}\left(\frac{a}{h} + \frac{5}{3}\right) = \frac{D a(\varpi' + \varpi'')}{R}\left(\frac{a}{h} + \frac{5}{3}\right),$$

ou, en résolvant par rapport à ϖ',

$$\varpi' = \varpi'' \frac{\frac{a}{h} + \frac{5}{3}}{\frac{R}{Da} - \left(\frac{a}{h} + \frac{5}{3}\right)}.$$

On peut encore en déduire le poids $\varpi = \varpi' + \varpi''$, savoir :

$$\varpi = \varpi'' \frac{R}{R - Da\left(\frac{a}{h} + \frac{5}{3}\right)}.$$

Puisque ϖ'' est donné, la question se trouve résolue.

On remarquera que, pour une certaine valeur de a, le dénominateur de ϖ' et de ϖ devient nul, en sorte que la poutre aurait un poids infini, et que la construction serait impossible. Il y a donc une limite pour la portée $2a$ d'une poutre en treillis soutenue par deux appuis simples; on la déduira

---

(*) M. Collignon calcule encore un troisième volume; mais outre que ce volume est peu important par lui-même, son poids porte directement sur les culées et n'influe pas sur les tensions ou pressions dans les diverses parties de la poutre. D'ailleurs nous en tenons un peu compte en augmentant légèrement le coefficient de $V' + V''$, que nous prenons égal à $\frac{4}{3}$, tandis que M. Collignon indique seulement 1,3 comme valeur moyenne.

de l'équation

$$\frac{R}{D} - a\left(\frac{a}{h} + \frac{5}{3}\right) = 0,$$

qui devient

$$\frac{10^4}{13} - a\left(\frac{a}{h} + \frac{5}{3}\right) = 0$$

quand on fait $R = 6.10^6$ et $D = 7800$. La limite dépend d'ailleurs du rapport $\frac{a}{h}$; pour $\frac{a}{h} = 5$, par exemple, on trouverait

$$2a = \frac{2.10^4}{13\left(5 + \frac{5}{3}\right)} = 230 \text{ mètres environ;}$$

mais comme cette solution conduit à une hauteur h de 23 mètres, qui semble exagérée, il serait mieux sans doute de se fixer d'avance une hauteur maximum, 9 mètres, par exemple : alors la limite de a serait donnée par l'équation du second degré

$$\frac{10^4}{13} - \frac{a^2}{9} - \frac{5}{3}a = 0,$$

d'où l'on tire

$$2a = 152 \text{ mètres.}$$

M. Collignon fait encore observer avec raison qu'un calcul analogue serait applicable aux poutres en double T, simplement appuyées à leurs deux extrémités, et construites avec une âme pleine au lieu d'un treillis; seulement, d'après ce qui a été dit plus haut, le volume V″ devrait se réduire à moitié, et par suite le nombre $\frac{5}{3}$ se trouverait remplacé par $\frac{5}{6}$ dans les expressions définitives de ϖ' et de ϖ. Les portées limites répondant à $\frac{a}{h} = 5$ et à $h = 9$ se calculeraient de même, et l'on trouverait des nombres un peu plus grands, savoir :

$$2a = 263 \text{ mètres,} \quad \text{pour} \quad \frac{a}{h} = 5,$$

$$2a = 161 \text{ mètres,} \quad \text{pour} \quad h = 9 \text{ mètres.}$$

177. *Poutres américaines dans le système de How.* — Nous

prendrons d'abord un système qui sera une simple modification de celui que représente la *fig.* 65; au lieu de faire succéder à chaque tige inclinée une autre tige inclinée en sens inverse, nous lui ferons succéder une tige verticale comme l'indique la *fig.* 67 ci-dessous.

Ce système étant posé sur deux appuis et chargé de poids

Fig. 67.

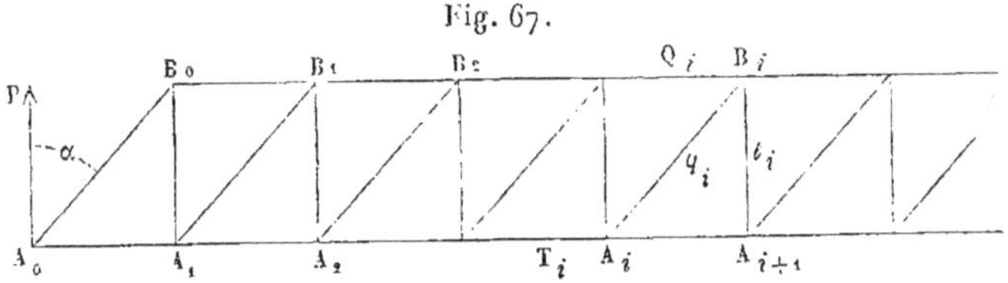

quelconques, il est facile, par des procédés tout pareils à ceux du n° 174, de connaître les pressions et tensions qui se développent dans les divers côtés. Si l'on considère notamment, entre autres distributions possibles de la charge totale, celle qui consisterait à suspendre un même poids à un certain nombre de sommets inférieurs consécutifs, en commençant auprès d'un appui, et qu'on nomme :

P la réaction de l'appui A_0, laquelle se calcule immédiatement par les formules les plus élémentaires de la Statique;

q_i la pression du côté incliné A_iB_i, dont le bout inférieur A_i est séparé de A_0 par i fois la distance A_0A_1;

t_i la tension du côté vertical B_iA_{i+1} ayant même bout supérieur que le côté incliné A_iB_i ci-dessus défini;

Q_i la pression du côté horizontal $B_{i-1}B_i$;

T_i la tension du côté horizontal $A_{i-1}A_i$;

$2p$ une charge constante appliquée à chaque sommet inférieur $A_1, A_2, A_3, \ldots, A_i, \ldots, A_k$, la lettre k désignant un indice plus grand que i;

α l'angle constant des côtés inclinés avec la verticale;

on trouvera les résultats que voici :

$$(25)\qquad \begin{cases} t_i = P - 2ip, \\ q_i = \dfrac{t_i}{\cos\alpha}, \\ T_i = Q_i = iP\operatorname{tang}\alpha - i(i-1)p\operatorname{tang}\alpha. \end{cases}$$

La loi de répartition des poids, à raison de $2p$ par chaque sommet inférieur, étant supposée ne pas se maintenir au delà de A_k inclusivement, les dernières valeurs qu'on déduira des formules (25) seront

$$(26)\quad \begin{cases} t_k = P - 2kp, \\ q_k = \dfrac{t_k}{\cos\alpha}, \\ T_k = Q_k = kP\tang\alpha - k(k-1)p\tang\alpha. \end{cases}$$

En supposant que les sommets suivants $A_{k+1}, A_{k+2}, \ldots$, jusqu'à A_m inclusivement, portent un poids $2p'$ différent de $2p$, les quantités (26) seront prises pour valeurs initiales des forces t, q, T, Q dans la suite de la poutre; et si l'on désigne par l un indice quelconque, on formera les valeurs suivantes par la méthode des différences, en employant les expressions

$$\Delta t_l = -2p',$$
$$\Delta q_l = -\frac{2p'}{\cos\alpha},$$
$$\Delta T_l = \Delta Q_l = t_l \tang\alpha.$$

De là on tire facilement

$$(27)\quad \begin{cases} t_l = t_k - 2(l-k)p', \\ q_l = \dfrac{t_l}{\cos\alpha}, \\ T_l = Q_l = Q_k + (l-k)t_k\tang\alpha - (l-k)(l-k-1)p'\tang\alpha. \end{cases}$$

Les dernières formules fourniront les quatre séries d'inconnues t, q, T, Q jusqu'à t_m, q_m, T_{m+1}, Q_{m+1} inclusivement.

On pourrait aussi, sans autres calculs, étudier le cas où il y aurait une suite de sommets non chargés, ce qui arrive, par exemple, lorsqu'on suppose la poutre sollicitée seulement par un poids concentré unique; il suffirait de faire p ou $p' = 0$ dans les formules précédentes, en ayant soin d'ailleurs d'employer la valeur convenable pour P, suivant le cas que l'on traite.

Dans le cas où la poutre comprendrait entre ses deux points extrêmes $n+1$ intervalles tels que A_0A_1, et où les poids $2p$ embrasseraient la longueur entière depuis A_1 jusqu'à A_n, il faudrait faire $P = np$ dans les formules (25), et l'on aurait

$$(28)\qquad \begin{cases} t_i = (n - 2i)p, \\ q_i = (n - 2i)\dfrac{p}{\cos\alpha}, \\ T_i = Q_i = i(n - i + 1)p \tang\alpha. \end{cases}$$

Afin de fixer les idées, admettons en outre que n soit impair, et ne raisonnons provisoirement que dans l'hypothèse de la charge complète $2np$: on voit alors, par les formules (28), que t_i et q_i décroissent comme la série des nombres impairs, à mesure que l'indice i augmente; pour $i = \frac{1}{2}(n-1)$ on aurait

$$t_i = p, \quad q_i = \frac{p}{\cos\alpha};$$

puis, si l'on continuait à faire croître i, t_i et q_i deviendraient négatives, c'est-à-dire que les pressions se changeraient en tensions, et réciproquement. Cela montre la nécessité de modifier l'arrangement des tiges, en arrivant au milieu de la pièce, quand on veut maintenir des actions de même nature, soit dans la série des tiges verticales, soit dans celle des tiges inclinées : cette nécessité est d'ailleurs indiquée par le défaut de symétrie que présenterait la *fig.* 67, si on la prolongeait jusqu'au second appui. Il faudra donc adopter une disposition analogue à celle de la *fig.* 68, laquelle est construite dans l'hypothèse particulière $n = 9$.

La ligne MM', verticale du milieu de la poutre, la partage en

Fig. 68.

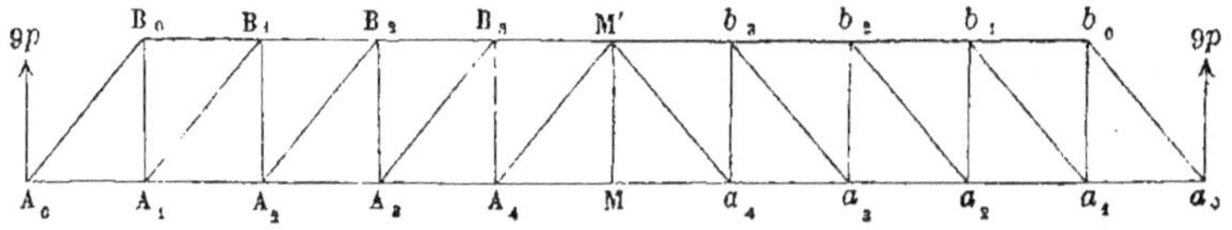

deux moitiés symétriques; les tensions des côtés verticaux, à partir de A_1B_0, sont successivement $9p$, $7p$, $5p$, $3p$, $2p$, en MM', puis redeviennent $3p$, $5p$, $7p$, $9p$; les pressions des côtés inclinés depuis A_0B_0 jusqu'à A_4M' sont

$$\frac{9p}{\cos\alpha}, \quad \frac{7p}{\cos\alpha}, \quad \frac{5p}{\cos\alpha}, \quad \frac{3p}{\cos\alpha}, \quad \frac{p}{\cos\alpha},$$

et se reproduisent en ordre inverse depuis a_4M' jusqu'à a_0b_0. Enfin, les tensions T_i et les pressions Q_i prennent de A_0 ou de a_0 jusqu'à M les valeurs

$$9p\operatorname{tang}\alpha, \quad 16p\operatorname{tang}\alpha, \quad 21p\operatorname{tang}\alpha, \quad 24p\operatorname{tang}\alpha, \quad 25p\operatorname{tang}\alpha.$$

Tous ces résultats rentrent, comme cas particulier, dans les formules (28), en ayant soin de n'appliquer ces formules que pour une moitié de la poutre : il y a cependant exception pour la tige centrale MM', dont la tension est irrégulièrement fixée à la valeur $2p$ (*).

Maintenant il est facile de faire dériver du système simplifié que représente la *fig.* 68 les poutres américaines dans le système de How. Il faudra pour cela : 1° dans chaque rectangle élémentaire tel que $B_2A_3A_4B_3$ ajouter la diagonale manquante B_2A_4; 2° la figure étant ainsi complétée par l'adjonction d'une seconde série de tiges diagonales, dédoubler chaque tige verticale ou inclinée en un certain nombre de tiges parallèles, qui seraient censées supporter en somme le même effort, et qui se répartiraient uniformément sur un intervalle tel que A_3A_4, compris entre deux verticales consécutives de la *fig.* 68. C'est la même opération qu'on a déjà faite au n° 174, pour passer de la *fig.* 65 au treillis sans montants verticaux.

Les tiges diagonales telles que B_0A_2, B_1A_3, B_2A_4,..., ajoutées à la *fig.* 68, afin de la transformer en poutre de How, sont supposées n'avoir aucune pression ni tension sous la charge complète des n poids $2p$: elles doivent, quand elles sont mises en place, toucher simplement les sabots qui les assemblent avec les pièces horizontales, mais elles ne leur sont

(*) Si l'on voulait considérer le cas de n pair, on pourrait supprimer le poids élémentaire $2p$ attaché en M ; toutes les pressions ou tensions dans une moitié de la pièce seraient alors données par les formules (28), y compris la tension de MM', nulle dans ce cas. Mais cela produirait une petite irrégularité dans la distribution de la charge, puisqu'il y aurait une lacune près du point central.

point liées et ne doivent pas les presser. C'est, comme on dit dans le langage technique, une question de *règlement;* on parvient à la résoudre pratiquement au moyen d'écrous qui permettent de tendre plus ou moins les tiges verticales ou boulons, après que la poutre a été mise en place. Le règlement se trouvant ainsi effectué, les diagonales supplémentaires ne travaillent pas, autant du moins qu'il y a une charge uniforme et complète : elles interviennent seulement quand on fait agir des charges concentrées en certains points, ou bien des charges réparties qui couvrent incomplétement la poutre. De là résulte la nécessité de leur donner une section suffisante pour résister à certains efforts, qu'il y aurait par conséquent lieu de déterminer.

Toutefois on se dispense assez souvent de cette détermination, et l'on donne à chaque diagonale supplémentaire une section dans un rapport constant avec celle de la diagonale conjuguée qui la traverse en son milieu. Par exemple, dans le rectangle élémentaire $B_2A_3A_4B_3$, la diagonale A_3B_3 pourrait être formée de deux tiges égales ayant même projection sur le plan de la figure, et laissant entre elles un certain intervalle dans lequel passerait une troisième tige B_2A_4 égale à chacune des deux premières : le rapport dont nous venons de parler serait alors celui de 1 à 2. Il est évident qu'on lui ferait prendre une valeur quelconque, en modifiant, suivant le besoin, l'intervalle libre entre les deux premières tiges.

Si l'on tient à procéder moins arbitrairement, voici ce qu'on peut faire. Le poids $2p$ placé en chacun des points A_1, $A_2, \ldots, M, \ldots, a_2, a_1$, (*fig.* 68) comprend généralement une portion permanente $2p'$, et une portion due aux charges mobiles sur la poutre; la seconde n'agit que d'une manière accidentelle, et l'on est en droit de la mettre seulement sur tel nombre de points qu'on veut, à partir de A_1 ou a_1. En admettant cette surcharge incomplète, la poutre se divisera en deux parties, l'une chargée à raison d'un poids $2p$ sur chaque sommet inférieur, l'autre à raison de $2p'$ seulement. Alors on rentrera directement dans l'application des formules (25), (26) et (27); on pourra donc, en partant de chaque culée, déterminer les valeurs des compressions q subies par les côtés inclinés. Ce calcul fera reconnaître le point analogue à M′ (*fig.* 68) où il sera nécessaire de renverser la direction des côtés dont il s'agit, pour éviter que les pressions ne deviennent en réalité des tensions : le nouveau point M′ ainsi trouvé pourra, par suite du défaut de symétrie dans les charges, ne plus être au milieu de la poutre, et la disposition qui remplacerait celle de la *fig.* 68 présenterait alors un certain nombre de diagonales supplémentaires, dont la pression serait connue. On répéterait le même calcul en faisant varier le point de séparation des poids $2p$ et $2p'$, et l'on prendrait pour chaque diagonale supplémentaire la section capable de résister au plus grand effort trouvé dans ces divers essais. Mais cette méthode n'est pas encore à l'abri de tout reproche, car on admet, assez gratuitement, que sur les deux tiges inclinées qui aboutissent à un même point de la longrine supérieure, il y en a une qui supporte une pression, pendant que l'autre n'est soumise à aucun effort : en réalité rien ne dit qu'elles ne travaillent pas toutes deux.

Dans tout ce qui précède, nous avons supposé que la poutre de How reposait seulement sur deux appuis : s'il y en avait un plus grand nombre, on pourrait employer des considérations analogues à celles que nous avons présentées au nº 176, lorsqu'il était question des poutres en treillis.

La poutre de How exige, comme nous l'avons déjà dit, *un règlement :* cette opération, faite une première fois après la mise en place, doit ensuite se renouveler assez fréquemment, en raison des déformations permanentes qui se produisent peu à peu et qui altèrent le serrage primitif des boulons. C'est un premier inconvénient de ce système, comparativement au treillis sans tiges verticales (nº 174); mais il y en a un autre qui consiste à exiger l'emploi d'une plus grande quantité de matière. Il est facile, en effet, de reconnaître d'abord que les sections des longrines horizontales sont les mêmes dans les deux systèmes; mais, à égalité de poids supporté et d'ouverture, l'ensemble des autres tiges formera un volume plus grand dans celui de How, même en négligeant les diagonales supplémentaires.

Afin d'établir cette dernière proposition, remarquons que

le volume de chaque tige varie proportionnellement au produit de sa longueur par la force (pression ou tension) qu'elle supporte; donc, si l'on nomme C un nombre constant, le volume des deux tiges A_iB_i, B_iA_{i+1} (*fig.* 67) s'exprimera par

$$Cph(n-2i)\left(1+\frac{1}{\cos^2\alpha}\right);$$

la distance A_iA_{i+1} étant $h\tang\alpha$, on dépense donc ainsi, pour franchir l'unité de longueur horizontalement, un volume

$$Cp(n-2i)\left(1+\frac{1}{\cos^2\alpha}\right)\frac{1}{\operatorname{tang}\alpha}.$$

Quand au contraire la tige verticale B_iA_{i+1} est remplacée par une tige inclinée en sens inverse de A_iB_i, le volume des deux tiges devient

$$\frac{2Cph(n-2i)}{\cos^2\alpha},$$

et comme la distance franchie horizontalement est $2h\operatorname{tang}\alpha$, cela fait par unité de longueur

$$\frac{Cp(n-2i)}{\sin\alpha\cos\alpha}.$$

Le rapport entre le résultat précédent et celui-ci a pour valeur

$$\frac{\sin\alpha\cos\alpha}{\operatorname{tang}\alpha}\left(1+\frac{1}{\cos^2\alpha}\right)$$

ou, toute simplification effectuée, $1+\cos^2\alpha$; donc il reste toujours supérieur à 1, comme nous l'avions annoncé.

Ce calcul conduit aussi à déterminer la meilleure valeur de α pour les poutres de How : il suffit de chercher le minimum de la fonction

$$f(\alpha)=\left(1+\frac{1}{\cos^2\alpha}\right)\frac{1}{\operatorname{tang}\alpha}=\frac{\cos\alpha}{\sin\alpha}+\frac{1}{\sin\alpha\cos\alpha}.$$

On posera donc l'équation

$$f'(\alpha)=0=-\frac{1}{\sin^2\alpha}-\frac{\cos^2\alpha-\sin^2\alpha}{\sin^2\alpha\cos^2\alpha},$$

d'où résulte immédiatement

$$\tang \alpha = \sqrt{2},$$

et, par suite,

$$\alpha = 54^\circ 44' 8''.$$

Pour cette valeur particulière le rapport $1 + \cos^2 \alpha$, ci-dessus trouvé, devient égal à $\frac{4}{3}$; il est $\frac{3}{2}$ pour $\alpha = 45^\circ$; enfin si l'on donnait à α sa valeur la plus favorable dans chacun des deux systèmes, savoir $\alpha = 45^\circ$ pour l'un et $\alpha = 54^\circ 44' 8''$ pour l'autre, le rapport des volumes dépensés deviendrait

$$\frac{\sin 45^\circ \cos 45^\circ}{\sqrt{2}}(1 + 3) = \sqrt{2} = 1,414\ldots.$$

On pourrait encore, comme au n° 176, calculer le poids propre de la poutre par mètre courant. La seule modification consisterait à augmenter le volume V″, qui se trouverait ici multiplié par un facteur plus grand que 1. Ce facteur, d'après ce qu'on vient de voir, ne pourrait guère descendre au-dessous de $\frac{3}{2}$, avec l'angle α le plus favorable, même quand on négligerait les diagonales supplémentaires : pour en tenir compte par aperçu, nous multiplierons une seconde fois par $\frac{3}{2}$, ce qui élève à $\frac{9}{4}$ le facteur en question; alors le nombre $\frac{5}{3}$, qui entre dans les valeurs de ϖ' et de ϖ (n° 176), doit être remplacé par $\frac{5}{3} \cdot \frac{9}{4}$ ou par $\frac{15}{4}$. La portée limite, répondant à $\frac{a}{h} = 5$, éprouverait en conséquence une diminution et serait

$$2a = \frac{2 \cdot 10^4}{13\left(5 + \frac{15}{4}\right)} = 175 \text{ mètres}.$$

L'équation du second degré qui donne cette limite quand on fixe la valeur de h devient ici, pour $h = 9$,

$$\frac{10^4}{13} - \frac{a^2}{9} - \frac{15}{4} a = 0,$$

et l'on en déduit

$$2a = 136 \text{ mètres}.$$

178. *Poutres articulées à longerons courbes.* — On peut faire à la *fig.* 68 deux changements : 1° remplacer les droites A_0a_0 et B_0b_0 par deux courbes A_0Ma_0, $A_0M'a_0$ (*fig.* 69), ayant

Fig. 69.

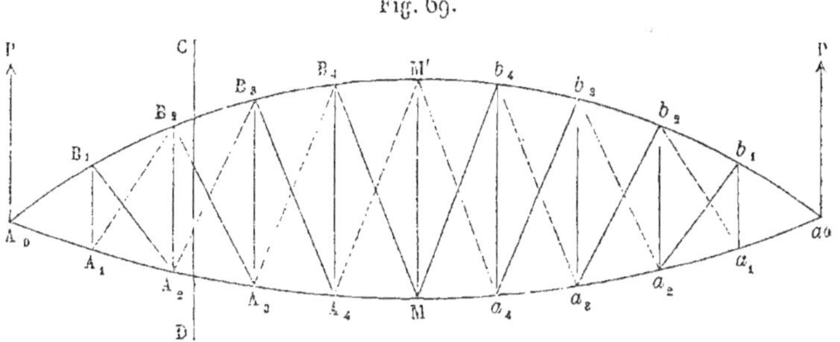

chacune leurs deux extrémités sur les points d'appui A_0, a_0, et représentant les axes de deux longerons; 2° intervertir le sens des diagonales, c'est-à-dire avoir des tiges inclinées qui, dans la partie A_0M, par exemple, descendent de gauche à droite, au lieu de descendre de droite à gauche. Les montants verticaux équidistants sont d'ailleurs conservés; de plus, les deux longerons courbes tournent leur concavité vers la droite A_0a_0. La poutre ainsi constituée recevant l'action de divers poids en ses articulations A_1, A_2, ..., M, ..., a_2, a_1, il est encore facile de déterminer les efforts supportés par tous les côtés du système. En effet, si l'on coupe la pièce par un plan vertical quelconque CD, ce plan rencontrera trois côtés, savoir : B_2B_3, B_2A_3, A_2A_3; en chacun des points de rencontre, il s'exerce sur la partie de poutre placée d'un certain côté du plan CD (à gauche, par exemple) une pression ou tension, de direction connue, provenant de l'action exercée par l'autre partie. Or, ces trois forces doivent, avec les poids appliqués de A_0 en CD et la réaction P de l'appui A_0, former un système en équilibre : égalant donc à zéro la somme des projections horizontales ou verticales et la somme des moments par rapport à B_2, on aura trois équations qui permettront de calculer trois de nos inconnues. On agirait de même à l'égard de tous les quadrilatères analogues à $B_2B_3A_2A_3$, compris entre deux montants verticaux consécutifs : quant aux triangles extrêmes, il suffira de décomposer les réactions de chaque appui en deux forces, suivant les côtés qui aboutissent à cet appui; ainsi en A_0 on décomposerait P suivant les directions A_0B_1 et A_0A_1, pour avoir les pression et tension respectives de ces deux côtés. Il ne restera plus alors qu'à trouver les tensions des montants verticaux : on y parviendra sans peine en projetant sur leur direction les forces appliquées à une articulation quelconque.

Lorsque tous les poids suspendus aux divers sommets inférieurs sont égaux, on trouve, en appliquant cette méthode, que le longeron supérieur est partout comprimé, et le longeron inférieur partout soumis à une tension; en outre, on obtiendra généralement des tensions dans toutes les tiges verticales ou inclinées qui réunissent les longerons. Nous admettrons que la forme des courbes a été choisie de manière à remplir cette condition. Alors on voit que si l'on complète le système par l'adjonction des diagonales supplémentaires tracées en lignes ponctuées sur la figure, ces diagonales resteront inactives tant que la poutre sera uniformément chargée sur la longueur entière; mais elles travailleront si nous supposons, comme au n° 177, qu'un certain nombre de sommets, à partir de A_1, supportent un même poids, pendant que chacun des autres supportent un autre poids, ce qui est le cas d'une surcharge incomplète. Alors le point analogue à M, où les diagonales doivent être changées de sens pour n'éprouver encore aucune compression, ne restera plus au milieu de la pièce, et la *fig.* 69 se modifiera en perdant quelques-unes de ses diagonales en traits pleins, qui seraient remplacées par leurs supplémentaires. Celles-ci se trouveraient d'ailleurs soumises à des tensions connues; on donnerait à chacune la section capable de résister à la plus grande tension obtenue en faisant varier le nombre des sommets surchargés à partir de l'une ou l'autre extrémité.

Une autre méthode, aussi imparfaite sous le point de vue de la théorie pure, mais peut-être plus commode dans l'application, consisterait à regarder la poutre, avec toutes ses diagonales, comme résultant de la superposition de deux autres poutres, entre lesquelles on partagerait également la charge totale :

l'une des deux serait formée des longerons, avec les montants et les diagonales pleines; dans l'autre, il y aurait également les longerons et les montants, mais les diagonales seraient les lignes ponctuées. En réunissant les sections obtenues des deux manières pour les longerons et les montants, on retrouverait en somme le même résultat que par la première méthode; les diagonales pleines seraient d'ailleurs réduites à moitié. Il y a donc là quelque chose de contraire à la sécurité, puisqu'on peut craindre que, par suite d'un règlement mal fait, les efforts ne se partagent pas également entre les deux systèmes de diagonales. Il serait prudent de conserver à chacun d'eux les sections qu'il devrait avoir s'il fonctionnait tout seul sous la charge entière.

Les montants verticaux et les diagonales pleines ou ponctuées de la *fig.* 69 peuvent se dédoubler chacun en plusieurs autres, comme on l'a déjà vu à l'occasion des poutres en treillis et des poutres de How (n°s 174 et 177), de manière à former une espèce de réseau à mailles plus ou moins serrées.

Les poutres dont nous venons d'exposer succinctement le calcul sont le type de deux systèmes, l'un connu sous le nom de *bow-string* (*), l'autre désigné par le nom de son auteur, M. Pauli, directeur général des travaux publics de Bavière. Dans le bow-string, on a plusieurs fois remplacé la courbe inférieure $A_0 M a_0$ par une simple droite, et en même temps la courbe supérieure a reçu la forme d'une parabole ayant le point M' pour sommet. La parabole étant, comme on le sait (n° 166), la figure d'équilibre d'un système articulé simple chargé uniformément suivant l'horizontale, on conclut sans peine de ces données : 1° que la tension dans la ligne horizontale inférieure a une valeur constante, laquelle s'obtient en décomposant la réaction P de l'appui suivant la direction de cette ligne et celle du premier élément $A_0 B_1$ de la parabole; 2° que la tension de chaque tige verticale est égale au poids qui est censé attaché à son extrémité inférieure; 3° que la

(*) Nom anglais qui signifie littéralement : arc-corde, ou arc avec sa corde. Les poutres en bow-string ont été imaginées et plusieurs fois appliquées en Angleterre par M. Brunel, fils du célèbre ingénieur qui a construit le tunnel de Londres, sous la Tamise.

compression dans l'arc supérieur diminue de A_0 en M' comme la tension dans une chaîne de pont suspendu, ayant même flèche, même ouverture et même charge ; 4° que toutes les diagonales, aussi bien pleines que ponctuées, restent inactives sous une charge complète uniformément répartie, et que par conséquent leur section doit être calculée uniquement en vue des poids concentrés ou des surcharges incomplètes.

Le système Pauli est une espèce particulière de bow-string dans laquelle on a disposé des deux courbes affectées par les longerons, de manière que la tension de l'un fût égale à la compression de l'autre, chacun de ces deux efforts devant en outre rester constant sur toute la longueur de la poutre. On ne peut remplir ces conditions que pour une certaine distribution de la charge, la distribution uniforme, par exemple.

Il est à remarquer qu'on donne souvent des dimensions assez fortes au longeron supérieur d'un bow-string, afin qu'il ne se déforme pas par flexion sous les forces qui le compriment : le moment d'inflexibilité de sa section transversale ayant alors une valeur assez notable, il y a quelque chose de peu satisfaisant dans l'hypothèse qui assimile ce corps à un système articulé, parfaitement flexible en chacun des points B_1, B_2, B_3, etc. Toutefois, nous avons cru bon de faire connaître les procédés habituellement employés pour vérifier la résistance de ce genre de poutres, procédés imparfaits sans doute, mais jusqu'à un certain point sanctionnés par la pratique. Il est d'ailleurs plausible d'admettre que la rigidité des longerons augmentera simplement la stabilité de la poutre, et que les dimensions transversales jugées suffisantes en vertu de ces procédés auront pour seul inconvénient de pécher un peu par excès.

179. *Observation sur les diverses positions qu'on peut attribuer aux points d'attache des charges.* — Dans tout ce qui précède, à partir du n° 174, nous avons le plus ordinairement supposé que les charges étaient attachées aux articulations inférieures des poutres : si cela n'avait pas lieu, les résultats que nous avons obtenus seraient un peu altérés. Des procédés de calcul tout à fait analogues à ceux qu'on a vus ci-dessus

réussiraient aussi bien avec l'hypothèse d'une charge placée à la partie supérieure; mais nous croyons devoir nous abstenir d'en exposer l'application, afin de ne pas tomber dans des répétitions fatigantes pour le lecteur. D'ailleurs, la théorie du n° 175 ayant été faite sans supposer aucun mode particulier d'attache, ses résultats sont applicables dans les deux cas, et cela semble prouver que la modification dont il s'agit ne doit avoir qu'une influence secondaire sur les pressions et tensions des diverses parties du système.

Il peut arriver aussi que les poids agissent sur le réseau de tiges placé entre les deux longerons, en une série de points distincts de ceux où elles s'articulent avec ces longerons. Ce cas se ramène aux deux que l'on vient de mentionner. Soit, en effet, AB (*fig.* 70) une tige chargée au point C d'un poids p; on décomposera ce poids en deux autres p' et p'' agissant aux extrémités B et C de la tige, lesquels auront pour valeurs respectives

Fig. 70.

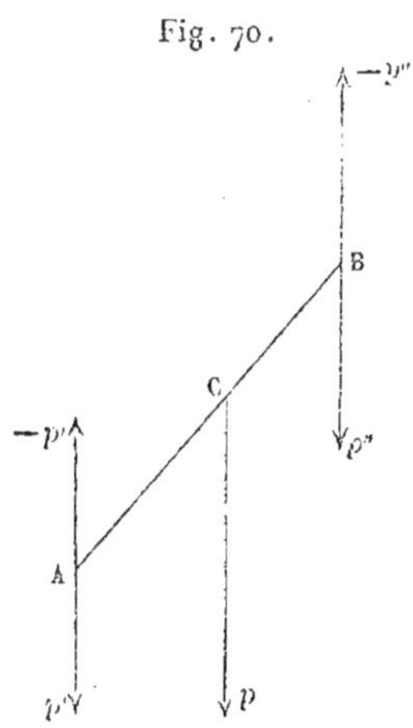

$$p' = p\frac{\overline{BC}}{\overline{AB}}, \qquad p'' = p\frac{\overline{AC}}{\overline{AB}}.$$

Le système de forces p, $-p'$, $-p''$ étant en équilibre, on pourra, quand on aura fait subir la même opération à toutes les tiges, calculer les efforts exercés dans les diverses parties de la poutre comme si elle était chargée seulement en A et B, ainsi que sur tous les autres points où les tiges telles que AB viennent rencontrer les longerons. Ceux-ci se trouveront donc encore dans les mêmes conditions que précédemment : mais la pièce AB devra être regardée comme soumise : 1° à la tension résultante produite par l'ensemble de tous les poids analogues à p' et p''; 2° aux trois forces p, $-p'$, $-p''$. Par suite, il faudra qu'elle puisse résister à la flexion, en même temps qu'aux efforts longitudinaux directs.

Les bow-strings ayant souvent, comme il a été dit plus haut, un longeron supérieur de section assez forte, le poids de ce longeron tend à comprimer les montants verticaux : on peut, par conséquent, craindre une flexion de ces pièces, qui sont assez longues vers le milieu de la poutre, et qui se trouveraient alors comme des pièces chargées debout. Mais il faut observer, toutefois, que le poids du tablier et les autres poids placés à la partie inférieure, lesquels sont d'ordinaire beaucoup plus considérables, ont pour effet de produire une tension dans les mêmes montants ; par conséquent, c'est une tension que ceux-ci doivent finalement éprouver. Le contraire ne pourrait se produire qu'accidentellement, pendant la construction de la pièce, si le longeron supérieur ne reposait pas sur des cintres jusqu'à ce que la pose du tablier et de sa charge fût complétement terminée.

CHAPITRE NEUVIÈME.

DE LA POUSSÉE DES TERRES ET DE LA STABILITÉ DES MAÇONNERIES.

§ Ier. — De la poussée des terres (*).

180. *Hypothèse sur le frottement et la cohésion des terres.* — Un massif de terre étant soutenu par un mur, la théorie de la poussée des terres a pour objet de déterminer la pression totale que supporte la face postérieure du mur, et la loi de la répartition des forces élémentaires dont cette pression totale est la résultante.

La solution dépend des hypothèses qu'on peut faire sur la nature des forces mutuelles qui agissent entre les molécules de terre, lorsqu'elles glissent ou sont sur le point de glisser les unes sur les autres. Supposons d'abord des terres fraîchement remuées et à peu près réduites en poussière : on observe alors qu'elles prennent naturellement un certain talus ou inclinaison relativement au plan horizontal, et que sous cette forme elles restent en équilibre. Les molécules situées à la surface libre du talus se trouvent sollicitées à glisser par la composante tangentielle de la pesanteur; si donc elles n'obéissent pas à cette action malgré leur mobilité, c'est parce qu'elles éprouvent une résistance égale et contraire ou un frottement de la part des molécules voisines. Mais l'existence du frottement ne suffit pas pour expliquer tous les faits : on ne saurait, par exemple, expliquer ainsi comment certaines terres peuvent se maintenir suivant des talus à pic, car il faudrait supposer au coefficient de frottement une valeur infinie. On lève cette difficulté en considérant les terres comme possédant à un certain degré la cohésion qui appartient aux

(*) Tout ce paragraphe est extrait, sans changement bien sensible, du Cours lithographié de M. Belanger, professé à l'École des Ponts et Chaussées pendant la session 1848-1849.

corps solides, et notamment la résistance au glissement transversal simple.

D'après ces considérations, il semble qu'on peut admettre l'hypothèse énoncée par Coulomb, savoir : que la force opposée au glissement mutuel de deux portions d'un massif de terre sur un plan commun se compose de deux termes : 1° le frottement, proportionnel à la pression normale, comme dans le glissement de deux solides l'un sur l'autre ; 2° la cohésion, indépendante de la pression normale, mais ayant une valeur déterminée par unité de surface, ce qui veut dire qu'elle est proportionnelle à la surface de séparation.

Cette loi peut être vérifiée et les coefficients de frottement ou de cohésion déterminés, pour chaque espèce de terre, par l'expérience, au moyen des formules fournies par la théorie dans les questions ci-après.

181. Premier problème. — Un massif, dont la surface supérieure est dans un plan horizontal AB (*fig.* 71), est terminé latéralement par un plan AC. Il s'agit de déterminer l'angle le plus petit que le talus AC puisse faire avec la verticale, sans qu'il se fasse aucune disjonction dans le massif.

Fig. 71.

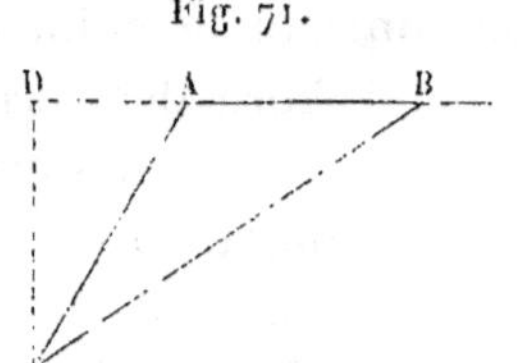

Soient :

h la hauteur donnée $\overline{CD}$;
α l'angle cherché de AC avec la verticale CD ;
Π le poids de l'unité de volume du massif ;
f le coefficient de frottement des terres composant le massif ;
γ la cohésion, par unité de surface, entre les mêmes terres.

Imaginons par l'horizontale C un plan CB, faisant avec la verticale l'angle BCD $= \beta$, et séparant du massif un prisme dont le poids par unité de longueur est représenté par $P = \frac{1}{2}\Pi h^2(\tang\beta - \tang\alpha)$. Ce prisme est en équilibre sous l'action de la pesanteur et des réactions qu'exerce sur lui la partie du massif inférieure au plan CB. Soit N la somme des composantes normales de ces réactions, et soit F la somme de leurs composantes parallèles au plan dans le sens CD. On a, en vertu de l'équilibre,

$$N = P\sin\beta \quad \text{et} \quad F = P\cos\beta.$$

Cette force F ne peut pas dépasser une certaine intensité qui a lieu seulement lorsque le glissement est sur le point de naître. Dans tout autre cas de repos ou d'équilibre, la force F est inférieure à cette intensité, laquelle est composée de deux parties, l'une fN constituant le frottement, l'autre $\gamma.\overline{CB}$ exprimant la cohésion. On a ainsi la condition

$$F \leqq f N + \gamma . \overline{CB}$$

ou bien

$$P \cos\beta \leqq f P \sin\beta + \gamma \frac{h}{\cos\beta},$$

ou encore

$$P(1 - f \tang\beta) \leqq \gamma h (1 + \tang^2\beta).$$

Cette inégalité serait évidemment satisfaite si l'on prenait $\tang\beta = \tang\alpha$ (parce qu'alors P serait nul) ou $\tang\beta > \frac{1}{f}$; la dernière valeur de $\tang\beta$ rendrait l'inclinaison de CB sur l'horizontale moindre que l'angle du frottement des terres sur elles-mêmes, et alors le frottement deviendrait à lui seul suffisant pour empêcher le glissement, sans que la cohésion eût besoin d'être mise en jeu. L'inégalité dont il s'agit ne peut donc conduire à une condition quelconque pour α, que si l'on y fait varier $\tang\beta$ entre $\tang\alpha$ et $\frac{1}{f}$; par suite, on peut en diviser les deux membres par le facteur positif $1 - f\tang\beta$, et alors, en y substituant la valeur ci-dessus de P, on trouve

$$\tang\alpha \geqq \tang\beta - \frac{2\gamma}{\Pi h} \cdot \frac{1 + \tang^2\beta}{1 - f\tang\beta}.$$

L'inégalité doit être vérifiée, si l'équilibre existe, pour toute valeur attribuée à $\tang\beta$ entre les deux limites qu'on vient d'indiquer; donc la plus petite valeur admissible pour $\tang\alpha$ sera le maximum par lequel passe le second membre lorsque $\tang\beta$ varie entre ces limites. Pour obtenir commodément ce maximum, posons

$$1 - f\tang\beta = x \quad \text{et} \quad \frac{\Pi h}{2\gamma} = a;$$

la fonction dont il faut chercher la plus grande valeur est

$$\frac{1 - x}{f} - \frac{1}{af^2} \cdot \frac{f^2 + (1 - x)^2}{x},$$

ou bien

$$\frac{1}{af^2}\left[2 + fa - (1 + fa)x - (1 + f^2)\frac{1}{x}\right].$$

Cette expression ne comprend comme partie variable que les deux termes soustractifs $(1+fa)x$ et $(1+f^2)\frac{1}{x}$; comme leur produit est constant, leur somme sera *minimum* (et, par suite, l'expression totale sera *maximum*) pour la valeur de x qui les rend égaux, c'est-à-dire pour

$$x=\sqrt{\frac{1+f^2}{1+fa}};$$

par la substitution de cette valeur on trouve la limite inférieure de tangα, savoir :

$$(1)\quad \left\{\begin{aligned} \tang\alpha &= \frac{1}{f}+\frac{2}{af^2}\left[1-\sqrt{(1+f^2)(1+fa)}\right] \\ &= \frac{1}{f}+\frac{2}{f^2}\left[\frac{2\gamma}{\Pi h}-\sqrt{\frac{2\gamma}{\Pi h}\left(\frac{2\gamma}{\Pi h}+f\right)(1+f^2)}\right].\end{aligned}\right.$$

Telle est la valeur cherchée de tangα; elle dépend, comme on le voit, de la hauteur h.

La dernière équation résolue par rapport à h donnera la plus grande hauteur h sur laquelle le massif puisse se soutenir avec l'inclinaison α.

Pour une certaine valeur h' de h, tangα est nulle : on a alors, en appelant a' la valeur correspondante de a,

$$(a'f+2)^2=4(1+f^2)(1+a'f),$$

d'où résulte

$$a'^2-4a'f=4,$$

$$a'=2\left(f+\sqrt{1+f^2}\right),$$

et par suite

$$(2)\qquad h'=\frac{4\gamma}{\Pi}\left(f+\sqrt{1+f^2}\right).$$

Pour des valeurs de h plus petites que h', tangα devient négative. En effet, en posant dans l'équation (1)

$$m=\frac{1}{a}=\frac{2\gamma}{\Pi h},$$

et différentiant par rapport à cette quantité, on aurait

$$\frac{d\tang\alpha}{dm}\cdot\frac{f^2}{2}=1-\sqrt{1+f^2}\,\frac{2m+f}{2\sqrt{m^2+fm}}=1-\sqrt{1+f^2}\,\frac{2m+f}{\sqrt{(2m+f)^2-f^2}};$$

comme le second membre de cette équation est forcément négatif, il en résulte que $\tang\alpha$ est une fonction décroissante de m, c'est-à-dire une fonction croissante de h. Donc $\tang\alpha$, nulle pour $h = h'$, doit être négative pour $h < h'$. Mais la théorie précédente ne s'applique pas au cas où $\tang\alpha$ est négative. Si le massif était profilé comme dans la *fig.* 72, un prisme ACB tendrait à se détacher sans frottement et ne serait retenu que par une cohésion soumise à une loi différente de celle qui est exprimée dans l'analyse ci-dessus.

Fig. 72.

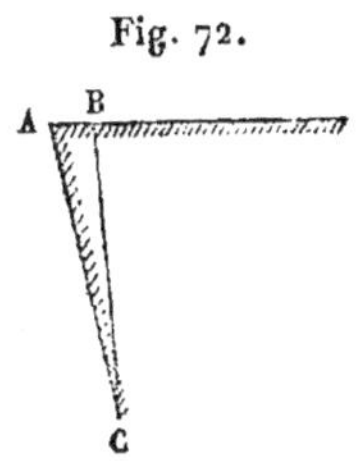

Les formules (1) et (2) peuvent servir à déterminer les constantes f et γ qui conviennent à un certain terrain, au moyen de deux expériences dans lesquelles, en faisant croître h, on observerait les valeurs correspondantes de $\tang\alpha$. Un plus grand nombre d'expériences permettrait de vérifier les hypothèses qui servent de base à la théorie.

A mesure que h augmente, $\tang\alpha$ approche de la limite $\frac{1}{f}$, qui conviendrait à une hauteur quelconque si la cohésion disparaissait, comme dans le cas des terres fraîchement remuées. Ce résultat est conforme à la théorie connue du frottement; on pouvait d'ailleurs le prévoir, parce que pour $h = \infty$ le poids P et le frottement correspondant sont des infinis du second ordre, tandis que la cohésion, simplement proportionnelle à h, n'est qu'un infini du premier ordre, comparativement négligeable. Si l'on remplace f par $\frac{1}{\tang\lambda}$ ou $\frac{\cos\lambda}{\sin\lambda}$, en appelant λ le complément de l'angle de frottement, on trouve

$$f + \sqrt{1+f^2} = \frac{\cos\lambda}{\sin\lambda} + \frac{1}{\sin\lambda} = \frac{2\cos^2\frac{1}{2}\lambda}{2\sin\frac{1}{2}\lambda\cos\frac{1}{2}\lambda} = \frac{1}{\tang\frac{1}{2}\lambda}$$

et

$$h' = \frac{4\gamma}{\Pi\tang\frac{1}{2}\lambda}.$$

182. Deuxième problème. — *Un massif d'une nature déterminée pouvant se tenir à pic de* A *en* B (*fig.* 73), *sur une hauteur h', on demande quelle est la courbe* BM *du profil inférieur que ce terrain doit avoir pour être à la limite de stabilité en tout point compris entre* B *et* M.

Fig. 73.

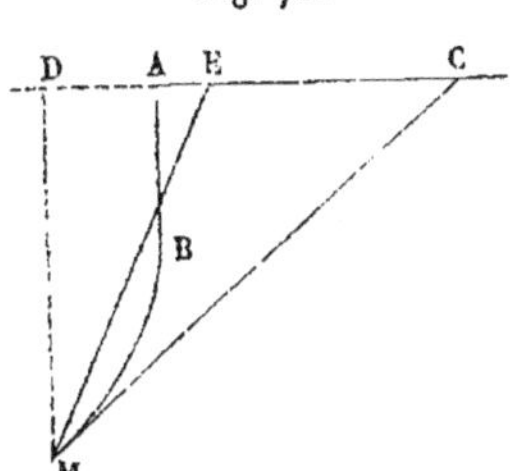

Soit MC un plan incliné quelconque faisant avec la verticale l'angle $\mathrm{CMD} = \beta$; soit la hauteur $\overline{\mathrm{MD}} = y$; soit enfin P le poids du prisme mixtiligne ABMC.

L'équilibre de ce prisme exige, comme dans le cas précédent, qu'on ait

$$(3) \qquad P(1 - f\,\text{tang}\,\beta) \gtreqless \gamma y(1 + \text{tang}^2\beta).$$

Pour exprimer simplement le poids P, menons par M une droite tellement inclinée, que l'aire du triangle MEC soit égale à celle de ABMC, ou que l'aire DME soit égale à DMBA. Nommant α l'angle EMD, nous aurons

$$P = \frac{\Pi y^2}{2}(\text{tang}\,\beta - \text{tang}\,\alpha),$$

et, en substituant dans (3),

$$\text{tang}\,\alpha \gtreqless \text{tang}\,\beta - \frac{2\gamma}{\Pi y}\cdot\frac{1 + \text{tang}^2\beta}{1 - f\,\text{tang}\,\beta}.$$

Tangα doit encore ici égaler le maximum du second membre; d'où l'on conclut, en faisant, pour abréger, $\frac{\Pi y}{2\gamma} = a$,

$$(4) \qquad \text{tang}\,\alpha = \frac{1}{f} + \frac{2}{af^2}\left[1 - \sqrt{(1+f^2)(1+fa)}\right].$$

Maintenant, pour trouver l'équation de la courbe BM, soit $\overline{AD} = x$ et $\overline{DE} = z$, on a $\text{tang}\,\alpha = \frac{z}{y}$ et

$$(5) \qquad \frac{yz}{2} = \int_0^x y\,dx;$$

posons encore $a = by$ en désignant par b la constante $\frac{\Pi}{2\gamma}$, l'équation (4) deviendra

$$(6) \qquad z = \frac{y}{f} + \frac{2}{bf^2}\left[1 - \sqrt{(1+f^2)(1+fby)}\right].$$

Des équations (5) et (6), par l'élimination de z, on conclut l'équation différentielle de la courbe BM,

$$(7) \quad dx = \frac{dy}{f} + \frac{dy}{f^2 by} - \sqrt{1+f^2}\left(\frac{1}{2f\sqrt{1+fby}} + \frac{\sqrt{1+fby}}{f^2 by}\right)dy.$$

Cette équation s'intègre facilement en remarquant que le dernier terme, égal à $\frac{\sqrt{1+fby}}{y}dy$ (sauf un facteur constant) peut, en faisant $1 + fby = u^2$, être remplacé par

$$\frac{2u^2\,du}{u^2-1}, \quad \text{ou} \quad 2\,du+\frac{du}{u-1}-\frac{du}{u+1},$$

quantité dont l'intégrale est

$$2u+\log\text{hyp}\,\frac{u-1}{u+1}.$$

Par suite, l'intégration est immédiate, et l'on peut écrire l'équation cherchée

$$x=\frac{y}{f}+\frac{1}{f^2b}\log\text{hyp}\,y-\frac{3\sqrt{1+f^2}}{f^2b}\sqrt{1+fby}$$
$$-\frac{\sqrt{1+f^2}}{f^2b}\log\text{hyp}\,\frac{\sqrt{1+fby}-1}{\sqrt{1+fby}+1}.$$

La plus petite valeur qu'on puisse assigner à y est h', qui répond à $\tang\alpha=0$, et dont l'expression est

$$h'=\frac{4\gamma}{\Pi}\left(f+\sqrt{1+f^2}\right)=\frac{2}{b}\left(f+\sqrt{1+f^2}\right).$$

Pour $y=h'$, on trouve d'abord

$$1+fby=1+2f^2+2f\sqrt{1+f^2}=\left(f+\sqrt{1+f^2}\right)^2;$$

on en conclut, au moyen de l'équation (7),

$$\frac{dx}{dy}=\frac{1}{f}+\frac{1}{2f^2\left(f+\sqrt{1+f^2}\right)}-\frac{\sqrt{1+f^2}}{2f\left(f+\sqrt{1+f^2}\right)}-\frac{\sqrt{1+f^2}}{2f^2},$$

ou, en réduisant au même dénominateur les termes du second membre et simplifiant,

$$\frac{dx}{dy}=\frac{1}{2\left(f+\sqrt{1+f^2}\right)}.$$

La tangente de l'angle fait en B avec l'horizon, par la courbe BE, est donc

$$2\left(f+\sqrt{1+f^2}\right),$$

résultat remarquable en ce qu'il ne dépend plus de h', ni par conséquent du coefficient de la cohésion.

183. *Détermination de la poussée totale d'un massif de terre dans un cas particulier.* — Un massif de terre s'appuyant sur la face postérieure AB d'un mur (*fig.* 74), et ayant sur une longueur indéfinie le profil quelconque mais constant BCDEFG, on imagine le plan AX, et l'on demande quelle serait, par unité de longueur, la résultante des forces qu'exercerait sur le massif la paroi AB du mur, à l'instant où le prisme serait sur le point de glisser en descendant le long du plan AX qui resterait fixe, et le long du plan AB qui reculerait sans descendre.

Fig. 74.

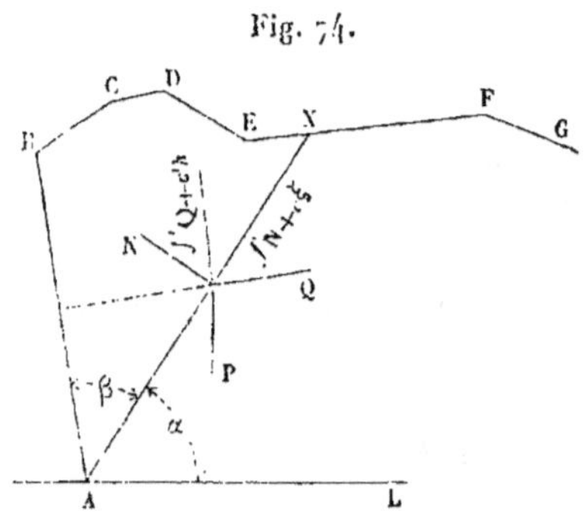

La réaction de la partie du massif inférieure au plan AX, sur le prisme, résulte d'une multitude de forces élémentaires qui peuvent se réduire à trois équivalentes, savoir : une pression normale N, une force tangentielle analogue au simple frottement, proportionnelle à N et représentée par fN, enfin une force également parallèle au plan, appelée *cohésion*, proportionnelle à la surface AX, et que nous représenterons en conséquence par $c\xi$, en faisant $\overline{AX} = \xi$, et désignant par c la cohésion rapportée à l'unité de surface.

La réaction totale du mur sur le prisme peut également se réduire à trois forces : une pression normale Q, un frottement $f'Q$ et une cohésion ou adhérence $c'h$. Nous désignons par f' le coefficient de frottement du mur contre les terres, par c' l'adhérence rapportée à l'unité de surface le long du mur dont la hauteur $\overline{AB}$ est représentée par h.

Enfin le prisme est sollicité par la pesanteur. Représentons son poids par P.

Les forces que nous venons d'indiquer satisfont aux conditions d'équilibre, dont l'une est que leur résultante de translation soit nulle. Transportons ces forces en un point quelconque, par exemple en un point de la droite AX, et écrivons que les sommes de leurs projections parallèlement et perpendiculairement à AX sont nulles ; nous aurons, en faisant l'angle à l'horizon XAL $= \alpha$ et BAX $= \beta$,

$$fN - P \sin\alpha + Q \sin\beta + f' Q \cos\beta + c' h \cos\beta + c\xi = 0,$$
$$N - P \cos\alpha - Q \cos\beta + f' Q \sin\beta + c' h \sin\beta = 0;$$

d'où, en éliminant N,

$$Q = \frac{P(\sin\alpha - f\cos\alpha) - c'h(\cos\beta - f\sin\beta) - c\xi}{\sin\beta + f\cos\beta + f'(\cos\beta - f\sin\beta)}.$$

Cette formule se simplifie en remplaçant f par $\frac{\sin\varphi}{\cos\varphi}$ et f' par $\frac{\sin\varphi'}{\cos\varphi'}$, c'est-à-dire en représentant par φ et φ' les angles de frottement des terres sur elles-mêmes et contre le mur. On obtient successivement

$$Q = \frac{P\sin(\alpha - \varphi) - c'h\cos(\beta + \varphi) - c\xi\cos\varphi}{\sin(\beta + \varphi) + f'\cos(\beta + \varphi)},$$

$$(8) \qquad \frac{Q}{\cos\varphi'} = \frac{P\sin(\alpha - \varphi) - c'h\cos(\beta + \varphi) - c\xi\cos\varphi}{\sin(\beta + \varphi + \varphi')}.$$

La force $\frac{Q}{\cos\varphi'}$ résultante de Q et de fQ étant ainsi connue, en la composant avec $c'h$, on aurait l'intensité de la résultante totale demandée.

184. *Détermination du plan de rupture et de la poussée totale en négligeant la cohésion.* — Le plan AX indiqué dans l'énoncé précédent est considéré comme variable ; il s'agit de déterminer la position de ce plan à laquelle correspond le maximum de la force $\frac{Q}{\cos\varphi'}$, eu égard aux frottements, et en supposant qu'on néglige la cohésion des terres et leur adhérence au mur. On demande en outre la valeur correspondante de $\frac{Q}{\cos\varphi'}$, qui dans ce cas devient la réaction totale du mur.

Le plan AX, déterminé par la condition que la réaction du mur nécessaire pour l'équilibre soit un maximum, s'appelle ordinairement *plan de rupture ;* comme l'a remarqué Coulomb, si la réaction du mur venait à être inférieure à l'intensité nécessaire, et que la rupture de massif dût s'effectuer suivant un plan, ce serait en effet suivant celui-là qu'elle aurait lieu.

Il n'est pas certain que dans la réalité la force $\frac{Q}{\cos\varphi'}$, ainsi obtenue, soit la valeur exacte de la réaction mutuelle du mur et des terres, même en admettant comme une donnée la nullité du coefficient c'. Rien ne prouve en effet, quand l'équilibre existe, que le prisme BAX soit sur le point de glisser en descendant; il pourrait être en équilibre stable, ou encore il pourrait être sur le point de glisser en sens contraire, ce qui exigerait de la part du mur une réaction plus grande. La force maximum que nous voulons déterminer sera seulement une limite inférieure de la poussée des terres contre le mur, dans l'état d'équilibre. Cependant il ne faut pas croire que cela doive probablement entraîner des conséquences dangereuses : si le mur est construit pour résister seulement à cette limite inférieure et qu'il y ait originairement une poussée plus forte, on peut admettre avec assez de vraisemblance qu'un petit mouvement du mur se produira, par suite duquel naîtra dans le massif de terre la tendance à glisser en descendant, et alors le système s'arrêtera dans l'état particulier d'équilibre que suppose notre calcul. Il n'y aura donc probablement pas de risque à courir lorsque le mur ne sera capable que d'une réaction égale seulement au maximum de $\frac{Q}{\cos\varphi'}$. Nous allons, en conséquence, procéder au calcul de cette force.

D'après l'hypothèse, il faut, dans la formule (8), faire $c = 0$, $c' = 0$; désignons par R la réaction totale du mur : la formule (8) se réduit à

$$(9) \qquad \frac{Q}{\cos\varphi'} = R = P\frac{\sin(\alpha - \varphi)}{\sin(\beta + \varphi + \varphi')}.$$

On obtiendrait facilement et directement cette équation de la manière suivante. Représentons dans la *fig.* 75 la force R faisant l'angle φ' avec la perpendiculaire à AB. Soit de même S la réaction du plan AX, résultante de N et de fN, et faisant l'angle φ avec la perpendiculaire à AX. Les trois forces P, S, R transportées en un même point ont leur résultante nulle. Donc on a

Fig. 75.

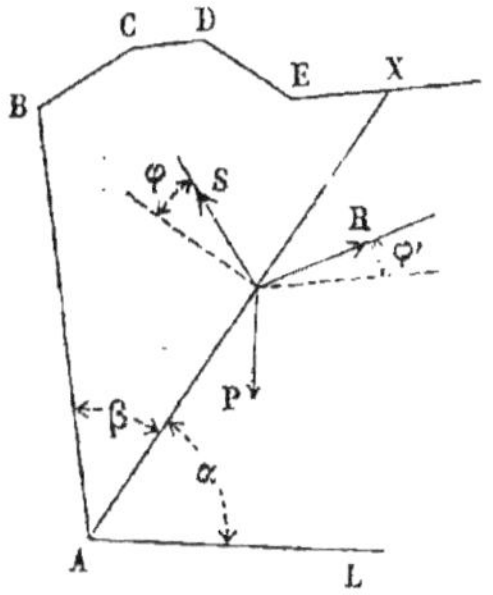

$$\frac{R}{P} = \frac{\sin(P, S)}{\sin(R, S)}.$$

Or l'angle (P, S) est, d'après la figure, supplément de $\alpha - \varphi$; et l'angle (R, S) augmenté de $\varphi + \varphi'$ devient supplément de β; ainsi

$$(R, S) = 180^\circ - \beta - \varphi - \varphi' \quad \text{et} \quad \sin(R, S) = \sin(\beta + \varphi + \varphi');$$

d'où l'on conclut la formule (9).

Il faut maintenant y mettre une expression du poids P du prisme dont la base est ABCDEX.

A cet effet, on déterminera sur le prolongement de EF (*fig.* 76) un point K tel, que l'aire du triangle AKX soit égale

Fig. 76.

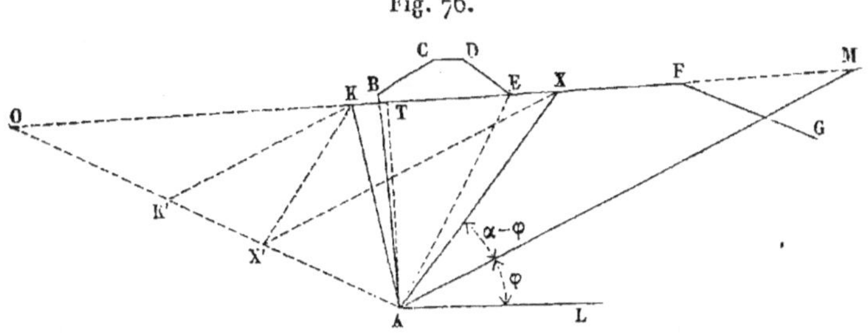

à celle du polygone ABCDEXA. Ce point K est indépendant de la position du point X, pourvu que ce dernier tombe entre E et F, puisqu'il suffit que le triangle AKE soit équivalent au polygone ABCDEA. On mènera de plus la ligne AT, perpendiculaire abaissée de A sur KX. En désignant par Π le poids du mètre cube de terre, on a pour le poids du prisme AKX ayant 1 mètre de longueur

$$P = \frac{1}{2}\Pi.\overline{AT}.\overline{KX},$$

et la formule (9) devient

$$R = \frac{1}{2}\Pi.\overline{AT}.\overline{KX}\frac{\sin(\alpha-\varphi)}{\sin(\beta+\varphi+\varphi')}.$$

Cela posé, voici comment M. le général Poncelet (*) détermine le point X qui donne à la pression R sa plus grande valeur. Le rapport de $\sin(\alpha-\varphi)$ à $\sin(\beta+\varphi+\varphi')$ se remplace par celui de deux droites de la figure : pour cela on mène AO faisant avec AB l'angle $\varphi+\varphi'$, et, par conséquent, avec AX l'angle $\beta+\varphi+\varphi'$; on mène AM faisant avec l'horizontale AL l'angle φ, et conséquemment avec AX l'angle $\alpha-\varphi$; puis on mène XX' parallèle à AM, de sorte que, dans le triangle AXX', l'angle $A=\beta+\varphi+\varphi'$ et l'angle $X=\alpha-\varphi$. On en conclut

$$\frac{\sin(\alpha-\varphi)}{\sin(\beta+\varphi+\varphi')} = \frac{\overline{AX'}}{\overline{XX'}},$$

et, par conséquent,

$$R = \frac{1}{2}\Pi\overline{AT}.\overline{KX}.\frac{\overline{AX'}}{\overline{XX'}}.$$

Il y a ici trois variables $\overline{KX}$, $\overline{XX'}$, $\overline{AX'}$, qui dépendent de la position du point X et qui sont dans trois directions différentes. On en remplace deux par d'autres qui soient dans la direction de la troisième : on mène KK' parallèle à AM et à XX', et l'on a

$$\overline{KX} = \overline{K'X'}\frac{\overline{OM}}{\overline{OA}}, \quad \overline{XX'} = \overline{OX'}\frac{\overline{AM}}{\overline{OA}},$$

d'où résulte

$$R = \frac{1}{2}\Pi\frac{\overline{AT}.\overline{OM}}{\overline{AM}}.\frac{\overline{K'X'}.\overline{AX'}}{\overline{OX'}}.$$

La quantité connue $\frac{\overline{AT}.\overline{OM}}{\overline{AM}}$ peut s'exprimer plus simplement en remarquant que $\overline{AT}.\overline{OM}$ est deux fois l'aire du tri-

(*) *Mémoire sur la stabilité des revêtements et de leurs fondations*, inséré au n° 13 du *Mémorial de l'Officier du Génie*, 1840.

angle AOM, et qu'en la divisant par $\overline{AM}$ considérée comme base, on a la distance du sommet O à AM ou $\overline{AO}$ sin OAM. Donc

$$(10)\qquad R = \Pi . \overline{AO} \cdot \frac{\overline{K'X'} . \overline{AX'}}{\overline{OX'}} \cdot \sin OAM.$$

Le général Poncelet trouve par la Géométrie le point X qui correspond au maximum de $\frac{\overline{K'X'} . \overline{AX'}}{\overline{OX'}}$. Le Calcul différentiel le donne aussi très-aisément. Soient, en effet, $\overline{OA} = a$, $\overline{OK'} = k$ et $\overline{OX'} = x$, on a

$$\frac{\overline{K'X'} . \overline{AX'}}{\overline{OX'}} = \frac{(x-k)(a-x)}{x} = a + k - \frac{ak}{x} - x,$$

expression dont le maximum répond à $x = \sqrt{ak}$ et a pour valeur $a + k - 2\sqrt{ak}$. La valeur de R devient alors, en remplaçant $\overline{AO}$ par a,

$$(11)\qquad R = \frac{1}{2} \Pi \sin OAM . (a - \sqrt{ak})^2,$$

ce qu'on peut encore écrire de cette manière

$$(12)\qquad R = \frac{1}{2} \Pi \sin OAM . \overline{AX'}^2,$$

en notant que le point X' est déterminé par la relation

$$(13)\qquad \overline{OX'} = \sqrt{\overline{AO} . \overline{OK'}},$$

Remarque I. — L'angle OAM, égal à BAM $+ \varphi + \varphi'$, est par conséquent égal à BAL $+ \varphi'$; d'où il suit que sin OAM est égal au cosinus de l'angle que fait avec la verticale une droite faisant avec AB, du côté opposé au massif, un angle φ' égal à celui du frottement des terres sur le mur.

Remarque II. — Les lignes KK', XX', MA étant parallèles, il en résulte que les longueurs $\overline{OX'}$, $\overline{AO}$, $\overline{OK'}$ sont respectivement proportionnelles à $\overline{OX}$, $\overline{OM}$, $\overline{OK}$; la condition (13) peut donc encore prendre la forme

$$\overline{OX}^2 = \overline{OM}.\overline{OK},$$

ce qui permet de trouver $\overline{OX}$ *à priori* par une construction ou par le calcul.

Remarque III. — L'équation (13) donne $\dfrac{\overline{OX'}}{\overline{AO}} = \dfrac{\overline{OK'}}{\overline{OX'}}$. Les parallèles XX', KK' donnent $\dfrac{\overline{OK'}}{\overline{OX'}} = \dfrac{\overline{OK}}{\overline{OX}}$. Par conséquent $\dfrac{\overline{OX'}}{\overline{AO}} = \dfrac{\overline{OK}}{\overline{OX}}$; d'où il suit que la droite KX' est parallèle à AX.

Remarque IV. — L'angle AOK peut être petit et le point O tellement éloigné de AK, qu'il soit incommode d'opérer graphiquement pour connaître $\overline{OK'}$, $\overline{OA}$, et, par conséquent, $\overline{OX'}$ et $\overline{AX'}$. On peut faire ces déterminations par le calcul.

Soient θ l'angle donné OKA et ζ l'angle OAK, dont la valeur, avec la disposition de la *fig.* 76, est $\varphi + \varphi' -$ BAK. On a

$$\overline{OA} = \overline{AK} \cdot \frac{\sin\theta}{\sin(\theta + \zeta)},$$

$$\overline{OK} = \overline{AK} \cdot \frac{\sin\zeta}{\sin(\theta + \zeta)},$$

$$\overline{OK'} = \overline{OK} \cdot \frac{\overline{OA}}{\overline{OK} + \overline{KM}}.$$

Il ne reste plus qu'à calculer $\overline{AX'} = \overline{OA} - \sqrt{\overline{OA}.\overline{OK'}}$.

Remarque V. — La droite AO peut être parallèle à KO. Alors $\overline{OA}$ et $\overline{OK'}$ sont infinis; mais $\overline{AK'}$ est fini et égal à $\overline{KM}$, et $\overline{AX'}$ a pour valeur $\frac{1}{2}\,\overline{KM}$. En effet, l'équation (13) peut s'écrire

$$(\overline{OK'} + \overline{K'X'})^2 = \overline{OK'}(\overline{OK'} + \overline{AK'}), \quad \text{ou} \quad 2\overline{K'X'} + \frac{\overline{K'X'}^2}{\overline{OK'}} = AK',$$

équation qui, pour $\overline{OK'} = \infty$, devient

$$\overline{K'X'} = \frac{1}{2}\,\overline{AK'} = \frac{1}{2}\,\overline{KM}.$$

Remarque VI. — Les droites KM et AM peuvent être parallèles (*fig.* 77). Dans ce cas, les points O, K', X' se confondent, et l'on a pour le maximum, ou plutôt la limite de R, l'expression $\frac{\Pi}{2}\sin \text{OAM}.\overline{\text{OA}}^2$; on le trouverait directement en posant, pour un prisme quelconque AKX, les équations

Fig. 77.

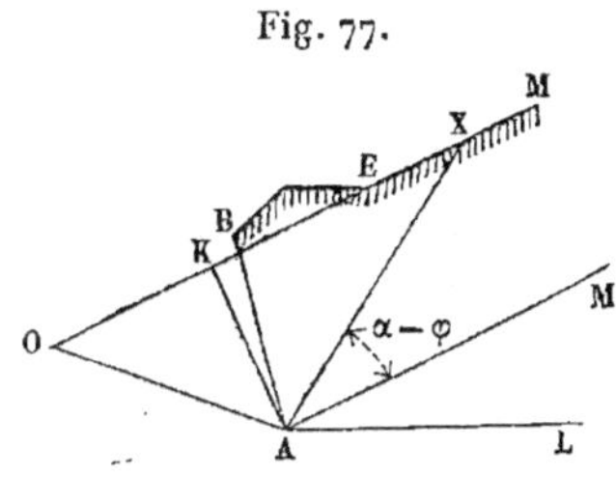

$$\text{R} = \text{P}\,\frac{\sin(\alpha-\varphi)}{\sin(\beta+\varphi+\varphi')} = \text{P}\,\frac{\overline{\text{OA}}}{\overline{\text{OX}}},$$

$$\text{P} = \frac{\Pi}{2}\,\overline{\text{KX}}.\overline{\text{OA}}\sin\text{OAM},$$

d'où

$$\text{R} = \frac{1}{2}\Pi\sin\text{OAM}.\overline{\text{OA}}^2\cdot\frac{\overline{\text{KX}}}{\overline{\text{OX}}},$$

quantité dont le maximum répondant à $\overline{\text{KX}} = \infty = \overline{\text{OX}}$ est

$$\text{R} = \frac{1}{2}\,\Pi\sin\text{OAM}.\overline{\text{OA}}^2.$$

Remarque VII. — La rencontre O des droites KM, AK' peut être du côté du massif au delà de M (*fig.* 78). En répétant pour

Fig. 78.

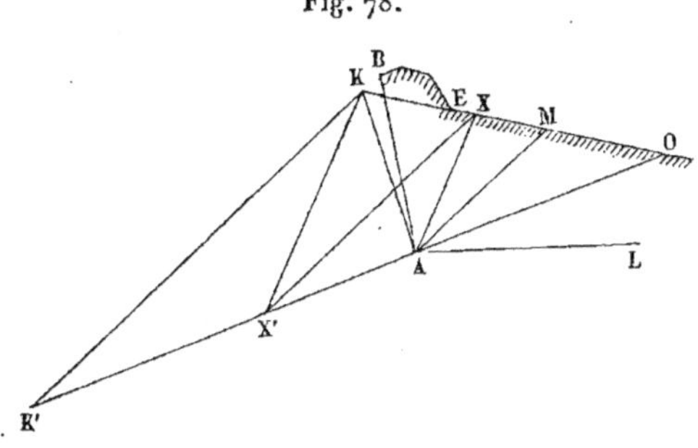

ce cas les raisonnements précédents, on reconnaît sans difficulté que l'expression de la pression totale sur AB est encore

$$R = \frac{1}{2}\,\Pi \sin OAM.\overline{AX'}^2,$$

le point X′ étant déterminé par la relation $\overline{OX'}^2 = \overline{OA}.\overline{OK'}$.

Les remarques I, II, III ci-dessus subsistent également; dans la quatrième, il faudra poser

$$\overline{OK'} = \overline{OK}.\frac{\overline{OA}}{\overline{OK} - \overline{KM}} \quad \text{et} \quad \overline{AX'} = \sqrt{\overline{OA}.\overline{OK'}} - \overline{OA}.$$

185. *Plan de rupture et poussée totale quand on néglige la cohésion et le frottement entre les terres et le mur qui les soutient.* — Les auteurs qui, avant M. Poncelet, se sont occupés de la poussée des terres, négligeaient le frottement des murs de soutènement. Si à cette simplification théorique on joint l'hypothèse que la surface supérieure du massif MB soit horizontale, on arrive à un résultat remarquable par sa simplicité.

Fig. 79.

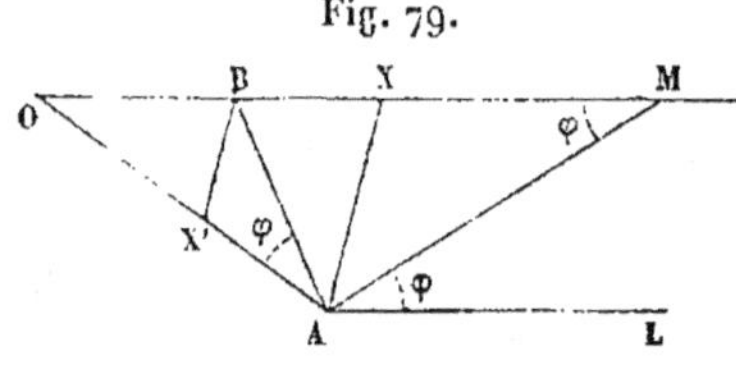

L'angle φ′ étant supposé nul, les trois angles MAL, BAO, AMB (*fig.* 79) sont égaux. Les deux triangles AOB, AOM sont semblables, comme ayant leurs angles égaux, et donnent

$$\frac{\overline{OA}}{\overline{OB}} = \frac{\overline{OM}}{\overline{OA}} \quad \text{ou} \quad \overline{OA}^2 = \overline{OB}.\overline{OM}.$$

On a d'ailleurs, suivant la remarque II ci-dessus,

$$\overline{OX}^2 = \overline{OB}.\overline{OM};$$

par conséquent $\overline{OA} = \overline{OX}$; d'où il suit que l'angle OAX est égal à OXA, lequel est égal à XAL. Donc AX est bissectrice de l'angle OAL, et par conséquent de l'angle BAM. (Théorème donné par de Prony, en 1802, pour le cas particulier d'une paroi verticale, et par Français, en 1820, pour le cas d'une paroi inclinée.)

D'après la remarque III, BX′ est parallèle à AX, et, par conséquent, dans les hypothèses ci-dessus énoncées, le triangle

OBX' est isocèle. Donc $\overline{AX'} = \overline{BX}$; d'où l'on conclut

$$R = \frac{1}{2} \Pi \sin BAL . \overline{BX}^2 .$$

L'état actuel de la science ne permet plus d'admettre ces résultats.

186. *Répartition de la poussée totale sur le mur dans l'hypothèse d'un terrain à profil rectiligne; indications succinctes sur le cas général.* — En admettant que sur toute portion AB de la paroi A_nB, portion prise à partir du sommet B, la poussée du massif soit égale au maximum R ou $\frac{1}{2} \Pi \sin OAM . \overline{AX'}^2$ trouvé précédemment, il s'agit de déterminer le centre de poussée sur A_nB, c'est-à-dire le point de passage de la résultante de toutes les pressions élémentaires réparties sur A_nB et faisant partout avec cette paroi l'angle complément de φ'.

La solution est très-simple dans le cas où la surface supérieure du massif est un plan MB (*fig.* 80), ayant d'ailleurs une

Fig. 80.

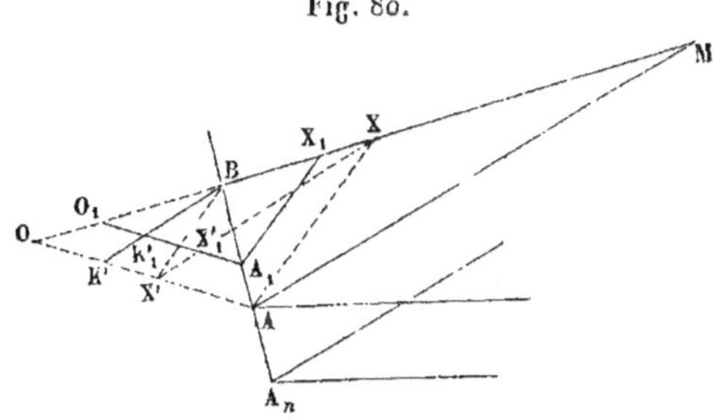

inclinaison quelconque. L'expression de la poussée sur BA, variable avec la longueur BA, est alors proportionnelle au carré de cette longueur. En effet, pour deux points A, A_1, auxquels correspondent des points X, X_1, on a

$$\overline{OX'}^2 = \overline{OK'} . \overline{OA} \quad \text{et} \quad \overline{O_1X'_1}^2 = \overline{O_1K'_1} . \overline{O_1A_1}.$$

Or

$$\frac{\overline{OK'}}{\overline{O_1K'_1}} = \frac{\overline{OA}}{\overline{O_1A_1}} = \frac{\overline{BA}}{\overline{BA_1}};$$

donc

$$\frac{\overline{O_1X'_1}^2}{\overline{OX'}^2} = \frac{\overline{B_1A_1}^2}{\overline{BA}^2}.$$

On voit ainsi que les lignes $\overline{OA}$ et $\overline{OX'}$ sont toutes deux dans un rapport constant avec BA, et, par suite, qu'il en est de même de la différence $\overline{OA} - \overline{OX'}$ ou de $\overline{AX'}$. (Le lieu des points X' est une droite passant en B.)

En représentant par z la longueur $\overline{BA}$ prise à partir de l'origine ou extrémité fixe B, et en désignant par C la constante $\frac{1}{2}\,\Pi \sin OAM \cdot \frac{\overline{AX'}^2}{\overline{BA}^2}$, on peut donc poser pour la poussée sur AB

$$R = Cz^2;$$

donc la poussée élémentaire, sur une longueur dz accroissement de z, serait

$$dR = 2Czdz.$$

Toutes les poussées élémentaires, depuis B jusqu'à A_n, sont des poussées parallèles dont la résultante passe en un point ou centre, dont la distance Z au point B est déterminée par la propriété des moments, savoir :

$$Z = \frac{\int_0^{z_n} 2Cz^2 dz}{Cz_n^2} = \frac{2}{3} z_n.$$

Donc le centre de la poussée sur BA_n est au tiers de cette longueur à partir de l'extrémité inférieure.

Lorsque le profil transversal du massif n'est pas très-accidenté, on peut admettre que le centre de pression est à peu près au tiers de la hauteur de la partie de mur considérée. Dans le cas le plus général, sachant trouver la poussée R sur la portion BA de la paroi, on construirait la courbe représentative de ces poussées en prenant $\overline{BA}$ pour abscisse et R pour ordonnée correspondante. La poussée élémentaire en chaque point du mur serait proportionnelle au coefficient angulaire de la tangente à cette courbe ; et comme toutes les poussées élémentaires sont parallèles, on trouverait le point d'application de la résultante par le théorème des moments.

187. *De la butée des terres.* — M. le général Poncelet, dans le Mémoire déjà cité, a étendu la théorie précédente à la butée des terres, c'est-à-dire à la résistance que les terres établies au pied d'un mur, du

côté opposé au massif soutenu, exercent sur le mur en sens contraire du mouvement que le massif principal tendrait à lui faire prendre. A cet effet, il considère dans les terres, en avant du mur, un prisme qu'il détermine par la condition que ce prisme exige le minimum de force de la part du mur pour être sur le point de glisser en remontant sur le plan de rupture. La marche à suivre dans cette théorie est semblable à celle qui convient au cas de la poussée, et les résultats ont une parfaite analogie.

D'abord, si, en conservant dans la *fig.* 74 le profil BCDEF et les lignes AB, AX, dont la première représente la face antérieure d'un mur et la seconde un plan de rupture hypothétique, on demande la résultante des forces qu'exercerait sur le massif la paroi AB à l'instant où le prisme BAX serait sur le point de glisser en montant le long du plan AX, qui resterait fixe, et le long du plan AB, qui avancerait sans monter, on trouve, les notations étant les mêmes qu'au n° 183,

$$fN + P\sin\alpha - Q\sin\beta + f'Q\cos\beta + c'h\cos\beta + c\xi = 0,$$
$$N - P\cos\alpha - Q\cos\beta - f'Q\sin\beta - c'h\sin\beta = 0,$$

d'où résultent les équations

$$Q = \frac{P(\sin\alpha + f\cos\alpha) + c'h(\cos\beta + f\sin\beta) + c\xi}{\sin\beta - f\cos\beta - f'(\cos\beta + f\sin\beta)},$$

(14) $$\frac{Q}{\cos\varphi'} = \frac{P\sin(\alpha + \varphi) + c'h\cos(\beta - \varphi) + c\xi\cos\varphi}{\sin(\beta - \varphi - \varphi')}.$$

Secondement, on fait $c = 0$ et $c' = 0$, et l'on demande de trouver la direction du plan de rupture à laquelle répond le minimum de la force $\frac{Q}{\cos\varphi'}$ donnée par la formule (14). D'après ces hypothèses, si l'on pose $B = \frac{Q}{\cos\varphi'}$, on a

(15) $$B = P\frac{\sin(\alpha + \varphi)}{\sin(\beta - \varphi - \varphi')}.$$

Le polygone ABCDXA se remplace d'abord par le triangle équivalent AKX

Fig. 81.

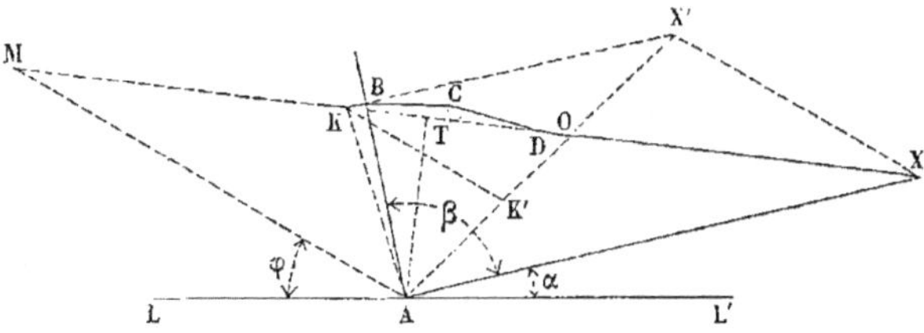

(*fig.* 81), et alors il en résulte $P = \frac{1}{2}\Pi.\overline{AT}.\overline{KX}$. On mène ensuite AM faisant avec l'horizon l'angle MAL $= \varphi$, puis $\overline{XX'}$ parallèle à $\overline{AM}$ et faisant par conséquent avec la direction cherchée AX l'angle $\alpha + \varphi$; enfin on trace AO faisant avec AB l'angle $\varphi + \varphi'$ et par conséquent avec AX l'angle $\beta - \varphi - \varphi'$. De là on conclut

$$B = P\frac{\overline{AX'}}{\overline{XX'}} = \frac{1}{2}\Pi.\overline{AT}.\overline{KX}.\frac{\overline{AX'}}{\overline{XX'}}.$$

KK' étant une parallèle à AM, cela donne

$$\overline{KX} = \overline{K'X'}.\frac{\overline{MO}}{\overline{AO}}, \quad \overline{XX'} = \overline{OX'}.\frac{\overline{AM}}{\overline{AO}},$$

et par suite

$$B = \frac{1}{2}\Pi.\overline{AO}\frac{\overline{K'X'}.\overline{AX'}}{\overline{OX'}}\sin OAM.$$

Pour trouver la valeur de $\overline{OX'}$ qui correspond au minimum de B, on fait $\overline{OX'} = x$, $\overline{OA} = a$, $\overline{OK'} = k$, d'où

$$\frac{\overline{K'X'}.\overline{AX'}}{\overline{OX'}} = \frac{(x+k)(a+x)}{x} = a + k + \frac{ak}{x} + x,$$

dont le minimum répond à $x = \sqrt{ak}$.

On en conclut le minimum de B, savoir

$$B = \frac{1}{2}\Pi \sin OAM \left(a + \sqrt{ak}\right)^2,$$

ou bien

$$B = \frac{1}{2}\Pi \sin OAM.\overline{AX'}^2,$$

le point X devant satisfaire à la condition

$$\overline{OX'} = \sqrt{\overline{OA}.\overline{OK'}}.$$

Ces résultats sont analogues aux formules (12) et (13) du n° 184.

On peut faire sur le cas de la butée des remarques analogues à celles du n° 184. Ainsi, par exemple, on a

$$\overline{OX}^2 = \overline{OM}.\overline{OK},$$

et KX' est parallèle à AX.

Dans le cas particulier où la surface supérieure du massif serait horizontale et où l'on négligerait le frottement du mur, on arriverait à conclure, par un raisonnement analogue à celui du n° 185, que la ligne AX est bissectrice de l'angle OAL'.

Quant à la répartition de la butée totale sur le mur, c'est un problème dont la solution est identique à celle qui est donnée au n° 186, pour le cas de la poussée.

§ II. — De la stabilité des maçonneries (*).

188. *Généralités.* — Lorsque la forme d'un massif de maçonnerie est telle, qu'elle rentre dans la définition d'une pièce droite ou courbe (n° 30) ou que le massif peut être considéré comme formé de plusieurs de ces pièces, pour calculer les pressions et tensions intérieures dans les divers points, sous l'action de forces connues, on suivra les indications données au n° 32.

Il arrive souvent, surtout si la maçonnerie est construite en pierres taillées et appareillées régulièrement, qu'on fait abstraction de la cohésion des mortiers, et qu'on s'impose pour condition d'avoir une stabilité suffisante, même en supposant cette cohésion nulle. Comme en réalité elle ne l'est pas, on obtient ainsi un surcroît de sécurité; le mortier n'est alors regardé que comme un moyen de bien asseoir les pierres les unes sur les autres, malgré l'imperfection de la taille. Dans ce cas, toute la portion du massif située d'un même côté d'un des plans d'assise devra être considérée comme un corps posé sur une base, sans adhérence. Maintenant, si les forces appliquées à cette portion peuvent être réduites à une seule, l'équilibre exigera d'abord, comme on le sait, qu'elle fasse avec la normale au plan d'assise un angle plus petit que l'angle de frottement, et qu'elle passe à l'intérieur de la base. Il faudra en outre qu'elle tende à produire une pression sur cette base, mais que la pression par unité de surface en un point quelconque n'atteigne pas la limite indiquée par l'expérience, comme le plus grand effort dont on peut charger la matière sans avoir d'altération à craindre. C'est ce qu'on vérifiera en calculant la pression maximum au moyen des considérations exposées dans le § V du chapitre Ier. Une vérification analogue sera faite pour tous les plans d'assise, ou tout au moins pour un certain nombre de plans dont deux consécutifs comprendraient entre

(*) Dans les cours de construction sont traitées diverses questions qui pourraient être comprises sous ce titre, comme la stabilité des voûtes, des bajoyers d'écluse, d'une fondation en béton, soumise à la sous-pression de l'eau, etc. C'est pourquoi nous nous contenterons ici de quelques explications succinctes.

eux plusieurs assises. Nous laisserons de côté, comme peu pratique, le cas où les forces ne seraient pas réductibles à une seule.

Dans certains cas, il peut y avoir diverses manières d'assimiler un massif de maçonnerie à un prisme, et l'on serait ainsi conduit à considérer plusieurs fibres moyennes. Prenons, par exemple, un mur de réservoir, auquel nous attribuerons, pour plus de simplicité, la forme d'un parallélipipède rectangle, ayant deux faces horizontales et quatre faces verticales. Ce mur, envisagé d'abord comme un prisme dont les sections normales seraient le profil même du mur (c'est-à-dire des plans verticaux perpendiculaires à la face mouillée), sera un solide chargé transversalement et exposé à la flexion. Au contraire, si les plans horizontaux étaient pris pour sections normales, chaque section supporterait une force inclinée, résultante des actions exercées par l'eau et la pesanteur sur la portion du mur située au-dessus du plan dont il s'agit. On pourrait imaginer une foule d'exemples semblables. Quel est alors l'axe qui devra être pris pour fibre moyenne, quand on voudra s'assurer de la stabilité? C'est ce qu'il serait peut-être difficile d'indiquer clairement d'une manière générale, et le sentiment de l'ingénieur devra souvent lui servir de guide. Ainsi, dans l'exemple ci-dessus, si le mur est établi sur des fondations très-solides, on peut admettre qu'elles annulent complétement par leur résistance la flexion transversale qui tend à se produire, et il suffirait alors de vérifier la stabilité au second point de vue. Si le terrain de fondation offrait peu de résistance aux actions horizontales, le premier point de vue ne devrait pas être négligé, et la prudence commanderait alors de faire deux vérifications au lieu d'une.

La stabilité des massifs de maçonnerie est toujours naturellement subordonnée à celle des fondations, mais l'appréciation de cette dernière est bien plus dans le domaine de la pratique et de l'expérience acquise que dans celui de la théorie. Nous nous bornerons à rappeler que, lorsqu'un ouvrage est soumis à des forces dont la résultante ne passe pas au centre de la base d'appui, la pression n'est point uniformément répartie; quoiqu'il soit à peu près impossible d'indiquer la répartition véritable qui se ferait sur un terrain plus ou moins compressible, ce fait ne doit pas être perdu de vue, quand on fixe l'étendue de la base.

189. *Stabilité d'un mur de soutènement.* — Cette question est une des applications les plus simples des généralités qu'on a vues au n° **188**. Soient ABCD (*fig.* 82) le profil transversal du mur, et BE celui du terrain. Admettons d'abord que les fondations sont très-résistantes. On déterminera, comme il est dit au n° **185**, la poussée totale R sur la face BD du mur, et on la composera avec le poids P de ce mur, ce qui donnera la résultante S. Pour l'équilibre, il faudra : 1° que S passe entre les points C et D; 2° que cette force fasse avec la verticale un angle plus petit que l'angle du frottement du mur sur sa base; 3° que la pression par unité de surface, en un point quelconque de CD, ne dépasse pas une certaine limite dépendant de la nature de la maçonnerie, ce qu'on pourra vérifier à l'aide des formules du n° **29**, si la base CD est un rectangle. Il serait bon de faire un calcul analogue, en prenant pour base, au lieu de CD, d'autres sections horizontales du mur, en nombre plus ou moins grand, suivant la hauteur.

Fig. 82.

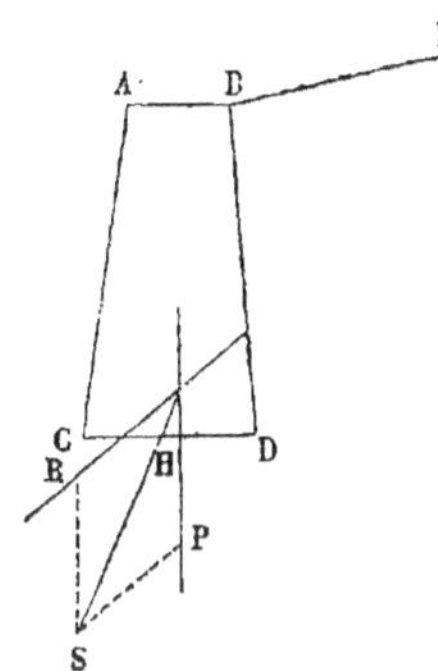

Si le mur s'appuie en CD sur un terrain compressible, le minimum au-dessous duquel ne devra pas descendre la distance $\overline{CH}$ croîtra en même temps que la compressibilité.

S'il y avait de la terre du côté de AC sur une certaine hauteur, il serait facile de tenir compte de la butée (n° **187**); mais cette force pourra être négligée dans les cas les plus ordinaires.

Ici, comme dans l'exemple du mur de réservoir, donné au n° **188**, la flexion peut se produire avec des circonstances locales favorables; il faudrait s'assurer alors que les dimensions sont suffisantes pour résister à cet effet.

FIN DE LA PREMIÈRE PARTIE.

RECUEIL

DE

TABLES NUMÉRIQUES

POUR FACILITER DIVERS CALCULS

SUR

LA RÉSISTANCE DES MATÉRIAUX.

TABLE I. — **Coefficient $\frac{A}{B}$ de la partie principale de la poussée due à un poids isolé, placé en un point quelconque de l'arc.** (Voir les nos 98 et 106.)

N. B. Le nombre donné par la table s'annule pour $m = 1{,}00$.

RAPPORT $\frac{2\varphi}{\pi}$.	RAPPORT $m = \frac{\theta}{\varphi} =$									
	0,00	0,05	0,10	0,15	0,20	0,25	0,30	0,35	0,40	0,45
0,12	4,125	4,112	4,075	4,012	3,926	3,816	3,682	3,526	3,348	3,149
0,13	3,804	3,793	3,758	3,700	3,621	3,519	3,396	3,251	3,087	2,903
0,14	3,529	3,518	3,486	3,432	3,359	3,264	3,150	3,016	2,863	2,692
0,15	3,291	3,281	3,251	3,200	3,132	3,043	2,936	2,811	2,669	2,509
0,16	3,082	3,072	3,044	2,997	2,933	2,862	2,749	2,632	2,498	2,349
0,17	2,897	2,888	2,862	2,817	2,757	2,679	2,584	2,474	2,348	2,207
0,18	2,733	2,725	2,700	2,657	2,600	2,526	2,437	2,333	2,214	2,081
0,19	2,586	2,578	2,554	2,514	2,460	2,390	2,305	2,206	2,094	1,968
0,20	2,453	2,446	2,423	2,385	2,334	2,267	2,187	2,093	1,985	1,866
0,21	2,333	2,326	2,304	2,268	2,219	2,156	2,079	1,989	1,887	1,774
0,22	2,224	2,217	2,196	2,162	2,115	2,054	1,981	1,895	1,798	1,689
0,23	2,124	2,117	2,098	2,064	2,019	1,961	1,891	1,809	1,716	1,612
0,24	2,032	2,026	2,007	1,975	1,932	1,876	1,809	1,730	1,641	1,541
0,25	1,947	1,941	1,923	1,893	1,851	1,798	1,733	1,658	1,572	1,476
0,26	1,869	1,863	1,846	1,817	1,777	1,725	1,663	1,590	1,508	1,416
0,27	1,797	1,791	1,774	1,746	1,707	1,658	1,598	1,528	1,448	1,360
0,28	1,729	1,724	1,708	1,680	1,643	1,595	1,537	1,470	1,393	1,308
0,29	1,666	1,661	1,645	1,619	1,583	1,537	1,481	1,415	1,341	1,259
0,30	1,607	1,602	1,587	1,561	1,527	1,482	1,428	1,365	1,293	1,213
0,31	1,552	1,547	1,533	1,508	1,474	1,431	1,378	1,317	1,248	1,170
0,32	1,500	1,496	1,481	1,457	1,424	1,389	1,332	1,272	1,205	1,130
0,33	1,452	1,447	1,433	1,410	1,378	1,337	1,288	1,230	1,165	1,092
0,34	1,406	1,401	1,388	1,365	1,334	1,294	1,246	1,190	1,127	1,057
0,35	1,362	1,358	1,344	1,322	1,292	1,254	1,207	1,153	1,091	1,023
0,36	1,321	1,317	1,304	1,282	1,253	1,215	1,170	1,117	1,057	0,991

TABLE I. (Suite)

RAPPORT $\frac{2\varphi}{\pi}$.	RAPPORT $m = \frac{\theta}{\varphi} =$									
	0,50	0,55	0,60	0,65	0,70	0,75	0,80	0,85	0,90	0,95
0,12	2,931	2,694	2,441	2,171	1,888	1,592	1,286	0,972	0,651	0,327
0,13	2,702	2,484	2,250	2,001	1,740	1,467	1,185	0,895	0,600	0,301
0,14	2,506	2,303	2,086	1,855	1,612	1,360	1,098	0,830	0,556	0,279
0,15	2,335	2,146	1,943	1,728	1,502	1,266	1,023	0,772	0,517	0,259
0,16	2,186	2,008	1,818	1,617	1,405	1,184	0,956	0,722	0,484	0,242
0,17	2,054	1,887	1,708	1,518	1,319	1,112	0,898	0,678	0,454	0,227
0,18	1,936	1,778	1,610	1,431	1,243	1,048	0,845	0,638	0,427	0,214
0,19	1,830	1,681	1,521	1,352	1,175	0,990	0,799	0,603	0,403	0,202
0,20	1,735	1,594	1,442	1,281	1,112	0,937	0,756	0,571	0,382	0,191
0,21	1,649	1,514	1,370	1,217	1,057	0,890	0,718	0,542	0,362	0,181
0,22	1,571	1,442	1,304	1,159	1,006	0,847	0,683	0,515	0,344	0,172
0,23	1,499	1,376	1,244	1,105	0,959	0,807	0,651	0,491	0,328	0,164
0,24	1,433	1,315	1,189	1,056	0,916	0,771	0,621	0,468	0,313	0,157
0,25	1,372	1,259	1,138	1,010	0,876	0,737	0,594	0,448	0,299	0,149
0,26	1,315	1,207	1,091	0,968	0,839	0,706	0,569	0,428	0,286	0,143
0,27	1,263	1,158	1,047	0,929	0,805	0,677	0,545	0,411	0,274	0,137
0,28	1,214	1,114	1,006	0,892	0,773	0,650	0,523	0,394	0,263	0,131
0,29	1,169	1,072	0,968	0,858	0,744	0,625	0,503	0,379	0,253	0,126
0,30	1,126	1,032	0,932	0,826	0,716	0,601	0,484	0,364	0,243	0,121
0,31	1,086	0,995	0,899	0,796	0,690	0,579	0,466	0,350	0,234	0,116
0,32	1,049	0,961	0,867	0,768	0,665	0,558	0,449	0,337	0,225	0,112
0,33	1,013	0,928	0,837	0,742	0,642	0,539	0,433	0,325	0,217	0,108
0,34	0,980	0,897	0,809	0,716	0,620	0,520	0,418	0,314	0,209	0,104
0,35	0,948	0,868	0,782	0,693	0,599	0,502	0,403	0,303	0,202	0,100
0,36	0,918	0,840	0,757	0,670	0,579	0,486	0,390	0,292	0,195	0,097

TABLE I. (Suite.)

RAPPORT $\frac{2\varphi}{\pi}$.	RAPPORT $m = \frac{\theta}{\varphi} =$									
	0,00	0,05	0,10	0,15	0,20	0,25	0,30	0,35	0,40	0,45
0,37	1,282	1,278	1,265	1,244	1,216	1,179	1,135	1,083	1,025	0,960
0,38	1,245	1,241	1,228	1,208	1,180	1,144	1,101	1,051	0,994	0,931
0,39	1,209	1,205	1,194	1,174	1,146	1,111	1,069	1,021	0,965	0,904
0,40	1,176	1,172	1,160	1,142	1,114	1,080	1,039	0,991	0,937	0,877
0,42	1,113	1,109	1,098	1,080	1,054	1,022	0,983	0,937	0,885	0,828
0,44	1,056	1,052	1,042	1,024	0,999	0,968	0,931	0,887	0,838	0,783
0,46	1,003	1,000	0,990	0,972	0,949	0,919	0,883	0,841	0,794	0,742
0,48	0,955	0,951	0,942	0,925	0,903	0,874	0,839	0,799	0,754	0,704
0,50	0,910	0,907	0,897	0,881	0,859	0,832	0,798	0,760	0,716	0,668
0,52	0,868	0,865	0,856	0,840	0,819	0,793	0,760	0,723	0,681	0,635
0,54	0,829	0,826	0,817	0,802	0,782	0,756	0,725	0,689	0,648	0,604
0,56	0,793	0,790	0,781	0,767	0,747	0,722	0,692	0,657	0,618	0,575
0,58	0,758	0,756	0,747	0,733	0,714	0,690	0,661	0,627	0,589	0,548
0,60	0,726	0,723	0,715	0,702	0,683	0,659	0,631	0,599	0,562	0,522
0,62	0,696	0,693	0,685	0,672	0,654	0,631	0,603	0,572	0,536	0,497
0,64	0,667	0,665	0,657	0,644	0,626	0,607	0,577	0,546	0,512	0,474
0,68	0,614	0,612	0,604	0,592	0,575	0,554	0,528	0,499	0,467	0,431
0,72	0,566	0,564	0,557	0,545	0,529	0,508	0,484	0,456	0,426	0,392
0,76	0,522	0,520	0,516	0,502	0,486	0,467	0,444	0,417	0,388	0,356
0,80	0,482	0,480	0,473	0,462	0,447	0,429	0,406	0,381	0,353	0,323
0,84	0,445	0,443	0,436	0,426	0,411	0,393	0,372	0,347	0,320	0,292
0,88	0,410	0,408	0,402	0,391	0,378	0,360	0,339	0,316	0,290	0,262
0,92	0,378	0,376	0,370	0,360	0,346	0,329	0,309	0,286	0,261	0,235
0,96	0,347	0,345	0,349	0,329	0,316	0,300	0,280	0,258	0,234	0,209
1,00	0,318	0,316	0,311	0,301	0,288	0,272	0,253	0,231	0,208	0,184

TABLE I. (Suite.)

RAPPORT $\frac{2\varphi}{\pi}$.	RAPPORT $m = \frac{\theta}{\varphi} =$									
	0,50	0,55	0,60	0,65	0,70	0,75	0,80	0,85	0,90	0,95
0,37	0,890	0,814	0,733	0,649	0,560	0,470	0,377	0,283	0,188	0,093
0,38	0,863	0,789	0,711	0,628	0,543	0,454	0,364	0,273	0,181	0,090
0,39	0,837	0,765	0,689	0,609	0,526	0,440	0,353	0,264	0,175	0,087
0,40	0,812	0,742	0,668	0,590	0,509	0,426	0,341	0,256	0,170	0,084
0,42	0,766	0,700	0,629	0,555	0,479	0,400	0,320	0,240	0,159	0,079
0,44	0,724	0,661	0,594	0,524	0,451	0,377	0,301	0,225	0,149	0,074
0,46	0,685	0,625	0,561	0,494	0,425	0,345	0,283	0,211	0,140	0,069
0,48	0,650	0,592	0,531	0,467	0,401	0,334	0,266	0,198	0,131	0,065
0,50	0,616	0,559	0,502	0,442	0,379	0,315	0,251	0,187	0,123	0,061
0,52	0,585	0,532	0,476	0,418	0,358	0,297	0,236	0,176	0,115	0,057
0,54	0,556	0,505	0,451	0,396	0,339	0,281	0,223	0,165	0,108	0,053
0,56	0,529	0,480	0,428	0,375	0,320	0,265	0,210	0,155	0,102	0,050
0,58	0,503	0,456	0,406	0,355	0,303	0,250	0,198	0,146	0,096	0,047
0,60	0,479	0,433	0,385	0,336	0,285	0,236	0,186	0,137	0,090	0,044
0,62	0,456	0,412	0,366	0,319	0,271	0,223	0,175	0,129	0,084	0,041
0,64	0,434	0,391	0,347	0,302	0,256	0,210	0,165	0,121	0,078	0,038
0,68	0,393	0,354	0,313	0,271	0,228	0,187	0,146	0,106	0,068	0,033
0,72	0,356	0,319	0,281	0,242	0,203	0,165	0,128	0,092	0,059	0,028
0,76	0,322	0,287	0,251	0,215	0,180	0,145	0,111	0,080	0,050	0,024
0,80	0,291	0,258	0,224	0,191	0,158	0,126	0,096	0,068	0,042	0,019
0,84	0,261	0,230	0,199	0,168	0,137	0,108	0,081	0,057	0,035	0,016
0,88	0,234	0,204	0,175	0,146	0,118	0,092	0,068	0,046	0,027	0,012
0,92	0,208	0,180	0,152	0,125	0,100	0,076	0,055	0,036	0,021	0,008
0,96	0,183	0,157	0,131	0,106	0,082	0,061	0,042	0,027	0,014	0,005
1,00	0,159	0,134	0,110	0,087	0,066	0,047	0,030	0,017	0,008	0,002

TABLE II. — Coefficient de la partie principale de la poussée produite par un poids uniformément réparti sur l'arc entier, suivant la longueur de la fibre moyenne ou suivant l'horizontale, et par une dilatation linéaire indépendante des charges.

(Voir les nos 102, 103 et 106.)

RAPPORT $\frac{2\varphi}{\pi}$.	COEFFICIENT pour la dilatation. F.	COEFFICIENT pour le poids uniformément réparti suivant l'arc. F'.	COEFFICIENT pour le poids uniformément réparti suivant l'horizontale F''.	RAPPORT $\frac{2\varphi}{\pi}$.	COEFFICIENT pour la dilatation. F.	COEFFICIENT pour le poids uniformément réparti suivant l'arc. F'.	COEFFICIENT pour le poids uniformément réparti suivant l'horizontale F''.
0,12	208,8	2,635	2,641	0,37	20,0	0,804	0,825
0,13	177,6	2,429	2,436	0,38	18,8	0,780	0,802
0,14	152,8	2,253	2,261	0,39	17,8	0,757	0,779
0,15	132,8	2,100	2,108	0,40	16,8	0,735	0,758
0,16	116,4	1,965	1,974	0,42	15,0	0,694	0,718
0,17	102,9	1,847	1,856	0,44	13,5	0,657	0,681
0,18	91,5	1,741	1,751	0,46	12,2	0,622	0,648
0,19	81,9	1,647	1,657	0,48	11,0	0,590	0,617
0,20	73,7	1,562	1,573	0,50	10,0	0,561	0,589
0,21	66,6	1,484	1,496	0,52	9,1	0,533	0,562
0,22	60,5	1,414	1,426	0,54	8,3	0,507	0,537
0,23	55,2	1,349	1,362	0,56	7,6	0,483	0,514
0,24	50,5	1,290	1,304	0,58	6,9	0,460	0,492
0,25	46,3	1,236	1,250	0,60	6,3	0,439	0,472
0,26	42,7	1,185	1,200	0,62	5,8	0,418	0,453
0,27	39,4	1,138	1,153	0,64	5,3	0,399	0,435
0,28	36,5	1,095	1,110	0,68	4,5	0,364	0,401
0,29	33,9	1,054	1,070	0,72	3,8	0,331	0,371
0,30	31,5	1,016	1,033	0,76	3,3	0,301	0,343
0,31	29,4	0,980	0,998	0,80	2,8	0,273	0,317
0,32	27,4	0,947	0,964	0,84	2,4	0,248	0,293
0,33	25,7	0,915	0,933	0,88	2,0	0,224	0,271
0,34	24,0	0,885	0,904	0,92	1,7	0,201	0,251
0,35	22,6	0,857	0,876	0,96	1,5	0,180	0,231
0,36	21,2	0,830	0,850	1,00	1,3	0,159	0,212

TABLE III. — Valeurs des coefficients λ et λ' pour la correction des poussées produites par des poids ou par une dilatation linéaire indépendante des charges.

(Voir les nos 99 et 100.)

N. B. On donne seulement ici la valeur moyenne de λ, correspondante à chaque angle φ.

RAPPORT $\frac{2\varphi}{\pi}$.	λ.	λ'.	RAPPORT $\frac{2\varphi}{\pi}$.	λ.	λ'.
0,12	2,44	207,55	0,37	2,20	18,91
0,13	2,43	176,33	0,38	2,19	17,78
0,14	2,43	151,55	0,39	2,17	16,72
0,15	2,42	131,57	0,40	2,16	15,76
0,16	2,42	115,22	0,42	2,13	14,02
0,17	2,41	101,67	0,44	2,10	12,52
0,18	2,40	90,32	0,46	2,07	11,22
0,19	2,40	80,71	0,48	2,03	10,08
0,20	2,39	72,51	0,50	2,00	9,09
0,21	2,38	65,44	0,52	1,97	8,20
0,22	2,37	59,33	0,54	1,93	7,42
0,23	2,36	54,00	0,56	1,89	6,73
0,24	2,35	49,32	0,58	1,86	6,12
0,25	2,34	45,19	0,60	1,82	5,56
0,26	2,33	41,53	0,62	1,78	5,07
0,27	2,32	38,29	0,64	1,74	4,63
0,28	2,31	35,37	0,68	1,66	3,86
0,29	2,30	32,75	0,72	1,58	3,24
0,30	2,29	30,39	0,76	1,50	2,73
0,31	2,28	28,27	0,80	1,41	2,30
0,32	2,27	26,33	0,84	1,33	1,95
0,33	2,25	24,57	0,88	1,25	1,65
0,34	2,24	22,96	0,92	1,16	1,40
0,35	2,23	21,49	0,96	1,08	1,20
0,36	2,22	20,15	1,00	1,00	1,00

TABLE IV. — Coefficients de correction qui doivent affecter la partie principale de la poussée produite par des poids quelconques.

(Voir le n° 101.)

Ce coefficient est l'unité quand l'argument $\frac{r^2}{a^2}$ devient nul.

RAPPORT $\frac{2\varphi}{\pi}$.	RAPPORT $\frac{r^2}{a^2}$ exprimé en dix-millièmes.					RAPPORT $\frac{2\varphi}{\pi}$.	RAPPORT $\frac{r^2}{a^2}$ exprimé en dix-millièmes.				
	5	10	15	20	25		5	10	15	20	25
0,12	0,905	0,826	0,760	0,703	0,654	0,37	0,989	0,979	0,969	0,959	0,950
0,13	0,918	0,848	0,788	0,736	0,690	0,38	0,990	0,980	0,971	0,961	0,952
0,14	0,928	0,866	0,812	0,764	0,721	0,39	0,991	0,981	0,972	0,963	0,955
0,15	0,937	0,882	0,832	0,788	0,748	0,40	0,991	0,982	0,974	0,965	0,957
0,16	0,944	0,895	0,850	0,809	0,772	0,42	0,992	0,984	0,976	0,969	0,961
0,17	0,951	0,906	0,865	0,827	0,793	0,44	0,993	0,986	0,978	0,972	0,965
0,18	0,956	0,915	0,877	0,843	0,811	0,46	0,993	0,987	0,980	0,974	0,968
0,19	0,960	0,923	0,889	0,857	0,827	0,48	0,994	0,988	0,982	0,976	0,970
0,20	0,964	0,930	0,899	0,869	0,841	0,50	0,995	0,989	0,984	0,978	0,973
0,21	0,967	0,936	0,907	0,880	0,854	0,52	0,995	0,990	0,985	0,980	0,975
0,22	0,970	0,942	0,915	0,890	0,866	0,54	0,995	0,991	0,986	0,982	0,977
0,23	0,973	0,947	0,922	0,898	0,876	0,56	0,996	0,991	0,987	0,983	0,979
0,24	0,975	0,951	0,928	0,906	0,885	0,58	0,996	0,992	0,988	0,984	0,980
0,25	0,977	0,955	0,933	0,913	0,893	0,60	0,996	0,993	0,989	0,985	0,982
0,26	0,978	0,958	0,938	0,919	0,901	0,62	0,997	0,993	0,990	0,986	0,983
0,27	0,980	0,961	0,942	0,925	0,907	0,64	0,997	0,994	0,991	0,987	0,984
0,28	0,981	0,964	0,946	0,930	0,913	0,68	0,997	0,994	0,992	0,989	0,986
0,29	0,983	0,966	0,950	0,934	0,919	0,72	0,998	0,995	0,993	0,990	0,988
0,30	0,984	0,968	0,953	0,938	0,924	0,76	0,998	0,996	0,994	0,992	0,990
0,31	0,985	0,970	0,956	0,942	0,929	0,80	0,998	0,996	0,995	0,993	0,991
0,32	0,986	0,972	0,959	0,946	0,933	0,84	0,998	0,997	0,995	0,993	0,992
0,33	0,987	0,974	0,961	0,949	0,937	0,88	0,999	0,997	0,996	0,994	0,993
0,34	0,988	0,975	0,963	0,952	0,940	0,92	0,999	0,997	0,996	0,995	0,994
0,35	0,988	0,977	0,966	0,955	0,944	0,96	0,999	0,998	0,997	0,995	0,994
0,36	0,989	0,978	0,967	0,957	0,947	1,00	0,999	0,998	0,997	0,996	0,995

TABLE V, destinée à faciliter le calcul de la pression maximum dans un arc circulaire à section constante, uniformément chargé suivant l'horizontale.

(Voir le § III du chapitre Ve.)

Coefficient ϐ. $\frac{r^2}{a^2} = 0,0001.$

RAPPORT $\frac{2\varphi}{\pi}$.	RAPPORT $\frac{h}{a}$ ENTRE LA HAUTEUR DE LA SECTION ET LA DEMI-OUVERTURE DE L'ARC (exprimé en millièmes).														
	30	35	40	45	50	55	60	65	70	75	80	85	90	95	100
0,12	6,7	6,9	7,2	7,4	7,7	7,9	″	″	″	″	″	″	″	″	″
0,14	5,7	5,9	6,1	6,3	6,5	6,7	″	″	″	″	″	″	″	″	″
0,16	4,9	5,1	5,2	5,4	5,6	5,7	″	″	″	″	″	″	″	″	″
0,18	4,4	4,5	4,7	4,8	5,0	5,1	″	″	″	″	″	″	″	″	″
0,20	3,9	4,1	4,2	4,4	4,5	4,6	″	″	″	″	″	″	″	″	″
0,21	3,7	3,8	4,0	4,1	4,2	4,3	″	″	″	″	″	″	″	″	″
0,22	3,6	3,7	3,8	4,0	4,1	4,2	″	″	″	″	″	″	″	″	″
0,23	3,5	3,6	3,7	3,8	4,0	4,1	″	″	″	″	″	″	″	″	″
0,24	3,3	3,5	3,6	3,7	3,8	4,0	″	″	″	″	″	″	″	″	″
0,25	3,2	3,4	3,5	3,6	3,7	3,9	″	″	″	″	″	″	″	″	″
0,26	3,1	3,3	3,4	3,5	3,6	3,8	″	″	″	″	″	″	″	″	″
0,27	3,1	3,2	3,3	3,5	3,6	3,8	″	″	″	″	″	″	″	″	″
0,28	3,0	3,2	3,3	3,5	3,6	3,7	″	″	″	″	″	″	″	″	″
0,29	3,0	3,1	3,2	3,4	3,5	3,7	″	″	″	″	″	″	″	″	″
0,30	2,9	3,0	3,2	3,3	3,4	3,6	″	″	″	″	″	″	″	″	″
0,31	2,9	3,0	3,2	3,3	3,4	3,6	″	″	″	″	″	″	″	″	″
0,32	2,9	3,1	3,2	3,3	3,5	3,6	″	″	″	″	″	″	″	″	″
0,34	2,9	3,1	3,3	3,4	3,6	3,7	″	″	″	″	″	″	″	″	″
0,36	2,9	3,1	3,3	3,5	3,7	3,8	″	″	″	″	″	″	″	″	″
0,38	3,0	3,2	3,4	3,6	3,8	4,0	″	″	″	″	″	″	″	″	″
0,40	3,1	3,4	3,6	3,9	4,1	4,3	″	″	″	″	″	″	″	″	″
0,44	3,3	3,6	3,9	4,2	4,5	4,8	″	″	″	″	″	″	″	″	″
0,48	3,6	3,9	4,3	4,7	5,0	5,4	″	″	″	″	″	″	″	″	″
0,52	3,9	4,3	4,7	5,1	5,5	6,0	″	″	″	″	″	″	″	″	″
0,56	4,3	4,8	5,3	5,8	6,3	6,8	″	″	″	″	″	″	″	″	″
0,60	4,8	5,4	6,0	6,6	7,2	7,8	″	″	″	″	″	″	″	″	″
0,68	5,9	6,7	7,5	8,3	9,1	9,9	″	″	″	″	″	″	″	″	″
0,76	7,4	8,4	9,5	10,5	11,6	12,6	″	″	″	″	″	″	″	″	″
0,84	9,2	10,6	11,9	13,3	14,6	16,0	″	″	″	″	″	″	″	″	″
0,92	11,6	13,4	15,1	16,9	18,7	20,4	″	″	″	″	″	″	″	″	″
1,00	14,5	16,7	19,0	21,2	23,5	25,7	″	″	″	″	″	″	″	″	″

TABLE V. (Suite.)

Coefficient $\mathcal{C}$. $\frac{r^2}{a^2} = 0,0002.$

RAPPORT $\frac{2\varphi}{\pi}$.	RAPPORT $\frac{h}{a}$ ENTRE LA HAUTEUR DE LA SECTION ET LA DEMI-OUVERTURE DE L'ARC (exprimé en millièmes).														
	30	35	40	45	50	55	60	65	70	75	80	85	90	95	100
0,12	6,6	6,8	7,1	7,3	7,6	7,8	8,1	8,3	8,6	//	//	//	//	//	//
0,14	5,6	5,7	5,9	6,1	6,3	6,5	6,7	6,9	7,1	//	//	//	//	//	//
0,16	4,8	5,0	5,1	5,3	5,4	5,6	5,7	5,9	6,0	//	//	//	//	//	//
0,18	4,2	4,3	4,4	4,6	4,7	4,8	4,9	5,1	5,2	//	//	//	//	//	//
0,20	3,8	3,9	4,0	4,1	4,2	4,3	4,5	4,6	4,7	//	//	//	//	//	//
0,21	3,6	3,7	3,8	3,9	4,0	4,1	4,2	4,3	4,4	//	//	//	//	//	//
0,22	3,4	3,5	3,6	3,7	3,8	3,9	4,0	4,1	4,2	//	//	//	//	//	//
0,23	3,3	3,4	3,5	3,6	3,7	3,8	3,9	4,0	4,1	//	//	//	//	//	//
0,24	3,1	3,2	3,3	3,4	3,5	3,6	3,7	3,8	3,9	//	//	//	//	//	//
0,25	3,0	3,1	3,2	3,3	3,4	3,4	3,5	3,6	3,7	//	//	//	//	//	//
0,26	2,9	3,0	3,1	3,2	3,3	3,3	3,4	3,5	3,6	//	//	//	//	//	//
0,27	2,9	3,0	3,1	3,2	3,2	3,3	3,4	3,5	3,6	//	//	//	//	//	//
0,28	2,8	2,9	3,0	3,1	3,2	3,3	3,3	3,4	3,5	//	//	//	//	//	//
0,29	2,7	2,8	2,9	3,0	3,1	3,2	3,3	3,4	3,5	//	//	//	//	//	//
0,30	2,6	2,7	2,8	2,9	3,0	3,1	3,2	3,3	3,4	//	//	//	//	//	//
0,31	2,6	2,7	2,8	2,9	2,9	3,0	3,1	3,2	3,3	//	//	//	//	//	//
0,32	2,5	2,6	2,7	2,8	2,9	3,0	3,0	3,1	3,2	//	//	//	//	//	//
0,34	2,4	2,5	2,6	2,7	2,8	2,9	3,0	3,1	3,2	//	//	//	//	//	//
0,36	2,4	2,5	2,5	2,6	2,7	2,8	2,9	3,0	3,1	//	//	//	//	//	//
0,38	2,4	2,5	2,5	2,6	2,7	2,8	2,9	3,0	3,1	//	//	//	//	//	//
0,40	2,4	2,5	2,6	2,7	2,8	2,9	3,0	3,1	3,2	//	//	//	//	//	//
0,44	2,4	2,6	2,7	2,8	3,0	3,1	3,2	3,4	3,5	//	//	//	//	//	//
0,48	2,5	2,7	2,8	3,0	3,2	3,4	3,5	3,7	3,9	//	//	//	//	//	//
0,52	2,6	2,8	3,0	3,2	3,5	3,7	3,9	4,1	4,3	//	//	//	//	//	//
0,56	2,8	3,0	3,3	3,5	3,7	4,0	4,3	4,5	4,7	//	//	//	//	//	//
0,60	3,0	3,3	3,6	3,9	4,2	4,4	4,7	5,0	5,3	//	//	//	//	//	//
0,68	3,5	3,9	4,3	4,7	5,1	5,5	5,9	6,3	6,7	//	//	//	//	//	//
0,76	4,2	4,8	5,3	5,8	6,3	6,9	7,4	7,9	8,4	//	//	//	//	//	//
0,84	5,1	5,8	6,5	7,2	7,8	8,5	9,2	9,9	10,6	//	//	//	//	//	//
0,92	6,3	7,2	8,1	9,0	9,8	10,7	11,6	12,5	13,4	//	//	//	//	//	//
1,00	7,7	8,9	10,0	11,1	12,2	13,3	14,5	15,6	16,7	//	//	//	//	//	//

TABLE V. (Suite.)

Coefficient 6. $\frac{r^2}{a^2} = 0,0003.$

RAPPORT $\frac{2\varphi}{\pi}$.	RAPPORT $\frac{h}{a}$ ENTRE LA HAUTEUR DE LA SECTION ET LA DEMI-OUVERTURE DE L'ARC (exprimé en millièmes).														
	30	35	40	45	50	55	60	65	70	75	80	85	90	95	100
0,12	6,5	6,7	6,9	7,2	7,4	7,7	7,9	8,2	8,4	8,7	8,9	″	″	″	″
0,14	5,5	5,6	5,8	6,0	6,2	6,4	6,6	6,8	7,0	7,1	7,3	″	″	″	″
0,16	4,7	4,9	5,0	5,2	5,3	5,5	5,6	5,8	5,9	6,1	6,2	″	″	″	″
0,18	4,1	4,3	4,4	4,5	4,6	4,7	4,9	5,0	5,1	5,2	5,3	″	″	″	″
0,20	3,7	3,8	3,9	4,0	4,1	4,2	4,3	4,4	4,5	4,6	4,7	″	″	″	″
0,21	3,5	3,6	3,7	3,8	3,9	4,0	4,1	4,2	4,3	4,4	4,5	″	″	″	″
0,22	3,4	3,4	3,5	3,6	3,7	3,8	3,9	4,0	4,1	4,2	4,3	″	″	″	″
0,23	3,2	3,3	3,4	3,5	3,6	3,6	3,7	3,8	3,9	4,0	4,1	″	″	″	″
0,24	3,1	3,2	3,2	3,3	3,4	3,5	3,6	3,7	3,7	3,8	3,9	″	″	″	″
0,25	2,9	3,0	3,1	3,2	3,3	3,3	3,4	3,5	3,6	3,7	3,7	″	″	″	″
0,26	2,8	2,9	3,0	3,1	3,2	3,2	3,3	3,4	3,5	3,6	3,6	″	″	″	″
0,27	2,8	2,8	2,9	3,0	3,1	3,2	3,2	3,3	3,4	3,5	3,6	″	″	″	″
0,28	2,7	2,7	2,8	2,9	3,0	3,1	3,1	3,2	3,3	3,4	3,5	″	″	″	″
0,29	2,6	2,6	2,7	2,8	2,9	2,9	3,0	3,1	3,2	3,3	3,3	″	″	″	″
0,30	2,5	2,6	2,6	2,7	2,8	2,8	2,9	3,0	3,0	3,1	3,2	″	″	″	″
0,31	2,4	2,5	2,6	2,6	2,7	2,8	2,8	2,9	3,0	3,1	3,1	″	″	″	″
0,32	2,3	2,4	2,5	2,6	2,6	2,7	2,8	2,9	2,9	3,0	3,1	″	″	″	″
0,34	2,2	2,3	2,4	2,5	2,5	2,6	2,7	2,8	2,8	2,9	3,0	″	″	″	″
0,36	2,2	2,2	2,3	2,4	2,4	2,5	2,6	2,7	2,7	2,8	2,9	″	″	″	″
0,38	2,2	2,2	2,3	2,3	2,4	2,5	2,5	2,6	2,7	2,8	2,9	″	″	″	″
0,40	2,2	2,2	2,3	2,4	2,5	2,5	2,6	2,7	2,8	2,8	2,9	″	″	″	″
0,44	2,2	2,2	2,3	2,4	2,5	2,6	2,7	2,8	2,9	2,9	3,0	″	″	″	″
0,48	2,2	2,3	2,4	2,5	2,6	2,7	2,8	3,0	3,1	3,2	3,3	″	″	″	″
0,52	2,2	2,3	2,5	2,6	2,7	2,9	3,0	3,1	3,3	3,4	3,5	″	″	″	″
0,56	2,3	2,4	2,6	2,8	2,9	3,1	3,3	3,4	3,6	3,7	3,9	″	″	″	″
0,60	2,4	2,6	2,8	3,0	3,2	3,4	3,6	3,8	3,9	4,1	4,3	″	″	″	″
0,68	2,7	3,0	3,2	3,5	3,7	4,0	4,3	4,5	4,8	5,0	5,3	″	″	″	″
0,76	3,2	3,5	3,9	4,2	4,6	4,9	5,3	5,6	6,0	6,3	6,7	″	″	″	″
0,84	3,8	4,2	4,7	5,1	5,6	6,0	6,5	6,9	7,4	7,8	8,3	″	″	″	″
0,92	4,5	5,1	5,7	6,3	6,9	7,5	8,1	8,7	9,2	9,8	10,4	″	″	″	″
1,00	5,5	6,2	7,0	7,7	8,5	9,2	10,0	10,7	11,5	12,2	13,0	″	″	″	″

TABLE V. (Suite.)

Coefficient $\mathcal{C}$. $\frac{r^2}{a^2} = 0{,}0004$.

RAPPORT $\frac{2\varphi}{\pi}$.	RAPPORT $\frac{h}{a}$ ENTRE LA HAUTEUR DE LA SECTION ET LA DEMI-OUVERTURE DE L'ARC (exprimé en millièmes). 30	35	40	45	50	55	60	65	70	75	80	85	90	95	100
0,12	"	6,6	6,8	7,1	7,3	7,6	7,8	8,0	8,3	8,5	8,8	9,0	9,3	"	"
0,14	"	5,6	5,7	5,9	6,1	6,3	6,5	6,7	6,8	7,0	7,2	7,4	7,6	"	"
0,16	"	4,8	4,9	5,1	5,2	5,4	5,5	5,7	5,8	6,0	6,1	6,3	6,4	"	"
0,18	"	4,2	4,3	4,4	4,6	4,7	4,8	4,9	5,0	5,2	5,3	5,4	5,5	"	"
0,20	"	3,8	3,9	4,0	4,1	4,2	4,3	4,4	4,5	4,6	4,7	4,8	4,9	"	"
0,21	"	3,6	3,7	3,8	3,9	3,9	4,0	4,1	4,2	4,3	4,4	4,5	4,6	"	"
0,22	"	3,4	3,5	3,6	3,7	3,7	3,8	3,9	4,0	4,1	4,2	4,3	4,4	"	"
0,23	"	3,2	3,3	3,4	3,5	3,6	3,6	3,7	3,8	3,9	4,0	4,1	4,2	"	"
0,24	"	3,1	3,2	3,3	3,3	3,4	3,5	3,6	3,6	3,7	3,8	3,9	4,0	"	"
0,25	"	3,0	3,1	3,1	3,2	3,3	3,4	3,4	3,5	3,6	3,7	3,7	3,8	"	"
0,26	"	2,9	2,9	3,0	3,1	3,2	3,2	3,3	3,4	3,5	3,5	3,6	3,7	"	"
0,27	"	2,8	2,9	2,9	3,0	3,1	3,1	3,2	3,3	3,4	3,4	3,5	3,6	"	"
0,28	"	2,7	2,8	2,8	2,9	3,0	3,0	3,1	3,2	3,3	3,3	3,4	3,5	"	"
0,29	"	2,6	2,7	2,7	2,8	2,9	2,9	3,0	3,1	3,1	3,2	3,3	3,3	"	"
0,30	"	2,5	2,5	2,6	2,7	2,7	2,8	2,9	3,0	3,0	3,1	3,1	3,2	"	"
0,31	"	2,4	2,5	2,5	2,6	2,7	2,7	2,8	2,9	2,9	3,0	3,0	3,1	"	"
0,32	"	2,3	2,4	2,5	2,5	2,6	2,7	2,7	2,8	2,8	2,9	3,0	3,0	"	"
0,34	"	2,3	2,3	2,4	2,4	2,5	2,6	2,6	2,7	2,8	2,8	2,9	3,0	"	"
0,36	"	2,2	2,2	2,3	2,3	2,4	2,5	2,5	2,6	2,7	2,7	2,8	2,9	"	"
0,38	"	2,1	2,1	2,2	2,2	2,3	2,4	2,4	2,5	2,6	2,6	2,7	2,8	"	"
0,40	"	2,1	2,1	2,2	2,2	2,3	2,3	2,4	2,5	2,5	2,6	2,7	2,7	"	"
0,44	"	2,0	2,1	2,2	2,2	2,3	2,4	2,4	2,5	2,6	2,6	2,7	2,8	"	"
0,48	"	2,0	2,1	2,2	2,3	2,4	2,4	2,5	2,6	2,7	2,8	2,9	3,0	"	"
0,52	"	2,1	2,2	2,3	2,4	2,5	2,6	2,7	2,8	2,9	3,0	3,1	3,2	"	"
0,56	"	2,1	2,3	2,4	2,5	2,6	2,7	2,9	3,0	3,1	3,2	3,3	3,5	"	"
0,60	"	2,2	2,4	2,5	2,6	2,7	2,9	3,0	3,1	3,3	3,4	3,5	3,7	"	"
0,68	"	2,5	2,7	2,9	3,1	3,3	3,5	3,7	3,9	4,1	4,3	4,5	4,7	"	"
0,76	"	2,9	3,2	3,4	3,7	3,9	4,2	4,5	4,7	5,0	5,2	5,5	5,8	"	"
0,84	"	3,4	3,8	4,1	4,4	4,8	5,1	5,5	5,8	6,1	6,5	6,8	7,2	"	"
0,92	"	4,1	4,5	5,0	5,4	5,9	6,3	6,7	7,2	7,6	8,1	8,5	9,0	"	"
1,00	"	4,9	5,5	6,0	6,6	7,2	7,7	8,3	8,8	9,4	10,0	10,5	11,1	"	"

TABLE V. (Suite.)

Coefficient 6. $\frac{r'^2}{a^2} = 0,0005.$

RAPPORT $\frac{2\varphi}{\pi}$.	RAPPORT $\frac{h}{a}$ ENTRE LA HAUTEUR DE LA SECTION ET LA DEMI-OUVERTURE DE L'ARC (exprimé en millièmes).														
	30	35	40	45	50	55	60	65	70	75	80	85	90	95	100
0,12	″	″	6,7	6,9	7,2	7,4	7,7	7,9	8,1	8,4	8,6	8,9	9,1	9,3	9,6
0,14	″	″	5,6	5,8	6,0	6,2	6,4	6,5	6,7	6,9	7,1	7,3	7,4	7,6	7,8
0,16	″	″	4,9	5,0	5,2	5,3	5,4	5,6	5,7	5,9	6,0	6,1	6,3	6,4	6,6
0,18	″	″	4,3	4,4	4,5	4,6	4,7	4,8	5,0	5,1	5,2	5,3	5,4	5,5	5,6
0,20	″	″	3,8	3,9	4,0	4,1	4,2	4,3	4,4	4,5	4,6	4,7	4,8	4,9	5,0
0,21	″	″	3,6	3,7	3,8	3,9	4,0	4,1	4,2	4,2	4,3	4,4	4,5	4,6	4,7
0,22	″	″	3,4	3,5	3,6	3,7	3,8	3,9	4,0	4,0	4,1	4,2	4,3	4,4	4,5
0,23	″	″	3,3	3,4	3,5	3,5	3,6	3,7	3,8	3,9	3,9	4,0	4,1	4,2	4,3
0,24	″	″	3,1	3,2	3,3	3,4	3,4	3,5	3,6	3,7	3,7	3,8	3,9	4,0	4,0
0,25	″	″	3,0	3,1	3,1	3,2	3,3	3,4	3,4	3,5	3,6	3,6	3,7	3,8	3,8
0,26	″	″	2,9	3,0	3,0	3,1	3,2	3,2	3,3	3,4	3,4	3,5	3,6	3,6	3,7
0,27	″	″	2,8	2,8	2,9	3,0	3,1	3,1	3,2	3,2	3,3	3,4	3,4	3,5	3,6
0,28	″	″	2,7	2,8	2,8	2,9	3,0	3,0	3,1	3,2	3,2	3,3	3,3	3,4	3,5
0,29	″	″	2,6	2,7	2,7	2,8	2,9	2,9	3,0	3,0	3,1	3,2	3,2	3,3	3,4
0,30	″	″	2,5	2,6	2,6	2,7	2,8	2,8	2,9	2,9	3,0	3,0	3,1	3,2	3,2
0,31	″	″	2,4	2,5	2,5	2,6	2,7	2,7	2,8	2,8	2,9	3,0	3,0	3,1	3,1
0,32	″	″	2,4	2,4	2,5	2,5	2,6	2,6	2,7	2,8	2,8	2,9	2,9	3,0	3,0
0,34	″	″	2,3	2,3	2,4	2,4	2,5	2,5	2,6	2,7	2,7	2,8	2,8	2,9	2,9
0,36	″	″	2,2	2,2	2,3	2,3	2,4	2,4	2,5	2,6	2,6	2,7	2,7	2,8	2,8
0,38	″	″	2,1	2,1	2,2	2,2	2,3	2,3	2,4	2,5	2,5	2,6	2,6	2,7	2,7
0,40	″	″	2,0	2,1	2,1	2,2	2,2	2,3	2,3	2,4	2,5	2,5	2,6	2,6	2,7
0,44	″	″	2,0	2,0	2,1	2,1	2,2	2,2	2,3	2,4	2,4	2,5	2,6	2,6	2,7
0,48	″	″	2,0	2,1	2,1	2,2	2,3	2,3	2,4	2,5	2,5	2,6	2,6	2,7	2,8
0,52	″	″	2,0	2,1	2,2	2,2	2,3	2,4	2,5	2,6	2,6	2,7	2,8	2,9	3,0
0,56	″	″	2,1	2,2	2,3	2,4	2,5	2,5	2,6	2,7	2,8	2,9	3,0	3,1	3,2
0,60	″	″	2,1	2,3	2,4	2,5	2,6	2,7	2,8	2,9	3,1	3,2	3,3	3,4	3,5
0,68	″	″	2,4	2,5	2,7	2,9	3,0	3,2	3,3	3,5	3,6	3,8	4,0	4,1	4,3
0,76	″	″	2,7	2,9	3,1	3,4	3,6	3,8	4,0	4,2	4,4	4,6	4,8	5,0	5,2
0,84	″	″	3,2	3,5	3,7	4,0	4,3	4,5	4,8	5,1	5,3	5,6	5,9	6,1	6,4
0,92	″	″	3,8	4,2	4,5	4,8	5,2	5,6	6,0	6,3	6,7	7,0	7,4	7,7	8,1
1,00	″	″	4,6	5,0	5,5	5,9	6,4	6,8	7,3	7,7	8,2	8,6	9,1	9,5	10,0

TABLE V. (Suite.)

Coefficient β. $\frac{r^2}{a^2} = 0,0006.$

RAPPORT $\frac{2\varphi}{\pi}$.	RAPPORT $\frac{h}{a}$ ENTRE LA HAUTEUR DE LA SECTION ET LA DEMI-OUVERTURE DE L'ARC (exprimé en millièmes).														
	30	35	40	45	50	55	60	65	70	75	80	85	90	95	100
0,12	"	"	"	6,8	7,0	7,3	7,5	7,7	8,0	8,2	8,4	8,7	8,9	9,1	9,4
0,14	"	"	"	5,8	5,9	6,1	6,3	6,5	6,6	6,8	7,0	7,2	7,4	7,5	7,7
0,16	"	"	"	5,0	5,1	5,2	5,4	5,5	5,7	5,8	6,0	6,1	6,2	6,4	6,5
0,18	"	"	"	4,4	4,5	4,6	4,7	4,8	4,9	5,0	5,2	5,3	5,4	5,5	5,6
0,20	"	"	"	3,9	4,0	4,1	4,2	4,3	4,4	4,5	4,6	4,7	4,8	4,9	5,0
0,21	"	"	"	3,7	3,8	3,9	4,0	4,0	4,1	4,2	4,3	4,4	4,5	4,6	4,7
0,22	"	"	"	3,5	3,6	3,7	3,8	3,8	3,9	4,0	4,1	4,2	4,3	4,3	4,4
0,23	"	"	"	3,3	3,4	3,5	3,6	3,6	3,7	3,8	3,9	3,9	4,0	4,1	4,2
0,24	"	"	"	3,2	3,3	3,3	3,4	3,5	3,6	3,6	3,7	3,8	3,8	3,9	4,0
0,25	"	"	"	3,1	3,1	3,2	3,3	3,3	3,4	3,5	3,5	3,6	3,7	3,7	3,8
0,26	"	"	"	2,9	3,0	3,1	3,1	3,2	3,3	3,3	3,4	3,5	3,5	3,6	3,7
0,27	"	"	"	2,8	2,9	2,9	3,0	3,1	3,1	3,2	3,3	3,3	3,4	3,4	3,5
0,28	"	"	"	2,7	2,8	2,8	2,9	3,0	3,0	3,1	3,1	3,2	3,3	3,3	3,4
0,29	"	"	"	2,6	2,7	2,7	2,8	2,9	2,9	3,0	3,0	3,1	3,1	3,2	3,3
0,30	"	"	"	2,5	2,6	2,6	2,7	2,8	2,8	2,9	2,9	3,0	3,0	3,1	3,2
0,31	"	"	"	2,5	2,5	2,6	2,6	2,7	2,7	2,8	2,8	2,9	2,9	3,0	3,1
0,32	"	"	"	2,4	2,4	2,5	2,5	2,6	2,7	2,7	2,8	2,8	2,9	2,9	3,0
0,34	"	"	"	2,3	2,3	2,4	2,4	2,5	2,6	2,6	2,7	2,7	2,8	2,8	2,9
0,36	"	"	"	2,2	2,2	2,3	2,3	2,4	2,4	2,5	2,5	2,6	2,6	2,7	2,7
0,38	"	"	"	2,1	2,1	2,2	2,2	2,3	2,3	2,4	2,4	2,5	2,5	2,6	2,6
0,40	"	"	"	2,0	2,0	2,1	2,2	2,2	2,3	2,3	2,4	2,4	2,5	2,5	2,6
0,44	"	"	"	1,9	2,0	2,0	2,1	2,1	2,2	2,2	2,3	2,3	2,4	2,5	2,5
0,48	"	"	"	1,9	2,0	2,0	2,1	2,2	2,2	2,3	2,3	2,4	2,4	2,5	2,6
0,52	"	"	"	1,9	2,0	2,1	2,1	2,2	2,3	2,3	2,4	2,4	2,5	2,6	2,7
0,56	"	"	"	2,0	2,1	2,2	2,2	2,3	2,4	2,5	2,5	2,6	2,7	2,8	2,9
0,60	"	"	"	2,1	2,2	2,3	2,4	2,5	2,6	2,7	2,8	2,9	2,9	3,0	3,1
0,68	"	"	"	2,3	2,4	2,6	2,7	2,8	3,0	3,1	3,2	3,4	3,5	3,6	3,7
0,76	"	"	"	2,6	2,8	3,0	3,1	3,3	3,5	3,7	3,8	4,0	4,2	4,4	4,5
0,84	"	"	"	3,0	3,3	3,5	3,7	3,9	4,2	4,4	4,6	4,8	5,1	5,3	5,5
0,92	"	"	"	3,7	3,9	4,2	4,5	4,8	5,1	5,4	5,7	6,0	6,3	6,6	6,9
1,00	"	"	"	4,4	4,7	5,1	5,5	5,9	6,2	6,6	7,0	7,4	7,7	8,1	8,5

TABLE V. (Suite.)

Coefficient $\mathfrak{G}$. $\frac{r^2}{a^2} = 0,0008.$

RAPPORT $\frac{2\varphi}{\pi}$.	RAPPORT $\frac{h}{a}$ ENTRE LA HAUTEUR DE LA SECTION ET LA DEMI-OUVERTURE DE L'ARC (exprimé en millièmes).														
	.30	35	40	45	50	55	60	65	70	75	80	85	90	95	100
0,12	"	"	"	"	6,8	7,0	7,2	7,4	7,7	7,9	8,1	8,3	8,6	8,8	9,0
0,14	"	"	"	"	5,7	5,9	6,1	6,3	6,4	6,6	6,8	7,0	7,1	7,3	7,5
0,16	"	"	"	"	5,0	5,1	5,3	5,4	5,5	5,7	5,8	5,9	6,1	6,2	6,4
0,18	"	"	"	"	4,4	4,5	4,6	4,7	4,8	4,9	5,0	5,1	5,3	5,4	5,5
0,20	"	"	"	"	3,9	4,0	4,1	4,2	4,3	4,4	4,5	4,6	4,7	4,8	4,8
0,21	"	"	"	"	3,7	3,8	3,9	3,9	4,0	4,1	4,2	4,3	4,4	4,5	4,6
0,22	"	"	"	"	3,5	3,6	3,7	3,8	3,9	3,9	4,0	4,1	4,2	4,3	4,3
0,23	"	"	"	"	3,3	3,4	3,5	3,6	3,6	3,7	3,8	3,8	3,9	4,0	4,1
0,24	"	"	"	"	3,2	3,3	3,3	3,4	3,5	3,5	3,6	3,7	3,7	3,8	3,9
0,25	"	"	"	"	3,1	3,1	3,2	3,2	3,3	3,4	3,4	3,5	3,6	3,6	3,7
0,26	"	"	"	"	2,9	3,0	3,1	3,1	3,2	3,3	3,3	3,4	3,4	3,5	3,6
0,27	"	"	"	"	2,8	2,9	2,9	3,0	3,1	3,1	3,2	3,2	3,3	3,4	3,4
0,28	"	"	"	"	2,7	2,8	2,8	2,9	2,9	3,0	3,1	3,1	3,2	3,2	3,3
0,29	"	"	"	"	2,6	2,7	2,7	2,8	2,8	2,9	3,0	3,0	3,1	3,1	3,2
0,30	"	"	"	"	2,5	2,6	2,6	2,7	2,7	2,8	2,8	2,9	2,9	3,0	3,1
0,31	"	"	"	"	2,4	2,5	2,5	2,6	2,6	2,7	2,7	2,8	2,8	2,9	3,0
0,32	"	"	"	"	2,3	2,4	2,5	2,5	2,6	2,6	2,7	2,7	2,8	2,8	2,9
0,34	"	"	"	"	2,2	2,3	2,4	2,4	2,5	2,5	2,6	2,6	2,7	2,7	2,8
0,36	"	"	"	"	2,1	2,2	2,2	2,3	2,3	2,4	2,4	2,5	2,5	2,6	2,6
0,38	"	"	"	"	2,0	2,1	2,1	2,2	2,2	2,3	2,3	2,4	2,4	2,5	2,5
0,40	"	"	"	"	2,0	2,0	2,0	2,1	2,1	2,2	2,2	2,3	2,3	2,4	2,4
0,44	"	"	"	"	1,9	1,9	1,9	2,0	2,0	2,1	2,1	2,2	2,2	2,3	2,3
0,48	"	"	"	"	1,8	1,9	1,9	2,0	2,0	2,0	2,1	2,1	2,2	2,2	2,2
0,52	"	"	"	"	1,8	1,9	1,9	2,0	2,0	2,1	2,1	2,2	2,2	2,3	2,3
0,56	"	"	"	"	1,9	1,9	2,0	2,0	2,1	2,2	2,2	2,3	2,3	2,4	2,4
0,60	"	"	"	"	1,9	2,0	2,1	2,1	2,2	2,3	2,4	2,4	2,5	2,6	2,6
0,68	"	"	"	"	2,1	2,2	2,3	2,4	2,5	2,6	2,7	2,8	2,9	3,0	3,1
0,76	"	"	"	"	2,4	2,5	2,6	2,8	2,9	3,0	3,1	3,3	3,4	3,5	3,7
0,84	"	"	"	"	2,7	2,9	3,0	3,2	3,4	3,6	3,7	3,9	4,1	4,2	4,4
0,92	"	"	"	"	3,2	3,4	3,6	3,9	4,1	4,3	4,5	4,7	4,9	5,2	5,4
1,00	"	"	"	"	3,8	4,1	4,4	4,6	4,9	5,2	5,5	5,8	6,0	6,3	6,6

TABLE V. (Suite.)

Coefficient ζ. $\frac{r^2}{a^2} = 0,0010.$

RAPPORT $\frac{2\varphi}{\pi}$.	RAPPORT $\frac{h}{a}$ ENTRE LA HAUTEUR DE LA SECTION ET LA DEMI-OUVERTURE DE L'ARC (exprimé en millièmes).														
	30	35	40	45	50	55	60	65	70	75	80	85	90	95	100
0,12	″	″	″	″	″	″	7,0	7,2	7,4	7,6	7,9	8,1	8,3	8,5	8,7
0,14	″	″	″	″	″	″	5,9	6,1	6,3	6,4	6,6	6,8	7,0	7,1	7,3
0,16	″	″	″	″	″	″	5,1	5,3	5,4	5,5	5,7	5,8	5,9	6,1	6,2
0,18	″	″	″	″	″	″	4,5	4,6	4,7	4,8	4,9	5,1	5,2	5,3	5,4
0,20	″	″	″	″	″	″	4,0	4,1	4,2	4,3	4,4	4,5	4,6	4,7	4,8
0,21	″	″	″	″	″	″	3,8	3,9	4,0	4,1	4,2	4,2	4,3	4,4	4,5
0,22	″	″	″	″	″	″	3,6	3,7	3,8	3,9	3,9	4,0	4,1	4,2	4,3
0,23	″	″	″	″	″	″	3,4	3,5	3,6	3,7	3,7	3,8	3,9	4,0	4,0
0,24	″	″	″	″	″	″	3,3	3,4	3,4	3,5	3,6	3,6	3,7	3,8	3,8
0,25	″	″	″	″	″	″	3,1	3,2	3,3	3,3	3,4	3,5	3,5	3,6	3,6
0,26	″	″	″	″	″	″	3,0	3,1	3,1	3,2	3,2	3,3	3,4	3,4	3,5
0,27	″	″	″	″	″	″	2,9	3,0	3,0	3,1	3,1	3,2	3,2	3,3	3,3
0,28	″	″	″	″	″	″	2,8	2,8	2,9	2,9	3,0	3,1	3,1	3,2	3,2
0,29	″	″	″	″	″	″	2,7	2,7	2,8	2,8	2,9	2,9	3,0	3,0	3,1
0,30	″	″	″	″	″	″	2,6	2,7	2,7	2,8	2,8	2,9	2,9	3,0	3,0
0,31	″	″	″	″	″	″	2,5	2,6	2,6	2,7	2,7	2,8	2,8	2,9	2,9
0,32	″	″	″	″	″	″	2,4	2,5	2,5	2,6	2,6	2,7	2,7	2,8	2,8
0,34	″	″	″	″	″	″	2,3	2,3	2,4	2,4	2,5	2,5	2,6	2,6	2,7
0,36	″	″	″	″	″	″	2,2	2,2	2,3	2,3	2,3	2,4	2,4	2,5	2,5
0,38	″	″	″	″	″	″	2,1	2,1	2,1	2,2	2,2	2,3	2,3	2,4	2,4
0,40	″	″	″	″	″	″	2,0	2,0	2,1	2,1	2,1	2,2	2,2	2,3	2,3
0,44	″	″	″	″	″	″	1,9	1,9	1,9	2,0	2,0	2,1	2,1	2,1	2,2
0,48	″	″	″	″	″	″	1,8	1,9	1,9	1,9	1,9	2,0	2,0	2,1	2,1
0,52	″	″	″	″	″	″	1,8	1,9	1,9	1,9	2,0	2,0	2,0	2,1	2,1
0,56	″	″	″	″	″	″	1,8	1,9	1,9	2,0	2,0	2,1	2,1	2,2	2,2
0,60	″	″	″	″	″	″	1,9	2,0	2,0	2,1	2,1	2,2	2,2	2,3	2,4
0,68	″	″	″	″	″	″	2,1	2,1	2,2	2,3	2,4	2,5	2,5	2,6	2,7
0,76	″	″	″	″	″	″	2,3	2,4	2,5	2,6	2,7	2,8	2,9	3,0	3,1
0,84	″	″	″	″	″	″	2,6	2,8	2,9	3,0	3,2	3,3	3,5	3,6	3,7
0,92	″	″	″	″	″	″	3,1	3,3	3,5	3,6	3,8	4,0	4,2	4,3	4,5
1,00	″	″	″	″	″	″	3,7	3,9	4,1	4,4	4,6	4,8	5,0	5,3	5,5

TABLE V. (Suite.)

Coefficient $\mathfrak{G}$. $\frac{r^2}{a^2} = 0,0012.$

RAPPORT $\frac{2\varphi}{\pi}$.	RAPPORT $\frac{h}{a}$ ENTRE LA HAUTEUR DE LA SECTION ET LA DEMI-OUVERTURE DE L'ARC (exprimé en millièmes).														
	30	35	40	45	50	55	60	65	70	75	80	85	90	95	100
0,12	″	″	″	″	″	″	″	6,9	7,2	7,4	7,6	7,8	8,0	8,2	8,4
0,14	″	″	″	″	″	″	″	5,9	6,1	6,3	6,4	6,6	6,8	6,9	7,1
0,16	″	″	″	″	″	″	″	5,0	5,1	5,2	5,4	5,5	5,6	5,8	5,9
0,18	″	″	″	″	″	″	″	4,5	4,7	4,8	4,9	5,0	5,1	5,2	5,3
0,20	″	″	″	″	″	″	″	4,0	4,1	4,2	4,3	4,4	4,5	4,6	4,7
0,21	″	″	″	″	″	″	″	3,8	3,9	4,0	4,1	4,2	4,3	4,3	4,4
0,22	″	″	″	″	″	″	″	3,7	3,8	3,8	3,9	4,0	4,1	4,1	4,2
0,23	″	″	″	″	″	″	″	3,5	3,6	3,6	3,7	3,8	3,8	3,9	4,0
0,24	″	″	″	″	″	″	″	3,3	3,4	3,4	3,5	3,6	3,6	3,7	3,8
0,25	″	″	″	″	″	″	″	3,2	3,2	3,3	3,3	3,4	3,5	3,5	3,6
0,26	″	″	″	″	″	″	″	3,0	3,1	3,1	3,2	3,3	3,3	3,4	3,4
0,27	″	″	″	″	″	″	″	2,9	3,0	3,0	3,1	3,1	3,2	3,2	3,3
0,28	″	″	″	″	″	″	″	2,8	2,9	2,9	3,0	3,0	3,1	3,1	3,2
0,29	″	″	″	″	″	″	″	2,7	2,7	2,8	2,9	2,9	2,9	3,0	3,0
0,30	″	″	″	″	″	″	″	2,6	2,7	2,7	2,8	2,8	2,8	2,9	2,9
0,31	″	″	″	″	″	″	″	2,5	2,6	2,6	2,7	2,7	2,7	2,8	2,8
0,32	″	″	″	″	″	″	″	2,4	2,5	2,5	2,6	2,6	2,6	2,7	2,7
0,34	″	″	″	″	″	″	″	2,3	2,3	2,4	2,4	2,5	2,5	2,5	2,6
0,36	″	″	″	″	″	″	″	2,2	2,2	2,2	2,3	2,3	2,4	2,4	2,4
0,38	″	″	″	″	″	″	″	2,1	2,1	2,1	2,2	2,2	2,3	2,3	2,3
0,40	″	″	″	″	″	″	″	2,0	2,0	2,0	2,1	2,1	2,2	2,2	2,2
0,44	″	″	″	″	″	″	″	1,8	1,9	1,9	2,0	2,0	2,0	2,1	2,1
0,48	″	″	″	″	″	″	″	1,8	1,8	1,8	1,8	1,9	1,9	2,0	2,0
0,52	″	″	″	″	″	″	″	1,8	1,8	1,8	1,9	1,9	1,9	1,9	2,0
0,56	″	″	″	″	″	″	″	1,8	1,8	1,9	1,9	1,9	2,0	2,0	2,0
0,60	″	″	″	″	″	″	″	1,8	1,9	1,9	2,0	2,0	2,1	2,1	2,2
0,68	″	″	″	″	″	″	″	2,0	2,0	2,1	2,2	2,2	2,3	2,4	2,4
0,76	″	″	″	″	″	″	″	2,2	2,3	2,4	2,5	2,5	2,6	2,7	2,8
0,84	″	″	″	″	″	″	″	2,5	2,6	2,7	2,8	2,9	3,0	3,2	3,3
0,92	″	″	″	″	″	″	″	2,8	3,0	3,1	3,3	3,4	3,6	3,8	3,9
1,00	″	″	″	″	″	″	″	3,2	3,4	3,6	3,8	4,0	4,2	4,4	4,5

TABLE V. (Suite.)

Coefficient 6. $\frac{r^2}{a^2} = 0,0015.$

RAPPORT $\frac{2\varphi}{\pi}$.	RAPPORT $\frac{h}{a}$ ENTRE LA HAUTEUR DE LA SECTION ET LA DEMI-OUVERTURE DE L'ARC (exprimé en millièmes).														
	30	35	40	45	50	55	60	65	70	75	80	85	90	95	100
0,12	//	//	//	//	//	//	//	//	6,9	7,1	7,3	7,6	7,8	8,0	8,2
0,14	//	//	//	//	//	//	//	//	5,9	6,0	6,2	6,3	6,5	6,7	6,8
0,16	//	//	//	//	//	//	//	//	5,2	5,3	5,4	5,5	5,6	5,7	5,9
0,18	//	//	//	//	//	//	//	//	4,5	4,6	4,8	4,9	5,0	5,1	5,2
0,20	//	//	//	//	//	//	//	//	4,0	4,1	4,2	4,3	4,4	4,5	4,6
0,21	//	//	//	//	//	//	//	//	3,8	3,9	4,0	4,1	4,2	4,2	4,3
0,22	//	//	//	//	//	//	//	//	3,6	3,7	3,8	3,9	3,9	4,0	4,1
0,23	//	//	//	//	//	//	//	//	3,5	3,5	3,6	3,7	3,7	3,8	3,9
0,24	//	//	//	//	//	//	//	//	3,3	3,4	3,4	3,5	3,6	3,6	3,7
0,25	//	//	//	//	//	//	//	//	3,2	3,2	3,3	3,4	3,4	3,5	3,5
0,26	//	//	//	//	//	//	//	//	3,0	3,1	3,1	3,2	3,3	3,3	3,4
0,27	//	//	//	//	//	//	//	//	2,9	3,0	3,0	3,1	3,1	3,2	3,2
0,28	//	//	//	//	//	//	//	//	2,8	2,9	2,9	3,0	3,0	3,1	3,1
0,29	//	//	//	//	//	//	//	//	2,7	2,7	2,8	2,8	2,9	2,9	3,0
0,30	//	//	//	//	//	//	//	//	2,6	2,6	2,7	2,7	2,8	2,8	2,9
0,31	//	//	//	//	//	//	//	//	2,5	2,6	2,6	2,6	2,7	2,7	2,8
0,32	//	//	//	//	//	//	//	//	2,4	2,5	2,5	2,5	2,6	2,6	2,7
0,34	//	//	//	//	//	//	//	//	2,3	2,3	2,4	2,4	2,4	2,5	2,5
0,36	//	//	//	//	//	//	//	//	2,2	2,2	2,2	2,3	2,3	2,3	2,4
0,38	//	//	//	//	//	//	//	//	2,1	2,1	2,1	2,2	2,2	2,2	2,3
0,40	//	//	//	//	//	//	//	//	2,0	2,0	2,0	2,1	2,1	2,1	2,2
0,44	//	//	//	//	//	//	//	//	1,8	1,9	1,9	1,9	2,0	2,0	2,0
0,48	//	//	//	//	//	//	//	//	1,7	1,7	1,8	1,8	1,8	1,9	1,9
0,52	//	//	//	//	//	//	//	//	1,7	1,7	1,8	1,8	1,8	1,8	1,8
0,56	//	//	//	//	//	//	//	//	1,7	1,7	1,8	1,8	1,8	1,8	1,9
0,60	//	//	//	//	//	//	//	//	1,7	1,8	1,8	1,8	1,9	1,9	2,0
0,68	//	//	//	//	//	//	//	//	1,8	1,9	1,9	2,0	2,0	2,1	2,1
0,76	//	//	//	//	//	//	//	//	2,0	2,1	2,2	2,2	2,3	2,4	2,4
0,84	//	//	//	//	//	//	//	//	2,3	2,4	2,5	2,6	2,6	2,7	2,8
0,92	//	//	//	//	//	//	//	//	2,6	2,8	2,9	3,0	3,1	3,2	3,3
1,00	//	//	//	//	//	//	//	//	3,1	3,2	3,4	3,5	3,7	3,8	4,0

TABLE VI. — Résultats d'expériences concernant les charges susceptibles de produire l'écrasement des pierres et mortiers.

DÉSIGNATION DES SUBSTANCES.	CHARGE par centimètre carré capable de produire l'écrasement.	OBSERVATIONS.
PIERRES VOLCANIQUES, GRANITIQUES ET SILICEUSES.		Tous les nombres de ce tableau, non accompagnés d'une observation spéciale, sont empruntés à M. le général Poncelet (INTRODUCTION A LA MÉCANIQUE INDUSTRIELLE.)
Basaltes de Suède et d'Auvergne	2000	
Lave dure du Vésuve, près Pouzzoles	590	
Lave tendre de Naples	230	
Porphyre	2470	
Granite vert des Vosges	620	
Granite gris des Vosges	420	
Granite gris de Bretagne	650	
Granite de Normandie	700	
Grès très-dur	870	
Grès de divers échantillons	150	Moyenne d'essais faits pour le pont Britannia, en Anglet.
Grès bigarré des Vosges	400	Moyenne d'expériences faites au Conserv. des Arts et Mét.
PIERRES CALCAIRES.		
Marbre noir de Flandre	790	
Marbre blanc veiné, statuaire et turquin	310	
Pierre noire de Saint-Fortunat, très-dure et coquilleuse	630	
Roche de Châtillon, près Paris, pure et peu coquilleuse	170	
Liais de Bagneux, près Paris, très-dur	440	
Roche douce de Bagneux	130	
Roche d'Arcueil, près Paris	250	
Pierre de Saillancourt, près Pontoise — la plus forte	140	
Pierre de Saillancourt, près Pontoise — la plus faible	90	
Pierre ferme de Conflans	90	
Pierre tendre (lambourde et vergelée) employée à Paris, résistant à l'eau	60	
Lambourde de qualité inférieure, résistant mal à l'eau	20	
Calcaire de Givry, près Paris — dur	310	
Calcaire de Givry, près Paris — tendre	120	
Calcaire de Caumont (Eure)	420	Expériences du Conservatoire des Arts et Métiers.
Calcaire de l'île d'Anglesey	230	Expériences pour le pont Britannia
Calcaire lithographique	280	Expériences de M. Vicat.
Calcaire oolithique ou sablonneux, en moyenne	100	Idem.

TABLE VI. (Suite.)

DÉSIGNATION DES SUBSTANCES.	CHARGE par centimètre carré capable de produire l'écrasement	OBSERVATIONS.
BRIQUES.		
Brique dure très-cuite....................	150	
Brique rouge	60	
Brique rouge pâle.........................	40	
Maçonnerie de briques.....................	36	Essais faits pour le pont Britannia.
Brique crue, simplement séchée à l'air.....	33	Expériences de M. Vicat.
PLATRES ET MORTIERS.		
Plâtre gâché à l'eau......................	42	Idem.
Plâtre gâché à l'eau, très-ferme...........	90	Idem.
Plâtre silicaté..........................	48	Expériences du Conservatoire des Arts et Métiers.
Mortier ordinaire en chaux grasse et sable..	35	Expériences de M. Vicat.
Mortier ordinaire en chaux grasse et sable, âgé de 14 ans..............................	19	Idem.
Mortier avec chaux hydraulique ordinaire..	74	Idem.
Mortier avec chaux éminemment hydraulique.	144	

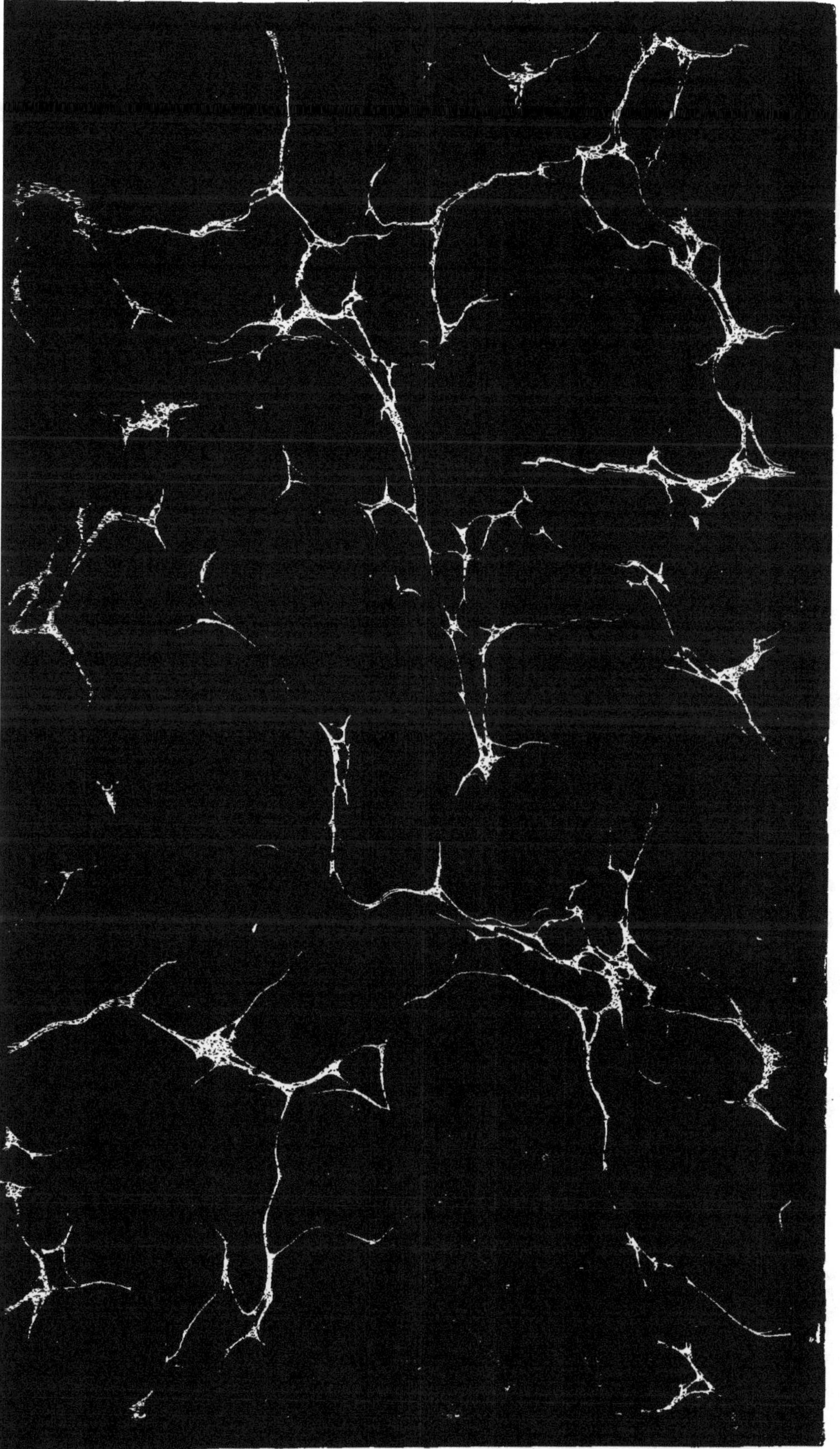